KB090562

호텔산업과 호텔경영

김경환

백산출판사

머리말

　21세기에 들어서면서 국내 호텔산업이 쾌속성장을 하고 있다. 관광호텔의 총 객실 증가율이 2000년도에 비하면 배나 증가했으며, 2010년과 비교해도 거의 50% 정도가 증가했다. 이제 국내 호텔산업도 과거 부진했던 시기를 벗어나 성장을 위한 새로운 시대를 맞이하고 있다. 그러나 이와 같은 양적 성장과 달리 국내 호텔산업의 질적 성장에 대해 생각해보면 아직도 갈 길이 멀다고 느껴지는 것은 필자만의 생각일까. 아직도 우리나라 호텔산업은 우물 안의 개구리와 같은 신세이다. 왜 국내 호텔산업은 다른 산업처럼 수출산업이 되지 못할까. 필자가 Marriott 등 세계 정상의 호텔체인이 세계를 무대로 하는 활약상 등에 관한 기사를 접할 때마다 항상 되묻곤 했던 질문이다.

　장기적으로 호텔산업의 질적 성장을 제고하기 위해서는 우선 호텔경영의 질 향상이 먼저 확보되어야 한다. 호텔경영의 질 향상은 미래 호텔산업의 주역인 학생들의 교육에서 시작이 되어야 한다. 21세기 들어 정치, 경제, 사회, Technology 등에서 전 방위적으로 많은 변화가 만들어지고 있으며, 대학의 교육환경도 이에 뒤질세라 크게 변하고 있다. 이처럼 대전환이 이루어지는 시기에 미래의 리더이자 경영자인 학생들에게 양질의 교육기회가 제공되어야 한다.

　그럼에도 불구하고 현재까지 호텔산업과 호텔경영을 주제로 하는 많은 책들이 출판되었지만 그동안의 변화를 충분히 반영하지 못하고 있다는 느낌을 떨칠 수가 없다. 많은 호텔경영 관련 도서들이 실제적이지 않으며 추상적이고 단편적이었다. 호텔경영학은 객관적인 사실을 통하여 진리를 탐구해야 하는 학문이다.

따라서 이론만을 쫓지 않고 실제 업무현장에서도 도움이 될 수 있는 균형적인 교육이 미래의 주역들에게 필요하다.

본서는 이와 같은 상황에서 학생들에게 미래의 호텔경영자로서 체계적으로 사고하고 합리적인 의사결정을 내릴 수 있는 분석능력과 객관적인 판단능력을 배양하는 데 필요한 기본적인 지식을 제공하는 것에 중점을 두고 집필되었다. 그리고 본서를 읽는 학생들이 호텔산업과 호텔경영에 대한 본모습을 잘 이해해서 화려하고 낭만적인 직업인으로서의 호텔리어를 꿈꾸기보다는 오히려 폭넓은 시야와 창의적인 사고로 호텔과 손님을 위해 가치를 창출하는 바람직한 호텔리어의 자질을 육성하는데도 관심을 집중했다. 또한 본서는 장구한 시간에 걸쳐 진화를 거듭했던 세계 및 국내 호텔산업의 발자취를 자세히 살펴보았으며 또 20세기 이후의 변화도 충실히 반영하고자 노력했다.

본서가 나오기까지 많은 격려를 아끼지 않은 모든 분들에게 이 자리를 빌려 심심한 감사의 마음을 전합니다. 본서의 출판을 위해 많은 편의를 제공해 주신 백산출판사 진욱상 사장님과 편집부 직원 여러분들께 진심어린 감사의 마음을 전합니다.

2017년 1월 저자

본서의 구성

본서는 미래에 세계 호텔산업을 누비면서 활약을 하게 될 학생들에게 경영자로서 필요한 기본적인 지식을 제공하는데 중점을 두고 있다. 이와 같은 목적을 달성하기 위해 본서는 아래 그림에서 보는 바와 같이 크게 다섯 가지의 주요 주제를 기반으로 하여 집필되었으며, 이와 같은 주제들에 대한 지식을 학생들에게 충실히 전달하고자 노력하였다.

호스피탈리티 산업의 이해
- 1장 호스피탈리티의 이해
- 2장 호스피탈리티산업의 기원과 역사

호텔산업의 이해
- 3장 세계 호텔산업의 발전과정
- 4장 한국 호텔숙박산업의 발전 과정
- 11장 호텔산업의 구조와 현황

호텔의 이해
- 5장 호텔의 분류와 특성
- 6장 호텔의 구조와 영업부서
- 10장 호텔의 관리부서
- 12장 호텔 객실비즈니스의 본질

호텔체인의 이해
- 13장 호텔체인의 성장과 세계화
- 14장 호텔체인의 비즈니스 모델

경영(학)의 이해
- 7장 경영과 경영자
- 8장 경영이론의 발전과정
- 9장 기업가정신과 리더십

본서의 첫째 주제는 호스피탈리티산업의 이해이다. 호스피탈리티산업의 대표적인 기업으로서 호텔은 호스피탈리티 정신이 발휘되는 중요한 장소이다. 호스피탈리티산업의 이해는 1장과 2장으로 구성되어 있다.

1장에서는 먼저 인류의 위대한 유산인 호스피탈리티 정신의 정의와 개념에 대해 알아보고 있다. 다음으로 호스피탈리티산업의 영역, 차원, 범위 등에 대해 살펴본다. 그리고 서비스산업과 호스피탈리티산업의 경계 등 차이점에 대해 살펴보고 있다. 또한 제조업에 반하는 서비스의 여러 특성에 대해 알아보고 있으며, 서비스와 호스피탈리티의 차이점에 대해 자세히 살펴보고 있다.

2장에서는 고대부터 중세를 거쳐 근세로 이어지는 호스피탈리티의 기원과 역사에 대해 비교적 상세히 살펴보고 있다. 이를 위해 서양사회의 원류인 그리스와 로마시대의 호스피탈리티산업의 유적에 대해 살펴보고 있다. 그리고 중세시대에 호스피탈리티 정신이 발휘되었던 수도원에 대해 알아보고 있으며, 중세 영국에서 유행했던 그랜드 투어의 특성에 대해서 살펴보고, 보다 진일보된 모습의 숙박시설이었던 영국의 Coaching Inn에 대해서 알아보고 있다. 마지막으로 이슬람문명과 동양문명에서의 호스피탈리티 정신과 유적에 대해서도 살펴보고 있다.

본서의 두 번째 주제는 호텔산업의 이해이다. 여기서는 먼저 호텔의 탄생 배경에 대해 알아보고 난후 세계 호텔산업의 발전과정에 대해서 살펴보고 있다. 그리고 현재 세계 호텔산업의 구조와 현황에 대해 알아보고 있다. 호텔산업의 이해는 3장, 4장, 11장 총 세 개의 장으로 구성되어 있다.

3장에서는 산업혁명으로 영국에서 최초의 호텔이란 명칭의 숙박시설이 탄생하게 되는 배경에 대해 알아보고, 이어서 호텔이란 명칭의 진화과정에 대해 살펴보고 있다. 그리고 호텔의 본고장인 유럽 호텔산업의 발전과정을 살펴보고 있다. 다음으로 현재 세계 최대의 호텔산업을 보유하고 있는 미국 호텔산업의 성장과 혁신적인 호텔경영의 도입에 대해 자세히 살펴보고 있다.

4장은 국내 호텔·숙박산업의 기원과 성장과정에 대해 자세하게 살펴보고 있다. 먼저 최초로 숙박시설에 대한 기록이 남아있는 신라시대의 역(驛)으로부터 시작해서 조선시대 말기까지 존재했었던 여러 유형의 우리나라 전통 숙박시설에 대해 자세히 살펴보고 있다. 그리고 조선말기에 국내 최초의 호텔 탄생의 배경과 일제강점기에 탄생한 여관의 유래에 대해서도 살펴보고 있다. 마지막으로 광복 이후 21세기 초기까지 국내 호텔산업의 성장과정에 대해 자세히 알아보고 있다.

11장은 현재 세계 호텔산업의 구조와 현황에 대해 살펴보고 있다. 먼저 총 객실 수를 기준으로 해서 세계 호텔산업의 규모를 알아보고, 다음으로 호텔산업의 소유 및 운영구조와 독립호텔과 체인호텔의 차이점에 대해 알아보고 있다. 또한 호텔체인의 성장으로 인한 호텔산업의 구조 변화에 대해 설명하고 있다. 그리고 세계 호텔산업에서 객실을 판매하기 위한 통로인 유통경로에 대해 자세히 알아보고 있다. 마지막으로 국내 호텔산업의 구조와 특성에 대해 살펴보고 있는데, 여기서는 대기업과 외국의 유명 호텔체인들에 의해 지배되고 있는 국내 호텔산업의 문제점과 도전과제에 대해 자세히 알아보고 있다.

본서의 세 번째 주제는 호텔의 이해이다. 여기서는 호텔에 대한 기초 지식부터 시작해서 호텔경영자로서 반드시 숙지해야 될 필수 지식에 대해 살펴보고 있다. 호텔의 이해는 5장, 6장, 10, 12장 총 네 개의 장으로 구성되어 있다.

5장에서는 먼저 현대 사회에서 호텔의 존재 이유에 대한 중요성에 대해 알아보고 있다. 다음으로 세상에 존재하고 있는 수많은 호텔을 분류하는 기준에 대해 살펴보고 있다. 그리고 다른 산업과 차별되는 호텔의 고유한 특성에 대해 자세히 알아보고 있다.

6장에서는 먼저 전체적인 차원에서 호텔의 구조에 대해 살펴보고 있다. 다음으로 현장에서 손님들과 직접 대면하면서 업무를 수행하고 있는 호텔의 영업부서에 대해서 살펴보고 있으며, 영업부서를 크게 객실부서와 식음료부서로 구분해서 살펴보고 있다.

10장에서는 호텔의 여러 관리부서에 대해 살펴보고 있다. 먼저 호텔상품의 판매를 담당하고 있는 마케팅부서와 일반 마케팅 이론에 대해 살펴보고 있다. 다음으로 호텔 종사원의 관리를 담당하고 있는 인사부서와 일반적인 인적자원관리 이론에 대해 살펴보고 있다. 그리고 호텔의 재무회계 및 재무관리 기능에 대해서도 알아보고, 마지막으로 호텔의 정보시스템 부서의 역할과 기능에 대해서도 살펴보고 있다.

12장에서는 먼저 호텔 객실부서의 영업성과를 측정하는 객실영업 성과지표에 대해 살펴보고 있다. 이를 위해 객실판매의 성과를 측정하는 객실점유율, 평균객실요금, RevPAR 세 가지 중요한 성과지표에 대해 자세히 알아보고 있다. 다음으로 호텔비즈니스의 본질을 이해하기 위해 필수적인 손익분기점과 영업레버리지 분석에 대해 살펴보고 있다. 경쟁력있는 호텔관리자가 되기 위해 가장 중요하고도 필수적인 지식분야인 손익분기점과 영업레버리지 분석의 중요성은 아무리 강조해도 지나침이 없다. 마지막으로 호텔 매출관리(Revenue Management)이다. 호텔은 경영성과를 극대화하기 위해서 적절한 객실을 적당한 유통경로를 통해 적합한 고객에게 적정한 가격으로 적시에 판매할 수 있어야 하는데 이를 위한 효과적인 절차에 대해 살펴보고 있다.

본서의 네 번째 주제는 호텔체인의 이해이다. 여기서는 세계 호텔산업의 성장과 발전을 주도하고 있는 외국의 유명 호텔체인에 대해 살펴보고 있다. 호텔체인의 이해는 13장과 14장으로 구성되어 있다.

13장에서는 먼저 유명 호텔체인의 탄생 배경에 대해 알아본 후 이어 성장과정에 대해 살펴보고 있다. 다음으로 호텔체인들이 성장하기 위해 채택한 전략에 대해 알아본다. 다음으로 호텔체인들이 해외시장으로 진출하게 되는 동기와 배경에 대해 살펴보고, 이어 호텔체인들의 해외시장 진출과정에 대해서도 살펴보고 있다.

14장에서는 세계의 유명 호텔체인들이 채택하고 있는 비즈니스모델에 대해 살펴보고 있다. 과거에 호텔체인들은 주로 호텔들을 직접 소유하고 운영하고 있었으며 일부는 리스계약으로 운영하고 있었다. 그러나 21세기 말이 되자 호텔체인들은 소유했던 호텔들을 매각하고 프랜차이즈와 위탁경영계약을 채택하는 것이 대세가 되었다. 이장을 통해 먼저 소유 및 직영과 리스계약에 대해서 간략하게 살펴보고 프랜차이즈와 위탁경영계약에 대해 자세히 살펴보고 있다.

본서의 마지막 주제는 경영(학)의 이해이다. 굳이 이와 같은 주제를 넣은 이유는 호텔경영학을 전공한 많은 학생들이 졸업 때가 되어서도 일반 경영학에서 다루는 중요한 개념이나 이론에 대해 잘 모르고 있다는 사실을 알게 되었기 때문이다. 이는 호텔경영 교육자로서 오랜 시간의 경험에 의한 것이다. 호텔경영학은 일반 경영학의 하위 지식체계이기 때문에 체계적인 지식체계를 구축하기 위해서는 상위체계 지식을 숙지해야 하는 것은 학생으로서 마땅한 과업이다. 경영(학)의 이해는 7장, 8장, 9장 총 세 개의 장으로 구성되어 있다.

7장에서는 먼저 기업조직에 대해 알아보고 성과측정을 위해 중요한 효과와 효율의 개념에 대해 알아보고 있다. 다음으로 기업조직에 존재하는 경영계층과 계층에 따라 요구되는 여러 경영기술에 대해 살펴보고 있다. 그리고 경영자에게 가장 기본적이면서도 가장 중요한 기능인 계획-조직-지휘-통제에 대해 자세히 살펴보고, 마지막으로 경영자의 여러 역할에 대해 살펴보고 있다.

8장에서는 현대 경영학의 근간을 이루는 여러 중요한 경영이론의 진화과정에 대해 살펴보고 있다. 먼저 현대 경영학의 시조인 과학적 관리에 대해 살펴보고 이어서 일반관리원칙과 관료제에 대해 살펴보고 있다. 다음으로 인간성의 중요함을 간파한 행동관리이론에 대해 알아본다. 마지막으로 비교적 최근에 개발된 중요한 이론인 경영과학이론, 시스템이론, 상황이론, 전사적 품질관리, 지식경영, 학습조직, 이해관계자 등의 이론에 대해 살펴보고 있다.

9장에서는 호스피탈리티산업에서 창업의 중요성에 대해 살펴보고 이후 기업의 성장에 필요한 리더십에 대해 알아보고 있다. 이를 위해 먼저 기업가정신의 정의와 중요성에 대해 살펴보고 난후 창업절차에 대해 간략히 살펴보고 있다. 다음으로 창업을 성공으로 이끌기 위한 중요한 요인에 대해 알아보고 있다. 그리고 현대 기업조직에서 리더십의 중요성과 여러 리더십 이론의 진화과정에 대해 살펴보고 있다. 마지막으로 현대 사회에서 바람직한 리더십의 유형에 대해서도 알아보고 있다.

마지막으로 독자들은 위의 구성에서 14개의 장들이 각 주제별로 차례대로 한데 묶이지 않은 것에 대해 의문을 가질 수 있다. 이는 각 장의 지식수준에 따른 이해 정도를 고려해서 논리적인 흐름에 따라 구성한 것이라는 점을 밝히고 싶다. 독자들의 많은 이해가 있기를 바랍니다.

차례

호텔산업과
호텔경영

PART 01

호스피탈리티산업의
이해

01

호스피탈리티의 이해

CHAPTER

학습목표

본 장을 학습한 후 독자들은 다음과 같은 사항에 대해 잘 이해할 수 있어야 한다.

❶ 호스피탈리티의 정의와 개념에 대해 정확히 이해한다.

❷ 호스피탈리티산업의 영역과 차원 그리고 범위에 대해 확실히 이해한다.

❸ 호스피탈리리정신에서 주인과 손님의 관계에 대해 잘 이해하도록 한다.

❹ 서비스산업과 호스피탈리티산업의 차이에 대해 이해한다.

❺ 서비스의 여러 특성에 대해 자세히 이해한다.

❻ 서비스와 호스피탈리티정신의 차이점을 자세히 파악한다.

'To be the #1 Hospitality Company in the World'는 2016년 Starwood 호텔체인을 인수함으로써 세계 최대의 호텔체인으로 우뚝 서게 된 미국 Marriott International의 2011년 사업보고서에 나타나 있는 기업 비전이다. 또한 세계 2위 호텔체인이자 Marriott의 강력한 라이벌인 Hilton Worldwide도 'The Global Leader in Hospitality'라는 슬로건으로 세계를 무대로 활동하고 있다. 또한 우리나라의 대표적인 호텔체인인 호텔신라는 'The Best Hospitality Company'를 기업목표로 제시하고 있다. 이처럼 호텔은 호스피탈리티산업의 대표적인 기업조직으로서 장구한 인류 역사를 통해 여행을 하는 모든 이에게 봉사하고 있다. 본 장에서는 먼저 호스피탈리티의 정의, 개념, 영역, 차원 등에 대해서 알아본 후 호스피탈리티와 서비스의 차이점에 대해 알아보도록 하겠다.

제1절 **호스피탈리티의 정의**

세계를 여행하는 사람들에게 호스피탈리티를 제공하는 행위는 인류 문명의 역사와 불가분한 관계가 있다. 우리 인류는 아주 오래전인 고대문명 시대부터 자신의 집을 방문하는 손님이나 또는 여러 목적으로 집을 떠나 여행을 하는 사람들을 잘 대접하고 환영하는 훌륭한 전통을 공유하고 있다. 우리가 세계 여러 곳을 여행 또는 이동하다 보면 처음 접하는 여행객들을 따뜻하고 친절하게 대접해 주는 세계인들을 많이 볼 수 있다. 이런 그들의 전통을 일컬어 '따뜻한 호스피탈리티'(Warm Hospitality) 또는 '진정한 호스피탈리티'(Genuine Hospitality)라고 말한다. 또한 미국에서는 '남부 호스피탈리티'(Southern Hospitality) 또는 유럽에서는 '스위스 호스피탈리티'(Swiss Hospitality)처럼 각 지역마다 이방인이나 여행자를 환영하기 위해 차별화 되어져 사용되는 호스피탈리티 전통을 지칭하는 용어가 있다.

호스피탈리티는 원래 주인(Host), 손님(Guest), 이방인(Stranger)을 의미하는 라틴어인 'Hospes'에서 유래되었다. 그런데 'Hospes'는 원래 이방인 또는 적을 의미하는 같은 라틴어인 'Hostis'에서 유래되었다. 그렇다면 호스피탈리티는 무엇이라고 정의할 수 있을까? 유감스럽게도 아직까지 세계적으로 통용되는 유일하고, 명확하고, 모두가 동의하는 권위 있는 호스피탈리티에 대한 정의는 존재하지 못하고 있다. 호스피탈리티에 관한 연구뿐만 아니라 호스피탈리티 기업들의 효과적인 경영을 위해서도 호스피탈리티가 정확히 무엇인지 이해할 수 있는 정의가 먼저 개발되어야 한다. 그러나 현실은 〈표 1-1〉에서 보는 바와 같이 호스피탈리티는 여러 사람마다 서로 다른 관점에 의해 아주 다양하게 정의되고 있다. 그렇지만 명시적인 합의가 없는 현 상태의 지속은 호스피탈리티 산업의 성장과 발전에 장해가 되고 있다고 느끼는 사람들이 점점 늘고 있다.

한편 The Oxford Dictionary of Current English, Merriam-Webster's Dictionary, Collins English Dictionary 등에서 볼 수 있는 사전적 정의를 종합해 보면 호스피탈리티는 "주인이 호의로서 손님이나 방문객에게 후하고 친절한 대접을 베푸는 것"이라고 정의할 수 있다. 이를 확대하여 해석하면 호스피탈리티란 주인이 호의로서 손님 또는 방문객을 위해 친절하고 정성스런 식사 및 잠자리와 여흥뿐만 아니라 자유로운 공간의 제공을 허용하는 행위라고 할 수 있다. 따라서 방문객은 비록 타지일지라도 자기 집과 같은 편안함을 느낄 수 있다. 우리 인류는 모두 사회생활을 통해 서로 교류하고 있기 때문에 우리 모두는 때로는 주인의 역할을 또 다른 한편으로는 이방인 또는 손님의 역할을 수행하고 있다. 한편 현대 사회에서는 가정에서 손님에게 제공하는 호스피탈리티의 기회는 과거에 비해 점점 줄어들고 있으며 오히려 전문적인 기업들에 의해 제공되는 호스피탈리티가 점점 더 영역을 확대하고 있다. 이처럼 영리목적으로 영업활동을 전개하는 상업적 호스피탈리티는 "영리조직이 영업시설을 방문한 고객을 위하여 전문지식을 보유한 종사원으로 하여금 관대하고 친절한 서비스를 제공하는 행위 및 과정"이라고 정의할 수 있다.

| 표 1-1 | 호스피탈리티의 정의

저 자	정 의
Homer(In Odyssey)	신에게 공경을 표시하는 것으로 이는 문화생활에서 필수적이고 본질적인 것이며 손님은 신과 같다
Muhlmann(1932)	이방인으로부터 보호를 받기 위해 먼저 그를 보호함으로써 호혜관계의 보장을 나타내는 것
Nouwen(1975)	이방인을 친구처럼 초대하여 도움을 주고 자유로운 공간을 제공하여 주는 것
Cassee & Reuland(1983)	식음료와 쉼터, 물리적 환경, 사람들의 행동과 태도와 같은 세 가지 요소의 조화로운 혼합
Tideman(1983)	손님의 욕구가 최고 수준의 만족에 이르게 하는 생산수단이며 이는 손님이 원하는 양과 질을 갖춘 제품과 서비스의 공급이 이루어 졌음을 의미하며 가격 또한 적절해서 손님은 상품에 대한 가격 대비 가치를 느끼게 됨
Pfeifer(1983)	식사 및 음료와 잠자리의 제공으로 구성됨. 즉 집을 떠난 사람의 기본적 욕구에 필요한 것을 제공하는 것
Telfer(1996)	가족 구성원이 아닌 다른 사람에게 음식 및 음료와 때로는 숙소도 제공하는 것
Brotherton(1999)	숙소와 식사 및 음료의 제공을 통하여 상호 간의 웰빙을 향상하기 위한 자발적이고 동시적인 인간 간의 교류
Derrida(2000)	낯선 사람을 초대하고 환영하는 것
Sutherland(2006)	바라는 보상 없이 의도적으로 책임감을 갖고 방문객을 환영하고 돌보는 행위
Symons(2013)	구성원이 아닌 다른 사람의 기본적인 욕구를 충족시키려고 하는 가족의 행동

출처: 저자 정리

제2절 **호스피탈리티 개념의 이해**

호스피탈리티란 개념은 정확히 무엇인가? 이와 같은 질문에 대해 모두가 동의하는 해결책은 아직 존재하지 않고 있으며, 아래처럼 호스피탈리티 개념에 대한 여러 관점이 존재하고 있다. 호스피탈리티는 다차원적 의미를 갖고 있기 때문에 현재까지 통일된 개념이 쉽게 만들어지지 않고 있다.

예로부터 우리 인류는 자기 집을 방문하는 손님(Guest)을 반가이 맞이했으며 이는 집 주인(Host)으로서의 명예롭고 신성한 의무였다. 주인은 친분이 있는 손님은 물론이고 면식이 전혀 없는 이방인도 공히 친절하고 관대하게 대접(Hospitality)하였다.

호스피탈리티는 기본적으로 주인과 손님간의 상호적인 관계를 말한다. 호스피탈리티는 손님에게 기쁨을 제공해줘야 하며 이에는 도착과 출발이 포함되어 있다. 호스피탈리티에는 여러 의미가 존재하고 있다. 첫째, 호스피탈리티는 주인이 집을 떠나온 손님에게 부여하는 것이다. 둘째, 호스피탈리티는 제공자와 수신자가 함께 하며 상호 작용적이다. 이는 후일 서로 간에 입장이 바뀌게 되는 것을 말하고 있다. 셋째, 호스피탈리티는 유형적인 것과 무형적인 것이 혼합되어 구성되어 있다. 넷째, 주인은 손님에게 안전과 심리적 및 생리적 편안함을 제공해야 한다.

한편 호스피탈리티는 남을 위하여 환영의 공간(Welcoming Space)을 만들어주는 것이라고 주장도 있다. 이에 의하면 공간에는 네 가지 측면이 존재하는데 첫째, 입장의 공간 둘째, 자기 집처럼 느낄 수 있는 공간 셋째, 진정한 인간성을 보여주는 공간 넷째, 손님에게 변화의 기회를 제공하는 공간이다. 이처럼 공간의 제공은 대면하는 모든 사람에게 관대함을 허용한다는 의미이다.

현재까지 호스피탈리티의 의미에 대한 연구들을 종합해보면 〈그림 1-1〉과 같이 요약할 수 있다. 기본적으로 호스피탈리티는 주인과 손님간의 관계이다. 이런 만남을 통하여 두 사람은 상호간에 교류를 도모하고 있다. 그리고 두 사람은 언제든지 입장이 바뀔 수 있다는 상호 호혜성(Reciprocity)을 잘 인지하고 있으며, 또한 두 사람은 개방된 사고로서 서로의 차이를 잘 이해해야 한다.

주인은 손님에게 대가를 바라지 않고 친절하고 관대한 대접을 베푸는데, 주로 식사와 잠자리를 제공하며 때로는 여흥을 제공하기도 한다. 그리고 주인은 손님에게 잠시 떠나온 자기 집처럼 편안함을 느낄 수 있도록 하며 결국 사적이고 자유로운 공간의 제공을 허용하고 있다. 융숭한 대접도 중요하지만 기본적으로 더욱 중요한 것은 낯선 환경에서 잠재적 위험에 처해있는 손님을 안전하게 보호해 주는 것이다. 한편 손님은 주인의 안내에 잘 따라야 하며, 불평을 자제해야 한다. 그리고 오랜 동안 머무르는 등 주인에게 부담이 행동을 피해야 한다. 마지막으로 주인과 손님은 작별시에 다음 만남을 기약하면서 지속적인 관계 유지를 약속하고 있다. 이와 같은 내용들은 호스피탈리티의 의미를 이해함에 있어 기본적인 지침이 될 수 있을 것이다.

그러나 남이나 이방인을 후하게 잘 대접하는 주인들도 많지만 자기 집을 찾은 다른 사람을 문전박대하는 주인들도 적지 않은 것이 현실이다. 따라서 〈그림 1-2〉에서 보는 바와 같이 우리는 호스피탈리티를 박대를 한 극단으로 하고 반대편 극단을 후대로 하는 박대-후대의 연속체(Continuum)로 보는 것이 타당할 것이다.

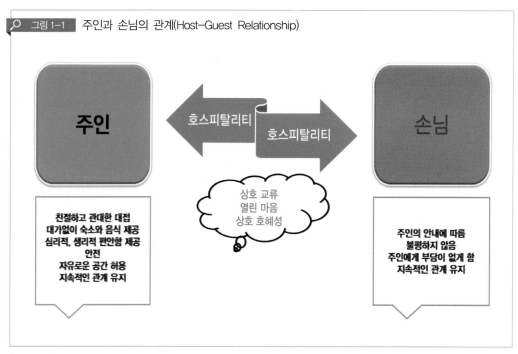

🔍 그림1-1 주인과 손님의 관계(Host-Guest Relationship)

주인 ← 호스피탈리티 호스피탈리티 → 손님

상호 교류
열린 마음
상호 호혜성

친절하고 관대한 대접
대가없이 숙소와 음식 제공
심리적, 생리적 편안함 제공
안전
자유로운 공간 허용
지속적인 관계 유지

주인의 안내에 따름
불평하지 않음
주인에게 부담이 없게 함
지속적인 관계 유지

출처: 저자

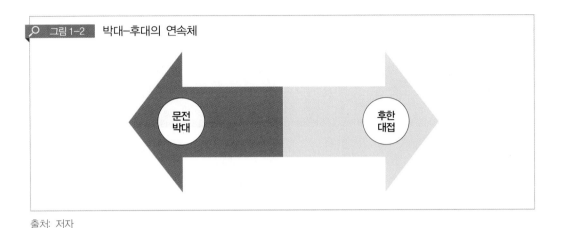

그림 1-2 박대–후대의 연속체

문전
박대

후한
대접

출처: 저자

제3절 호스피탈리티의 영역과 차원

1. 호스피탈리티의 영역

Lashley & Morrison은 그들의 역작 "In Search of Hospitality"에서 호스피탈리티를 세 가지 영역으로 구분하였다(〈그림 1-3〉). 첫째, 개인의 가정집과 같은 사적인 공간에서의 호스피탈리티(Private Hospitality)를 말하고 있다. 보통 자기 집을 찾은 손님을 주인은 극진히 대접하여 좋은 관계가 개시 또는 강화되어 장기간 지속되도록 하고 있다. 둘째, 가정을 넘어 보다 넓은 인간의 교류 장소인 사회란 공간에서 발휘되는 호스피탈리티 영역(Social Hospitality)을 말하고 있다. 다른 지방을 찾은 내국인이나 다른 나라를 방문한 외국인 여행객들에게 베푸는 호스피탈리티를 의미하고 있다. 여기서도 주인과 손님간의 좋은 관계가 비교적 잘 유지되고 있다. 셋째, 상업적 호스피탈리티 영역(Commercial Hospitality)은 영리목적으로 운영되는 다양한 호스피탈리티 상품과 서비스의 판매자가 영업장을 찾은 손님 또는 고객에게 만족스런 구매경험을 제공하기 위해 노력하는 것이다. 인정적 또는 자선적 성격이 강한 사적 및 사회적 호스피탈리티 환경에서 주인과 손님은 진정한 관계를 잘 유지하고 있는 반면에 경제적 이익을 주목적으로 하는 상업적 환경에서 판매자와 손님의 관계에서는 바람직하지 못한 결과가 초래되고 있다는 비난이 자주 일고 있다.

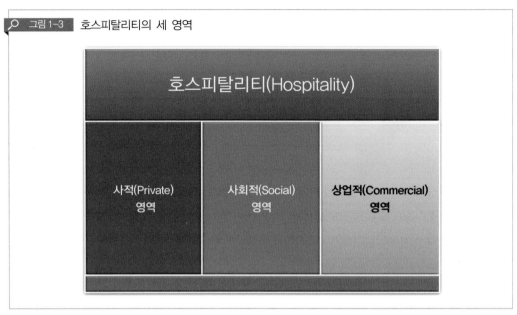

🔍 그림 1-3 호스피탈리티의 세 영역

호스피탈리티(Hospitality)

사적(Private)
영역

사회적(Social)
영역

상업적(Commercial)
영역

출처: Lashley & Morrison(2000)을 기반으로 저자 작성

　오래 전인 1765년 프랑스의 작가 Jaucourt는 그가 저술한 백과사전에서 호스피탈리티가 당시 전 유럽에서 사라지고 있다고 비판했다. 그는 여행자를 잘 보살피는 전통이 새로운 상업적 정신에 대체되고 있다고 봤다. 교환수단인 화폐 유통량의 증가, 안전한 도로, 보다 편리해진 교통, 대다수 도시와 주요 도로에 건축된 숙박시설들에 의해 남을 후하게 잘 대접했던 구세대의 전통은 전에 비해 덜 필요하게 되었다고 했다. 또 모든 국가들을 연결하는 교역의 발달로 인하여 개인 간에 존재하던 사적 배려의 결속은 깨져버렸다고 논평했다. 또한 그는 온 유럽은 여행과 교역으로 인해 생기는 이윤 때문에 보다 본질적이고 친밀한 사람들 간의 관계가 희생되었다고 보았다. 그럼에도 불구하고 그는 교역량의 증가는 많은 편리함을 제공하게 되었으며 또 다른 지역의 사람들에 대한 이해가 확대되는 계기가 마련되었을 뿐만 아니라 풍요를 경험하게 되었다는 점을 인정하기도 했다. 이처럼 문명이 발전하여 상업 활동이 진화되면서 이방인이나 남을 잘 대접하는 인류의 훌륭한 전통인 호스피탈리티 정신은 점점 퇴색하게 되었다.

　이를 반영하듯이 〈그림 1-3〉은 인류의 자랑스러운 전통인 호스피탈리티 정신이 상업적 영역으로 향할수록 점점 희석되고 있음을 보여주고 있다. 전통적인 호스피탈리티에서 강조되는 관대함과 상업적 영역에서 강조하는 비즈니스의 경제적 성과는 과연 양립될 수 없는 관계인가. 즉 이윤을 우선시하는 상업적 환경에서 진정한 호스피탈리티의 제공이 과연 가능한 일인가에 대해 의문을 품는 사람들이 점점 늘고 있다. 상업적 영역에서도 손님에게 가정에서처럼 친절하고 관대한 호스피탈리티에 의해 깊은 감명을 받는 손님과 이를 제공한 기업 간에 진정한 관계가 오래 유지되고 이와 동시에 목표하는 수준의 이윤창출은 과연 불가능한 것인가.

2. 호스피탈리티의 차원

Hemmington은 호스피탈리티에는 대한 다섯 가지 차원이 존재한다는 것을 밝혔다.

첫째, 호스피탈리티는 본질적으로 주인과 손님간의 관계(Relationship)이다. 주인과 손님의 관계는 상업적 호스피탈리티에서 볼 수 있는 관리자와 손님의 관계와는 본질적으로 다르다.

둘째, 호스피탈리티는 관대함(Generosity)이다. 전통적인 또는 사적인 호스피탈리티에서 볼 수 있는 관대함과 상업적 호스피탈리티 환경에서 나타나는 경제적 관계는 확연하게 다르다. 현실 세계의 상업적 호스피탈리티 비즈니스에서 볼 수 있는 비용통제와 이윤창출에 대한 요구는 사적 또는 사회적 호스피탈리티 환경에서는 적용되지 않는 것이 일반적이다. 이윤창출에 대한 욕구가 존재하는 비즈니스 환경에서 대가없이 제공되는 진정한 의미의 호스피탈리티 실현이 가능한가에 대한 의문을 가지게 되는 것이 현실이다. 특히 비용통제로 인하여 관대함은 사라지고 손님은 인색하고 불친절한 경험을 하게 될 것이다.

셋째, 호스피탈리티는 극장의 공연(Performance)과 유사하다. 호스피탈리티와 극장 모두에서 단계별 경험관리와 무대연출 감각이 요구된다. 호텔과 레스토랑에서 무대의 정면(영업시설)에 대한 준비단계는 멋진 경험을 위해 매우 중요하다. 테이블의 배치, 냅킨의 접음새, 꽃·조명·음악과 같은 실내장식 및 분위기에 대한 세심한 준비 등은 레스토랑의 단계별 무대 연출 및 관리의 일부이며 다음 단계의 공연을 위한 필수적인 준비과정이다. 모든 관중이 함께 일괄처리(Batch)되는 극장과 달리 호스피탈리티 공연은 보다 높은 수준의 개별적이고 개인화된 경험이 제공된다. 한편 연기가 손님의 경험에 중요하다는 것과 직원의 연기자 역할은 중요한 시사점을 제공하고 있다. 만족한 경험의 창출을 위해 연기가 중요하다고 판단이 된다면 조직은 연기의 수준을 향상할 수 있는 기회를 탐색해야 한다. 연기를 수행하는 배우처럼 직원들도 연기자처럼 채용하고 개발해야 할 필요가 있으며 또 공연 기회를 제공해야 한다. 이는 요술을 부리거나 농담을 하라는 것이 아니라 손님에게 메뉴를 효과적으로 제시하고 설명하고, 미식 컨설턴트처럼 행동하고, 멋지게 준비된 식사를 제공하는 것을 뜻하고 있다.

넷째, 호스피탈리티는 될수록 많은 작은 놀라움의 연속적인 제공이다. 호스피탈리티는 식사를 위한 한 두 시간, 호텔 체류를 위한 며칠, 휴가를 위한 일주일 등과 같이 경험되어 진다. 이와 같이 호스피탈리티 경험은 한 순간에 전달되는 것이 아니라 시간이 흐르면서 또 어떤 경우에는 매우 오랜 기간에 걸쳐서 나타나는 것임을 인지해야 한다. 그러므로 영업활동 관리자는 일정 기간에 걸쳐 경험과 연기가 수행될 수 있도록 설계해야 하며, 또 손님이 체험하는 전체 기간 동안에 관심과 흥미가 잘 유지될 수 있도록 해야 한다. 이처럼 일정 기간 동안에 작은 놀라움이 여러 번 체험될 수 있도록 설계되어야 한다. 양식 레스토랑의 풀코스 식사처럼 단계별로 구성된 여러 번의 세심하고 특이한 미식적 시도는 손님의 관심을 최대화 할 수 있다. 어떤 전문가는 레스토랑에서의 경험을 '일련의 반짝이는 순간이 모여서 눈부신 섬광을 이루어 모두 함께 타오르는 것이다'라고 묘사하고 있다. 이처럼 호스피탈리티 비즈니스는 많은 작은 놀라움 또는 반짝이는 순간이 나타날 수 있도록 손님의 경험을 설계해야 한다. 이를 위해서는 직원들의 색다른 사고와 창의성이 절실하게 필요하다. 놀라운 순간은 손님이 주도해서 만들어 지는 것이 아니라 주인 역할을 수행하는 직원과 기업의 주도로 이루어져야 한다. 이를 위해 기업은 손님의 욕구를 특이하고 흥미로운 방식으로 해석하고 이를 잘 설계해서 손님에게 오랫동안 기억이 되는 경험을 제공해야 한다. 이런 경험은 손님의 자발적인 재방문을 유인할 수 있을 뿐만 아니라 긍정적인 구전효과를 거둘 수 있다.

다섯째, 호스피탈리티는 안전과 보안의 확보이다. 전통적인 호스피탈리티에서 가장 중요시 되는 것은 이방인의 안전을 보호해주는 것이다. 이질적이고 낯선 환경을 접하고 있는 손님에게 호텔은 보호구역의 역할을 하게 된다. 많은 경우 기업들은 손님의 안전보다는 조직 자신의 자원이나 절차의 보호에 더욱 집중하고 있으며, 이는 결국 영업통제와 재무통제가 호스피탈리티 경험의 대부분을 지배하는 결과를 만들어내고 있다. 호스피탈리티 기업은 손님의 개인적인 안전을 보호하는 것에 최우선으로 관심을 가져야 한다.

한편 O'Gorman도 호스피탈리티에 존재하는 다섯 가지의 차원을 주장하였다. 첫째, 호스피탈리티는 인류의 명예로운 전통(Honourable Tradition)이다. 고대 부터 호스피탈리티는 본질적으로 선행으로 인정이 되었다고 한다. 또한 호스피탈리티는 직업적 특성을 가지게 되었다. 호스피탈리티를 제공하는 것에 대한 실패는 불경이자 세속적인 범죄로 여겨지며 금전적·정신적 또는 거래 등과 같은 상호 호혜성의 개념이 일찍이 이해되고 있었다.

둘째, 호스피탈리티는 인간 존재의 근본(Fundamental to Human Existence)이다. 호스피탈리티는 음식 및 음료, 잠자리, 안전과 같은 인간의 기본적 욕구에 대응하는 것으로 사회 발전의 중요한 특징이다.

셋째, 호스피탈리티는 계층화(Stratified)되었다. 사회가 점점 발전함에 따라 호스피탈리티의 체계화는 다양한 기준에 따라 다양한 손님/이방인들을 어떻게 대할 것인가에 대한 판단기준이 되었다. 사적, 사회적, 상업적과 같이 호스피탈리티의 차원 역시 분명해졌다. 사회적 및 상업적 호스피탈리티가 발전하면서 전문적인 호스피탈리티 직업인이 등장하였다.

넷째, 호스피탈리티는 다변화(Diversified)되었다. 호스피탈리티는 광범위한 유형의 욕구에 잘 대응해왔는데, 이는 폭넓은 호스피탈리티 및 시설의 유형에 대한 기본이 되었다.

다섯째, 호스피탈리티는 인간활동의 중심(Central to Human Endeavour)이다. 인류의 역사가 시작된 이래로 개인적이나 전체적 차원에서 호스피탈리티는 사회발전의 주된 기제였다. 호스피탈리티는 특히 문명의 발전을 목적으로 하는 것에 대한 인류의 활동을 용이하게 하는 촉진제 역할을 수행했다.

제4절 **호스피탈리티산업과 서비스산업**

농업이 경제의 대부분을 이끌던 산업혁명 이전의 시대와 달리 현재 특정 국가의 경제는 대부분 제조부문(Manufacturing Sector)과 서비스부문(Service Sector)에 의해 생산활동이 이루어지고 있다. 제조업은 주로 유형의 제품을 생산하는 역할을 담당하고 있으며, 서비스업은 소비자를 위해 서비스를 제공하는 역할을 수행하고 있다. 서비스산업은 법률, 의료, 회계, 유지보수, 여행, 식생활 등 다양한 직업군을 포괄하고 있다. 과거에는 제조업이 특정 국가의 경제성장에서 대부분을 담당하는 역할을 담당했었다. 그러나 특히

20세기 중후반 이후부터는 서비스업이 경제성장에 이바지하는 비중이 훨씬 높아지게 되었다. 미래에 서비스경제의 성장 속도는 제조업을 능가한다는 것을 대다수가 인정하고 있다.

특히 대다수 선진국에서는 제조업보다는 서비스산업에 대한 의존도가 훨씬 높게 나타나고 있다. 〈표 1-2〉는 이를 여실히 증명해주고 있다. 서비스산업이 경제활동에서 중추적인 역할을 하는 현상은 미국, 서유럽, 일본 등 선진국에서는 이미 보편적인 현상이 되었다. 즉 선진국에서는 국내총생산과 고용인구에서 서비스산업이 차지하는 비중이 70% 이상을 초과하고 있다. 이와 같이 선진국에서 호스피탈리티산업은 서비스산업에서 중요한 역할을 담당하고 있다. 반면에 신흥국인 우리나라와 중국에서는 선진국에서 비해서 서비스산업에 대한 비중이 다소 적게 나타나고 있다. 2014년 11월말 경제통계를 보면 현재 우리나라의 총취업자 25,968,000명 중에서 약 69.8%인 18,137,000명이 서비스업에 종사하고 있는 것으로 나타나고 있다. 이제 서비스산업이 대다수 우리 국민들의 먹고사는 문제를 좌우하고 있다는 사실을 여실히 보여주고 있다. 신흥국에서도 경제가 성장하고 발전함에 따라 호스피탈리티산업은 서비스산업의 성장에 중요한 역할을 담당하고 있으며 이를 통해 국민들에게 보다 나은 편익을 제공하고 있다.

이와 같은 사실을 보면 과거 대량생산으로 상징되던 제조업의 전성시대는 서서히 퇴색하고 있으며 이제 우리는 바야흐로 서비스산업에 의존하고 또한 국가경쟁력이 결정되는 시대를 경험하고 있다. 이처럼 서비스경제가 급속히 성장하는 현상에는 여러 가지 동인(Drivers)이 존재하고 있다. 가장 큰 동인은 급속한 기술개발로 인해 나타나고 있는 비즈니스혁신에 의한 서비스혁명으로 경제구조가 서비스경제로 전환되면서 전에는 존재하지 않았던 수많은 신종 서비스업이 탄생하고 있다. 또한 기술혁신에 따라 소비자들의 욕구도 새롭게 진화를 거듭하고 있으며 더욱 다양화되고 있다. 또한 기업들도 생산성 향상을 위해 서비스를 새롭게 창의적으로 활용하고 있다. 가령 자동차기업의 할부금융사 설립과 같은 제조업의 서비스화나 또 제조업체가 유지보수나 컨설팅서비스 등과 같은 부가적인 서비스를 제공하는 것이 증가하면서 서비스경제가 더욱 확대되고 있다(〈표 1-3〉).

| 표 1-2 | 주요국의 경제부문별 국내총생산(GDP)과 고용 통계

국가명	경제부문	GDP	고용
미국(2013, 2009)	농업	1.1%	0.7%
	제조업	19.5	20.3
	서비스	79.4	79.1
독일(2013, 2011)	농업	0.8%	1.6%
	제조업	30.1	24.6
	서비스	69.0	73.8
영국(2013, 2006)	농업	0.7%	1.4%
	제조업	20.5	18.2
	서비스	78.9	80.4
프랑스(2013, 2005)	농업	1.9%	3.8%
	제조업	18.7	24.3
	서비스	79.4	71.8
이탈리아(2013, 2011)	농업	2.0%	3.9%
	제조업	24.4	28.3
	서비스	73.5	67.8
스페인(2013, 2009)	농업	3.1%	4.2%
	제조업	26.0	24.0
	서비스	70.8	71.7
일본(2013, 2010)	농업	1.1%	3.9%
	제조업	25.6	26.2
	서비스	73.2	69.8
한국(2013, 2013)	**농업**	**2.6%**	**6.9%**
	제조업	**39.2**	**23.6**
	서비스	**58.2**	**69.4**
중국(2013, 2011)	농업	9.7%	34.8%
	제조업	45.3	29.5
	서비스	45.0	35.7

출처: CIA, The World Factbook, 2013

| 표 1-3 | 서비스경제가 확대되는 동인

동 인	사 례
소비자 욕구의 다양화	레저, 오락, 관광, 스포츠 등
급속한 기술혁명	케이블TV, 인터넷, 스마트폰, SNS, 모바일혁명
기업의 생산성 향상 욕구	경영컨설팅, 아웃소싱, 유지보수, 시장조사, 디자인, 상품개발, 교육
부의 증대	과거에는 소비자들이 스스로 하던 일에 대한 수요 증가(청소, 세탁)
여가시간 증대	온라인여행사, 성인교육프로그램, 레저산업에 대한 수요 증가
여성의 취업 증가	유아원, 파출부, 외식 등에 대한 수요 증가
평균수명의 증가	양로시설, 의료 및 요양시설에 대한 수요 증가
제품의 복잡화	자동차, 컴퓨터, 전자기기 등에 대한 수리와 유지보수전문가의 필요
삶의 복잡화	세무상담, 결혼상담, 법률상담, 취업상담 등의 서비스 수요 증가
신제품의 증가	컴퓨터 프로그래밍과 수리, 인터넷 홈페이지 관리 등의 서비스 증가

출처: 이유재, 2002

　서비스산업은 다양한 업종을 포함하는 광대한 산업이다. 현재 우리나라 표준산업분류체계에 따르면 서비스산업을 구성하는 업종에는 도소매업, 숙박 및 음식점업, 운수업, 통신업, 금융 및 보험업, 부동산 및 임대업, 사업 서비스업, 교육 서비스업, 보건 및 사회복지사업, 오락, 문화 및 운동관련, 기타 공공 및 개인 등이 존재하고 있다. 공식적인 산업분류체계는 존재하지 않지만 관광산업은 서비스산업의 일정 부문을 점유하고 있다. 아직 세계적으로 인정을 받는 관광산업과 호스피탈리티산업을 구별하는 공식적인 구분방식이 존재하지 않고 있어서 두 산업은 서로 중복되어 사용되는 경우가 많다. 그러나 확실한 사실은 관광산업이 호스피탈리티산업에 비해 보다 광범위하다는 것에 많은 사람들이 동의하고 있다. 〈그림 1-4〉는 서비스산업-관광산업-호스피탈리티산업 간의 위계적 관계를 잘 보여주고 있다.

　서비스산업의 역할이 커짐에 따라, 동시에 호스피탈리티산업의 중요성도 높아지고 있다. 주로 지역주민들을 상대로 하는 일반 서비스산업과 달리 호스피탈리티산업은 주로 여행자들을 비즈니스 대상으로 하고 있다. 전 세계 많은 국가에서 소득이 향상되면서 많은 세계인들의 여행 기회가 증가하고 있다. 따라서 일부에서는 다른 서비스산업에 비해 호스피탈리티산업의 성장속도가 훨씬 빠르다는 주장이 제기되고 있으며, 많은 경제인들은 호스피탈리티산업은 미래에도 지속적으로 성장할 것으로 전망하고 있다. 이에 따라 지속적인 성장을 보이고 있는 호스피탈리티산업에서 다양한 유형의 경력 기회에 관심을 갖는 사람들이 꾸준히 증가하고 있다.

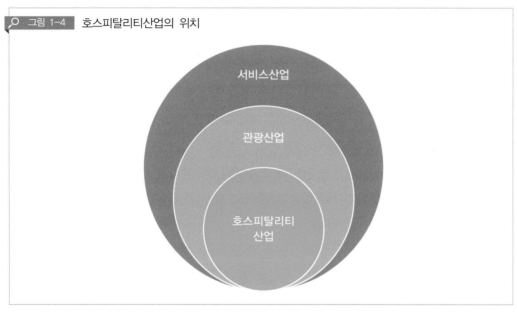

🔍 그림 1-4   호스피탈리티산업의 위치

출처: 저자

제5절 **호스피탈리티산업의 범위**

오늘날 호스피탈리티산업은 세계 최대 산업의 하나이며 또한 인류의 역사에서 가장 오래된 직업의 하나로 인정되고 있다. 그러나 유감스럽게도 아직도 호스피탈리티산업의 범위(Scope)에 대해 글로벌 산업계나 학계 모두를 통틀어서 일치된 의견이 존재하지 않고 있다. 현재까지 호스피탈리티산업의 범위에 대한 의견은 크게 두 가지로 나눠지고 있다. 첫째, 협의적인 관점에서 호스피탈리티산업은 숙박산업과 외식산업을 포함하는 산업이라고 주장하고 있다. 이런 관점은 주로 영국의 학자들 사이에서 강조되고 있다. 이 관점을 따르는 사람들은 '호스피탈리티산업은 당사자 간의 상호 웰빙을 향상하고 자발적이고 동시적인 인간 상호간의 교류를 지원하기 위해서 숙소와 식사 및 음료를 제공하는 것에 특화된 상업적인 조직으로 구성되어 있다'라고 정의하고 있다.

둘째, 주로 미국의 학자들은 보다 광의적인 관점에서 호스피탈리티산업은 호텔 및 외식산업뿐만 아니라 여행, 레저, 여흥, 카지노, 관광명소, 클럽 등을 포함하는 광범위한 산업으로 분류하고 있다. 대표적으로 Walker는 호스피탈리티산업은 크게 네 가지 분야의 산업 즉 호텔, 외식, 여행, 레저산업을 포함하는 산업이라고 주장했다. 이 외에도 여러 사람들이 호스피탈리티산업의 범위에 대한 여러 주장을 펼쳤다. 여러 사람의 주장을 종합해 보면 한 가지 사실은 분명해진다. 즉, 호텔 및 외식산업은 반드시 포함되고 있다는 사실이며, 호스피탈리티산업은 이 두 산업을 주축으로 해서 구성되는 것이 정설로 인정되고 있다. 그러나 호텔과 외식을 벗어나면 어느 분야를 넣고 빼느냐에 대한 분류기준이 서로 달라 합의에 대한 공통분모가 만들어지지 못하고 있다. 이런 상황을 지적한 Olsen은 호스피탈리티에 대한 정의뿐만 아니라 호스피탈리티산업의 범위에 대한 구체적인 합의가 존재하지 않는 현실이 이론개발은 물론이고 실무 문제의 해결에 있어 중요한 장해가 되고 있다고 밝혔다.

호스피탈리티산업은 숙박 및 외식산업을 중심으로 여행, 레저, 오락, MICE 등의 관련 분야와 함께 유기적인 관계에 의해 구성되는 일련의 산업체계이다. 〈그림 1-5〉에서 보는 바와 같이 호스피탈리티산업의 범위는 핵심적인 기능을 수행하는 호텔산업(콘도 포함)과 외식산업 외에도 이들과 유기적인 관계를 맺고 있는 분야인 여행산업(항공운송, 크루즈, 여행사), 레저산업(캠핑, 하이킹, 등산 등), 오락산업(카지노, 테마파크), MICE산업(회의, 인센티브, 컨벤션, 전시회, 이벤트)으로 구성되어 있다.

🔍 그림 1-5 호스피탈리티산업의 범위

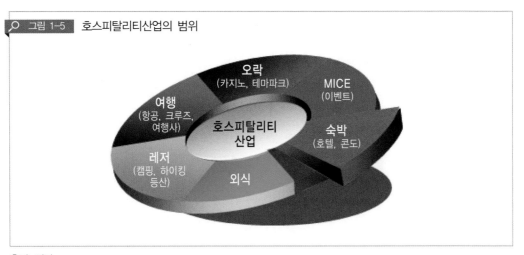

출처: 저자

제6절 호스피탈리티와 서비스의 차이점

1. 서비스의 정의와 특성

과거 경제학 연구의 초기에 영국의 위대한 경제학자인 Adam Smith는 교사, 의사, 배우와 같은 서비스 노동은 비생산적인 노동이라고 주장했다. 그는 자본과 교환이 되거나 제품의 생산에 실현되는 노동만이 생산적 노동이며 서비스 노동은 이에 해당되지 않는 것으로 보았다. 즉 경제학에서 서비스는 제품의 형태에 변화를 일으키지 않는다고 보았으며, 서비스는 비생산적 노동이나 비물질적 제품으로 여기었다. 그러나 이렇게 비생산적 또는 비물질적인 것으로 경시받았던 서비스가 현대 사회에서는 필수불가결한 요소가 되었으며 어떤 면에서는 제품보다 더욱 중요시되고 있다. 인류의 풍요로운 생활양식의 유지를 위해서 서비스의 역할이 더욱 증대되면서 서비스에 대한 인식이 본질적으로 변하게 되었다.

미국 마케팅학회는 "서비스란 판매의 목적으로 제공되거나 또는 상품 판매와 연계해서 제공되는 제 활동, 편익, 만족"이라고 정의하였으며, 호텔서비스, 오락서비스, 전력공급서비스, 운송서비스, 미용서비스, 신용서비스 등을 그 예로 들었다. 한편 Zeithaml, Bitner & Gremler는 "서비스는 행위, 과정, 연기이다"라고 정의했다. 또한 상호작용적인 관계를 중시하는 관점에서는 "서비스는 무형적 성격을 띠는 일련의 활동으로서 손님과 서비스 종사원의 상호관계로부터 발생하며 손님의 문제를 해결해 주는 것이다"라고 정의하고 있다.

그러나 서비스경제의 급속한 성장과 달리 아직도 서비스학계에서는 제조업을 중심으로 하여 개발된 경영지식이 많이 이용되고 있다. 현재 경영학의 주요문헌들을 살펴보면 대다수가 제조업을 주요 연구대상으로 하여 발행된 것들이다. 그러나 점점 더 분명해지는 사실은 서비스경제의 비중이 훨씬 더 큰 현재의 상황에서 과거 제조업을 주요 기반으로 하여 개발된 경영지식을 그대로 서비스기업의 경영에 적용하는 것은 이치에 닿지 않는 발상이다. 바꾸어 말하면, 과거 제조업을 기반으로 하여 개발된 경영지식은 호스피탈리티 또는 서비스처럼 현저하게 다른 속성을 보유한 산업에서는 효용가치가 같지 않다는 점을 숙지해야 한다. 이제 우리도 호스피탈리티산업이나 서비스산업의 고유한 속성을 반영한 새로운 경영지식의 개발에 보다 많은 관심을 가져야하며 이에 대한 집중이 요구되고 있다.

그렇다면 서비스산업의 어떤 속성들이 제조업과 구별이 되어 지는가. 기본적으로 소비자가 구매에 대한 대가를 지불하면 유형의 제품을 소유할 수 있는 제조업과 달리 서비스산업은 대가를 지불해도 소비자는 아무 것도 소유할 수 없다. 그리고 서비스는 제품과 비교했을 때 〈그림 1-5〉에 나타난 바와 같이 기본적으로 무형성(Intangibility), 비분리성(Inseparability), 이질성(Heterogeneity), 소멸성(Perishability)과 같은 네 가지 고유한 특성을 보유하고 있다.

첫째, 서비스의 무형성이다. 서비스가 제품에 비해 가장 두드러진 특성은 형태가 없어서 객관적으로 다른 사람에게 보이거나 제시할 수 없으며 제품처럼 만지거나 볼 수 없다. 따라서 서비스의 가치를 파악하고 평가하는 것이 쉽지 않다. 이렇듯 서비스는 실체를 만지거나 볼 수 없기 때문에 그 속성들을 묘사하고 측정하기 어려워서 표준화하기가 쉽지 않다. 또한 제품과 달리 서비스는 경험 또는 체험되어지기 때문에 서비스를 제공받는 자의 주관적인 인식에 의해 판단 및 평가된다.

호텔서비스는 경험되어지는 것이기 때문에 물리적인 형태가 없으며 손님들이 쉽게 가치와 특징을 판단할 수 없다. 그리고 서비스는 소비자의 기준에 의해 판단이 되고 있다. 무형성으로 인해 호텔서비스는 자동화에 대한 한계가 존재하며 이는 인적서비스에 대한 의존도를 높게 한다.

둘째, 서비스의 비분리성이다. 서비스 경험은 생산과 소비가 동시에 발생한다는 의미이다. 즉 종사원에 의해 서비스가 제공이 됨과 동시에 손님에 의해 소비가 된다. 손님은 직접적으로 서비스 제공과정에 참여하게 된다. 즉 손님은 서비스 생산과정에서 같은 생산자의 입장으로 참여하며 또 반드시 서비스를 제공받는 곳에 위치하고 있어야 한다. 손님들이 생산과정에 참여하기 때문에 집중화된 대량생산체제를 구축하기가 쉽지 않으며, 서비스 경험은 저장할 수 없기 때문에 손님들은 서비스를 미리 확인할 기회를 가질 수 없다. 따라서 손님은 단지 서비스와 상품이 생산되는 대로 경험을 할 수 밖에 없다.

제조업은 생산과정에 문제점이 있으면 판매되기 전에 소비자가 인지할 수 없는 상태에서 수리를 할 수 있다 그러나 만일 호텔에서 서비스 실패가 발생한다면 손님 앞에서 바로 서비스 회복에 들어가야 한다. 이런 점 때문에 호텔 서비스는 제조업처럼 중앙집중 방식에 의한 대량생산이 불가능하다.

셋째, 서비스의 이질성이다. 서비스의 생산 및 제공과정에는 가변적 요소가 많이 존재한다. 한 손님에게 제공된 서비스가 다음 손님에게 제공되는 서비스와 다를 경우가 있고 또 같은 서비스기업 내에서도 종사원에 따라서 제공되는 서비스의 질이나 내용이 달라질 수 있다. 그리고 동일한 서비스일지라도 다른 손님에게는 일부 또는 전혀 다르게 인식될 수 있으며, 같은 손님도 똑같은 서비스를 상황에 따라 다르게 인식할 수 있다. 이에 더해 같은 종사원일지라도 시간이나 손님이 누구냐에 따라서 다른 서비스가 제공될 가능성이 높다.

호텔서비스는 손님과 종사원에 의해 다양하게 인식이 되고 있다. 호텔서비스는 손님과 종사원의 감정 변화에 상당 부분 의존되는 경우가 많다. 또한 호텔은 유형적인 상품과 무형적인 서비스가 동시에 손님에게 제공되고 있기 때문에 매우 복잡하다. 그래서 호텔서비스는 품질통제가 어려우며 표준화가 어렵다. 결국 호텔서비스는 이질적이고 변동성이 높아서 규격화하거나 표준화하기가 쉽지 않다.

넷째, 서비스의 소멸성이다. 서비스는 정해진 시간 내에 판매되지 않으면 남아있지 않고 신속하게 소멸 된다. 유형적인 제품은 판매하고 남은 상품들은 재고품으로 창고에 저장이 가능하다. 그러나 판매되지 않은 서비스는 바로 사라져 버리기 때문에 저장할 수 없다. 이와 같이 서비스는 동시에 생산되고 소비되기 때문에 저장이 불가능하며, 한번 놓친 서비스의 판매기회는 영원히 회복할 수 없다.

호텔의 객실, 레스토랑의 좌석, 항공기의 좌석 등은 제 시간 내에 판매하지 못하면 다시는 판매할 기회를 가질 수 없다. 즉 오늘 팔지 못하면 영원히 팔 수 없다. 잃어버린 판매 기회들은 축적이 되어 비즈니스에 부정적인 영향을 미치게 된다. 서비스기업의 소멸성은 제품의 과잉생산에 의한 손실이나 또는 생산부족으로 인한 이윤창출 기회의 상실과 같은 문제에 당면하게 된다.

지금까지 보았듯이 서비스를 생산하는 과정은 제조업에서 다루는 제품의 생산과정과 많이 다르다. 이러한 차이점의 존재는 서비스산업의 발전을 위해서는 제조업에서 비롯된 것과는 다른 차별화된 새로운 경영지식의 개발이 요구된다는 사실을 잘 보여주고 있다.

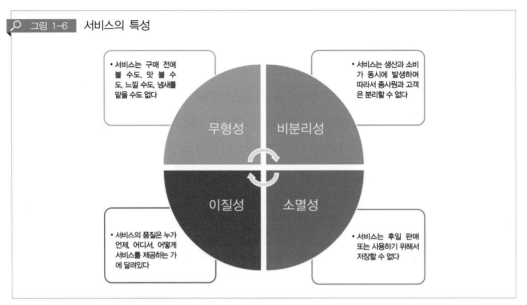

출처: 저자

2. 호스피탈리티와 서비스의 차이점

지금까지 우리가 알아본 호스피탈리티와 우리가 흔히 사용하는 용어인 서비스는 같은 개념인가 아니면 서로 다른 개념인가. 지금부터 이에 대해 알아보도록 하겠다. 현재 두 개념은 비슷해서 상호 교차적으로 이용되고 있는 경우가 많지만 결론적으로 두 개념은 다르다고 할 수 있다. 여기서 호스피탈리티와 서비스의 차이점에 대하여 알아보도록 하겠다.

먼저 서비스는 계획대로 정확하게 수행하는 과학이라고 말할 수 있다. 예를 들면 손님들이 줄을 서서 대기하고 있는 프런트데스크에서의 효율성, 세심하게 드러나지 않으면서 또 적시에 제공되고 치워지는 음식접시 등이 서비스를 의미한다. 반면에 호스피탈리티는 좋은 느낌과 기억을 창출하는 예술이라고 말할 수 있다. 호스피탈리티에 대한 예로는 호텔의 바에서 바텐더가 많은 손님들로 인해 바쁜 와중에도 불구하고 바를 처음으로 방문한 손님을 특별하게 대우해 주거나, 오늘은 어떤 서비스가 제공될 것인가에 대한 기대를 한층 높게 하는 레스토랑 지배인의 확신에 차고 따뜻한 환영 인사, 호텔에서 손님이 경험하는 중요한 서비스 접점(예약, 체크인, 착석, 입실, 배웅 등)에서 대응하는 종사원의 밝고 상냥한 목소리 톤 등이 있다.

최고의 서비스는 중요하다. 그러나 호스피탈리티가 없다면 손님들의 진정한 환호는 기대하기 어렵다. 손님이 레스토랑에서 저녁식사를 하면서 "이 밤이 가지 않았으면 좋겠다"라고 환호하는 것은 온전히 호스피탈리티의 몫이다. 최근 경험경제이론에서는 손님들은 서비스를 구매하는 것이 아니라 경험을 구매하고 있으며, 서비스 품질을 구매하는 것이 아니라 기억을 구매하고 있으며, 음식을 구매하는 것이 아니라 식사경험을 구매하고 있다고 말하고 있다.

뉴욕에서 아주 유명한 고급레스토랑의 경영자는 서비스는 식사 메뉴를 손님에게 어떻게 기술적으로 전달하는가에 관한 것이며, 반면에 호스피탈리티는 식사를 제공받는 손님이 어떤 느낌을 갖게 하는 가에 관한 것이라고 구분하였다. 그리고 그는 다른 사람이 나의 편(Side)이 되어주었을 때 비로소 호스피탈리티가 존재한다고 했으며, 또 호스피탈리티는 어느 누구를 위해서 존재하며 이는 사려깊은 배려와 관계가 깊다고 주장했다. 또한 〈그림 1-7〉에서 보는 바와 같이 그는 특별한 경험으로 인하여 레스토랑과 손님과의 관계가 오래도록 유지될 수 있다고 강조했다.

많은 사람들은 좋은 음식을 사먹으려고 외출하는 것이 아니라 기분 좋은 호스피탈리티를 경험하기 위해 외식을 하고 있다. 손님에게 좋은 식사를 제공하면 그들은 다시 돌아올 수도 있고 안 올수도 있다. 그러나 맛있는 식사와 좋은 서비스와 더불어 A$^+$ 호스피탈리티를 제공하면 손님과의 유대관계는 오랫동안 지속될 수 있다.

한편 서비스와 호스피탈리티의 차이에 대한 다른 관점을 보면 서비스는 바르게 컵을 들고, 손님에게 메뉴를 열어 보이고, 컵에 물을 항상 채우기 등과 같은 기술적 효율성을 의미한다. 반면에 호스피탈리티는 진심어린 배려로서 손님의 욕구를 잘 읽는 것이며, 그것에는 서비스 종사원의 스마일, 목소리의 톤, 종사원이 손님에게 말을 건네고 손님을 환영하면서 진심으로 즐거워하는 모습, 손님들이 와주셔서 흥분된다고 말하면서 하는 행동, 손님이 멋진 시간을 보낼 수 있도록 할 수 있는 모든 것을 다하겠다고 말하는 것 등이 있다. 또 호스피탈리티는 손님들이 구매를 마친 후에 느끼는 기분에 대한 것이며 동시에 손님과 종사원간의 결속, 유대, 관계, 긍정적인 느낌을 말한다.

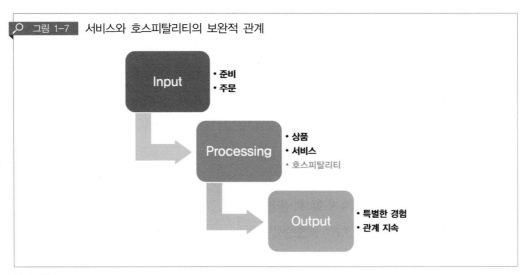

> 🔍 그림 1-7 서비스와 호스피탈리티의 보완적 관계

출처: 저자

또한 서비스는 독백이다. 이는 일을 처리하는 방식과 절차를 위한 기업의 표준을 결정하는 것이다. 반면에 호스피탈리티는 대화이다. 이는 손님을 위하여 먼저 모든 감각을 동원해서 잘 경청하고 관찰한 후 사려깊고, 우아하고, 적절하게 대응하는 것이다.

서비스는 기업이 판매하는 상품의 무형적 부분을 물리적으로 제공하는 것이며, 호스피탈리티는 손님을 세심하게 배려하는 것이다. 경쟁이 심하지 않은 시장에서는 손님들에 대한 세심한 배려 없이도 성공할 수 있지만, 반면에 매우 경쟁적인 시장에서는 일관적으로 훌륭한 호스피탈리티를 제공하는 것이 승자와 패자를 구별한다.

서비스와 호스피탈리티에 대해서 어느 것이 더 중요한가에 대해 고민하는 것보다는 상호 보완적인 개념으로 이해하는 것이 바람직하며 두 개념은 공존함으로써 시너지 효과를 생산해 내고 있다고 볼 수 있다. 서비스 접점에서 마주하는 손님에게 최고의 만족을 제공하는 최선의 방법은 서비스와 호스피탈리티의 본질적인 차이점을 잘 이해해서 시너지를 산출하는 것이다. 즉 훌륭한 서비스가 없는 최고의 호스피탈리티는 무의미하며, 진정한 호스피탈리티가 없는 최고의 서비스는 무가치하다.

결국 서비스와 호스피탈리티의 차이점은 공감(Empathy)이다. 진정한 호스피탈리티의 제공을 통해 손님들이 Feel Welcome, Feel Good, Feel Special 등과 같이 좋은 느낌을 가질 수 있도록 하는 것은 매우 중요하다. 기업이 손님에게 훌륭한 제품, 서비스, 호스피탈리티를 제공하면 그 손님은 기업의 것이 된다. 이에 대한 보상으로 기업은 어떠한 광고나 쿠폰으로도 가질 수 없는 손님의 충성도를 독점할 수 있다. 최고를 위해서는 빈틈없고 훌륭한 서비스와 감명깊은 호스피탈리티 모두가 필요하다. 〈표 1-4〉는 서비스와 호스피탈리티의 차이점을 잘 요약하고 있다.

호스피탈리티는 특정 기업의 비즈니스철학을 잘 대변하고 있기 때문에, 기업의 호스피탈리티 철학을 잘 이해하고 이를 본능적으로 전달할 수 있는 센스있고 능력을 갖춘 직원을 고용하는 것은 핵심적이다. 그러나 실제로 서비스와 호스피탈리티는 둘 다 애매모호한 개념이기도 하다. 따라서 종사원에게 권한을 위임하고 두 개념을 잘 이해 및 숙지하고 또 책임있게 전달하도록 하는 것은 매우 중요한 것이다. 이를 위해서는 본능적으로 남을 잘 배려하는 타고난 종사원들을 잘 선발하고 이들로 팀을 구성하는 것이 차별화된 경쟁력을 개발하는 지름길이다.

| 표 1-4 | 서비스와 호스피탈리티의 차이점

서 비 스	호 스 피 탈 리 티
정확하게 수행하는 과학	좋은 느낌과 기억을 창출하는 예술
상품을 손님에게 어떻게 기술적으로 전달할 것인가에 관한 것	상품을 제공받는 손님이 어떤 느낌을 갖게 할 것인가에 관한 것
기업이 약속한 것을 제공하는 것	약속을 지킴과 동시에 손님의 기분을 좋게 만들어 주는 것
기술적 효율성	진심어린 배려로서 손님의 욕구를 잘 읽는 것
옳은 상품을 맞는 손님에게 적시에 제공하는 것	손님이 느끼는 종사원이 자신에 대한 공감의 정도
손님에게 무엇이 제공되고 있는가	손님을 어떻게 대접하고 있는가
손님이 원하는 것을 처리하기 위해 취하는 행동	손님의 기분을 좋게하고 가치있게 해주는 행동
판매하는 상품의 무형적 부분을 물리적으로 제공하는 것	손님을 세심하게 배려하는 것
서비스는 독백이다	호스피탈리티는 대화이다

출처: 저자 정리

참 / 고 / 문 / 헌

김경환(2015). 『호스피텔리티산업의 이해』. 백산출판사.

김경환(2014). 『글로벌 호텔경영』. 백산출판사.

김경환(2011). 『호텔경영학』. 백산출판사.

오정환 · 김경환(2000). 『호텔관리개론』. 백산출판사.

이유재(2002). 『서비스 마케팅, 제2판. 학현사.

Barrows, C. W., Powers, T. & Reynolds, D.(2012). *Introduction to Management in the Hospitality Industry(10th Ed.).* NJ: Wiley.

Brotherton, B.(1999). Towards a definitive view of the nature of hospitality and hospitality management. *International Journal of Hospitality Management,* Vol. 11(4), 165−173.

Brotherton, B. & Wood, R. C.(2000). *Hospitality and hospitality management.* In: In Search of Hospitality: Theoretical Perspectives and Debates(Eds. Lashly, C. & Morrison, A.), 134−156. Oxfrod: Butterworth−Heinemann.

Bryce, D., O'Gorman, K. D. & Baxter, I. W. F.(2013). Commerce, empire and faith in Safavid Iran: the *caravanserai* of Isfahan. *International Journal of Contemporary Hospitality Management*, Vol. 25(2), 204−226.

Cassee, E. H. & Reuland, R.(1983). *Hospitality in hospitals.* In: The Management of Hospitality(Eds. Cassee, E. H. & Reuland, R.), 143−163, Oxford: Pergamon.

De Felice, J. F.(2001). *Roman Hospitality: The professional women of Pompeii.* Warren Center: Shangri-La.

Derrida, J.(2000). Hospitality, Angelaki. *Journal of the Theoretical Humanities*, Vol. 5(3), 3−18.

Dittmer, P. R. & Griffin, G. G.(1993). *Dimensions of the Hospitality Industry: An Introduction.* NY: Van Nostrand Reinhold.

Dobbins, J. J. & Foss, P. W. *The World of Pompeii.* London & NY: Routledge.

Hemmington, N.(2007). From Service to Experience: Understanding and Defining the Hospitality Business. *The Service Industries Journal*, Vol. 27(6), 747−755.

Hepple, J., Kipps, M. & Thomson, J.(1990). The concept of hospitality and an evaluation of its applicability to the experience of hospital patients. *International Journal of Hospitality Management*, Vol. 9(4), 305−317.

King, C. A.(1995). What is hospitality? *International Journal of Hospitality Management*, Vol. 14(3/4), 219−234.

Lashley, C. & Morrison, A.(2000). I*n Search of Hospitality: Theoretical Perspective and Debates*. Oxford: Butterworth-Heinemann.

MacLaren, A. C., Young, M. E. & Lochrie(2013). Enterprise in the America West: Taverns, inns and settlement development on the frontier during the 1800s. *International Journal of Comtemporary Hospitality Management*, Vol. 25(2), 264-281.

Meyer, D.(2006). *Setting the Table: The Transforming Power of Hospitality Business*. NY: HarperCollins.

Muhlmann, W. E.(1932). Hospitality. In: Encyclopaedia of the service science(Eds. Seligman, E. R. A. NY: Macmillan.

Nouwen, H. J. M.(1975). *Reaching Out: Three Movements of the Spiritual Life*. NY:Doubleday.

O'Connor, D.(2005). Towards a new interpretation of "hospitality" *International Journal of Contemporary Hospitality Management*, Vol. 17(3), 267-271.

Olsen, M. D.(2005). *Theory development in hospitality: Research agenda for the future*. Research Special Interest Group presentation. Paper presented at the ICHRIE Conference, Las Vegas, NV.

O'Gorman, K. D.(2009). Origins of the commercial hospitality industry: from the fanciful to factual. *International Journal of Contemporary Hospitality Management*, Vol. 21(7), 777-790.

O'Gorman, K. D.(2007). Discovering commercial hospitality in Ancient Rome. *The Hospitality Review*, April, 44-52.

O'Gorman, K. D.(2005). Modern Hospitality: Lessons From the Past. *Journal of Hospitality and Tourism Management*, Vol. 12(2), 141-151.

O'Gorman, K. D., Baxter, I. & Scott, B.(2006). Exploring Pompeii: Discovering hospitality through research synergy. *Tourism and Hospitality Research*, Vol. 7(2), 89-99.

Ottenbacher, M., Harrington, R. & Parsa, H. G.(2009). Defining the Hospitality Discipline: A Discussion of Pedagogical and Research Implications. *Journal of Hospitality and Tourism Management*, Vol. 33(3), 263-283.

Ross, C.(2008). Creating Space: Hospitality as a Metaphor for Mission. *ANVIL*, Vol. 25(3), 167-176.

Smith, V.(1978). Hosts and Guests. *The Anthropology of Tourism*. Oxford: Blackwell.

Stutts, A. T.(2001). *Hotel and Lodging Management: An Introduction*. NY: Wiley.

Sutherland, A.(2006). *I Was A Stranger: A Christian Theology of Hospitality*. Nashville:

Abingdon Press.

Symons, M.(2004). The rise of the restaurant and the fate of hospitality. *International Journal of Contemporary Hospitality Management*, Vol. 25(2), 247-263.

Tideman, M. C.(1983). *External influences on the hospitality industry*. In: The Management of Hospitality(Eds. Cassee, E. H. & Reuland, R.), 143-163, Oxford: Pergamon.

Walker, J. R.(2004). *Introduction to hospitality management*. Upper Saddle River: Pearson Education.

Zeithaml, V. A., Bitner, M. J. & Gremler, D. D.(2006). *Services Marketing: Integrating Customer Focus Across the Firm*. (4th Eds.). Boston: McGraw-Hill.

www.google.com
www.naver.com naver 백과사전
www.UNWTO.org
www.wikipedia.org

02

CHAPTER

호스피탈리티산업의 기원과 역사

제1절 고대 문명과 호스피탈리티산업의 기원
제2절 고대 그리스와 로마 시대의 호스피탈리티산업
제3절 중세와 근세 시대의 호스피탈리티산업
제4절 이슬람과 동양 문명의 호스피탈리티산업

학습목표

본 장을 학습한 후 독자들은 다음과 같은 사항에 대해 잘 이해할 수 있어야 한다.

❶ 고대문명에서 호스피탈리티 시설의 기원에 대해 잘 이해한다.
❷ 고대 로마의 트로이 유적에 대해 이해한다.
❸ 중세시대에 숙박시설의 역할을 수행했던 수도원에 대해 파악한다.
❹ 중세시대에 영국에서 유행했던 그랜드 투어의 특성에 대해 이해한다.
❺ 영국의 숙박시설인 Coaching Inn에 대해 이해한다.
❻ 이슬람문명의 호스피탈리티 정신과 시설에 대해 자세히 파악한다.
❼ 동양문명의 원류인 중국의 호스피탈리티 정신과 시설에 대해 자세히 파악한다.

제1절 고대 문명과 호스피탈리티산업의 기원

　자신의 집을 방문한 손님을 극진히 대접하는 명예롭고 성스러운 호스피탈리티 전통은 수천 년을 넘는 오랜 기간 동안 동·서양 문명에서 공유되고 있다. 본장에서는 고대 메소포타미아문명에서부터 산업혁명 이전의 시기까지의 호스피탈리티(산업)의 기원과 역사에 대해 알아보도록 하겠다.

　서양사회에서는 Tavern이나 Inn을 호스피탈리티 서비스가 제공되었던 최초의 장소로 여기고 있다. 예로부터 Tavern과 Inn은 모두 현지인이나 여행자들에게 식사와 잠자리를 제공하는 장소로 인식이 되었다. 그러나 지역에 따라 두 명칭은 서로 다르게 이용되는 경우가 많았다고 한다. 즉 한 지역에서 Tavern은 식사와 음료만을 제공하는 장소로 여기는 반면에 Inn에서는 식사 및 음료뿐만 아니라 잠자리도 제공하는 곳으로 여겼다고 한다. 그러나 다른 지역에서 두 명칭은 정반대의 의미로 사용이 되었다고도 한다. 이처럼 두 명칭의 실질적 의미는 시대와 장소에 따라 각각 다르게 사용이 되었다. 그렇다면 최초의 호스피탈리티 상업시설인 Tavern이나 Inn은 어떻게 해서 생겨났을까. 이제부터 알아보기로 한다.

1. 고대 메소포타미아 문명

호스피탈리티산업은 이라크 남부 티그리스 강과 유프라테스 강 사이의 비옥한 토지 지역에 존재했었던 메소포타미아문명에서 기원하고 있다. 기원전 약 3500년부터 이 곳에 정착하기 시작한 수메르(Sumerians) 인들은 최초로 도시국가를 건설했으며 기원전 2000년경에는 12개로 형성된 도시국가로 성장하게 되었다. 이들은 청동기를 이용하고 점토판에 문자를 기록했다고 한다. 원래 수메르 국가들은 농업에 기반을 둔 도시문명이었다. 현명한 수메르 인들은 농사를 위해서 긴 수로를 파고 강물을 끌어들여 경작지에 물을 공급했다. 시간이 흐르면서 점점 많은 사람들이 모여 살게 되면서 흙벽돌로 만든 집들이 마을에 지어졌으며 점차 커져서 결국 도시로 발전하게 되었다.

뛰어난 농사기술을 보유한 수메르 인들은 결국 잉여 농산물까지 생산할 수 있게 되었다. 이런 지경에 이르자 이들은 남는 농작물로 맥주를 개발하여 음료로 이용하였으며 일부는 이집트와 같은 다른 국가들에게 내다 팔게 되었다. 수메르 인들은 상거래에 필요한 돈과 기록 문자를 이미 개발해 보유하고 있었다. 그러나 당시에는 도로 사정이 좋지 않고 교통수단이 발달하지 못했을 뿐만 아니라 다른 국가와의 거리가 너무 멀어서 결국 타지에서 밤을 지새워야 했다. 이에 따라 수메르 인들은 자국 땅을 방문하는 타국 상인들에게 식사 및 음료와 잠자리를 제공하게 되었으며 이와 같은 상거래가 흙벽돌로 지어진 민간인의 한 가옥에서 시작되었다는 것이 호스피탈리티산업의 기원으로 추정되고 있다. 그 후 식사와 잠자리를 제공하는 본격적인 숙박시설인 Tavern 또는 Inn이 도시 내에 생겨나기 시작했다. 그후 이런 식당 및 숙박시설은 점차 마을 주민들이 자주 모여서 정담을 나누는 장소로 발전했으며 또한 이 곳에서 여행자들은 휴식을 취할 수 있었다. 남은 농작물의 교역을 위한 여행과정에서 자연스럽게 최초의 숙박시설이 등장하게 된 것이다.

메소포타미아문명 시기의 호스피탈리티 상업시설에 대한 직접적인 고고학적 증거는 아직 존재하지 않고 있다. 그러나 호스피탈리티산업을 관장하던 법적 규제가 존재하고 있는 역사적 증거를 보면 메소포타미아 문명에서 호스피탈리티 시설이 존재하고 있었다는 것을 미루어 짐작할 수 있다. 이에 대한 예가 '함무라비법전(Code of Hammurabi)'이다. 〈그림 2-1〉에 보는 바와 같이 현재 프랑스 파리의 루브르 박물관에 소장되어 있는 큰 섬록암 돌기둥에 쐐기문자로 새겨져 있는 것이 함무라비법전이다. '눈에는 눈, 이에는 이'라는 법원칙을 상징하며 최근까지 인류 최초의 성문법으로 여겨지던 이 법전은 수메르 인들을 정복하고 통일을 이룩한 고대 바빌로니아 제1왕조의 제6대 왕인 함무라비왕이 기원전 1750년경에 제정한 것으로 추정되고 있다.

높이 약 2.5m의 이 돌기둥에는 전문과 후문 외에 282개의 법 조항이 새겨져 있다. 이 법전의 내용을 보면 고대 바빌로니아의 Tavern이나 Inn에서는 타지를 찾은 이방인을 위해서 음료, 매춘, 그리고 잠자리 등의 서비스를 제공하였다. 당시에 제공했던 음료에는 대추야자 와인과 보리맥주가 있었으며 상행위에 대해서 매우 준엄한 규제가 존재했다. 이를테면 물을 탄 맥주를 판매한 자는 수장시켜 버렸으며, 숙박시설의 주인은 손님 중에서 흉악범은 반드시 관청에 신고를 해야 했으며 이를 어길시 죽음의 형벌을 감수해야 했다. 또한 사제관에서 근무를 하다가 은퇴한 여성이 Inn에 출입을 하면 산채로 화형을 시켰다고 하는 기록이 전해지고 있다.

🔍 그림 2-1 함무라비법전

출처: 저자

2. 고대 이집트 문명

기원전 3200년에서 기원전 332년까지 존재했었던 이집트문명은 인류 최초로 과거 도시국가(City State)의 형태를 넘어 보다 광활한 지역을 지배하는 국가(Nation)란 정치체제를 건설한 것으로 알려지고 있다. 수직적인 정부시스템의 최상위에는 존재하는 절대 권력자인 파라오는 강력한 지배력을 바탕으로 드넓은 지역을 다스렸다. 파라오의 무덤인 피라미드는 이를 잘 대변하고 있다. 고대 이집트는 지역이 매우 넓어서 많은 이집트인들은 피라미드 구경 등과 같은 유람을 하거나, 상인들이 물자를 교환하는 교역을 위해서 또 정부 관리들이 지방 공무를 위해서나 종교적 행사와 같은 다양한 축제 등에 참가하기 위한 여러 가지 목적으로 여행이 성행했다고 한다. 이렇게 여행이 성행하면서 도로변에 자연스럽게 Tavern이나 Inn 등이 생겨나게 되었다.

> **제2절 고대 그리스와 로마 시대의 호스피탈리티산업**

1. 고대 그리스

기원전 1100년경부터 기원전 146년까지 존재하며 서양문화의 원류로 일컬어지는 고대 그리스 시기에는 제우스신을 비롯한 여러 신들을 경배하기 위한 종교적 활동으로 인하여 여행이 성행했다. 또한 고대 올림피아에서 경기가 열릴 때마다 도처에서 많은 참가 선수들과 방문객들이 몰려들면서 호스피탈리티산업은 성장하게 되었다. 고대 그리스 사회에서는 제우스신에 의해 보호되고 있는 외국인들을 포함한 모든 방문객들을 관대히 대접하고 환영하는 것을 신성한 의무로 여기는 호스피탈리티 관습이 널리 퍼져 있었다고 한다. 이에 대한 역사적 기록으로 오딧세이(Odyssey)에서 호머(Homer)는 호스피탈리티 전통은 신에게 공경을 표시하는 것으로 이는 문화생활에서 필수적이고 근본적인 것이며 '손님은 신과 같다'라고 기술하고 있다. 이처럼 이방인에게 베푸는 관대한 호스피탈리티 정신은 신에게 존경을 표시하는 것으로 여기었다. 고대 그리스 사회에서는 이처럼 명예로운 행위를 수행한 주인에게는 신들로부터 특별대우를 받게 되는 보상이 제공된다는 민음이 널리 펴져 있었다. 또한 호머는 다른 저서인 일리아드(Iliad)에서 방문객을 해하는 행위는 그리스 인의 종교적 신념에 위배되는 것이라고 기술하고 있다.

고대 그리스 전성기에는 주변 지역을 포함한 넓은 지역에서 그리스 언어가 공용어로 사용되고 또 그리스 화폐가 교역의 교환수단으로 널리 인정이 되면서 무역활동이 크게 증가하였다. 이로 말미암아 도시국가들을 잇는 도로가 개척되고 여행이 성행하면서 많은 Tavern과 Inn들이 도로변에 건설되었다. 한편 시설이 형편없었던 숙박시설과 달리 당시 음식은 매우 훌륭했다고 한다. 따라서 부유한 그리스인 사이에서는 사적인 연회가 많이 열렸다고 한다. 기록에 의하면 부유한 주인은 소파에 비스듬하게 누워서 노예들이 건네는 진귀한 음식이 담겨있는 쟁반을 받아서 식사를 했다고 한다.

한편 기원전 410년경에 역사가 투키디데스(Thucydudes)가 저술한 유명한 역사서인 펠로폰네소스 전쟁사를 보면 고대 그리스 당시의 숙박시설인 카타고제이온(Katagogion)에 대한 기록이 남아 있다. 오늘날의 Inn으로 해석될 수 있는 이 숙박시설은 현재 그리스의 에피다우로스(Epidaurus) 지방에 흔적이 남아있다고 한다(〈그림 2-2〉). 그리스에서 가장 먼저 미케네 문명 시대를 열었던 아르골리스 반도의 동쪽 해안에 나름대로 독립성을 유지했었던 고대 도시 에피다우로스는 그리스 본토에서 의술의 고장으로 명성을 떨쳤다고 한다. 에피다우로스인들은 의술의 신인 아스클레피오스를 섬겼다. 에피다우로스에 지병을 치유하기 위해 찾았던 방문객들은 치료받기 전에 일단 대기 숙박시설에 묵었다고 하는데, 이곳이 바로 한 측면 길이가 무려 76.3미터 이르는 정사각형 모양의 대형 숙박시설인 카타고제이온이다. 헬레니즘 시대인 기원전 4세기 말과 3세기 초의 사이에 건립된 이 카타고제이온이란 숙박시설의 내부는 네 개의 건물로 구획되어 있는데 환자를 수용하거나 방문객이 투숙하는데 사용한 것으로 추정되고 있으며, 당시에는 임시 병동 및 게스트 하우스 역할을 한 것으로 추정되고 있다.

카타고제이온의 건축적 특성은 내부를 보면 네 개의 건물이 쌍을 이루어 구획되어 있다. 남쪽의 두 개 건물과 북쪽의 두 개 건물 사이에는 서로 왕래할 수 있는 통로가 있었던 반면에 남쪽과 북쪽의 건물 간에는 벽체로 서로 단절되어 있어 통행이 불가능하게 건축되었다. 이는 환자의 증상이나 방문객의 특성에 따라 머무는 공간을 구분함으로써 병의 전염 등을 예방하려고 했던 것으로 추정되고 있다. 카타고제이온은 선박의 주인이나 상인들과 방문객들을 위해 도시국가에 의해 건설되었으며, 도시국가 정부는 여기서 상당한 금전적 수입을 올렸다.

🔍 그림 2-2 고대 그리스의 숙박시설: 카타고제이온(Katagogion)

출처: stougiannidis.gr

2. 고대 로마

　　제우스가 그리스인들의 호스피탈리티 정신을 관장하였듯이 고대 로마에서는 주피터 (Jupiter)가 제국의 호스피탈리티 법을 다스렸다고 추측되고 있다. 고대 로마의 시인 오비 디우스(Ovidius)의 서사시 변신담(Metamorphoses)을 보면 주피터와 머큐리(Mercury)가 인간의 모습으로 변신을 한 뒤 지구로 내려와 휴식할 장소를 찾기 위해 여기저기를 여행 하였다고 한다. 이를 수천 회 이상 반복한 끝에 두 신은 짚으로 지붕을 덮은 조그만 오두 막에 이르게 되었다고 한다. 이 허름한 집의 주인인 Baucis와 Philemon은 내줄 것이 별로 없었지만 손님들을 극진히 대접하였으며, 이들을 먹이려고 오직 한 마리뿐인 거위를 막 죽이려고 하는 순간 두 신은 스스로 신분을 드러내었다. 부부의 정성스런 호스피탈리티 에 감명을 받은 두 신은 이에 대한 보상으로 두 사람을 산 정상으로 데리고 간다. 계곡이 내려다보이는 산 정상에서 부부는 방랑하는 이방인 행세를 했었던 두 신을 매몰차게 내 쳤던 모든 이웃사람들의 집들이 홍수로 인해 침수돼버린 광경을 목격하게 된다. 이후 두 부부의 오두막은 사원으로 개조되었으며 이들은 성직자가 되었다고 한다. 이와 같은 쥬피터에 의한 호스피탈리티 법이 로마사회를 지배했으며 고대 그리스와 같이 고대 로마 사회에서도 신성한 호스피탈리티 전통의 위배는 크나큰 죄이자 불경이었다.

고대 로마는 기원전 8세기경부터 이탈리아에서 시작해서 지중해를 아우르는 거대한 제국을 건설하였다. 고대 서양사회의 여행역사는 로마시대로 접어들면서 정점을 이루게 된다. 로마제국은 당시 정치·경제·사회·문화 등 모든 면에서 세계의 중심 역할을 함으로써 로마를 중심으로 하는 여행활동이 더욱 활발히 이루어지게 되었다. 따라서 로마제국의 전성시대에 이르러서는 Inn과 Tavern들이 제국 전체로 확대되었다.

호스피탈리티산업의 발전은 도시 및 국가의 경제성장과 교통의 발전과 깊은 관계를 맺고 있다. 역사적으로 보면 경제적 및 군사적 강국으로 성장한 국가들은 그렇지 못한 국가들에 비해 훨씬 나은 경제력과 교통망을 보유한 것이 사실이다. 이에 대한 가장 적절한 예가 로마제국이다. 로마제국은 경제발전을 위해 필요한 교역을 지원하고 또 강한 군사력으로 제국을 확장하기 위해 드넓은 도로망이 필요했다. 로마제국의 막강한 군대는 많은 군인들을 수용해서 전투준비에 만전을 기할 수 있는 군사기지들을 운용했다고 한다. 이런 군사기지들을 서로 연결하고 수도 로마와 연결하기 위해서 출입이 용이하고 군수지원이 수월한 도로가 필요하게 되었다.

〈그림 2-3〉에 보이는 아피아가도(The Via Appia)는 기원전 4세기경에 건설이 되었으며 로마군단의 군수물자를 지원하기 위한 중요한 수송로로 이용되었다. 로마제국의 전성기에는 유럽과 지중해 전역에 총 25만 마일에 달하는 도로가 건설되었다. 전체 도로에서 약 5만 마일은 아피아 가도처럼 보다 신속하고 안전한 이동이 보장되는 돌로 만들어진 도로였다. 로마제국은 이 도로의 각 마일마다 이정표(Milestone)를 나타내는 기둥을 세워서 거리를 측정할 수 있도록 했다. 그리고 중앙정부의 문서전달을 담당하는 관리가 하루 동안에 이동이 가능한 거리인 30마일마다 일개소의 관사를 건설했다. 이 건물에는 업무 장소 외에도 숙박과 식사를 할 수 있는 시설이 겸비되어 있어서 관리들이 업무를 마친 후 휴식을 취하면서 식사를 하고 하룻밤을 지새운 뒤 말을 갈아타고 다음 여정지로 출발할 수 있도록 지원하였다. 또한 주요 도시마다 일정 규모의 Inn이나 Tavern들이 정부에 의해 운영되었다.

이처럼 로마군대가 보호하는 안전하고 편리한 도로가 만들어지자 많은 로마인들이 도로를 따라 여행을 나서게 되었으며 자연히 도로변에 존재하는 정부의 관사 주변에 민간에 의해 운영되는 Tavern이나 Inn들이 점차적으로 생겨나기 시작했다. 여러 여행목적으로 집을 떠나서 도로를 따라 여행을 하는 일반 여행자, 상인, 종교인들은 저녁이 되면 도로변에 있는 Tavern이나 Inn에서 식사를 하고 휴식을 취했으며 하룻밤을 지새웠다.

편리하고 안전한 도로조건 외에도 고대 로마시대에 여행을 촉진했던 다른 요인들이 있다. 첫째, 로마법이 지배하는 지역이 지리적으로 크게 확대되면서 로마인들과 이를 추종하는 사람들의 여행이 잦아지게 되었다. 둘째, 통일된 로마화폐만 있으면 여행자들은 제국의 어디든지 유람할 수 있게 되었다. 셋째, 상업과 비즈니스를 위한 언어가 라틴어과 그리스어로 통일됨에 따라 이 언어만 습득하면 쉽게 제국 전체를 불편함이 없이 통행할 수 있게 되었다. 넷째, 안정된 정부와 경제적으로 부강한 국가가 건설됨으로써 비로소 중산층이 형성되었으며 이들은 여행을 중요한 여가수단으로 여기게 되었으며 이들은 종교·휴양·위락 등의 목적으로 여행을 즐기게 되었다.

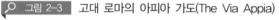

그림 2-3 고대 로마의 아피아 가도(The Via Appia)

출처: ruta-33.blogspot.com/2015/08

고대 로마의 도로변에 위치하는 Inn이나 Tavern에는 일반 시민들이 주로 이용했다고 한다. 그러나 이 숙박시설들은 시설이 변변치 않고 더러웠으며 주인들은 주로 하층계급으로 손님에게 매우 불친절했던 것으로 전해지고 있다. 그러나 로마 귀족, 부유층, 고위 정부관리, 군인들은 일반적인 숙박시설과 달리 깨끗하고 화려한 곳을 이용했다고 한다. 특히 고대 로마의 귀족이나 부유층은 도로를 따라 여행을 할 때도 자신들이 소유하고 있는 고급 숙박시설을 이용했다. 그리고 로마인들은 하루 일과를 끝낸 후 청결과 건강의 목적으로 공중목욕탕을 애용하였는데 이 공중목욕탕이 현재 리조트(Resort)의 기원으로 알려지고 있다. 또한 로마 상류층 인사들은 나폴리처럼 경관이 뛰어난 곳의 해변, 산록, 온천지역 등지에 휴양을 위한 빌라(Villa)를 건설하여 화려한 생활을 즐겼다.

고대 로마의 음식은 매우 훌륭했다. 그러나 일반 시민이나 이보다 신분이 낮은 사람들은 주로 레스토랑(Popina)이나 바(Taberna)에서 식사를 했으며 좋은 음식은 부유층 등 한정된 사람만이 즐길 수 있었다. 특히 로마 귀족과 부유층은 자택이나 공중욕탕에 인접한 연회장에서 풍성한 음식을 즐겼다. 거대 제국인 고대 로마는 정복한 나라로부터 진귀한 음식들을 가져와 즐기었다. 사적인 연회에서는 유럽 여러 지역의 갖가지 훌륭한 와인, 그리스의 송로버섯, 페르시아의 복숭아와 호두, 아프리카의 메론 등이 지중해의 생선 및 조개와 로마 현지에서 생산되는 육류와 함께 제공되었다. 고대 로마에서도 고대 그리스처럼 부유한 로마인들은 집안 내부에 조성된 정원이 잘 보이는 식당(Triclinium)에서 긴 소파에 비스듬하게 누워서 식사를 하는 것을 즐겼다.

고대 로마시대의 생활상과 호스피탈리티 상업시설에 대한 기록은 폼페이(Pompeii) 유적을 보면 생생하게 목격할 수 있다. 이탈리아 남부 나폴리 만의 아래에 있는 폼페이는 서기 79년 베수비오화산의 폭발로 역사에서 사라졌다가 1592년이 되서야 비로소 존재가 처음 발견되고, 1784년에 역사적인 발굴 작업이 개시되었다. 환생한 폼페이 유적을 통해 인류는 고대 로마의 사회상을 직접 목격할 수 있게 되었다. 폼페이에서 볼 수 있는 과거 상업적 호스피탈리티 시설에는 Hospitium, Stabula, Taberna, Popina와 같은 네 가지 유

| 표 2-1 | 폼페이의 호스피탈리티 영업시설

라틴어명	시설 명세	현재 등가물
Hospitium	손님에게 객실을 임대하고 때때로 식사 및 음료를 제공했던 비교적 규모가 큰 숙박시설. 원래 일반 가정집을 손님에게 임대해주면서 시작되었으며 시간이 흐르면서 일부는 숙박사업을 목적으로 지어졌음. 많은 가정집들이 사업 목적으로 Hospitium으로 개조됨.	Hotel
Stabula	주방, 화장실, 그리고 뒤편에 마구간이 딸린 객실 등에 의해 둘러싸인 개방형 구조의 안뜰(Courtyard)을 보유한 건물. 일부는 도시를 출입하는 대문 밖에 근접한 위치하고 있으며 규모는 보다 컸음. 손님에게 잠자리, 식사, 음료 등을 제공함.	Motel
Taberna (= Thermopolium, Ganea)	다양한 종류의 따뜻한 음식, 술, 음료 등을 판매했음. 보통 음식이나 음료를 담은 여러 개의 항아리가 붙박이로 설치되어 있는 길이 180~240cm 정도의 L자형 카운터를 포함하고 있음. 식당, 술집, 여관, 유곽 등 다양한 용도로 이용된 것으로 추측되고 있음. 폼페이에 89개소가 존재함.	Bar
Popina(= Caupona)	좌석을 갖춘 형식으로 식사 및 음료를 제공했음. 일부에서는 이를 대중적인 식사장소를 묘사했으며 일부에서는 몇 개의 객실도 포함하고 있음.	Restaurant
Lupanar	유곽.	Brothel

출처: O'Gorman, 2009

형이 존재하고 있다(〈표 2-1〉). 그러나 폼페이의 대다수 건물 유적에는 일층과 같은 저층부만 존재하고 있기 때문에 또한 정확하게 같은 형태의 건물들을 발견할 수 없기 때문에 네 가지 모습의 호스피탈리티 시설을 정확하게 파악하는 것은 쉽지 않다.

폼페이에 존재하는 상업적 시설들은 매우 잘 조직화되어 있다. 이는 다양하게 휴양을 즐기는 것을 중요시하던 로마인들의 여가문화와 관련이 있다. 즉 로마인들은 풍광이 좋은 장소에 휴양지를 개발하였으며, 휴식과 문화 활동을 동시에 할 수 있도록 하기 위해 극장, 경기장, 목욕탕 등을 함께 건설했다. 따라서 폼페이의 주요 대문이나 원형경기장 주변의 거리에는 손님을 맞기 위한 많은 숙박시설과 레스토랑들이 존재하고 있다. 이 장소가 바로 폼페이의 아본단차 대로이다(〈그림 2-4〉). 많은 Inn, Tavern, 레스토랑, 바(술집)들이 이 거리를 중심으로 두 블록 이내에 존재하고 있다. 이 거리의 유적들을 통해 고대 로마 시민들의 생활상을 엿볼 수 있으며, 이는 현재의 유흥가 지역과 유사하다고 볼 수 있다. 고대 로마의 상업적 호스피탈리티 건물은 주로 여행자, 상인, 선원들을 위해서 지어졌다. 현재 폼페이 유적에는 약 160여 개소 이상의 레스토랑이나 바와 다수의 호텔과 Inn들이 존재하고 있다.

🔍 그림 2-4 폼페이 중심을 관통하는 아본단차 대로

출처: 저자

〈그림 2-5〉에서 사진1은 폼페이의 중심도로인 아본단차 대로에서 두 블록 떨어진 진 곳에 위치하고 있는 호스피탈리티 영업지역으로 오른쪽 도형에서 볼 수 있듯이 호텔(Hospitium), 레스토랑(Popina), 바(Taberna), 유곽(Lupanar) 등이 밀집해 있다. 〈그림 2-5〉에서 사진 1의 오른편 중간 이후의 건물을 의미하는 사진 2는 당시 호텔 역할을 한 Hospitium으로 50명 정도의 손님이 투숙할 수 있는 규모이다.

🔍 그림 2-5 **폼페이의 호스피탈리티 밀집지역**

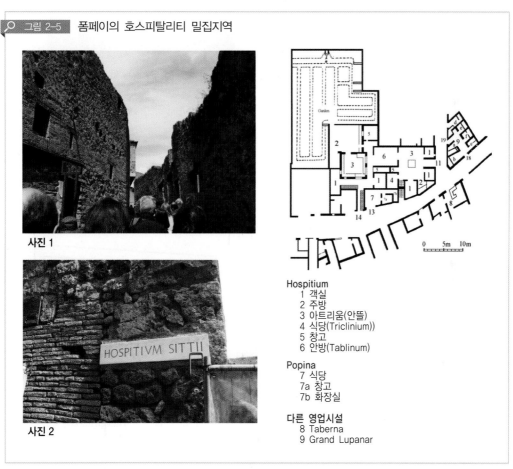

Hospitium
　1 객실
　2 주방
　3 아트리움(안뜰)
　4 식당(Triclinium))
　5 창고
　6 안방(Tablinum)

Popina
　7 식당
　7a 창고
　7b 화장실

다른 영업시설
　8 Taberna
　9 Grand Lupanar

출처: 사진-저자, 도형-O'Gorman

그림 2-6 폼페이의 Lupanar 외부와 내부 침실

출처: 저자

그림 2-7 폼페이의 Taverna

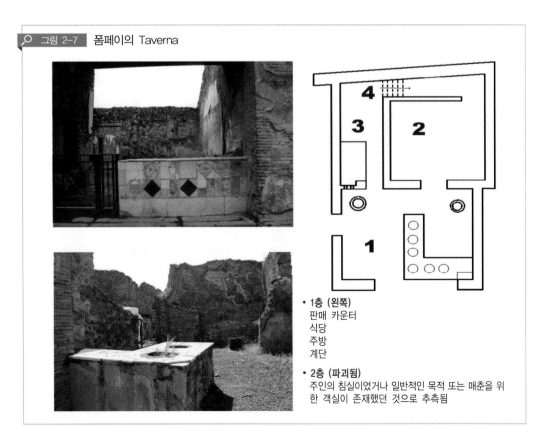

- **1층 (왼쪽)**
판매 카운터
식당
주방
계단

- **2층 (파괴됨)**
주인의 침실이었거나 일반적인 목적 또는 매춘을 위한 객실이 존재했던 것으로 추측됨

출처: 사진-저자, 도형-O'Gorman

🔍 그림 2-8 | 폼페이의 Taverna 내부 모습

출처: 저자 & O'Gorman

Hospitium은 Stabula에 비해 규모가 좀 더 컸으며 또한 Stabula에는 상인들이 동반하는 가축들이 쉴 수 있는 공간이 있다. 그리고 Hospitium과 Stabula와 같은 숙박시설들은 대부분 도시의 주요 도로와 대문에 위치하고 있었으며 주로 가난하거나 사회적 지위가 낮은 하층 계급의 사람들이 서로 교류하기 위해 이용되면서 많은 인기를 끌게 되었다. 그러나 일부 기록에 의하면 Hospitium에서는 특히 빈대, 불편, 폭력, 위험 등으로도 원성이 자자했다. 그리고 이 네 가지 유형의 시설들은 보통 독립적인 사업체로 존재하지만 〈그림 2-5〉에서와 같이 일부에서는 Hospitium이나 Stabula 옆에는 인접하고 있는 Taberna 또는 Popina가 존재하고 있다. Taberna와 Popina는 일반 로마인들에게 친분을 쌓는, 여러 사람들과 교류를 위한 중요한 장소였다. 현재도 이탈리아와 스페인의 여러 도시들을 여행해 보면 〈그림 2-9〉처럼 Taberna 명칭을 그대로 사용하고 있는 작은 레스토랑들을 자주 볼 수 있으며 이들 중 일부는 숙박업도 겸하고 있다.

그림 2-9 폼페이의 공중목욕탕 내부

출처: 저자

그림 2-10 현재 스페인 코르도바에 있는 Taberna

출처: 저자

서기 313년 밀라노칙령으로 종교의 자유가 보장되면서 로마에서는 기독교 교리를 따르는 사람들이 많아졌다. 구약성서를 보면 Abraham과 그의 아내 Sarah는 세 명의 이방인에게 아주 관대한 대접을 베풀었다고 기록되어 있다. 히브리서 13장 2절을 보면 나그네를 잘 대접하라고 기록되어 있으며 이렇게 함으로써 부지중에 천사를 영접할 수 있다고 믿고 있다. 기독교를 따르는 로마인들이 많아지면서 예루살렘 등과 같은 성지를 여행하는 사람들이 크게 늘었다고 하며, 이들의 순례행로에 따라 Tavern과 Inn들이 생겨났다. 그러나 강력했던 로마제국이 붕괴되기 시작하면서 순례자들은 과거에 비해 훨씬 위험해진 여행조건을 감수해야만 했다.

제3절 중세와 근세 시대의 호스피탈리티산업

1. 중세기 및 르네상스 시대

서기 476년 게르만 민족의 대이동과 같은 북유럽 민족의 침략으로 찬란했던 로마제국이 붕괴되면서 암흑시대라 불리는 봉건제의 시대가 등장하였다. 강력한 중앙정부가 사라지자 치안은 혼란해지고 도로의 황폐화가 급속하게 진행이 되면서 일부 순례목적의 여행자들을 제외하고는 여행은 금기시되었다. 환경이 이렇게 변하게 되자 도시 지역의 일부 Inn이나 Tavern을 제외하고는 대다수 호스피탈리티 숙박시설이 자취를 감추게 되었다. 암흑시대에는 로마 가톨릭 교회가 유럽에서 정신적 및 정치적 지주로 등장하게 되었다. 상업적인 숙박시설이 사라진 이 시대에 교회는 휘하의 수도원을 통해서 여행을 나선 순례자와 가난한 여행자 들에게 과거 성행했던 Tavern과 Inn을 대신하여 식사와 숙소를 제공하였으며 또 여행 중 아픈 환자들을 치료해 주기도 했다. 수도원은 여행자에 대한 이런 예우를 신에 대한 서비스의 일부로 여겼으며, 수도원을 찾은 여행자가 문을 노크하는 것을 신이 노크를 하는 것으로 여기고 이들을 후하게 대접했다.

로마교회의 수도원들은 자체적인 농사 및 목축 활동을 통하여 생산되는 식재료를 이용하여 만든 음식을 순례자들에게 제공하였으며, 또 수도원 내에 별채의 건물을 지어

여행자에게 잠자리를 제공했는데 이는 모두 무료로 제공되었다. 그런데 금전적 여유가 있는 여행자들은 관대한 헌금으로 비용을 대신했다. 그러나 같은 수도원에서도 일반 시민들과 중산층은 동급의 숙소에서 밤을 지새웠으나 부유층은 보다 화려한 시설에서 대접을 받았다. 이 밖에도 수도원에서는 십자군전쟁 기간에는 기사단을 조직하여 성지 예루살렘으로 향하는 기독교인들을 보호했다. 이슬람국가에서도 성지 메카로 향하는 순례자들에게 특별한 예우를 제공하였다고 한다. 순례자들을 향한 후대는 다른 종교에서도 볼 수 있으며 이는 국경을 초월한 존경과 우애의 표시였다.

긴 암흑시대를 벗어나 서기 1350년대가 돼서야 도로망의 안전이 조금 나아지기 시작하면서 여행과 교역이 증가하게 되었다. 르네상스시대에 이르러 유럽에서 도시 간의 많은 교역으로 경제가 발전하게 되었다. 도시가 발전하면서 인구가 증가해서 중산층이 다시 등장하면서 여행이 다시 증가하게 되었다. 이 시대 기록에 의하면 13세기 이탈리아의 피렌체에서 Inn의 주인들은 길드(Guild)라는 단체를 만들어 Inn을 운영했다고 한다. 길드 회원들은 도시의 입구에서 방문자들을 인터뷰한 후 숙박시설을 배정하였다. 대다수 길드 회원들은 Inn을 소유한 시정부로부터 시설을 3년씩 임차하여 운영하였다.

중세시대에도 여행자에게 식사와 잠자리를 주로 제공했던 것은 로마교회의 수도원이었다. 그러나 중산층의 증가로 인해 여행이 크게 늘어나면서 수도원들의 수용능력이 한계에 도달하게 되었으며 이는 한정된 공간을 보유한 수도원들에게 큰 부담이 되었다. 그럼에도 불구하고 수도원은 특히 가난한 여행자들에게 숙소를 제공하는 것은 마다하지 않았다. 또한 수도원은 부유층에게도 숙소를 제공하는 것을 소홀히 하지 않았는데 이는 부유층이 내는 관대한 헌금이 수도원 운영에 큰 도움이 됐기 때문이었으며 또 정치적인 면에서도 이득이 되었다. 따라서 중간에 존재하는 중산층들은 공급이 부족한 수도원에서 숙소를 찾는 것이 점점 더 어려워지게 되었다. 이리하여 자취를 감추었던 Tavern과 Inn이 비용을 지불할 수 있게 된 중산층에게 식사와 숙소를 제공하기 위해 다시 등장하면서 크게 번창하게 되었다. 그러나 당시 Inn들은 대부분 영세한 규모였으며 객실이 30실 이상을 넘게 되면 큰 시설로 여겨졌으며 이들의 청결과 안락함의 정도는 국가나 지역에 따라 매우 다양했다. 한편 같은 시기에 처음으로 숙박시설에 간판이 등장하게 되었으며 동물들의 상징이 간판에 주로 이용되었다.

이 시대에는 도로조건이 좋지 않고 안전하지 않아서 일반적으로 여자들의 여행을 금기시 했다. 따라서 Inn에서 여성에게는 객실이 판매되지 않았으며 이런 관습은 19세기 말엽까지 지속되었다. 한편 Inn의 각 객실에는 5-6명이 인원이 함께 이용할 수 있는 침대가 한 개 또는 다수가 구비되어 있는 것이 일반적이었으며 여행자들은 옷을 입은 채로 여러 명의 이방인들과 침대를 공유해야만 했다.

로마제국이 멸망한 후 수도원이 줄곧 여행자들에게 숙소를 제공하는 기능은 지속되었다. 수도원에서는 숙소가 무료로 제공이 되므로 여행자들은 지역의 Inn보다는 수도원을 선호하게 되었다. 따라서 숙박시설을 운영하는 주인들은 이것을 불공정한 경쟁으로 느끼게 되었다. 때마침 종교개혁으로 사람들은 과거 교회의 많은 관습들을 역겹게 여기게 되었다. 그러던 중 16세기 중엽에 영국 국회는 수백여 곳에 달하는 수도원의 문을 닫아버리는 법을 통과시켜 버린다. 영국을 하나로 통일한 영국 국왕 헨리 8세는 수도원들의 문을 닫게 하고 이들이 소유했던 토지들을 통일왕국을 건설하는데 공헌을 한 공신들에게 분배해 버렸다. 그러나 이러한 격변으로 뜻하지 않았던 결과가 만들어지게 되었다. 즉 이제 여행자들이 더 이상 수도원에서 잠을 청할 수 없게 되어버린 것이었다. 이로 인해 영국에서 숙박사업은 크게 성장하게 되었으며 Inn들의 수가 극적으로 증가하게 되었다.

르네상스 시대에는 대중에게 식사를 파는 레스토랑이 존재하지 않았다고 한다. 이 시대에 영국에는 Tavern이나 Inn같은 여러 숙박시설이 존재하고 있었다. 그러나 이 시설에서는 식사는 제공되지 않았으며 예외적으로 대안이 없는 여행자들에게만 식사를 제공하였다. 그러나 부유층은 이런 시설에서 식사하는 것을 달가워하지 않았다. 부유층의 가정에서 연회가 열리면 여러 가지 다양한 음식들을 담은 여러 접시들을 한꺼번에 식탁위에 차려서 식사를 했다. 이들은 식사를 하기 위해 손과 나이프를 이용했으며 포크는 17세기에 이르러서야 비로소 도입이 되었다. 이 시대에는 특히 저녁식사시의 테이블 매너도 개발되기 시작했는데 이를테면 식사 중에 손으로 코를 풀지 않도록 했다.

2. 그랜드 투어 시대

17세기 중반부터 영국의 상류층 자녀들을 대상으로 한 교육과정의 최종 코스로서 후일 지도자가 갖춰야 할 식견과 견문을 증진하기 위한 목적의 그랜드 투어(Grand Tour)가 성행하였다. 당시 이 여행은 영국 상류층사회에 진입하기 위한 등용문으로 인식되면서 큰 인기를 끌었다. 그랜드 투어는 18세기 중반까지 지속되며 전 유럽으로 전파되었다. 그랜드 투어는 예술 및 인문에 대한 소양이 부족한 당시 상류층 자녀들에게 몇 개월 또는 몇 년에 걸친 기간 동안에 서양문화의 원류와 과거 예술 및 문화강국들의 여러 면모를 배우기 위한 목적의 여행이었다. 이 당시 상류층 자녀들의 여행루트는 그리스, 르네상스를 꽃피운 이탈리아의 베네치아·피렌체, 세련된 문화의 도시인 파리와 베르사이유 궁전, 독일의 라인 강 지역, 스위스 산간 등을 돌아보는 낭만적인 성격을 엿보이고 있으며 최종 목적지는 주로 로마였다. 상류층 자제들은 그랜드 투어를 통하여 대동했던 가정교사에게 엄한 교육을 받고 각 지역을 탐방하면서 견문과 식견을 확대하였다. 대사상가인 존 로크와 토마스 홉스 위대한 경제학자 아담 스미스도 가정교사 역할을 수행하였다.

그랜드 투어가 성행할 당시 상류층 자제들이 통행하는 도로변에는 Hostel, Inn, 순례자와 상인들의 이용했던 간이숙박시설 등 여러 형태의 숙박시설이 존재하고 있었다. 그러나 시골 등 외곽지대의 숙박시설은 형편없이 초라했다. 그래서 상류층 여행자들의 숙박 욕구에 부응하기 위해서 일부 유럽지역의 성곽들은 그랜드 투어를 위한 고급 숙소로 개조되기도 했다. 그러나 18세기 중반 이후 산업혁명으로 마차여행 대신 철도여행이 등장하면서 여행이 용이해지고 보편화되면서 특권적 성격의 그랜드 투어는 퇴색하게 되었다.

🔍 그림 2-11 그랜드 투어의 단면

출처: blog.classicist.org

3. 영국의 Coaching Inn

17세기 초반 최초의 역마차(Stage Coach) 노선이 영국의 Edinburgh와 Leith 간에 개통되었다. 이와 같은 정기적인 역마차 노선의 개설은 여행활동의 증가에 큰 공헌을 하였다. 당시 영국의 런던과 리버풀 간 약 330km의 거리를 역마차가 1757년에는 3일에, 1781년에는 2일에, 1784년에는 30시간에 주파했다는 기록이 있다. 도로 사정이 점점 개선되고 여행시간이 짧아지면서 주요 역마차 노선에 Coaching Inn(또는 English Inn)들이 건립되었다. 영국에서 Coaching Inn의 시대는 산업혁명이 발발하여 철도가 개설되기 전까지 약 200년간 이어졌다.

당시 역마차의 좌석은 두 개의 등급이 존재하였는데, 내부의 좌석을 이용하는 부유층과 마부와 함께 마차 밖 좌석에 앉아야 하는 일반인으로 구분이 되었다고 한다. 역마차 좌석과 마찬가지로 Inn에서도 두 등급이 존재하였다. 즉 사적인 객실에서 주문한 식사를 하는 사람들과 정해진 메뉴를 정해진 식사시간에 주방에서 해야 하는 사람들로 나누어졌다.

Coaching Inn들이 성행하면서 이를 규제하는 법체계도 개발되었다. 초기에 Coaching Inn의 주인들은 일부 손님의 행색 등의 이유로 빈 객실이 있음에도 불구하고 객실을 내어주지 않았다. 그러나 영국의 관습법(Common Law)에 의해 평이 좋지 않거나 만취하거나 질병이 없는 등 일반적인 조건에 부합하는 손님은 누구든지 반드시 객실을 내어주도록 규제했다. 특히 숙박업소로서 손님의 안전과 재산에 대한 보호 의무는 당시 관습법의 조항으로 현재까지 유지되고 있다.

한편 여행조건이 나아지면서 귀족들과 부자들은 온천이 건강에 이롭다는 것을 발견하게 되었다. 영국의 유명온천지인 Bath는 1715년에 방문객이 8천명에 달하였다. 초기에 온천을 여행하는 귀족들은 온천 주변의 저택을 임대했으며 자신의 하인들을 직접 데리고 왔다. 결국 후에 이런 수요에 부응하여 고급 숙박시설들이 들어서게 되었다.

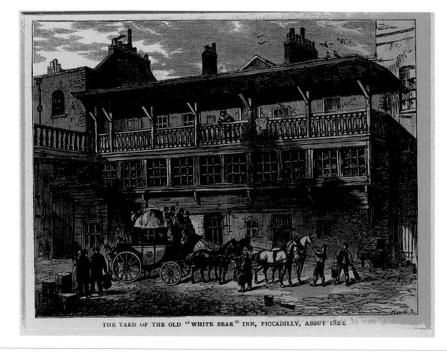

🔍 그림 2-12 1820년경 영국의 Coaching Inn

THE YARD OF THE OLD "WHITE BEAR" INN, PICCADILLY, ABOUT 1820.

출처: www.flickriver.com

4. 레스토랑의 등장

영국에서 12세기경 선술집(Public House)에 이어 1650년경에는 최초로 Coffee House가 옥스퍼드에 들어섰다. 이후 고정가격으로 점심과 저녁을 제공받을 수 있는 간이식당들이 각지에서 생겨나게 되었다. 그러나 현대적 의미에서의 레스토랑의 기원은 프랑스 루이 15세의 치하였던 1760년 몽 블랑제(Mon Boulanger)가 자신의 집에서 양의 다리를 재료로 이용하여 원기회복제격인 영양 수프를 판매하면서 비로소 시작되었다. 그의 수프를 'Restaurers'로, 수프가 판매되는 장소를 'Restaurant'으로 불렀다. 당시 집안에서 사적으로만 팔 수 있었던 관습을 깨고 최초로 몽 블랑제는 자신의 메뉴를 대중에게 제공하였다. 결국 몽 블랑제의 이와 같은 혁신은 법원의 허가를 받았으며 이때부터 서양사회에서는 음식을 판매하는 장소를 레스토랑(Restaurant)이라고 부르게 되었다. 이후 프랑스에서는 많은 Coffee House들이 몽 블랑제의 레스토랑을 모방했으며 30년에 걸쳐 약 500개가 넘는 레스토랑들이 들어섰다. 한편 비슷한 시기에 다른 유형의 대중적인 식사시설이 생겨

낮는데, 바로 카페(Cafe)이다. 카페는 영어의 Coffee와 같은 뜻이다. 따라서 Cafe는 영국의 Coffee House와 유사한 시설이다. 초기에는 프랑스의 Cafe도 영국의 Coffee House처럼 손님에게 스낵만을 제공하였으나, 점차 뛰어난 요리기술을 십분 활용하여 정성스런 메뉴를 개발하여 손님들을 기쁘게 하였다.

1789년 프랑스 대혁명으로 프랑스 왕족과 귀족들이 몰락하면서 이들의 대저택에서 여러 가지 역할을 하던 시종과 하인들은 일자리를 잃게 되었다. 그러나 일부는 당시 증가 추세에 있던 유럽과 미국의 중산층과 상인계급을 유인하기 위해 레스토랑을 개업하게 된다. 18세기 중반 역사적인 산업혁명이 발발하였다. 산업혁명으로 인하여 국가 간에 교역이 성행하게 되면서 산업자본가·사업가·상인·금융업자 등과 같이 부를 축적한 신흥계급이 역사의 전면에 등장하게 된다. 신흥계급은 귀족들이 즐기던 고급요리에 지대한 관심을 가지게 되었으며 대다수가 사적으로 자택에서 조리사를 직접 고용하기 시작했다.

제4절 이슬람과 동양 문명의 호스피탈리티산업

1. 이슬람 문명의 호스피탈리티

중동지방의 이슬람 문명에서도 호스피탈리티 전통은 존재하고 있다. 이슬람 세계에서 호스피탈리티는 신-주인-손님 간의 삼각관계에 의해 구성이 된다. 손님에게 호스피탈티는 선물이 아니라 권리였으며 이를 제공하는 것은 주인의 신에 대한 의무라고 여겼다. 7세기경의 문헌을 보면 베두인족들의 호스피탈리티에 대한 기록이 존재하고 있다. 이 기록에 의하면 밤에 불을 피워서 여행자들을 끌었으며 적 또는 아군을 가리지 않고 모든 손님에게 식사를 제공하였다. 손님에게는 식사가 끝나면 잠자리가 제공되었으며 때로는 주인 가족과 함께 잠을 자거나 또는 별도의 천막이 제공되었다. 그리고 행상인들을 위해서는 마구간과 교역상품을 보관하기 위한 창고도 제공되었다.

　　비록 하찮은 작은 가정일지라도 손님을 대접함으로 인해 발생하는 어려움과 불편함을 기꺼이 감수했으며 손님을 보호함에 있어 철저했다. 가족들은 끼니를 굶더라도 손님을 융숭하게 대접하는 것을 예의로 여겼다. 또 이슬람 전통에서는 만일 여행자가 질병으로 계획된 여정을 계속할 수 없는 경우 고향집으로 무사히 돌아갈 수 있도록 모든 지원을 아끼지 않았다. 한편 이슬람 문명의 호스피탈리티 예법에서는 손님에게도 의무가 주어졌는데 되도록이면 남의 집에서 삼일 이상 묵는 것을 금기시 했으며, 손님은 주인에게 부담이 되는 경우에는 더 이상 체류하는 것을 금했다.

　　Caravanserai는 이슬람 세계를 연결하는 주요 교역루트에 위치하여 오랜 여행에 지친 여행객들에게 필요한 서비스를 제공하는 숙박시설이었다. 행상인들에게는 보통 이슬람 전통인 삼일 동안의 잠자리가 무료로 제공되었다. 그러나 실제로 대다수 여행자들은 목적된 여정을 계속하기 위해 하루만 체류하는 것이 일반적이었다. 사마르칸드와 같은 실크로드의 핵심 요충지 등에는 많은 Caravanserai가 존재했었다고 한다(〈그림 2-13〉). 그리고 Caravanserai는 상인들을 위한 상업적 중심지의 역할도 수행했다. Caravanserai의 건축적 특징을 보면 대부분 외부는 정사각형 또는 직사각형 울타리 형태로 되어있으며 한 개뿐인 정문은 낙타 등의 큰 가축이 통행할 수 있도록 폭이 넓었다. 그리고 안뜰은 대부분 하늘을 볼 수 있도록 개방되어 있다.

　　서기 710년경의 문헌기록을 보면 다마스커스의 통치자는 도로나 Caravenserai를 건설하기 보다는 모스크(Mosque)의 건립에 자금이 주로 사용되는 것을 강하게 비판하였다. Caravanserai는 이란 등 온 이슬람 세계에 널리 퍼져있었으며, 주로 순례와 행상이 목적인 여행자에게 숙소를 제공하였다. 현재 이란에만 약 120여 개소의 Caravanserai 유적이 존재하고 있으며 그 밖의 중앙아시아 국가들에도 많이 남아 있다. 한편 주로 도시 외곽의 요충지 도로에 건설된 Caravanserai와 달리 도시 안에 건설된 비교적 작은 숙박시설을 Khan이라고 했다.

그림 2-13 중앙아시아에 현존하는 Caravanserai 유적

출처: Baker 외

그림 2-14 이란에 현존하는 Caravanserai 유적 내부

출처: www.panoramio.com

1492년 콜럼버스의 신대륙 발견을 계기로 인류의 교류활동 범위는 더욱 확대되었으며 이는 서로의 차이를 보다 잘 이해하는데 큰 도움을 제공하게 되었다. 인류는 확대된 교류 및 여행활동을 통해 방문하는 지역마다 색다른 호스피탈리티를 경험하게 되었다. 서로 다른 지역의 각기 다른 행동양식에 의한 호스피탈리티였지만 그 속에 내재된 정신은 동일하다는 것을 알게 되었다. 이런 사실은 포르투갈 문학의 최고 거장 Luis de Camoes가 포르투갈의 영웅적인 항해사인 바스코 다 가마의 인도항로를 개척한 역사를 묘사한 서사시 'The Lusiads(1592)'에 잘 나타나 있다. 바스코 다 가마는 항해 중 이슬람교도와 힌두교도들과 조우하였다. 또한 역시 포르투갈의 여행가 및 극작가인 Fernao Mendes Pinto는 그의 역작 'Peregrination'(1614)을 통해 그가 20여 년 동안 동양을 여행하면서 겪은 수많은 모험담과 진기한 풍경을 기록했다. 그에 의하면 서양사회 보다 더 세련된 동양(중국, 일본, 인도, 아라비아)의 호스피탈리티 경험도 기록이 되어 있다.

2. 동양 문명의 호스피탈리티

역사기록에 의하면 중국 최초의 숙박시설은 약 3,000년 전인 주나라부터 제도화되었던 역전(驛傳)제가 그 효시이다. 주나라는 중앙정부와 지방의 제후간의 봉건적 권력관계를 유지하기 위하여 평시는 물론이고 변방에서의 긴급한 정보를 전달토록 하는 긴밀한 교통·통신조직을 구축하기 위해 30리마다 도로의 요충지에 역전을 설치하였다. 역전은 중앙정부의 지시나 공문 등을 각 지방으로 전달하기 위해 도보나 말을 타고 긴 여행을 떠나야하는 정부관리에게 말을 교환하고 숙소에서 휴식을 취하고 잠자리에 들도록 했으며 또한 외교사절을 접대하기 위해서도 필요했다. 이것이 중국 숙박시설의 효시이다. 그런데 역전은 다시 신분에 따라 대신이나 관리들이 체류하는 역신(驛臣), 병사들이 머무르는 역졸(驛卒), 그리고 노비들이 기거하는 역역(驛役)으로 구분되었다고 한다. 한편 역전은 시대가 흐르면서 역관(驛館) 등으로 명칭이 변하게 된다.

춘추시대 말년에 이르자 상업이 발전하게 되면서 상인들의 활동이 빈번해지고 그 범위가 확대되면서 숙박업이 성장하게 되었다. 그리하여 춘추시대 말기이자 전국시대 초기에 경제발전과 더불어 객사(客舍)라는 숙박시설이 만들어졌으며 상인과 민간인들이 주로 이용했으며 하나의 산업으로까지 규모가 성장하였다. 따라서 객사는 중국 최초의 민영숙박시설로 현대 여관(旅館)의 원조라고 할 수 있다.

기원전 359년 진나라는 숙박업을 관리하기 위해 "여관은 아무런 증빙서류를 갖고 있지 않는 사람의 투숙을 금하며 이를 어길시 주인은 감옥에 가두도록 한다"라는 법을 제정할 정도였다. 이후 기원전 230년에 진나라 진시황이 전국을 통일하면서 숙박업은 번영기를 맞이하게 되었다.

한나라 시기에는 상업이 더욱 번성하게 되면서 더 많은 역전과 객사가 건립되었으며 수도인 장안에는 새로운 숙박시설인 군저(郡邸)가 등장하였다. 그리고 실크로드(Silk Road)가 개통되고 교역이 크게 증가하게 되자 중앙정부는 지방과 변경지역에 사신들을 위한 우정(郵亭)과 관리들이 머무는 역치(驛置)를 많이 설치하였다. 실크로드란 명칭은 원래 한나라 시대에 비단을 물물교환을 위해 서양에 내다팔면서 유래하였다. 고대 동양과 서양은 중국에서 지중해 연안까지 이르는 이 교역루트를 통해 경제, 종교, 문화 등의 많은 교류를 하였다. 따라서 실크로드를 왕래하던 중국, 서양, 이슬람 세계의 상인들을 위한 숙박시설들도 요충지에 건설된다. 이처럼 길 또는 도로의 발전은 숙박시설의 성장과 깊은 관계를 맺고 있다.

그림 2-15 실크로드(붉은 선)

출처: Eurasian.tistory.com

동진과 남조시대에 양자강 유역은 경제가 크게 발전하였다. 이에 따라 경제권을 독점하고 있었던 당시의 왕실과 권력가들은 숙박업을 부를 축적하기 위한 수단으로 활용하게 되었으며 이를 위해 당시 새로이 등장한 숙박시설인 저점(邸店)을 독점하기에 이른다.

저점은 상인들에게 숙식의 제공뿐만 아니라 상품을 보관해주고 교역장소도 제공하였다.

다시 전국을 통일한 수나라시기에는 대운하의 개통으로 서역국들과 일본과의 교역이 더욱 융성하게 되었다. 따라서 상인들의 활동무대가 더욱 커졌으며 이는 숙박업 발전의 토대가 되었다. 특히 이 시기에 왕래하는 많은 외국상인들을 위해서 전번서(典藩署)와 사방관(四方館)이란 외국인전용 숙박시설이 건립되었다.

남북송시대가 되자 숙박산업에 여러 변화가 일어났다. 첫째, 주로 단층구조였던 여관의 건축양식이 이층구조로 변화하였다. 둘째, 투숙객들을 출신 지방별로 구분하여 투숙하도록 했다. 셋째, 청풍루(淸風樓)의 예처럼 여관들의 명칭이 당나라시대에 발달했었던 시 및 시조문학의 영향을 받게 되었다. 그리고 남송시대 수도를 임안으로 천도한 이후 숙박업은 더욱 고급화되고 대규모화되기 시작하였다. 특히 이 시기 기록을 살펴보면 "겨울에는 난로를 설치했으며 여름에는 얼음상자를 설치하였다"고 했듯이 냉방 및 난방시설에도 만전을 기하였다.

그림 2-16 중국의 전통 숙박시설 양식

출처: visitingbeijing.co.kr

13세기에 역사상 가장 강대한 영토를 지배했던 몽골제국이 대다수 유라시아 대륙을 정복하였다. 대제국이 건설되자 로마 교황과 유럽 국가의 왕들은 앞을 다투어 수천 Km 나 떨어진 원나라의 수도인 북경에 사절단을 파견하였으며 베네치아의 상인들도 수시로 드나들었다. 따라서 자연스럽게 이들을 위한 숙소들이 중앙아시아(Caravanserai)와 중국 대륙에 많이 들어서게 되었다.

몽골의 원(元)나라는 드넓은 영토를 관리하기 위해 잘 발달되어 있던 중국의 역전제도 를 계승하였다. 광대한 대제국을 관리하기 위해 몽골은 고대 로마와 같이 강력한 군사력 을 기반으로 효과적인 교통·통신망인 중국의 역전제를 더욱 고도화하게 된다. 대제국을 건설한 칭기스칸이 강력한 통치를 위해 가장 먼저 공을 들였던 것이 바로 도로와 도로를 연결하는 역 즉, 잠(Jam)의 건설이었다. 중국어로 역을 의미하는 참(站)은 몽골어 잠에서 유래되었다. 전성기에는 중국에만 약 1,400여 개소의 역참이 존재했으며 중앙아시아와 유럽을 연결하는 도로에는 수만 개의 역참이 존재했을 것으로 추정되고 있다. 또한 모든 역참에서 대기 중인 말이 약 20만 마리에 달했으며 숙식이 가능한 객사도 1만 여개가 넘었을 것으로 추정되고 있다.

🔍 그림 2-17 몽골에 현존하는 역참

출처: news.joins.com

도로변의 치안이 높은 수준으로 유지되고 있어서 상인들은 안심하고 여행을 할 수 있었다. 몽골의 역참제도는 명과 청대로 이어져서 중앙정부가 효율적 통치를 이룩하기 위한 기본 인프라로 이용이 되었다. 당시 원나라를 여행했던 마르코 폴로의 동방견문록을 보면 "아름다운 대도시 내에 크고 장엄한 궁전과 아담한 여관들이 매우 많았으며 도시를 벗어나면 매 25리마다 역전이 있고...."라고 하면서 원나라 수도였던 북경의 번성과 숙박업의 발전상을 잘 묘사하고 있다.

청나라 대에 이르러서는 민간숙박업이 크게 발달하였다. 북경에는 수많은 크고 작은 여관들이 들어섰다. 청나라시대의 민간여관에서는 종전과 다른 면모가 나타나기 시작했다. 첫째, 손님들이 더욱 편안하게 머무를 수 있도록 하기위해 손님별로 맞춤서비스를 제공하게 되었다. 예를 들면 서로 풍속이 다른 한족 손님과 몽골 손님들을 위해 객실도 그들의 풍습에 따라 꾸미었다. 둘째, 민간여관들은 이윤을 극대화하기 위해 효과적인 마케팅 기법을 이용했다. 즉 여관의 정문에 '천리 밖에서도 손님이 찾아서온다'라는 광고문을 쓰거나 달아맸다고 한다. 한편 1896년 대청우정(大淸郵政)이 설립되면서 수천 년 전통의 역관(驛館)은 폐지되기에 이른다.

중국에서는 예로부터 민이식위천(民以食爲天: 백성들은 먹는 일을 하늘처럼 높고 소중하게 여긴다)이라고 하면서 먹는 것을 매우 중요시했다. 즉 백성들은 자신에게 먹을 것을 주는 사람을 하늘처럼 떠받든다는 것이다. 또한 중국에서는 중요한 손님과는 식사를 하면서 '꽌시'(관계)를 맺는 것을 중요하게 여기는 전통이 있다.

중국에서는 6세기경에 식경이라는 요리전문서적이 발간될 정도로 뛰어난 음식문화 전통을 보유하고 있다. 중국요리는 다양한 종류와 뛰어난 맛으로 세계적인 명성을 얻고 있다. 중국에는 각 지방의 특색에 따른 다양한 식재료, 지방마다 각기 다른 기호, 그리고 조리법에 따라 2천종이 넘는 요리가 존재하고 있다. 그 중에서 특히 광동요리, 사천요리, 북경요리, 복건요리, 호남요리, 휘주요리, 산동요리, 강소성요리, 호북성요리 등이 유명하다. 한편 서양에서 식사 시에 사용하는 접시 등 식기류를 'China'라고 하듯이 동양의 앞선 식문화는 서양에 전해졌다.

일본의 전통 숙박시설은 우리에게 잘 알려진 료칸(旅館)이다. 료칸의 기원은 지방을 다스리던 영주를 위한 고급 숙소인 혼진(本陳)이다. 일본의 료칸(旅館)은 17세기 초인 에도시대부터 이어져 온 일본의 고유한 전통 숙박시설이며 주로 온천지역을 중심으로 발전했다. 당시 일본은 수백 여 개가 넘는 봉건 영지로 나누어져 있어서 막부를 왕래하는 영주들의 행차가 많았으며 행차 중도에 료칸에 머물면서 여독을 풀었다. 따라서 료칸이 번창하게 되었으며 여관업은 대를 물리는 가업으로 발전하게 되었다. 료칸이 번성하면서 일본인들에게는 여행을 즐기는 것이 일상의 한 부분이 되었다. 그리고 료칸에서는 손님을 극진하게 대접한다는 뜻으로 보통 저녁식사로 가이세키요리(會席)를 제공하는 전통이 있다.

일본에서는 료칸에서 종사원이 손님에게 보여주는 특유의 세심하고 극진한 접객태도를 일본어로 '오모테나시'라고 하며 이는 '마음에서 우러나오는 극진한 대접'이란 뜻이다. '오모테나시'는 손님에 대한 기본중의 기본 행위인 서비스와는 차원이 다르다. 서비스에 더해 손님을 최우선으로 고려하여 손님이 생각하지도 못하는 섬세한 부분까지 정성스럽게 마음을 쓰는 것이다. '오모테나시'는 서양 세계의 호스피탈리티(Hospitality)와 일맥상통한 것이라고 볼 수 있다.

한편 기네스북에 의하면 현재 세계에서 존재하는 숙박시설 중 가장 오래된 호텔은 일본 후지산 부근에 있는 야마나시현 니시야마(西山)온천에 소재하는 케이운칸(慶雲館)으로 서기 705년에 세워졌다고 한다.

🔍 그림 2-18 세계에서 가장 오래된 호텔인 케이운칸

출처: www.japanian.kr

3. 남미 잉카 문명의 호스피탈리티

유라시아를 잇는 길이 실크로드였다면 남아메리카 대륙에서 15세기에서 16세기까지 약 100년 간 존재했었던 잉카제국에도 카팍 냔(Qhapaq Nan)이라는 도로가 존재하였는데, 이는 남미 원주민 언어로 고귀한 길 또는 신성한 길이란 뜻이다. 잉카제국은 대륙 서쪽에 있는 안데스산맥을 기준으로 동쪽의 산길과 서쪽의 해안도로로 나뉘며 약 3만 Km에 달하였다. 드넓은 제국을 통치하기 위해 잉카제국 역시 신속하고 효율적인 교통·통신망이 필요했다.

카팍 냔은 이전부터 주민들에 의해 만들어진 길이었지만 잉카제국은 이를 전국적인 도로망으로 정비하였다. 당시 황제의 전령인 차스키(Chaski)가 도착하면 휴식을 취하는 숙박시설인 탐보(Tambo)들이 길을 따라 지어졌다. 차스키는 카팍 냔을 따라 일정 간격으로 대기하고 있다가 지시나 명령이 내려지면 도보나 말을 달려 다음 장소로 이를 전하는 파발이었다. 이런 방식으로 하루에 약 240Km를 이동할 수 있었다. 그러나 광활한 잉카제국을 지배하는데 지대한 공헌을 했던 카팍 냔은 침략자 스페인 군대가 이를 역이용해 버림으로써 오히려 정복을 당해버리는 비극을 맞이하게 된다.

🔍 그림 2-19　잉카제국의 도로망: 카팍 냔

출처: 경향신문

🔍 그림 2-20 잉카제국의 숙박시설: 탐보 유적

출처: cfile237.uf.daum.net/image/

본장에서 살펴본 것처럼 호스피탈리티는 유구한 인류의 역사와 함께해 왔으며 이방
인이나 여행자에게 호스피탈리티를 제공하는 것은 우리 인류의 자랑스러운 전통이다.
명예롭고 성스러운 호스피탈리티 전통은 수천 년을 넘는 오랜 기간 동안 유지되고 여러
문명을 통해 공유되었다. 다음 장에서는 산업혁명 이후 호텔산업의 발전과정은 다루기로
한다.

참 / 고 / 문 / 헌

경향신문(2014). 길, 세계유산이 되다. 2014. 7. 4.

김경환(2015). 『호스피텔리티산업의 이해』. 백산출판사.

김경환(2014). 『글로벌 호텔경영』. 백산출판사.

김경환(2011). 『호텔경영학』. 백산출판사.

손정애(2008). 중국 고대 문화 고찰. 동아대학교 대학원 석사학위 논문.

이홍화(2000). 중국호텔업의 현황과 발전방향-소형호텔업의 현황분석을 중심으로. 안양대학교 대학원 석사학위 논문.

정수현(2015). 한국, 중국, 일본의 숙박문화 비교: 주막, 반점, 료칸을 중심으로. 동북아문화연구. 43, 233-248.

조병로(2002). 『한국역제사』. 마문화연구총서 VI. 한국마사회 마사박물관.

오정환·김경환(2000). 『호텔관리개론』. 백산출판사.

Angelo, R. M., & Vladimir, A. N.(1994). *An Introduction to Hospitality Today (2nd Ed.)*, Educational Institute.

Barrows, C. W., Powers, T. & Reynolds, D.(2012). *Introduction to Management in the Hospitality Industry(10th Ed.)*. NJ: Wiley.

Bryce, D., O'Gorman, K. D. & Baxter, I. W. F.(2013). Commerce, empire and faith in Safavid Iran: the *caravanserai* of Isfahan. *International Journal of Contemporary Hospitality Management*, Vol. 25(2), 204-226.

Cassee, E. H. & Reuland, R.(1983). *Hospitality in hospitals*. In: The Management of Hospitality(Eds. Cassee, E. H. & Reuland, R.), 143-163, Oxford: Pergamon.

De Felice, J. F.(2001). *Roman Hospitality: The professional women of Pompeii*. Warren Center: Shangri-La.

Dittmer, P. R. & Griffin, G. G.(1993). *Dimensions of the Hospitality Industry: An Introduction*. NY: Van Nostrand Reinhold.

Dobbins, J. J. & Foss, P. W. *The World of Pompeii*. London & NY: Routledge.

Ellis, S. J. R.(2004). The distribution of bars at Pompeii: archaeological, spatial, and viewshed Analyses. *Journal of Roman Archaeology*, Vol. 17, 371-384.

Baker, W., Gannon, T., Grenville, B. & Johnson, B.(2013). *Grand Hotel: Redesigning Modern Life*. Hatje Cantz.

Hayes, D. K. & Ninemeier, J. D.(2007). *Hotel Operations Management*, 2nd Edition. NY: Prentice Hall.

Kelberg, T.(1957). *Hotels, Restaurants et Cabarata dans L'antiquite Romaine: Etudes Historiques et Philologiques.* Uppsala: Almqvist & Wiksell.

MacLaren, A. C., Young, M. E. & Lochrie(2013). Enterprise in the America West: Taverns, inns and settlement development on the frontier during the 1800s. *International Journal of Comtemporary Hospitality Management*, Vol. 25(2), 264−281.

Muhlmann, W. E.(1932). Hospitality. In: Encyclopaedia of the service science(Eds. Seligman, E. R. A. NY: Macmillan.

O'Gorman, K. D.(2007). Discovering commercial hospitality in Ancient Rome. *The Hospitality Review*, April, 44−52.

O'Gorman, K. D., Baxter, I. & Scott, B.(2006). Exploring Pompeii: Discovering hospitality through research synergy. *Tourism and Hospitality Research*, Vol. 7(2), 89−99.

Stutts, A. T.(2001). *Hotel and Lodging Management: An Introduction.* NY: Wiley.

Walker, J. R.(2004). *Introduction to hospitality management.* Upper Saddle River: Pearson Education.

www.google.com

www.naver.com naver 백과사전

www.UNWTO.org

www.wikipedia.org

호텔산업과
호텔경영

PART 02

호텔산업의 역사와
진화과정

03

세계 호텔산업의 발전과정

제1절 유럽 호텔산업의 발전과정
제2절 미국 호텔산업의 발전과정

CHAPTER

학습목표

본 장을 학습한 후 독자들은 다음과 같은 사항에 대해 잘 이해할 수 있어야 한다.

❶ 철도의 도입과 호텔의 탄생의 관계에 대해 자세히 이해한다.
❷ 19세기 중반 유럽에서 선풍적인 인기를 끌었던 그랜드호텔에 대해 자세히 이해한다.
❸ 호텔왕 Cesar Ritz의 호텔리어로서의 일생을 자세히 이해한다.
❹ 세계 최강 미국 호텔산업의 성장과정에 대한 전반적인 이해를 강화한다.
❺ 호텔산업의 혁명왕 E. M. Statler의 혁신적인 호텔경영에 대해 숙지한다.
❻ Hilton호텔과 Holiday Inn의 성장과정을 자세히 파악한다.
❼ 20세기 미국 호텔산업에서 발생한 혁신적인 이벤트를 자세히 이해한다.
❽ 21세기 미국 호텔산업의 트렌드에 대해 이해한다.

제1절 유럽 호텔산업의 발전과정

1. 철도와 호텔의 등장

18세기 중반 영국에서 일어난 산업혁명으로 인류 사회에 혁명적인 변화가 일어나게 된다. 증기기관의 발명 등으로 인하여 생산성이 획기적으로 향상되기에 이른다. 과거 가내수공업이나 농업을 대체해서 기계를 이용하여 대량생산을 이루는 마을들이 영국 전체에 들어서게 되었으며 시간이 경과하면서 이 마을들은 도시로 변모하기 시작했다. 생산의 거점지로서 도시들이 형성되기 시작하면서 많은 인구들이 몰려들기 시작했으며 도시 간에 원재료와 완성된 제품 등을 이동하기 위한 수단이 필요하게 되었다. 결국 1825년 사람과 물자의 운송을 위한 철도가 처음으로 개설되었다. London과 Bath 사이 110마일을 과거에 마차로는 약 11시간이 소요되었으나 기차의 등장으로 여행시간이 두 시간 반으로 대폭 감소했다.

철도의 발명은 여행산업의 역사에서 매우 중요한 전환점이 되었다. 전국적으로 철도 망이 정비되면서 마차를 이용하는 사람들이 급격히 줄어들기 시작했으며, 따라서 과거에 성행하던 Coaching Inn은 현저히 쇠퇴하게 되었다. 철도망이 건설되면서 정차하는 각 도시에 역이 들어서게 되었으며 이는 숙박산업에서 새로운 수요창출의 근원이 되기 시작 하였다. 한편 산업혁명으로 생긴 공장제도는 자본주의의 발달에 결정적인 역할을 하였 으며 새로운 계층인 자본가가 역사의 전면에 등장하게 되었다. 또한 공장에서 일하는 근로자들이 생산활동에 참여하여 거둬들인 소득이 높아지면서 중산층이 형성되었으며 이로 인해 여행 수요가 크게 증가하게 되었다.

따라서 철도망에 있는 각 도시의 역을 중심으로 과거와는 다른 새로운 형태의 숙박 시설이 들어서면서 여행자에게 식사와 잠자리를 제공하게 되었다. 이 새로운 형태의 숙 박시설이 바로 호텔(Hotel)이다. 고급 숙박시설의 대명사인 호텔의 역사적인 등장이 비 로소 시작된 것이다. 이후 호텔은 과거 Coaching Inn이나 Tavern 등에 비해 보다 높은 수준의 시설과 서비스를 여행자에게 제공하면서 큰 인기를 끌게 되었다. 당시 철도역 주변에 건립된 호텔에는 London의 Midland Grand Hotel과 St. Pancras Hotel, Birmingham의 Queens Hotel, Glasgow의 St. Enoch's Hotel, Perth의 Station Hotel 등이 있다.

호텔(Hotel)이라는 명칭의 기원을 살펴보면 호텔은 원래 라틴어로 나그네나 손님을 의 미하는 'Hospes'에서 유래되었다고 한다. 이후 파생어인 "Hospitalis"(대접하다)가 나타났으 며 이는 중세에 들어 수도원에서 순례자에게 잠자리를 제공하던 숙박시설 또는 아픈 곳을 치료하는 구호소란 두 가지를 뜻을 갖는 중성형 명사인 'Hospitale'로 변모하게 되었다. 이 용어는 시간이 흐르면서 다시 병원을 의미하는 'Hospital'과 숙박시설을 뜻하는 'Hostel'이라 는 두 가지 명칭으로 구분되어 사용하게 되었다. 집 또는 숙박시설이란 뜻의 프랑스 고어 인 Hostel은 이후 프랑스어 hôtel로 변해서 프랑스 사회에서 고급 숙박시설의 명칭으로 널 리 사용되기에 이르렀으며, 이 용어가 다시 18세기에 영국으로 전해지면서 영어식 표현인 Hotel로 변하게 되었다. 이후 Hotel은 현재까지 세계인들이 즐겨 사용하고 있다.

1640년대에 프랑스에서는 정부관리의 저택이나 개인의 대저택을 호텔이라고 불렀다 고 하며, 현대 프랑스어인 hôtel은 궁전(Palace), 대저택(Mansion), 큰집(Large House)을 의미하고 있다. 프랑스에는 1765년 최초로 호텔을 "보다 나은 유형의 Inn"이라고 기록한 문헌이 있다고 한다. 지금도 일부 유럽 도시를 여행하다 보면 중심가에 'Hotel de Ville'이라는 건물을 볼 수 있는데 이는 시청사를 일컫는 용어이다. 프랑스에서는 16세기부터 절대군주제 하에서 왕족이나 귀족들을 위한 호화롭고 사치스러운 호텔들이 생겨났다고 추측할 수 있다. 호텔은 이들을 위한 사교장소로 이용되었으며 잘 훈련된 사람들에 의해 높은 수준의 서비스가 제공되었다.

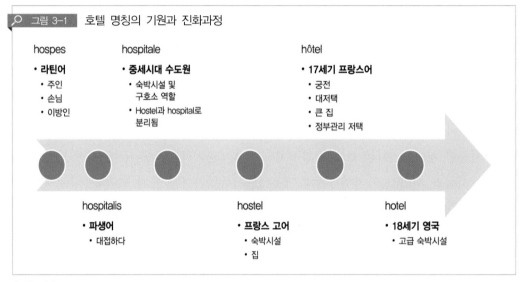

그림 3-1 호텔 명칭의 기원과 진화과정

출처: 저자

호텔이라는 문화상품이 프랑스에서 영국으로 전해진 것은 대략 1760년경이며 또한 레스토랑도 1770년대에 영국으로 전해졌다고 한다. 이와 같은 호스피탈리티 문화이동 현상이 일어난 동기를 두 가지로 추측할 수 있다. 첫째, 프랑스나 이탈리아에 비해 예술이나 문화 수준이 낮았던 영국의 상류층들은 그랜드 투어 등을 통해 목격했던 선진 문명국의 문화를 동경했으며 화려한 호텔도 이에 포함되었던 것으로 보이며 따라서 호텔도 도버해협을 건너게 되었다. 둘째, 1789년 프랑스 대혁명으로 귀족들이 몰락하면서 이들의 대저택에서 집안일과 진귀한 요리를 담당했던 시종과 하인들은 일자리를 잃게 된다. 하지만 이들 중 일부는 산업혁명 이후 증가 추세에 있던 유럽의 자본가와 중산층을 끌기 위해 호텔과 레스토랑을 개업하게 되었다. 이들은 영국으로 건너가 능숙한 기술을 뽐내게 된 것으로 보인다.

영국 최초의 호텔은 1768년 Exeter에 건립되었으나 19세기 이전까지 호텔이라는 명칭은 거의 사용되지 않고 있었다. 프랑스에서 유래되고 이후 영국으로 전해지며 활성화되는 호텔은 결국 유럽 전역이나 미국뿐만 아니라 전 세계로 전해지게 되면서 현재에 이르게 되었다. 초기 영국에서는 대중적인 레스토랑이 흔하지 않아서 많은 호텔들이 식당시설 없이 건설되었다. 따라서 호텔 손님들은 객실에서 식사하는 것이 당시 관습이었다. 그러나 1880년대에 이르자 외식하는 것이 유행하게 되었으며 결국 1875년 런던의 Albemarle Hotel은 처음으로 레스토랑을 대중에 오픈하게 되었으며, 호텔의 레스토랑은 큰 인기를 끌게 되었다. 이후 특히 런던을 중심으로 더욱 화려한 호텔들이 들어서게 되었으며 이들은 탁월한 고객 서비스와 최고의 식사로 대중의 관심을 독차지했다. 대표적인 예가 바로 1889년 Richard d'Oyly Carte에 의해 런던에 건립된 Savoy Hotel이다. Savoy Hotel이 대성공을 하게 된 가장 큰 이유는 무엇보다도 전설적인 호텔리어 Casar Ritz와 함께 전설적인 요리사 Georges Auguste Escoffier를 공히 고용하여 최고의 서비스와 식사를 손님에게 제공했기 때문이다.

2. 그랜드호텔의 시대

산업혁명이 발발한 18세기 중반 이후 철도망이 건설되면서 비로소 대중여행의 시대가 열렸다. 새로운 조직인 공장을 경영하면서 막대한 부를 쌓은 자본가들은 집안 생활에서뿐만 아니라 여행에서도 과거 프랑스 귀족들의 생활양식을 동경해서 이를 모방하게 된다. 이런 연유로 과거 궁전이나 대저택과 유사한 양식의 그랜드호텔들이 많이 건립되기 시작했으며, 바야흐로 웅장하고 화려한 그랜드호텔의 시대(The Age of the Grand Hotel)가 열리게 된다.

그랜드호텔의 원조는 당시 프랑스 나폴레옹 3세의 황후인 Eugénie에 의해 1862년 현재 파리시의 오페라 하우스 옆에 객실 800개의 규모로 건립된 Le Grand Hotel이다 (〈그림 3-2〉). 이 호텔은 당시 프랑스의 뛰어난 과학기술과 예술을 상징하는 것이었다. 이후 철도와 여객선의 등장으로 유럽 전역과 각 대륙이 보다 쉽게 연결되면서 그랜드호텔의 열풍은 전 세계로 전해지게 되었다. 대다수 그랜드호텔은 독립적이거나 또는 작은 기업의 일부로 존재했으며 각각 독특한 특성을 보여주었다. 그러나 그랜드호텔은 때때로 민족주의의 상징하기도 했다. 예를 들면 당시 스페인 국왕인 알폰소 13세는 수도 마드리드에 Hotel Ritz를 건설하도록 주도하면서 이미 Hotel Ritz가 건립됐었던 파리와 런던에 버금가는 국가적 위상을 도모하고자 했으며, 또 어두운 경제대공황의 한복판인 1931년 뉴욕에 Waldorf Astoria Hotel이 재건축되어 웅장한 위용을 드러내자 당시 미국의 후버 대통령은 이를 가리켜 "미국 전역에 보여주는 용기와 확신의 상징"이라고 추켜세웠다고 한다.

🔍 그림 3-2 InterContinental Paris – Le Grand Hotel

출처: 저자

위에 언급한 Ritz Hotel은 전설적인 호텔리어 Cesar Ritz(1850-1918)가 설립한 호텔이다. Ritz는 우아하고 세련된 최고급 서비스로 그랜드호텔의 시대에 최고의 명성을 누린 최고의 호텔리어였다. 스위스 태생의 Ritz는 15세에 처음으로 호텔업계에 발을 내딛는다. 그러나 소믈리에 견습생과 보조웨이터와 같은 일을 하다가 손님에게 모욕까지 듣는 지경에 이르면서 결국 호텔에서 쫓겨나게 된다. 이후 만국박람회를 구경하러 파리에 갔다가 다시 호텔업에 뛰어든다. 파리에서 Ritz는 최고급 호텔과 레스토랑에서 일하면서 특히 유명인 손님들을 위한 고품격 서비스에 각별한 관심을 갖게 되면서 많은 경험을 하였다.

▲ Cesar Ritz　　　　　　　▲ Auguste Escoffier

출처: www.cesarritzcolleges.edu & www.escoffier.edu

　1872년 Ritz는 파리의 Le Splendide Hotel에서 웨이터가 되었으며, 1878년에서 1888년까지 스위스 루체른의 Grand Hotel National과 모나코의 Grand Hotel 두 곳에서 동시에 매니저로 일하면서 우아한 서비스와 훌륭한 식사로 특히 부유층 고객을 상대로 대단한 인기를 모았는데 이런 경험은 후일 그가 최고의 호텔리어로 성장하는데 큰 토대가 되었다. 1888년 그는 현대 프랑스요리의 아버지라 칭송되는 당대 최고의 요리사 Georges Auguste Escoffier와 함께 스위스 Baden-Baden에서 'Conversations Haus'란 레스토랑을 개업하였으며, 이듬해인 1889년 그는 당시 영국 런던 최고 호텔이었던 Savoy Hotel의 총지배인으로 채용되며 큰 성공을 거두게 된다. 당시 영국의 국왕 에드워드 7세는 그에게 '왕의 호텔리어이자 호텔리어의 왕'이라는 칭호를 붙여주기도 했다.

　그러나 1898년 Ritz와 Escoffier는 Savoy호텔에서 와인을 훔치고 공급업자로부터 리베이트를 받았다는 혐의를 받게 되면서 결국 호텔주인에 의해 해고되기에 이른다. 당시 Ritz가 해고되자 단골고객이었던 당시 런던 사교계의 주름잡던 유명한 귀족부인은 "Ritz가 가는 곳으로 나도 따라 간다"라며 Savoy에서의 모든 파티 예약을 즉각 취소해 버렸다는 유명한 일화가 있다. 이와 같은 부유층 단골들의 Ritz에 대한 높은 충성도는 성공의 원동력이었다.

　1890년 이후 Ritz는 매우 바쁜 시절을 보내었다. 그는 오랜 경험을 통해 터득한 호화호텔의 경영에 대한 전문지식을 가지고 막대한 부를 가진 지인들과 자신의 서비스를 애용했던 부유층 손님들과 공동으로 Ritz Hotel Development Company를 설립하고 사장에 취임하였다. 이 회사를 통해 로마, 프랑크푸르트, 살소마찌오레, 팔레르모, 비아리츠, 비스바덴, 몬테카를로, 루체른, 망통, 마드리드, 카이로, 요하네스버그 등지에 호텔을 건설하거나 추진하였다. 1896년 Ritz는 당시 세계 최고의 부호로 칭송되던 남아공 출신의 Alfred Beit와 함께 Ritz Hotel Syndicate를 설립하였으며 1898년 파리의 오페라하우스 근처 방돔광장에 있던 과거 귀족들이 살았던 18세기 초반에 건축된 궁전을 구입해서 자신의 이름을 내건 최초의 호텔인 Ritz Paris를 개관하였다. Ritz는 이 호텔을 세계 최고이자 가장 호화스러운 호텔로 만들고자 했으며 왕족들도 부러워할만한 세련된 호텔이 되기를 원했다. 이 호텔은 당시로서는 혁신적으로 각 객실마다 욕실을 설치했으며 실내장식을 살구색상으로 화려하게 치장했으며 또한 세계 최초로 각 객실마다 전기로 조명을 밝히고 전화기를 가설했다. Ritz Paris의 개관일에는 왕족 등 유럽의 많은 유명인사들이 축하하기 위해 대거 모여들었으며 호텔은 개관하자마자 상류층사회의 인기를 독차지하였다.

Ritz는 직원들에게 손님에게 최고의 서비스를 제공하기 위해서 세심한 매너를 강조하였다. 예를 들면 손님이 식사 중에 음식이나 와인에 대해 불평을 하게 되는 경우에는 바로 음식을 치우고 보다 나은 것으로 바꿔주라고 했으며 손님에게는 아무런 대꾸를 하지 말도록 지시했다. 또한 그가 최고의 서비스를 위해 직원들에게 항상 강조했었던 "The customer is nerver wrong"란 슬로건은 지금까지도 세계 모든 호텔리어에게 훌륭한 귀감이 되고 있다.

이후 그는 1899년 런던에 Carlton Hotel을 개관하였다. 이어서 1906년 영국 런던과 1910년 스페인 마드리드에 The Ritz를 차례로 개관하면서 역시 큰 성공을 거두게 된다. 절정기에 그의 회사는 유럽 여러 주요 도시에서 8개 호텔(2,000실)을 관리했다. 이와 같은 규모로 성장한 Ritz의 회사는 현대 호텔체인의 효시가 되고 있다. 그러나 너무나 바쁜 시간을 보내던 Ritz는 건강을 크게 해치게 되면서 결국 1907년 은퇴하게 된다.

▲ Paris – Hotel Ritz

▲ London – Hotel Ritz

▲ Madrid – Hotel Ritz

> 그림 3-4　Hotel Ritz Paris, London & Madrid

출처: 저자

　Ritz의 성공은 현대 프랑스 요리의 아버지라고 칭송되는 Georges Auguste Escoffier (1846-1935)와의 동업관계가 있어서 가능한 것이었다. Ritz와 Escoffier는 상호 보완적인 관계를 유지하며 호텔 역사에 길이 남는 성공을 거둔다. Escoffier는 12세부터 요리를 시작하여 74세에 은퇴하기까지 큰 활약을 하였다. Escoffier와 Ritz는 몬테카를로에 있는 Grand Hotel에서 함께 일을 하면서 처음 알게 되었으며 두 사람은 바로 의기투합하게 되었다. 이후 두 사람은 함께 레스토랑을 창업하였을 뿐만 아니라 Savoy Hotel에도 함께 스카우트되기에 이른다. 둘의 관계는 Ritz가 은퇴한 1907년까지 지속되었다.

Escoffier가 프랑스 사회에 끼친 공헌은 첫째, 그는 고전요리와 메뉴들을 단순화 하였다. 둘째, 각 요리사가 특정 요리의 전체과정을 하도록 했던 과거 방식을 과감히 없애고 Escoffier는 요리의 종류에 따라 전문화하여 각자가 해당 분야의 조리를 담당하도록 하는 주방시스템을 최초로 개발하였다. 셋째, 전통적인 연회에서는 모든 요리를 한꺼번에 테이블에 서빙하도록 했지만 Escoffier는 연회 시 한 번에 한 요리를 테이블에 서빙하도록 하는 혁명을 일으켰다. 넷째, 유명인의 이름을 단 메뉴를 개발하여 소개하였다. 예를 들면 당시 유명 소프라노이자 단골손님이었던 Jennie Melba의 이름을 이용하여 Melba Toast, Peaches Melba, Melba Souce 등의 메뉴를 개발하였다. 다섯째, 요리책인 Le Guide Culinaire를 공동으로 저술하였는데 이 책은 현대 요리법의 신약성서라고 추앙되고 있다. 이와 같은 공헌으로 요리사로서는 유일하게 프랑스 대통령이 수여하는 최고훈장을 수상하게 되었으며, 독일의 빌헬름 2세는 그를 '요리의 제왕'이라고 칭찬했다.

한편 Ritz가 와병 중이던 1911년 Ritz호텔은 대서양을 건너 북미 진출을 결정하게 되는데 미국인 투자자인 Albert Keller와 함께 The Ritz-Carlton Investing Company라는 합작투자(Joint Venture) 법인을 설립해서 1911년 뉴욕 맨해튼에 최초의 Ritz-Carlton호텔을 개관하였다. 이어서 1912년 캐나다의 몬트리올, 1913년 필라델피아, 1921년 Atlantic City 등지에 차례로 호텔들을 개관하였다. 1918년 Ritz의 사후 아내 Marie는 Ritz의 전통을 계승하면서 체인을 더욱 확장하는데 힘을 쏟았다. 그 결과 Ritz체인은 1920년대 초기에 이르러서는 영국(2개), 프랑스(4개), 이탈리아(5개), 스위스(1개), 미국(2개), 아르헨티나(1개) 등 6개국에서 15개소의 호텔들을 관리하는 호텔체인으로 성장하였다.

한편 비슷한 시기에 미국에서는 Keller가 Ritz체인으로부터 Ritz-Carlton 브랜드에 대한 프랜차이즈 권리를 구입하면서 동시에 The Ritz-Carlton Hotel Company, LLC.를 설립하였다. 그러나 Ritz-Carlton브랜드를 사용할 수 있는 권리를 보유한 이 회사의 주인은 이후 몇 차례 바뀌게 되며 이 회사의 관리 하에 1927년 최초의 Ritz-Carlton호텔이 보스턴에 개관되었으며 이어서 피츠버그와 마이애미 등지에 호텔을 차례로 오픈하였다. Ritz-Carlton의 성공은 호사스러운 유럽식 개인서비스를 북미 호텔산업에 전파하는 계기가 되었다.

그러나 그랜드호텔 등 찬란했던 유럽의 호텔산업도 20세기에 들어서면서 전쟁과 경제대공황 같은 굵직한 사건들로 인하여 점차 쇠퇴하게 된다. 특히 찬란한 제국을 건설했던 영국과 프랑스는 두 차례의 세계대전을 거치면서 나라 살림이 피폐해지면서 경제대국의 위치를 잃게 되었으며 따라서 호텔산업 중심지로서의 자리도 결국 미국에 내놓게 된다. 일부에서는 이미 19세기에 들어서면서 호텔산업의 주도권은 유럽에서 미국으로 이전되기 시작했다고 보고 있다. 결국 20세기에 접어들면서 세계 호텔산업 발전에 선도적인 역할은 신생강국인 미국의 호텔체인들이 담당하게 되었으며 이와 같은 추세는 현재까지 이어지고 있다.

제2절 미국 호텔산업의 발전과정

오늘날 미국 호텔산업은 세계 최대 및 최고의 위용을 자랑하고 있다. 규모뿐만 아니라 경영혁신에서도 미국은 세계 최고 수준의 호텔체인들을 보유하고 있어 경제대국으로의 면모를 잘 보여주고 있다. 일찍이 19세기에 시작하여 20세기를 거쳐 21세기 현재까지 세계의 리더로서 역할을 수행하고 있는 미국 호텔산업의 발전과정과 혁신에 대해서 알아보는 것은 매우 의미가 깊다고 할 수 있다. 지금부터는 식민지 미국에서부터 21세기 현재까지 미국 호텔산업의 진화과정을 살펴보도록 하겠다.

1. 초기 미국의 숙박산업

식민지 미국에서 1600년대 초반에 숙박시설이 있던 것으로 추측되고 있는데 최초의 정착지인 Jamestown에 존재했던 것으로 추측되고 있다. 그러나 공식적인 미국 최초의 숙박시설은 1634년 미국 보스턴에 Samuel Coles에 의해 건립된 Coles Ordinary이며 이는 미국 식민지에 건립된 최초의 Tavern 또는 Inn으로 기록되고 있다. 식민지 미국의 숙박업은 영국의 Coaching Inn을 복제한 Colonial Inn과 Tavern이 주로 항구 주변에 건립되었다. 그런데 식민지 시대 미국에는 Tavern, Inn, Ordinary라고 하는 세 가지 명칭의 숙박시설이 통용되었다고 하며 Tavern은 주로 뉴잉글랜드와 뉴욕 주 지역에서, Inn은 주로 펜실베이니아 주 지역에서, Ordinary는 주로 남부지방에서 당시의 숙박시설의 명칭으로 사용되었다. 그리고 이들은 대부분 자신 또는 남의 집을 숙박시설로 개조하여 사용했던 것으로 알려지고 있다.

손님에게 불친절했었던 것으로 유명한 영국의 주인들과 달리 식민지 시대에 도시나 마을에 세워진 Tavern이나 Inn의 주인들은 지역사회에서 존경받는 지위에 있었다. 특히 이 시기에 Tavern은 개척자들로 구성된 공동체사회에서 중심적인 역할을 수행했다고 하며 거의 모든 정치·경제·사회 및 종교적 집회와 행사가 Tavern에서 행해졌다고 한다 (〈그림 3-5〉). 식민지시대에 Tavern의 핵심기능은 식사와 잠자리의 제공뿐만 아니라 유흥과 사회적 교류 이 밖에도 여행자를 위해 마구간을 제공하기도 했다. 또 부가적인 기능으로 우편물이 배달되고 신문이 대중에게 큰 소리로 읽혀지기도 했다. 이 외에도 상거래가 이루어지는 시장의 역할, 정치적 연설과 투표가 행해지는 집회장소의 역할, 재판이 행해지는 법원의 역할, 또한 교회가 건립되기 전에는 종교적 집회가 열리는 교회의 역할 등을 담당했다. Tavern은 주요 도로변에 위치하고 있었으며 또 전략적으로 상거래를 유인하기 위해 도시 간에 하루 정도가 소요되는 거리마다 위치했다. 당시 기록에 의하면 1840년대에 약 274마일 떨어진 뉴욕과 보스턴 사이에는 약 20여 곳의 Tavern들이 존재했었다. 이런 초기의 척박한 숙박시설을 시발로 하여 이후 미국 호텔산업은 눈부신 발전을 이룩하게 된다.

🔍 그림 3-5 1673년 미국 뉴포트에 건립된 White Horse Tavern

출처: newport.toursphere.com

2. 18세기 및 19세기 미국의 호텔산업

1) 1793-1830년: 제1기 미국 호텔산업의 황금기

미국에서 최초로 호텔이라는 명칭을 사용한 곳은 1793년 수도 Washington D.C.에 지어진 Union Public Hotel이다. 그러나 기존의 Tavern이나 Inn의 수준을 뛰어넘는 본격적인 호텔이 건립된 것은 1794년 뉴욕 맨해튼 월스트리트 주변에 지어진 City Hotel이다. 3층에 73실 규모로 지어진 이 호텔은 당시 미국을 대표하는 건축물로서 매우 명성이 높았다. 단순한 가구 배치에도 불구하고 여유롭고 쾌적한 호텔로서 당시 3만 여 뉴욕 시민들의 인기를 독차지하며 연회, 댄스파티, 정치집회 등이 열리는 사교의 중심지가 되었다. 이는 미국 호텔과 유럽 호텔의 차이점을 대변하고 있다. 즉 미국 호텔은 지역사회에서 지역 주민들의 사교를 위해 모이는 장소로 이용이 되었으나 유럽의 호텔들은 20세기가 돼서야 이런 역할을 담당했다.

뉴욕에 City Hotel이 개관하자 주변 도시들도 경쟁적으로 유사한 호텔을 건설하게 되었다. 보스턴에 1806년 5층 200실의 Exchange Coffer House, 필라델피아에 1807년 Mansion House, 볼티모어에 1826년 City Hotel 등이 이어서 개관하며 사교의 중심지가 되었다. 이 외에도 1807년 미시건 주에 최초의 벽돌건물인 Wales Hotel, 뉴욕에 마천루 호텔의 효시가 되는 6층의 Adelphi Hotel 등 주요 도시에 많은 호텔들이 건립되었다. 뉴욕에 City Hotel이 건립된 1794년부터 1830년까지의 기간을 가리켜 '제1기 미국 호텔산업의 황금기'라 부르고 있다.

이렇게 19세기 초반에 이미 황금기를 맞이할 정도로 성장한 미국 호텔산업이 발전하게 된 원동력(Driving Force)에는 여러 가지가 있다. 첫째, 미국인들은 다른 어느 국가의 국민보다도 훨씬 많은 여행을 즐겼다. 이처럼 여행을 즐기는 미국인들의 관습은 현재까지 이어져오고 있으며 이는 미국 호텔산업의 발전에 지대한 영향을 미치게 되었다. 둘째, 유럽에서는 안락하고 호화로운 호텔 서비스의 대상이 귀족계층에 제한되었지만 미국에서는 누구나 돈이 있으면 고급 서비스를 구매할 수 있었으며 가격대 또한 비교적 넓은 층을 상대할 수 있도록 합리적인 수준으로 책정되었다. 셋째, 당시 미국 사회의 풍습은 호텔을 집처럼 장기간 이용했다고 한다. 특히 1800년부터 1880년까지 도시에서 자기 집이 없는 많은 사람들이 소득수준에 따라 호텔이나 다른 숙소를 집처럼 여기면서 생활을 하였다. 당시 도시 호텔 객실의 반 정도는 이와 같은 사람들로 채워졌다고 한다. 넷째,

호텔 주인들의 개척정신과 실용주의 사고방식이다.

City Hotel에서 보듯이 미국 사회에서 유명 호텔들은 '대중의 궁전'으로 여겨졌는데 이는 대중적 성향의 특성뿐만 아니라 세련미와 우아함을 나타내는 것이었다. 당시 미국의 소도시에서 호텔은 가장 훌륭하고 인상적인 건물로 자리매김했다. 한편 당시 대도시 간에는 보다 웅장하고 화려한 호텔을 보유하여 뽐내기 위한 경쟁이 일어날 정도였으며, 호텔들은 최고 수준의 편리함으로 치장했으며 자족기능을 갖추고 있어서 '도시 내의 도시'로 거듭나게 되었다. 당시 호텔들은 이발소 및 미장원, 도서관, 당구장, 티켓판매소, 꽃가게, 담배판매소 등과 같은 다양한 서비스가 제공되었으며 일부 호텔은 하루 20시간이 넘게 레스토랑을 영업했다.

2) 그랜드호텔의 시기

19세기 초반부터 미국의 대도시에는 웅장하고 화려한 특색을 지닌 대규모 호텔들이 들어서기 시작하는데 이를 Grand Hotel이라고 한다. 유럽이 궁전같은 Grand Hotel의 본산이라고 믿는 유럽인들과 달리 미국에서는 웅장하고 화려한 Grand Hotel의 원조는 미국이라고 말하고 있다. 이처럼 19세기 초반이 지나면서 미국에서는 보다 현대적이며 대규모의 초호화호텔들이 들어서기 시작하는데 이 시기를 미국 그랜드호텔의 시대라고 부른다. 미국 최초의 Grand Hotel은 1829년 보스턴에 건립된 Tremont House이다.

미국 최초의 그랜드호텔인 Tremont House는 당시 미국과 유럽의 최고호텔의 수준을 훨씬 뛰어넘는 대단한 호텔이었으며 결국 '현대 호텔산업의 아담과 이브'라고 추앙될 정도로 현대 호텔산업에서 큰 이정표를 기록했다. 3층에 170개의 객실을 보유한 이 호텔은 당시 미국뿐만 아니라 유럽의 어느 호텔보다도 가장 크고 호화로웠으며 가장 많은 건축비용이 소요된 호텔이었다. 당시의 젊고 유명한 건축가인 Isaiah Rogers에 건립된 Tremont House의 건축양식은 이후에도 약 50년간 세계 호텔산업에 큰 영향을 미쳤다. 이 호텔은 규모·구조·설비·투자·영업 등 다방면에서 종전과는 다른 큰 혁신을 이룩했다. 〈그림 3-6〉은 Tremont House에 처음 도입된 호텔경영의 혁신을 보여주고 있다.

그림 3-6 Tremont House의 혁신

Tremont House

- 1인실 및 2인실 객실 구비
- 각 객실 별로 자물쇠와 열쇠 구비
- 양탄자가 깔린 로비
- 양탄자가 깔린 200석 규모의 연회장
- 프랑스 요리 제공
- 가스등으로 불을 밝힌 샹들리에
- Bellboy 도입
- 프런트데스크의 전담 직원제
- 스팀 욕조를 갖춘 8개의 욕실
- 각 객실에 세면대 및 물주전자와 무료 비누 제공
- 지하층에 실내 화장실 설치
- 객실 내에 신호기 버튼을 설치하여 프런트데스크 호출이 가능

출처: 저자

그림 3-7 Tremont House, Boston

출처: Bostonian Society; Grand Hotel

Tremont House의 뒤를 이어 19세기 내내 크고 훌륭하며 호화로운 그랜드호텔들이 속속 들어섰다. 1836년 뉴욕에 5층에 309실 규모의 Astor House가 개관했으며, 이어서 보스턴에서 1840년 후반 Adams House와 1855년 Parker House, 뉴욕에서 1839년 Howard Hotel 1844년 New York Hotel 1852년 Metropolitan 1853년 St. Nicholas, 필라델 피아에서 1844년 American House와 1845년 Washington Hotel 등이 미국 동부에 들어섰다. 동부지역의 그랜드호텔 건축 열풍은 서부로 향해 중서부와 태평양 연안으로 전해지게 되었다. 뉴올리언스에서 1830년대 후반에 St. Louis Hotel과 St. Charles Hotel이, 버펄로에서 1836년 American Hotel, 세인트루이스에서 1841년 Planters' Hotel 등과 같은 유명호텔들이 경쟁하듯이 속속 개관하였다. 그랜드호텔 건축 경쟁은 대도시 간에 존재하고 있었지만 각 도시의 부유층 간에도 서로 최고의 호텔을 과시하기 위한 경쟁관계도 있었다. 그러나 이처럼 수많은 호텔들이 건립되고 경쟁이 격화되면서 먼저 지어진 호텔들의 진부화가 비교적 빨리 나타나게 되었다. 그 예로 그랜드호텔의 원조인 Tremont House도 개관 후 20년이 지나면서 2등급 호텔로 전락하게 되었다.

당시 그랜드호텔의 건축기술에는 몇 가지 특성이 존재하고 있었다. 대다수 그랜드호텔들은 5층 이하로 지어졌는데 여기에는 이유가 있었다. 첫째, 이 당시 호텔들은 주로 목재 건물로 지어졌는데 당시 목재 기술로 고층건물은 적합하지 않았다. 둘째, 당시에는 엘리베이터가 도입되기 전이라 손님들은 계단을 오르내려야 했다. 따라서 호텔의 높은 층은 아래층에 비해 객실요금이 저렴했으며 또 손님들에게 벨보이가 매우 인기가 높았다. 그러나 1859년에 엘리베이터가 도입되면서 이와 같은 현상은 역전이 돼서 손님들은 요금이 비싸도 고층을 선호하게 되었다. 그러나 목재건물이라서 큰 문제점이 존재했는데 바로 화재가 많이 발생하였다. 게다가 불을 밝히기 위해서 가스등을 사용하고 있었고 또 1층에서만 물을 화재 시 사용할 수 있었다. 이런 이유로 인해 화재가 빈번하게 일어나서 호텔이 파괴되었으며 또한 인명사고도 자주 있었다.

이후 건축기술의 발달하게 되면서 새로운 배관공사 기술로 객실에 욕실설비가 가능해졌으며 전등 및 전화기가 설치되었고, 엘리베이터가 도입되기에 이르렀다. 따라서 더욱 진화된 모습의 그랜드호텔들이 속속 개관하였다. 1860년 당시 세계 최대의 호텔인 8층 규모의 Continental Hotel이 건립되었으며, 1870년에는 시카고에 Palmer House가 개관하였다. 이어서 1875년 샌프란시스코에 건립된 Palace Hotel은 역사상 최고액인 5백만 달러가 투자되었으며 800실로 대규모 초호화호텔의 명성을 누렸다. 그리고 많은 그랜드 호텔 주변에는 은행 등이 들어서면서 금융 중심지로 발전하게 되었다.

또한 1893년 뉴욕 맨해튼에 거부 William Waldorf Astor에 의해 13층의 Waldorf Hotel 이 개관했으며, 이어서 바로 옆에 1897년에 그의 사촌이자 거부인 John Jacob Astor 4세 가 17층의 Astoria Hotel을 오픈하였다. 두 호텔은 결국 통로를 이용해서 하나의 호텔로 변모하게 되면서 브랜드 명도 Waldorf Astoria Hotel로 변경하게 된다(〈그림 3-8〉. 그러나 약 30년간 영업을 이어오던 호텔은 사업성이 나빠지게 되면서 결국 1929년 매각되면서 건물을 허물게 된다. 이 땅에 새로 지은 오피스 건물이 오랫동안 세계 최고의 빌딩을 유지했던 유명한 Empire State Building이다. Waldorf Astoria 호텔은 경제대공황이 휩쓸던 1931년 자리를 옮겨 재개관하게 되며 당대에 최대이자 최고로 호화로웠던 호텔로 세계적인 명성을 얻게 된다. 이 호텔은 재개관하면서 세계 최초로 룸서비스를 도입하는 등 미국 그랜드호텔의 상징으로 개관 이후부터 현재까지 오랫동안 세계인들의 사랑을 받고 있는 유서 깊은 호텔이다.

🔍 그림 3-8 Original Waldorf Astoria Hotel, New York

출처: US Library of Congress

19세기 말이 되면서 그랜드호텔의 건축 붐은 식기 시작했다. 그러나 그랜드호텔의 시대를 거치면서 성취한 다방면에서의 획기적인 발전은 이후 미국이 세계 최대의 호텔시장으로 발돋움하게 되는 토대가 되었다.

한편 19세기 초반부터 미국에 초기 리조트호텔이 건립되기 시작하는데, 철도가 없었으면 상상하기 어려운 일이었다. 미국 부유층 가족은 여름 또는 겨울철 휴가 시즌이 되면 온천, 해변, 또는 산록에 있는 리조트에서 휴가를 즐겼다. 당시에는 철도를 따라 여행시간이 많이 소요되었기 때문에 한번 휴가여행을 떠나면 1주일 또는 1개월 이상 장기간 체류했다고 한다. 뉴욕 최초의 리조트는 뉴욕 교외 한적한 곳에 건립된 Deagle's Hotel이었으며 뉴요커들은 복잡한 일상을 벗어나 낚시 등으로 소일하는 한가한 휴가를 즐겼다. 이어서 1812년 본격적인 리조트인 Congress Hotel이 뉴저지 주에, 1823년에는 Catskill Mountain House가 건립되었다. 1832년 현재까지도 가장 유명한 리조트의 하나인 Homestead가 버지니아 주 Hot Springs에서 개관하는데 인기가 매우 높아서 1850년에만 약 15,000명이 방문했다. 이어서 건립된 유명 리조트에는 1847년 Grand Hotel, 1863년 Greenbrier, 1866년 Balsams, 1873년 Wentworth-by-the-Sea 등이 차례로 건립되었다.

미국 초기 리조트 역사에 기념비적인 활약을 한 인물이 바로 Henry Flagler이다. 유명한 석유재벌인 록펠러의 사업파트너로 활약했던 그는 많은 재산을 모은 뒤 은퇴생활을 보내기 위해 미국 최남부 플로리다로 향한다. 플로리다의 환상적인 날씨와 풍광에 매료된 그는 은퇴를 번복하고 사업가로서의 기질을 발휘하여 리조트 개발사업에 뛰어든다. 그러나 교통수단이 불편해서 손님들을 끌기가 어렵다는 것을 인지하게 된 그는 지역의 작은 철길을 구입하는 것을 시발로 하여 결국 대다수 플로리다의 철도를 지배하게 되었다. 철도를 통제하게 된 Flagler는 이후 Palm Beach Hotel과 Breakers를 팜비치에 그리고 다른 곳에 Royal Poinciana 등과 같이 현재까지도 미국의 대표적이며 주옥같은 리조트들을 건립했다.

3. 20세기 미국의 호텔산업

1) 1900년대 초반

눈부신 발전을 거듭하던 미국 호텔산업은 19세기가 종말을 고하는 시점에 이르면서 건축 붐이 서서히 꺼지기 시작했다. 이 시기가 되면서 눈에 띄는 문제점이 나타나게 되는데 바로 호텔산업의 심각한 양극화현상이었다. 호텔 건축 열풍이 불면서 대도시 간에 가장 크고 가장 좋은 호텔을 짓기 위한 경쟁이 첨예화되면서 '대중을 위해서'라는 미국 호텔 고유의 전통을 탈피하는 호텔들이 많이 건설되기에 이른다. 그러나 이와는 대조적으로 철도역 등 주변에는 소규모 호텔들이 주로 지어졌는데 시설이 변변치 않아서 여행자들의 관심을 끌지 못했다. 따라서 일반 여행자들에게 화려하고 우아한 대형호텔은 가격이 너무 비싸서 이용이 어려웠으며 반면에 소형호텔은 서비스 수준, 식사의 질, 청결성 등에서 많이 뒤떨어져서 이용을 꺼리게 되었다. 이런 상황에서 여행자들은 선택의 여지가 없었으며 따라서 결코 만족할 수 없었다.

20세기에 들어서면서 미국 호텔산업에 큰 영향을 미치는 몇 가지 새로운 현상이 나타나게 된다. 첫째, 미국 경제가 지속적으로 번영하면서 비즈니스 목적의 여행자가 현저하게 증가하였다. 따라서 새롭게 등장한 고객층인 상용여행자의 욕구에 부합하는 새로운 숙박시설의 공급에 대한 요구가 일기 시작했다. 둘째, 도로, 철도, 수상 교통이 발달하면서 종전에 비해 보다 쉽고 저렴하게 대륙을 여행할 수 있게 되었다. 따라서 광활한 아메리카 대륙을 비즈니스나 여가 등의 목적으로 이동하는 여행활동이 크게 증가하게 되었다. 셋째, 경제 번영으로 소득이 증가해서 미국사회에 중산층이 등장하면서 여행기회가 증가하게 되었다. 따라서 기존 대형호텔과 소형호텔로 양극화된 미국 호텔산업은 더 이상 새로운 시대의 새로운 요구에 부합할 수 없게 되었다. 새로운 시대에 새로운 소비층을 위한 적절한 수준의 객실 및 서비스와 합리적인 요금수준을 갖춘 새로운 숙박시설에 대한 필요성이 대두되었다.

2) E. M. Statler: 현대 호텔의 선구자

20세기 초반과 같은 격변기에 혜성처럼 나타난 전설적인 호텔리어가 바로 '미국 현대 호텔산업의 아버지'라고 추앙되는 Ellsworth Milton Statler(1863-1928)이다. Statler는 1908년 뉴욕 주 나이아가라폭포 인근 버펄로 시에 비즈니스 여행자와 중산층을 위한 새로운 유형의 호텔인 Buffalo Statler를 개관하였다. 현대 상용호텔(Commercial Hotel)의 효시인 이 호텔은 혁신적인 경영으로 이후 약 40년간 현대 호텔산업에 지대한 영향을 미쳤다고 하며, 일부에서는 이를 Henry Ford가 자동차를 개발한 것과 비견되는 일이라고도 했다. Buffalo Statler는 당시의 최신 과학기술과 그가 장기간 호텔리어로 일하면서 체득한 많은 경험이 결합돼서 만들어 진 것이었다.

Statler는 1863년 펜실베이니아 주 서머셋에서 가난한 목사의 아들로 태어났다. 집안이 너무 곤궁해서 그는 9세인 초등학교 2학년에 중퇴해서 이때부터 유리공장에 나가서 돈을 벌어야만 했다. 그는 15세에 이르러 McLure Hotel의 야간담당 벨보이로서 호텔리어의 일생을 시작하였다. 어려운 환경이었지만 배움을 향한 그의 열정과 호기심은 멈추지 않았다. 쉬는 시간이면 그는 Housekeeper, Engineer, Bookkeeper, Finance 등 여러 방면의 관련 서적을 탐독하고 또한 업무 매뉴얼을 자세히 깨우치면서 호텔실무를 익혀 나갔다. 많은 호텔실무를 터득한 후 그는 호텔 서비스와 효율성의 향상에 대한 창의적 노력을 멈추지 않았다. Statler는 손실을 기록하던 호텔의 당구장과 볼링장을 주인에게 임차를 받아서 자신의 사업으로 만든 후 결국 이윤을 창출하였으며 이런 그의 열정과 비범함에 호텔주는 Statler를 신뢰하게 되었다.

이후 나름대로 비즈니스에 대한 안목이 생기자 그는 1894년 나이아가라 폭포 인근의 버펄로에 레스토랑을 개업하였으나 사업은 매우 부진했지만 광고효과에 대한 긍정적 경험을 체득하게 되는데, 신문 등에 광고를 게재하면서 사업은 결국 성공하였다. 레스토랑 사업의 성공 이후 Statler는 다시 호텔사업에 관심을 갖게 되는데, 1901년 버펄로와 1904년 세인트루이스에서 개최되는 박람회를 위한 임시숙소 사업을 벌여서 큰 성공을 거두고 당시로서는 막대한 액수인 $360,000의 이윤을 챙기게 되었다. 큰돈을 번 Statler는 이후 평생 숙원이었던 호텔 건립에 몰두하게 된다.

소년시절부터 오랫동안 호텔리어로서 체득한 경험과 지식을 토대로 가진 모든 것을 투자하여 1908년 미국 최초의 상용호텔인 300실의 Buffalo Statler를 개관하였다. Statler는 이 호텔에 많은 혁신을 도입하였다. 최초로 모든 객실에 욕조를 비치하는 등 기존 그랜드 호텔에서만 볼 수 있었던 고급 서비스를 훨씬 저렴한 가격으로 손님에게 제공했다(〈그림 3-10〉). 그가 도입한 다른 혁신은 주방을 레스토랑 옆으로 이동하는 등 호텔 공간의 효율적 사용에 집중하였으며 또한 'Statler Plumbing Shafts'라는 배관기술을 스스로 개발하여 호텔 건축비용을 크게 절약하는데 공헌하였는데 이는 최초로 같은 배관파이프를 여러 객실이 함께 공유하게 함으로써 비용을 절약할 수 있었다. 이 혁신적인 기술의 등장으로 저렴한 가격으로 각 객실마다 욕실의 설치가 가능하게 되었다. 또한 Statler는 '신분 여하를 막론하고 모든 여행자들의 공통적인 욕구는 편안한 침대와 좋은 음식이다'라고 주장하면서 당시 여행자들의 새로운 욕구에 잘 대응하지 못했던 호화호텔과는 차별화된 호텔 서비스를 제공했다.

Buffalo Statler 호텔은 상류층을 주요 대상으로 했던 기존의 호화로운 그랜드호텔과는 달리 당시 새로운 사회계급이었던 중산층과 비즈니스여행자를 주요 고객으로 삼았다는 면에서 큰 의미가 있었으며 개관하자마자 대중의 인기를 독차지하는 대성공을 거두었으며 이듬해 450실로 증축하였다. 미국 호텔산업의 전통이었던 '호텔의 대중화'를 이룩한 Buffalo Statler의 성공은 독창적인 호텔 경영혁신의 결과였다.

Buffalo Statler 호텔은 최초로 비즈니스 여행자와 중산층이 합리적인 가격으로 쾌적하고 깨끗하며 적절한 수준의 서비스가 제공되는 호텔을 이용할 수 있도록 했다. Statler가 내걸었던 "A room and a bath for a dollar and a half"이란 슬로건처럼 그는 호텔 비품의 표준화 등 합리적이고 효율적인 경영을 통해 당시만 해도 일반인에게는 높게만 느껴졌던 고급호텔의 문턱을 크게 낮추면서 호텔의 대중화에 큰 공헌을 했다. Buffalo Statler를 이용하는 손님들은 저렴한 가격으로 〈그림 3-9〉과 같은 고급 서비스를 제공받을 수 있었다.

🔍 그림 3-9　Buffalo Statler의 혁신적인 서비스

- 최초로 객실에 개인용 욕조 비치
- 최초로 객실 도어의 열쇠 구멍을 표준화
- 최초로 객실 입구 안쪽에 표준화된 전등 스위치 설치
- 객실에 전화 비치
- 객실에 조간신문 제공
- 객실에 등이 달린 옷장 비치
- 객실에 전신거울 비치
- 객실에 얼음물 제공
- 두 개의 주요 계단에 방화문 설치

출처: 저자 정리

🔍 그림 3-10 E. M. Statler와 Buffalo Statler Hotel

▲ E. M. Statler

▲ Buffalo Statler Hotel

출처: www.buffaloah.com & www.citylab.com

Buffalo Statler가 큰 성공을 거두자 당시 클리블랜드 시의 지도자들은 대표적인 호텔을 지어주도록 요청하게 되었다. 첫 호텔의 건설에 참여했던 건축가와 실내장식가와 함께 그는 1912년 중세 이탈리아 르네상스식으로 700실의 Cleveland Statler를 개관하게 되었으며 이 사업으로 세계적인 명성을 얻게 되었으며 다른 도시에서도 이와 같은 요청이 쇄도하게 되었다.

사업이 크게 성공하자 Statler는 Statler Hotel Company를 창립하고 계속해서 디트로이트(1915), 세인트루이스(1917), 뉴욕(1919), 두번째 버펄로(1923), 보스턴(1927) 등지에 Statler Hotel들을 차례로 개관하며 당시에 주요 도시에서 가장 많은 호텔을 소유하여 운영하는 호텔체인을 건설하였다. Statler는 단일 경영진에 의해 다수의 대형호텔들을 관리하는 것에 대한 효율성을 잘 파악하고 있었다. 구매, 비용통제, 판매 및 마케팅 프로그램 등에 대한 본사의 중앙집중식 경영을 통해 호텔체인의 사업성을 크게 향상시켰다. 여러 도시에 있는 Statler 호텔들은 대부분 명칭, 스타일, 규모 등에서 일관적으로 관리되었다. 이와 같은 Statler의 대성공에도 불구하고 대도시의 유명 초호화호텔의 소유주였던 여러 도시의 부호들은 효율성을 중시하는 Statler체인의 혁신을 애써 무시했다.

생전에 Statler가 남긴 '호텔이 성공하려면 세 가지가 가장 중요하다. 그것은 첫째도 입지 둘째도 입지 셋째도 입지이다'라는 명언은 현재까지도 호텔리어들에게 큰 교훈이 되고 있다. 또한 Statler는 Ritz의 신조를 이어 받아 'The customer is always right'라고 하면서 호텔사업에서 고객의 중요성을 강조했으며 '호텔에서 판매하는 것은 단 하나. 그것은 바로 서비스다'라고 하면서 직원들에게 서비스의 중요성을 강조했다. 그는 손님에게 서비스를 제공하는 직원들의 복지를 증진하기 위해 주6일 근무, 유급휴가, 무료의료보험 혜택, 우리사주를 통한 이익분배 등과 같은 당시로서는 획기적인 대우를 제공하기도 했다.

당대 최고의 호텔체인으로 대성공을 거둔 후 그는 당시 Cornell University의 호텔경영대학에 초청되어 학생들을 대상으로 행한 강연에서 유명한 일화를 남겼다. Statler는 강연하는 단상에 오르자마자 학생들을 향해 '당장 강의실에서 나가라'고 소리치면서 좋은 호텔리어가 되기 위해서는 이론공부 보다는 실제적인 현장경험이 더욱 중요하다는 것을 강조하였다. 그러나 당시 학장의 끈질긴 설득으로 호텔리어에게도 경영학 교육의 중요성과 이로움을 알게 된 그는 이후 대학에 막대한 재정적 지원을 아끼지 않았다고 한다.

그러나 Statler는 7개의 호텔 건설을 마친 후인 1928년 폐렴으로 갑자기 사망한다. 그의 사후에 아내 Alice Statler가 호텔체인의 경영을 승계했으며 이후에도 피츠버그(1940), 워싱턴(1943), 로스앤젤레스(1952), 하트포드(1954), 댈러스(1956)에 속속 호텔을 건립하면서 미국을 대표하는 호텔체인으로 더욱 성장하게 되었다.

그러나 결국 Alice는 1954년 체인회사를 역시 미국의 전설적인 호텔리어인 Conrad Hilton에게 당시 부동산으로서는 기록적인 금액인 $111,000,000에 매각한다. 이후 Alice는 The Statler Foundation을 설립하여 사회봉사와 기부활동을 행하였는데 특히 Cornell 호텔경영대학에 많은 금전적 기부를 하여 이 대학이 세계 최고 수준의 호텔경영대학으로 성장하는데 큰 공헌을 하였다. Alice가 사망하고 오랜 시간이 지난 1986년 The Statler Foundation은 대학 캠퍼스에 The Statler Hotel을 건립해 주었다. 현대 호텔산업의 발전을 위해 Statler가 남긴 가장 큰 공헌은 최초의 현대호텔을 개발하였고 또한 최초로 현대 호텔체인의 기틀을 닦은 것이다. 그리고 고객을 위주로 하는 서비스 전통을 확립하였다.

Statler의 눈부신 활약에도 불구하고 1차 세계대전의 영향으로 19세기 초에 미국 호텔산업은 부진을 면치 못했지만 그럼에도 불구하고 1907년 뉴욕의 센트럴파크에 지어진 800실의 Plaza Hotel(〈그림 3-11〉)은 지금도 세계인들의 사랑을 받는 유명한 호텔이다. 초기에 객실의 90%는 집처럼 이용하는 장기거주자들로 채워졌다고 한다. 기록에 의하면 1910년 미국 호텔산업의 규모는 만여 개소의 호텔에 백만 실을 보유하고 있었으며 평균적인 호텔의 규모는 60~75실 규모였으며 호텔산업이 고용하는 전체 종사원은 약 30만 명에 달하였다.

🔍 그림 3-11 The Plaza, New York

출처: US Library of Congress

3) 1920년대: 제2기 미국 호텔산업의 황금기

1920년대에 이르자 역사적인 '광란의 20년대'가 세계를 휩쓸게 된다. 1920년대에 미국은 경제의 눈부신 번영과 사회·문화적으로 큰 변혁기를 맞이하게 된다. 월스트리트의 투자자들은 미국의 경제번영은 무궁무진할 것이라고 믿게 되었으며 이에 따라 호텔리어들도 호텔 서비스에 대한 수요에 대해 매우 낙관적인 예측을 하게 되었다. 따라서 1920년대에 건축 열풍이 다시 호텔산업을 휩쓸게 되며 이 시기를 '제2기 미국 호텔산업의 황금기'라고 부르고 있다. 이 시기에 수 백여 개의 그랜드호텔들이 전국에 연이어 개관하였다.

먼저 뉴욕에는 1919년에 세계 최대의 호텔로 22층에 2,200실의 Hotel Pennsylvania 가 개관하는데 영업은 Statler체인이 담당했으며 이어서 1924년에 Roosevelt 1927년에는

New Yorker가 개관한다. 보스턴에서는 1927년 같은 해에 Ritz Carlton과 Statler가 오픈하였다. 또 수도 워싱턴 D.C.에는 1924년 Mayflower가 그리고 산타바바라에는 1927년 Biltmore가 각각 개관하였다. 그리고 시카고에는 1924년에 Palmer House가 이어서 1928년에는 시카고에 Stevens가문에 의해 Stevens가 오픈하였다. 28층에 무려 3,000개의 객실을 보유했던 Stevens는 '도시 내의 도시'라고 할 정도로 세계 최대 호텔로서의 명성을 수십 년간 누리게 된다(〈그림 3-12〉).

이 당시 건립된 호텔들은 대다수가 많은 부채를 이용하여 건설되었으며 또한 개관하자마자 큰 성공을 거두게 되었다. '광란의 시대'인 1920년대에 이 호텔들의 연평균 객실 점유율은 85%를 상회했다고 하며 이는 급증하는 객실수요에 맞춰서 객실공급이 이뤄졌어야 하는데 그랜드호텔은 공사기간이 비교적 길어서 수요와 공급의 균형이 맞지 않아서였다. 당시 호텔 객실수요가 급증하게 된 이유는 호황으로 비즈니스 목적의 여행이 크게 증가했으며 또 도로, 철도, 자동차 등이 발전하면서 보다 편리하게 장거리 여행이 가능하게 되면서였다. 그러나 1920년대 후반이 되면서 여기저기서 호텔객실의 공급과잉(Overbuilding)에 대한 경고가 나왔지만 투기 열풍을 멈추지는 못했다.

🔍 그림 3-12   The Stevens, Chicago

출처: www.connectingthewindycity.com

20세기와 광란의 20년대를 맞이하면서 미국 리조트산업에도 열풍이 불어 리조트들이 연이어 건립되었다. 이 시기에 건립된 대표적인 유명 리조트에는 펜실베이니아 주에 1902년 Buck Hill Inn과 1908년 Pocono Manor Inn이, 콜로라도 주에 1918년 Broadmoor Hotel, 1928년 조지아 주에 Cloister Resort, 1929년 애리조나 주에 Biltmore, 플로리다 주에 Boca Raton Hotel & Club 등이 개관하였다. 그러나 대다수 리조트에는 계절성이 존재하였기 때문에 연중 내내 영업을 하기가 쉽지 않았다.

4) 1930년대: 경제대공황과 사상 최악의 위기

Statler가 사망한 이듬해인 1929년 결국 투기 거품이 꺼지면서 경제대공황이란 어두운 그림자가 전 세계를 엄습하였으며 다른 산업과 마찬가지로 호텔산업도 초토화 되어버린다. 새로운 호텔의 건설은 완전히 중단되고 객실수요가 나락으로 떨어지면서 미국 호텔산업 역사상 가장 어두운 암흑시대를 맞이하게 되었다. 빈방들이 늘어나면서 호텔산업에서는 '가격전쟁'이 벌어지게 되는데 호텔들은 객실요금을 대폭 할인해서 손님들의 발길을 되돌리려 했으나 별 효과가 없었다. 예를 들면 1933년 미국 호텔산업의 연평균 객실점유율은 손익분기점에도 한참 미치지 못하는 약 51%에 불과했다. 결국 당시 전체에서 약 80% 정도의 호텔들이 정리수순을 밟거나 파산하게 되었다. 수많은 호텔들이 부도가 나면서 저당채권을 보유했던 기관 또는 개인 투자자들은 호텔운영에 대한 전문성이 없었기 때문에 파산한 호텔을 소유하지 않고 싼값에 매각하고자 했다.

대공황이 엄습하자 주로 상류층을 상대로 영업했던 그랜드호텔들이 가장 큰 타격을 받게 되었으며, 이 호텔들은 경제위기를 기회로 이용하려는 일부 기업가들에게 아주 형편없는 가격에 매각되는 신세로 전락하게 된다. 게다가 호텔산업의 미래에 대해 비관적인 예측을 내놓는 전문가들이 점점 늘어만 갔으며 결국 찬란했던 그랜드호텔의 시대는 서서히 저물기 시작한다. 이후 호텔 투자에 관심을 갖는 투자자들은 오랫동안 자취를 감추게 되었고 1920년대처럼 무더기로 초호화호텔이 건설되는 시절은 다시는 돌아오지 않았다.

하지만 경제대공황 같은 최악의 위기상황에서도 최초의 상용호텔 혁신을 이룩한 Statler 체인처럼 효율적인 경영혁신으로 합리적인 비용구조를 유지했던 기업은 큰 손실 없이 위기를 잘 극복할 수 있었다. 효율성을 내세운 상용호텔의 경영혁신은 현대 호텔리어들에게 큰 교훈이 되었다. 한편 1939년 Quality Courts에 의해 7개의 모텔이 상호간에 객실예약을 지원하기 위한 비영리조직인 소개시스템(Referral System)이 개발되었다.

5) 주요 호텔체인의 등장: Hilton과 Sheraton

Statler에 비해서는 조금 늦지만 1920년부터 1940년 사이에 호텔사업에 뛰어들어 Statler체인과 더불어 미국 호텔산업을 주도하는 현대적인 호텔체인을 건설한 두 명의 전설적인 호텔리어가 있다. 이들은 혁신적인 경영방식을 도입해서 미국의 호텔산업이 세계 최고의 수준으로 도약하는데 큰 공헌을 하였다. Hilton체인을 설립한 Conrad Hilton과 Sheraton체인을 창립한 Ernest Henderson이다.

먼저 Conrad Hilton(1887-1979)은 1919년 당시 석유의 채굴 붐이 크게 일던 텍사스 주의 시스코 시에 은행을 인수하러 방문했지만 판매자가 약속했던 가격을 무시하고 올려버리게 되자 화가 크게 난 그는 은행 인수를 과감히 포기해 버린다. 하루를 머물 숙소를 찾던 Hilton은 40실 규모의 Mobley호텔(〈그림 3-13〉)을 방문했다가 로비에서 크게 붐비는 많은 사람들을 목격하게 되었다. Hilton은 호텔보다는 유전개발 사업에 더 관심이 많았던 주인으로부터 호텔의 침대가 하루에 8시간 씩 세 번 회전하며 팔리고 있다는 사실을 알게 되었으며 주인이 '너무 바빠서 레스토랑 식탁 위에서 잠을 자게해도 손님들은 기꺼이 돈을 지불할 것이다'라는 농담을 건네는 순간 Hilton의 뇌리에는 섬광이 번쩍한다. 그는 사업가적 기질을 십분 발휘해 즉시 계약을 체결하여 $40,000의 가격으로 이 호텔을 매입하면서 호텔리어로서의 첫 발을 내딛게 된다. 인수 직후 Hilton은 Mobley호텔의 레스토랑을 폐쇄하고 연회장 공간은 반으로 줄이고 프런트데스크도 대폭 축소했을 뿐만 아니라 자신의 집무실까지도 객실로 전환하는 등 호텔의 공간관리에서 사업적 천재성을 유감없이 발휘하며 대성공을 거두게 된다.

🔍 그림 3-13　Mobley Hotel

출처: www.thefamouspeople.com

이후 그는 최대한의 신용한도까지 부채를 이용하면서 짧은 시간 내에 7개의 호텔을 더 매입했다. 그리고 Hilton은 1925년 처음으로 스스로 건설하고 또 최초로 자신의 이름을 내건 Dallas Hilton을 개관하였으며 1920년대 말엽에는 8개의 호텔을 거느린 체인으로 성장하게 되었다. 그는 계속해서 호텔들을 매입하거나 신축하면서 많은 부채를 이용하면서 레버리지 효과를 극대화하는 사업전략을 추진하였다. 부채를 많이 활용하는 비즈니스모델은 '광란의 20년대'처럼 객실점유율이 높게 유지되는 호황기에는 아주 효과적이었다. 하지만 반대로 객실점유율이 형편없이 떨어지는 불황기에는 오히려 큰 독이 되었다. 따라서 1929년 경제대공황이 터지면서 Hilton은 최대의 위기를 맞이하게 된다. 파산에 이르던 수많은 호텔들처럼 Hilton체인도 예외가 아니었으며 그가 이룩한 대다수 호텔들을 잃게 되었다. 그러나 몇 년 후 Hilton은 유전임대 사업에서 만든 자금과 호텔사업에 대한 열정과 능력을 높이 평가한 지인 및 투자자들의 도움으로 1933년부터 재기에 성공하게 되었다.

이후 그의 호텔사업은 탄탄대로를 걷게 된다. Hilton은 당시 대공황으로 파산해서 매물로 나와 있던 대도시의 유명 그랜드호텔들을 저렴한 가격에 매입하는 것에 전략을 집중했다. 그래서 그는 샌프란시스코의 Sir Francis Drake를 필두로 뉴욕의 Roosevelt와 Plaza를 매입하였으며, 1945년에는 $26,000,000가 투자된 시카고의 Palmer House를 $19,400,000에 매입한다. 또 같은 해에 $30,000,000에 달하는 건설비용이 소요되었던 당시 세계 최대의 호텔로 유명했던 시카고의 Stevens를 단돈 $7,500,000에 구입한다. 더 나아가서 1949년 그의 일생일대의 숙원이었으며 당시 적자투성이였던 뉴욕의 상징 Waldorf Astoria를 헐값에 인수하는데 성공한다. 드디어 Hilton체인은 1946년 상장기업이 되었으며 1954년에는 경쟁관계에 있던 Statler Hotel Company를 인수하면서 미국 최대의 호텔체인으로 성장을 거듭하게 되었다.

세계대전 이후 체인의 해외 진출을 모색하던 Hilton은 1949년 푸에르토리코의 산후안에 Caribe Hilton호텔을 개관했는데 이는 미국 호텔체인 사상 최초의 해외시장 진출로 알려지고 있다. 그리고 당시 건설자금을 전액 투자했던 푸에르토리코 정부와의 호텔 관리계약을 체결하면서 세계 호텔산업 최초로 위탁경영계약(Management Contract)이란 혁신적인 사업방식의 원형모델을 개발하며 현대 체인경영의 발전에 큰 공헌을 했다.

한편 미국에서 경제대공황이 한창이던 1937년 하버드대 동창생 기업가인 Ernest Henderson과 Robert Moore는 매사추세츠 주의 스프링필드 시에 있는 Stonehaven Hotel을 구입하면서 호텔사업을 시작한다. 호텔 비즈니스에 대한 경험은 없었지만 다른 사업을 통해 모아놓은 현금을 보유했던 이들은 부동산 사업의 본질과 부채의 레버리지 효과를 잘 숙지하고 있었으며 이를 호텔 매입에 십분 활용하였다. 두 친구는 대공황기에 가격이 떨어질 때로 떨어진 호텔들의 시장가치와 매각협상에 필사적으로 매달리는 판매자들의 심리를 잘 이용해서 좋은 조건으로 3개의 호텔을 추가로 매입하게 된다. 공황기에 유명 그랜드호텔들을 주로 매입했던 Hilton과 달리 Henderson은 주로 잘 알려지지 않은 호텔 부동산들을 매입해서 가격이 좋아지면 다시 매각하였다.

두 동업자는 1939년에 보유하고 있던 4개의 호텔들의 명칭을 하나로 통일하여 체인을 만들고자 했다. 그런데 당시에 'Sheraton'이란 브랜드를 이용하던 보스턴 호텔의 지붕 위에 있던 전기 광고간판을 제거하는데 드는 비용이 오히려 새 간판으로 교체하는 것보다 많이 소요된다는 사실을 알고 철거를 포기했다. 그래서 이후 Sheraton이란 브랜드를 체인의 상호로 이용하기 시작했다. 몇 년 후 동업자들은 1912년에 지어진 보스턴의 유명 호텔인 Copley Plaza를 인수하면서 전국적인 명성을 얻게 되었다(〈그림 3-14〉). 체인은 이후 성장해서 1945년 Sheraton Corporation of America라는 명칭으로 뉴욕 증권시장에 최초로 상장하는 미국 호텔체인으로 변모하면서 성장을 가속화하였다.

혁신은 Sheraton체인 성공의 원동력이었다. 1958년에 도입한 'Reservatron'은 호텔산업 최초의 자동화된 전자예약시스템이었으며, 이를 통하여 Sheraton은 최초로 예약기능을 중앙화하고 전산화한 호텔체인이 되었다. 또한 Sheraton은 고객이 무료로 전화 이용이 가능한 toll-free-800-number 시스템을 도입한 최초의 기업이 되었다. 그리고 1985년에는 북경에 The Great Wall Sheraton을 개관하면서 중국에 진출한 최초의 다국적 호텔체인이 되었다.

Henderson은 자신도 그렇고 남들도 인정하듯이 호텔리어로서의 일생을 보내지는 않았다고 한다. 호텔 건축이나 실내 장식 등에는 전혀 관심을 두지 않았다고 하며 오히려 그는 가격이 맞으면 언제든지 호텔을 팔고 사는 뛰어난 수완의 부동산 업자이자 자본가로서의 역할을 수행했다. 그는 명석한 두뇌를 바탕으로 뛰어난 재무 및 회계지식을 보유했으며 현금의 가치와 부채의 레버리지 효과에 관한 차별화된 지식으로 유명했다. 1965년에 Henderson은 보스턴에 100번째 Sheraton호텔을 개관하면서 미국의 대표적인 호텔체인으로 자리매김하게 되었다. 그러나 사업이 부진해지던 1967년 Henderson은 심장마비로 사망하였다. 이듬해 Sheraton체인은 당시 유명한 거대 복합기업인 ITT에 매각되었다. 이후 Sheraton은 Statler 및 Hilton과 더불어 3대 주요 호텔체인으로 자리매김하게 되었으며 이후 호텔체인들은 미국 호텔산업의 발전을 견인하면서 시장 지배권을 서서히 강화해 나가기 시작한다.

 그림 3-14 The Copley Plaza, Boston

출처: www.hoteljunkiemag.com

한편 1929년 워싱턴 주 야키마에서 호텔을 운영하던 Severt W. Thurston과 Frank Dupar는 보유하고 있던 호텔들을 보다 효과적으로 경영하기 위해 전략적 제휴를 맺었다. 그 후 두 명의 동업자가 더 합류하면서 워싱턴 주에서만 17개소의 호텔을 운영하는 Western Hotels(현재의 Westin Hotel)라는 미국 최초의 호텔경영회사(Hotel Management Company)가 설립되었다. 이후에도 1946년 유명한 항공사 Pan Am의 InterContinental, 1954년 Hyatt, 1957년 Marriott, 1962년 Carlson그룹의 Radisson 등 주로 고급호텔을 운영하는 체인들이 속속 설립되었다.

6) 세계대전과 호텔산업

제2차 세계대전이 발발하면서 미국 호텔산업은 전혀 예상하지 못했던 호황을 누리게 된다. 세계대전이 발발하면서 미국 역사상 가장 극적인 인구이동 현상이 일어나게 되었다. 수백만에 달하는 미국인들이 참전을 하게 되며 동시에 수백만 명이 전쟁지원을 위한 군수공장에서 일을 하기위해 또한 많은 사람들이 공무를 담당하기 위해 이동하게 되었다. 이처럼 엄청난 인구가 이동함에 따라 미국에서는 여행활동이 역사적인 수준으로 증가하게 되었으며 이에 따라 호텔 객실수요도 역사상 최고 수준에 달하게 되었다. 대공황으로 새로운 호텔 건설이 정지된 상황이어서 호텔 객실이 많이 부족해서 당시에는 로비에서 잠을 청하는 사람들을 쉽게 목격할 수 있었다고 한다. 그러나 많은 사람들이 참전하거나 공장에서 일을 해야 했기 때문에 호텔들은 인력이 크게 부족하게 되었으며 따라서 일부 서비스의 수준 저하는 어쩔 수 없는 현상이었다. 전쟁으로 인한 호황은 종전 직후인 1946년 전체 호텔산업의 평균 객실점유율은 사상 최고인 93%에 달했으며 이듬해에는 90%를 기록하게 되었지만 이듬해부터는 하향 곡선을 그리게 되었다.

7) 1950년대와 1960년대: 모텔과 프랜차이즈 혁신

세계대전이 끝나면서 미국 사회와 여행산업에는 큰 변화가 일어나게 된다. 세계대전 이전에는 사업자와 일부 직종을 제외한 일반 미국인들은 여행을 하기위한 시간과 금전의 두 조건을 충족할 수 없어서 여행 기회가 제한적이었으며 더군다나 장거리 여행은 더더욱 기회가 주어지지 않았다. 그러나 세계대전 이후 세계 최강국 미국에서 사회적으로 몇 가지 새로운 트렌드가 나타나면서 일반인에게도 많은 여행기회가 주어지게 되었다. 첫째, 일반 미국 시민들의 경제생활에 큰 변화가 생겨났다. 많은 산업분야에서 노동조합 운동이 거세게 일어나면서 노동시간의 단축, 임금의 상승, 복지의 향상 등 노동조건이 나아지게 되었을 뿐만 아니라 가족여행을 할 수 있는 유급휴가가 일반화되었다. 따라서 소득이 향상되고 여가시간이 많아지게 되자 자연히 여행기회가 크게 늘어나게 되었다. 둘째, 종전의 철도산업은 쇠퇴하기 시작했으며 단거리 및 장거리 여행을 위한 주요 교통 수단이 철도에서 자동차로 변하게 되었다. 또한 장거리 여행을 위한 대중 교통수단으로 비행기에 대한 관심이 크게 증가하게 되었다. 셋째, 미국 주요 고속도로의 통행 시간과 조건이 대폭 향상되었다. 특히 1956년 아이젠하워 대통령의 지시로 미국 50개 주를 연결하는 고속도로망(Interstate Highway Network)이 건설되면서 미국인들은 자신의 자동차로 미국 전역을 누빌 수 있게 되었다.

미국의 경제번영이 가속화되면서 가처분소득이 증가하고 여가시간이 많아지고 편리하게 보다 적은 시간으로 여행이 가능하게 되면서 호텔산업에 많은 긍정적인 영향을 미치게 되었다. 하지만 도심호텔이나 리조트에서 손님들의 숙박일수가 점점 짧아지는 부정적인 영향도 점점 커지게 되었다. 자동차와 비행기로 여행하는 미국인들이 많아지면서 이들은 과거의 철도역 주변에 위치하고 있는 호텔들을 피하고 새롭고 더욱 편리한 입지에 있는 숙소를 원하게 되었다.

자동차를 타고 아메리카 대륙을 여행하는 새로운 계층의 여행자들은 형식을 중시하는 전통적인 호텔문화에 익숙하지 않았다. 예를 들면 이들은 호텔에서 유니폼을 입은 호텔종사원에게 팁을 주는 것을 원하지 않았으며 주차가 편하지 않다는 것을 깨닫게 되었다. 이들이 가장 원하는 숙박 서비스는 적절한 가격에 쾌적하고 청결한 객실과 편리한 주차시설이었다. 이와 같은 새로운 시대에 새로운 욕구에 부응하기 위해 새롭게 등장한 것이 바로 모텔(Motel)이었다.

20세기 초반 자동차가 등장하기 시작했으며 1916년 미국 연방정부가 자동차도로를 건설하는 법을 통과시키면서 도로 사정이 나아지기 시작했으며 많은 미국인들이 자동차로 여행하기 시작했다. 이에 따라 도로변에 새로운 유형의 소형 숙박시설들이 들어서게 되었는데 초기에는 'Tourist court' 또는 'Motor court'라는 명칭을 사용했으며 시설은 보잘 것 없었다. 이들은 초기였던 1920년에 1,000개소에서 1926년에는 2,000개소로 증가했다. 1920년대 후반 미국 정부는 새로운 고속도로의 건설을 시작했으며 1930년대 경제대공황 하에서도 불구하고 Tourist court는 1930년에 9,800개소, 다시 1940년에는 약 20,000개소로 크게 증가했다. 또한 1948년에는 약 30,000개소로 증가하면서 지속적인 성장을 기록하게 되었다. 모텔이라는 명칭은 1925년 캘리포니아 주 San Luis Obispo의 도로변에 건립된 Milestone Motor Hotel에서 유래되었다. 당시 개업을 준비하던 총지배인은 건물 지붕 위에 점토타일로 'Motor hotel'이란 간판을 매달려고 했으나 명칭이 길어서 이들을 합해서 'Mo-tel'로 변경하여 사용하면서 미국에서 모텔이란 명칭이 일반화되기 시작했다(〈그림 3-15〉).

🔍 그림 3-15 Milestone Motel

출처: justacarguy.blogspot.com

미국인들의 본격적인 자동차 여행은 1950년대 초기부터 봇물처럼 터지기 시작했다. 당시 기록에 의하면 전체 여행자의 약 86%가 자동차로 여행을 즐겼다고 한다. 여행수요가 기록적으로 증가하면서 1960년에 미국 모텔은 61,000개소에 이를 정도로 눈부시게 성장하였다. 따라서 1950년대와 1960년대를 미국 호텔산업에서는 '모텔의 시대'라고 부른다. 초기 모텔들은 주로 개인이나 가족에 의해 소규모로 운영이 되었으며 주요 호텔체인들은 별로 관심을 두지 않고 있었다. 모텔의 건축적 특징은 단층에 일개 건물로 숙박시설을 위한 목적으로만 건립되었으며 자동차는 무료로 객실 바로 앞이나 가까운 주차장에 세워둘 수 있어서 매우 편리했다. 정장에 넥타이를 매야하고 팁을 줘야하는 호텔과 달리 모텔에서는 자유롭게 지낼 수 있었다. 그러나 모텔에는 레스토랑이 없었기 때문에 손님들은 외부에서 식사를 해야 했다. 모텔은 호텔처럼 다양한 서비스와 부대시설을 제공하지는 않았지만 청결하고 쾌적한 객실위주에 저렴한 가격의 영업정책으로 미국인들로부터 큰 호응을 얻게 되었다. 초기 모텔들은 주로 도시나 마을에서 가까운 주요 고속도로의 주변에 건축되었다. 과거 그랜드호텔처럼 이번에는 모텔 건축 열풍이 미국 전역을 휩쓸게 되었으며 순식간에 수많은 모텔들이 고속도로망을 따라 건설되었다.

1950년대와 1960년대에 모텔 건축 붐이 생기면서 철도역이나 폐쇄된 철도역 주변에 위치하고 있던 오래된 도심호텔들은 유지비용이 많이 늘어나게 되면서 경쟁력이 크게 떨어지게 되었다. 모텔의 등장은 호텔 전체에 큰 위협이 되었으며 이에 대해 냉담하게 반응했던 호텔들은 결국 문을 닫게 된다. 소득이 향상되고 여가시간이 많아지면서 자동차로 여행을 즐기는 미국인들이 크게 증가했지만 호텔들의 객실점유율은 오히려 감소하게 되었다. 많은 사람들이 모텔로 발길을 향했던 것이다. 당시 기록에 의하면 1950년에 미국에서 휴가여행을 즐기는 인구가 약 2천2백만 명으로 대폭 증가했으며 여기서 반 정도는 모텔을 이용했으며 또한 1951년에 이르러서는 호텔보다 모텔의 수가 더 많아지게 되었다. 특히 소도시에 있던 호텔들은 모텔과의 경쟁에서 밀리게 되면서 가장 큰 피해를 입게 되었으며 결국 불과 몇 년 사이에 많은 호텔들이 문을 닫았으며 일부는 다른 용도의 건물 또는 주차장으로 전환하게 되었다. 모텔의 등장으로 많은 호텔들은 위기 상황을 극복하기 위한 효과적인 영업정책을 개발하지 못하면 생존할 수 없는 신세가 되었다.

1950년대 초반 모텔들의 규모는 보통 50실 정도였으나 1950년대 후반과 1960년대가 되면서 평균 규모가 100실 정도로 규모가 증가하였다. 또한 당시 복층구조였던 호텔과 달리 초기 모텔들은 대부분 단층이었으나 얼마 지나지 않아서 대부분 복층구조로 변하게 되었다. 규모가 커지면서 모텔에서 제공하는 서비스도 더욱 다양해지고 고급스러워 졌다. 이와 같은 변화는 혜성처럼 나타난 또 한명의 전설적 호텔리어에 의해 이룩된 혁신의 결과였다.

'현대 모텔의 선구자'라고 할 수 있는 Kemmons Wilson(1913-2003)은 1951년 가족과 함께 자동차로 멤피스에서 수도 워싱턴 D.C.까지 세계 호텔산업 역사에 길이 남을 여행을 나서게 된다. 그러나 당시 도로변에 있던 모텔들은 좁고 불편했으며 요금도 하루에 $10로 매우 비쌌으며 설상가상으로 동반했던 세 아이들에게는 별도로 각각 $2씩의 요금을 추가로 요구했다. 후일 Wilson은 '내 생애 가장 끔찍했던 휴가여행'이었다고 술회했다고 한다. 당시 빌딩 건축업자였던 그는 집으로 돌아오자마자 즉시 새로운 모텔사업에 착수하게 된다. 은행에서 $300,000을 융자받고 드디어 1952년 테네시 주 멤피스의 주요 도로변에 120실 규모로 최초의 Holiday Inn이 개관한다(〈그림 3-16〉). 모텔의 명칭은 Wilson이 당시 보았던 Bing Crosby와 Fred Astaire가 주연한 영화 'Holiday Inn'에서 따왔다고 한다. 이 모텔의 사업개념은 쾌적하고 청결하면서 저렴한 객실과 적절한 수준의 고급 서비스 제공, 그리고 세심한 배려였으며 또 어린이에게는 절대 추가요금을 받지 않았다.

종전의 모텔과는 확연하게 다른 이 새로운 모텔은 넓은 객실에 2개의 더블베드와 아기용 침대, TV, 전화, 에어컨, 얼음물, 무료주차 등이 제공되었으며 또 부대시설로서 호텔에서나 볼 수 있었던 레스토랑과 수영장을 구비하였다. 이 모텔은 개업하자마자 대성공을 거두었으며 15년 이상을 계속해서 80% 이상의 객실점유율을 유지하였다. 첫 모텔이 성공하자 2년 내에 똑같은 모텔 3개소를 역시 멤피스 주변 도로변에 추가로 건립하였으며 역시 대성공을 거둔다.

🔍 그림 3-16　최초의 Holiday Inn

출처: www.emaze.com

사업이 대성공을 거두자 Wilson은 400여개의 Holiday Inn을 운영하는 프랜차이즈 체인제국에 대한 꿈을 꾸게 되었다. 야심찬 꿈을 실현하기 위해 당시 유명한 부동산 개발업자였던 Wallace Johnson과 동업관계를 맺었으며 Johnson의 넓은 사업 네트워크는 프랜차이즈 가맹점 모집에 큰 도움이 되었다.

두 동업자는 1954년에 프랜차이즈 체인의 본사 역할을 수행할 Holiday Inns of America Inc.를 설립하고 같은 해 미시시피 주 클락스데일에 최초의 프랜차이즈 호텔을 개관하는데 이는 호텔산업의 역사상 가장 위대한 혁신이 일어나는 순간이었다. 최초로 Holiday Inn 프랜차이즈 시스템에 가입한 이 모텔은 가입수수료로 $500와 판매된 객실당 5센트를 로열티로 본사에 지급하기로 했다. 이에 대한 대가로 본사는 표준운영시스템, 전국적 광고프로그램, 본사 예약소개시스템(Referral System)을 통해 제공되는 객실예약 등의 서비스를 가맹호텔에 제공했다. 프랜차이즈의 도입으로 1954년 말이 되자 11개소의 Holiday Inn으로 확장이 되었다.

Holiday Inn 프랜차이즈 체인은 경쟁사에 비해 차별화된 면을 강조했다. 첫째, Holiday Inn은 처음부터 자동차 여행을 즐기는 가족들을 목표고객으로 삼았다. 둘째, 당시 평균규모가 30실이었던 종전의 모텔에 비해 훨씬 큰 120실 규모를 유지했다. 셋째, 어느 모텔에서나 일관적인 서비스 제공을 강조했다.

이처럼 프랜차이즈 사업이 가속화되는 시점에 미국 연방정부는 Wilson과 Holiday Inn에게 어마어마한 선물을 선사했다. 1956년 당시 아이젠하워 대통령은 760억 달러라는 엄청난 금액이 투입되는 미국 50개주를 연결하는 고속도로망(Interstate Highway Network)의 건설 프로그램을 발표하였다. 따라서 미국 전역을 뒤덮는 가장 빠른 새로운 고속도로가 건설되기 시작하면서 도로망을 따라 건립되는 Holiday Inn의 프랜차이즈 사업이 번창하는 것은 그야말로 시간문제였다. 프랜차이즈 사업 초기에 75개소의 Holiday Inn은 최초의 것과 똑같은 1층으로 건축되었지만 1950년 후반부터는 2층으로 표준화가 되었으며 객실 규모는 150실에서 300실 사이에서 건립되었다. 프랜차이즈 본사는 전국의 모든 Holiday Inn에서 여행자들에게 일관적인 서비스를 제공되기 위해서 모든 가맹점들에게 프랜차이즈 본사의 영업표준을 엄격히 준수할 것을 강조했다.

Wilson은 본사 입장에서는 자본의 투자가 거의 없는 프랜차이즈 사업의 특성을 잘 이해하고 있어서 사업의 수익성에 대해 확신하고 있었다. 프랜차이즈 가맹점의 설계, 건설, 구매비용을 낮게 유지하는 한편 마케팅비용과 본사의 경비는 가입하는 가맹점의 규모에 비례해서 분산할 수 있었다. 혁신적인 Holiday Inn의 프랜차이즈 사업모델은 이후 대다수 호텔체인에 의해 모방되었다.

1965년에는 세계 호텔산업 최초로 전국의 Holiday Inn Network를 연결해 객실예약을 중개하는 중앙예약시스템(CRS)인 HOLIDEX를 개발하여 여행사 및 항공사와 연계하여 쉽게 객실예약이 가능하게 하였으며 따라서 여행자들은 Holiday Inn 브랜드와 더욱 친숙하게 되었으며 전국예약센터에 전화를 해서 객실을 예약했다.

이후 체인은 지속적으로 성장하였으며 1958년에 50번째, 1959년에 100번째, 1964년에 500번째, 1968년에는 역사적인 1,000번째 Holiday Inn이 텍사스 주의 산안토니오에서 오픈하였다. 최전성기에는 매 3일마다 한 개소의 Holiday Inn이 오픈하는 등 세계 호텔산업 역사상 전무후무한 성장 기록이 만들어졌는데 이는 프랜차이즈의 성장잠재력을 여실히 보여준 것이었다. 1960년이 되자 캐나다 몬트리올에 최초로 국외지역에 Holiday Inn을 오픈했으며 해외 진출이 더욱 확대되자 1969년에 비로소 회사명을 Holiday Inns of America에서 Holiday Inns, Inc.로 변경했다. 또한 종전에 사용하던 슬로건인 'The Nation's Innkeeper'도 'The World's Innkeeper'로 변경했다.

성장을 거듭하던 Holiday Inn은 1971년이 되자 호스피탈리티기업으로서는 최초로 미국 50개주 전역에서 영업점을 운영하는 대기록을 세우게 되었으며 전 세계에 걸쳐 200,000실을 운영하는 대제국이 건설되었다. 일부에서는 Wilson의 혁신은 Statler의 혁신에 버금가는 것이라고 칭송하고 있다.

초기 모텔들은 규모, 건축비용, 토지비용, 관리수준 등에서 호텔과는 확연히 달랐었다. 그러나 여러 이유에 의해 모텔과 호텔의 차이는 점점 사라지게 되었다. 첫째, 모텔은 기존 건물에다 증축하거나 새로운 모텔을 건축하면서 규모를 키워 나갔다. 둘째, 모텔들도 호텔처럼 소개시스템(Referral system)이나 프랜차이즈에 가입함으로써 전국적 이미지를 구축하게 되었다. 셋째, 모텔들도 TV, 냉방시설, 카페트, 타일 욕실, 전화, 수영장, 라운지, 회의실, 연회장, 선물가게 등처럼 호텔에서 제공하는 어메니티(Amenities)를 제공하게 되었다. 넷째, 모텔들도 24시간 전화교환 및 프런트 데스크직원, 전국적 전화예약시스템, 신용카드 결제, 직통전화 등과 같이 호텔에서 제공되는 서비스를 제공하게 되었다. 다섯째, 콘크리트와 철강 등을 모텔 건축에 도입하게 되면서 고층으로 건설되었다.

　따라서 1960년대 중반이 되면서 새롭게 건립되는 모텔에서는 호텔과 유사한 시설과 서비스가 제공되었다. 한편 호텔들도 모텔과의 경쟁에 효과적으로 대처하기 위해서 모텔의 편리함을 모방하는 등 과거의 영업방식을 일부 수정하게 된다. 결국 모텔은 점점 더 호텔을 닮아가고 호텔은 점점 모텔을 닮아가면서 서로 간의 경계가 모호해지게 되었는데 유일한 차이점은 모텔에서의 보다 편리한 주차였다. 이런 현상에 맞춰서 자동차 여행자를 위해 모텔의 편리함과 호텔의 다양한 시설과 서비스를 결합하여 제공하는 도심지 모텔이 등장하게 되는데 이것이 바로 Motor Hotel이다.

　그러나 이처럼 모텔이 진화해서 Motor Hotel로 변하면서 전에 비해 보다 많은 시설과 서비스를 제공하게 되면서 요금이 인상되면서 종전의 저렴한 가격이라는 모텔 고유의 경쟁우위가 사라지게 되었다. 이처럼 보다 낮은 저가시장이 사라지면서 필연적으로 저가모텔(Budget Motel)의 등장을 예고하게 되었다. 1960년대 초반 저가모텔이 등장해 큰 인기를 모으면서 1970년대 초반까지 수많은 모텔들이 미국 전역을 뒤덮게 되었다. 저가모텔은 큰 모텔이나 Motor Hotel에 비해 훨씬 저렴한 가격으로 객실을 판매했다. 공격적인 가격전략을 수행하기 위해서 저가모텔은 낮은 초기 투자비용, 낮은 영업비용, 박리다매 등의 장점을 최대한 활용하였다. 1960년 초반에 등장한 저가모텔 체인에는 Howard Johnson, Ramada Inn, TravelLodge, Motel 6 등이 있으며 1970년에는 Cecil Day에 의해 Days Inn이 창립되었다. 이 체인들도 비교적 쉽게 규모의 경제를 이룩할 수 있는 프랜차이즈 사업모델을 채택하면서 비약적인 성장을 이룩하였는데 1960년대를 가히 프랜차이즈의 시대라고 할 수 있다.

　1958년 최초로 대륙 간을 연결하는 장거리 제트여객기가 취항하게 되며 1950년대 후반부터 초기의 공항호텔(Airport Hotel)들이 건설되었다. 1960년대가 되어 항공요금이 낮아지면서 미국 동부와 서부의 도시들을 쉽고 빠르게 여행할 수 있게 되었다. 제트여객기와 자동차가 주요 교통수단으로 자리매김하면서 미국인들의 이동성이 크게 향상되면서 호텔과 리조트를 여행하는 사람들은 크게 증가하였지만 반면에 이들의 숙박일수는 점점 감소하게 되었다.

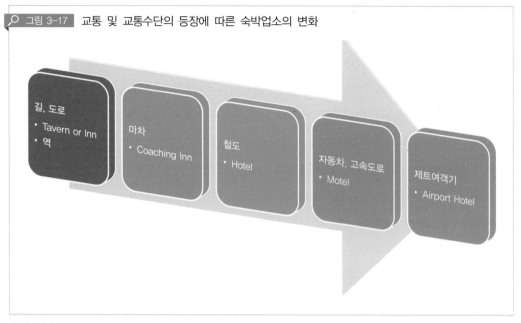

출처: 저자

그림 3-17 교통 및 교통수단의 등장에 따른 숙박업소의 변화

길, 도로
• Tavern or Inn
• 역

마차
• Coaching Inn

철도
• Hotel

자동차, 고속도로
• Motel

제트여객기
• Airport Hotel

Holiday Inn이 성장을 구가하던 1957년 거대한 외식기업으로 명성을 떨치고 있던 Marriott이 방향을 급선회하면서 호텔사업에 뛰어들게 된다. 1927년 Marriott의 설립자인 J. W. Marriott 1세는 수도 워싱턴에서 아내와 함께 자그마한 생맥주 가게를 개업하였다. 개점 후 얼마 안돼서 Marriott은 맥주 가게를 Hot Shoppe란 멕시칸 레스토랑으로 개조하였는데 대성공을 거두게 된다. Hot Shoppe는 워싱턴에서만 여섯 점포로 성장했으며 계속해서 필라델피아와 볼티모어 지역으로 사업을 확장하였다. Hot Shoppe는 항공기를 타는 승객에게 도시락을 팔기 시작하다가 결국 1937년 항공기내식(Catering) 사업을 최초로 개발하였다. 1953년 Hot Shoppe는 주식시장에 상장하였다.

이후 Marriott 2세는 외식사업이 부진해지기 시작하자 모텔사업에 더 큰 관심을 보이기 시작하면서 결국 1957년 버지니아 주 알링턴에 6층에 365실을 갖춘 Twin Bridge Motor Hotel(〈사진 3-18〉)을 Quality Courts계열의 멤버십 모텔로 오픈한다. 이 모텔의 손님들은 차안에서 손쉽게 체크인을 할 수 있었다. 몇 년 후에는 5층짜리 100실을 갖춘 별도 건물을 지어 레스토랑과 연회장을 갖추게 된다. 첫 모텔이 성공하자 1959년 국방성인 펜타곤과 공항이 가까운 입지에 Key Bridge Marriott Hotel을 개관하였는데 초기 공항호텔의 하나였다. 소유한 모텔이 두 개가 되자 비로소 Marriott Motor Hotels로 두 호텔의 명칭을 변경하고 체인으로서 새롭게 시작하게 된다.

이후 Marriott은 모텔보다는 보다 고급스러운 호텔의 개발에 중점을 두는 확장전략을 채택한다. 1970년에 Marriott은 총 4,770실에 11개의 호텔을 운영하였으나 1970년대 말에는 100개소에 45,000실을 운영하는 체인으로 획기적인 성장을 이룩하였다. 1980년대에 있어서 Marriott의 성장에 가장 중요한 점은 호텔사업의 확장뿐만 아니라 부동산 개발회사로서의 특성도 일면 갖추고 있었다. 다른 호텔체인과 달리 1980년대에 Marriott은 투자자나 소유자들의 요청을 기다리기보다는 당시 부동산 투자에 호의적이었던 세법과 부채의 레버리지 효과를 십분 활용하여 공격적으로 새로운 호텔들의 건설에 뛰어들게 된다. 이와 같은 효과적인 성장전략은 Marriott International이 후일 세계 최대의 호텔체인으로 성장하는데 원동력이 된다.

그림 3-18 Twin Bridge Motor Hotel

출처: www.facebook.com/marriottinternational/photos

1950년대 본격적인 모텔의 등장으로 인해 힘든 경쟁을 벌여오던 과거 도심호텔들은 1960년대가 되면서 새로운 유형의 도심호텔들이 시장에 등장하는 것을 목격하게 된다. 1930년대 대공황 이후 처음으로 도심지 호텔들에 대한 투자가 시작된 것이다. 새롭게 건설되는 호텔들은 주로 대규모 단체손님을 주요 고객으로 하여 설계되었는데 수백 명이 사용할 수 있는 회의실과 수천 명을 수용할 수 있는 연회장은 필수적인 시설이었다. 이

호텔들이 바로 컨벤션호텔(Convention Hotel)이다. 과거 그랜드호텔의 수준보다는 덜 화려하지만 웅장한 대형호텔들이 각 도시에 경쟁적으로 건설되기 시작했다. 예를 들면 1960년부터 1965년 사이에 뉴욕에는 New York Hilton, Americana, Summit, Regency, City Square 등과 같은 대형 컨벤션호텔이 건설되었는데 이는 1931년 Waldorf Astoria이 재개관된 이후 처음 뉴욕에 건설된 대형 고급호텔들이었다.

컨벤션호텔로서 1967년 현대 호텔산업의 건축양식에 큰 영향을 미치는 호텔이 애틀랜타에서 개관한다. 야심찬 건축가 John Portman이 설계하여 건설된 Hyatt Regency Atlanta에는 예술적인 공간 활용의 극치인 아트리움(Atrium) 건축양식이 처음으로 도입된다(〈그림 3-19〉). 22층 규모의 이 호텔에서는 객실에서 로비를 내려다 볼 수 있었으며 투명한 유리로 된 엘리베이터가 우주선처럼 오르내리는 것을 볼 수 있었으며 또한 꼭대기 층에는 회전되는 비행접시 모양의 레스토랑에서는 맛있는 식사와 함께 도시의 야경을 즐기도록 설계되었다. 개관하자마자 호텔은 큰 인기를 모았고 관광명소로 변모하였다. 이후 호텔은 더 이상 잠만 자는 곳이 아니라 재미있고 활기에 찬 오락 및 여흥 장소가 되었다. 아트리움 건축양식은 현재도 세계의 많은 호텔들이 뒤를 따르고 있다.

🔍 그림 3-19

Atrium in Hyatt Regency Atlanta

출처: www.yelp.com/biz_photos

한편 세계대전 이후 교통수단에 혁명이 일어나면서 리조트산업에도 큰 변화가 일어나게 되었다. 즉 자동차와 비행기로 여행이 가능해지면서 많은 것이 변하게 되었다. 첫째, 리조트의 여행자들은 이동성이 크게 향상되면서 전에 비해 숙박일수가 현저히 짧아지게 되었다. 둘째, 도시에서 가까운 곳에 위치했던 리조트들은 점점 예전 손님들이 줄어드는 것을 목격하게 되었다. 교통조건이 나아지면서 미국인들은 하와이나 카리브해 같은 먼 곳의 리조트를 선호하게 되었다. 또한 라스베이거스나 콜로라도 스키리조트처럼 과거에는 멀어서 가기 힘들었던 중부나 서부의 리조트를 찾게 되었다. 셋째, 리조트의 잠재성을 인지한 Hilton, Marriott, Sheraton 같은 유명 호텔체인들이 리조트 사업에 뛰어들게 되었다. 독립경영에 의해 운영되던 많은 리조트들이 거대한 호텔체인들에게 소유권을 넘기게 되었다.

넷째, 과거 리조트는 계절성 때문에 연중무휴로 영업을 할 수 없었다. 그러나 세계대전 이후 경쟁력을 강화하고 유능한 직원을 유지하기 위해서 또 증가하는 영업비용을 충당하기 위해서 많은 리조트들이 연중무휴 영업정책을 채택하게 되었다. 다섯째, 연중무휴 영업정책을 유지하고 비수기를 극복하기 위해서 리조트들은 당시 전통적으로 도시의 컨벤션호텔들이 장악하고 있던 컨벤션과 비즈니스회의 세분시장(Segment)에 도전장을 내밀게 된다. 시간이 지나면서 과거 리조트의 주고객이었던 개인이나 가족고객에 비해 컨벤션과 회의 손님들이 더 많아지게 되었다.

1960년대에 호텔산업에 벌어졌던 특기할 만한 트렌드 중의 하나가 바로 미국 주요 항공사들에 의해 주도되면서 유행처럼 번졌던 여행산업의 수직적 통합(Vertical Integration)이다. 당시 항공사들은 호텔체인을 인수해 단일 조직에서 관리하면 시너지가 생길 것이라고 믿었다. 그래서 TWA가 Hinton International을 먼저 인수하자 United Airline는 Western(Westin) International을 인수하였으며 또 American Airlines는 Americana Hotels란 호텔체인을 자체적으로 설립하였다. 그러나 오래지 않아 세 항공사는 기대했던 만큼 시너지가 존재하지 않는다는 것을 확인하게 되면서 인수했던 호텔체인들을 전부 매각하였다.

8) 1970년대와 1980년대: 위탁경영과 시장세분화 혁신

1970년대 초반 특히 수많은 저가모텔(Budget Motel)이 전국 곳곳에 들어서면서 미국 호텔산업은 '광란의 20년대'와 같은 건축 열풍이 다시 불게 되었다. 건축 붐을 유발됐던 이유는 몇 가지가 있었다. 첫째, 호텔 건설에 소요되는 자금이 풍부했다. 당시 호텔 투자를 주도했던 리츠(REITs: Real Estate Investment Funds)였다. 간접적인 투자방식인 리츠는 많은 자금이 소요되는 부동산을 개발 또는 매입하는 사업에 투자하기 위해 다수의 투자자로부터 자금을 모은 후 채권·증권과 같은 유가증권을 발행한 후 투자 수익이 발생하면 이를 배분해 주는 기업조직이다. 당시 증권시장에서 리츠 투자에 대한 관심이 높아지면서 수십 억 달러에 달하는 풍부한 자금이 호텔과 같은 부동산사업에 집중되었으며 이에 고조된 대출기관들은 정상적인 절차를 무시하고 투자 수익에 한계가 엿보이는 부동산사업에도 기꺼이 자금을 제공하였다. 둘째, 1960년대 후반부터 1970년대 초반까지 미국의 호텔체인들은 프랜차이즈 사업모델을 활용하며 성장을 가속화하였다. 체인 본사는 가맹호텔에게 자금 대출을 중개하며 가입을 유인하거나 또는 가맹호텔의 자발적인 투자에 의해 개발된 많은 가맹호텔들을 체인 본사로 유입하여 성장을 가속화하면서 체인의 전국적 인지도 향상을 도모하였다. 그러나 이와 같은 사업목표를 달성하기 위해 체인 본사들은 잘못된 프랜차이즈 판매전략을 채택하였다. 당시 체인 본사는 프랜차이즈 판매 직원들에게 가맹호텔을 판매한 수에 비례하여 성과급을 지급하였다. 이처럼 잘못된 정책에 편승하여 판매직원들은 사업성이 떨어지는 입지나 또는 이미 공급이 초과된 지역에도 호텔 건설을 부추기게 되었다. 또한 많은 대출업자와 개발업자들은 전국적인 명성을 자랑하는 호텔체인에 가입하는 것은 투자의 성공을 보장하는 것이라고 믿게 되었다.

이처럼 풍부한 자금과 호텔체인의 공격적인 프랜차이즈 판매전략의 결합으로 인하여 결국 호텔시장은 공급과잉(Overbuilding)으로 변하게 되었다. 설상가상으로 인플레이션이 발생하고 석유파동으로 인하여 여행수요가 감소하게 되었으며 뒤이어 닥친 경기불황으로 비즈니스여행이 크게 감소하면서 호텔산업은 크게 휘청거리게 되었다. 특히 1970년대 중반 석유파동에 호텔들은 경비를 줄이기 위해 외부 광고간판의 조명을 어둡게 하는 한편 빈객실의 난방을 중지했으며 손님들에게는 전기를 절약해 줄 것을 호소했다.

특히 입지가 좋지 않거나 경험이 일천한 주인에 의해 운영되고 자금이 부족한 가맹호텔들이 공급과잉으로 인해 가장 큰 피해를 입게 되었다. 결국 건설자금을 제공했던 대출업자들에게로 파산한 호텔의 소유권이 이전되었으며 이들은 두 가지 방식으로 실패한 호텔들을 관리하였다. 첫째, 경험 많은 호텔리어를 책임자로 하는 기업개선부서를 조직하여 운용하였다. 둘째, 전문적인 호텔리어를 고용하여 책임지고 영업을 담당하도록 했다. 후일 알려진 기록에 의하면 파산한 호텔들을 매각한 대출업자들은 호텔 자산을 회계 장부에서 신속히 제거하기 위해서 전액 현금조건으로 판매자금을 결재하는 투자자에게 대폭 할인된 가격으로 팔아버렸다. 반면에 파산한 호텔을 판매하지 않고 보유하기로 한 대출업자들은 3~5년 후 호텔산업이 회복할 것이라는 기대 하에 전문 호텔리어를 고용하여 파산한 호텔을 리포지셔닝(Repositioning)하거나 또는 영업실적을 향상토록 하였는데 하지만 후에 호텔 투자에 대한 관심이 약해지고 자금공급이 끊기면서 결국 호텔들을 매각하게 되었다.

1970년대 말 미국 호텔산업은 비교적 안정세를 유지하였다. 대다수 대출업자들은 1970년대 중반에 닥친 경기침체로 인한 부진에서 회복했지만 호텔 투자에 대해서 큰 관심을 보이지는 않았다. 따라서 기존 호텔의 증축이나 대규모 도심형 컨벤션호텔 등 일부 프로젝트에 한해서만 제한적인 투자가 이루어졌다. 특히 새로운 대형 도심호텔의 건설은 석유 파동과 도심재개발 프로젝트에 대한 도시 정부의 재정지원에 기인한 것이었다. 반면에 가솔린 가격의 인상과 이로 인한 여행수요의 감소로 고속도로 주변의 호텔 투자는 큰 타격을 입게 되었다.

그러나 1970년대 후반이 되면서 호텔 공급은 감소하고 낡은 호텔들의 영업이 중단하게 되는 상황에서 결국 경제가 회복되면서 호텔산업에는 우호적인 수요와 공급의 관계가 형성된다. 이 시기에 객실점유율은 역사적인 수준을 기록했으며 호텔들은 객실공급의 부족으로 인한 기회를 최대한 이용하고 또 물가인상에 편승하여 객실요금을 신속하게 인상하였다.

1980년대 전반을 통해 미국 호텔산업에는 많은 중요한 변화가 일어났다. 1980년대 미국경제는 석유위기를 겪은 후 견고한 성장세를 보이기 시작했으며 소비지향적인 베이비부머 세대와 맞벌이 가족이 늘어나고 여가시간이 증가하면서 호텔산업에 긍정적인 영향을 미치게 되었다. 게다가 호텔은 당시 기승을 부리던 인플레이션의 영향으로 물가인상률 만큼 객실요금을 거의 자동적으로 인상할 수 있었다.

1980년대에 호텔산업에는 과거에는 없던 새로운 유형의 호텔이 도입되었으며 호텔체인들은 시장세분화 전략을 채택해서 여러 유형의 호텔상품을 함께 묶는 포트폴리오를 구축하게 되었다. 이 시기에 다시한번 호텔 건축 열풍이 휘몰아치게 된다. 그리고 외국 투자자들이 미국의 호텔체인과 호텔들을 인수하면서 주요 호텔체인들은 해외시장 진출에 중점을 두게 된다. 또한 대다수 미국 호텔체인들은 위탁경영을 주요 영업방식으로 채택하면서 성장을 도모하였다. 1980년대 호텔산업에 등장하기 시작한 주요 트렌드는 다음과 같다.

첫째, 호텔체인들에 의해 채택된 시장세분화(Market Segmentation) 전략의 등장이다. 1980년대 이전까지 미국 호텔시장은 최고급(Luxury)호텔, 상용(Commercial)호텔, 리조트(Resort)호텔, 모텔(Motel)과 같은 네 가지 시장으로 세분화되어 있었다. 또한 당시까지 호텔체인들은 마케팅 경영기능을 영업활동에 잘 활용하지 못하고 있었다. 그러나 1980년대에 들어서 공급초과로 시장이 포화되고 경쟁이 격화되면서 성장이 정체되자 이를 타개하기 위한 수단으로 호텔체인들은 시장세분화란 마케팅전략을 활용하는 것에 초점을 맞추게 되었다.

시장세분화 전략을 통해 호텔 시장이 보다 많은 유형의 상품으로 다변화되었는데 종전의 4개에 불과했던 세분시장이 공항호텔, 재개발 계획에 의해 지어진 도심호텔, 지역회의를 위한 소도시의 컨벤션 또는 컨퍼런스(Conference)호텔, 새로 단장한 과거의 유명 그랜드호텔, 크게 성장한 경제가(Economy)호텔, 연속해서 5일 이상을 체류하고 침실과 거실이 분리되고 주방도 갖춘 장기체류(Extended-stay)호텔, 고급호텔에서 제공되는 연회장, 회의실, 레스토랑, 라운지를 없애는 대신 모든 서비스를 객실에 중점을 두는 올스위트(All-suite)호텔, 타임쉐어(Time-share), 콘도 등으로 범위가 매우 넓게 확대되었으며 이는 21세기까지도 유지되고 있다.

오랜 시간 동안 단일 상품과 브랜드만을 고수했던 호텔체인들은 고객들의 체인 브랜드에 대한 충성도가 상당히 높다는 것을 알게 되었다. 따라서 체인들은 쌓아왔던 브랜드 인지도를 기반으로 단일 상품 대신 여러 가격의 상품군으로 확장이 가능하다는 것을 믿게 되었다. 또한 이미 진출해 있던 기존 시장에 새로운 서브브랜드(Sub brand)의 상품을 출시해도 고객의 호응도가 높을 수 있다는 가능성을 알게 되었다. 시장세분화 전략은 브랜드 포트폴리오(Brand Portfolio) 전략으로도 불리고 있다.

시장세분화 전략을 최초로 채택한 인물은 Quality International의 최고경영자였던 Robert Hazard이다. 1981년 그는 기존 브랜드인 Quality Inn은 그대로 유지하면서 동시에 고급(Upscale) 세분시장에 Quality Royale, 경제가 세분시장에는 Comfort Inns와 같은 서브브랜드를 출시하여 성공을 거두었으며 이후 All-suite 세분시장을 위해서 Comfort Suites를 출시한다. 비슷한 시기에 Marriott은 기존의 핵심브랜드인 Marriott보다 하위 등급인 중급가(Mid-price) 세분시장에는 Courtyard를, 상위 등급인 최고급(Luxury) 세분시장에는 Marriott Marquis를, 경제가 세분시장에는 Fairfield Inn, 올스위트 세분시장에는 Residence Inn을 각각 출시했으며, 이후 더 나아가 주요 호텔체인으로서는 최초로 타임쉐어 세분시장에도 진출한다. 또한 1980년대 당시 최대의 호텔체인이었던 Holiday Corporation도 단일 브랜드였던 Holiday Inn에서 탈피해서 고급 세분시장에 Crowne Plaza, 경제가 세분시장에 Hampton Inn, 올스위트 세분시장에는 Embassy Suites를 각각 출시하여 상품군을 크게 확대하였다. 그러나 위 체인들과 달리 Hilton, Sheraton, Hyatt 등은 시장세분화에 비교적 느리게 대응하였다.

시장세분화 전략을 통해 호텔체인은 시장의 수요 및 가격을 기반으로 하여 각 세분시장별로 알맞은 서비스와 어메니티(Amenities)를 제공하였다. 호텔체인이 시장세분화 전략을 통해서 얻은 혜택은 첫째, 먼저 시장에 진출함으로써 경쟁호텔의 확장에 선제적으로 대응할 수 있었으며 둘째, 각 시장에 대한 지식을 서로 교환할 수 있게 되었다.

둘째, 1980년대 중반부터 1990년대 초반까지 외국 호텔체인들이 미국 호텔체인들을 인수합병(M&A: Mergers and Acquisitions)하는 붐이 발생했다. 종전 이후 경제번영을 이룩하였으며 당시 미국 달러가치의 하락으로 인한 자국화폐의 가치 상승과 당시 부동산 투자에 유리했던 미국의 세법 등과 같은 우호적인 환경에 편승한 유럽, 일본, 홍콩의 기업들이 미국의 주요 호텔체인들을 인수하는 대격변의 시대가 개막되었다. 1981년 영국의 Metropolitan은 InterContinental체인을, 1987년 영국의 Ladbroke는 Hilton International체인을 인수했으며, 1989년 영국의 맥주회사 Bass는 Holiday Inn체인을, 역시 영국의 Forte는 Travelodge체인을 각각 인수하였다. 그리고 1987년 일본의 아오키그룹은 Westin체인을, 세이부그룹은 InterContinental체인을 인수하였으며 1989년 홍콩의 New World Development는 Ramada체인을 인수하였으며 프랑스의 Accor는 1990년 Motel 6체인을 인수하였다. 20세기 이후 세계 호텔산업을 선도했던 미국 호텔산업과 호텔체인들의 위상은 예전과 같지 않게 되었다.

셋째, 1980년대에 호텔체인들은 성장을 위해 위탁경영계약(Management Contract)을 채택하였다. 1954년 Hilton이 Statler체인을 인수하면서 시장의 패권은 Hilton과 Sheraton으로 굳혀지는가 싶었지만 1950년대 중반 이후 Holiday Inn, Ramada, Howard Johnson 등과 같은 강력한 라이벌 체인들이 경쟁에 동참하게 되었다. 호텔체인들의 목표는 성장을 지속하고 시장점유율을 확대하는 것이었는데 이를 달성하기 위한 수단으로 체인들은 종전처럼 호텔을 소유하면서 운영도 하는 사업방식 대신 제3자 소유의 호텔을 임차(Leased)해서 운영하기 시작했으며 임차방식은 1950년대에 걸쳐 체인들에 의해 폭넓게 채택되었다.

이후 호텔체인들은 성장과 함께 상장기업으로서 주주의 이익을 제고하기 위해서 주식의 가격을 높이는 것을 중시하게 되었다. 따라서 체인들은 주식가치를 높이기 위해 주당순이익(EPS: Earnings Per Share)을 제고하는 전략에 중점을 두게 되었다. 이와 같은 사업목표를 달성하기 위해서 호텔체인들은 새롭게 개관하는 호텔에서 지분 소유권을 최소한으로 유지하는 한편 프랜차이즈 가맹사업의 확대를 도모하였으며 이 전략은 시장점유율을 향상하기 위한 아주 효과적인 선택이었다. 1960년대는 '프랜차이즈의 황금시대'로 여겨지고 있다.

프랜차이즈 성장전략은 큰 성공을 거두었으며 급속히 확대되면서 호텔체인의 시장점유율은 크게 향상되었다. 그러나 점차 시간이 지나면서 프랜차이즈는 가맹호텔에 대한 통제수단이 결여되어 있어서 한계가 있다는 알게 되었다. 프랜차이즈는 가맹호텔을 관리함에 있어 본사는 원하는 수준의 품질과 서비스 표준의 유지에 대한 통제권을 행사하기 어려웠다. 이런 문제점에 적극 대처하고 또한 새로운 방식의 성장을 모색하기 위해 호텔체인들은 전략을 변경하게 되었다.

새로운 전략의 핵심은 과거 부동산기업과 유사했던 호텔체인을 순수한 호텔운영회사(Hotel Operating Company)로 바꾸는 것이었다. 현금흐름을 최대화하고 재무위험을 줄이기 위한 목적으로 1970년대 말엽부터 1980년대 초기에 호텔체인들은 직접 소유했던 호텔들을 투자자에게 매각하기 시작했다. 호텔체인들은 종전에 소유했던 호텔을 매각하는 대신에 이를 매입하는 새로운 소유주와의 협상을 통해 위탁경영계약을 체결함으로써 매각 이후에도 호텔에 대한 운영권을 계속해서 유지하게 되었다. 호텔체인들은 보유호텔을 매각해서 조성된 자금을 후일 부채 축소, 인수합병, 일부 보유호텔의 수리, 새로운 호텔의 건립 등의 목적에 이용했다. 미국 호텔산업에서 1960년대가 프랜차이즈의 시대였다면 1970년와 1980년대는 위탁경영의 시대였으며 주로 고급 브랜드를 보유한 체인들에 의해 주로 채택되었다.

넷째, 1980년대의 호텔 건축 열풍으로 후반이 되면서 호텔산업은 또다시 공급과잉을 경험하게 되었다. 1980년대에 약 900,000실에 달하는 7,000개의 새로운 호텔이 공급되었다. 1970년대와 1980년대 기간에 미국 호텔산업에서 객실공급은 연평균 2.7%씩 성장하였으나 반면에 객실수요의 연평균 성장률은 2% 수준에 머물렀으며 이로 인해 1980년대 중반이 되자 미국의 호텔산업은 포화상태에 빠지게 되었으며 많은 시장이 공급과잉 상태에 빠지게 되었다. 호텔산업은 전형적인 경기순환(Cyclical) 산업이다. 따라서 공급이 초과된 시장에서 객실점유율이 크게 하락하면서 이윤이 줄어들면서 결국 경쟁이 심화되었다.

미국 정부의 경제정책도 공급과잉의 조성에 적지 않은 역할을 하였다. 미국 정부는 1981년 경제부양법을 제정해서 투자세액공제의 혜택과 짧은 기간 내에 감가상각이 가능하게 함으로써 호텔과 같은 부동산투자에 매우 우호적인 환경을 만들어 버렸다. 설상가상으로 정부는 도시 재개발을 촉진하는 법을 통과시켜서 도심지에 호텔 등이 포함되는 복합건물에 대한 투자를 장려하였다. 엄청난 투자 호기를 만난 기업 또는 개인 투자자들은 기다렸다는 듯이 호텔 건설 투자사업에 엄청난 자금을 쏟아 붓게 되었다. 게다가 1970년대 리츠처럼 이번에는 저축은행들이 엄청난 자금을 호텔건설에 공급하였다. 따라서 1980년 후반이 되면서 다시한번 호텔시장은 공급과잉이란 홍역을 겪게 되었다.

그러나 1986년 연방정부는 갑작스럽게 또다시 세제개혁법을 제정하면서 종전과 같이 부동산투자에 우호적이었던 요소들을 거의 제거해 버렸다. 갑작스런 변화에 호텔건설은 거의 중지되었다. 따라서 호텔공급이 감소하게 되면서 수요와의 균형이 만들어지게 되었다.

한편 1980년대 들어 경쟁이 격화되면서 기존 고객을 유지하고 또 새 고객을 유인하는 한편 인플레이션으로 객실요금을 올려 받을 수 있게 된 호텔체인들은 보다 많고 새로운 어메니티를 제공하게 되었다. 이 노력이 가열되면서 결국 체인 간에 '어메니티 전쟁(Amenities War)'이 일어났으며 그 결과 객실오락장비, 빠른 체크아웃, 무료주차, 무료공항셔틀버스, 24시간 서비스, 클럽층, 컨시어즈 등 종전에 비해 향상되거나 새로운 어메니티가 손님에게 제공되었다. 1980년대에 불어 닥친 인수합병, 공급과잉, 또 경쟁 심화 등으로 성장을 지속할 수 없게 된 미국 호텔체인들은 성장을 위한 대안으로 해외시장에 대한 진출을 가속화하게 되었다.

9) 1990년대와 21세기: 부티크호텔과 비즈니스모델 혁신

1990년대 미국 경제는 다시 침체기에 접어들게 되며 또한 1991년 걸프전쟁이 발발하였다. 설상가상으로 1980년대 부동산 투자에 우호적인 세법으로 만들어진 호텔산업의 공급과잉으로 인하여 연평균 객실점유율은 60%까지 감소했으며 일부 시장은 35%까지 추락하였다. 특히 1990년 호텔산업 전체는 약 $57억에 달하는 손실을 기록하였는데 이는 1930년대 경제대공황 이후 최악의 실적으로 초유의 사태였다.

이 시기 호텔 공급과 수요의 불균형은 1970년대에 공급과잉으로 인하여 많은 호텔들이 실패하게 된 사례의 재현이었으며 객실점유율과 함께 평균객실요금도 하락하였다. 호텔들은 객실요금을 내리는 대신에 객실점유율을 올리려는 노력에 중점을 두었다. 그러나 객실요금의 인하는 잠시 동안 수요를 창출하는 데는 기여하였으나 호텔 간에 첨예한 '가격전쟁'이 벌어지면서 결국 대다수 호텔들은 장기에 걸쳐 이윤이 감소되는 결과를 경험해야만 했다.

결국 수많은 호텔들이 부채비용을 감당할 수 없어서 파산하거나 정리수순에 들어가야 했다. 그리고 파산으로 대출금을 돌려받지 못하게 된 저축은행들이 위기에 빠지자 결국 미국 정부는 RTC(Resolution Trust Corporation)라는 공적기관을 설립하여 부실한 은행들의 자산이나 채권을 매입하여 정리하도록 하였다. RTC는 이를 위해 수 백여 개에 달하는 호텔자산들을 보유하지 않고 대신에 모두 공매하거나 매각해 버렸다. 이때 호텔자산을 헐값에 매입한 투자자는 후일 경제가 회복되고 호텔산업이 나아지면서 훨씬 비싼 가격으로 되팔 수 있었다. 한편 많은 대출기관들은 자금을 공급했던 호텔들이 위기를 겪게 되자 파산을 시키는 대신에 원금을 탕감하거나 이자율을 내려주는 등과 같은 지원을 통해 이들이 후일을 도모할 수 있도록 했다.

이후 새로운 호텔 건설이 이루어지지 않았다. 그런데 1992년 연말이 되자 경제가 회복되면서 객실수요가 증가하기 시작하는데 당시 호텔공급이 지체되는 상황과 맞물리면서 객실점유율이 크게 향상되었다. 1993년부터 2000년까지 호텔산업은 다시 성장을 지속하며 호황을 누리게 되며 특히 2000년에는 사상 최고의 수익을 거두었다.

1990년대 중반 이후 호텔의 공급은 저가모텔에서 먼저 시작되었고 이후 경제가 세분시장에 호텔공급이 많이 이루어지게 되었다. 한편 최고급 또는 고급호텔들은 당시 시장가치가 새로운 호텔을 건축하는데 소요되는 대체비용보다도 낮게 형성이 되면서 새로운 공급이 이루어지지 않았다.

1990년대 중반과 후반에 걸쳐 다시 등장하게 된 리츠(REITs)는 호텔산업에 큰 영향을 미치게 되었다. 자본비용이 낮은 구조적인 장점을 이용하여 리츠들은 많은 호텔들을 매입하였다. 기록에 의하면 리츠들이 보유한 호텔수가 1993년에는 39개소에 불과했으나 1998년에는 970개소에 달하였으며 또한 같은 기간 보유 객실수는 6,643실에서 183,784실로 대폭 증가하였다. 또한 당시에 리츠와 호텔체인 등은 시장에 매물로 나와 있던 최고급 호텔을 매입하기 위해 경쟁을 벌이게 되었으며 이로 인하여 호텔의 가격이 오르게 되었다. 그러나 이후 아시아 금융위기로 인한 공포와 경제에 대한 불확실성이 높아지면서 주식시장이 곤두박질치고 호황기는 종말을 고하게 되었다.

1990년 말에 미국 호텔시장에서 새로운 호텔건설에 대한 투자위험이 가장 높은 곳은 저가와 경제가 세분시장이었으며 반면에 가장 안전한 곳은 최고급 세분시장이었다. 그럼에도 불구하고 최고급호텔은 투자비용을 정당화하기가 쉽지 않았을 뿐만 아니라 높은 진입비용과 긴 건축기간 등의 이유로 인해 새로운 공급은 최소화되었으며 따라서 이 세분시장은 향후 장기간에 걸쳐 공급과잉의 폐해를 피해 갈수 있었다.

1990년대 미국 호텔산업에는 다음과 같은 주요한 트렌드가 나타나게 되었다. 첫째, 1990년대에도 인수합병은 꾸준히 지속되었다. 1980년대에는 외국기업들이 인수합병의 주체였지만 1990년대는 반대로 주로 미국의 호텔체인들이 활발한 인수활동을 벌였는데 당시 호텔체인들의 주식가치가 좋아져서 이를 십분 활용한 결과였다. 특히 당시 HFS(현재의 Wyndham)는 가장 활발한 인수활동을 벌였는데 1990년에 Howard Johnson과 Ramada, 1991년 Days Inn, 1993년 Super 8 Motel과 Park Inn, 1994년 Villager, 1995년 Knights Inn과 Travelodge를 각각 인수 또는 합병하였다. 당시 HFS는 콘도미니엄업체인 RCI, 부동산업체인 Century 21과 Coldwell Banker, 렌트카 업체인 Avis등을 인수함으로써 명실상부한 호스피탈리티 대제국을 건설하고자 했다.

그리고 Marriott International은 Ritz-Carlton을 인수하며 브랜드 다각화에 박차를 가한 후 홍콩의 New World Development로부터 Renaissance를 인수하며 시장다변화를 도모하였다. 또 Hilton은 Bally Entertainment를 인수하여 카지노사업에서 규모의 경제를 극대화하며 결국에는 Promus를 인수해서 Hampton Inn과 Embassy Suite와 같은 성장브랜드를 포트폴리오에 추가함으로써 과거의 부진을 만회하였다.

또한 당시 Hilton체인의 최고경영자였던 Steve Bollenbach은 Hilton보다 훨씬 더 큰 기업이었던 ITT Sheraton의 적대적 인수를 시도하며 월스트리트 금융시장에서 호텔산업의 위상을 높이는데 큰 역할을 하였다. 또한 당시 Starwood Lodging Trust와 Patriot American Hospitality는 이중구조(Paired-share) 리츠(REITs)란 우월한 조직구조의 이점을 십분 발휘하여 미국 호텔산업의 총아로 등장하였다. 특히 Starwood Lodging Trust는 일본 아오키그룹으로부터 Westin을 인수하면서 화려한 데뷔를 한 후 Hilton과 ITT Sheraton를 인수하기 위한 경쟁에서 승리하면서 Starwood Hotels & Resorts이란 거대한 호텔체인으로 성장하게 되었다. 한편 유럽의 거대 호텔체인인 영국의 Six Continents(현재 IHG)와 프랑스의 Accor도 각각 InterContinental과 미국 체인인 Motel 6, Red Roof Inn 등을 인수하였다.

둘째, 부티크호텔(Boutique Hotel)의 전면적 등장이었다. Westin과 ITT Sheraton을 연이어 인수하며 호텔산업의 새로운 강자로 등장하게 된 Starwood체인은 이후에도 지속적인 경영혁신으로 호텔산업의 발전에 큰 공헌을 하였다. Starwood의 첫 번째 혁신은 1998년 뉴욕의 유니언스퀘어에 270실의 W Union Square호텔(〈그림 3-20〉)을 개관한 것이었다. 이는 유명 호텔체인이 출시한 최초의 부티크호텔이었다. 원래 최초의 부티크호텔은 1984년 Ian Schrager와 Steve Rubell에 의해 뉴욕에 건립된 Morgans호텔이었다. 항상 최초만은 아니었던 IT업계의 Microsoft처럼 Starwood는 혁신적인 사고로 초기 부티크호텔의 아이디어를 차용해서 1998년 뉴욕에서 W호텔을 전격 출시하였으며 데뷔하자마자 큰 선풍을 일으키면서 세계 호텔산업에 신선한 충격을 가져다주었다. 과거 대다수 호텔체인들

🔍 그림 3-20 W Union Square, New York(a boutique hotel)

▲ W Union Square

▲ 객실 전경

출처: www.starwoodhotels.com

은 표준화(Standardization)를 기반으로 하는 획일적인 상품과 서비스를 손님에게 제공했었다. 그러나 시간이 흐르면서 여행자들은 세계 어디를 가도 똑같은 상투적인 호텔체인들의 시설이나 서비스에 식상하게 되었다. 반면에 부티크호텔은 객실, 레스토랑, 바 등에서 차별화된 디자인으로 손님들에게 개인화된 서비스를 제공했으며 또한 호텔체인의 일관성을 탈피하여 호텔이 위치하는 각 지역의 특색을 적절하게 반영함으로써 손님에게

지역의 고유한 전통이나 멋을 맛보게 하였다. 또한 부티크호텔은 새로운 경험과 다양한 여가시설 그리고 감각적인 디자인을 손님에게 제공하였으며 단순히 한 유형의 숙박시설만이 아니라 도시 속의 커뮤니티 공간으로 차별화된 공간전략을 통해 새로운 경험과 생활양식을 창출하였다.

과거 호텔체인들은 가격(Price)을 기준으로 시장을 세분화하여 브랜드를 출시하였다. 그러나 부티크호텔은 이런 낡은 전통에서 벗어나 최초로 여행자들의 관심(Interest), 선호도(Preference), 라이프스타일(Lifestyle) 등을 기반으로 하는 세분화전략을 선보였으며 이에 특히 젊은 여행자들은 환호하였다. 최근 많은 호텔체인들은 이와 같은 방식으로 많은 부티크 또는 디자인 브랜드를 출시하고 있다. 그러나 부티크호텔 열풍이 잠시 유행으로 그칠 것인지 아니면 모텔처럼 장기간을 걸치면서 일반화될 것인지는 아직 더 지켜볼 일이다.

Starwood의 두 번째 혁신은 1999년 'Heavenly Bed'의 출시였다. Starwood체인 계열의 Westin은 많은 기업의 중역들을 상대로 서베이를 실시한 결과 호텔에서 가장 중요하고도 기본적인 상품인 침대에 대한 소비자의 만족도에 문제점이 많다는 것을 알게 되었다. 이와 같은 결과를 기반으로 Westin은 다른 35개 호텔체인의 50여 개의 침대를 조사한 결과 1999년 'Westin Heavenly Bed'를 전격 출시하였다. 손님들은 환호했으며 많은 손님들이 같은 침대를 어디서 구입할 수 있느냐고 질문하는 것에 착안하여 결국 사상 최초로 호텔상품을 유통점인 백화점에서 판매하기 시작했다. 이후 '천상의 침대'는 선풍적인 인기를 끌게 되었으며 이를 많은 체인들이 모방하면서 약 10년 동안 '침대전쟁'(Bed war)이 벌어지게 되었다. 이후 전 세계 호텔의 객실에서 침대는 과거와는 판이하게 달라지기 시작했다. Starwood는 역사상 최초로 객실의 침대를 브랜드화하는 혁신을 선보였다.

셋째, 호텔체인의 비즈니스모델 혁신이다. 비즈니스모델의 혁신에 불을 지핀 체인은 Marriott이었다. 1980년대를 통해 Marriott은 공격적인 성장전략을 채택하였는데 1990년대 초반 공급과잉, 경기침체, 걸프전쟁으로 인해 불거진 부진한 경영성과의 누적과 과도한 부채로 인한 재무위기를 극복하기 위해 1992년 10월 분사(Spin-off)란 고육지책을 발표하였다. 분사로 종전의 기업인 'Marriott Corporation'은 주로 부동산과 부채를 보유하는 'Host Marriott'으로 상호를 바꾸었다. 그리고 새롭게 탄생하는 기업인 'Marriott International, Inc.'은 부채부담에서 비교적 자유로웠으며 종전과 달리 호텔 부동산을 직접 소유하지 않았다. 대신에 Marriott International은 주로 위탁경영이나 프랜차이즈 계약을 통해 타인이 소유하는 호텔들을 운영해서 대가로서 수수료를 지급받는 운영회사로서의 역할을 수행하게 되었다. 이처럼 Marriott International이 채택한 전략을 자산경감화 전략(Asset-light Strategy)이라고 하며 이는 호텔체인 비즈니스모델 혁신의 계기가 되며 후일 많은 체인들이 뒤를 따르게 되었다.

넷째, 1990년대 인터넷이 대중화되면서 호텔체인들은 정보기술(IT)에 대한 투자를 한층 가속화하였다. 전통적으로 미국 호텔산업에서는 손님에게 높은 품질의 서비스를 제공하는 것에 중점을 두고 있었다. 그러나 세계적으로 정보화 트렌드가 깊어지면서 고객들의 정보에 대한 욕구가 증가하면서 호텔체인들은 매출 증진, 영업효율성 강화, 비용 절감, 고객서비스 품질의 향상 등과 같은 목표를 달성하기 위해 중앙예약시스템과 같은 효과적인 정보시스템을 고도화하는 한편 유무선 초고속통신망 등과 같은 객실 내의 정보기술 어메니티에 대한 투자를 강화하였다. 호텔 영업활동에 정보기술을 이용함으로써 호텔리어들은 수익률이 높아져서 재무성과가 향상될 것이라는 기대를 하게 되었다.

이외에도 1980년대부터 시작된 호텔체인들의 시장세분화 전략은 더 한층 가열되었다. 특히 부티크호텔과 유사한 개념을 가진 브랜드들이 밀물처럼 늘어나게 되었다.

새로운 밀레니엄이 열리는 해였던 2000년 미국 호텔산업은 사상 최고수준의 수익을 달성하는 기염을 토하였다. 그러나 이듬해 9·11이라는 초유의 테러사태로 큰 위기를 맞이하게 되었는데 테러에 대한 공포로 비즈니스와 여가 여행은 급감하였다. 2001년에만 9·11사태로 인한 경영난으로 문을 닫은 호텔이 400여개 소에 달하였다. 결국 2001년 호텔산업의 전체 매출액은 2000년의 기록인 $1,085억 보다도 적은 $1,036억을 기록했으며 이는 1990년 초반 이후 최악의 실적이었다.

2002년 새로운 호텔 건설계획은 전년도에 비해 17% 감소하였으며 호텔산업 전체의 객실공급도 역시 전년도 수준에 비해 22% 감소되었다. 또한 비즈니스여행과 여가여행이 모두 감소하면서 2002년 객실점유율, 평균객실요금, RevPAR와 같은 객실영업지표의 실적은 2001년에 비해 모두 감퇴하였다. 9·11사태로 촉발된 경기침체 위기를 극복하기 위해서 호텔들은 주로 인력을 감축하면서 비용을 절감하였으며 또한 수리(Renovation) 계획 등을 전면적으로 취소 또는 연기하였다. 2001년에 닥친 호텔산업의 불황은 2003년 중반이 지나면서 점차 회복이 되었는데 이는 경제의 회복과 테러에 대한 공포가 누그러지면서 비즈니스여행과 여가여행이 증가하면서 만들어진 결과였다. 2005년 중반이 되면서 객실영업지표는 2000년 수준에 근접하거나 초월하면서 호텔산업은 완전히 회복되었으며 특히 최고급, 고급리조트, 중가(Mid-price) 세분시장의 실적이 가장 좋았다.

회복되던 미국 호텔산업은 2008년 세계금융위기가 발생하면서 또다시 큰 위기를 맞게 되었다. 결국 2009년 호텔산업의 전체 매출액은 2008년의 기록인 $1,406억에 비해 10% 이상 감소한 $1,257억을 기록하였다. 세계금융위기 초기에는 위기가 1930년대 경제 대공황 때보다 더 오래 끌 것으로 예상되었다. 그러나 다른 국가들과 달리 미국 경제가 빨리 회복되기 시작하면서 2010년부터 호텔산업은 회복하기 시작하면서 2015년까지 다시 성장을 지속하고 있다.

21세기 미국 호텔산업에는 다음과 같은 트렌드가 두드러지게 나타나고 있다. 첫째, 2000년대 중반이 지나면서 실적이 나아지기 시작하자 호텔체인들은 정보기술에 대한 투자를 신속하게 증가시켰다. 호텔체인들은 고객들이 가맹호텔들에 대한 객실예약이 편리하게 이루어질 수 있도록 하기 위해서 인터넷기반의 중앙예약시스템(CRS)의 개선에 막대한 자금을 투자하였다. 2005년에 미국에서 객실예약의 25%는 인터넷을 통해 이루어지고 있었으며 또한 다른 25%는 전화로 객실을 예약하기 전에 인터넷을 통해 호텔과 가격에 대한 정보를 찾고 있다. 구글을 통해 호텔객실을 하려는 사람들이 가장 많이 이용하는 핵심어는 'cheap hotel'이었다. 그러나 호텔체인들은 객실수요가 증가하면 저렴한 요금을 촉진하는 것보다는 제공되는 혜택에 대해서 광고비용을 집중하였다.

둘째, 2000년대에 들어서도 인수합병은 멈추지 않았다. 가장 관심이 집중되었던 인수는 2006년 미국의 Hilton Hotels Corporation이 영국의 Hilton International을 $57억에 인수하면서 40년 만에 Hilton Worldwide로 다시 한식구가 되었다. 그러나 이듬해 Hilton이 Blackstone Group에 매각되면서 결국 전설적인 Hilton가문은 호텔산업에서 영원히 사라지게 되었다. 한편 미국의 세계적인 사모펀드(PEF) 기업인 Blackstone Group은 2005년 Extended Stay America체인을 $31억에 인수해서 가치를 올린 후 2007년에 $80억에 되판다. 그러나 2010년 동 체인이 파산하게 되자 $39억에 다시 인수하였다. Blackstone은 2005년에 역시 La Quinta체인을 $34억에 인수하였다. 또한 2007년에는 Hilton체인을 호텔산업 역사상 최대 금액인 $260억에 인수했으며 쉬지 않고 2012년 프랑스 Accor의 Motel 6을 인수하여 미국으로 되찾아 온다. 그리고 2013년 중동의 거부 Alwaleed는 세계 최고의 부호 Bill Gates와 함께 최고급 호텔체인인 Four Seasons를 $34억에 소유권을 인수하였다.

셋째, 호텔산업에 대한 사모펀드 투자의 증가이다. 과거 호텔산업에서 인수합병은 호텔체인을 제외하고는 리츠가 주로 담당하고 있었다. 그러나 2000년 이후 사모펀드는 약

4,700여 개소의 호텔들을 인수하며 가장 적극적으로 인수활동을 벌이고 있다. Blackstone Group, Starwood Capital, Apollo, Oaktree 등이 호텔산업에서 가장 많은 활동을 하고 있는 대표적인 사모펀드 기업이다. 2003년에 사모펀드 기업들은 미국 호텔산업에 존재하는 호텔산업 총객실의 12%를 소유하고 있었으나 리츠는 훨씬 많은 67%를 소유했었다. 그러나 2013년에는 역전이 되면서 사모펀드가 59%를 소유하게 되었으며 반면에 리츠는 33%로 대폭 감소하였다. 사모펀드들은 호텔이나 체인을 인수하면 곧바로 유능한 경영진을 투입하거나 많은 자금을 들여 호텔을 수리하여 상품 가치를 향상한 후 시장에 되팔고 있다.

넷째, 호텔체인의 비즈니스모델 혁신이다. 혁신의 핵심은 과거 부동산기업의 특성을 보였던 체인을 순수한 호텔운영회사(Operator)로 변신(Reinvent)하는 것이다. 과거 호텔체인들은 호텔이란 부동산을 직접 소유하고 직접 운영했었다. 그러다가 1950년대에는 임차방식을 채택하였다. 그러나 호텔체인들은 1960대에는 프랜차이즈 또한 1970년대와 1980년대에는 위탁경영을 주요 비즈니스모델로 채택하기 시작하였다. 현금흐름을 극대화하고 재무위험을 줄이기 위해 1980년대부터 호텔체인들은 소유했던 호텔을 투자자들에게 매각하였으며 대신에 호텔 소유주와 위탁경영계약을 체결함으로써 소유했던 호텔에 대한 운영권을 유지하였다. 이처럼 위탁경영과 프랜차이즈 계약을 통해 창출되는 수수료를 기반으로 체인을 운영하는 방식이 자산경감전략(Asset-Light Strategy)이다. 1990년대 이후부터 호텔체인들의 자산경감전략은 더욱 가속화되고 있으며 프랜차이즈와 위탁경영은 중요한 성장전략이 되고 있다.

이 외에도 2000년대 들어서면서 호텔들도 환경보호 운동에 대한 참여가 늘고 있다. 2007년 미국 호텔산업에서 LEED 친환경인증을 획득한 호텔은 2개의 호텔에 불과했으나 2010년에는 크게 늘어나서 50개의 호텔들이 인증을 획득하였다. 2015년 중반 세계 Top 10 호텔체인들은 모두 114개의 브랜드를 보유하고 있다. 그 중에서 32개의 브랜드는 10년 전에는 존재하지 않았던 브랜드였다. 또한 21세기에 들어서도 호텔산업에서 시장세분화의 열기는 식지 않고 있다. 2009년부터 2015년까지 세계 호텔산업에는 56개의 새로운 브랜드가 출시되었다.

우리가 지금까지 알아본 것처럼 때때로 혼란의 시기도 있었지만 혁신과 변화가 미국의 호텔산업을 이끌었으며 이와 같은 전통은 지금도 미국이 세계 호텔산업을 주도하는 원동력이 되고 있다.

10) 미국 호텔산업의 현황

미국 호텔산업은 단일국가로는 가장 거대한 호텔산업을 보유하고 있다. 2014년 12월 21일을 기준으로 했을 때 미국 호텔산업에서 15실 이상의 객실을 보유한 호텔은 총 53,432 개소이며 총 객실 수는 거의 500만 실에 육박하고 있는데 이는 세계 호텔산업 전체 객실 수의 ⅓ 정도를 차지할 정도로 거대한 규모이다. 미국 호텔산업에 대한 다른 지표들은 〈표3-1〉, 〈표 3-2〉, 〈표 3-3〉에 나타나 있다.

| 표 3-1 | 미국 호텔산업의 현황(2014년 연말 기준)

항목	개요
총 호텔수(개소)	53,432
총 객실수(실)	4,978,705
총 매출액	$1,769억
총 종사원수(명)	1,900,000
일일 숙박 인원(명)	4,800,000
평균 객실점유율	64.4%
RevPAR	$74.12
평균객실요금(ADR)	$115.02

출처: AH&LA

| 표 3-2 | 미국 호텔산업 현황: 유형별 호텔 수 통계(2014년 연말 기준)

항목	호텔수	객실수
입지		
Urban(도심)	5,021	781,957
Suburban(교외)	17,947	1,779,116
Airport(공항)	2,311	316,653
Interstate(고속도로)	7,542	513,075
Resort(리조트)	3,872	602,015
Small Metro/Town(소도시/마을)	16,739	985,889
객실요금		
$30 이하	244	24,707
$30-$44.99	2,816	224,684
$45-$59.99	7,602	493,992
$60-$85	14,066	965,815
$85 이상	28,704	3,269,508
규모		
75실 이하	29,403	1,259,399
75-149실	17,888	1,873,391
150-299실	4,456	891,651
300-500실	1,152	428,714
500실 이상	533	525,550

출처: AH&LA

| 표 3-3 | 미국 호텔산업 현황: 연도별 실적 통계

연도	호텔 수	객실 수	평균객실 점유율(%)	평균객실 요금(달러)	RevPAR (달러)	총매출액 (십억달러)	세전이익 (십억 달러)
2014	53,432	4,978,705	64.4	115.02	74.12	176.00	-
2013	52,887	4,926,543	62.2	110.35	68.64	163.00	41.0
2012	52,529	4,900,000	61.4	106.15	65.16	155.50	39.0
2011	51,214	4,800,000	60.0	101.70	61.05	146.90	34.1
2010	51,015	4,800,000	57.6	98.07	56.47	133.70	28.2
2009	50,800	4,700,000	54.7	97.85	53.50	125.70	24.5
2008	49,505	4,600,000	60.4	106.84	64.37	140.60	25.8
2007	48,062	4,500,000	63.1	103.87	65.52	139.40	28.0
2006	47,135	4,400,000	63.3	97.78	61.93	133.40	26.6
2005	47,590	4,400,000	63.1	90.88	57.36	122.70	22.6
2004	47,598	4,400,000	61.3	86.24	52.90	113.70	16.7
2003	47,584	4,400,000	61.1	82.52	50.42	105.30	12.8
2002	47,040	4,400,000	59.1	83.54	49.41	102.60	14.2
2001	41,393	4,200,000	60.3	88.27	50.73	103.60	16.1
2000	53,500	4,100,000	63.7	85.89	54.15	108.50	24.0
1999	52,000	3,900,000	63.2	81.33	51.33	99.70	22.0
1998	51,000	3,900,000	64.0	78.62	49.86	93.10	20.9
1997	49,000	3,800,000	64.5	75.31	48.13	85.60	17.0
1996	47,000	3,600,000	65.2	70.93	45.81	75.40	12.5
1995	46,000	3,500,000	65.5	66.65	43.10	72.00	-
1994	45,000	3,400,000	65.2	62.86	40.91	66.00	-
1993	45,000	3,300,000	63.6	60.53	-	61.70	-
1992	44,800	3,200,000	61.7	58.91	-	59.50	-
1991	44,700	3,100,000	60.9	58.08	-	62.90	-
1990	45,020	3,100,000	63.3	57.96	-	60.70	-

출처: AH&LA

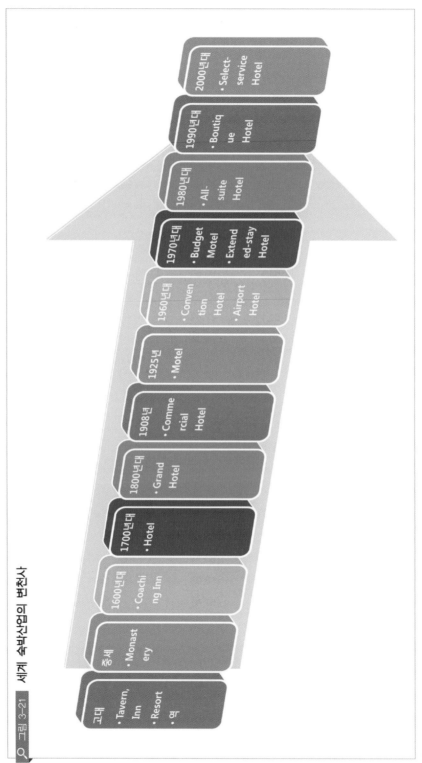

그림 3-21 세계 숙박산업의 변천사

참 / 고 / 문 / 헌

김경환(2015). 『호스피텔리티산업의 이해』. 백산출판사.

김경환(2014). 『글로벌 호텔경영』. 백산출판사.

김경환(2011). 『호텔경영학』. 백산출판사.

도미타 쇼지(2008). 『호텔: 근대 문명의 상징』. 유재연 역. 논형.

이순구·박미선(2008). 『호텔경영의 이해』. 대왕사.

오정환·김경환(2000). 『호텔관리개론』. 백산출판사.

조채린(2007). 『기도로 꿈을 이룬 호텔왕 힐튼』. 미래사.

Angelo, R. M., & Vladimir, A. N.(1994). *An Introduction to Hospitality Today (2nd Ed.)*, Educational Institute, AH&MA.

Barrows, C. W., Powers, T. & Reynolds, D.(2012). *Introduction to Management in the Hospitality Industry(10th Ed.)*. NJ: Wiley.

Dittmer, P. R. & Griffin, G. G.(1993). *Dimensions of the Hospitality Industry: An Introduction*. NY: Van Nostrand Reinhold.

Economist(2013). *Be my guest*. 2013. 12. 21.

Gomes, A. J.(1985). *Hospitality in Transition*, Pannell Kerr Forster.

Hayes, D. K. & Ninemeier, J. D.(2007). *Hotel Operations Management*, 2nd Edition. NY: Prentice Hall.

Lattin, G. W.(1989). *The Lodging and Food Service Industry(2nd Ed.)*, Educational Institute, AH&MA.

Law, R. & Jogaratnam, G.(2005). A study of information technology. *International Journal of Comtemporary Hospitality Management*, Vol. 17(2), 170-180.

MacLaren, A. C., Young, M. E. & Lochrie(2013). Enterprise in the America West: Taverns, inns and settlement development on the frontier during the 1800s. *International Journal of Comtemporary Hospitality Management*, Vol. 25(2), 264-281.

Meyer, D.(2006). *Setting the Table: The Transforming Power of Hospitality Business*. NY: HarperCollins.

Mintel(2014). *Hotel Trends - International*, February.

Mintel(2004). European Hotel Chain Expansion. *Travel & Tourism Analyst*, May.

Rushmore, S. & Baum, E.(2001). *Hotels and Motels: Valuations and Market Studies*. IL: Appraisal Institute.

Stutts, A. T.(2001). *Hotel and Lodging Management: An Introduction*. NY: Wiley.

Tideman, M. C.(1983). *External influences on the hospitality industry*. In: The Management of Hospitality(Eds. Cassee, E. H. & Reuland, R.), 143-163, Oxford: Pergamon.

Turkel, S.(2009). *Great American Hoteliers: Pioneers of the Hotel Industry*. IN: AuthorHouse.

Walker, J. R.(2004). *Introduction to hospitality management*. Upper Saddle River: Pearson Education.

두산백과사전.

www.ahla.org

www.etymonline.com/

www.google.com

www.naver.com naver 백과사전

www.UNWTO.org

www.wikipedia.org

04 한국 호텔·숙박산업의 발전과정

CHAPTER

제1절 전통 숙박시설의 이해
(고대 – 조선 말기)
제2절 근대 호텔·숙박산업의 태동
(조선 말기 – 광복 이전)
제3절 현대 호텔·숙박산업의 성장과정
(광복 이후 – 현재)

학습목표

본 장을 학습한 후 독자들은 다음과 같은 사항에 대해 잘 이해할 수 있어야 한다.

❶ 신라시대부터 조선말기까지에 알려진 우리나라 전통 숙박시설에 대해 자세히 이해한다.

❷ 조선 말기부터 일제강점기에 국내 숙박시설의 변천과정에 대해 숙지한다.

❸ 국내 최초의 호텔들인 대불호텔과 손탁호텔에 대해 숙지하도록 한다.

❹ 광복 이후 1970년대 이전까지 관주도의 호텔산업에 대해 이해한다.

❺ 1970년대 호텔 민영화와 '88올림픽을 전후로 한 국내 호텔산업의 성장과정을 이해한다.

❻ '88 올림픽 이후 국내 호텔산업의 진화과정에 대해 이해한다.

❼ 광복 이후 국내 호텔산업의 성장에 큰 영향을 미쳤던 요인에 대해 숙지하도록 한다.

제1절 전통 숙박시설의 이해(고대 – 조선 말기)

우리나라의 고유한 전통 숙박시설에는 역(驛), 관(館), 참(站), 원(院), 객주(客主), 주막(酒幕) 등이 존재했었다. 여기서 주막과 객주를 제외하고는 모두 관용시설이었으며 중앙정부가 지방통치를 확립하기 위해 건립한 관용 교통·통신·숙박시설이었다. 그러나 고대사회에서 일반인들이 여행할 때 이용하는 민영 숙박시설에 대한 역사적 기록은 존재하지 않고 있는데, 이는 당시 도로 사정이 열악하여 민간사회에서는 여행 기회가 많지 않아서 여행자의 절대수가 적었던 등 여러 요인에 기인한다고 하겠다. 민영 숙박시설은 조선시대가 돼서야 모습을 나타내시 시작하였다는 것이 정설로 받아들여지고 있다. 본 절에서는 신라시대부터 시작하여 조선 말기까지 존재했었던 우리나라의 고유한 전통 숙박시설에 대하여 자세히 살펴보기도 한다.

1. 신라시대

국내에서 가장 오래된 전통 숙박시설은 과거 주요 도로변에 건립되었던 역(驛)이다. 역에 대한 역사적 기록은 신라시대부터 시작되어 고려시대를 거쳐 조선시대 말기까지 이어져왔다. 역은 시대에 따라 우역(郵驛)이나 역관(驛館)이라 부르기도 하였으며 고려시대에 원나라의 침공 이후에는 이의 영향을 받아 역참(驛站)으로 통용되기도 하였다.

역은 과거 중앙정부가 지방통치를 확립하기 위해 건립된 관용시설이었으며 오랜 역사동안 각 시대마다 국가의 안녕을 유지하기 위한 중요한 수단으로 이용되어 왔다. 조선의 14대 왕 선조가 "역로는 곧 국가의 혈맥"이라고 하교했듯이 그 중요성은 아무리 강조해도 지나치지 않았다. 시대마다 조금씩 차이가 있겠지만 역의 역할은 크게 여섯 가지로 요약할 수 있다.

첫째, 역은 중앙정부가 전국을 효율적으로 통치하기 위해서 명령이나 지시사항 또는 공문서를 지방으로 전달하는 중요한 역할을 담당하고 있었다. 둘째, 역은 지방에서 중앙정부로 보내는 진상품 또는 왕의 하사품과 같은 공물을 운송하는 역할을 담당하였다. 셋째, 여러 가지 공무를 위해 도로를 통행하는 관리에게 식사, 휴식, 잠자리를 제공하였다. 넷째, 중국 등 타국의 사신이 도로를 왕래함에 따라 이들을 영송하고 접대하는 중요한 기능을 담당하였다. 다섯째, 관리들이 공무상 여행에 이용되는 말을 어김없이 제때에 준비하고 대기하는 등과 같이 마필을 철저히 관리하였다. 여섯째, 변방에서 군사적으로 위급한 사태가 발생하거나 또는 지방에서 국가의 안위를 위협하는 사태가 벌어지면 이를 긴급히 중앙정부에 알리는 전령의 역할을 담당하였다.

먼저 신라시대를 보면 국내에서 가장 오래된 전통 숙박시설인 역에 대한 가장 오래된 기록이 삼국사기에 나타나 있다. 삼국사기의 신라본기 3월조에 의하면 신라 9대왕인 소지왕 9년인 서기 487년 "비로소 사방에 우역(郵驛)을 설치하고 담당 관사로 하여금 관도를 수리하게 명하였다"라는 기록이 존재하고 있는데 이는 현존하는 우리나라의 숙박시설에 대한 최초의 기록이다. 그러나 문헌상 기록과 달리 그 이전부터도 역이 존재했을 가능성도 배제할 수는 없다는 견해가 많다. 신라의 역은 중국의 역전(驛傳)제에서 상당 부분 영향을 받았을 것으로 추측되고 있다.

삼국사기에서는 또 문무왕 8년인 서기 678년 10월에 "왕이 욕돌역에 행차하니 국원경 사신인 대아찬 용장이 사사로이 잔치를 베풀고 왕과 모든 시종을 대접하며...."라는 기록이 나타나고 있으며, 이 외에도 평양성에서 국내성까지 설치되었던 17개의 역이 존재했다는 것과 신라의 천정군에서 고구려의 책성부까지 39개소의 역이 존재했다는 기록이 각각 전해지고 있다.

신라는 승부의 감독 하에 경도역(京都驛)을 조직하여 여기서 각지에 설치된 역들을 감독하도록 하였다. 그리고 각 역에는 여러 명의 관리들을 두어 이를 운영하도록 하였다. 신라의 우역제도는 궁예의 태봉에 계승되었으며 이는 다시 고려로 이어졌다. 한편 통일 신라시대에 당나라를 방문하는 관리나 다른 신라인들 위한 신라방, 신라관, 신라원이 당나라에 건립되어 이들에게 숙식을 제공하였다는 기록이 있다.

2. 고려시대

새로 건국한 고려는 지방의 행정구역을 재정립하고 또한 지방의 호족세력들을 통제하기 위해서 통일신라의 역제를 계승하는 한편 후삼국시대 이후 흐트러진 도로와 역을 재정비하였다. 태조는 통일 후 국토가 넓어지자 행정구역을 개편했는데 전국을 5도(道)로 나누었고 개성·평양·경주는 3경으로 삼았으며 5도 지방의 중심도시를 연결하는 국도(國道)를 정비하였다.

서기 980년 경종에 이르러서는 전국을 효율적으로 일사불란하게 통치하기 위해서 또 다시 전국에 12목을 설치하고 그 하부 행정조직으로 마을의 규모에 따라 주(州)·군(郡)·현(縣)을 두도록 했으며 또한 군사적 요충지 네 곳에 도호부를 설치했다.

드디어 서기 995년 성종 14년에는 10도가 설치되면서 고려의 행정조직은 3경 10도 12목 4도호부로 체계적으로 확립이 된다. 이와 같은 중앙과 전국 각지에 존재하는 지방의 행정조직은 현재의 국도(國道)와 같은 역할을 담당하는 22개의 역로(驛路)를 통해 긴밀하게 연결되었다. 이러한 22개 역로는 수도인 개성을 중심으로 뻗어 나갔으며 이는 국가의 기간정보망인 동시에 민간의 경제유통을 위한 주요 교역로 역할도 담당했다. 그리고 중앙과 지방을 연결하는 22개의 역로에는 요충지 곳곳에 역(驛)을 설치하였는데 고려사 기록에 의하면 성종 대에 전국에 모두 525곳의 역이 존재했었다고 한다〈표 4-1〉.

고려시대에 역을 관장하는 조직은 병부 하에 있는 조직인 공역서(供驛署)로 전국 22역로에 건립된 525개소의 역을 관리·감독하였다. 22개의 각 역로마다 총책임자격인 역승(驛丞)을 두고 휘하에 속한 역들을 통제하도록 하였다. 각 역에는 우두머리격인 역장(驛長)

이 존재했으며 그 휘하에는 문서정리와 인원 및 말의 보충을 담당하는 역리(驛吏)와 또한 말을 타거나 발로 뛰어서 다음 역으로 문서를 전달하는 역정(驛丁)으로 조직되었으며 이들의 식구를 역민(驛民)이라 했다.

지방에서 여러 중요한 기능을 담당하고 있는 역을 운영하기 위해서는 자금이 필요했다. 역의 살림살이를 위해 중앙정부에서는 역의 규모의 따라 공해전이라는 토지를 지급하였으며 각 역은 이 토지로 농사를 지어 수확물로 역의 기능을 유지하는데 힘썼다.

그러나 고려시대의 역제는 무신의 난 이후 벌어진 몽골의 침공 및 지배로 인하여 많은 변화를 맞이하게 되었다. 특히 이때 군사·통신기능을 강조한 원나라의 참적(站赤)제가 도입되어 참이 설치되면서 이후 역은 역참이라는 명칭으로 통용되게 되었다. 역원과 역민은 대가로 지급받는 토지를 경작해서 수확한 농산물로 역의 운영을 빠듯하게 해 나갈 수 있었다. 그러나 중앙정부는 역민에게 농산물을 조세로 내기를 요구해서 역무와 조세라는 이중부담을 지웠다. 이에 더해 조정의 권문세가들과 지방의 토호들은 토지나 농산물을 강탈해가는 일도 잦아지게 되었다. 14세기 이후 고려의 역참제도는 점차 붕괴하게 되었는데 역의 마필을 남용하는 탐관오리들이 횡행하고 오랜 횡포에 이를 못이긴 역민들이 도망치기 시작함에 따라 역의 붕괴는 가속화되었다.

| 표 4-1 | 고려 성종 때의 22개 역로와 역참

역로명	역로의 구체적 경로	역 수
금교도	개성에서 황해도 중부를 관통해 곡산까지 연결하는 도로	16
산예도	개성에서 황해도 서남해안을 따라 해주를 거쳐 옹진을 연결하는 도로	10
도원도	개성을 출발해 장단~철원~평강을 거쳐 회양까지 연결하는 도로	21
청교도	개성으로부터 장단~파주~고양~양주를 거쳐 서울을 지나 인천까지 가는 도로	15
파령도	황해도 황주군의 자비산 고개에서 황주, 중화를 지나 평양에 이르는 길	11
흥교도	평남의 영변에서 박천~순안~평양을 지나 용강까지 가는 길	12
흥화도	평북 서해안 박천에서 선천~의주를 거쳐 삭주까지의 길	29
운중도	평양에서 동북부의 순천, 개천, 운산을 지나 창성에 이르는 길과 회천에서 맹산을 거쳐 원산까지의 길	43
삭방도	함남의 영흥에서 원산~안변을 지나 강원도의 고성에 이르는 길	42
평구도	서울에서 경기도 여주~원주~충북~충주~제천~영월까지의 길과 제천 에서 단양~영주~봉화까지의 길	30
춘주도	서울에서 양주~포천~가평을 거쳐 춘천까지의 길과 춘천에서 홍천을 지나 횡성에 이르는 길	24
명주도	강원도 양양에서 강능을 지나 삼척, 울진까지의 길	28

광주도	서울에서 과천~이천~장호원~충주를 지나 연풍에 이르는 길	15
충청주도	수원에서 전의~공주~부여에 이르는 길과 수원에서 죽산~진천~청주를 지나 문의까지의 길 그리고 수원에서 아산~예산~홍천을 거쳐 해미까지의 길	34
전공주도	전주에서 공주까지의 길	21
승라주도	전남 나주를 중심으로 전남지방에 분포된 길	30
산남도	전북 전주에서 진안을 거쳐 경남의 거창~협천~진주까지의 길	28
남원도	전북의 임실에서 남원과 전남의 구례, 곡성을 지나 순천까지의 길	12
경주도	경북 경주에서 영천을 거쳐 대구까지의 길과 경주에서 영덕, 평해까지의 길	23
금주도	경북 청도에서 경남의 밀양~김해~언양을 지나 울산까지의 길	31
상주도	경북 문경서 예천, 상주를 지나 선산까지의 길인데 25	25
경산부도	경북 김천을 중심으로 북의 영동, 옥천과 남의 성주 그리고 상주를 지나 보은까지 연결하는 길	25
		525

출처: 고려사

고려시대에는 관용시설인 역 이외에도 원(院), 관(館), 점(店)이라는 명칭의 숙박시설도 존재하였다. 역이 완전한 관용시설인데 반하여 원은 반관반민의 시설로서 민간인에 의해 운영되었다. 조정에서는 원의 운영과 유지를 위해 원위전이란 토지를 지급했다는 기록이 있다. 원은 역과 같은 장소 또는 역과 역 사이에 위치하였다. 또한 원은 전국의 사찰에서 자선활동을 목적으로도 운영이 됐다. 따라서 원은 관용숙박시설인 동시에 일반인 및 상인에게는 숙식을 걸인에게는 음식을 그리고 병자를 치료하고 보호해주는 장소였다. 시간이 흐르면서 원은 농산물과 같은 상품들을 거래하는 유통의 거점 역할도 하였으며 또한 관용시설인 역과 같은 역할을 담당하게 되었다. 고려 말인 공민왕 대에 이르러서는 왜구들이 약탈로 곡물의 수송에 어려움을 겪게 되자 민간에서 설치한 원을 많이 활용하게 되면서 원의 역할이 한층 강화되었다.

고려시대의 또 다른 관용시설인 관은 역과 밀접한 관계를 가지고 있다. 보통 관은 역에 속하는 부속건물이거나 아니면 역의 외부에 건립한 건물이었다. 중앙정부나 지방의 공무여행자에게 필요한 말과 인력을 지원하는 역할을 담당하는 역과 달리 관은 객관이나 객사처럼 공무여행자를 접대하여 숙식을 제공하는 역할을 담당하였다. 따라서 지위가 높은 관리들이 주로 이용하였다. 관은 특히 외교목적으로 도로를 왕래하는 외국사신들을 접대하는 중요한 장소였다. 고려시대에 건립된 관으로는 문종 대에 궁궐을 개명하여 건립한 순천관(順天館)이 유명하였으며 이 외에도 영빈관(迎賓館)이 존재했었다.

그리고 고려시대에는 객사(客舍)라는 관용 숙박시설이 존재했는데 각 고을의 관청 내에 건립되었으며 주로 중앙정부의 관리가 지방을 순시할 때 숙소로 이용했으며 이는 조선시대까지 이어졌다. 한편 고려사에는 점이라는 관용주점에 대한 기록이 남아있다. 이는 조선시대의 주막과는 성격이 다른 시설이었을 것으로 추측되고 있다.

3. 조선시대

조선은 고려의 역참제도를 답습하는 한편 북부지방의 영토가 새로 편입되면서 재정비하게 되었다. 왕명의 신속한 전달과 변경지방의 긴급한 군사정보를 빠르게 전송하기 위해서 역제의 확립은 매우 시급한 과제였다. 조선 초기에는 고려 때 건립되었던 북부지방의 쓸모없는 역을 많이 폐쇄했고 대신에 서울-의주-경흥 사이의 도로와 강원도에 역을 설치하면서 그 수가 약간 감소했다. 따라서 역은 고려 성종 대에는 525개소였으나 조선 초인 1454년 세종실록을 보면 534개소이며 그리고 1471년 경국대전을 보면 524개로 전체적인 수는 비슷하게 유지되고 있었다(〈표 4-2〉).

| 표 4-2 | 조선시대의 역참 조직

도(道)명	역도(驛道)명	역 수
경기	영서도(양주)	7
	도원도(장단)	6
	중림도(인천)	7
	양재도(과천)	13
	경안도(광주)	8
	평구도(양주)	12
충청좌도	연원도(충주)	15
	율봉도(청주)	17
	성흠도(직산)	12
충청우도	금정도(청양)	9
	시흥도(온양)	8
	이인도(공주)	10

	벽사도(장흥)	10
전라좌도	오수도(남원)	12
	경양도(광산)	7
	제원도(금산)	5
전라우도	청암도(나주)	12
	참례도(전주)	13
	황산도(양산)	12
	성현도(청도)	18
경상좌도	안기도(안동)	11
	송라도(청하)	8
	장수도(영천)	15
	창락도(풍기)	10
	자여도(창원)	15
	소촌도(진주)	16
경상우도	유곡도(문경)	19
	사근도(함양)	15
	금천도(금산)	21
	은계도(회양)	20
강원도	보안도(춘천)	30
	평능도(삼척)	16
	상운도(양양)	16
	금교도(금천)	11
황해도	기린도(평산)	12
	청단도(해주)	10
평안도	대동도(평양)	12
	어천도(영해)	22
	고산도(안변)	14
함경도	거산도(북청)	19
	수성도(경성)	19
11도	41역도	524역

출처: 경국대전

역로의 체계가 완성된 경국대전을 보면 조선시대의 역로는 41개의 역도와 각 역도에 속하는 역들을 중심으로 구성되었으며 30리마다 1개소의 역을 설치하는 것을 원칙으로 하였다. 한편 조선 초기에 남부지방은 고려 때에 설치된 역들을 그대로 사용하였으나 조선 후기로 가면서 삼남지방에서 민간에 의한 상업활동이 크게 증가함에 따라 역이 540개소로 소폭 증가했다.

조선시대에 역을 관장하는 조직은 병조 밑에 승여사를 두고 전국의 역들을 감독하도록 했다. 초기에는 역을 관장하는 총책임자로 고려의 역승을 유지했었으나 세조대에 이르러 찰방(察訪)이란 새로운 직위를 만들면서 이원화되었다. 그리고 각 역은 우두머리인 역장(驛長), 사무를 보는 역리(驛吏), 기마병인 역정(驛丁), 역을 수비하는 역졸(驛卒), 심부름꾼인 일수(日守), 노비(奴婢), 예비군졸격인 보인(保人), 잡일을 하는 솔인(率人)으로 조직되었다.

조선시대에도 고려시대와 같이 각 역의 살림살이를 위해 중앙정부에서는 역의 규모의 따라 공수전 등의 토지를 지급하였다. 각 역은 이 토지를 경작하여 농산물을 수확하여 역의 살림살이를 유지하였다. 그러나 역무와 조세와 같이 이중부담이 지워졌던 고려시대와 달리 조선시대에서는 토지를 제공받은 것에 대한 세금을 물지 않도록 하여 역의 운영에 대한 부담을 덜어주게 되었다.

조선시대에 역참이 교통·통신·군사·외교 등의 제 기능을 원만하게 수행하기 위해서는 효과적으로 역마를 확보하는 것은 무엇보다도 중요했다. 역마의 관리와 확보를 위한 하나의 방법으로 역민(驛民)이라고 부르는 역호(驛戶)를 두고 이들이 역마를 관리하고 확보하도록 했다. 중앙정부는 마필을 관리하기 위해 소요되는 비용을 충당하기 위해 각 역마다 마위전을 지급하고 역은 이를 이용해 농산물을 수확해서 역마를 구입하거나 또는 사육비에 사용하였다. 그러나 지속적으로 역마를 보충하고 사육하는 데에는 너무 큰 고통이 따랐으며 조정에서 제공한 토지로는 경비를 충당하기가 턱없이 부족했다. 이를 견디지 못한 역민들이 도망치는 일이 생기기 시작했다.

조선시대 전기에 운용되던 역참제는 특히 임진왜란을 겪으면서 붕괴가 가속화되었다. 붕괴의 원인에는 먼저 말의 가격이 너무 올라 역마를 확보하기가 어려워졌으며 역리와 역민이 도주하기 시작했다. 그리고 역전의 사유화, 역마의 남용, 국가 기강의 해이로 인한 찰방의 횡포 등 여러 가지 폐단이 결합되면서 역참의 운영에는 많은 결함이 드러나게 되었다.

임진왜란 시에 조선을 돕기 위해 파견된 명나라의 군대가 파발(擺撥)제를 이용하는 것을 목격한 조정은 이를 본떠서 파발제도를 시행하게 되었다. 기발 및 보발로 이루어졌고 크게 서발, 북발, 남발의 3대로를 근간으로 하는 파발제도가 시행되었으며 특히 변방지역의 군사정보 기능과 같은 군사·통신기능은 전적으로 파발이 담당하게 되었다. 이후 파발제도는 19세기 말에 전화와 같은 통신시설이 개통되기 전까지 중요한 역할을 담당하게 된다. 이로써 신라시대부터 명맥을 유지해오던 역참은 운송·숙박기능만을 담당하게 되면서 본격적으로 쇠퇴하기 시작하였다.

 그림 4-1　**구한말 역참의 모습**

출처: 사진으로 보는 조선시대(속, 서문당)

임진왜란과 병자호란과 같은 큰 국가적 위기를 겪으면서 서서히 그 역할을 다하지 못하게 된 역참은 19세기 말의 개화기에 접어들면서 교통 및 통신에 대한 대대적인 혁신으로 그 기능을 완전히 상실당하는 처지에 놓이게 됐으며 따라서 함께 했던 숙박기능도 종말을 고하게 되었다. 즉 1884년 우정국의 개설, 1885년 전화시설의 개통과 같은 통신기술의 혁신, 그리고 1899년 경인철도의 개통 및 이후 전국 철도노선의 개통은 기존 역의 존재 가치를 완전히 무효화하였다. 그리하여 1895년 고종 32년에는 역의 역마기능을 폐지하고 이어서 역에 근무하는 관리들의 관직을 폐지하였으며 또한 역에 제공되었던 토지들을 환수하여 모두 정부로 귀속시켜 버린다. 드디어 1896년 갑오경장 개혁의 일환으로 정부는 역제도의 폐지를 선포하였다. 이로써 가장 오래된 전통적인 관용 숙박시설인 역은 수명을 다하고 우리나라에서도 근대적인 숙박시설들이 등장하는 계기가 마련된다.

🔍 그림 4-2 한양 도성 주변의 역참도(역은 빨간 점)

출처: 대동여지도

조선시대 관용시설에는 역 이외에도 원(院)과 관(館)이라는 명칭의 숙박시설도 존재했다. 개국한 조선은 고려시대부터 존속해오던 원도 재정비하였다. 한창때인 조선 초기의 신증동국여지승람 기록을 보면 전국에 1,309개소의 원이 존재하고 있었다. 원은 역과 함께 전국 각지 교통의 요지에 분포하고 있었다. 삼남지방에 특히 많았으며 중부 이북의 산간에는 매우 적었으며 제주와 거제에는 전혀 존재하지 않았다.

고려에 비해 더욱 체계화된 모습을 갖추게 된 조선시대의 원은 역과는 몇 가지 차이점을 보이고 있었다. 첫째, 역은 청사, 위사, 객방, 마굿간 등 부속건물이 많아서 그 규모가 비교적 컸다. 반면에 원은 전적으로 숙식을 제공하는 시설이었기 때문에 규모가 훨씬 작았다. 둘째, 공무여행자만이 이용했던 역과 달리 원은 공무여행자는 물론이고 일반인과 상인도 이용할 수 있었으며 병자들을 구휼하기도 했다. 셋째, 조선 후기로 갈수록 원은 대다수가 소멸되게 되지만 이와 달리 역은 대다수가 구한말까지 유지되고 있었다. 넷째, 중앙정부의 지원이 역에 집중되었다. 예를 들면 조정은 원에 비해 훨씬 많은 인원과 토지를 역에 제공했다.

원을 원주(院主), 원우(院宇), 원전(院田)으로 구성된 구조를 가지고 있었다. 원주는 수장으로서 모든 원의 업무를 총괄하는 역할을 담당하였다. 세종은 원주(院主)로 부근에 기거하는 주민을 임명하여 원을 관리하도록 하였으며 대신에 잡역을 면제해 주었다. 원우는 여행자에게 숙식을 제공하는 시설로서 그 구조는 침실, 주방, 청실, 헛간 등이 존재했으며 일부에는 루(樓)와 정(亭)이 있었다. 원전은 원의 살림살이를 위해 조정에서 제공한 토지(원주전)를 말한다.

그러나 번영했던 초기와 달리 원은 임진왜란 이후인 17세기를 전후하여 이용자가 국한되고 또한 관리가 소홀해지면서 그 기능을 점차 상실하기 시작했다. 이후 토지를 지급받은 원주들이 제공받은 원주전의 운영을 포기하는 사태가 속출하면서 18세기 전후에는 유명무실하게 되었으며 결국 대부분 소멸이 되면서 19세기에 이르러서는 100여 개소만이 명맥을 유지하게 되었다고 대동여지도에 기록되고 있다. 일부 지역은 원이라는 지명만 남게 되었다. 그 예로서 한성부에는 동대문 밖의 보제원, 서대문 밖의 홍제원, 광희문 밖의 전관원, 그리고 남대문 밖의 이태원이 존재하고 있다. 소멸된 원은 이후 주막이 점차 대체하였다.

조선시대의 또 다른 관용시설인 관은 주로 외국의 사신을 영접하는 기능을 담당하였으며 여러 곳에 건립하여 사신들이 불편함이 없도록 하였다. 먼저 현재 서울의 남대문 옆 태평로에 있는 대한상공회의소 자리에 있었던 태평관(太平館)은 명나라의 사신을 접대하기 위해서 조선 초에 건립한 것이나 임진왜란 때에 소실되었다. 둘째, 모화관(慕華館)도 역시 명나라 사신을 접대하기 위해서 지금의 서대문구 독립문 부근에 지어졌으며 태평관보다 나중에 건립이 되었다. 모화관은 태종 때에 송도의 영빈관을 모방하여 지어졌으며 경내에 연못을 파서 서지라고 했으며 연꽃이 매우 화려했다고 한다(〈그림 4-3〉).

새 임금이 즉위해서 중국사신이 조칙을 가져오면 임금이 친히 모화관까지 배웅을 나오는 것이 관례였다고 한다. 그러나 청일전쟁 이후인 1896년 모화관은 사대사상의 상징물로 치부되면서 이를 개조해서 독립관이란 명칭으로 변경했다. 그러나 이후 일제는 이를 철거해 버렸다.

🔍 그림 4-3 철거 이전의 모화관을 개조한 독립관

출처: 서대문구청

셋째, 지금의 조선호텔 자리에 있었던 남별궁(南別宮)이다. 임진왜란으로 태평관이 소실되자 명나라 사신을 접대할 마땅한 곳이 없자 이에 과거 태종의 딸 경정공주와 사위 조대림의 저택을 접대장소로 이용하게 되었다. 명나라 장군 이여송이 여기에 기거한 이후로 명나라 사신들이 머물게 되었다. 넷째, 왜인 사신들을 주로 접대했던 동평관(東平館)이 있었으며 현재 중구 인사동 부근에 건립되었다. 다섯째, 북방의 여진족 사신을 접대하기 위해 건립된 북평관(北平館)이 있었다. 이 외에도 경기도 고양에 존재했던 벽제관(碧蹄館)은 수도 한양과 중국을 잇는 요충지인 관서로에 위치하고 있었다(〈그림 4-4〉). 중국의 사신들이 한양에 입성하기 하루 전에 반드시 머무르면서 휴식을 취한 후 다음 날 비로소 예의를 갖추고 한양으로 입성하도록 하였다. 그러나 6·25전쟁으로 소실이 되면서 정문만 남았으나 1960년경에 모두 무너져 버렸다.

그림 4-4　6 · 25전쟁으로 소실되기 이전의 벽제관 모습

출처: 한국민족문화대백과

　임진왜란과 병자호란을 겪은 17세기 후반부터 조선은 많은 변화를 겪게 된다. 특히 기존 가내수공업과 농업중심의 사회에서 소규모 생산업자간에 시장을 통한 거래가 활성화되면서 민간인들에 의한 상거래가 크게 증가하게 되었으며 한양을 비롯한 큰 도시들은 상업도시로서의 면모를 갖추게 되었으며 과거 봉건적인 경제구조가 와해되기 시작했다. 역사상 최초로 상인층이 경제에 중요한 역할을 담당하게 되었으며 이에 따라 봇짐장수인 보부상(褓負商)들의 활동이 크게 증가하게 되었다. 보부상과 불가분의 관계를 맺는 신분이 바로 객주(客主)인데 보통 보부상들의 주인 또는 수장으로 여겨지고 있다. 조선 3항이 개항되면서 객주들은 개항지와 도시로 모여들어 객주조합을 결성하여 왕성한 활동을 벌인다.

　일반적인 객주의 업무에는 위탁매매, 숙박, 창고, 운송, 금융 등이 있다. 그리고 객주는 여러 가지로 유형으로 구분할 수 있다. 그 중에서 특히 물상객주, 여각, 보행객주 등이 숙박업과 깊은 관계를 맺고 있어서 이에 대해서만 소개하기로 한다. 먼저 물상객주(物商客主)는 위탁매매를 주업으로 하면서 부업으로 숙박 · 운송 · 금융 · 창고 등을 행하는 사람을 말한다. 보통 객주라고하면 물상객주를 지칭하는 것이다. 물상객주는 위탁매매의 대상인 상품의 주인인 화주(貨主)가 상품거래가 이루어질 때까지 객주의 집에서 머무르게 되는 경우 요금을 받지 않고 식사와 잠자리를 제공하였다.

여각(旅閣)은 객주의 일종으로 객주처럼 위탁매매를 주업으로 숙박 등을 부업으로 하고 있었다. 물상객주와 여각을 동일시하는 견해도 있지만 엄밀히 말하면 여각은 취급하는 화물, 창고와 같은 설비, 소재지 등에서 물상객주와 차이가 있다는 견해가 우세하다.

한편 숙박업을 부업으로 하는 물상객주나 여각과 달리 보행객주(步行客主)는 숙박업을 전업으로 하는 숙박전문 객주였으며 따라서 당연히 숙박 및 식사비는 유료였다. 그리고 화주와 같은 상인들을 주로 대상으로 했던 물상객주나 여각과 달리 보행객주는 주로 일반인들을 상대로 영업을 수행하였다. 또한 보행객주는 주막에 비해 비교적 시설이 고급이어서 주로 양반과 유생들이 여행할 때 이용했다는 기록이 있다.

관용 숙박시설인 역, 원, 관과 달리 물상객주와 여각은 상업의 발전과 더불어 생겨난 국내 최초의 상용여행자들을 위한 민영 숙박시설이라고 판단할 수 있다. 그리고 보행객주는 다음에 소개할 주막과 더불어 일반인들을 대상으로 한 최초의 민영숙박시설이다.

| 표 4-3 | 객주간의 차이점

	물상객주	여각	보행객주
숙박업 비중	부업	부업	주업
주요 대상 고객	화주	화주	일반인
숙박료 부과 여부	무상	무상	유상

출처: 저자

🔍 그림 4-5 조선시대 객주의 집을 묘사한 풍속화

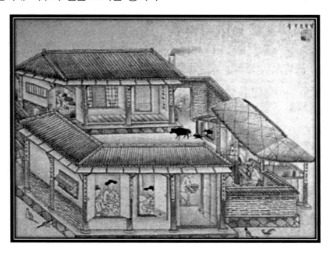

출처: 기산풍속도첩

주막은 도로변에서 나그네에게 식사와 술을 팔고 아울러 쉼터 및 잠자리를 제공했던 장소를 말하며 주사, 주가, 주포, 봉놋방이라고도 불렸다. 보다 고급스러웠던 보행객주와 달리 주막은 조선시대에 일반인들이 쉽게 이용할 수 있는 가장 서민적이고 대중적인 민영 숙박시설이었다.

주막의 기원에 대한 기록은 정확하지 않다. 하지만 대체적으로 임진왜란 이후인 17세기 중기 이후 관영시설이었던 원이 급격히 쇠퇴하게 되자 이를 대체하면서 등장하기 시작한 것으로 여겨지고 있다. 주막은 대동법과 이앙법의 시행으로 잉여농작물이 생기면서 상인들이 활동이 급격히 증가함에 따른 상권의 확대, 시장의 발전, 도로의 발달, 그리고 인구의 증가로 교통의 요충지나 읍과 읍 사이를 연결하는 중간지에 자연스럽게 등장하게 되었으며 조선 후기에 들어 크게 활성화되었다.

시골에서 먼저 등장하기 시작한 주막은 19세기 초에는 전국적으로 상인들이 증가하고 많은 지방에 시장이 서면서 점점 증가하게 되었으며 19세기 말에는 전국적으로 존재하게 되어 일반인들이 여행에 전혀 불편이 없을 정도였다고 한다. 삼남대로를 비롯한 길거리 부근의 큰 마을, 장터거리, 관용시설인 역이나 원이 있던 곳은 물론이고 나루터, 광산촌, 산간벽촌에도 어김없이 주막이 존재했다. 주막이 많은 도시에서는 주막이 밀집된 거리를 주막거리라고 부를 정도였으며 서울과 인천의 중간지점인 오류동 주막거리가 특히 유명했다.

주막의 표시로 주막집에 당시 가장 대중적인 술인 막걸리를 뜻하는 주(酒)라는 글자를 써서 붙이거나 등을 매달았으며 주막의 영업은 주인 역할을 하는 주모(酒母)라는 여성이 도맡아했는데 대개 은퇴한 작부나 남의 소실이었다고 한다.

주막은 숙박시설 보다는 주점이나 음식점이란 성격이 더욱 돋보였다고 하는데 이는 대개 주막에서 손님은 막걸리 같은 술값이나 음식요금을 지불하면 따로 숙박비를 받지 않았기 때문이다. 즉 주막은 술이나 음식을 시켜먹으면 숙박은 무료로 제공되는 장소였다.

주막의 구조는 일반 서민들의 여염집과 별로 다를 바가 없었으며 숙박을 원하는 손님을 위해 하나 또는 두 개의 온돌방이 제공되었고 방마다 10인 정도가 혼숙하는 것이 일반적이었다. 방에는 잠자리를 위한 침구는 따로 제공되지 않았으며 방바닥에는 자리나 거적이 깔려 있었고 기름칠을 한 목침이 제공되었다. 돈이 많은 자는 독방을 사용하는 경우도 있었지만 이 경우에도 침구는 제공되지 않았다. 주막에서는 먼저 들어온 사람이 아랫목을 차지하는 것이 불문율이었다. 그러나 양반의 권세는 주막에서도 작동하여 신분이 낮은 사람은 돈을 많이 내도 특실이나 상석은 양반에 밀려 양보해야 했다. 온돌은 따뜻했지만 벽이나 갈라진 방의 틈으로 빈대 등이 나와 속을 썩이는 경우가 많았다. 주막의 음식은 쌀밥이 주식이었으며 조밥, 피밥, 콩밥도 제공되었으며 김치와 된장국은 항상 차려졌으며 반찬에는 어류, 수육, 계란 등이 있었다.

🔍 그림 4-6 구한말 주막의 모습

출처: bloblog.daum.net/_blog/0GSYH&articleno & blog.daum.net/ysriver21/6044451

제2절 근대 호텔·숙박산업의 태동(조선 말기 - 광복 이전)

　　1876년 일본과 불평등한 강화도조약의 체결로 조선은 차례로 부산·원산·인천을 개항하게 되었다. 이후 구한말 조선을 방문한 외국인들이 가장 당황했던 것 중에 하나가 어디에도 적절한 시설을 갖춘 숙박시설이 없더라는 것이었다. 당시 숙박시설이 정비되지 않았던 이유에는 여러 가지가 존재하지만 무엇보다도 양반사회의 관습이 한 역할을 한 것으로 볼 수 있다. 조선시대에는 나그네가 여행을 다니면서 주로 이용했던 숙소는 양반집이나 부잣집 사랑채였다. 당시 사대부 집안이나 부자들은 자기 집을 찾는 나그네들에게 무료로 사랑채 잠자리를 내어주고 식사도 제공하는 관습을 가지고 있었다. 심지어는 몇 달간을 머물러도 돈은 전혀 받지 않았는데 이는 손님에 대한 접대를 얼마나 잘 하느냐에 따라 그 집안의 사회적 지위나 품격이 정해졌던 양반사회의 풍습과 관련이 있다고 볼 수 있다. 따라서 당시 중산층이라고 할 수 있는 양반사회의 이런 관습은 수준급 숙박시설의 발전에 부정적인 역할을 하였다. 이와 달리 하층민을 대상으로 하는 주막은 도처에 존재했지만 외국인들이 묶기에는 부적합했다.

어째든 개항으로 외국과의 통상활동이 크게 증가하면서 우리나라 숙박산업은 일대전환기를 맞이하게 되었다. 이때부터 전통 숙박시설은 쇠퇴를 가속화하거나 자취를 감추게 되는 반면에 국내에도 근대식 숙박시설이 등장하게 된다. 특히 역, 관, 원 등 과거에 주를 이루던 관용 숙박시설의 시대는 저물고 여관(旅館)이나 호텔(Hotel)과 같은 근대식 민영 숙박시설이 숙박산업의 성장을 주도하는 새 시대를 맞이하게 되었다.

1. 최초의 여관과 발전과정

1876년 한일 수호조약과 1882년 한미 수호통상조약 등 여러 국가와의 조약이 체결되면서 조선은 당시 일본을 위시한 미국·영국·프랑스·이탈리아·러시아와 같은 제국주의 국가들의 이권을 차지하기 위한 각축장으로 변모하는 처지에 빠지게 된다. 특히 1876년 12월 부산항의 일본인 거류지에 대한 조차조약이 체결되면서 많은 외국인들이 조선으로 유입되기 시작했으며 그 중에서 일본인들이 압도적으로 많은 수를 차지했다.

개항 초기에 조선을 방문하는 외국인들은 정부가 발행한 호패를 발급받아야 상행위나 여행이 가능했으나 시간이 흐르면서 호패 없이도 상행위를 하는 외국상인의 수가 더욱 많아지게 되었으며 이는 해가 갈수록 급증하게 되었다. 많은 외국인들이 방문하면서 이들이 기거할 수 있는 숙박시설이 절실히 필요했으나 당시 개항장에 존재했던 객주와 여각의 동업조직인 객주조합에서 운영하는 전통 숙박시설은 외국인들이 이용하기에는 매우 불편하였으며 이는 서울조차도 예외가 아니었다. 그래서 처음 방문하는 외국인들은 자국 영사관이나 먼저 정착한 자국인 집에 신세를 지게 됐지만 불편하기는 매한가지였다.

1876년 9월 부산이 개항한 이후 각 개항장에는 이주하는 일본인의 수가 급증하면서 출입하는 일본인들을 위한 일본식 여관이 건립되었다. 1878년 부산에 거주하는 일본인 가구의 수는 402호에 인구는 2,066명이었다. 그리고 인천은 1883년 개항 당시 거류하는 일본인의 인구가 348명이었으나 1890년에는 1,168명으로 크게 증가했다. 이때 개항장에 정착한 일본인들이 종사했던 업종을 보면 금융업·해운업·하역업·무역업·숙박업·요리업·미곡상·잡화상 등이었다.

1894년 인천항을 통해 입국한 처음 날 한 일본인의 감회를 소개한 기록을 살펴보면 "일본 거류지에 이 정도의 호수의 인구가 있기 때문에 처음 상륙하던 날, 몸은 조선에 있어도 마음은 타국에 있다는 것을 깨닫지 못했다. 모든 것이 불완전하고 물가가 비싸기는 해도 여관, 상점, 주점 등이 다 갖추어져 있어 여행하는데 불편함을 별로 못 느꼈다." 라고 하였듯이 여관이 이미 건립되어 있었다. 이런 사실로 미루어 봤을 때 대략 1880년대를 전후로 하여 부산·원산·인천의 일본인 거주지에 근대식 숙박시설인 일본식 여관이 국내에 최초로 소개 된 것으로 짐작이 되고 있다.

개항 초기에 조선에 진출한 일본식 여관 중에 확인이 가능한 것은 부산의 경우 1885년 오이케 타다스케가 건립한 객실 27실을 갖춘 대지여관과 1896년에 개업한 7실의 릉옥이 있었으며 이 외에도 석정여관, 송정여관, 강야여관, 송본여관, 봉래여관 등이 있었는데 대부분 일본식 2층 목조건물이었다. 그리고 인천에는 1883년 스이쯔 이요가 건립한 수율여관과 1885년 하라다 슈사부로가 건립한 객실 25실을 갖춘 일본식 3층 건물인 원금여관이 있었으며 이 외에도 여려 명의 일본인이 여관을 개업했다. 한편 원산에서는 초기에 일본인이 운영하는 두 개의 일본식 여관이 있었는데. 특히 1891년에 건립되었던 석정여관이 1901년에 부산으로 이전했다는 기록이 있다.

그림 4-7 1900년대 초 인천의 일본식 여관: 아사오카여관(좌), 수월여관(수월루)(우)

출처: 기호일보

한편 서울(경성)에 거주하는 일본인은 개항 초기인 1885년에는 89명으로 부산이나 인천에 비해 그 수가 훨씬 적었으나 1900년대 초가 되면서 점차 증가하기 시작했으며 1904년에는 전년도에 비해 70%가 많은 6,323명으로 급증하였고 러일전쟁에서 승리한 1905년 이후부터 지속적으로 증가했다. 결국 1907년에는 14,878명으로 인천을 그리고 1908년에는 21,787명으로 부산을 제치고 서울은 가장 많은 일본인이 거주하는 곳으로 변모했으며 일본인 인구의 증가 추세는 1916년까지 지속적으로 이루어졌다. 이는 다른 도시들에 비교할 수 없을 정도였으며 일본인 인구가 증가함에 따라 여관도 함께 늘어나게 되었다.

서울에서 대다수 일본인들은 남산주변인 충무로 일대에 집단적으로 정착하였으며 같은 지역에 일본식 여관들이 들어서게 되었다. 서울 최초의 근대식 숙박시설인 일본식 여관은 1887년에 개업한 객실 6개의 시천(市川)여관으로 알려져 있다. 뒤를 이어 원전압조(原田壓助), 추원정(萩園亭) 등 3~4개소의 일본식 여관이 들어섰으며 요릿집(요정)들도 같이 들어섰다. 그리고 1892년에는 22실에 서양식 2층 건물인 파성관(巴城館)이 그리고 1895년에는 포미여관(浦尾旅館)이 개업했다. 당시 경성에 존재하는 일본식 여관들은 단순한 숙박시설만이 아니라 친목회·송년회·만찬회·위로회 등의 다양한 모임이 개최되는 사교의 중심지 역할을 담당했으며 정치적인 모의를 하는 장소로도 이용이 되었는데, 특히 파성관은 명성황후를 시해한 일본인 낭인들이 암살을 모의했던 장소로 알려져 있다.

한편 1893년과 1894년 기록을 보면 물가가 비쌌던 서울에 존재하는 여관은 부산·인천·원산에 있는 여관에 비해 요금이 훨씬 비쌌으며 일본보다도 3배나 높았다. 그런데 당시 서양식 여관인 호텔은 일본식 여관에 비해 약 5배 정도 비싼 요금을 받았다.

1900년 초기 이후 서울에는 전과 비교할 수 없을 정도로 많은 여관이 들어서게 되었고 대다수가 일본식 여관이었으며 손님들도 대부분 일본인들이었다. 경영주도 물론 일본인들이었다. 1900년경에는 산구태조(山口太助), 천진루(天眞樓) 등 5개소의 여관과 12개소의 요릿집이 들어섰다. 서울에서 일본인 관리들과 사업가들은 회의나 상담을 주로 숙박도 겸할 수 있는 요릿집에서 수행했다. 당시 유명한 요릿집에는 1901년에 세워진 강호천(江戶川), 1905년에 세워진 건평이 200평을 넘었던 미야고 등이 유명했다. 그리고 한국인이 건립한 명월관(明月館)과 식도원(食道園)은 한국요릿집의 원조로 유명했으며 규모도 매우 컸다.

1905년 일본이 러일전쟁에서 승전하고 같은 해 을사조약을 체결한 이후부터 일본인들은 조선으로 쏟아져 들어오게 되었다. 이에 따라 1905년 이후 여관들도 규모나 숫자면에서 큰 증가를 보이게 되었다. 특히 1906년에 건립된 부지화여관(不知火旅館)은 서양식을 가미한 근대식 철근콘크리트 5층 건물로 30실이 넘는 객실을 보유했으며 최신 시설을 자랑했는데 양식 세면대과 탁상전화기 등을 갖추었다. 1907년 9월 기록을 보면 당시 서울에는 1등 여관 9개소, 2등 여관 13개소, 3등 여관 10개소 등 총 32개소의 일본식 여관이 존재했는데 등급은 건축과 시설을 기준으로 결정했다고 한다.

1906년을 기준으로 했을 때 당시 근대식 시설인 여관과 전통시설인 주막의 요금을 비교해보면 여관은 1박에 약 40-50전인 것에 비해 주막은 약 7~14전으로 현격한 차이를 보였다. 한편 1907년 기록을 보면 전에는 숙박업으로 분류되던 통계자료가 여인숙과 하숙집으로 구분이 되는데 이는 일본인 인구가 증가하면서 장기간 숙박하는 일본인들의 변화된 숙박행태가 반영된 것으로 보인다. 하루 단위로 요금이 책정되는 여인숙과 달리 하숙은 1개월을 단위로 하여 요금이 책정되었다.

🔍 **그림 4-8** 서울의 일본식 여관: 부지화여관(좌, 1906), 소복여관(우, 1912)

출처: 대경성사진첩

그림 4-9 서울의 일본식 여관: 이견여관(좌, 1912), 대가여관(우)

출처: 대경성사진첩

　개항 초기 이후 서울·부산·인천·원산을 기점으로 성장하기 시작한 근대식 여관은 1899년 경인선을 시발로 철도가 개통되면서 전국으로 확대되기 시작한다. 전국에 분포하는 철도역 인근을 중심으로 여관들이 전국적으로 생겨났다. 1908년 통감부 철도관리국의 기록을 보면 전국에 123개소의 여관이 존재하고 있었다. 서울에는 철도역이 있는 남대문·서대문·용산·영등포 등에 특히 여관이 많이 문을 열었다. 일본인 거류지를 중심으로 생겨났던 근대식 여관이 철도의 등장으로 전국적으로 퍼지게 되었다.

　일본의 식민지정책으로 도시가 발전하고 또한 외국인들의 상행위와 여행이 증가하면서 철도역 주변과 일본인들이 선호하는 유명 관광지에는 일본식 여관과 호텔이 증가하면서 근대식 숙박업은 더욱 성장하게 되었다. 근대식 숙박업의 성장으로 여관은 도시발전의 척도로 여겨질 정도가 되었다. 1910년 한일병합 이후 일제는 1914년 '시장규칙'과 같은 상업정책을 제정하면서 일본인 상인 위주의 차별적 정책을 시행한다. 이로 인해 전통 숙박업인 객주와 여각은 쇠퇴를 거듭하게 되었다. 이 외에도 일본 상인자본의 출현, 일본 은행의 진출, 도매시장의 등장, 철도의 등장 등 일제의 비호 아래 일본인 상인들은 대다수 서울의 상권을 석권하게 되었다. 조선인 상인들은 종속적인 역할밖에 할 수 없었으며 따라서 전통숙박업은 붕괴가 가속화되기에 이른다. 이 시기에 보행객주들은 농촌을 떠나 도시로 무작정 이주하는 노동자의 기숙으로 겨우 명맥을 유지하였으며 일부는 여관으로 전업하였다.

개항장과 서울의 남촌을 중심으로 일본식 여관이 점점 증가하자 이에 자극을 받은 조선인들도 근대식 여관을 개업하기에 이른다. 기록에 의하면 1897년에 반규환, 김봉원, 조규환 등 3인이 각각 600원씩을 출자하여 수표교 부근에 한성여관을 건립하였다. 그런데 김봉원은 스스로를 객주라 칭했다고 하는데, 이는 한성여관의 과도기적 성격을 잘 대변하고 있다. 그리고 심희택이 개업한 사동여관이 있다. 한편 당시 독립신문은 1897년 9월 23일자 사설을 통해 근대 관광산업의 도입과 진흥을 주장하면서 근대식 여관의 조속한 도입을 촉구했다.

1910년경부터는 보다 많은 조선식 여관들이 건립되기 시작했으며 1915년 기록을 보면 조선식 여관 50개소가 소개되고 있다. 일본식 여관들의 주인이 일본인인데 반해 조선식 여관의 주인은 한국인이었다. 조선식 여관들은 주로 안국동, 관철동, 운니동, 낙원동, 다옥정, 명치정, 삼각정, 남대문통, 태평동 등과 같이 종로를 중심으로 하는 북촌지역은 물론이고 일본인들이 거주하는 중구중심의 남촌지역에도 생기는 등 서울 전역에 골고루 생겨났다.

이 시기에 조선식 여관이 성장하게 되는 결정적 계기는 일제에 의한 공진회 및 박람회의 개최이다. 한일병합 5년 후인 1915년 일제는 식민지 통치의 합법성을 미화하기 위해서 9월 11일부터 10월 30일까지 서울 경복궁에서 전국의 물품을 수집하고 전시하는 조선 역사상 가장 크고 성대한 행사인 조선물산공진회를 개최한다. 일제는 식민지배가 조선의 발전과 조선인들의 복리증진에 공헌하고 있다고 선전했다. 공진회의 성공을 위하여 전국의 농민들까지 동원하여 관람하도록 강제적인 압력을 가하였다.

일제가 공진회 행사를 성공적으로 유치하기 위해 계획한 주요 사업 중에는 '선박·차량·여관 기타 관람자의 편리 도모'란 기록이 존재하고 있어 당시에도 오늘날처럼 큰 국제행사를 치르기 위해 숙박시설의 확충에 지대한 노력을 하였다는 것을 알 수 있다. 따라서 이때 많은 조선식 여관들이 건립된 것으로 보인다. 결국 공진회는 40일 동안 약 116만 명이란 당시로서는 기록적인 관람객을 유치하며 큰 성공을 거두었다. 이후 일제는 같은 목적으로 1923년 조선부업품공진회, 1923년과 1929년 조선박람회, 1935년 조선산업박람회 등 모두 5차례의 박람회 행사를 더 개최하였다. 이와 같은 대대적인 박람회 행사의 개최는 전체 여관업의 성장과 발전에 큰 기여를 하게 되었다. 그러나 여러 번의 박람회에도 한·일 여관업자간에도 일제의 차별은 존재하고 있었다. 이에 대한 기록을 보면 박람회 행사를 통해 대다수 일본식 여관들은 호황을 누리게 되었지만 박람회 특수를 노려 부채를 지면서까지 투자를 했던 적지 않은 수의 조선식 여관들은 고전을 면치 못했다고 한다.

한편 〈표 4-4〉에서 볼 수 있듯이 특히 1920년대 이후 서울의 인구가 지속적으로 증가하면서 조선식 여관업은 1910년대에 이어 성장을 가속화하게 된다. 인구 증가의 원인은 첫째, 농민들의 도시 이주이다. 일제는 1910년부터 1918년까지 근대적 토지제도를 확립할 목적으로 대규모 토지조사사업을 시행하였다. 그러나 허울 좋은 목적과 달리 일제는 마음대로 왕실과 농민 등의 토지를 수탈하였으며 국내인 지주들의 재산권만 강화하는 결과를 낳았다. 그리하여 생계를 유지할 토지를 빼앗긴 농민들은 오히려 과거 자신이 소유했던 토지의 소작농으로 전락하게 되었으며 고율의 소작료(50%)를 일제에 바쳐야 했다. 이에 더해 소작료를 내지 못하면 쫓겨나야하는 신세에 처하게 되었다.

이와 같은 일제의 악랄한 경제 수탈 하에서 당시 전체 인구의 80%를 차지했던 대다수 농민들은 고단한 하루하루를 근근이 버티며 살아야 했다. 그러나 척박한 현실을 견디지 못하게 된 수많은 농민들이 삶의 터전을 버리고 서울 등 도시로 이주하여 임금노동자로 변신하게 된다.

둘째, 회사령의 폐지이다. 1910년에 공포된 일제는 경제탄압의 수단으로 '회사령'을 선포하여 회사를 설립하려는 사람은 총독부의 허가를 받도록 강제했다. 그러나 동법이 1920년에 폐지되어 회사 설립이 신고제로 전환되면서 자유로워지자 회사가 늘면서 많은 사람들이 사업기회를 찾아 도시로 유입되었다. 특히 토지조사사업이 종료되고 회사령이 폐지되는 1920년 이후 서울의 인구는 지속적인 증가세를 기록하게 된다. 그리고 1920년대 이후 농업생산량이 꾸준히 증가하고 기업활동이 증가하면서 경제는 3~4% 안팎의 꾸준한 성장률을 유지하였다. 이런 상황에서 유입된 인구의 일부가 머무를 수 있는 숙소가 필요하게 되었으며 일본식 여관에 비해 훨씬 저렴한 조선식 여관들이 성장하게 되었다. 물론 일본식 여관도 〈표 4-4〉에서 보는 바와 같이 일본인 인구의 증가에 힘입어 계속해서 성장을 구가하였다. 그러나 이와 동시에 전통숙박업인 객주는 점차 근대식 여관으로 흡수되기에 이르며 하숙 또는 여인숙으로 변신하게 되었다.

| 표 4-4 | 일제강점기 경성(서울)의 인구 변화 추이

	1914	1915	1920	1921	1925	1929	1930	1935
조선인	187,176	176,026	181,829	188,648	220,176	251,228	279,865	312,587
일본인	59,075	62,914	65,617	69,774	77,811	97,758	105,639	124,155
합 계	247,446	238,940	247,446	258,422	297,987	348,986	385,504	436,742

출처: 조선총독부 조선총독부통계연보

　　1920년대와 1930년대 일제하의 서울은 청계천을 경계로 북쪽으로는 조선인 상가가 밀집된 종로를 중심하는 하는 북촌과 남쪽으로는 일본인 상가들이 밀집된 남산기슭의 남촌으로 의도적으로 분리가 되었으며, 잘 정비된 도로 등 도시 기반시설이 잘 갖춰진 남촌이 도시중심지 역할을 담당하였다. 진고개 넘어 남촌은 건물과 백화점이 즐비하고 밤이면 네온사인이 반짝이는 근대적 소비 및 유흥의 도시공간으로 자리매김하게 되었다. 많은 조선인들은 남촌의 서구적 도시 풍물들을 동경하게 되었다.

　　이렇게 이원화된 도시공간처럼 당시 여관업도 이원화된 양상을 보이게 된다. 즉 일본식 여관은 위치·청결·시설·규모·가격 등에서 많은 차이를 보이며 조선식 여관들을 압도하고 있었다. 당시 일본식 여관과 조선식 여관의 차이점을 살펴보기로 한다. 첫째, 1929년 기록을 보면 당시 일본식 여관은 50여 개소에 달했는데 모두 남촌에 위치하고 있었다. 하지만 조선식 여관은 북촌에 229개소뿐만 아니라 일본인 거주지역인 남촌에도 116개소가 존재하고 있었다. 조선식 여관이 서울에 비교적 골고루 분포되어 있었다는 것을 알 수 있다.

　　둘째, 일본식 여관은 조선식 여관에 비해 훨씬 청결하고 친절했으며 시설도 우월했다. 반면에 조선식 여관은 청결하지 않아서 파리나 모기가 많았으며 또 시설이 좋지 않아서 지방에서 올라오는 한국인 인사들도 불평이 적지 않았으며 따라서 깨끗한 일본식 여관을 선택하는 사람들이 적지 않았다고 한다. 또 일본식 여관은 손님에게 개별적으로 이불과 베개를 지급하였다.

　　셋째, 건축구조에서 일본식 여관은 보통 2층이나 3층 또는 그 이상의 콘크리트 건물로 정원이 있었다. 또한 내부구조는 다다미식으로 방 사이마다 문을 달아서 손님이 많을 경우에는 방문을 터서 이용하도록 되어 있었으며 냉난방시설이 구비되고 조망을 즐길 수 있는 발코니가 있었다. 반면에 조선식 여관은 대부분 전형적인 단층의 한옥식 구조로 온돌식 방으로 이루어졌다. 그러나 시간이 흐르면서 조선식 여관들도 시설이 우월한 일본식 여관을 모방하기 시작한 것으로 보이며 다다미방도 갖추었다.

넷째, 일본식 여관들은 경성역에서 비교적 가깝다는 것과 편리한 교통을 강조하고 있었다. 반면에 조선식 여관들은 수용가능인원을 중요시 했던 것으로 판단이 되고 있다. 일반서민들이 많이 이용하는 조선식 여관들은 수용가능성을 강조해서 당시 수용인원이 100명이 넘는 여관이 12개소나 달했는데, 제일여관(444명), 성일여관(330명), 수덕여관(255명), 호해여관(200명), 서린여관(155명), 전동여관(120명), 조선여관(114명), 문화여관(110명), 경일여관(104명), 일이여관(100명), 여명여관(100명), 봉래여관(100명)이 그들이다.

다섯째, 일본식여관들은 남산기슭에 위치하고 있어서 쾌적했으며 투숙객들은 남산 산책을 즐길 수 있었다. 또한 주변에 좋은 매점들이 존재하고 있었다. 반면에 조선식 여관들의 주변환경은 훨씬 열악했다.

여섯째, 일본식 여관의 숙박료가 훨씬 비쌌다. 〈표 4-5〉는 1929년 당시 5등급으로 구분된 일본식 여관의 요금체계를 보여주고 있다. 이에 비해 당시 6등급으로 나누어진 조선식 여관들은 최고등급인 갑1등 여관의 최고가요금인 특1등은 2식을 포함하여 1박에 4원 30전에 불과했다. 이는 〈표 4-5〉에 나타난 4등 일본식 여관의 식사 포함 가격인 4원 40전보다도 적은 금액이다. 이처럼 위치, 청결도, 시설 및 서비스 등에서 우세한 일본식 여관은 월등한 가격경쟁력을 가지게 되었다.

일곱째, 숙박료가 비싼 일본식 여관은 주로 일본인들이 이용했으며 그 외에도 외국인들과 금전적 여유가 있는 일부 한국인들이 이용하였다. 반면에 요금이 저렴한 조선식 여관은 주로 한국인 서민층이 이용하였다. 서민층이 즐겨 이용하는 조선식 여관의 전통은 현재까지도 유지되고 있다.

| 표 4-5 | 1929년 서울 일본식 여관의 요금표

	특등	1등	2등	3등	4등	5등
숙박요금	10원	7원	6원	4원 50전	3원 40전	2원
식사요금	2원	1원 50전	1원 50전	1원 25전	1원	80전

출처: 대경성

개항은 우리나라 숙박산업에 큰 변화를 몰고 왔다. 개항 이후 우리나라에서 최초의 근대식 숙박시설인 여관이 크게 성장하게 되는 원인은 크게 네 가지로 요약할 수 있다.

첫째, 개항 이후 많은 일본인과 외국인들이 유입되면서 이들이 묵을 수 있는 숙박시설이 필요하게 됐다. 따라서 일본인 거주지를 중심으로 최초로 일본식 여관들이 들어섰다. 둘째, 1899년 이후 철도가 개통되면서 철도역 주변을 중심으로 전국적으로 많은 여관이 건립되었다. 셋째, 공진회와 박람회의 개최는 조선식 여관의 성장에 큰 기여를 하였다. 넷째, 농촌을 떠나 서울 등 도시로 이동하는 인구가 급증하고 회사들이 증가하면서 일본식 여관은 물론이고 조선식 여관들도 많이 들어섰다. 지금까지 살펴본 것처럼 일제강점기 서울에서 우리나라 최초의 근대식 숙박시설인 여관은 성장을 가속화하면서 중산층과 서민층들에게 가장 중요한 숙박시설로 거듭나게 되었다.

한편 일제강점기시 여관업에도 독립투쟁의 역사가 존재하고 있다. 현재 서대문구 독립문 길 건너 무악동에 존재하는 '옥바라지 여관 골목'은 김구 선생 등 독립투사들이 서대무형무소에 투옥되었을 때 그 가족들이 이곳 여관에 머물면서 눈물어린 옥바라지를 했다고 한다.

2. 국내 최초 호텔의 탄생과 쇠퇴

개항 이후 인천항에 도착한 서양인 입국자들에게 가장 큰 어려움은 숙박시설이었다. 기나긴 항해 끝에 인천항에 도착했더라도 당시 교통이 좋지 않아서 80리나 떨어져 있는 최종 목적지 서울로 가려면 어쩔 수 없이 인천에서 하룻밤을 지새워야 했다. 출항자도 역시 마찬가지 형편이었다. 그러나 인천항에 존재했던 한국인들이 운영하는 전통 숙박시설들은 서양인들에게는 매우 불편했다. 그러나 1880년대 중반 이후 일본인 거주지에 일본식 여관이 생기면서 다소 불편함을 덜 수 있었다. 그러나 시간이 흐를수록 특히 서양인들에게는 보다 적절한 서양식 숙박시설이 절실히 필요하게 되었다. 이런 시대적 요구에 부응하여 드디어 국내에도 최초의 서양식 숙박시설인 대불호텔이 1888년 인천항에서 지척인 서린동에 건립이 된다. 우리나라 최초로 호텔이 들어서게 되는 역사적인 순간이었다.

대불(大佛)호텔은 인천의 일본인 거류지에서 살던 일본인 상인인 호리 히사타로(堀久太郞: ?~1898)에 의해 건립되었다. 일본 나가사키출신의 해운업자 호리 히사타로는 개항 직후인 1883년에 부산에서 인천으로 아들인 호리 리키타로(堀力太郞: 1870~?)와 함께 이주하였다. 그리고 일본인 거류지의 토지 2필지를 매입하여 주거용 가옥과 업무용 건물을 신축하였다. 당시 호리 히사타로는 해운업과 무역업을 주로하며 호리상회란 잡화상도 경영하는 등 여러 분야에서 왕성하게 사업을 벌이고 있었다. 특히 아들 호리 리키타로는 청일전쟁과 러일전쟁 기간에 일본정부에 배를 제공하는 등 적극적으로 협력하여 수완을 인정받으면서 인천을 기점으로 해서 블라디보스토크와 오사카 등 국제항행권뿐만 아니라 평양, 진남포, 원산 등의 국내 연안항행권도 독점하면서 큰 부를 쌓아서 백만장자로 군림했다고 한다.

당시 증가하는 서양인 입·출국자를 위한 숙박시설이 태부족하다고 판단한 호리 히사타로는 1887년에 대불호텔의 건축을 시작하여 1888년에 'Hotel Daibutsu'란 상호로 개관했다. 그러나 우리에게 친숙한 이름의 선교사들인 언더우드나 아펜젤러와 당시 영국영사는 각각 1885년 4월과 5월에 인천항에 도착해서 일본식 목조 2층 건물인 'Hotel Daibutsu'에 머물렀다고 기록하고 있다. 이런 사실로 미루어 봤을 때 호리 히사타로는 3층 벽돌 건물인 대불호텔이 건립된 1888년 이전인 1884년을 전후로 하여 일본식 여관을 개업하여 'Hotel Daibutsu'란 상호로 이미 영업을 하고 있었음을 짐작할 수 있다. 하지만 상호가 호텔이었다고 이것이 최초의 호텔이었다고 하기는 어렵다. "1888년 자신의 사무실 옆에 대불호텔을 개축해 개업했는데..."란 기록과 "당시 일본조계 첫 번째 집이 호리의 집이었고, 두 번째가 대불호텔이었다"라는 기록을 종합해보면 호리일가는 기존의 일본식 여관을 헐고 그 터에 새로이 대불호텔을 건립한 것으로 보인다. 한편 대불(다이부츠)호텔이란 명칭은 신체가 뚱뚱하고 우람했던 호리 히사타로의 풍모에서 유래된 것이라고 한다.

3층의 붉은 벽돌건물인 대불호텔은 절충주의 양식의 건물로 연면적은 약 737㎡였다. 대다수 건축자재는 주로 일본에서 직수입했다. 고급 침구로 구성된 객실은 모두 11개였으며 주로 1층과 2층에 배치되었고 다다미도 240개가 구비되었다. 3층 연회장에는 벽난로와 피아노가 있었으며 청동장식으로 치장했다. 1층과 2층에는 돌출된 발코니가 있었으며 그리스식 페디먼트로 입구를 강조하였고 지붕상부는 일본식 기와로 마감했다. 대불호텔에서 종사원은 일어가 아닌 영어로 손님을 맞이했으며 서양요리와 함께 커피도 제공되었다. 호텔 내부에는 당구대도 비치하였다. 그러나 이용자들의 기록이나 소감을 살펴보면 대불호텔의 시설 및 서비스 수준은 서양인들의 욕구를 충족시킬 수 있는 높은 수준에는 아직 미치지 못했던 것으로 판단되고 있다.

서양인들의 입국이 폭발적으로 증가하던 시기였던지 대불호텔은 개업하자마자 특히 미국인과 유럽인들의 인기를 독차지해서 호황을 누리게 되었으며 인천의 대표적인 숙소로 자리매김하게 되었다. 대불호텔의 당시 숙박요금은 상급 2원 50전, 중급 2원, 하급 1원 50전으로 주변 숙박시설에 비해 2배 정도나 비쌌으나 항상 빈 방이 없을 정도로 장사가 잘 되었으며 인천항에 도착하는 서양인들은 대불호텔을 경유했다가 서울로 향하는 것이 필수 코스가 되었다고 한다. 한편 호리상회는 국내·외 정기선뿐만 아니라 외항과 내항을 연결하는 하역업도 함께 운영하고 있어서 손님이 대불호텔에 묵으면 장점이 존재했을 것으로 짐작된다.

1888년 개관 이후 인기를 독차지하면서 10년 이상을 인천의 대표 호텔로 부상하던 대불호텔은 1899년 9월 18일 경인선 철도가 개통되면서 위상에 큰 변화를 겪게 된다. 종전에는 우마차로 인천에서 서울까지 약 12시간이 걸렸지만 철도가 개통되자 1시간으로 대폭 단축되면서 서울과 인천은 1일 생활권으로 변모하게 되었다. 따라서 배에서 내린 입국자들은 곧바로 인천역에서 기차를 타고 서울로 향하게 되었다. 엎친 데 덮친 격으로 러일전쟁에서 일본이 승리하자 조선이 사실상 식민지로 전락하면서 주요 국제항이었던 인천의 위상이 국내항으로 격하되면서 인천을 드나드는 일본인들은 증가하는 반면에 서양인들은 크게 줄어들게 되었다. 그런데 일본인 여행자들은 굳이 요금이 비싼 대불호텔을 선호하지 않았으며 일본인들이 증가하자 오히려 새로운 일본식 여관들이 들어서게 되었다. 이처럼 급격한 환경변화로 인하여 경영난에 빠진 대불호텔은 결국 1907년경에 폐업한 것으로 추측되고 있다.

폐업 이후 대불호텔은 다른 업자들에게 임대되다가 1918년에 뢰소정과 40명의 중국인들에게 팔리게 된다. 뢰소정 등은 일본인들과 중국 상인들을 상대로 하는 북경요리 전문점인 중화루(中華樓)란 요리점을 개업하였다. 주변에는 자장면의 원조로 알려진 공화춘(共和春)과 동흥루 등이 영업하고 있었다. 화려한 중국풍으로 다시 치장한 중화루는 크게 성공했으며 당시 최고의 요리점으로 등극하게 되었고 명성이 서울에까지 알려지게 되었다. 그러나 중화루는 1950년대에 뢰소정 가문이 미국으로 이민을 떠나면서 1960년대 이후에는 경영난으로 허덕이다가 1970년대 초에 문을 닫게 되었다. 과거 대불호텔은 결국 1978년에 건물이 철거되었다. 그런데 2011년 5월 인천 중앙로 1가에서 음식점 건물을 건축하기 위해 공사를 하던 중에 지하에서 붉은색 벽돌 구조물을 발굴했다. 철거되었던 대불호텔의 지하 구조가 발견된 것이다. 토지 소유자는 이를 시에 기증했으며 현재 시는 호텔을 복원하려는 시도를 진행 중에 있다.

| 표 4-6 | 1892년 인천의 숙박요금

형 식	업소명	객실 수	다다미 수	숙박료		
				상	중	하
서양식	대불호텔	11	240	2원 50전	2원	1원 50전
	스튜어드호텔	8	-	2원	-	-
일본식	스이쯔여관(수월루)	11	62	1원	76전	50전

출처: 仁川事情

그림 4-10 대불호텔

출처: 인천역사자료관 & 인천in.com

🔍 그림 4-11 대불호텔과 중화루

출처: m.blog.daum.net/leekejh/6464118 & 중앙일보

　　대불호텔이 개업하면서 서양인을 위한 숙박시설이 갖춰지게 되었지만 객실이 11실에 불과해서 지속적으로 증가하는 입국자와 출국자를 모두 수용하기에는 턱없이 부족했다. 따라서 비슷한 시기에 대불호텔의 성공을 목격한 광동성 출신의 중국인 양기당(梁綺堂)이 대불호텔의 근처인 청국인 거류지의 첫 번째 길목에 2층 건물인 스튜어드호텔(Steward's Hotel)을 개업했다. 당시 내국인들은 이를 이태루(怡泰樓)라고 불렀다. 〈그림 4-12〉에서 보듯이 스튜어드호텔은 개업 당시에는 2층에 객실 3실이 존재했으며 1층은 잡화점으로 운영이 되었으나 후일 3층에 8실로 증개축한 것으로 보인다.

　　스튜어드호텔은 중국인인 양기당이 전에 미국 군함 모노카시호에서 집사(Steward)로 근무한 적이 있었는데 당시 미국 선원들은 그를 스튜어드로 호칭했으며 따라서 호텔명칭도 이를 따른 것으로 판단된다. 양기당은 1919년부터 1928년까지 인천화교협회 회장을 지낸 인물이다. 스튜어드호텔도 대불호텔과 같이 처음에는 외국인들에게 많은 인기를 끌었으나 이후 경인선 철도가 개통하면서 결국 폐업하게 되었으며 이후 동흥루라는 중국집으로 변경이 되었다가 1970년 말에 철거되었다. 2016년 11월 말에 인천화교협회 앞마당에서 스튜어드호텔의 표지석이 발견되었다.

당시 인천에는 1890년에 개업한 4개의 객실을 보유했던 꼬레호텔(Hotel de Coree)도 존재했었다. 헝가리인 Joseph Steinbeck이 주인이었던 한국호텔은 객실보다는 오히려 바나 살롱 같은 주점사업에 집중했던 것으로 알려지고 있으며 이 호텔은 후에 Oriental Hotel로도 불리었다. 그리고 1905년 청국인 우희광이 청나라 조계지에 호텔과 음식점을 겸하는 산동회관을 건립했으며, 1907년에는 일본인 하시모토가 제물포구락부에 인천호텔을 건립했다. 이 외에도 Harris's Hotel, Terminus Hotel 등이 있었던 것으로 알려지고 있다.

그림 4-12 스튜어드호텔(사진 우측건물)

출처: 화도진도서관

제물포(인천)와 노량진을 잇는 철도가 개설되고 이어서 1900년에 한강철교가 준공이 되고 서대문역까지 경인선이 완전히 개통되는데, 이는 서울에 최초의 호텔이 건립되는 직접적인 계기가 된다. 철도 개통으로 많은 외국인들이 서울로 이주하게 되었다. 따라서 철도의 개설로 대불호텔 등 인천지역 호텔들은 경영난에 봉착하게 되지만 오히려 서울에는 새로운 수요가 창출되면서 서양식 숙박시설인 호텔이 처음으로 등장하게 되었다.

1902년 서울 최초의 호텔인 손탁호텔(Sontag Hotel)이 문을 열었다. 손탁호텔은 손탁(孫澤, Antoinette Sontag, 1838~1922)이라는 여인에 의해 건립되었다. 제국주의 열강들이 조선을 유린하던 구한말인 1885년 32세의 독신녀였던 손탁은 당시 러시아공사였던 베베르(Waeber)와 함께 조선을 찾게 된다. 베베르 공사 부인의 마크라는 남동생의 부인이 손탁의 여동생이었다. 즉 손탁은 베베르 공사 처남의 처형인 셈이다. 손탁은 프랑스의 알사스로렌 지방 출신이었지만 국적은 독일인이었다. 그녀는 프랑스어·독일어·러시아어·영어에 능통했으며 한국어도 빨리 익혔다. 손탁은 뛰어난 사교술을 발휘하여 서울에 주재하는 외국 사절들은 물론이고 왕족 및 고관들과도 친분을 쌓았으며 특히 명성황후의 신임을 독차지하였다. 당시 사람들은 그녀를 미스 손탁이라고 불렀다고 한다. 이와 같은 왕실과의 친분과 탁월한 사교술을 십분 발휘하여 러시아 공사관과 왕실 궁내부의 가교역할도 담당하였으며 한러밀약의 체결에도 공헌을 하였다.

손탁의 활약에 감명을 받은 고종은 1895년 당시 경운궁 건너 정동29번지에 있던 한옥한 채를 하사한다. 사교술이 뛰어났던 손탁은 한옥을 각국 외교사절들에게 공개하면서 구한말 외교의 각축장으로 변모한다. 1895년 명성황후가 시해되자 '손탁사저'에서 반일운동단체인 정동구락부라는 단체가 만들어져 개화파 인사인 이완용, 민영환 등과 미국공사, 프랑스영사, 아펜젤러, 언더우드 등 구미인들이 모여 친선을 도모하는 동시에 반일운동을 주도하였다. 또한 독립협회를 주도했던 윤치호와 이상재 등도 드나들었다.

명성황후 시해 이후 신변에 위협을 느낀 고종은 궁내부를 시켜 러시아 공사와 접촉해서 1896년 2월 아관파천을 시도하게 되는데 당시 손탁도 상당한 역할을 한 것으로 추측되고 있다. 이로 인해 손탁은 1896년부터 1909년까지 대궐에서 양식조리와 외빈들을 대접하는 황실전례관으로 일을 하게 되었으며 조선왕실에 서양요리를 소개하고 특히 고종에게 커피를 처음 소개하였다.

1902년 10월 한옥을 철거한 자리에 2층 서양식 건물에 25실의 객실을 보유한 '손탁호텔'을 개관하였다. 신축된 손탁호텔은 1층은 일반객실, 식당, 주방, 커피숍 등으로 이용했으며 2층에는 국빈용 객실이 배치되었다. 손탁호텔은 안락함과 훌륭한 서양요리로 인하여 높은 명성을 얻게 되면서 장안의 명소로 등극하게 되었다. 그런데 손탁호텔은 일반인을 위한 호텔이 아니라 국빈 및 귀빈과 같은 왕실의 영빈관(Private Boarding House) 역할에 충실하였다.

규모가 큰 손탁호텔이 건립되자 정동구락부는 물론이고 더욱 많은 외교사절들이 모여들기 시작하면서 손탁호텔은 명실상부한 서울의 대표호텔이자 외교 및 사교의 중심지로서의 위상을 누리게 된다. 손탁호텔은 러일전쟁을 취재하던 마크 트웨인과 신문기자였던 처칠이 머물렀으며 특히 1905년의 을사조약을 주도했던 이토 히로부미가 체류하면서 조약 체결을 위해서 배후 공작을 펼치고 주요 인사들을 불러 협박을 가했다고 한다.

그러나 일대를 풍미하던 손탁호텔에 1905년 러일전쟁에서 일본이 승리하게 되자 갑작스런 위기가 찾아온다. 손탁의 러시아세력이 위축되면서 손탁호텔도 경영난에 봉착하게 되었다. 또한 반일에 가담했던 미스 손탁은 시간이 흐르면서 더 이상 조선에 머무를 수 없는 처지에 이르게 되었다. 결국 1909년 9월 약 24년간의 조선체류생활을 청산하고 프랑스의 칸느로 귀향을 한다. 이때 고종은 많이 아쉬워하면서 거금의 전별금도 건넸다고 한다.

손탁이 떠나자 프랑스인 Boher가 손탁호텔을 인수하였다. 이때부터 손탁호텔은 특정 소수를 위한 영빈관에서 벗어나 일반인들을 상대하는 대중적인 호텔로 변모하게 되었다. 〈그림 4-14〉의 우측에서 보는 바와 같이 당시 Boher가 손탁호텔의 판매를 신장하기 위해 사용한 광고의 내용을 살펴보면 "한국에서 가장 크고 가장 편리한 호텔, 각 방에 욕실이 딸린 25개의 객실, 모든 가정편의시설과 프랑스요리, 공식연회 · 결혼식 · 무도회 · 피로연 및 각종 여흥"등을 알리고 있다.

또한 당시 여행안내 책자를 보면 "손탁호텔(전에 황실의 사적 호텔이었음)은 한국에서 선도 호텔임, 손탁호텔은 서울 성내에서 유일한 일등급 호텔임, 영사관과 철도역이 가까이 있어 여행자에게 편리함, 냉온수 및 전기등과 최신의 위생시설을 완전히 갖추고 있음, 프랑스인 요리장이 감독하는 훌륭한 프랑스 요리로 좋은 평판을 얻고 있음, 최고의 정성과 널찍한 정원 이외에 통역자 · 가이드 · 짐꾼 · 승마의 제공 가능, 바와 대형 당구장이 있는 별관, 프랑스어 · 이탈리아어 · 스페인어 · 영어로 접객 가능" 등 당시로서는 파격적인 시설 및 서비스가 안내되고 있었다.

그러나 Boher가 운영했던 손탁호텔의 인기는 얼마가지 못하고 1910년 경술국치를 거치면서 경영난에 빠지게 되었다. 엎친 데 덮친 격으로 1914년 조선총독부 철도국에 의해 최신식과 최대 규모를 자랑하는 '조선호텔'이 건립되면서 완전히 사양길로 접어들게 되었다. 결국 1917년 손탁호텔은 이화학당에 매각이 되었으며 기숙사로 이용되다가 1922년 건물을 철거하고 새로이 Frey Hall을 신축하였다. 그러나 Frey Hall도 1975년에 소실이 되고 현재는 기념비와 함께 공터로 남아있다. 한편 손탁호텔을 건립했던 미스 손탁은 1922년 7월 칸느에서 사망하였으며 그녀의 묘비에는 "조선황실의 서양전례관 마리 앙트와네트 손탁"이라고 새겨져 있다.

🔍 그림 4-13 손탁호텔의 외관 및 내부

출처: wndcof.org/wordpress/?p=270

🔍 그림 4-14 미스 손탁과 Boher의 손탁호텔 광고

출처: 공감신문 & m.blog.naver.com/archur/220191251031

한편 손탁호텔이 영업을 하던 비슷한 시기에 서울에는 다른 호텔들도 성업 중이었다. 경운궁(덕수궁) 인근에 있었던 서울호텔(Seoul Hotel), 대안문(현재 대한문) 앞에 위치했던 팔레호텔(Hotel de Palais)과 임페리얼호텔(Imperial Hotel), 그리고 서대문역 근처에 있었던 스테이션호텔(Station Hotel) 등이 그들이다. 팔레호텔은 프렌치호텔이라고도 불리었으며 1907년에 Central Hotel로 변경이 되며 다음 해인 1908년에 최종적으로 Palace

Hotel로 변경된다. 또한 스테이션호텔도 1904년에 Grand Hotel을 거쳐 1906년에는 Astor House로 상호가 변경이 된다. 1909년에는 고종이 프랑스 여인에게 하사한 양관이 하남 호텔로 개업하였다.

🔍 그림 4-15　팔레호텔(좌)과 Astor House(우)

출처: 문화콘텐츠닷컴

3. 철도호텔의 등장

　　일본제국주의는 중국대륙 침략을 위한 군사적 목적으로 철도를 개설하였다. 경인선 (1899)년에 이어 경부선(1905년)과 경의선(1906년)이 차례로 개통되면서 부산에서 서울 을 거쳐 신의주까지 이르는 한반도를 관통하는 철도선이 완공되었다. 따라서 철도라는 교통수단의 혁명으로 근대 관광산업이 활성화되고 대중화되는 계기가 마련되었다. 한반 도와 만주를 잇는 철도가 완성되자 내국인들의 왕래가 빈번해지고 또한 조선을 경유하여 만주를 여행하는 외국인들이 크게 증가하기 시작하면서 철도역을 중심으로 새로운 숙박 시설에 대한 필요가 증가했다. 당시 철도는 조선총독부 철도국이 직접 관리하였는데 철 도국은 역 주변에 서양식 숙박시설의 필요성을 인지하게 되었으며 민간의 투자를 마냥 기다릴 수 없게 되자 직접 호텔사업에 진출하는 결심을 하게 되었다. 또한 철도와 철도역 이 들어선 도시를 중심으로 하는 식민 지배를 강화하기 위해 부대사업이란 명분으로 '철도호텔'(Station Hotel) 사업에 뛰어들게 되었다.

1912년 7월 부산역에 국내 최초의 철도호텔인 부산철도호텔이 개관하였다. 당시 부산은 일본인을 포함한 외국인들이 조선을 방문하는 관문으로서 외부세계를 연결하는 항로와 더불어 경부선의 시발역으로서 중요한 역할을 담당하고 있었다. 부산철도호텔은 2층의 벽돌식 건물이었으며 르네상스식을 기반으로 하는 절충양식의 건축물이었다. 1층은 역사로서 대합실과 매표소 등이 있었으며 식당도 있었다. 2층은 객실 9개로 운영되는 호텔로 운영이 되었다. 부산철도호텔은 숙소로소의 기능뿐만 아니라 주로 일본인들을 위한 사교 모임이 개최되었으며 결혼식 행사도 열렸다. 그러나 호텔은 1934년경에는 여행객의 감소로 적자가 누적되자 객실을 폐쇄하고 식당으로만 운영이 되다가 1936년에 의전용에 대한 필요성이 대두되면서 객실 7실을 증축하면서 재개관되었다.

🔍 그림 4-16 부산철도호텔(좌), 평양철도호텔(우), 신의주철도호텔(하)

출처: blog.naver.com/karmak245 & 롯데호텔 호텔박물관

신의주는 시베리아를 거쳐 유럽을 잇는 교통의 관문뿐만 아니라 경부선−경의선의 종점으로서 중요한 역할을 담당하고 있었다. 1912년 8월에 신의주역사가 신축되었는데 역사 2층에는 9실 규모의 신의주철도호텔이 개관하였다. 그러나 최초의 신의주 역사는 가역사였기 때문에 결국 1912년 10월 새로운 역사 건물이 신축되었다. 새로운 역사는 3층

의 벽돌건물로서 1층은 역사로 이용했으며 2층과 3층에는 호텔 및 식당으로 활용되었다. 붉은 벽돌 건물인 신의주철도호텔은 업무영역이 다른 1층과 2층을 구분하기 위해 하얀색 화강암을 이용해서 수평선을 나타내었으며 르네상스식의 팔라조(Palazzo)를 연상하는 역사는 과도한 장식을 배제한 세련된 풍모를 보였다.

1914년 10월 10일 서울에 조선호텔(조선경성철도호텔)이 화려하게 개관했다. 조선호텔의 개관은 1911년 압록강 철교가 완공되면서 한반도와 만주를 잇는 직통철도가 운행된 것이 직접적인 계기가 되었다. 그러나 조선총독부 철도국의 직영으로 건립된 조선호텔이 들어선 자리는 일제가 경술국치 이후 조선왕실의 흔적을 없애고 식민 지배를 보다 강화할 목적으로 일부러 노골적인 결정을 한 것이었다. 조선호텔이 들어선 터는 원래 조선 초기 태종의 작은 딸 경정공주의 저택이었으며 후에는 중국 사신들을 접대하는 남별궁으로 변모했으며 이후 이를 허물고 왕이 하늘에 제사를 지내기 위한 목적으로 원구단을 건설했다. 원구단은 1897년 고종황제가 즉위식을 거행하면서 대한제국의 출범을 선포한 곳이었다. 일제는 원구단을 헐고 조선호텔을 건설하면서 원래 원구단의 부속건물이었던 황궁우는 호텔 옆에 계속 존치하게 되었다.

조선호텔은 6,700평의 부지에 지하 1층 지상 4층의 건물로 북유럽 건축양식이었으며 지붕은 바로크양식으로 지어졌고 연면적은 583평이었다. 당시 화폐가치로 84만원이란 막대한 금액이 투자된 조선호텔의 설계는 독일인 Georg de Lalande가 시공은 일본의 시미즈구미(淸水組)가 각각 담당했으며 건축자재들은 주로 수입품을 이용했다. 규모나 시설 및 서비스 등 여러 면에서 실질적인 국내 최초의 호텔인 조선호텔은 귀빈실, 특실, 일반객실 등 64실의 객실을 보유하고 있었으며 대다수 객실에는 욕실이 있었다. 부대시설로는 여러 개의 레스토랑과 바, 연회장, 콘서트홀, 당구장, 이발소, 세탁소 등을 갖추고 있었다. 연회장에서는 1915년 4월에 전조선기자대회가 열렸는데 이는 국내에서 개최된 최초의 국제회의 성격의 행사였다. 그리고 1924년에 개업한 국내 최초의 프랑스 레스토랑인 팜 코트에서는 최고급 스테이크와 달팽이 요리가 판매되었으며 특히 양파스프는 전설적인 메뉴였다고 한다.

이 밖에도 조선호텔에는 루이 16세식의 웅장한 응접실과 루이15세식 식당과 독일식 식당 등이 있었으며 유명 보석상인 티파니의 샹들리에, 국내 최초로 도입된 독일 오티스의 엘리베이터, 아일랜드의 린넨류, 독일제 은식기 등 각 분야마다 최고급 서양식 설비나 기물들이 이용되었다. 또한 호텔은 철도역과 호텔 사이를 운행하는 자동차 2대를 배치하여 손님들에게 운송 편리를 제공하였으며 투숙객이 원하면 서울 시내 구경을 하도록 했다.

조선호텔이 자랑했던 또 하나의 명물은 장미정원인 로즈가든(Rose Garden)이었다. 여름에 가까워지면 황궁우 일대에 만발했던 장미꽃 동산에서는 산책과 음악감상이 가능했으며 또한 음료와 다과를 내어 즐기는 공간을 마련했다. 이처럼 초유의 웅장하고 화려한 조선호텔은 당시 조선을 방문한 주요 국빈들을 모시는 유일한 장소였는데, 1915년에는 미국 대통령 허버트 후버가 그리고 1920년에 후일 천황이 된 히로히토 황태자가 투숙했다. 당시 최고가의 호텔이었던 조선호텔의 주요 고객은 서양인이나 일본인 왕족이나 고관 등 상류층 인사가 대부분이었다. 특히 일본인 상류층 인사들은 호텔에서 많은 사교모임을 개최하였으며 때로는 식민 지배를 강화하는 모임에도 이용되었다. 그리고 일본인 호텔종업원들도 모두 총독부 관리의 신분이었기 때문에 매우 거만했다고 한다. 조선호텔은 1938년 라이벌인 반도호텔이 개업할 때까지 조선 최고의 호텔로서의 명성을 누렸다. 숱한 영욕의 세월을 보냈던 조선호텔은 현재도 영업을 계속하고 있으며 우리나라에서 가장 오래된 호텔이라는 영예를 누리고 있다.

| 표 4-7 | 1929년 조선호텔의 숙박요금

유럽식 객실(1인1실)	3원, 4원, 6원, 8원, 10원, 14원, 15원, 30원, 40원
미국식 객실(1인1실)	9원, 10원, 12원, 14원, 16원, 20원, 21원, 26원

출처: 대경성

🔍 그림 4-17 조선호텔

출처: m.blog.daum.net/suprim/6487966 & 백과사진첩

이후에도 조선총독부는 계속해서 철도호텔들을 건립했다. 특히 일본인들에게 인기가 높았던 금강산에 일본인들의 편리한 관광을 위해 1915년 금강산 온정리에 10실의 금강호텔을, 1918년에는 외금강에 장안사호텔을 건립했는데 모두 산장호텔이었다. 두 호텔의 운영은 조선호텔이 분점형태로 담당했으며 해마다 5월에서 10월까지만 영업을 했다. 그리고 1925년에는 마지막 직영 철도호텔로 평양역 역사 2층에 평양철도호텔을 개관하였다. 한편 당시 사설철도회사였던 경남철도주식회사가 1920년에 신정관(온양온천철도호텔)을 개관했다.

철도호텔들은 조선총독부 철도국이 직영하는 호텔이었으며 숙박료가 비싸서 주로 서양인이나 상류층 일본인들을 상대로 영업을 하였다. 철도호텔은 숙박기능뿐만 아니라 위치하는 각 지역에서 특히 일본인 상류층을 위한 사교와 외교의 중심지 역할을 담당하였다. 철도호텔은 낙후됐던 우리나라 호텔산업의 수준을 한 단계 올리는데 큰 공헌을 하였다. 그러나 아이러니컬하게도 철도호텔의 성장은 오히려 우리나라 최초의 호텔이었던 대불호텔과 손탁호텔의 퇴진을 재촉하는 결과를 낳기도 했다.

그림 4-18 조선호텔의 객실과 라운지

출처: news.chosun.com & 문화콘텐츠닷컴

4. 반도호텔

철도호텔이 번성하던 시기였던 1938년 서울에 국내 호텔산업에 또 하나의 이정표가 되는 호텔이 건립된다. 바로 반도호텔의 개관이었다. 일본 규슈출신의 사업가인 노구치시다가우(野口燦)에 의해 건립된 반도호텔은 지하 1층 지상 8층의 철근 콘크리트 건물로 96실의 객실을 갖추고 있었으며 객실구조는 서양식 객실 50%와 일본식 객실 50%로 구성되었다. 국내 최초의 상용호텔(Commercial Hotel)로 건립된 반도호텔은 당시 조선에서 최고층 건물이자 최대 규모의 호텔이었다.

반도호텔을 건립한 노구치는 당시 일본의 10대 재벌이었으며 일본에서 '전기화학공업의 아버지'로 알려진 유명한 사업가였다. 동경대학에서 전기공학을 전공했던 엔지니어였던 노구치는 일본에서 카바이트공장과 일본질소비료를 설립했으며 이후 1924년 조선으로 건너온 노구치는 조선수력전기와 조선질소비료를 설립했으며 유명한 수풍댐을 준공하기도 했다. 또한 광산개발사업에도 뛰어드는 등 왕성한 활동으로 일본에서는 '반도의 사업왕'이라고 불렸다.

엔지니어였던 노구치가 호텔사업에 뛰어들게 된 계기에는 우스운 일화가 있다. 1930년대 초의 어느 날 노구치는 당시 최고의 호텔이었던 조선호텔을 방문하게 되었다. 공교롭게도 노구치는 평소처럼 흥남의 공사현장에서 착용했던 작업복에 작업화를 신은 채로 숙박하기 위해서 조선호텔 입구로 들어서고 있었다. 그러나 노구치의 신분을 모르는 호텔종사원은 '이 호텔은 당신같은 사람이 출입하는 곳이 아니다'라고 무시하였다고 한다. 이에 격분한 노구치는 얼마 후 호텔건설을 결심하였으며 4층의 조선호텔보다 높은 8층 건물을 계획했다.

노구치는 경성부 황금정 1정목에 있었던 중국요리점 아서원 일대 이천평의 대지를 매입하고 구건물을 철거하고 1936년에 반도호텔의 기공을 개시하였다. 건립비용으로 총 300만원이 투자된 반도호텔의 설계는 일본의 대표적인 호텔인 제국호텔과 일본 최고의 백화점인 미쓰코시백화점 본점의 설계를 담당했던 다카하시 데이타로가 맡았으며 시공은 일본의 일급 건설회사인 하자마구미(間組)가 담당했다. 철도국이 직영하는 관영호텔인 조선호텔과 달리 반도호텔은 민간자본에 의해 건설된 순수한 민영호텔이었다.

반도호텔은 〈그림 4-18〉에서 보는 바와 같이 건물 양 측면이 약간 돌출된 'ㄷ'자 형태를 보이고 있으며 6층과 7층 사이에 대리석 장식을 덧댄 서양식 건물이었지만 한편으로는 건물 중앙에 기와 처리한 발코니 패러핏은 동남아시아나 홍콩 등지에서 볼 수 있는 건물 전면부를 회랑으로 처리하는 콜로니얼 양식의 건축을 연상했다. 실제로 반도호텔 건축시 홍콩이 자랑하는 세계적인 호텔인 Peninsula Hotel의 'ㄷ'자 외형 등 일부를 참고한 것으로 짐작된다.

반도호텔의 주요 고객은 일본인 상류층과 서양인이었으며 특히 조선에 거주하는 일본인들을 상대로 결혼식 행사를 개최하는 등 사교의 중심지로 개관 이후 조선호텔의 강력한 경쟁자로 부상하게 되었다. 일제강점기에 건립된 두 호텔은 이때부터 1970년대까지 서울뿐만 아니라 우리나라를 대표하는 최고급호텔로 군림하게 되었다. 반도호텔은 1974년 7월초까지 영업을 했으며 다음 해에 새 호텔인 롯데호텔의 건설을 위해 헐리게 된다.

그림 4-19   반도호텔

출처: qlstnfp11.tistory.com/1070 & 신동아

지금까지 일제시대를 중심으로 초기 호텔들에 대해 살펴보았다. 이후 호텔은 국내에서 대표적인 고급 숙박시설로 자리매김하게 되었으며 또한 이때부터 호텔은 가장 대중적인 숙박시설인 여관과 함께 우리나라 숙박산업의 성장을 이끄는 쌍두마차의 역할을 담당하게 된다.

그러나 이 시기에 우리나라 숙박 및 호텔산업은 주로 일본인이나 서양인들에 의해 주도되는 안타까운 양상이 나타났다. 그리고 우리 고유의 전통 숙박시설들은 역사의 뒤안길로 사라지는 아쉬운 시기이기도 했다.

제3절 현대 호텔·숙박산업의 성장과정(광복 이후 - 현재)

1. 광복 직후와 1950년대

1945년 8월 15일 광복 직후 남한에 진주하면서 군정을 개시한 미군은 일제 총독부가 관리하던 철도호텔과 일본인이 소유했던 반도호텔과 일본식 여관인 비전옥 등을 접수했다. 서울에 입성한 하지중장의 미 24사단은 반도호텔에 군단사령부를 차리고 군정요원과 장교들의 숙소로 이용했으며 조선호텔도 역시 장교 숙소가 되었다. 그러나 1948년 8월 15일 대한민국 정부가 수립되면서 조선호텔, 반도호텔, 부산철도호텔, 열차식당, 역구내 식당 등은 모두 교통부로 이관되었다. 정부 수립 후 미국 대사관 및 경제협조처 사무실이 있던 반도호텔은 6·25전쟁이 발발하면서 다시 미8군 서울지구 사령부 및 장교 숙소로 사용되었으며 조선호텔도 미군 휴양소가 되었다. 1952년 교통부는 미군으로부터 해운대 호텔을 인수했으며 불국사호텔도 넘겨받아 철도호텔로 운영하였다. 같은 해 외국인이나 외국자본에 의해 호텔이 개발되었던 종전과 달리 국내인과 국내자본에 의한 최초의 호텔이 들어서게 되는데, 바로 1952년에 개업한 최초의 민영호텔인 대원호텔이다.

1953년 7월 휴전협정이 체결된 후 정부는 미군이 사용했던 반도호텔을 인수하여 대대적인 개보수공사를 실시하였는데 이는 외국인 주재원 및 방문객들을 유치하여 외화를 벌고자 함이었다. 보수공사를 하는 동안 교통부는 1953년 운영요원 10명을 선발하여 미국 샌프란시스코에 있는 St. Francis, Fairmont, Palace와 같은 최고급호텔에 연수를 보내어 선진서비스를 익히도록 했다. 반도호텔은 1954년 4월에 다시 영업을 개시하였는데 손님을 미국인과 주한 유엔군으로 제한했다. 한편 조선호텔은 1961년 3월 국방부에 의해 징발이 해제되면서 다시 교통부가 직영하게 되었다.

많은 미군 및 군속들과 UN 한국부흥단 위원들이 한국을 방문하게 되면서 관광산업 육성의 필요성이 인식됨에 따라 정부는 1953년 교통부 육운국에 관광과를 새로 조직하면서 비로소 관광산업의 행정체계를 갖추게 된다. 1955년에는 금수장호텔(19실)(현 앰배서더호텔그룹)이 개업한다. 1957년 우리나라는 UNWTO의 전신인 국제관광기구에 회원으로 가입했으며 1958년에는 중앙 및 지방관광위원회가 설립되었다. 1957년에는 해운대관광호텔(38실), 사보이호텔(107실), 온양호텔(65실)이, 1959년에는 대구관광호텔과 유엔센터호텔(65실)이 개관했다.

1959년 당시 교통부는 서울의 반도호텔과 지방의 온양·해운대·불국사·대구·설악산·무등산·화진포·서귀포호텔 등을 포함한 10개의 호텔을 직영하고 있었는데, 같은 해 4월 20일 정부 직영 10개의 호텔을 제외한 29개 일반 민영호텔의 대표들은 뜻을 모아 민간단체인 한국호텔업협회를 창립하였는데 가입한 29개 호텔의 객실을 모두 합하면 888실에 불과하였다. 당시 가입한 호텔 중 서울시내의 호텔은 대원, 사보이, 국제, 신도, 금수장, 청수장, 남산, 국제, 파고다, 경동, 소복호텔 등 11개소였다. 한편 1959년 11월 일제 때부터 사용했던 고급 숙박시설인 철도호텔이란 명칭이 외국인관광객에게는 오히려 저렴한 숙박시설로 인식됨에 따라 이를 시정하기 위한 방편으로 명칭을 관광호텔로 변경하였다.

🔍 그림 4-20 금수장호텔

출처: 앰배서더호텔

2. 1960년대

5·16혁명 이후 1961년 8월 22일 관광사업진흥법이 제정되고 1962년에는 관광사업진흥법 시행령과 시행규칙이 제정되면서 호텔산업의 성장에 필요한 기반을 마련하게 되었

다. 이 법에 따라 당시 시설이 비교적 우수한 호텔들을 선정해서 '관광호텔'로 지정함에 따라 호텔산업을 체계적으로 육성하기 위한 시발점이 되었다. 이때부터 관광호텔이란 명칭이 정식으로 사용되기 시작했으며 시설기준에 따라 관광호텔등록제가 시행되면서 호텔을 관광호텔과 일반호텔로 구분하기 시작했다. 당시 최초로 관광호텔로 지정된 호텔은 사보이호텔, 그랜드호텔, 메트로호텔, 아스토리아호텔, 뉴코리아호텔 등이었다.

관광호텔등록제가 실시되기 이전 국내에는 외국인관광객을 유치하기 위해 필요한 숙박시설이 극히 부족했다. 당시 갑류호텔의 조건인 '외래관광객을 수용할 수 있는 객실'을 보유한 호텔은 정부 직영호텔인 조선과 반도호텔 등 10개 호텔과 메트로, 사보이, 유엔센터, 국제, 파고다호텔 같은 민영호텔이 전부였다. 침대, 욕조, 세면대, 수세식화장실 정도의 시설을 갖춰야 갑류호텔에 부합했으며 그나마 호텔마다 보유한 객실의 전부가 외국인을 수용할 수 있는 수준의 객실이 아니었다. 이런 연유 때문에 관광호텔등록제가 시행된 후에도 호텔 별로 기준 객실과 일반 객실을 구분하여 일반 객실이 일정 비율을 초과하지 못하도록 했으며 이와 함께 개보수공사를 통해 기준 객실을 확대하도록 유도했다.

1962년 6월 26일 국가재건최고회의는 관광사업을 주도할 산하 기구로 국제관광공사를 창립한다. 국제관광공사는 당시 관광산업에 대한 민간투자가 부진하자 이를 해소하기 위해 정부기관이 선제적 투자를 시행하여 관광시설을 확충하고 개선함으로써 외화 수입을 증대하여 경제개발을 촉진하기 위한 목적이었으며 보다 구체적으로는 당시 교통부가 직영으로 운영되던 호텔 등 여러 영리사업체의 경영을 합리화하기 위한 목적이었다.

당시 혁명정부는 경제성장을 위해 필요한 외화획득을 위한 여러 방안을 모색하고 있었다. 외화벌이를 위해 관광산업에서 외래관광객 유치의 일환으로 당시 국내에 주둔하고 있었던 유엔군을 관광객으로 유치하는 것에 착안하여 깊은 관심을 가지게 되었다. 혁명정부 이전에 주한 유엔군 휴가 장병을 유치하기 위한 사업은 1960년 9월 교통부가 유엔군 사령부와 협의하여 당시 직영하는 호텔 중에서 해운대호텔, 불국사호텔, 온양호텔을 R&R 센터(Rest & Recreation Center)로 지정하여 운영하도록 했었다.

그러나 R&R 센터 등과 같이 국제수준에 한참 미치지 못하는 국내의 관광위락시설을 목격한 유엔군 장병들은 일본이나 홍콩 등지로 여행을 떠나고 있는 형편이었는데, 특히 해마다 3만 명에 달하는 장병들이 일본을 방문하는 것으로 알려졌다. 이에 정부는 유엔군 장병들을 유치하기 위해서 가장 긴급한 시설이 각종 여흥 및 위락시설을 갖춘 리조트호텔이란 것을 깨닫게 되었다. 이에 따라 5·16혁명이 터지고 나서 3개월 만인 1961년

9월 국가재건최고회의는 휴양호텔의 건설계획을 수립하였다. 이 계획에 따르면 휴양호텔의 건립 목적을 "주한 유엔군 휴가장병 및 일반 외국인관광객에게 국제 수준에 손색이 없는 숙박, 휴양 및 오락 등의 종합시설을 제공하여 관광의 산업화를 기하고 외화를 획득함으로써 국제수지 개선에 기여하고 국민종합휴양센터로서 관광사업발전에 기여함을 목적으로 한다"라고 밝혔다.

사업계획을 맡은 건설사무소가 가장 먼저 한 일은 신축호텔이 지어질 부지를 선정하는 것이었는데 서울 성동구 광장동 산 21번지에 속하는 아차산 자락으로 결정되었다. 이 신축부지 일대는 뛰어난 주변 산세와 한강과 광나루가 한 눈에 내려다보이는 탁월한 절경으로 예로부터 명소로 손꼽히던 자리였다. 신축부지 내에는 이승만대통령의 별장이 건립되어 있었을 정도로 유명한 장소였다. 호텔부지는 약 19만1천5백20평에 달하였다.

신축될 호텔의 이름으로 워커힐(Walker Hill)이 선정되었다. 워커라는 명칭은 6 · 25전쟁에 유엔군으로 참가한 미8군 사령관이었던 Walton H. Walker장군에서 유래한 것이다. 미국 텍사스주출신의 워커장군은 제2차 세계대전에 참전하여 북아프리카전투에서 패튼장군 휘하의 군단장으로서 독일의 전설적인 장군이자 사막의 여우로 잘 알려진 롬멜장군과 맞선 전투에서의 공적을 인정받아 중장으로 승진하였다. 이후 한국전쟁이 발발하자 초대 미8군 사령관으로 부임해서 뛰어난 지도력을 발휘하여 최후의 보루였던 낙동강방어전선을 사수했으며 또 맥아더장군과 함께 역사적인 인천상륙작전을 지휘하였다. 그러나 워커장군은 1950년 12월 23일 서울 북방전선에서 불의의 자동차사고로 사망했으며 이후 한국전쟁의 영웅으로 추앙되고 있다. 신축호텔을 워커힐이라고 부르게 된 것은 고인이 된 워커장군을 기리기 위한 것이었으며 동시에 주요 손님이 될 미군들에게 그들이 존경하는 인물의 이름을 사용하여 친밀감을 제고하기 위함이었다.

1962년 1월 기공식을 가진 워커힐은 만 11개월만인 1962년 12월 26일 준공되었다. 워커힐은 건설비 5억1천7백만원을 포함하여 장내설비과 토지매입 등 총 6억4천만원의 자금이 투자되었다. 워커힐 신축공사가 한참 진행되고 있던 1962년 8월 정부는 워커힐의 운영권을 국제관광공사로 이관하는 것을 결의했으며 1963년 1월 1일 국제관광공사는 사단법인 워커힐로부터 워커힐의 운영권을 인수하고 다음해 있을 개관을 준비하게 되었다.

1963년 4월 8일 워커힐이 정식으로 개관했다. 리조트로 개발된 워커힐은 국제수준에 비해 전혀 손색이 없는 숙박 · 휴양 · 오락 · 유흥시설을 갖춘 동양 최대의 규모를 자랑하였다. 최신 시설에 저마다의 특징을 보유한 현대식 건물들이 주변경관에 알맞게 적절히 배치되어 있어서 종합관광휴양시설로서의 면모가 유감없이 발휘되어 있었다. 워커힐은 총 26동의 건물로 이루어졌는데 메인빌딩, 5개동의 호텔, 13동의 빌라, 한국민속관, 전망대, 차고 등으로 구성되었다. 호텔 내에는 카지노, 터키탕, 슬롯머신, 기념품점, 상점, 승마장, 사격장, 장미화원 등의 임대시설이 입점해 있었다. 개관 당시 객실이 267실이었던 워커힐은 개관과 동시에 국내 최대의 관광호텔로 등극하게 되었다. 호텔의 조직은 호텔부·식당부·연예오락부 등의 사업부서와 심사실과 총무부 등으로 구성이 되었으며 총 555명의 직원이 근무하게 되었다.

🔍 그림 4-21   1962년 6월 26일 준공 당시(좌)와 1970년대(우)의 워커힐호텔

출처: 워커힐삼십년사

워커힐을 인수하여 성공적으로 개관을 한 국제관광공사는 같은 해 8월에는 조선호텔과 반도호텔을 인수했으며 이어 다른 호텔들도 인수해서 연말에는 전국에 모두 10개의 호텔을 운영하게 되었다. 이후에도 1964년 4월에는 울산호텔을 그리고 1967년에는 타워호텔을 인수하였다.

| 표 4-8 | 1963년 10월 31일 기준 국제관광공사 운영 관광호텔 및 민영 관광호텔

호 텔	소재지	객 실 수		
		기준 객실	기타 객실	합계
국제관광공사 운영 관광호텔				
워커힐	서울	267	–	267
반도	서울	111	–	111
조선	서울	32	20	52
온양	온양	46	8	54
해운대	부산	22	17	39
불국사	경주	15	7	22
대구관광	대구	–	15	15
설악산	속초	–	11	11
서귀포	제주	–	7	7
무등산	광주	–	10	10
	합 계	493	95	588
민영 관광호텔				
메트로	서울	84	–	84
아스토리아	서울	63	–	63
사보이	서울	22	40	62
유엔센터	서울	21	17	38
동아하우스	서울	17	–	17
신도	서울	20	31	51
금수장	서울	21	27	48
베이	부산	11	15	26
국도	서울	20	17	37
경동	서울	43	36	79
대원	서울	31	6	37
동래관광	부산	33	3	36
서린	서울	20	19	39
그랜드	서울	21	12	33
관광	오산	1	17	18
만년장	유성	17	11	28
금호	대구	13	12	25
춘천관광	춘천	10	14	24
진해관광	진해	11	10	21
제주관광	제주	30	–	30
	합 계	796	503	203

출처: 워커힐삼십년사

1963년 8월 반도호텔과 조선호텔을 함께 인수한 국제관광공사는 반도조선호텔로 명칭을 변경하면서 통합·운영하였다. 인수할 당시에 반도호텔은 건평 5,812평의 본관과 249평의 별관에 객실 111실을 보유하고 있었으며 직원은 총 209명이었다. 반도호텔의 주 수입원은 객실 판매, 사무실 및 상가 임대, 식당·바·스카이라운지·영업장에서 유래되고 있었다. 1964년 반도호텔의 객실점유율은 약 90%였는데 이는 함께 인수했던 조선호텔의 79%에 비해 훨씬 양호한 성과였다. 반도호텔은 규모가 크고 여러 업종이 호텔 내에서 영업하고 있다는 장점으로 인해 외국인 관광객들에게 선호도가 높았고, 손님 중 외국인 점유율이 약 46%에 달했으며 이는 조선호텔보다 높은 편이었다.

한편 1969년 1월 국제관광공사는 타워호텔을 민간에 불하하면서 그동안 타워호텔이 관리했었던 영빈관의 운영을 반도호텔로 넘겼다. 조선시대 남소영 터에 있는 영빈관은 국빈을 위한 전용숙소였다. 원래 이승만대통령이 영빈관 건물을 짓도록 지시했으나 4·19와 5·16으로 공사가 중단되었다. 1965년 2월 박정희대통령의 지시로 공사가 재개되었다. 1967년 2월 국제관광공사는 총무처로부터 영빈관을 인수하였으며 결국 1967년 2월에 준공되어 이후 우리나라를 방문하는 국빈들은 여기서 머물도록 하였다. 그러나 영빈관은 운영을 맡은 첫해부터 손실을 기록하게 되었으며 이런 상황은 1972년까지 계속되고 있었다.

한편 1963년 1월부터 국제관광공사에 의해 인수되어 운영되던 7개의 지방 관광호텔(온양, 해운대, 불국사, 대구, 서귀포, 설악산, 무등산)의 영업실적은 관광인구의 확대가 이루어지지 못하고 있는 실정이어서 매우 부진하였으며 평균 객실점유율은 손익분기점에도 미치지 못하는 50% 이하를 기록하고 있었다. 게다가 아직 고속도로가 등장하기 전이라 관광객들이 관광지에 접근하기가 쉽지 않아서 호텔들의 영업흑자 전환은 요원한 상황이었다. 이를 타개하기 위해서 정부는 지방 관광호텔의 경영실적 향상과 외화 수입을 증대하기 위해서 호텔에 환전업무를 허가해 주었으나 별다른 성과를 거두지는 못했다. 지방호텔들의 적자행진이 계속되어 이를 감당할 수 없게 된 국제관광공사는 지방호텔의 사업을 포기하고 민간으로 불하하는 결정을 내릴 수밖에 없는 지경에 이르게 되었다. 그리하여 결국 1965년 8월 경제장관회의의 의결을 거쳐서 1965년 10월부터 1966년 4월 사이에 모두 불하하여 민영화하도록 했다. 그러나 자금력이 부족한 민간투자가들의 사정을 감안해서 대부분 장기 연불 형태로 매각대금을 회수하였다.

1965년은 국내호텔산업에 뜻깊은 한해였다. 1965년 4월 제14차 PATA총회가 워커힐에서 개최되어 성공적으로 국제적인 행사를 치르면서 호텔산업의 위상을 드높일 수 있었다. 같은 해 6월 한일협정이 체결되고 8월 국회가 이를 비준함으로써 한·일 국교가 정상화되면서 많은 일본인 관광객들이 한국을 방문하게 되었는데, 이로 인해 다음해인 1966년 외래관광객의 수가 103% 증가하면서 호텔산업에 호기가 마련되었다.

그러나 외국인 관광객을 수용할 호텔과 국제회의장 시설이 턱없이 부족하다는 것을 절감한 국제관광공사는 국제 수준의 대규모 호텔 건립 계획을 수립하고 이에 대한 타당성 조사를 미국 회사에 맡겼다. 조사 결과 최종적인 신축호텔 부지로 국제관광공사가 이미 소유 및 운영하고 있는 조선호텔이 선정되었다. 따라서 기존의 조선호텔 건물을 헐고 새로 대규모 호텔을 건설하기로 결정했다. 그러나 막대한 호텔 건설자금을 확보하기 위한 외자 유치가 결코 호락호락하지 않았다. 그러던 중 미국의 항공사인 American Airlines가 합작투자를 하겠다는 의사를 밝혀옴에 따라 여러 번의 논의를 거친 후 결국 1967년 7월 국제관광공사와 American Airlines는 각각 550만 달러를 공동으로 투자하기로 결정하고 조선호텔주식회사를 설립하였다. 〈표 4-9〉에 나타난 바와 같이 1960년대에 약 35개소의 호텔이 개관하였는데, 이처럼 많은 호텔들의 개관은 우리나라 호텔산업 역사상 유례없는 일이었다. 당시 건립된 호텔 중 주목할 만한 호텔로는 1966년에 개관한 18층의 세종호텔과 1967년에 20층 건물로 개관한 타워호텔이다. 한편 1965년 국교 정상화 이후 지속적으로 증가하는 일본인 관광객은 국내 호텔산업의 성장에 중요한 기폭제가 되었으며 상당 기간 동안 가장 중요한 세분시장이 되었다.

한편 1960년대에 내국인 여행객들은 주로 여관과 민박을 이용했으며 이때까지만 해도 호텔과 같은 고급 숙박시설을 이용하는 여행객은 드문 편이었다.

| 표 4-9 | 1960년대에 개관된 호텔(괄호 안은 객실수)

년도	호텔명
1960	설악산관광호텔(50), 아스토리아호텔(25), 메트로호텔(80)
1962	동래관광호텔(80), 그랜드호텔(33), 천지관광호텔, 춘천 세종관광호텔(52)
1963	워커힐호텔(254), 금호관광호텔(90), 만년장관광호텔(77), 제주 파라다이스호텔(57), 경포대관광호텔(50)
1964	뉴스카이호텔(140), 울산관광호텔(50), 부산 반도호텔(155)
1965	광주관광호텔(62), 인천 올림푸스호텔(200)
1966	세종호텔(322), 그린파크호텔(92), 부산 극동호텔(126)
1967	여수관광호텔(50), YMCA호텔(79), 타워호텔(245), 온양관광호텔(67)
1968	대전 유성관광호텔(94), 대구 수성관광호텔(73), 속리산관광호텔(160), 이스턴호텔(60), 서귀포 파라다이스호텔(66), 스타더스트호텔(47)
1969	프린스호텔(87), 경주관광호텔(100), 뉴서울관광호텔(151), 뉴용산관광호텔(56), 센츄럴호텔(88)

출처: 저자 정리

3. 1970년대

국제관광공사와 미국 굴지의 항공사 간에 합작투자로 공사에 들어갔던 조선호텔은 시공사인 현대건설이 공사를 시작한 후 약 2년 6개월 만인 1970년 3월 17일 20층에 504실을 갖춘 대규모 호텔로 재개관하였다. 정부의 적극적인 지원 하에 최신 기술로 건축된 조선호텔은 국내 최초로 외국의 유명 호텔체인(Americana Hotels)과 합작투자에 의해 건립되었으며 호텔은 체인본부에서 파견한 전문 호텔경영인에 의해 운영되었다. 이는 국내에서 자본과 경영이 분리되어 운영되는 호텔의 첫 사례가 되었다. 조선호텔은 개관 첫해부터 많은 영업흑자를 기록하였으며 이후 국내의 대표적인 고급호텔로 자리매김하게 되었다.

1970년 5월 정부는 관광호텔들을 특등급, 1급, 2급, 3급으로 구분하는 등급제도를 시행하는 한편 동시에 호텔종사원의 자질을 향상하여 국제적 수준의 호텔서비스를 제공하기 위한 목적으로 관광호텔지배인(1급, 2급) 자격시험제도도 시행하였다. 또한 정부는 증가하는 외국인관광객을 위한 수용태세를 강화하기 위한 노력의 일환으로 낙후된 시설로 운영되는 관광호텔들의 적극적인 개보수활동을 지원하기 위해서 공사에 소요되는 일부 자재에 대한 특별소비세를 면제해주는 세제상 혜택과 함께 관광진흥개발기금을 신설하여 개보수 공사에 소요되는 자금의 일부를 관광호텔에게 융자해 주도록 하였다.

1960년대에 한국을 방문하는 외국인관광객의 주요 국적은 미국이었지만 1971년부터 외래관광객에서 비중이 가장 높은 것은 일본인관광객들이 차지하게 되었다. 그리고 1972년 하반기부터 국내 기업들의 수출이 크게 증대되면서 경제무대가 국제화되면서 외국인관광객이 급증하게 되었으며 결국 1973년에는 외래관광객의 수가 전해에 비해 83%나 증가하고 외화수입도 크게 늘어났다.

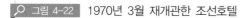

그림 4-22　1970년 3월 재개관한 조선호텔

출처: 아시아경제

한편 1970년 벽두인 1월 17일 당시 반도호텔과 조선호텔 사이에 있던 반도조선아케이드에 큰 화재가 난다. 국제관광공사에 의해 운영되던 반도조선아케이드의 화재로 3개월 후에 개최될 예정이었던 아시아개발은행(ADB) 총회를 압두고 있던 정부는 크게 긴장하였다. 그리고 1971년 12월 25일에 발생한 대연각호텔의 화재로 많은 내·외국인 사상자가 발생하면서 관광한국의 이미지에 좋지 않은 결과가 만들어 졌다. 특히 반도아케이드 화재는 정부가 관광정책의 일대전환을 모색하게 되는 중요한 계기가 되었다. 1973년 3월 정부는 미국의 보잉사에 컨설팅용역을 의뢰하고 '한국관광종합개발 기본계획'을 수립하여 관광산업의 비전을 제시하였다. 1973년 정부의 정부투자기관 사업체 민영화 방침에 따라 관광정책에 일대 변화가 일어나게 되는데 즉 국제관광공사는 운영하고 있던 호텔들을 모두 민간에게 매각하여 호텔산업의 민영화를 촉진하기로 결정하였다. 따라서 국제관광공사는 합작사인 조선호텔만을 남기고 1973년 3월 6일에 워커힐을 선경그룹에, 같은 해 7월에는 영빈관을 삼성그룹에, 그리고 1974년 7월에는 반도호텔을 롯데그룹에 각각 매각하였다. 이와 같은 주요 호텔 이양이 재벌에 대한 특혜성 · 선심성 지원이었다는 세간의 의심에도 불구하고 최초로 호텔산업이 전면적 · 본격적으로 민간자본에 의해 운영되기 시작되는 역사적인 순간이었다. 이때부터 국내 호텔산업은 재벌기업에 의한 호텔소유가 본격화되기 시작했다.

1973년부터 시작된 석유파동(Oil Shock)은 1974년까지 이어지면서 세계경제와 한국경제 모두 침체의 골이 깊어갔다. 게다가 1974년 긴급조치 4호가 선포되면서 민청학련과 관련된 일본인관광객이 구속되고 이어서 1974년 8월 15일 광복절 행사에서 대통령 영부인 육영수여사가 문세광의 총에 의해 유명을 달리하게 되는 사건이 터지면서 한 · 일간의 관계는 급속도로 냉각된다. 엎친 데 덮친 격으로 일본정부는 일본인의 한국관광을 억제하는 조치를 내리게 되면서 1965년 한 · 일 국교 정상화 이후 증가일로에 있던 일본인관광객의 수가 급감하면서 호텔산업은 위기를 맞이하게 되었다. 이는 일본인관광객 의존도의 중요성에 대한 인식을 새로이 하는 계기가 되었다.

정부는 장기화되는 경기침체를 타개하기 위해서 여러 분야별로 경기회복을 위한 정책을 내놓게 되었다. 1975년 2월 경제장관간담회에서 정부는 관광산업의 위기를 극복하고 위한 방책으로 국제관광 진흥의 기본 방향을 당시 국가에서 추진 중이던 경제개발계획에 포함시키면서 관광산업을 국가 전략산업으로 육성하기로 의결하였다. 이를 위한 구체적인 추진방안으로 관광산업에도 다른 수출산업에 준하는 금융 · 세제 · 행정적 지원을 제공하기로 결정했다. 이와 같은 결정은 관광산업을 우리나라 경제의 주축인 수출산업과 동등하게 지원하는 것과 동시에 독립적인 업종으로서의 위상을 공고히 하는 획기적인 정책적 변화였다.

새로운 정책의 도입으로 호텔산업은 시설자금과 운영자금을 보다 좋은 조건으로 손쉽게 지원받을 수 있는 금융혜택을 입게 되었으며, 또한 전기를 많이 사용하는 관광호텔에게는 외화 획득분에 대해서는 수출산업처럼 산업용 요율체계를 적용받게 되었으며 이에 더해 사용량이 많을수록 더 많은 요금을 물도록 하는 종전의 누진제에서 외화 수입이 많을수록 요금을 경감해주는 체감제로 변경하도록 했다. 이와 더불어 객실 10%, 레스토랑 15%, 나이트클럽 20% 등 상이하게 적용되던 관광호텔의 유흥음식세를 모두 일률적으로 10%로 통일해서 적용하도록 했다. 또한 국제여행알선업체의 해외판촉비를 100% 인상한 2,000달러로 올려 해외 판촉활동을 강화하도록 했다.

이와 같은 획기적인 정책의 도입으로 호텔산업에서는 신규 호텔의 건설 증가와 함께 기존 호텔들의 시설 개보수 활동도 촉진하게 되는 긍정적인 결과가 도출되었다. 당시 관광산업의 위기를 타개하기 위해서는 일본인관광객의 정상화가 가장 시급한 과제였다. 결국 1975년 2월 일본정부는 한국여행을 억제하는 조치를 해제했으며 때마침 닥친 엔고현상으로 일본인관광객은 다시 증가세로 돌아서게 되었으며 1976년부터 관광산업은 회복되기 시작했다. 일본인관광객의 증가로 인해 1971년 말엽에 전국에 존재하는 관광호텔은 76개소에 총 5,673실에 불과하였으나 1975년 말 기준으로 114개소에 총 10,058실로 크게 증가하게 되었다.

그러나 1970년대 중반까지만 해도 국내에는 외국인관광객을 수용할 수 있는 수준의 관광호텔이 주로 서울과 제주도 지역에 집중되어 있었다. 그런데 관광산업이 새롭게 국가 전략산업으로 선정되면서 지방호텔들의 수준도 국제수준으로 끌어올려 전국적인 균형을 유지하는 것이 보다 많은 외래관광객의 유치와 수용을 위한 가장 시급한 과제로 떠오르게 되었다. 이를 위해 정부는 국제관광공사로 하여금 합자투자의 형식으로 1975년 부산 조선비치호텔, 1977년 구미 금오산관광호텔, 부여유스호스텔, 뉴설악호텔에 투자하여 신축을 추진하게 되었다. 이와 더불어 정부는 관광산업에 대한 법규의 재정비에 착수해서 1975년 12월 31일 종전의 관광사업진흥법을 관광사업법과 관광기본법으로 구분하였다. 또한 대규모 관광단지의 개발을 위해 경주 보문관광단지와 제주 중문관광단지의 기반시설 건설을 가속화하였다.

1970년대 중반 이후 국내에서는 여러 굵직굵직한 호텔들이 개관을 하면서 국내 호텔산업의 성장을 공고히 하는 견인차 역할을 담당하게 되었다. 이 시기에 개관한 주요 호텔의 면모를 살펴보면 1976년에 서울시청 앞에 한국화약그룹에 의해 프라자호텔, 1978년에 한·일합작투자사인 서울미라마관광회사에 의해 남산 하얏트호텔, 선경그룹에 의해 워커힐(확장개관), 부산 조선비치호텔, 부산 코모도호텔, 경주 코오롱관광호텔 등이 개관했다. 1978년 11월 25일 한국을 방문하는 외국인관광객의 수가 처음으로 백만 명을 돌파하는 큰 경사를 맞게 되었으며 이는 아시아 국가로서는 5번째 기록이었다.

1979년은 현대 호텔산업에 큰 이정표가 되는 해였다. 이는 바로 창립 후 현재까지 한국을 대표하는 호텔체인이자 순수하게 국내 브랜드를 사용하는 신라호텔과 롯데호텔이 개관하는 해였기 때문이다. 먼저 1974년 국제관광공사로부터 반도호텔을 인수한 롯데그룹은 종전의 건물을 철거하고 신축호텔의 공사를 개시하여 결국 1979년 3월 10일 전관을 개관하였다. 특히 롯데호텔은 국내 최초로 1,000실이 넘는 매머드급 호텔로 세간의 관심을 끌기에 충분했다. 그리고 1973년 경영난에 빠져있던 영빈관을 인수한 삼성그룹은 넓은 부지를 이용하여 새로운 호텔의 신축을 계획하였으며, 1979년 3월 8일 672실을 갖춘 신라호텔을 개관했다. 우리나라를 대표하는 두 호텔의 개관은 호텔산업의 성장을 가속화하는데 큰 공헌을 하였다. 같은 해 이 외에도 경주에 보문관광단지가 개장하면서 경주조선호텔과 경주도뀨호텔이 개관했다. 그리고 같은 해 10월에는 서울 조선호텔, 부산 조선비치호텔, 경주 조선호텔의 외국인투자 합작운영권이 American Airlines에서 Westin International로 변경되었다.

1979년 4월 16일 세종문화회관에서 열린 제28차 PATA총회가 성공적으로 개최되었다. 그러나 제2차 석유파동으로 인한 경기침체와 10·26 대통령 시해사건의 발생으로 인한 정치환경의 급변으로 호텔산업은 또다시 위기를 맞게 되었다.

한편 1970년대에 들어서서 산업화에 따른 수출의 증대로 인해 국민소득이 증가하고 고속도로가 건설되면서 국민들의 관광위락 행위가 늘어나자 정부는 국민관광지를 조성하고 국립 및 도립공원을 정비하는 등의 조치를 취하면서 국내 관광산업도 활성화되기 시작했다. 그리고 이 시기부터 국민들은 여름 휴가철이 되면 가족과 함께 피서를 떠나는 것을 점차 정례화하게 되었다. 대다수 일반여행자들은 여전히 장급 여관과 민박을 주된 숙박시설로 사용하고 있었지만 호텔을 이용하는 층도 점차 증가하기 시작했다.

또한 이 시기에 국내 관광산업에 콘도와 리조트와 같은 신개념의 숙박시설들이 등장하기 시작했다. 콘도나 리조트가 부유층이나 중산층에 어필하게 된 이유는 호텔과 외관은 유사하면서도 객실 외에도 주방이 있어서 음식을 해먹을 수 있다는 점이었다. 그러나 이들에게 여관과 민박은 상대적으로 시설이 낙후되고 불편해서 선택받을 수 없었다.

| 표 4-10 | 1970년대에 개관된 호텔(괄호 안은 객실수)

년도	호텔명
1970	조선호텔(504, 재개관), 풍전호텔(227), 안양관광호텔(81), 대전관광호텔(51)
1971	로얄호텔(320), 서귀포 라이온스호텔(50), 충무관광호텔(50), 강릉 동해관광호텔(88), 대구 한일호텔(109), 도큐호텔(210), 뉴내자호텔(80)
1972	부산 프라자호텔(123), 뉴포트관광호텔(100), 코리아나호텔(279), 부산 파라다이스호텔
1973	프레지던트호텔(303), 포항 비치관광호텔(60), 서린호텔(217), 뉴오리엔탈호텔(84)
1974	제주 KAL호텔(310), 서울관광호텔(102), 부산관광호텔(301), 부산 타워호텔(108), 빅토리아호텔(63)
1975	퍼시픽호텔(103), 엠파이어호텔(120), 대구 뉴종로호텔(51), 마산 롯데크리스탈호텔(121), 인천관광호텔(51), 문화관광호텔(93), 용평 주화관광호텔(70), 해밀톤호텔, 앰배서더호텔
1976	렉스호텔(111), 대전 중앙관광호텔(76), 부산 대아관광호텔(120), 프라자호텔(540), 금오산관광호텔(107), 한강관광호텔(123), 피닉스호텔(120)
1977	남설악산관광호텔(80), 부산 아리랑호텔(127), 도고관광호텔(130), 울산 그랜드호텔(123)
1978	워커힐호텔(792, 확장개관), 뉴제호텔(154), 수원 브라운관광호텔(61), 뉴설악관광호텔(121), 경주 신라관광호텔(103), 조선비치호텔(350), 하얏트호텔(655), 부산 페리관광호텔(122), 반도호텔(272), 경주 코오롱관광호텔(252), 부산 코모도호텔(325), 송탄관광호텔(125), 부산 로얄호텔(121)
1979	신라호텔(672), 롯데호텔 본관(1020), 대구 동인호텔(92), 경주조선호텔(304), 경주도큐호텔(303), 영동호텔(160), 제일관광호텔(93), 가든호텔(410), 맘모스호텔(219), 부산 서라벌호텔(152), 울산 태화관광호텔(103), 부산 신신호텔(80), 청주관광호텔(50)

출처: 저자 정리

| 그림 4-23 | 플라자호텔

그림 4-24 하얏트호텔

출처: biz.chosun.com

그림 4-25 호텔신라

출처: 호텔신라

🔍 그림 4-26　개관 당시 호텔롯데

출처: 호텔롯데

4. 1980년대

　1980년대는 1978년부터 불거진 제2차 석유파동으로 인한 지속적인 경기침체와 정치 불안이 심화되며 외국인관광객이 급감하면서 관광산업은 불황에 빠지게 되었다. 이로 인해 1980년 말에 관광호텔의 수는 전년도에 비해 오히려 감소하는 심각한 사태에 이르게 되었다. 그러나 1982년부터 관광산업에 드리웠던 불황의 그림자가 서서히 걷히기 시작하였다. 이는 1981년 9월 독일 바덴바덴에서 열린 국제올림픽위원회(IOC) 총회에서 1988년 하계올림픽을 유치할 도시로 서울이 결정되었으며, 뒤이어 같은 해 11월에 1986년 아시안게임의 개최지도 서울로 확정되는 겹경사를 맞이하게 되었다. 이는 당시 불황에 빠져있던 경제 전반에 단비를 내려준 기쁜 소식이었다.

　그리고 1982년 1월 5일 정부는 광복 이후 37년이나 이어오던 야간통행금지 조치를 해제하기로 결정한다. 이 조치는 국민들의 종래 생활 풍속도를 바꿔버리는 획기적인 사건이었다. 24시간 내내 자유로운 일상생활이 보장되자 국민들은 시간제한 없이 아무 때나 관광활동을 즐길 수 있게 되었으며 외국인관광객을 위한 야간 및 심야관광과 지방관광이 활성화되면서 관광소비가 크게 증가했다. 그리고 이로 인해 금요일부터 일요일 오후까지의 시간을 즐기는 주말관광을 위해 방문하는 일본인관광객의 수가 크게 증가하였다.

한편 1980년대가 되자 국내에서도 이기주의, 물질만능주의, 핵가족화, 여권신장 등과 같이 사회 전반에 걸친 변화가 일어나면서 국민의 소비행태, 여가활동, 관광유형에도 적지 않은 변화가 따르게 되었다. 또한 경제개발이 확대되면서 농촌을 떠나 도시로 이주하는 인구가 많아지면서 인구의 수도권 집중현상이 심화되었다. 그러나 도시인구가 과밀화되고 주거공간과 휴식공간이 부족해지면서 도시민을 위한 관광지와 여가시설의 확대가 요구되었다. 이와 때를 같이해서 대중관광의 시대가 막을 올리게 되었으며 전국을 잇는 고속도로의 개통과 새마을호 열차의 등장이라는 교통수단의 혁신으로 관광인구가 급증하게 되었다.

그러나 국민관광시대가 확대되면서 일부에서는 무절제하고 퇴폐적인 관광문화가 만들어지기도 했다. 호텔산업에서도 일부 이런 현상을 볼 수 있었는데 당시에 특급호텔을 제외한 관광호텔에 터키탕과 슬롯머신처럼 비교적 쉬운 판매수단의 유치가 가능해져서 전국적으로 소규모 관광호텔에 대한 투자 붐이 일어났다.

1982년 국제관광공사는 한국관광공사로 명칭이 변경되면서 거듭나게 되었다. 그리고 1983년 9월 25일 제53차 ASTA총회가 세종문화회관에서 성황리에 개최되었다. 아시아에서 4번째로 개최된 이 행사에는 세계 90개국에서 총 6,300명이 참석했으며 우리나라 역사상 최대의 국제행사로 관광산업의 도약을 위한 발판이 되었다. 1983년에 대우그룹이 서울역 맞은편 남산 자락에 힐튼호텔을 개관하였다. 한편 한국과 미국 합작사에 운영되던 조선호텔은 1981년 미국의 Westin 호텔체인과 합작을 맺으면서 상호도 웨스틴 조선호텔로 변경되었다. 그러나 1983년 6월 30일 삼성그룹이 웨스틴 조선호텔을 인수해서 운영을 하게 되었다.

1980년대 들어 갈수록 늘어나는 가족단위 관광객과 국·내외 청소년 여행자에게 저렴한 비용의 숙박시설을 공급하기 위해서 정부는 1985년 5월 관광사업법 시행령을 개정하여 관광숙박업에 가족호텔업과 청소년호텔업(유스호스텔)을 추가했다.

민족 최대의 행사인 86아시안게임과 88올림픽을 성공적으로 치르기 위해서 가장 중요한 사회인프라 중의 하나가 숙박시설의 완비였다. 정부는 1985년 5월 12일 86아시안 게임과 88올림픽의 성공적 개최를 위해 '올림픽등에대비한관광 · 숙박업등의지원에관한 법률'이란 한시적인 특별법을 제정하여 지원을 아끼지 않았다. 그리고 정부는 1984년 12월 교통부 내에 86 · 88 숙박대책위원회를 발족하여 수용태세 완비를 위한 정책의 수 립과 실행을 담당하도록 했다. 숙박대책위원회의 실행기구 역할을 담당했던 한국관광 공사는 86아시안게임을 위해 1986년 1월 당시 관광호텔들이 보유하고 있던 총객실 12,655실 중에서 5,018실을 확보하여 직접 통제하였으며 숙박예약센터를 설치하여 4월 1일부터 대회 폐막일까지 외국인관광객의 객실 예약을 최우선으로 처리하는 등 최대의 편의를 제공했다.

1986년 9월 20일 개막을 한 제10회 아시안게임은 27개국의 선수단 4,839명이 참가해 서 대회 역사상 최대 규모로 개최되었으며 이 외에도 각종 세계 스포츠기구 대표 947명 과 취재진 4,565명이 참가하는 등 성대하게 치러졌다. 86아시안게임을 치르면서 국내 호 텔산업의 제반 여건이 크게 개선되는 좋은 계기가 되었다. 1987년 2월 힐튼호텔 컨벤션 센터에서 개최된 87 관광교역전(Travel Mart)은 정부가 한국을 방문한 세계적인 관광전문 가에게 올림픽 관련 관광상품을 먼저 선보이고 평가를 받아보기 위함이었다.

대망의 88올림픽을 성공적으로 치르기 위해 정부는 1987년 4월 88올림픽 숙박기본대 책을 수립했다. 이에 한국관광공사는 수도권 지역의 숙박시설 정보와 객실예약 판매상황 을 관리하기 위해서 숙박정보관리센터를 설치했다. 1988년 2월이 되자 정부는 숙박기본 대책을 수정하여 올림픽 선수촌과 기자촌의 객실을 숙박시설 공급 범위에 포함했다. 따 라서 종전에 예상 소요 객실수가 38,000실에서 58,000실로 크게 증가했다. 한국관광공사 는 관광호텔 16,800실, 지정여관 9,700실, 민박 500가구, 올림픽훼밀리타운 13,000실, 선 수촌 및 기자촌 18,000실 등 총 58,000실에 객실정보를 확보해서 객실예약 상황에 대한 정보를 제공하고 지정여관 · 민박의 홍보 및 투숙을 유도하였다. 그리고 지정여관의 업주 를 대상으로 88올림픽 개요 및 의미 등에 대한 교육을 시행하고 지정여관 약도집을 제 작 · 배포하였다.

한민족 대망의 행사였던 88서울올림픽은 1988년 9월 1일 세계 160개국 39,332명의 선수가 참여하며 성대하게 개최되었다. 대회기간 중에는 약 241,299명의 외래관광객이 우리나라를 방문하였으며 이에 따라 외화 수입도 크게 늘어났다. 그리고 종전에 일본과 미국 일색이던 외래관광객의 국적이 많이 다변화되면서 86아시안게임과 88올림픽과 같은 국제적인 대형 이벤트가 관관시장의 확대에 미치는 영향을 새삼 확인할 수 있었다. 이에 더해 올림픽과 같은 대형 행사를 치르면서 새로운 국제항로의 개설, 외래관광객을 유치하는 여행사의 증가와 같은 관광 여건뿐만 아니라 김포국제공항의 수용능력 확대, 도로 및 주차장 확충, 교통체제의 정비 등과 같은 분야도 크게 개선이 되었다.

그리고 88올림픽 행사를 개최하기 위해서 신축호텔의 건설도 크게 증가했다. 1987년에 스위스그랜드호텔이 그리고 1988년에는 인터컨티넨탈호텔, 롯데호텔 신관, 롯데월드호텔, 라마다 르네상스호텔 등과 같은 대규모 호텔들이 개관하면서 국내 호텔산업의 위상을 높이는데 큰 기여를 하였다. 1980년 12월말을 기준으로 했을 때 전국의 관광호텔은 123개소에 전체 객실 수는 18,547실이었다. 그러나 86아시안게임과 88올림픽 행사를 치르고 난 후인 1990년 12월 말에는 전국의 관광호텔은 모두 428개소에 전체 객실 수는 42,817실로 크게 증가했다. 실로 배가 넘는 엄청난 성장세를 기록했다. 그러나 지나친 서울지역에 대한 편중현상은 지방 호텔산업의 균형적 발전에는 도움이 되지 못했다.

올림픽을 치렀던 1988년 외래관광객 유치가 처음으로 200만 명을 돌파했다. 이어서 1989년 1월 전면적인 해외여행 자유화 조치가 내려지자 내국인의 해외여행이 급증하면서 같은 해 출국자의 수가 100만 명을 넘어서게 되고 관광산업은 호기를 맞이하게 되었다.

| 표 4-11 | 1980년대에 개관된 호텔(괄호 안은 객실수)

년도	호텔명
1980	관광센터(50), 안양 뉴코리아호텔(120), 설악파크호텔(121), 남서울호텔(179), 크라운호텔(127)
1981	제주 그랜드호텔(333), 울산 오션관광호텔(153), 리버사이드호텔(225),
1982	팰레스호텔, 제주 로얄호텔, 제주 서해호텔, 삼정호텔, 울산 호텔현대, 수원 캐슬호텔
1983	서교호텔, 힐튼호텔, 제주 뉴프라자호텔, 백암관광호텔, 인천 국제선원관광호텔
1985	제주 하얏트호텔, 서귀포 KAL호텔,
1987	리베라호텔, 스위스그랜드호텔
1988	롯데호텔 신관, 롯데월드호텔, 라마다르네상스호텔, 그랜드인터컨티넨탈호텔, 캐피탈호텔, 제주 오리엔탈호텔, 프리마호텔
1989	아미가호텔

출처: 저자 정리

🔍 그림 4-27 | 힐튼호텔

출처: www.weddingritz.com/rosa75/52506

🔍 그림 4-28 | 인터컨티넨탈호텔

출처: blog.daum.net/hoteldream/7055719

5. 1990년대

세계화현상이 가속화되던 1990년대에는 대내외 환경에 많은 변화가 발생했다. 먼저 1990년 걸프전이 발발하자 오일가격이 인상되면서 항공요금이 오르고 테러에 대한 공포가 확산되면서 여행자의 수가 급감하고 관광산업은 또다시 위기에 빠진다.

그리고 1989년 말에 독일의 베를린장벽이 무너지면서 제2차 세계대전 이후 전 세계를 짓누르고 있던 미국과 소련을 중심으로 하는 냉전체제가 종식되기 시작했다. 냉전체제의 종말은 우리나라에도 영향을 미치게 된다. 1990년 7월에 개관한 제주 신라호텔에서 1991년 4월 역사적인 한·소 정상회담이 개최되면서 세계의 이목이 집중됐다. 그리고 1992년에는 한국과 중국이 수교관계를 맺으면서 인구 10억이 넘는 거대한 관광시장과의 교류가 개시되었다. 하지만 대만관광객은 국교 단절로 급감하게 되었다.

🔍 그림 4-29 제주 신라호텔

출처: blog.daum.net/kimjoomyoung/3345635

그러나 1990년 호텔산업에 비보가 날아든다. 1991년 우루과이라운드의 서비스산업 협상에 따라 전 세계 여행산업이 개방되었다. 이런 와중에 무분별한 해외여행에 대한 경비 지출이 급증하면서 국제수지가 악화됨에 따라 정부는 당시 추진하던 과소비 풍조 추방운동의 일환으로 호텔산업을 포함한 관광산업을 과소비의 주범으로 인식하고 소비성 서비스업으로 지정해서 각종 규제가 강화되었다. 구체적으로는 1977년부터 시행되고 있었던 외국인관광객의 숙박요금과 식음료요금에 대한 부가세 영세율이 폐지되는 세제상의 불이익과 금융당국의 여신규제 대상으로 묶이는 불이익을 감수해야 했다. 이는 즉각적으로 새로운 호텔 건설에 대한 투자가 극히 부진해지는 현상으로 이어지게 되었다. 그러나 1992년 중국과의 수교를 계기로 교통부와 재무부는 관광시설의 확대와 외래관광객의 유치를 촉진하기 위해 관광산업을 소비성 서비스업에서 제외하는 것을 1992년 12월에 결정하여 다음해 3월부터 시행하도록 했다.

그리고 9월에는 특급호텔 칵테일 바의 영업시간 제한을 완화하는 등 여러 가지 영업규제 조치를 완화해서 영업여건을 개선했다. 또한 1992년에는 금융기관의 자금 대출 금지 대상과 해외투자 제한 대상에서 관광호텔을 제외해서 이에 대한 투자가 활성화되도록 유도하였지만 별 효과는 없었다. 정부는 이 외에도 1991년에 외국인관광객에 한해 객실요금에 대한 부가가치세를 면제하는 영세율 제도를 실시하여 객실가격을 낮춰 호텔산업의 국제경쟁력을 지원하였다.

삼성그룹이 1983년 인수해서 운영해오고 있던 웨스틴 조선호텔은 1991년 11월 신세계그룹이 삼성그룹에서 독립·분리되면서 웨스틴조선 서울호텔과 웨스틴조선 부산호텔의 운영권을 인수하였다. 신세계그룹은 1995년에 미국 웨스틴 호텔체인 본사로부터 합자투자 지분을 인수하면서 두 호텔의 지분 100%를 소유하게 되었다.

대만관광객의 급감과 1993년 일본의 버블경제의 붕괴로 인한 경기침체로 외래관광객의 입국 추세는 주춤하고 있었다. 1993년에 개최된 대전엑스포는 입국자의 증가에 큰 공헌을 하게 되는데 엑스포에 일본인관광객이 무비자로 입국할 수 있도록 하는 무비자입국 제도가 시행되면서 일본인들이 전해 비해 많이 입국하여 엑스포를 관람하면서 입국자 추세는 현저한 회복세를 보이게 되었다. 또한 정부는 외국인관광객을 대상으로 관광호텔의 객실요금에 대한 부가가치세 영세율제도를 실시하여 외국인에게는 가격인하의 혜택을 제공하는 한편 관광호텔의 국제 가격경쟁력이 향상되도록 하였다.

88올림픽을 계기로 세계인들에게 한국에 대한 좋은 이미지가 부각되면서 관광산업은 도약의 기반을 마련하게 되었다. 그러나 그것이 전부였다. 1988년을 정점으로 관광산업에 대한 정부의 지원이 크게 줄어들고 올림픽과 같이 세계인들에게 어필할 수 있는 대형 이벤트가 더 이상 계획되지 않고 있어서 성장동력이 서서히 꺼지고 있었다. 엎친 데 덮친 격으로 사치성 업종으로 분류되어 각종 규제가 부과되면서 관광산업은 전과 달리 활력을 잃게 되었다.

이와 같은 상황을 타개하기 위해서 정부는 1994년을 '한국방문의 해'로 지정하여 관광산업에 온기를 불어넣게 되며 이에 대한 지원책의 일환으로 1994년 외국인에 대해 관광호텔의 객실요금에 대한 부가가치세 영세율제도를 시행하였다. 그리고 한국방문의 해를 위한 행사의 하나로 개최된 1994년 4월 17일 COEX와 인터컨티넨탈호텔에서 열린 제58차 PATA총회는 천 명 이상이 참가하면서 성공리에 막을 내렸다. 이로서 1994년 한국방문의 해 행사는 1994년 외국인관광객의 수가 전년도에 비해 7.5% 증가하면서 성공을 거두었다. 1994년 정부는 특1급 호텔을 제외한 모든 관광호텔에서 예식장 영업을 할 수 있도록 허용하였는데, 결국 특1급 관광호텔에서도 1998년부터 비로소 예식장 영업이 허용되었다.

1990년대 중반을 넘어서면서 관광산업은 성장에 심각한 문제가 있다는 사실을 깨닫게 되었다. 1990년대 외래관광객의 연평균 성장률은 5%에 불과하였으며 1996년에는 마이너스 성장을 기록했다. 그러나 1980년대에는 배가 넘는 12%를 기록했었다. 이와 같은 현상은 호텔산업에도 유사하게 나타나고 있다. 1991년부터 1999년까지 국내 호텔산업은 〈그림 4-30〉과 〈그림 4-31〉의 그래프에서 나타났듯이 성장이 지체되는 정체기였다. 설상가상으로 1989년 해외여행 자유화의 실시 이후 내국인의 해외여행 출국자는 매년 평균 21%나 증가하였으며 1995년부터는 출국자 수가 오히려 입국자 수를 추월하는 초유의 사태가 벌어지게 되었다. 이에 더해 관광수지의 적자는 1995년부터 계속 증가해서 더욱 심화되는 지경에 이르게 되었다.

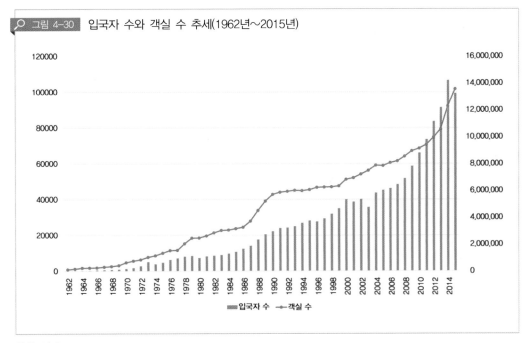

출처: 저자

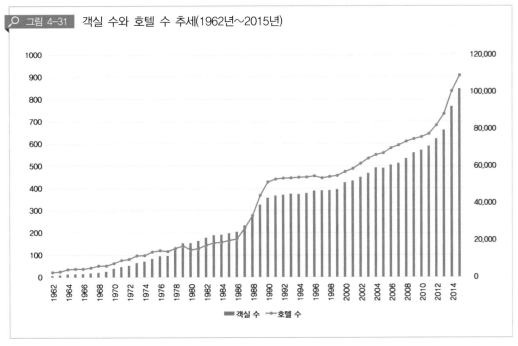

출처: 저자

이와 같은 와중에 스위스에서 열린 1996년 FIFA총회에서 한국과 일본 공동으로 2002년 월드컵 개최지로 선정되는 낭보가 날아든다. 당시 우리나라는 2000년 ASEM총회와 2002년 부산 아시안게임을 앞두고 있었다. 정부는 대형 국제행사를 앞두고 숙박시설의 수용태세를 한층 강화하기 위해서 1997년에 '관광숙박시설지원등에관한특별법'이란 한시법을 제정하여 신축호텔에 대한 투자를 촉진하였으며 또한 관광호텔의 신축·개보수·영업의 활성화를 위해 상업차관을 허용하였다. 그러나 다음해 이런 기쁨과 기대를 무색하게 하는 재앙이 우리나라를 뒤덮어 버린다. 1997년 11월에 엄습한 IMF 외환위기로 관광산업은 그야말로 꽁꽁 얼어붙게 되었다.

IMF시에 많은 호텔들은 인원감축 등 대대적인 경비절감 운동을 실시하여 뼈를 깎는 노력을 하였으며, 대다수 신축호텔 프로젝트는 취소된다. 그러나 시간이 경과되면서 호텔업계의 우려와 달리 달러환율이 인상(원화약세)되면서 오히려 예전보다 더 많은 외국인관광객이 입국하면서 풍전등화와 같던 위기의 시기에 '나 홀로 특수'를 누리게 되었다. 그러나 서울과 달리 지방호텔들은 경영난으로 심각한 위기에 빠져 있었다. 1998년 10월 통계를 보면 IMF 이후 전국의 관광호텔 중에 폐업, 부도, 도산 상태에 이른 호텔이 119개소에 달하였는데 이들은 전체의 25%를 넘고 있었다. 이 외에도 많은 지방호텔들이 곤경에 빠져 있었다. IMF 외환위기를 겪으면서 호텔업계는 종전처럼 방만했던 경영에 대해 자숙하고 비로소 실속경영에 눈을 뜨는 계기를 마련하게 되었다.

한편 정부는 IMF가 닥치자 1997년 관련법을 개정하여 교통유발분담금과 개발부담금을 각각 50% 감면하고 환경개선부담금도 25% 감면하였다. 또한 정부는 1998년에 외화획득분에 대한 상수도 요금을 감면하였으며, 1999년에는 객실 비품에 대한 특별소비세의 부과를 폐지하였다.

1998년 11월 역사적인 금강산관광으로 시작되면서 현대아산그룹은 금강산에 적극 투자하면서 금강산호텔(215실), 호텔해금강(159실), 외금강호텔(173실) 등을 개관하였다. 그러나 2008년 7월 우리 관광객인 박왕자씨가 피살되면서 금강산관광은 전면 중단되기에 이르렀다.

정체기였던 1990년대에 개관한 주요 호텔을 보면 다음과 같다. 1991년 경주힐튼호텔, 1992년 경주 현대호텔, 1993년 노보텔앰배서더 강남호텔, 1995년 리츠칼튼호텔, 1996년 해운대그랜드호텔, 1997년 노보텔앰베서더 독산호텔, 1998년 부산 롯데호텔, 1999년 코엑스인터컨티넨탈호텔 등이 개관하였다.

그림 4-32 리츠칼튼호텔

출처: /asiabooking.com.vn

　한편 1990년대에 경제성장으로 소득이 향상되고 교통혁신으로 국내관광객도 크게 늘었다. 소득 향상과 고속도로가 열리면서 승용차가 급속도로 보급되면서 관광은 보다 대중화되었으며 중요한 여가활동으로 자리매김하게 되었다. 대중관광의 시대가 되자 숙박시설의 정비와 확충은 시급한 과제였다. 1980년대와 1990년대에 주요 관광소비층으로 등장한 세대는 베이비부머 즉 전후세대였다. 그전세대가 느꼈던 경제적 결핍을 덜 경험했던 이들은 숙박시설에 대한 높은 욕구를 보유하고 있었다. 이에 부응하여 많은 장급 여관들은 시설을 현대화하고 상호도 모텔로 변경해서 서구식 분위기를 연출하였다. 이때부터 여관이란 명칭 대신 모텔이 보다 일반적인 명칭으로 일반인들에게 인식이 된다. 러브호텔과 같은 부정적인 현상도 나타났지만 모텔은 어린이를 동반한 가족이 아니면 누구나 쉽게 저렴하게 이용할 수 있는 숙박시설이 되었다. 다른 여관들도 따라서 시설을 개선하고 모텔로 상호를 바꿔야만 고객의 선택을 받을 수 있게 되었다. 모텔이 성공하자 민박집들도 욕실 및 화장실과 냉난방 시설을 현대화하지 않으면 경쟁에서 도태될 수밖에 없었다.

6. 21세기

2000년 10월 COEX에서 개최된 ASEM(아시아 · 유럽 정상회의)을 계기로 국내에서는 국제회의산업에 대한 육성방안에 관심이 집중되었으며 2002년 한 · 일 월드컵 준비에 만전을 기하고자 했다. 이와 연계하여 정부는 1998년 9월에 2001년을 한국 방문의 해로 결정했다. 2001년 3월에 새로운 대한민국의 관문인 인천국제공항이 개항하며 같은 해 9월에는 한국 서울과 일본 오사카에서 공동으로 제14차 UNWTO(세계관광기구) 총회가 개최하면서 한 · 일 양국의 우호 증진에 공헌하였다. 이런 노력에 부응하여 2000년에는 외래관광객이 11% 증가하며 500만 명을 돌파하는 기염을 토하였다. 1998년에 중국정부 는 자국민의 국외여행자유화 지역에 우리나라를 포함하는 조치를 취한데 이어 2000년에 는 중국 국외여행자유지역을 전세계로 확대하면서 우리나라로서는 혜택을 기대할 수 있 게 되었다.

그러나 2001년 미국 뉴욕에서 발생한 9 · 11테러사건의 영향으로 세계 관광시장은 꽁 꽁 얼어붙으면서 크게 위축이 되었다. 2001년 한국 방문의 해를 지원하기 위해 2001년 1월 관광호텔 객실요금 부가세 영세율 제도를 실시하는 등 지원을 아끼지 않았으나 9 · 11사태라는 악재로 인해 2001년 외래관광객 입국자는 마이너스 성장을 기록했다. 영 세율제도는 기간이 세 차례나 연장이 되면서 2005년 1월이 돼서야 폐지되었다.

2002년 5월 31일부터 6월 30일까지 개최되는 '2002 한 · 일 월드컵'을 위해 정부는 한 국관광공사를 통해 대회기간 중에 숙박시설의 부족 문제를 타개하고 외래관광객의 편의 를 도모하기 위해 4개 국어가 사용되는 Worldinn.com 홈페이지를 구축하여 월드컵 경기 가 개최되는 10개 도시에 존재하는 지정 숙박시설을 예약할 수 있도록 하였다. 같은 해 9월에는 부산 아시안게임이 개최되었다.

2003년은 관광산업에 최악의 한해였다. 2003년 3월 중동에서 이라크전쟁이 발발했으 며 이어서 SARS(중증급성 호흡기 증후군)가 동남아를 강타하면서 국내 관광산업은 또다 시 위기에 당면하게 되었으며 결국 2003년 외국인 입국자는 전년 대비 11% 급감하였다. 특히 SARS가 횡행하던 기간에 호텔산업은 객실점유율이 크게 하락하면서 심각한 경영난 에 빠지게 되었다. 한편 2001년 세계 최고수준의 인천국제공항이 개항하면서 공항 부근 에 국제수준의 공항호텔이 들어서게 되었는데 2003년 하얏트리젠시 인천호텔이 대한항 공 계열사에 의해 개관하면서 본격적인 공항호텔의 시대가 막이 올랐다.

그러나 2004년부터 분위기가 완연하게 호전되는데 가장 큰 요인은 한류열풍이었다. 1990년대 후반부터 시작된 가을동화, 겨울연가, 대장금 등과 같은 한국 TV드라마와 K-POP등 한국문화에 매료된 중국 · 일본 · 대만 · 동남아국가 국민 등 아시아인들이 드라마 촬영지를 방문하거나 인기연예인을 보러오는 등 한국문화를 직접 체험해보기 위해 우리나라를 찾는 여행객들이 급증하면서 2004년에 입국자 수가 22% 급증했으며 숙박수요도 크게 증가하였다. 또한 국교단절로 끊어졌던 한국과 대만 항로가 복항이 되면서 긍정적인 영향을 미쳤다.

2004년 4월 1일 KTX 고속철이 개통하면서 전국은 1일 생활권에서 다시 반나절 생활권으로 진화하게 되었으며 같은 해에 주5일 근무제가 도입되면서 국민 여가생활의 패턴과 관광행태에 큰 변화가 만들어지게 되었다. 노동시간이 감소하고 소득이 증가하면서 여가시간이 증가되고 라이프스타일의 패턴이 변화함에 따라 여가활동에 대한 인식과 관심이 높아졌다. 한편 2004년에 관광숙박업에 대한 등록업무의 권한이 각 시 · 도지사 또는 시장, 군수, 구청장에게 이양되었다.

2005년 독도문제로 한일관계가 경색이 되었으며 인도네시아 발리에서 폭탄테러가 발생하였다. 동년 11월 APEC 정상회의가 부산 해운대 일대에서 개최되면서 2002년 외래관광객 입국 600만 명 돌파에 기여했다. 2005년 정부는 관광호텔의 건축 시에 회원 모집을 허용하였으며 2008년에 이를 확대하여 시행하였으며 결국 2010년에는 회원 모집에 대한 제한을 폐지하였다. 2006년에는 북한이 핵실험을 하고 미사일을 발사하면서 우리나라의 지정학적 위험이 부각되었으며 원화 가치가 상승하면서 관광여건이 악화되었다.

2000년대 초반에 건립된 대표적인 호텔에는 2000년에 JW메리어트호텔과 제주 롯데호텔, 2002년 울산 롯데호텔, 2003년 메이필드호텔 등이다. 한편 20세기 말기부터 미국에서 시작된 부티크호텔의 열풍이 국내 호텔산업에도 불기 시작했다. 2004년 SK그룹은 국내 최초의 부티크호텔인 W호텔을 쉐라톤 워커힐호텔 바로 옆에 개관하였으며 이어서 2005년 건설회사인 현대산업개발이 파크하얏트호텔을 개관하였다. 이후 국내에서도 디자인호텔, 스타일호텔 등과 같이 부티크계열을 표방하는 호텔들이 줄줄이 들어서게 되었다.

🔍 그림 4-33   워커힐 W호텔

출처: egloos.zum.com/psyche/v/1102539

🔍 그림 4-34   파크하얏트호텔 서울

출처: m.blog.daum.net/iparkstory/184

2006년 한국관광공사의 자회사로 설립된 그랜드코리아레저는 서울에는 강남점은 오크우드프리미어에, 강북점은 밀레니엄힐튼호텔에, 부산에는 롯데호텔에서 외국인전용 세븐럭카지노를 개장하였다. 정부는 2006년 관광호텔에 대한 임시투자세액공제(투자금액의 7% 공제)를 지원했으며, 2007년에는 토지보유세를 완화하는 한편 관광호텔에 대해 산업용 전력요율이 적용되는 지원을 제공했으며, 그리고 2008년 관광호텔에 부속된 토지의 지방세를 감면했다.

2007년에 정부는 거대한 중국시장을 겨냥한 정책을 도입했는데, 중국에 살고 있는 조선족에 대해 방문취업의 자격으로 국내 체류를 허용했으며 중국에서 오는 수학여행단에 무비자 입국을 허용하였다. 동년 7월 정부는 중국의 북경올림픽 개최와 원화강세라는 악재의 극복을 위해 부가세 영세율제도를 다시 시행하였는데 이 제도는 한차례 연장되며 2009년 연말까지 유지되었으나 2010년 1월부터 OECD국가와 EU국가와의 형평성을 제고한다는 차원에서 폐지된다. 그러나 2007년 11월 세계금융위기가 발생하면서 세계경제는 1929년 세계대공황 이래 최대의 경제위기를 맞이하게 되었다.

2008년에는 지속되는 세계경제위기로 인하여 국내경기도 침체되었지만 정부의 인위적인 고환율정책의 시행으로 출국자는 크게 감소했지만 입국자는 전년도에 비해 약 7% 신장되었다. 같은 해에 '한·일 관광교류의 해' 행사가 개최되기도 했다. 동년 정부는 관광호텔에서 외국인 종사원의 고용을 허용함으로써 인건비 부담이 낮으면서 외국어가 가능한 외국인을 고용함으로써 경비절감을 가능하게 하였다.

2009년 고환율 매력이 부각되면서 외국인관광객이 급증하게 되었다. 동년 방한 일본인이 300만 명을 돌파하고 중국관광객은 폭발적으로 증가하면서 외국인관광객 입국자는 처음으로 700만 명을 돌파해서 800만 명에 육박하였다. 2009년부터 2014년까지 외국인관광객의 입국은 해마다 평균 10% 이상 많아지면서 폭발적인 증가세를 보였다. 이는 두말할 필요도 없이 거대한 중국시장의 영향이다. 2009년 이후 우리나라 관광산업은 성장일색이었다고 해도 무방하다고 할 수 있다. 그러나 상대적으로 높은 숙박비를 지불하는 일본인관광객에 비해 중국인관광객은 중저가나 저가 숙박시설을 선호하고 있으며 쇼핑에 대한 지출비중이 상당히 높은 것으로 나타나고 있다. 중국인관광객의 쇼핑에 대한 높은 지출성향은 롯데와 신라 등 대표적인 특1급 호텔들의 면세점 매출에 대한 영업의존도를 점점 높이게 되었다.

2008년과 2009년에 걸쳐 국내 호텔산업에 중저가호텔 개념인 비즈니스호텔이 급증하면서 성장세가 가속되기 시작했다. 2000년대가 되면서 특급호텔 위주로 운영되던 국내 호텔산업에 지각 변동이 생기기 시작했다. 2001년 베스트웨스턴 뉴서울호텔을 시발로 2003년 이비스앰배서더 강남호텔, 2005년 베스트웨스턴 강남 프리미어호텔이 연이어 개관하면서 비즈니스호텔이 시대가 개막하게 되었다. 특히 2006년 개관한 이비스앰배서더 명동호텔의 객실점유율이 95%를 돌파하면서 큰 성공을 거두게 되자 비즈니스호텔에 대한 관심이 크게 고조되기 시작했다. 중국인관광객의 입국이 크게 늘어나면서 이들이 선호하는 중저가 숙박시설이 크게 부족했던 차에 비즈니스호텔의 증가는 시의적절한 트렌드였다. 부대서비스를 대폭 줄이는 대신 교통이 편리한 곳에 깨끗하면서도 저렴한 가격으로 객실위주의 판매전략을 구사하는 비즈니스호텔은 그동안 값비싼 특급호텔을 피하고 적절한 가격에 양질의 숙박시설을 찾던 많은 외국인여행객에게 희소식이 되었다. 2010년에 몇몇 비즈니스호텔의 영업이익률이 25%−40%에 달하면서 여타 호텔에 비해 매우 높은 성과를 보이게 되자 너도나도 비즈니스호텔 사업에 뛰어들게 되었다.

🔍 그림 4-35 이비스앰배서더 서울

출처: ibis.embatel.com

🔍 그림 4-36 롯데시티호텔 구로

출처: m.haeahn.com/en/project

🔍 그림 4-37 신라스테이 제주

출처: kr.hotels.com/ho486037/sinlaseutei-jeju-jeju-hangug/

이에 고무된 대기업계열의 국내 대표적인 호텔기업인 호텔롯데는 2009년 롯데시티호텔 마포를, 그리고 호텔신라는 2013년 신라스테이 동탄을 각각 개관하면서 뒤늦게 비즈니스호텔 사업에 진출하였다. 이들은 브랜드 포트폴리오의 다변화를 통한 영업시너지를 노리고자 했다. 이어서 인터컨티넨탈계열의 호텔들을 운영하고 있는 파르나스호텔은 나인트리호텔을, 또 신세계조선호텔은 Four Points호텔을 개관하였다. 한편 일본의 중저가 호텔체인인 도요코인, 도미인, 니시테츠 솔라리아도 국내 진출을 결정하였다.

한편 2002년에 오크우드 프리미어와 프레이저스위트가 각각 가족호텔로 개관하면서 국내에서도 서비스드 레지던스 시장이 크게 성장하는 계기가 마련되었다. 그러나 호텔업이 아닌 부동산임대업으로 인가를 받은 대다수 서비스드 레지던스들은 기본적으로 장기체류 고객을 상대로 하였으나 편법적으로 일단위 단기체류 영업을 하게 되면서 관광호텔업을 잠식하게 되었다. 이에 한국관광호텔업협회는 2008년 6월 8개소의 서비스드 레지던스 업체들을 고소하였으며 결국 2010년 4월 대법원은 서비스드 레지던스의 단기숙박에 대해 위법판결을 내리게 되었다. 그러나 2012년 1월부터 개정된 공중위생관리법 시행령이 시행되면서 기존의 숙박업에 생활숙박업이 추가되면서 서비스드 레지던스업도 합법적으로 숙박업을 영위할 수 있는 법적 근거를 확보하였다.

2010년에도 고환율 매력은 지속되었으며 8월 중국인에 대한 비자제도가 개선되었고 11월에는 G20 정상회의가 개최되었으며 같은 달 연평도 포격사건이 발생했음에도 불구하고 외국인관광객은 10% 이상 증가했다. 2011년에는 남북관계의 경색과 일본대지진이 발생하면서 상반기 외국인관광객 유입이 부진하였다. 그러나 K-POP에 대한 외국인의 관심이 고조되고 엔고의 영향으로 일본관광객이 증가했으며 9월에는 중국에서 대형 인센티브 관광단이 유입되면서 후반기에는 입국자가 크게 증가하면서 총 입국자가 천만 명에 육박하는 기세를 올렸다. 동년 11월 정부는 서울지역 2만실과 경기도지역 1만실 등 수도권 3만실의 숙박시설을 확충하기 위해 '관광숙박시설확충 특별대책'을 발표하였으며 또한 관광진흥법을 개정하여 '외국인관광도시 민박업'을 신설하였다.

2012년에는 지속되는 K-POP 관광객과 고환율 매력으로 특히 중국인 쇼핑 · 젊은층 · 개별관광 · 가족단위 관광객이 급증하였다 그러나 동년 8월 10일 이명박 대통령의 전격적인 독도방문으로 한 · 일관계가 악화되면서 일본관광객이 크게 감소하였다. 그럼에도 불구하고 같은 해 입국자는 천만 명을 건너뛰고 1,100만 명을 돌파하였다. 정부는 지속적으로 증가하는 중국인관광객에 대처하기 위해서 관광숙박시설의 공급을 대대적으로 확충하는 것이 필요하다는 것을 절실히 인지하게 되었다. 따라서 정부는 2012년 7월부터 2015년 말까지 한시적으로 실시되는 "관광숙박시설확충지원등에관한특별법"을 공포하여 관광호텔의 건축 시 용적률을 완화해서 적용하도록 지원해주는 한편 관광숙박시설 공급에 있어 사업승인 및 인허가 절차의 간소화, 관광진흥개발기금의 우선 지원, 기존 시설을 호텔시설로 변경하는 경우 우대금리의 적용 지원, 세계적으로 유명한 호텔체인의 브랜드와 계약을 체결하면 우선적으로 행정적 및 재정적 지원의 제공 등의 특례를 적용하도록 하였다. 이 법은 1년이 연장되면서 2016년 말까지 시행되도록 하였다. 이법의 시행으로 새로운 호텔이 크게 증가하게 되었다.

2013년에는 지속되는 한·일관계의 경색으로 일본관광객의 입국은 매우 부진하였다. 특히 2012년 후반부터 일본 정부가 엔화의 가치를 인위적으로 낮추는 아베노믹스 정책을 실시하면서 2013년 이후 엔화 가치의 하락세가 지속되어 이들을 주고객으로 삼는 특1급 호텔의 객실점유율이 저하되면서 영업효율성이 크게 악화되었다. 반면에 중국관광객의 입국은 전세기, 중저가항공, 크루즈 등을 이용하면서 급증하였다. 2013년은 중국인 관광객이 400만 명을 넘어서면서 중국이 처음으로 일본을 제치면서 우리나라 최대의 인바운드시장으로 등장하게 되었다. 그러나 10월에 중국 당국이 새로운 관광법을 선포하면서 단체관광객의 증가에 악영향을 미치게 되었다. 2014년에는 지속되는 한류열풍의 영향으로 중국관광객이 40% 이상 증가하면서 2014년 한해에만 중국인 입국자는 600만 명을 넘어서게 되었다. 이와 반대로 일본관광객은 엔화의 약세와 풀리지 않는 한일관계의 심화로 감소세가 지속되었다. 그럼에도 불구하고 동년 외국인 입국자는 전년 대비 16% 증가하면서 1,400만 명을 돌파하였다. 정부는 2014년 4월부터 2015년 3월까지 한시적으로 관광산업 활성화 정책의 일환으로 외국인관광객이 관광호텔에서 투숙하고 지불한 숙박요금을 사후적으로 환급해주도록 하는 관광호텔 부가가치세 환급제도를 시행하였다.

2015년 일본 정부의 비자 및 환율정책과 여러 외국인관광객 유치 전략의 변화로 우리나라 대신 일본을 방문하는 관광객들이 증가하게 되었다. 설상가상으로 5월 메르스사태가 발생하면서 중국인들이 한국여행 취소와 신규 예약이 끊기게 되었으며 크루즈선 기항지 변경으로 특히 6월에서 8월까지 관광객이 급감하였다. 이로써 2004년 이후 줄곧 성장세를 유지해오던 관광산업은 12년 만에 처음으로 마이너스 성장을 기록하게 되었다. 한편 중국인 입국자에 대한 의존도는 지속적으로 높아지면서 50%에 육박하고 있는데 만약에 향후 일정시점에서 중국인들의 선호도가 바뀐다면 국내 호텔산업의 영업변동성이 크게 커지면서 큰 리스크 요인이 될 전망이다. 이를 극복하기 위해서 시장다변화가 절실하게 요구되고 있다. 그리고 2012년 하반기부터 지속되고 있는 일본인관광객의 감소세는 엔화가치 하락과 독도영유권 분쟁으로 심화되면서 특히 특1급 호텔의 객실 판매에 큰 악영향을 미치고 있다.

관광호텔의 객실 수가 2014년에는 16.1% 그리고 2015년에 10.4%로 크게 증가했다. 이렇게 신축되는 관광호텔의 대다수는 비즈니스호텔이었는데 경기침체가 장기화되고 저금리 환경에서 고수익을 창출할 수 있는 대체투자처로 비즈니스호텔에 대한 관심이 고조되면서 투자자금이 몰린 결과이기도 하다. 그러나 가격경쟁력을 앞세운 비즈니스호텔은 특1급 또는 5성급 호텔의 손님들을 잠식할 수 있으며 향후 지속적으로 비즈니스호텔이 증가할수록 5성급 호텔은 객실요금의 인상에 한계를 가질 수밖에 없게 될 수 있으며 이로 인해 호텔산업의 경쟁은 점차 심화될 것으로 예측되고 있다.

2015년 13월 3일 논란이 많았던 관광진흥법이 국회를 통과하여 개정되면서 그동안 학교보건법에 의해 상대정화구역인 학교 앞에 신축호텔의 건설이 불가능했지만 2016년 3월부터 한시적으로 학교 출입문으로부터 75m 이상 떨어진 구역에서는 유흥시설이나 사행행위장 등 유해시설이 없는 100실 이상의 관광숙박시설을 건축하는데 제한이 없어지게 되었다. 따라서 관광호텔의 신축이 크게 늘어날 것으로 예상되고 있다. 또한 관광진흥법이 개정되면서 호텔등급제도가 변경되었다. 따라서 그동안 이용하던 특1급, 특2급, 1급, 2급, 3급의 등급제도는 2015년부터 1성, 2성, 3성, 4성, 5성으로 변경되었으며 구등급체제에서 신등급체제로 변경이 되는 일정 기간 동안에는 함께 사용하게 되었다.

2005년 이후 국내 호텔산업에서 개관된 주요 호텔은 다음과 같다. 2007년 현대자동차그룹의 제주 해비치호텔, 2009년 쉐라톤그랜드 인천호텔과 코트야드서울타임스퀘어, 2011년 쉐라톤서울 디큐브시티호텔, 2012년 콘래드호텔과 부산 파크하얏트호텔, 2014년 JW매리어트 동대문호텔과 알로프트강남, 2015년 포시즌스호텔과 포포인츠호텔 등이 개관하였다.

그림 4-38　Four Seasons 호텔

출처: 저자

　　21세기가 돼서도 내국인관광객들은 취사시설이 구비된 콘도미니엄을 선호하고 있다. 또한 아직도 대실위주로 영업하고 있는 영세 숙박업체들이 중심이 되는 모텔과 같은 여관업이 주종을 이루고 있다. 그런데 2000년대에 들어서면서 내국인을 위한 국내 숙박산업에 적지 않은 변화가 시작되었는데 바로 펜션(Pension)의 등장이다. 펜션은 비교적 현대적인 시설, 유럽풍의 건물 외관, 그리고 청결한 객실을 여행객에게 제공하면서 관심을 끌게 되었다. 그리고 펜션은 사생활이 보장되면서 또 독립된 주방시설을 갖추고 있어서 특히 가족단위 관광객에게 큰 인기를 끌게 되었다. 또한 펜션은 가격대가 호텔보다는 저렴하고 모텔보다는 비싸다는 점에서 국내 중산층을 끌게 되었다. 이 외에도 펜션은 호텔의 서비스와 민박의 가정집 분위기가 복합되어 있으며 또 정원에서 바비큐파티도 즐길 수 있어서 개성적인 여행이 가능하게 해주었다. 그리고 때마침 시행된 주5일 근무제는 전국적인 펜션의 성장에 결정적인 계기가 되었다.

2015년 12월 31일 기준으로 국내에는 모두 907개에 101,726실을 갖춘 관광호텔들이 존재하고 있으며, 관광숙박업으로 등록된 숙박시설을 모두 포함하면 총 160,422실에 1,488개소의 관광숙박업소가 존재하고 있다. 한편 서울지역의 전체 숙박시설 현황을 보면 관광호텔을 포함한 관광숙박시설은 2015년 12월 말일을 기준으로 291개소에 41,672실에 달하며, 일반호텔·모텔·여관을 포함하는 일반숙박시설은 2014년 3월 말일을 기준으로 3,075개소에 65,374실이다. 이들을 모두 합하면 서울시내 숙박시설은 총 3,366개소에 총 107,046실에 달하고 있는 것으로 판단되고 있다.

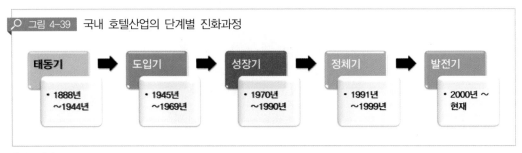

그림 4-39 국내 호텔산업의 단계별 진화과정

출처: 저자

지금까지 살펴본 것처럼 국내 호텔·숙박산업은 우리 민족과 애환을 같이하면서 큰 성장을 이룩했다. 여기서 전체적이고 종합적인 차원에서 우리나라 호텔산업의 발전과정의 단계를 살펴보기로 한다. 첫째, 호텔산업의 태동기는 대불호텔이 개관한 1888년을 기점으로 해서 광복 이전까지를 말하고 있다. 이 시기에는 손탁호텔, 철도호텔, 조선호텔, 반도호텔 등이 건립되었으며 주로 외국인들에 의해 주도되었다.

둘째, 도입기는 광복 이후 1960년대 말까지이다. 이 시기에는 정부의 주도하에 의해 관광호텔이 도입되고 호텔산업의 법적·행정적 체계가 정비되었다. 그리고 최초로 국내인의 자본에 의해서 호텔들이 건립되었다.

셋째, 성장기는 1970년대와 1980년대를 통틀어서 말하고 있다. 1970년대에 들어서면서 국내 호텔산업은 종전과 같이 정부주도의 틀에서 벗어나 민영화 되는 획기적인 변신을 기하게 된다. 특히 삼성과 롯데 등 재벌기업들의 호텔사업에 대한 진출은 국내 호텔산업의 성장에 큰 기여를 하게 되었다. 그리고 1980년에는 특히 86아시안게임과 88서울올림픽의 연이어 개최되면서 국내 호텔산업이 획기적으로 성장하는 토대가 되었다.

넷째, 정체기는 1991년부터 1999년까지를 말한다. 88서울올림픽 이후 대형 이벤트의 부재와 호텔이 사치성 서비스업으로 치부되면서 호텔산업에 대한 투자가 부진해져 고속 성장을 하던 1980년대와 달리 성장이 현격히 정체되기에 이른다.

다섯째, 2000년대부터 국내 호텔산업은 눈에 띄는 발전기를 맞이하게 되었다. 2000년대 중반 이후 한류 열풍이 불고 중국인관광객이 급증하면서 호텔산업에도 긍정적인 변화가 만들어지고 있다. 시장이 다변화되고 다양한 호텔상품이 출시되고 있는데, 특히 2000년대 초반에 도입이 되고 중반 이후에 급증하고 있는 중저가 비즈니스호텔 세분시장의 획기적인 성장은 국내 호텔산업의 발전에 견인차 역할을 담당하게 되었다.

그러나 작금의 세계화 시대에 국내 호텔·숙박산업에 아직도 황금기는 도래하지 못하고 있다. 호텔산업의 번영기 또는 황금기는 아마도 국내에서도 세계적인 규모를 자랑하고 시장을 주도하는 혁신적인 호텔체인이 등장하는 순간이 아닌가 싶다. 국내의 대표적인 제조기업처럼 전 세계를 무대로 활약하는 국내 호텔체인의 탄생을 고대하면서 본장을 마치고자 한다.

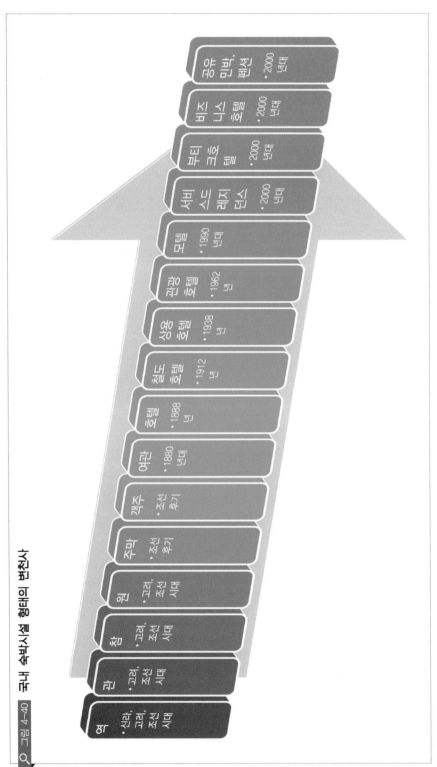

그림 4-40 국내 숙박시설 형태의 변천사

- 역 · 신라, 고려, 조선 시대
- 관 · 고려, 조선 시대
- 참 · 고려, 조선 시대
- 원 · 고려, 조선 시대
- 주막 · 조선 후기
- 객주 · 조선 후기
- 여관 · 1880 년대
- 호텔 · 1888 년
- 철도 호텔 · 1912 년
- 상업 호텔 · 1938 년
- 관광 호텔 · 1962 년
- 모텔 · 1990 년대
- 서비스드 레지던스 · 2000 년대
- 부티크 호텔 · 2000 년대
- 비즈 니스 호텔 · 2000 년대
- 공유 민박, 펜션 · 2000 년대

출처: 저자

| 표 4-12 | 국내 주요 호텔의 건립 역사

년도	호텔명	년도	호텔명
개화기	1888년: 대불호텔 1902년: 손탁호텔	1985	제주 하얏트호텔, 서귀포 KAL호텔,
일제 강점기	1912년: 부산철도호텔, 신의주철도호텔 1914년: 조선호텔 1915년: 금강호텔 1918년: 장안사호텔 1925년: 평양철도호텔 1938년: 반도호텔	1986	라마다호텔
1952	대원호텔	1987	리베라호텔, 스위스그랜드호텔
1955	금수장호텔	1988	롯데호텔 신관, 롯데월드호텔, 라마다 르네상스호텔, 그랜드 인터컨티넨탈호텔, 캐피탈호텔, 제주 오리엔탈호텔, 프리마호텔
1957	해운대관광호텔, 사보이호텔, 온양호텔	1989	아미가호텔
1959	대구관광호텔, 유엔센터호텔	1990	제주 신라호텔, 더케이호텔 서울, 홀리데이인 서울성북, 이천 미란다호텔,
1960	설악산관광호텔, 아스토리아호텔, 메트로호텔	1991	경주힐튼호텔
1962	동래관광호텔, 그랜드호텔, 천지관광호텔, 춘천 세종관광호텔	1992	엘루이호텔, 대구그랜드호텔, 인천 로얄호텔, 경주 호텔현대,
1963	워커힐호텔, 금호관광호텔, 만년장관광호텔, 제주 파라다이스호텔, 경포대관광호텔	1995	리츠칼튼호텔, 경주 더케이호텔,
1964	뉴스카이호텔, 울산관광호텔, 부산 반도호텔	1996	해운대그랜드호텔
1965	광주관광호텔, 인천 올림푸스호텔	1997	노보텔앰배서더독산
1966	세종호텔, 그린파크호텔, 부산 극동호텔	1998	부산롯데호텔
1967	여수관광호텔, YMCA호텔, 타워호텔, 온양관광호텔	1999	인터컨티넨탈서울코엑스호텔, 대전 인터시티호텔
1968	대전 유성관광호텔, 대구 수성관광호텔, 속리산관광호텔, 서귀포 파라다이스호텔, 스타더스트호텔, 이스턴호텔	2000	JW메리어트호텔, 하이원호텔, 제주 롯데호텔,
1969	프린스호텔, 경주관광호텔, 센츄럴호텔, 뉴서울관광호텔, 뉴용산관광호텔	2001	서울 인터불고호텔, 베스트웨스턴 뉴서울호텔, 오크우드프리미어, 켄싱턴호텔 여의도, 대구 인터불고호텔
1970	조선호텔(재개관), 풍전호텔, 안양관광호텔, 대전관광호텔	2002	메이필드호텔, 롯데호텔울산,
1971	로얄호텔, 서귀포 라이온스호텔, 충무관광호텔, 강릉 동해관광호텔, 대구 한일호텔, 도규호텔, 뉴내자호텔	2003	이비스앰배서더 서울, 하얏트리젠시인천호텔, 노보텔앰배서더강남호텔, 강원랜드 호텔&카지노, 켄싱턴플로라호텔, 제주 라마다플라자호텔

1972	부산 프라자호텔, 뉴포트관광호텔, 코리아나호텔, 부산 파라다이스호텔	2004	W호텔, 베스트웨스턴인천에어포트호텔, 부천 고려호텔
1973	프레지던트호텔, 포항 비치관광호텔, 서린호텔, 뉴오리엔탈호텔	2005	파크하얏트호텔, 임피리얼팰리스(재개관), 베스트웨스턴강남프리미어, 거제삼성호텔
1974	제주 KAL호텔, 서울관광호텔, 부산관광호텔, 부산 타워호텔, 빅토리아호텔	2006	이비스앰배서더 명동, 리베라호텔유성, 시흥관광호텔, 라마다프라자청주호텔
1975	퍼시픽호텔, 엠파이어호텔, 대구 뉴종로호텔, 마산 롯데크리스탈호텔, 인천관광호텔, 문화관광호텔, 용평 주화관광호텔, 해밀톤호텔, 그랜드앰배서더호텔(재개관)	2007	메리어트이그제큐티브아파트먼트, 프레이저스위츠서울, 베스트웨스턴국도호텔, 대명리조트 쏠비치관광호텔, 제주 해비치호텔
1976	렉스호텔, 대전 중앙관광호텔, 부산 대아관광호텔, 프라자호텔, 금오산관광호텔, 한강관광호텔, 피닉스호텔	2008	프레이저플레이스센트럴서울, 도요코인부산역, 인터불고호텔엑스코, 노보텔앰배서더대구, 창원 플만앰배서더, 라마다플라자광주호텔, 오색그린야드호텔, 수원 이비스앰배서더
1977	남설악산관광호텔, 부산 아리랑호텔, 도고관광호텔, 울산 그랜드호텔	2009	쉐라톤그랜드인천호텔, 롯데시티호텔마포, 코티야드서울타임스퀘어, 노보텔앰배서더부산, 수원 라마다프라자호텔, 인터컨티넨탈알펜시아평창
1978	워커힐(확장개관), 뉴국제호텔, 수원 브라운관광호텔, 뉴설악관광호텔, 경주 신라관광호텔, 조선비치호텔, 하얏트호텔, 부산 페리관광호텔, 반도호텔, 경주 코오롱관광호텔, 부산 코모도호텔, 송탄관광호텔, 부산 로얄호텔	2010	베스트웨스턴프리미어구로, 도요코인 부산서면
1979	신라호텔, 롯데호텔, 대구 동인호텔, 경주조선호텔, 경주도뀨호텔, 영동호텔, 제일관광호텔, 가든호텔, 맘모스호텔, 부산 서라벌호텔, 울산 태화관광호텔, 부산 신신호텔, 청주관광호텔	2011	쉐라톤서울디큐브시티호텔, 롯데시티호텔김포공항, 스탠포드호텔서울, 홀리데이인광주호텔
1980	관광센터, 안양 뉴코리아호텔, 설악파크호텔, 남서울호텔, 크라운호텔	2012	콘래드서울, 파크하얏트부산, 머큐어앰배서더쏘도베호텔, 센터마크호텔, 아벤트리종로, 여수 엠블호텔
1981	제주 그랜드호텔, 울산 오션관광호텔, 리버사이드호텔	2013	메리골드호텔, 골든서울호텔, 이비스앰배서더인사동, 티마크호텔명동, 프레이저플레이스남대문, 고양 엠블호텔, 신라스테이 동탄
1982	팰레스호텔, 제주 로얄호텔, 제주 서해호텔, 삼정호텔, 울산 호텔현대, 수원 캐슬호텔	2014	JW메리어트동대문스퀘어서울, 신라스테이역삼, 알로프트서울강남, 롯데시티호텔구로, 베르누이호텔, 라마다앙코르동대문, 글래드호텔여의도, 라마다서울종로, 이비스버젯앰배서더동대문, 코트야드 판교, 수원 노보텔앰배서더, 인천 오크우드프리미어, 롯데시티호텔대전

1983	서교호텔, 힐튼호텔, 제주 뉴프라자호텔, 백암관광호텔, 인천 국제선원관광호텔	2015	포시즌스호텔서울, 포레힐호텔, 도미인프리미엄서울, 신라스테이마포, 신라스테이서대문, 페이토호텔, 베스트웨스턴아리랑힐동대문, 포포인츠서울, 신라스테이광화문, 홀리데이인익스프레스을지로, 이비스스타일앰배서더명동, 스카이파크호텔명동, 제주 부영호텔 솔라리아니시테츠호텔명동, 홀리데이인송도호텔, 강릉 씨마크호텔(재개관)

출처: 저자 정리

| 표 4-13 | 연도별 외래관광객 입국자 수, 관광호텔 수, 객실 수

연도	입국자수(명)	증감률(%)	관광호텔수(개)	증감률(%)	객실수(실)	증감률(%)
1961	11,109	28.1	–	–	–	–
1962	15,184	36.7	22	22.2	907	56.9
1963	22,061	45.3	25	13.6	1,244	37.2
1964	24,953	13.1	35	40.0	1,753	40.9
1965	33,464	34.1	37	5.7	1,837	4.8
1966	67,965	103.1	37	0.0	1,920	4.5
1967	84,216	23.9	42	13.5	2,311	20.4
1968	**102,748**	22.0	51	21.4	2,648	14.6
1969	122,686	19.4	51	0.0	3,158	19.3
1970	173,335	41.3	62	21.6	4,766	50.9
1971	232,795	34.3	76	22.6	5,673	19.0
1972	370,656	59.2	81	6.6	6,352	12.0
1973	679,221	83.2	97	19.8	7,762	22.2
1974	517,590	−23.8	98	1.0	8,631	11.2
1975	632,846	22.3	114	16.3	**10,058**	16.5
1976	834,239	31.8	120	5.3	11,514	14.5
1977	949,666	13.8	116	−3.3	11,644	1.1
1978	**1,079,396**	13.7	130	12.1	15,327	31.6
1979	1,126,100	4.3	141	8.5	18,457	20.4
1980	976,415	−13.3	123	−12.8	18,547	0.5
1981	1,093,214	12.0	129	4.9	19,702	6.2
1982	1,145,044	4.7	144	11.6	**21,459**	8.9
1983	1,194,551	4.3	154	6.9	22,800	6.2
1984	1,297,318	8.6	157	1.9	23,013	0.9
1985	1,426,045	9.9	165	5.1	23,771	3.3

1986	1,659,972	16.4	172	4.2	24,560	3.3
1987	1,874,501	12.9	221	28.5	27,963	13.9
1988	**2,340,462**	24.9	276	24.9	**33,869**	21.1
1989	2,728,054	16.6	367	33.0	39,091	15.4
1990	2,958,839	8.5	428	16.6	**42,817**	9.5
1991	**3,196,340**	**8.0**	441	3.0	44,029	2.8
1992	3,231,081	1.1	445	0.9	44,551	1.2
1993	3,331,226	3.1	446	0.2	45,096	1.2
1994	3,580,024	7.5	449	0.7	44,884	−0.5
1995	3,753,197	4.8	450	0.2	45,469	1.3
1996	3,683,779	−1.8	455	1.1	46,727	2.8
1997	3,908,140	6.1	446	−2.0	46,894	0.4
1998	**4,250,216**	8.8	452	1.3	46,998	0.2
1999	4,659,785	9.6	457	1.1	47,536	1.1
2000	**5,321,792**	14.2	474	3.7	**51,189**	7.7
2001	5,147,204	−3.3	488	3.0	52,069	1.7
2002	5,347,468	3.9	511	4.7	54,086	3.9
2003	4,752,762	−11.1	534	4.5	56,196	3.9
2004	5,818,138	22.4	550	3.0	59,135	5.2
2005	**6,022,752**	3.5	558	1.5	58,950	−0.3
2006	6,155,046	2.2	580	3.9	**60,596**	2.8
2007	6,448,240	4.8	593	2.2	61,540	1.6
2008	6,890,841	6.9	610	2.9	64,154	4.2
2009	**7,817,533**	13.4	621	1.8	67,171	4.7
2010	**8,797,658**	12.5	630	1.4	68,583	2.1
2011	**9,794,796**	11.3	644	2.2	**70,763**	3.2
2012	**11,140,028**	13.7	683	6.1	74,737	5.6
2013	**12,175,550**	9.3	734	7.5	79,393	6.2
2014	**14,201,516**	16.6	837	14.0	**92,150**	16.1
2015	13,231,651	−6.8	907	8.4	**101,726**	10.4

출처: 한국관광통계연보

참 / 고 / 문 / 헌

김경한(2014). 일제강점기의 철도호텔에 관한 연구. 컨벤션연구. 14, 149-165.

김경환(2011). 『호텔경영학』. 백산출판사.

김창수(2010). 인천 대불호텔·중화루의 변천사 자료연구. 인천학연구 13.

도미타 쇼지(2008). 『호텔: 근대 문명의 상징』. 유재연 역. 논형.

대경성(1929). 중앙정보선만지사.

대경성사진첩(1937). 중앙정보선만지사.

라종우(1979). 전통 숙박시설의 변천-한말 서울을 중심으로. 향토 서울 제37호. 서울특별시
　　　시사편찬위원회.

박재덕(1984). 한국전통숙박시설의 변천에 관한 연구-조선시대의 원을 중심으로. 경기대학
　　　교 대학원 석사학위논문.

소피텔앰배서더서울(2005). 앰배서더, 그 꿈과 신화의 50년.

안창호(2006). 한국호텔산업의 변천사 100년. HOTEL+RESORT. 창간호.

오정환·김경환(2000). 『호텔관리개론』. 백산출판사.

이순우(2012). 『손탁호텔』. 도서출판 하늘재.

이정학(2013). 개화기 호텔발전사에 관한 연구. 관광레저연구. 제25권 제5호. pp. 53-70.

이채원(2003). 일제시대 여관업의 변화와 성격: 1920~30년대 경성을 중심으로. 고려대학교
　　　대학원 석사학위논문.

인천광역시(2007). 테마로 찾아보는 개항장 역사기행, 인천역사문화총서 32. 인천광역시 역
　　　사자료관 역사문화연구실.

임종국(1980). 『한국사회풍속야사』. 서문당.

윤상인(2012). 호텔과 제국주의: 우리 안의 반도호텔들에 대해. 일본비평. 6, 196-215.

윤전용(1985). 한국호텔의 발달사. 산연논총. 10, 117-140.

워커힐호텔(1993). 워커힐삼십년사. 주식회사 워커힐.

정수현(2015). 한국, 중국, 일본의 숙박문화 비교: 주막, 반점, 료칸을 중심으로. 동북아문화
　　　연구. 43, 233-248.

조병로(2002). 『한국역제사』. 마문화연구총서 Ⅵ. 한국마사회 마사박물관.

조성운(2014). 개항기 근대여관의 형성과 확산. 역사와 경제. 92, 135-172.

조혁연(2015). 19세기 충주지역 주막의 연구. 전북대학교 대학원 박사학위논문.

한국관광협회(1982). 『한국관광호텔 발전사』.

한국관광공사(2012). 이야기 관광한국. 한국관광공사 50년사.

호텔롯데(1993). 호텔롯데 이십년사. 주식회사 호텔롯데.

호텔신라(1994). 호텔신라20년사. 주식회사 호텔신라.

두산백과사전.

한국민족문화대백과, 한국학중앙연구원.

www.google.com

www.naver.com

Wikipedia

호텔산업과 호텔경영

PART 03

호텔의 구조와 특성

05

CHAPTER

호텔의 분류와 특성

제1절 호텔의 중요성
제2절 호텔의 분류
제3절 호텔의 특성

학습목표

본 장을 학습한 후 독자들은 다음과 같은 사항에 대해 잘 이해할 수 있어야 한다.

❶ 현대사회에서 호텔의 다양한 기능에 대해 이해한다.
❷ 21세기에서 호텔이 담당하고 있는 역할의 중요성에 대해 이해한다.
❸ 호텔의 유형을 구분하는 여러 가지 분류방식에 대해 충분히 이해하도록 한다.
❹ 호텔의 서비스적 특성, 마케팅적 특성, 그리고 재무적 특성에 대해 깊게 이해한다.

　　세계화가 진행되면서 더욱 더 많은 세계인들이 거주하고 있는 집을 떠나 여행을 나서고 있다. 중요한 비즈니스 업무를 수행하기 위하여 또는 바쁜 일상에서 벗어나 재충전을 위한 여가를 즐기기 위하여 여행에 나서는 사람들은 여행하는 거리가 멀어질수록 또는 여행기간이 길어질수록 숙박시설에서 휴식을 취하고 하룻밤을 지새우는 기회가 점점 더 증가하고 있다. 세계 각국에는 여행자를 위한 수많은 유형의 숙박시설들이 존재하고 있다.

　　여행자들이 가장 많이 이용하는 숙박시설의 하나가 바로 호텔이다. 호텔은 집을 떠나 다른 지역 또는 국가 등을 방문하는 여행자나 또는 여러 가지 목적으로 호텔을 방문하는 이용자에게 그들이 원하는 다양한 욕구에 맞는 시설과 서비스를 제공하고 있다. 전통적으로 호텔은 여행자들에게 잠자리와 식사를 기본으로 제공하고 있었다. 그러나 인류사회가 점점 더 복잡해지고 호텔의 영업범위가 확대되면서 다양한 부가적인 서비스가 추가적으로 제공되고 있는 것이 현실이다.

　　오늘날 우리가 목격하고 있듯이 일부 호텔들은 잠자리와 간단한 식사의 제공과 같은 기본적인 숙박시설의 제공에 중점을 두고 있다. 반면에 다른 호텔들은 아주 다양하고 복잡한 서비스를 제공하고 있다. 즉 호텔은 여행자에게 전통적인 기능인 숙박과 식사를 제공하고 있을 뿐만 아니라 연회, 비즈니스, 회의, 사교, 오락 및 유흥, 문화생활, 쇼핑, 가족행사, 건강관리 등과 같이 이용자들에게 삶의 질을 향상할 수 있는 여러 기능을 제공하고 있다. 따라서 본서에서는 "호텔은 적절한 수준의 숙박시설을 원하는 이용자에게 제공하거나 또는 숙박시설 외에 식사, 연회, 회의, 오락 등 이용자가 원하는 기타 서비스나 편의시설의 제공을 통하여 영리추구를 꾀하는 조직"으로 정의한다.

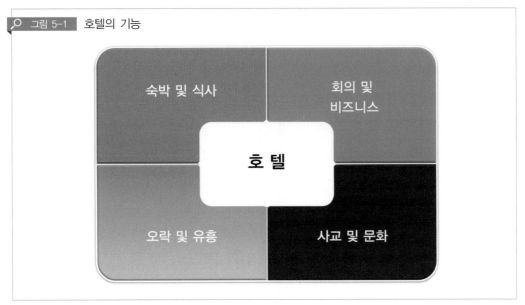

○ 그림 5-1 호텔의 기능

숙박 및 식사

회의 및 비즈니스

호 텔

오락 및 유흥

사교 및 문화

출처: 저자

제1절 호텔의 중요성

　　호텔은 위치하고 있는 도시나 지역에서 중요한 랜드마크로 상징되거나 또는 경제나 문화수준을 나타내는 지표 역할을 담당하고 있다. 또한 지역을 방문하는 여행자들을 반가이 맞이하는 중요한 기능을 담당하고 있다. 그러나 과거 1960년대부터 국내에서 경제 개발이 착수되기 시작할 무렵부터 호텔산업은 호화사치성 시설로서 사치 및 향락을 조장하기 때문에 국민들의 건전한 경제활동을 저해할 뿐만 아니라 국민계층 간의 위화감을 조성하여 사회적 불안요인이 된다는 판단 때문에 불필요한 규제가 많았으며 따라서 투자가 활성화될 수 없었고 결국 지속적으로 성장하는 국가경제와 함께 보조를 맞추어 나갈 수 없었다. 그러나 우리나라가 선진국으로의 도약을 목전에 두고 있는 작금의 21세기에서 호텔은 다음과 같은 중요한 역할을 담당하고 있다.

첫째, 세계 각 국가에서 호텔은 많은 일자리를 창출하고 있다. 가족경영위주의 소규모 호텔은 물론이고 규모가 큰 호텔은 다양한 직종에서 많은 고용을 창출하고 있다. 서비스 산업의 비중이 점점 확대되고 있는 21세기 경제에서 호텔산업은 고용창출의 중요한 창구가 되고 있다.

둘째, 호텔에서 제공하는 여러 상품과 서비스에 대한 이용자의 소비활동은 안정적인 경제성장을 위한 중요한 원천이 되고 있다. 특히 외국인 여행자들은 자국에서 보다 더 많은 소비를 하는 경향이 있으며 호텔 이용자의 소비는 직접적 또는 간접적으로 지역경제의 발전에 큰 공헌을 하고 있다.

셋째, 호텔은 외국인 투숙객으로부터 달러 등의 외화를 벌어들여 자국의 국제수지 향상에 공헌하고 있다. 호텔산업은 주요 수출산업인 제조업보다 오히려 높은 외화가득률(약 88%)을 보이고 있으며 이로 인해 굴뚝 없는 수출산업으로서의 역할을 톡톡히 하고 있다. 특히 IMF 시절 호텔산업은 원/달러 환율의 인상 효과에 힘입어 밀려드는 외국인 관광객들로부터 많은 외화를 벌어들여 국가적 위기를 극복하는데 큰 공헌을 했다.

넷째, 호텔은 많은 국가에서 비즈니스 거래, 미팅이나 세미나, 레크리에이션이나 유흥 등과 같은 경제적 및 사회적 활동을 위해 필수적인 시설을 제공하고 있으며 이를 통해 경제성장을 위한 소비를 진작하고 있다. 아울러 호텔산업은 대규모 국제행사를 유치하고자 할 때 도로·철도·공항과 같이 필수적인 사회간접자본(SOC)으로서 중요한 기능을 담당하고 있다.

다섯째, 호텔산업은 주변의 연관된 산업들의 제품을 소비하는 중요한 기능을 하고 있다. 현대식 호텔건물을 건축함으로써 건설업에 그리고 장비, 가구, 실내장식 등은 다양한 제조업의 발전에 기여하고 있다. 그리고 손님에게 식사 및 음료 서비스의 제공하기 위해 호텔은 농업, 축산업, 수산업, 유통업 등에서 많은 물자를 구매하고 있다. 또한 호텔은 막대한 양의 전기, 가스, 물 등을 소비하고 있다. 또한 위에 언급한 산업에서 호텔산업의 구매 및 소비로 인하여 상당한 고용이 창출되고 있다.

여섯째, 호텔이 위치하고 있는 지역의 주민들은 호텔에서 제공하는 레스토랑, 바, 기타 시설 등을 이용함으로써 향상된 삶의 질을 경험할 수 있으며 더 나아가 호텔은 지역사회의 주민들 사이에서 사교활동의 중심지로서의 역할을 하고 있다. 호텔은 타 시설에 편리하고 쾌적한 시설과 고품격 서비스를 제공함으로써 지역주민들의 다양한 욕구를 충족시켜 나가고 있다.

일곱째, 21세기에서 호텔산업은 국내경제가 종전처럼 제조업위주의 산업구조를 탈피하여 서비스산업의 비중이 높은 선진국으로 도약하는데 중요한 역할을 담당할 것으로 기대되고 있다. 고도의 효율성을 추구하여 '고용없는 성장'을 모색하는 제조업과 달리 호텔산업은 고용창출 효과가 매우 높아서 21세기에서 경제 도약을 위한 신성장동력으로 인식되면서 그 역할이 더욱 더 중요시되고 있다.

여덟째, 세계화된 지구촌 질서에서 한옥호텔처럼 고유한 문화를 경영에 잘 접목할 수 있다면 호텔은 외국인 여행객에게 전통문화를 세계에 홍보하는 좋은 창구가 될 수 있다.

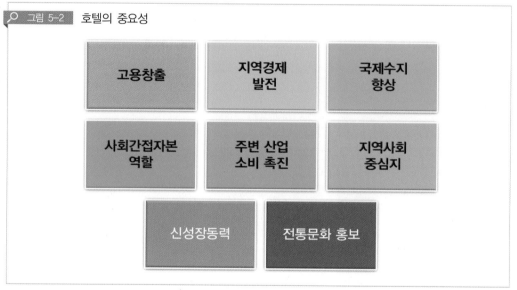

🔍 그림 5-2　호텔의 중요성

출처: 저자

제2절 **호텔의 분류**

세계 도처에는 수많은 유형의 숙박시설이 존재하고 있는데 이는 매우 다양한 여행자 및 이용자의 목적과도 같다. 또한 세계 각국에 존재하는 숙박시설은 개별 국가의 고유한 문화적 특성에 의해 영향을 받고 있다. 〈그림 5-3〉은 현재 국내 호텔·숙박산업에서 다양한 법령에 의해 운영되고 있는 다양한 숙박시설의 유형을 보여주고 있다.

그림 5-3 국내 호텔·숙박산업의 법적 체계

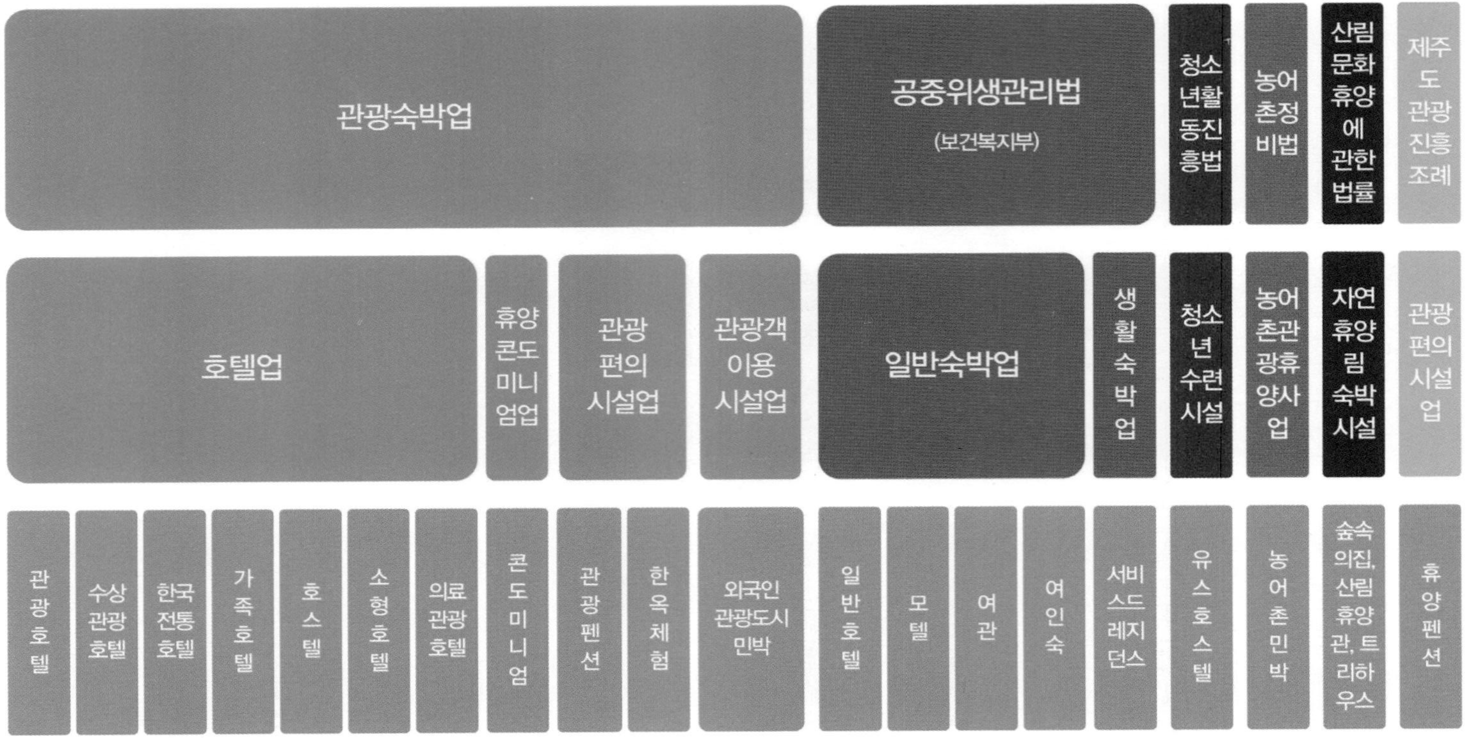

법률	업종	세부 분류
제주도 관광진흥조례	관광편의시설업	휴양펜션
산림문화휴양에 관한 법률	자연휴양림숙박시설	숙소, 위탁, 산림휴양관, 리하우스
농어촌정비법	농어촌관광휴양사업	농어촌민박
청소년활동진흥법	청소년수련시설	야시호텔
공중위생관리법 (보건복지부)	생활숙박업	서비스드레지던스
	일반숙박업	여인숙
		여관
		모텔
		일반호텔
관광숙박업	관광객 이용시설업	외국인관광도시민박
	관광편의시설업	한옥체험
	휴양콘도미니엄업	관광펜션
	호텔업	콘도미니엄
		의료관광호텔
		소형호텔
		호스텔
		가족호텔
		한국전통호텔
		수상관광호텔
		관광호텔

출처: 저자

226

〈그림 5-3〉에서 보는 바와 같이 국내 호텔·숙박산업은 크게 여섯 가지 법령에 의해 구성되고 있다. 그림에서 보는 것과 같이 관광진흥법과 공중위생관리법에 속하는 숙박시설들은 국내 호텔·숙박산업의 양대 산맥으로서 객실을 이용자들에게 공급하고 있다.

문화체육관광부가 관할하는 관광진흥법에는 관광숙박업, 관광편의시설업, 관광객이용시설업과 같은 세 가지 업태에서 여러 유형의 숙박시설이 존재하고 있다. 첫째, 관광숙박업은 크게 호텔업과 휴양콘도미니엄업으로 구분된다. 호텔업에 속하는 숙박시설에는 관광호텔, 수상관광호텔, 한국전통호텔, 가족호텔, 호스텔, 소형호텔, 의료관광호텔 등이 있다. 여기서 특히 관광호텔은 국내 호텔·숙박산업에서 가장 대표적인 숙박시설이며 또한 가장 높은 수준의 객실서비스를 제공하고 있는데 국내에서 대다수 고급호텔들은 이 유형에 속하고 있다. 따라서 국내 호텔·숙박산업에서 가장 중추적인 역할을 담당하고 있다. 이 밖에도 관광진흥법의 관광편의시설업에는 펜션과 한옥과 같은 숙박시설이 존재하고 있으며 최근에는 저렴한 가격의 숙박시설을 원하는 외국인 관광객을 위해 도시민박이란 숙박시설이 새로 등장했다.

둘째, 보건복지부가 관장하는 공중위생관리법에는 일반숙박업과 생활숙박업이 존재하고 있다. 호텔(관광숙박업의 호텔업을 제외한), 여관, 모텔, 여인숙 등을 포함하는 일반숙박업은 국내 숙박산업에서 규모는 작지만 가장 많은 숙박업소를 공급하고 있으며 따라서 가장 많은 객실을 이용자들에게 제공하고 있다. 그리고 최근 들어 급성장한 서비스드 레지던스(Serviced Residence) 업계가 판매방식 등을 두고 관광호텔 업계와 큰 갈등을 겪게 되었다. 이런 갈등을 해소하고 활성화된 서비스드 레지던스 업계를 육성하기 위해 공중위생관리법에 기존의 일반숙박업에 생활숙박업이 새로 추가되었다.

이 외에도 여성가족부가 관리 책임을 담당하고 있는 청소년활동진흥법을 통해 유스호스텔이, 농림축산식품부와 해양수산부가 공동으로 관장하고 있는 농어촌정비법을 통해 농어촌민박이, 산림청이 관할하고 있는 산림문화휴양에 관한 법률을 통해 숲속의 집, 산림휴양관, 트리하우스 등의 숙박시설이 존재하고 있다. 그리고 우리나라의 대표적인 관광지인 제주도는 특별법에 의해 제주특별자치도로 변모하면서 관광진흥조례에 의해 휴양펜션이란 새로운 형태의 숙박시설이 탄생하게 되었다. 국내 숙박산업에서는 이 밖에도 게스트하우스, 펜션 등과 같이 제도권 밖에 존재하는 숙박시설들도 존재하고 있다.

지금까지 보았듯이 국내 호텔·숙박산업은 분류가 단순하지 않고 매우 복잡한 편이다. 그리고 단일 부서를 통해 호텔·숙박산업을 통합적으로 관장하고 있지 못하고 있어서 산업의 규모 및 유형 등에 대한 정확한 기초통계가 잡히지 않고 있는 형편이다. 향후 국내 호텔·숙박산업의 효율적인 발전을 담보하기 위해서는 관련법과 관할 부서를 통합해서 단순화할 필요가 있다. 이런 변화를 통해 정확하고 신뢰받는 호텔·숙박산업 통계의 산출뿐만 아니라 분류체계 및 등급제의 효율성, 영업 및 고용에 대한 현황, 경제성장에 대한 기여도, 합리적인 규제완화 등에 대한 정보가 보다 쉽게 파악될 수 있어서 국내 호텔·숙박산업의 고도성장과 국제경쟁력의 향상에 견인차 역할을 수행할 수 있다.

| 표 5-1 | 국내 숙박시설의 법적 정의

관광진흥법(문화체육관광부)

관광 숙박업	호텔업	관광호텔업	관광객의 숙박에 적합한 시설을 갖추어 관광객에게 이용하게 하고 숙박에 딸린 음식·운동·오락·휴양·공연 또는 연수에 적합한 시설 등을 함께 갖추어 관광객에게 이용하게 하는 업
		수상관광 호텔업	수상에 구조물 또는 선박을 고정하거나 매어 놓고 관광객의 숙박에 적합한 시설을 갖추거나 부대시설을 함께 갖추어 관광객에게 이용하게 하는 업
		한국전통 호텔업	한국전통의 건축물에 관광객의 숙박에 적합한 시설을 갖추거나 부대시설을 함께 갖추어 관광객에게 이용하게 하는 업
		가족호텔업	가족단위 관광객의 숙박에 적합한 시설 및 취사도구를 갖추어 관광객에게 이용하게 하거나 숙박에 딸린 음식·운동·휴양 또는 연수에 적합한 시설을 함께 갖추어 관광객에게 이용하게 하는 업
		호스텔업	배낭여행객 등 개별 관광객의 숙박에 적합한 시설로서 샤워장, 취사장 등의 편의시설과 외국인 및 내국인 관광객을 위한 문화·정보 교류시설 등을 함께 갖추어 이용하게 하는 업
		소형호텔업	관광객의 숙박에 적합한 시설을 소규모로 갖추고 숙박에 딸린 음식·운동·휴양 또는 연수에 적합한 시설을 함께 갖추어 관광객에게 이용하게 하는 업
		의료관광 호텔업	의료관광객의 숙박에 적합한 시설 및 취사도구를 갖추거나 숙박에 딸린 음식·운동 또는 휴양에 적합한 시설을 함께 갖추어 주로 외국인 관광객에게 이용하게 하는 업
	휴양콘도미 니엄업		관광객의 숙박과 취사에 적합한 시설을 갖추어 이를 그 시설의 회원이나 공유자, 그 밖의 관광객에게 제공하거나 숙박에 딸리는 음식·운동·오락·휴양·공연 또는 연수에 적합한 시설 등을 함께 갖추어 이를 이용하게 하는 업
관광객 이용 시설업	외국인 관광 도시 민박업		도시지역의 주민이 자신이 거주하고 있는 주택을 이용하여 외국인 관광객에게 한국의 가정문화를 체험할 수 있도록 적합한 시설을 갖추고 숙식 등을 제공하는 업
관광 편의 시설업	관광 펜션업		숙박시설을 운영하고 있는 자가 자연·문화 체험관광에 적합한 시설을 갖추어 관광객에게 이용하게 하는 업
	한옥 체험업		한옥에 숙박 체험에 적합한 시설을 갖추어 관광객에게 이용하게 하거나, 숙박 체험에 딸린 식사 체험 등 그 밖의 전통문화 체험에 적합한 시설을 함께 갖추어 관광객에게 이용하게 하는 업

공중위생관리법(보건복지부)		
숙박업	일반 숙박업	손님이 잠을 자고 머물 수 있도록 시설(취사시설 제외) 및 설비 등의 서비스를 제공하는 영업
	생활 숙박업	손님이 잠을 자고 머물 수 있도록 시설(취사시설 포함) 및 설비 등의 서비스를 제공하는 영업
청소년활동진흥법(여성가족부)		
청소년 수련시설	유스 호스텔	청소년의 숙박 및 체류에 적합한 시설·설비와 부대·편익시설을 갖추고, 숙식편의 제공, 여행청소년의 활동지원을 기능으로 하는 시설
농어촌정비법(농림수산식품부·해양수산부)		
농어촌 관광휴양사업	농어촌 민박사업	농어촌지역과 준농어촌지역의 주민이 거주하고 있는 단독주택을 이용하여 농어촌 소득을 늘릴 목적으로 투숙객에게 숙박·취사시설·조식 등을 제공하는 사업
산림문화·휴양에관한법률(산림청)		
자연휴양림 시설	숙박시설	숲속의 집·산림휴양관·트리하우스
제주특별자치도 관광진흥 조례(제주특별자치도)		
관광 편의 시설업	휴양 펜션업	관광객의 숙박·취사와 자연·문화체험관광에 적합한 시설을 갖추어 이를 해당 시설의 회원, 공유자, 그 밖에 관광객에게 제공하거나 숙박 등에 이용하게 하는 업

출처: 저자 정리

지구촌에 존재하는 수많은 숙박시설들(서양: Hotel, Motel, Inn, Guest House, B&B 등; 국내: 호텔, 모텔, 여관, 여인숙 등)은 여행자들의 목적이 그렇듯이 매우 다양하다. 그래서 이용자들은 많은 숙박시설들의 특징을 분간하기가 쉽지 않다. 이렇게 다양한 종류의 호텔을 적절히 구분하는 것은 여행자를 위해서 뿐만 아니라 통계작성의 편리 등 호텔산업을 위해서도 매우 적절한 일이다.

〈그림 5-3〉에 나타난 것처럼 법적체계 외에도 호텔을 분류하는 방법에는 여러 가지 방식이 존재하고 있다. 본서에서는 호텔을 브랜드 제휴 여부, 가격 수준, 서비스 수준, 형태, 입지, 등급 등의 기준에 의해 분류하기로 한다.

1. 브랜드 제휴(Brand Affiliation) 여부에 의한 분류

일반적으로 호텔은 특정 호텔체인이나 브랜드와의 제휴 여부에 의해 크게 독립호텔과 체인호텔이란 두 가지 유형으로 분류할 수 있다. 첫째, 독립호텔은 호텔체인들이 보유하고 있는 특정한 브랜드와는 아무런 제휴관계 없이 독자적으로 영업활동을 영위하는 호텔을 말한다. 둘째, 체인호텔은 체인본부가 보유하고 있는 브랜드와 해당 호텔 사이에 제휴관계가 존재하는 호텔을 말한다.

1) 독립호텔(Independent 또는 Unaffiliated Hotel)

독립호텔은 호텔체인의 브랜드와는 제휴나 계약 등 아무런 연관이나 관계없이 자체적으로 영업활동을 수행하는 호텔을 말한다. 바꾸어 말하면, 독립호텔은 영업정책, 업무절차, 마케팅, 재무적 의무 등에서 특정 호텔체인과 아무런 관계없이 독자적으로 자립해서 운영되는 호텔이다. 전통적인 독립호텔은 보통 개인 또는 가족단위에 의해서 소유 및 운영이 이루어지며 또한 영업활동에서 어떤 다른 호텔기업의 정책이나 절차에 따르지 않고 자체적인 방식으로 운영된다. 일부 독립호텔은 다수의 공동투자자에 의해 소유 및 운영되고 있다.

독립호텔의 고유한 장점은 자율권(Autonomy)을 행사할 수 있다는 점이다. 제휴한 호텔체인의 브랜드 이미지에 얽매어 운영되는 체인호텔과 달리 독립호텔은 선택한 세분시장의 손님에게 적절한 서비스를 재량껏 제공할 수 있다. 또한 작은 조직에서 유래하는 독립호텔의 유연성(Flexibility)은 수시로 변하는 시장 상황에 신속하게 적응할 수 있다는 장점이 있다. 그러나 반대로 독립호텔은 판매를 위한 광고 및 홍보에서의 한계, 제휴브랜드의 경영지원이나 컨설팅의 불가 등의 분야에서 큰 약점을 보이고 있다. 특히 대량구매로 인한 비용절감 효과와 같은 체인호텔들이 향유하고 있는 규모의 경제에서 오는 이점을 확보할 수 없다는 한계가 확연하게 나타나고 있다.

20세기 중반 이전에는 전 세계 호텔산업에서 대다수 호텔들은 독립호텔로서 운영이 되었다. 그러나 특히 2차 세계대전 이후 호텔체인들이 성장을 가속화하고 프랜차이즈의 도입과 같은 경영혁신이 나타나면서 독립호텔은 사양길에 접어들게 되었다. 현재 세계 최대인 미국 호텔산업에서 호텔체인이 보유하고 있는 여러 개별브랜드들을 이용하는 호텔들이 약 70%를 점유하고 있으며 독립호텔은 나머지를 차지하고 있다. 합리적이고 전문적인 경영을 기반으로 하는 호텔체인들이 성장하면 할수록 독립호텔의 입지는 점점 좁아지고 있다.

2) 체인호텔(Chain 또는 Brand-affiliated Hotel)

체인호텔 또는 브랜드 제휴호텔은 호텔체인이 개발한 특정 브랜드(들)을 가지고 직접 호텔을 소유해서 영업활동을 수행하는 호텔이나 또는 호텔체인이 개발한 특정 브랜드와 제휴나 계약 관계에 있는 타인 소유의 호텔로 체인본사의 관리 하에 영업활동을 수행하는 호텔을 말한다. 따라서 보통 호텔체인은 두 개 이상의 다수 호텔들을 관리하고 있으며 표준화정책 등으로 브랜드만의 고유한 정체성(Identity)을 확보하고 있다. 체인본부는 보유하고 있는 브랜드와 제휴나 계약관계에 있는 분점호텔에게 영업활동에 있어서 구체적이고 표준화된 규칙, 정책, 업무절차 등을 제시하고 이를 준수할 것을 요구하고 있다.

본사와 분점호텔(들)과의 네트워크로 형성된 체인호텔은 규모의 경제, 전문적 경영지식, 브랜드 인지도, 중앙예약시스템(CRS) 등에서 독립호텔에 비해 현저한 강점을 보유하고 있다. 그러나 브랜드 표준의 준수, 표준화된 분점호텔의 관리정책 등과 같은 체인본사의 중앙집권적이고 통제위주의 경영행태는 자칫 각 지역시장에서 유래되는 고유한 욕구에 잘 부응할 없다는 약점도 보유하고 있다. 따라서 일부 호텔체인은 분점호텔에게 자율권을 제공하는 것을 중요시 하고 있다.

20세기 중반 이후 해외시장에 진출하면서 몸집을 키우기 시작했던 유명 호텔체인들은 20세기 후반에 불어 닥친 세계화(Globalization) 열풍에 편승하고 또 경쟁이 치열하고 성장이 포화된 국내시장에서 벗어나 지속적인 성장을 도모하기 위해 아시아 같은 해외시장으로 진출하여 성장을 가속화하였다. 따라서 이제 세계 각국의 호텔시장에서 독립호텔들은 규모의 경제 등과 같은 효율성을 앞세운 호텔체인들과 힘겨운 경쟁을 벌이게 되었다.

2. 체인등급(Chain Scales) 또는 객실가격(Room Rate)에 의한 분류

세계적으로 유명한 호텔산업 전문컨설팅업체인 Smith Travel Research(STR)는 객실가격에 의해 호텔체인들을 분류하는 체인등급(Chain Scales)을 사용하고 있다. 이를 위해 STR은 먼저 각 호텔체인에 소속된 분점호텔들의 실제 평균객실요금(ADR: Average Daily Rate)에 대한 정보를 수집한 후 이를 기초로 하여 호텔들을 6가지 유형으로 분류하고 있다. 즉 STR은 호텔체인과 브랜드 제휴관계를 맺고 있는 호텔들을 객실가격을 기준으로 해서 Luxury(최고급), Upper Upscale(고급), Upscale(상급), Upper Midscale(중상급), Midscale(중급), Economy(경제가) 등의 6가지로 분류하고 있다. 객실가격이 가장 높은

Luxury호텔에서부터 가장 낮은 Economy호텔까지 6단계로 구분되고 있다. 이 중에서 Upper Midscale호텔에는 식음료업장이 존재하고 있으며 반면에 Midscale호텔에는 레스토랑이 없다. 한편 호텔체인에 속하지 않는 독립호텔들은 가격수준을 고려하지 않고 모두 Independents로 7번째의 유형으로 분류하고 있다. 따라서 총 7가지로 구분하고 있다. 〈표 5-2〉는 각 등급에 포함되는 유명 호텔체인의 개별브랜드를 보여주고 있다. STR에 의해 고안된 이 방식은 세계적으로 가장 많이 이용되고 있는 호텔의 분류방식이기도 하다. 한편 STR은 동일 호텔시장에서 세분시장(Market Scale)을 구분하기 위한 분류방식도 위와 같이 7가지의 체인등급을 이용하고 있다.

| 표 5-2 | STR Chain Scales(2016년 5월 기준)

Luxury	Upper Upscale	Upscale	Upper Midscale	Midscale	Economy
Aman	Ascott	Ac Hotel by MAR	Adagio	America's Best	7 Days Inn
Andaz	Autograph Collection	aloft	Barcelo	Baymont Inn	Days Inn
Armani	Boscolo	Best Western	Berjaya	Barcelo Comfort	Budgetel
Banyan Tree	Bristol	Premier	Best Western Plus	Best Western	City Inn
Bvlgari	Embassy Suite	Club Med	Clarion	Candlewood	Econo Lodge
Conrad	Gaylord	Copthorne	Comfort Inn	Suites	Etap Hotel
Edition	Hilton	Courtyard	Country Inn & Suite	Citrus	Extended Stay A
Fairmont	Nikko	Crowne Plaza	Cresta	Dormy Inn	Good Night Inns
Four Seasons	Hyatt Regency	Disney	Dolan	Europa	Home Inn
Grand Hyatt	Kimpton	Double Tree	Fairfield Inn	Eurotel	Formula 1
Grand Melia	Le Meridien	element	Golden Tulip	Fiesta Inn	Howard
Imperial	Marriott	EVEN	Hampton Inn	Hawthron by Wyn	Johnson
InterContinental	Melia Boutique	Four Points	Hatton	Hotel Stars	Ibis budget
JW Marriott	Millenium	Garden Inn	Holiday Inn	ibis	Jin Jiang Inns
Kempinski	New Otani	Grand	Holiday Inn Express	Ibis styles	Knights Inn
Langham	New World	Grand Mercure	Holiday Inn Select	InnSuit Hotels	Microtel by Wyn
Lotte	Nikko	Homewood	Holiday Inn	Kyriad	Motel 6
Lowes	NH Collection	Suite	Garden	La Quinta Inns	Motel One
Luxury Collection	Oakwood	Indigo	Home 2 suites	MainStay Suites	Motel 168
Mandarin Oriental	Premier	Hotel JAL City	Iberotel	Merlin	Premier Inn
Park Hyatt	Okura	Hyatt House	Idea	Nishitetsu Inn	Red Roof Inn
Raffles	Omni	Hyatt Place	InterCityHotel	Palace Inn	Red Carpet Inns
Regent	Outrigger	Jin jiong	Jardin	Quality Inn	Rodeway Inn
Ritz-Carlton	Pan Pacific	Melia	Leonardo	Ramada	Select Inn
Shangri-La	Pullman	Miyako	Lexitngton	Red Lion	Studio 6
Sofitel	Radisson Blu	Moeen pick	Mercure	Sleep Inn	Suburban
St Regis	Renaissance	NH Hotels	OHANA	Sol	Extended
Peninsula	Sheraton	Novotel	Park Inn	Skytel	Super 8
Trump	Steigenberger	Prince	Ramada Plaza	Swiss Inn	Thriftlodge
W	Swissotel	Radisson	Richmond	Tokyu Inn	Toyoko Inn
Waldorf Astoria	Westin	Residence Inn	Sunroute	Wingate by Wyn	Travelodge
	Wyndham	Suite Novotel	TownePlace S		
			TRYP by Wyn		

출처: STR 자료를 토대로 저자 작성

3. 서비스수준(Level of Service)에 의한 분류

호텔은 손님에게 제공되는 서비스의 수준에 의해서도 분류할 수 있다. 이 방식은 호텔산업에서 오랜 기간 동안 이용되고 있는 전통적인 분류방식이다. 서비스 수준에 의한 분류는 손님에게 제공되는 시설 등의 물적 서비스와 종사원에 의한 인적 서비스의 수준에 따라 호텔을 구분하는 것이다. 이 방식에 의하면 호텔은 크게 고급서비스호텔, 한정서비스호텔, 선택서비스호텔로 분류하고 있으며 이들을 구분하는 정의나 기준은 아직 존재하지 않고 있다. 일반적으로 한정서비스 호텔은 기본적인 서비스만을 제공하기 때문에 영업비용(Operating Costs)을 낮게 유지할 수 있다. 반면에 고급서비스 호텔을 이용하는 손님들은 한정서비스 호텔에 비해 보다 높은 수준의 서비스를 원하기 때문에 보다 많은

🔍 그림 5-4 고급서비스 vs 선택서비스 vs 한정서비스 호텔

▲ Full-service Hotel

▲ Select-service Hotel

▲ Limited-service Hotel

출처: 저자, marriott.com & wyndham.com

233

종사원과 다양한 시설들을 필요로 하기 때문에 높은 수준의 영업비용이 요구되고 있다. 한편 비교적 최근에 등장한 선택서비스 호텔은 한정서비스와 고급서비스의 특성이 혼합된 하이브리드(Hybrid)호텔로 최근 급성장하고 있다.

1) 고급서비스호텔(Full-service Hotel)

고급서비스호텔은 우리가 흔히 상상하는 높은 수준의 시설과 서비스가 제공되는 호텔이다. 다른 호텔에 비해 이 호텔의 가장 큰 차이점은 개별손님과 단체손님에게 다양한 식음료(F&B) 서비스를 제공하는 것이다. 다른 호텔들과 달리 고급서비스호텔은 특정 도시 또는 지역에서 중요한 회의 또는 특별한 이벤트를 개최함에 있어 중요한 역할을 담당하고 있다. 이를 위해 고급서비스호텔은 다수의 레스토랑, 라운지, 연회가 가능한 대규모 회의장 등의 중요한 시설과 서비스를 제공하고 있다. 고급서비스호텔에서는 높은 수준의 객실서비스 뿐만 아니라 여러 개의 고급 레스토랑, 넓고 화려한 연회장, 24시간 룸서비스, 스파, 도어맨, 발레파킹, 컨시어즈, 최신 시설의 비즈니스센터, 쾌적한 수영장과 피트니스센터, 화려한 오락 또는 유흥시설 등이 갖춰져 있다.

고급서비스호텔의 주요 손님들은 가격에 덜 민감한 상용이나 여가여행자와 컨벤션 행사에 참여하는 그룹손님들이 대다수를 차지하고 있다. 위의 6가지 STR 체인등급 중에서 고급서비스호텔에 속하는 카테고리는 Luxury, Upper Upscale, Upscale, Upper Midscale이다.

객실 외에 다수의 영업장으로 운영되는 고급서비스 호텔은 규모가 커서 신규 개발시 초기 투자비용이 많이 소요되고 개발기간도 장시간이 소요된다. 또한 복잡한 영업구조로 인하여 많은 수의 종사원이 요구되므로 영업비용이 높게 유지되고 있다. 특히 불황시에는 기업들이 여행비용을 감축하고 또한 기업 미팅을 줄이기 때문에 고급서비스호텔은 큰 타격을 받게 된다. 이때 일부 기업의 상용여행자들은 한정서비스호텔로 숙소의 등급을 낮추는 경우도 있다. 반대로 경기가 호황기에 들어서면 고급서비스호텔의 객실예약이 바빠지며 화려한 레스토랑들과 넓은 연회장에는 많은 손님들로 붐비게 된다.

2) 한정서비스호텔(Limited-service Hotel)

한정서비스호텔에서는 손님에게 객실중심의 기본적인 서비스만을 제공한다. 이 호텔에서는 보통 객실가격에 포함된 간단한 아침식사를 제외하고는 식음료 서비스는 제공되지 않고 있다. 따라서 레스토랑과 연회시설은 제공되지 않는 단순한 영업형태를 유지하고 있어서 세 가지 분류에서 영업비용이 가장 적게 소요되고 있다. 한정서비스호텔을 찾는 손님들은 가격에 민감한 상용 또는 여가여행자들이다. 위에 설명한 6가지 STR 체인등급 중에서 한정서비스호텔에 속하는 카테고리는 Midscale과 Economy이다.

그러나 위와 같은 전통적인 한정서비스호텔의 특성은 20세기 후반에 발생했던 '어메니티 전쟁'을 거치면서 많은 변화가 나타났다. 즉 일부 한정서비스호텔 브랜드에서는 비즈니스 센터, 피트니스 센터, 세탁시설, 수영장, 소규모 회의실과 같은 과거 고급서비스호텔에서나 볼 수 있던 수준 높은 서비스와 어메니티를 제공하고 있다. 이처럼 두 부류 호텔의 경계가 점점 모호해지고 있다. 그러나 다수의 레스토랑 운영과 수준 높고 넓은 연회시설은 아직도 고급서비스호텔의 영역으로 남아있다.

고급서비스호텔에 비해 덜 복잡한 영업구조를 보유하고 있는 한정서비스호텔의 개발에는 초기 투자비용이 적게 소요되고 개발기간도 짧은 편이다. 그리고 객실위주로 운영이 되므로 규모가 작기 때문에 적은 수의 종사원과 단순한 영업구조는 영업비용을 낮게 유지하는데 도움이 되므로 영업이익률이 타 호텔에 비해 높은 편이다. 이렇듯 한정서비스호텔은 영업비용이 낮게 유지되기 때문에 고급서비스호텔에 비해 객실이 적게 판매되어도 손쉽게 손익분기점에 도달할 수 있다는 이점이 있다. 한정서비스호텔은 객실판매의 양을 측정하는 지표인 객실점유율(Occupancy)이 50% 이상만 유지된다면 최소한의 이윤을 창출할 수 있는 구조를 가지고 있다. 하지만 고급서비스호텔이 영업활동을 통해 이윤을 창출하려면 객실점유율이 적어도 60% 이상은 유지할 수 있어야 한다는 것이 호텔업계의 일반적인 상식이다.

3) 선택서비스호텔(Select-service Hotel)

선택서비스호텔은 20세기 후반 이후 한정서비스호텔이 많은 인기를 누리게 되자 이에 따라 탄생된 새로운 호텔유형이다. 선택서비스호텔은 기본적으로 한정서비스 호텔의 특성을 유지하면서 동시에 고급서비스호텔의 일부 서비스와 어메니티를 결합한 하이브리드 유형의 호텔이다. 즉 선택서비스호텔은 한정서비스호텔에 고급서비스호텔의 주요 특성인 객실의 고급 어메니티, 레스토랑, 연회시설 등을 추가하였는데 고급서비스호텔에 비해서는 격을 많이 낮추었다. 6가지 STR 체인등급 중에서 선택서비스호텔에 속하는 카테고리는 Upper Midscale, Midscale, Economy이다. 이렇게 기존 두 호텔유형의 특성을 결합한 선택서비스호텔은 최근 손님으로부터 큰 각광을 받아서 같은 유형의 호텔들이 많이 개발되고 있다.

선택서비스호텔은 새로운 것을 추가함으로써 생길 수 있는 과도한 영업비용을 낮게 유지하기 위해서 추가적인 서비스와 어메니티를 적절하게 조절하였다. 먼저 여러 개의 레스토랑, 값비싼 연회서비스, 넓은 회의시설 등의 서비스들은 채택하지 않았다. 또한 레스토랑에서는 제한적인 메뉴만이 판매되고 하루 세끼 중 일부만이 제공되며 연중무휴의 영업을 하지 않고 있다.

그러나 객실의 어메니티는 거의 고급서비스호텔 수준까지 제공하고 있다. 특히 2007년 금융위기 이후 기업들이 긴축적으로 여행비용을 줄이게 되자 이런 기회를 이용하여 종전에 고급서비스호텔들을 이용했었던 상용여행자들을 선택서비스호텔로 유인하기 위해 객실에서 고급서비스호텔 수준에 버금가는 고급 어메니티를 제공하였다. 이처럼 선택서비스호텔은 고급서비스호텔에 비해서 비교적 덜 다양하고 조금 낮은 수준의 서비스를 제공함으로써 영업비용을 낮춰서 적절한 가격을 유지함과 동시에 질 좋은 객실 어메니티를 제공해서 경쟁력을 강화해 나가고 있다.

선택서비스호텔의 진수를 보여주는 전형적인 브랜드에는 Courtyard by Marriott, Hilton Garden Inn, Four Points by Sheraton, Hyatt Place가 있으며 이 외에도 aloft, Holiday Inn Select, Indigo, Ramada, Clarion, Wyndham Garden Inn, Doubletree Club, Cambria Suites 등이 존재하고 있다. 〈그림 5-4〉는 STR의 6가지 체인등급별로 각각 속하고 있는 서비스수준을 잘 보여주고 있다.

선택서비스호텔이 새롭게 등장해서 성공을 거두게 되자 기존 두 유형의 호텔에도 변화가 감지되고 있다. 먼저 전형적인 한정서비스호텔인 Best Western이나 Days Inn에서 레스토랑이 생겨나고 있으며 또한 고급화된 객실 어메니티도 제공되고 있다. 그리고 Holiday Inn이나 Wyndham과 같은 고급서비스호텔에서는 영업효율성을 향상하기 위해서 보다 적은 비용으로 호텔을 건축하고 유지하기 위해서 객실의 규모를 줄이는 한편 이와 동시에 덜 비싼 식음료 상품을 판매하는 새로운 유형의 호텔들이 개발되고 있다. 시간이 경과하면서 위에 소개한 세 유형 호텔 간의 경계가 점점 더 모호해지고 있다.

그림 5-5 체인등급별 서비스수준

Luxury	Upper Upscale	Upscale	Upper Midscale	Midscale	Economy
			Full-service	Select-service	Select-service
Full-service	Full-service	Full-service	Select-service	Limited-service	Limited-service

출처: 저자

4. 호텔타입(Hotel Types)에 의한 분류

호텔은 객실구조 또는 건축구조에 의해서도 구분할 수 있다.

1) 상용호텔(Commercial Hotel)

비즈니스를 목적으로 여행을 하는 손님을 주요 대상으로 하는 호텔이다. 비즈니스여행자들은 주로 도시의 도심지에 위치하고 있는 금융기관, 관공서 및 공공기관, 기업체 등을 방문하기 때문에 이런 손님들을 유치하기 위해 상용호텔은 도심지역에 위치하고 있다. 상용호텔의 일반적인 객실구조는 침대와 욕실을 중심으로 구성되어 있다. 상용호텔은 비즈니스 여행자를 위해 객실을 숙소 겸 사무실과 같은 분위기로 연출한다. 보통 안락한 침대 외에 편리하게 업무를 볼 수 있는 큰 책상, 초고속 인터넷망, 두 개 이상의 전화 콘센트, 밝은 실내등, 각종 문구류 등이 비치되고 있으며 또한 비즈니스센터를 통해 컴퓨터, 프린터, 복사기, 팩시밀리 등 여러 사무장비를 대여해주고 있다. 그리고 편리하고 효율적인 비즈니스 미팅을 수행할 수 있도록 회의시설을 제공하고 있다.

2) 카지노호텔(Casino Hotel)

카지노호텔은 특별한 부대시설로서 다양한 도박이나 게임 장비를 갖추고 이를 이용하려는 손님을 유치하는 호텔이다. 카지노호텔은 수익성이 높은 도박사업을 위주로 하는 영업정책을 시행하고 있으며 객실이나 식음료사업은 오히려 도박사업을 위한 부대사업으로 간주되고 있다.

3) 컨벤션호텔(Convention Hotel)

컨벤션호텔은 국제회의를 유치하기 위해 건립된 호텔로서 비교적 규모가 큰 편이다. 국제회의 등에 참가하기 위해 방문한 손님들을 위해 최소 300실 이상의 충분한 객실을 갖추고 있어야 하며 또한 충분한 규모의 회의시설과 연회시설 등을 갖춰야 한다. 그리고 국제회의를 위한 통역시설과 컴퓨터 등 각종 첨단 장비 등도 보유해야 한다. 컨벤션호텔은 주로 단체손님(Group guests)을 중점적으로 유치하는데 컨벤션 참가자들은 일반 관광객에 비해 높은 소비성향을 보이고 있다.

4) 컨퍼런스호텔(Conference Hotel)

컨벤션호텔과 달리 덜 붐비지만 접근하기 편리한 지역에 위치하고 있는 호텔을 말한다. 비즈니스 컨설팅, 회의, 훈련 등을 목적으로 여행하는 비즈니스여행자들이 주요 손님이다. 보통 컨벤션호텔보다는 규모가 작은 편이다.

5) 장기체류호텔(Extended-stay Hotel)

20세기 후반에 등장하기 시작한 호텔의 형태로서 단기간 숙박을 하는 일반 호텔과 달리 장기체류호텔은 주로 장기적으로 체류할 손님을 대상으로 하고 있다. 장기체류호텔의 가장 큰 특징은 손님이 자기 집처럼 편안한 분위기를 연출해서 손님이 오랫동안 머물 수 있도록 배려하는 것이다. 따라서 장기체류호텔의 객실구조는 집처럼 침실, 거실, 주방

그림 5-6 Type별 호텔의 분류

▲ Commercial Hotel

▲ Casino Hotel

▲ Convention Hotel

▲ Conference Hotel

▲ Extended-stay Hotel

▲ All-suite Hotel

▲ Motel

▲ Boutique Hotel

출처: 저자, marrott.com, extendedstayamerica.com, hilton.com, wyndham.com & kimptonhotels.com

등이 서로 나누어져서 독립된 공간으로 구성되고 있다. 또한 일반 호텔처럼 객실청소 서비스(Maid Service)가 제공되며, 덜 다양하지만 식음료 서비스와 룸서비스도 제공되고 있다. 그리고 일주일 이상 장기체류하는 손님을 위해 객실요금을 할인해 주는 정책을 시행하고 있다. 대표적인 브랜드에는 Residence Inn, Hyatt House, Homewood Suites, Extended Stay America 등이 있다.

6) 스위트호텔(All-suite Hotel)

장기체류호텔이 시장에서 좋은 호응을 얻게 되자 이에 편승하여 개발된 유사한 개념 의 호텔이다. 그러나 장기체류호텔과 달리 훨씬 단순한 구조의 주방시설이 제공되거나 아니면 제공되지 않고 있으며 또한 장기체류 할인정책을 시행하지 않는 호텔이 많다. 그리고 호텔 내에 레스토랑이 없는 곳이 대다수이다. 하지만 객실요금에는 아침식사가 포함되어 있다. 주요 브랜드로서 Embassy Suites, Hyatt Place, SpringHill Suites, Cambria Suites 등이 있다.

7) 모텔(Motel)

모텔은 주로 자동차로 여행을 하는 손님을 대상으로 하는 숙박시설을 말하며 도시나 지방의 도처에 위치하고 있다. 주로 지대가 싼 일부 도심지역, 교외지역, 도로변에 위치 하고 있다. 모텔은 가격이 저렴하고 도처에 위치하고 있어서 가장 대중적인 숙박시설이 다. 모텔의 주요 특징에는 첫째, 객실요금이 호텔에 비해 현저히 낮다. 둘째, 호텔에 비해 현저히 낮은 저층 건축구조로 규모가 작고 단순하다. 셋째, 입실 및 퇴실 절차가 간편하 다. 넷째, 주로 셀프서비스이기 때문에 호텔종사원과 접촉이 적은 편이다.

8) 부티크호텔(Boutique Hotel)

부티크호텔은 1980년 초에 탄생해서 21세기 초엽부터 전 세계 호텔산업에서 선풍적 인 인기를 모으고 있으며 현재도 성장을 지속하고 있는 호텔의 형태이다. 표준화를 기반 으로 하는 전통적인 호텔서비스에 식상한 손님들을 위해 부티크호텔은 새로운 스타일의 서비스를 제공하고 있다. 객실, 로비, 레스토랑, 바 등에서 전통호텔에서는 볼 수 없는 독창적이고 현대적이며 색다른 디자인과 장식을 도입하고 있다. 부티크호텔에서는 객실과 레스토랑 등의 전 영업장에서 현대 유행을 선도하고 고급스러우며 세련되고 전위적인 느낌과 분위기들이 연출되고 있다. STR의 6가지 체인등급 중에서 대다수 부티크호텔이 속하는 카테고리는 Luxury, Upper Upscale, Upscale이다. 대표적인 부티크호텔 브랜드에는 W, Kimpton, Morgans, aloft, Andaz, Edition, element, Indigo, NYLO, Rosewood 등이 있다.

5. 호텔입지(Hotel Locations)에 의한 분류

호텔건물이 존재하는 물리적인 장소인 입지에 의해서도 호텔의 유형을 분류할 수 있다.

1) 도심호텔(Urban or City Hotel)

주요 도시의 중심지에 위치한 호텔을 말하고 있다. 일반적으로 도심호텔은 비즈니스 활동이 활발한 대도시의 금융가나 쇼핑중심가처럼 교통이 편리해서 사람들이 많이 모이는 장소에 위치하고 있다. 따라서 각종 연회·집회·회의·결혼·발표·전시 등을 위한 사교의 중심장소가 되고 있다. 도심호텔은 지가가 비싸 건설비용이 많이 소요된다. 도심호텔은 주로 주중에는 손님이 많고 주말에는 비교적 한가한 편이다. 비즈니스를 위해 여행하는 사람들이 주요 손님이다.

2) 교외호텔(Suburban Hotel)

교외호텔은 혼잡한 도심에서 벗어나 비교적 한가한 지역에 위치하고 있다. 교외호텔은 도심호텔에 비해 주위환경이 보다 쾌적하고 주차시설은 훨씬 편리하다. 교외호텔은 지가가 도심에 비해 많이 낮은 편이어서 건축비용이 적게 소요되고 있다. 주요 손님은 객실요금의 수준에 민감한 여가여행자들이다. 도심호텔에 비해 건물이 비교적 낮고 객실 수도 적은 편이다. 고급호텔보다는 중저가 호텔이 대부분이다.

3) 리조트(Resort)

리조트는 좋은 자연적 조건을 갖춘 유명 관광지에 위치하고 있는 호텔이다. 바쁜 일상생활에서 벗어나 일탈을 위한 여가를 즐기려는 가족단위 손님들이 주로 찾고 있다. 리조트가 위치한 지역은 해변이나 산록과 같이 여름 또는 겨울에 방문하기 좋은 기후조건을 갖추고 있거나 스키장·골프장·마리나 등 여가활동을 즐기는데 시설이 훌륭한 곳이 많다. 리조트는 도심호텔에 비해 객실이 비교적 넓은 편이고 투숙기간도 긴 편이다. 그리고 도심호텔과 달리 주중보다는 주말에 방문하는 손님이 더욱 많다. 리조트는 위치하고 있는 관광지의 계절적 매력도에 따라 성수기와 비수기가 극명하게 나누어진다.

4) 공항호텔(Airport Hotel)

공항호텔은 공항 근처에 위치하고 있는 호텔을 말한다. 항공사의 조종사와 승무원, 예상치 못한 비행기의 사정으로 출발 및 도착이 지연되어 불가피하게 공항 근처에서 숙박을 해야 하는 여행자들, 그리고 지리적으로 서로 멀리 떨어져있는 비즈니스 여행자들이 편리하게 공항호텔에서 만나 회의·세미나 등을 위한 목적 등으로 방문하고 있다. 일반적으로 도심호텔에 비해 객실가격이 저렴하고 손님들의 이용기간은 짧은 편이다.

5) 고속도로호텔(Expressway Hotel)

고속도로나 주요 도로의 근처에 위치하고 있는 호텔을 말한다. 자동차를 이용하여 여행을 즐기는 사람들이 주로 이용하는 호텔이다. 일반적으로 규모가 작고 한정서비스호텔이 대다수이다.

6) 타운호텔(Town Hotel)

소도시나 시골 마을에 위치하고 있는 호텔이며 규모가 작은 한정서비스호텔이 대부분이다.

🔍 그림 5-7 Location에 의한 호텔 분류

▲ Urban Hotel

▲ Suburban Hotel

▲ Resort

▲ Airport Hotel

▲ Expressway Hotel

▲ Town Hotel

출처: 저자, suburban.com, sofitel.com, motel6.com & hamptoninn.com

6. 호텔등급(Hotel Ratings)에 의한 분류

세계 각국에서는 여행을 하는 사람들이 휴식을 위해 호텔을 찾는 경우 이들이 도처에 존재하는 수많은 호텔을 편리하고 쉽게 고를 수 있도록 하기 위해 객관적인 등급시스템(Rating System)을 개발하여 시행하고 있다. 각국은 독자적으로 호텔등급제를 운용하고 있으며 국제적 차원에서 상호호환성을 갖춘 호텔등급시스템은 아직 개발되지 있다. 대다수 국가에서는 민간기업이나 민간조직에서 호텔등급시스템을 개발하여 운용하고 있으나 일부 국가에서는 정부나 공기업이 관여하고 있다.

호텔산업이 발달되어 있는 미국에서 호텔의 등급평가시스템은 민간기관에 의해 정확하고 엄격하게 관리되고 있다. 평가업체들은 호텔등급시스템의 명예와 권위를 지키기 위해 엄격하게 평가하고 심사하는 좋은 전통을 잘 유지해오고 있다. 미국에서 소비자에게 가장 신뢰도가 높은 호텔등급시스템에는 다이아몬드(◇) 1–5개로 상징되는 AAA(전미자동차협회)와 별(☆) 1–5개로 상징되는 포브스여행가이드(Forbes Travel Guide: 종전의 Mobil Travel Guide)가 있다. 그리고 유럽지역의 호텔등급시스템은 주로 별을 이용하고 있다.

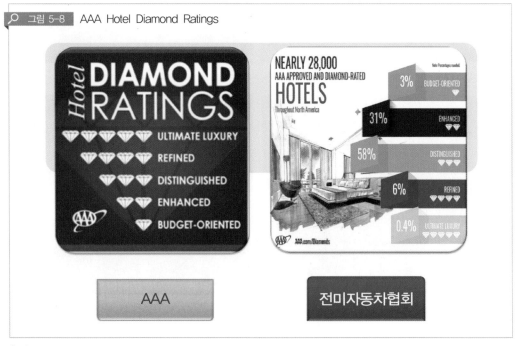

🔍 그림 5-8 AAA Hotel Diamond Ratings

출처: www.aaa.com

우리나라에서도 정부는 관광진흥법 시행령 및 시행규칙과 같은 법률에 의거하여 관광진흥법 상의 호텔업에 속하는 관광호텔(Tourist Hotels)을 이용하는 사람들의 편의를 도모하기 위해 호텔등급시스템을 개발하여 오래전부터 시행하고 있다. 객관적인 등급시스템을 고안하여 이를 공개적으로 명시함으로써 이용자는 보다 합리적으로 호텔선택에 대한 의사결정을 내릴 수 있다.

국내에서 종전에는 특1급, 특2급, 1급, 2급, 3급로 구분되는 등급시스템을 유지해오고 있었으나 2015년부터는 새롭게 별을 사용하여 1성급-5성급 호텔로 상징되는 등급시스템을 시행하고 있다. 그리고 호텔등급결정의 공정성과 신뢰성을 확보하기 위해서 공공기관인 한국관광공사(KTO)에서 등급제도를 도맡아 관장하고 있다.

등급을 평가하는 분야는 첫째, 공용공간 서비스 부문 둘째, 객실 및 욕실 부문 셋째, 식음료 및 부대시설 부문 등 세 가지 부문이다. 평가하는 방법에도 세 가지 방식이 존재하고 있다. 첫째, 평가위원들이 평가대상 호텔과 사전에 일정을 협의한 후 직접 방문하여 평가하는 현장평가이다. 둘째, 평가대상 호텔과 사전에 일정을 협의하지 않고 평가위원이 불시에 직접 방문하여 평가를 진행하는 불시평가이다. 셋째, 평가위원이 일반 손님으로 가장하여 대상 호텔을 직접 투숙하여 호텔의 서비스를 체험하면서 평가를 진행하는 암행평가이다. 한편 심사대상 호텔의 등급을 결정하는 등급결정 기준은 〈표 5-3〉에 나타나 있다.

| 표 5-3 | 등급별 결정기준표

1성급		2성급		3성급		4성급		5성급	
현장	불시	현장	불시	현장	불시	현장	암행	현장	암행
400	200	400	200	500	200	585	265	700	300
총 배점 600		총 배점 600		총 배점 700		총 배점 850		총 배점 1,000	
평가점수가 총 배점의 50% 이상 취득시		평가점수가 총 배점의 60% 이상 취득시		평가점수가 총 배점의 70% 이상 취득시		평가점수가 총 배점의 80% 이상 취득시		평가점수가 총 배점의 90% 이상 취득시	

출처: 한국관광공사

| 표 5-4 | 등급별 서비스 기준의 정의

등급	서비스 기준
1성급 호텔	고객이 수면과 청결유지에 문제가 없도록 깨끗한 객실과 욕실을 갖추고 있는 조식이 가능한 안전한 호텔
2성급 호텔	고객이 수면과 청결유지에 문제가 없도록 깨끗한 객실과 욕실을 갖추며 식사를 해결할 수 있는 최소한 F&B 부대시설을 갖추어 운영되는 안전한 호텔
3성급 호텔	청결한 시설과 서비스를 제공하는 호텔로서 고객이 수면과 청결유지에 문제가 없도록 깨끗한 객실과 욕실을 갖추고 다양하게 식사를 해결할 수 있는 1개 이상(직영 또는 임대 포함)의 레스토랑을 운영하며, 로비, 라운지 및 고객이 안락한 휴식을 취할 수 있는 부대시설을 갖추어 고객이 편안하고 안전하게 이용할 수 있는 호텔
4성급 호텔	고급수준의 시설과 서비스를 제공하는 호텔로서 고객에게 맞춤 서비스를 제공. 호텔로비는 품격 있고, 객실에는 품위 있는 가구와 우수한 품질의 침구와 편의용품이 완비됨. 비즈니스 센터, 고급 메뉴와 서비스를 제공하는 2개 이상(직영 또는 임대 포함)의 레스토랑, 연회장, 국제회의장을 갖추고, 12시간 이상 룸서비스가 가능하며, 휘트니스 센터 등 부대시설과 편의시설을 갖춤
5성급 호텔	최상급수준의 시설과 서비스를 제공하는 호텔로서 고객에게 맞춤 서비스를 제공. 호텔로비는 품격 있고, 객실에는 품위 있는 가구와 뛰어난 품질의 침구와 편의용품이 완비됨. 비즈니스 센터, 고급 메뉴와 최상의 서비스를 제공하는 3개 이상(직영 또는 임대 포함)의 레스토랑, 대형 연회장, 국제회의장을 갖추고, 24시간 룸서비스가 가능하며, 휘트니스 센터 등 부대시설과 편의시설을 갖춤

출처: 한국관광공사

🔍 그림 5-9 국내호텔 등급별 표지(Star Ratings)

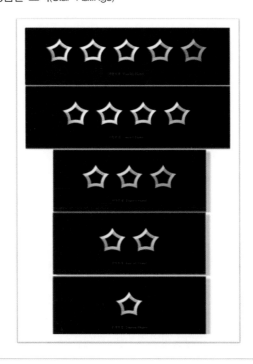

출처: 한국관광공사

제3절 **호텔의 특성**

일반경영학은 주로 제조업을 대상으로 경영현상을 연구하고 있다. 제조업은 유형적인 제품을 생산하며 수요를 예측하여 계획생산 등에 의하여 재고를 조절하고 중앙집중방식의 대량생산을 추구할 수 있다. 또한 생산시설을 자동화하여 생산성을 향상하며 따라서 고용인원을 줄일 수 있으며 표준화를 통해 품질수준을 제고할 수 있다. 그러나 호텔과 같은 서비스기업은 제조업의 특성에 비해 분명한 차이점이 확인되고 있다. 따라서 일반경영학을 기초로 하여 만들어진 일반적인 경영이론을 서비스산업에 그대로 적용할 수는 없다.

호텔은 서비스산업의 대표적인 기업이며 중추적인 역할을 담당하고 있으므로 호텔이 제조기업과 비교했을 때 어떤 차이점이 존재하고 있는가를 잘 주지해야 한다. 제1장에서 소개한 바와 같이 호텔은 무형성, 비분리성, 이질성, 소멸성과 같은 서비스기업으로서의 본질적인 특성을 보유하고 있다. 서비스기업의 특성 외에도 호텔은 마케팅적 및 재무적 특성을 지니고 있다.

1. 호텔의 마케팅적 특성

1) 입지성(Location)

호텔 상품은 대표적인 입지상품이다. 미국의 혁명적인 호텔리어 Statler가 강조한 것처럼 호텔사업에서 성공하기 위해 가장 중요한 것은 '첫째도, 둘째도, 셋째도 입지다'라는 교훈이 현재까지도 유지되고 있듯이 좋은 입지의 선정은 매우 중요하다. 훌륭한 입지는 찾기도 확보하기도 쉽지 않다. 설사 처음에는 좋은 입지에 있던 호텔도 수시로 변하는 주변지역의 여러 상황이나 인구통계학적 이동현상으로 인하여 최악의 상황에 직면할 수도 있다.

2) 판매장소의 부동성(Immobility)

한번 정해진 호텔의 입지는 개관 이후에는 다시 번복할 수 없다. 항공기의 좌석과 달리 출장연회(Catering)와 같은 극히 일부 분야를 제외하고 호텔의 대부분 상품과 서비스는 이동이 불가능하다. 때문에 손님이 직접 호텔을 방문해야만 상품과 서비스를 소비할 수 있다. 각기 다른 고정된 입지와 서로 다른 주변 환경에 처해있는 각 호텔의 관리자들은 고정되어 있는 입지 조건에 의존하기 보다는 입지에 맞는 적절한 마케팅 및 판매 전략을 개발하는 것이 더 바람직하다. 또한 제 발로 자발적으로 방문하는 손님들에게 의존하는 것보다는 효과적인 객실예약시스템을 구축하는 것이 더 바람직하다.

3) 공급량의 고정성(Fixed Supply)

호텔이 특정 장소에 고정되어 있는 것처럼 판매할 수 있는 객실의 수량도 고정되어 있다. 항공사는 비교적 쉽게 일시적으로 항공기의 운행수를 증가하거나 축소할 수 있다. 그러나 호텔의 객실은 처음 건립되면서 객실의 규모가 고정되기 때문에 제조업체처럼 먼저 수요예측을 한 후에 미리 상품을 생산해서 저장해 두었다가 수요의 변동에 따라 융통성 있게 상품공급이 이루어 질 수 있는 탄력성(Elasticity)에 대한 뚜렷한 한계를 보유하고 있다. 따라서 수요가 급증할 때 이에 대처할 수 있는 수단이 전무하다.

4) 판매의 계절성(Seasonality)

호텔 상품은 비교적 성수기와 비수기의 구별이 뚜렷한 편이다. 성수기에는 때때로 객실이 부족하지만 저장이 불가능하여 보유하고 있는 객실의 수량 이상으로 판매가 불가능하다. 반면에 비수기에 판매하지 못한 객실들을 저장해 두었다가 후일 재판매를 할 수 없다. 따라서 호텔은 1년분 판매의 상당 부분을 성수기에 집중하고 있다. 또한 일반적으로 상용호텔은 주중에는 바쁜 편이고 주말에는 한산하다. 반면에 유명 관광지에 위치하고 있는 리조트는 주말에 붐비고 주중에는 한산하다는 특징을 가지고 있다.

5) 업무의 반복성(Repetitiveness)

호텔에서 객실 또는 식음료 상품의 판매를 위한 준비과정은 매일 반복되고 있다. 이런 일상적인 업무절차(Routine 또는 Operating Procedure)는 표준화를 통해 효율을 향상하고 있다. 그러나 최근 들어 손님들은 전통적인 표준화된 상품이나 서비스 보다는 개별적으로 맞춤화된 창의적인 상품과 서비스를 더욱 원하고 있다.

6) 외부환경의 변화에 대한 높은 민감성(Sensitivity to External Environment)

호텔은 정치 · 경제 · 사회 · 환경 등 외부환경의 변화 요인에 대해 매우 민감하게 반응하며 이는 바로 경영성과로 직결되고 있다. 예를 들면 국내 및 세계경제의 안녕이나 불안은 다른 산업에 비해 더욱 지대한 영향을 호텔산업에 미치고 있다. 이 외에도 대형 국제 이벤트, 환율의 변동성, 9 · 11 같은 국제 테러, SARS와 같은 전염병 등과 같은 외적 요인들은 호텔산업의 실적에 막대한 영향을 미치고 있다.

7) 기본(Basics)에 대한 중요성

일반적으로 대다수 손님들은 숙박장소를 선택할 때 대상 호텔의 객실 및 기타 여러 물리적 속성만을 고려 대상으로 삼지 않는다. 손님들은 호텔의 안전과 청결을 매우 중요하게 생각한다. 그리고 규모, 유지보수 상태, 가구 등 대상 호텔의 물리적인 면과 더불어 호텔종사원의 친절도와 같은 인적서비스도 매우 중요하게 생각한다. 이렇게 측정이 곤란한 무형적인 면도 차후 재구매 결정 또는 사후평가에 매우 중요한 척도가 된다.

8) 연중무휴의 영업시스템

같은 서비스기업인 항공사, 백화점, 레스토랑들과 달리 호텔은 전통적으로 1일 24시간 1년 365일 연중무휴의 영업시스템을 유지하고 있다. 이러한 특성은 판매기회가 극대화되는 장점도 있지만 반면에 종사원들의 사기앙양 및 동기부여뿐만 아니라 시설 노후화에도 악영향을 미치고 있다.

9) 파편화된 산업(Fragmented Industry)

소수의 대기업이 특정 산업을 지배하는 다른 산업들과 달리 전통적으로 글로벌 호텔산업은 가족이나 중소기업들이 대다수 호텔들을 소유 및 운영하고 있다. 따라서 소수의 대기업이 높은 경쟁력을 기반으로 시장에서 공급과 가격을 지배하는 현상은 찾아보기가 쉽지 않다. 그러나 최근 세계 호텔산업에서 인수합병(M&A) 등으로 규모를 극대화한 거대한 호텔체인들이 속속 등장함에 따라 호텔산업도 이제 파편화된 산업구조에서 점차 벗어나고 있는 실정이다. 유명 호텔체인들은 막대한 자본과 우수한 인재를 보유하고 우수한 경영시스템을 구축하여 시장에서의 지배력을 강화해 나가고 있다. 따라서 가족단위나 중소기업형 호텔들의 입지가 점점 좁아지고 있다.

2. 호텔의 재무적 특성

1) 과다한 초기 투자비용과 주기적인 자본 투자

호텔에 대한 투자는 주로 초기에 집중이 된다. 영업을 시작도 하기 전에 총투자금의 대부분이 토지, 건물, 설비, 비품, 가구 등에 투하되고 있는데, 특히 도심지처럼 입지가 좋을수록 막대한 토지비용이 발생한다. 호텔은 이처럼 초기 투자가 반드시 선행이 되어 져야만 비로소 영업을 개시할 수 있다. 이렇게 막대한 초기 투자가 요구됨에 따라 호텔산업에는 신규 진입자에 대한 진입장벽(Entry Barrier)이 존재하고 있다. 또한 호텔은 주기적인 개보수(Renovation)나 개선(Upgrade)을 위한 추가적인 투자가 요구되고 있다.

2) 고정자산에 대한 높은 의존성

호텔은 고정자산에 대한 의존성이 매우 높은 특성을 지니고 있다. 즉 호텔은 자본금의 70-80% 이상이 건물·토지·비품·시설·집기 등과 같은 고정자산에 집중되어 있다. 한국은행 통계에 의하면 고정자산 의존성에 대한 제조업의 평균은 63.8%이지만 호텔은 87.2%로 훨씬 높은 구조를 보이고 있다. 그런데 호텔은 자산의 규모에 비해 영업수익성은 비교적 낮은 편이다. 한편 우수한 입지에 건축된 영업용 자산으로 양호한 담보력을 확보할 수 있으며, 일단 호텔이 건립되고 나면 영업활동에 소요되는 운전자금 즉 변동비용(Variable Costs)은 비교적 적게 소요되는 편이다.

3) 낮은 자본회전율

호텔은 초기에 투하되는 자본에 비해 매출액(판매액)이 다른 산업에 비해 비교적 적어서 자본회전율이 낮은 편이다. 주지하다시피 호텔은 토지, 건물, 시설, 장비 등 고정자산에 대한 투자가 초기에 집중된다. 그럼에도 불구하고 호텔사업은 투자회수 기간이 보통 10년 이상의 장기간이 소요되어 자본의 회전속도가 무척 느린 편이다. 따라서 영업 개시 후부터 상당 기간 동안은 부채상환에 대한 부담이 매우 높게 나타난다. 2006년 한국은행통계에 의하면 총자본회전율이 도소매업과 제조업의 평균이 각각 1.63과 1.17이지만 호텔은 0.30에 불과한 형편이다.

4) 과다한 고정비용의 지출

시설 및 설비에 대한 투자로 인력을 절감할 수 있는 제조업체와 달리 호텔은 노동집약적인 동시에 자본집약적인 기업이다. 이와 같은 특성 때문에 호텔은 판매실적의 고저와는 아무런 상관없이 높은 수준의 고정비용(Fixed Costs)이 기본적으로 요구되고 있다. 호텔은 인건비, 이자비용, 각종 시설관리유지비, 감가상각비, 보험료, 각종 세금, 수선비, 로열티 및 수수료 등과 같은 고정경비의 지출이 많아서 수익성의 제고에 악영향을 미치고 있다.

5) 영업레버리지가 높은 장치산업

석유화학, 철강, 자동차, 조선 등과 같은 장치산업은 설비의 대규모화와 현대화가 요구되므로 초기에 막대한 투자비가 요구된다. 이로 인해 장치산업은 대규모 생산을 통한 규모의 경제를 실현함으로써 비용절감의 효과를 거둘 수 있다. 또한 장치산업은 많은 고정자산을 보유함으로써 영업비용에서 매출액의 변동에 상관없이 발생하는 고정경비가 차지하는 비용이 매우 높다. 고정비용에 대한 부담이 높음에 따라 매출액의 변동폭보다 영업이익의 변동폭이 보다 더 확대되는 높은 영업레버리지(Operating Leverage) 효과가 나타나게 된다.

호텔도 장치산업과 똑같이 초기에 막대한 투자비용이 선행되어야 하며 그리고 건물 및 설비 등 고정자산에 대한 의존도가 높으며 또한 고정자산을 보유함에 따라 높은 고정비용을 부담하고 있다. 장치산업과 같이 호텔도 영업레버리지가 높아서 경기변동에 따라 즉, 매출액의 고저에 따라 영업이익의 변동성이 매출액의 변동성보다 더욱 크게 나타난다. 호텔영업에서 높은 영업레버리지를 극복할 수 있는 일반적인 방법은 다른 상품이나 서비스에 비해 변동비용이 훨씬 적은 객실판매의 최대화를 통해 매출을 극대화함으로써 높은 고정비용을 상쇄해 나가는 것이다.

한편 거점지에 대규모 공장을 건설하여 규모의 경제 이점을 향유하는 일반 장치산업과 달리 호텔은 한 장소에 건립한 대규모 호텔로 규모의 경제 효과를 실현하기에는 한계가 존재하기 때문에 유명 호텔체인들은 분점네트워크의 확장을 통해 체인의 규모를 극대화하는 전략을 채택하고 있다.

6) 시설의 조기 진부화

호텔의 시설수준은 서비스수준과 함께 경쟁력에 지대한 영향력을 미치고 있다. 그러나 아무리 좋은 물리적 시설도 시간이 흐르고 손님들의 이용횟수가 증가함에 따라 훼손이 되고 마모가 이루어진다. 그리고 호텔 건물과 실내장식이나 가구 등은 시대의 유행에 따라 발맞춰 나가야 시설의 진부화를 막을 수 있다. 또한 동일 시장에서 현대식 시설을 갖춘 새로운 경쟁호텔의 등장은 호텔의 진부화를 더욱 가속화하고 있다.

이에 더해 불특정 다수의 손님들이 호텔의 시설을 1년 365일 계속해서 이용하기 때문에 노후화가 빠르게 나타난다. 그리고 시시각각으로 변하는 손님들의 욕구에 맞춰서 각종 시설들을 재정비해야 한다. 이처럼 호텔 건물과 시설의 진부화 및 노후화는 이를 극복하기 위해서 지속적인 투자에 대한 비용 부담이 요구되고 있다. 따라서 이와 같은 투자 및 개보수 비용, 감가상각비 등에 대한 비용 부담을 가중시켜 영업실적의 향상에 악영향을 미치게 된다.

7) 운전자금 확보의 용이성

기업경영에서 현금 확보의 중요성은 아무리 강조해도 지나치지 않다. 호텔에서 판매대금은 거의 현금매출이나 신용카드 매출로 이루어지기 때문에 매출채권 및 재고 투자에 필요한 영업자본의 부담이 적다. 따라서 호텔은 제조업과 달리 운전자금의 흐름이 상당히 양호하다고 할 수 있다. 그리고 제조업과 달리 영업을 위한 재고자산에 대한 부담이 훨씬 적은 편이다.

8) 인적서비스의 중요성과 높은 인건비

호텔은 노동집약적인 성격이 강하므로 인적서비스에 대한 의존도가 매우 크다. 그러나 호텔은 제조업과 달리 인건비를 줄일 수 있는 표준화 및 자동화에 한계를 가지고 있기 때문에 종사원들에 대한 질좋은 교육·훈련과 동기부여는 매우 중요하다. 특히 고급호텔에서 손님들은 유형적 상품인 시설보다는 숙련된 종사원에 의한 인적서비스에 의해 만족도가 결정되는 경우가 많다. 질 좋은 서비스를 일관적으로 바라는 손님에 대한 서비스를 향상하려면 호텔이 보유하고 있는 객실수에 비해 되도록이면 높은 비율로 많은 종사원들을 확보해야 한다. 따라서 높은 품질의 서비스를 제공하기 위해서 고정비용인 인건비에 대한 많은 지출은 필요악일 수밖에 없다. 그러나 인건비에 대한 과다한 지출은 호텔의 수익성 제고에 악영향을 미치고 있는 것이 현실이다.

9) 경기순환산업(A Cyclical Industry)

호텔산업은 경기순환(Business Cycle)에 따라서 주기적으로 사업성과가 등락하는 전형적인 경기순환산업이다. 즉 호텔산업은 국가경제 또는 세계경제의 호황 또는 불황 국면마다 이를 뒤따라가게 되는데 호황일 경우에는 많은 이윤을 창출할 수 있지만 반대로 불황일 경우에는 전면적인 위기에 빠지기도 하는 것처럼 등락을 거듭하고 있다. 제3장에서 우리는 미국 호텔산업이 경기순환에 따라 등락을 거듭하는 것을 잘 살펴볼 수 있었다. 그러나 불행하게도 미국 호텔산업의 순환적 특성을 자세히 살펴보면 호텔산업은 경기가 회복되는 시점에는 얼마간 후행하고 있으며 반대로 경기침체시점에는 얼마간 선행하는 특성을 보유하고 있다. 즉 경기가 본격적으로 하락하기도 전에 먼저 객실판매가 감소하기 시작하는 반면에 뚜렷하게 경기회복이 이루어져도 상당 시간이 경과해야 객실판매가 증가하는 특징을 보이고 있다.

🔍 그림 5-10　호텔의 특성

서비스 특성	마케팅 특성	재무적 특성
• 무형성 • 비분리성 • 이질성 • 소멸성	• 입지성 • 부동성 • 공급량의 고정성 • 계절성 • 업무의 반복성 • 외부변화 민감성 • 기본의 중요성 • 연중무휴 영업 • 파편화된 산업	• 초기 투자비용 • 고정자산 의존성 • 낮은 자본회전율 • 과다한 고정비용 • 장치산업 • 시설 조기 진부화 • 운전자금 용이성 • 높은 인건비 • 경기순환산업

출처: 저자

참 / 고 / 문 / 헌

김경환(2011). 『호텔경영학』. 백산출판사.

오정환 · 김경환(2000). 『호텔관리개론』. 백산출판사.

이순구 · 박미선(2008). 『호텔경영의 이해』. 대왕사.

워커힐(2009). 2008년 사업보고서.

호텔롯데(2010). 2009년 사업보고서.

호텔신라(2010). 2009년 사업보고서.

두산백과.

Barrows, C. W. & Powers, T.(2009). *Introduction to Management in the Hospitality Industry*. 9th Edition. Wiley: NJ.

Gomes, A. J.(1985). *Hospitality in Transition*, Pannell Kerr Forster.

Hayes, D. K. & Ninemeier, J. D.(2007). *Hotel Operations Management*, 2nd Edition. Prentice Hall.

Hayes, D. K. & Ninemeier, J. D.(2006). *Foundations of Lodging Management*. Prentice Hall.

Kasavana, M. L. & Brooks, R. M.(2005). *Managing Front Office Operations*. 7th Edition. Educational Institute, AH&LA.

Stutts, A. T.(2001). *Hotel and Lodging Management: An Introduction*. Wiley.

06 호텔의 구조와 영업부서

CHAPTER

학습목표

본 장을 학습한 후 독자들은 다음과 같은 사항에 대해 잘 이해할 수 있어야 한다.

❶ 호텔의 기본적인 조직구조에 대해 이해한다.
❷ 호텔 영업부서의 서비스 접점(Service Encounter)에 숙지하도록 한다.
❸ 객실부서에서 프런트 오피스, 프런트데스크, 하우스키핑의 기능과 역할을 이해한다.
❹ 객실부서에 속하는 여러 종사원의 역할을 숙지한다.
❺ 식음료부서에 속하는 다양한 영업유형에 대해 숙지한다.
❻ 호텔 식음료부서의 한계와 도전과제에 대해 숙지한다.
❼ 호텔 연회부서의 중요성에 대해 이해한다.

제1절 **호텔의 조직구조**

조직의 목적을 달성하기 위해 인적 및 물적 자원을 구조화하는 과정인 조직(Organizing)은 과업(Task)을 여러 직무(Job)로 구분하고, 각 직무를 적절한 부서(Department)로 구체화하며, 각 부서별로 적정한 수의 직무를 결정하고, 부서 내 및 부서 간에 권한을 위임하는 행위를 포함하고 있다. 현재 호텔경영자에게 가장 중요한 도전과제중의 하나는 외부환경의 변화에 잘 적응하는 유연한 조직구조를 구축하는 것이다. 그러나 무엇보다도 중요한 것은 가장 바람직한 조직구조는 조직의 목적을 달성하는데 기여해야 한다.

1. 호텔의 조직구조

호텔조직에서 경영자는 조직의 활동을 효율적으로 조정하고 통제하기 위해서 특정 직무들을 집단으로 구분하고 있는데. 이와 같은 직무 집단화 과정의 결과물이 부서(Department)이다. 호텔에서 부서들은 크게 프런트데스크처럼 주로 손님과 직접 접촉하면서 업무를 수행하는 영업부서(Front of the House)와 회계부서처럼 손님과는 접촉은 거의 없지만 영업부서(현장부서)의 업무가 원활하게 수행될 수 있도록 지원하는 직무를 담당하는 관리부서(Back of the House)로 구분되고 있다. 본 서에서는 호텔의 영업부서는 본 장의 2절에서 살펴 볼 것이며, 관리부서에 대해서는 10장에서 살펴보기로 하겠다.

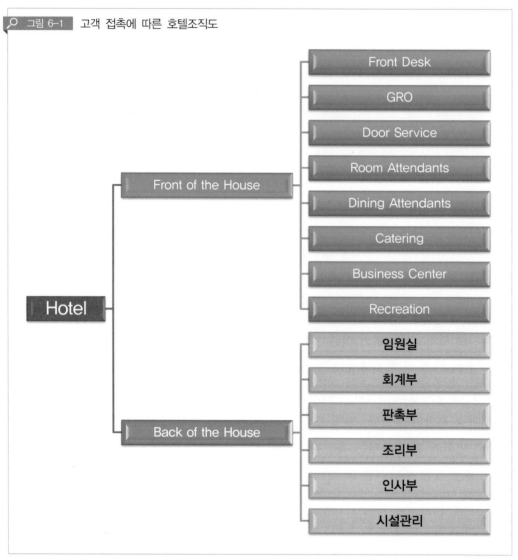

그림 6-1 고객 접촉에 따른 호텔조직도

출처: 저자

호텔의 규모가 커질수록, 즉 보유하는 객실이 많을수록, 종사원의 수가 증가하며 이들은 더욱 전문화된 직무를 수행하게 된다. 그리고 규모가 커지게 되면서 여러 부서가 만들어지고 각 부서마다 관리자를 두어 업무를 관장하도록 운영하는 것이 일반적인 관리방식이다. 지금부터는 호텔의 규모에 따른 구조적 차이점에 대해 알아보기로 한다.

먼저 〈그림 6-2〉는 객실위주로 영업을 하는 한정서비스(Limited-service) 소형호텔의 조직도를 보여주고 있다. 보통 소규모 숙박업소에서는 소유주가 총지배인 역할을 겸하고 있다. 이런 호텔에서는 보통 호텔시설의 유지 및 보수를 담당하는 시설관리부서, 객실과 로비 등을 청소하는 직원들을 관장하는 객실관리부서, 손님의 Check-in/Check-out과 등록 등을 담당하는 프런트데스크, 그리고 회계처리와 재무보고서를 작성하는 회계부서로 구성되고 있다.

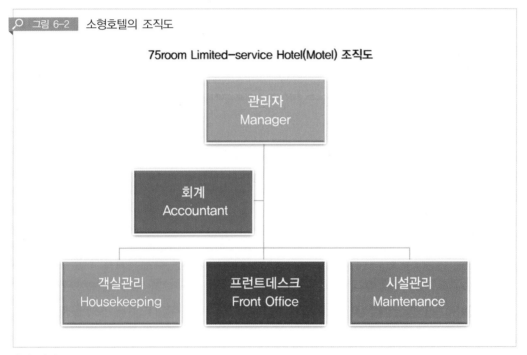

🔍 그림 6-2 소형호텔의 조직도

출처: 저자

〈그림 6-3〉은 고급서비스(Full-service)를 제공하는 중형호텔의 조직도이다. 중형호텔에서는 객실과 별도로 식음료 서비스가 제공되면서 식음료 영업장이 만들어지고 이에 따른 주방이 추가된다. 그리고 객실 및 식음료의 매출을 증가시키기 위해 판촉부도 생기게 된다. 이와 같은 영업부서들이 효율적이고 효과적으로 원활하게 운영되기 위해서는 인사, 총무, 경리, 구매, 시설관리 등의 지원부서의 역할도 매우 중요하다.

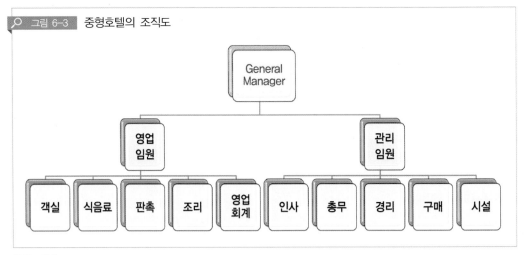

그림 6-3 　중형호텔의 조직도

출처: 저자

　〈그림 6-4〉는 고급서비스를 제공하는 대형호텔의 조직도를 보여주고 있다. 규모가 커짐에 따라 여러 직종에서 전문가가 고용이 된다. 각 부서의 책임자는 현장 및 지원부서 업무를 수행하는 직원들을 관장하는 중간관리자로부터 보고를 받으면서 일상적인 업무를 수행하고 있다. 부서별 책임자는 부하직원들의 업무를 감독하고 조정하며 주기별 또는 수시로 s총지배인(GM)에게 부서의 현황에 대하여 보고하고 있다.

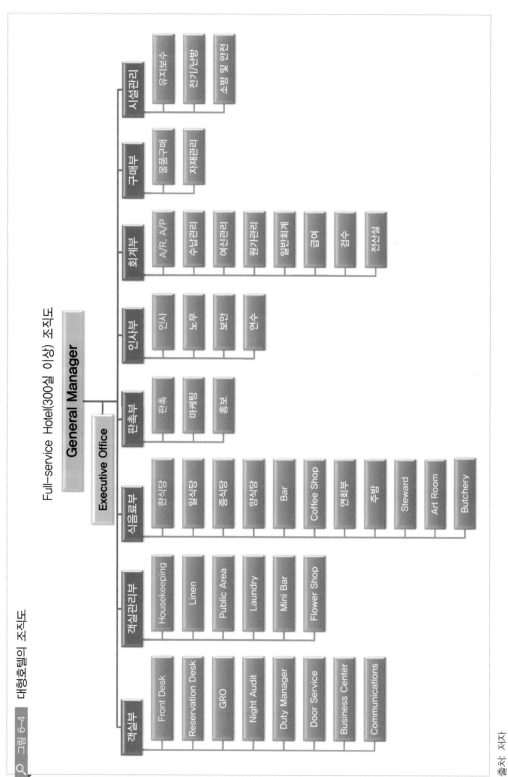

그림 6-4　대형호텔의 조직도

Full–service Hotel(300실 이상) 조직도

출처: 저자

한편 호텔에서는 고객에 의해 직접적으로 매출(Revenue)이 창출되는 부서와 매출을 창출하는 부서를 지원하기 위한 업무를 수행함에 있어 비용(Cost)이 발생되는 부서로도 구분할 수 있다. 〈그림 6-5〉에서 보는 바와 같이 전자를 Revenue Center라고 하며 이에는 프런트데스크(객실), 식음료부(레스토랑, 라운지, 바, 룸서비스, 연회 등), 전화통신, 임대매장, 주차장, 자동판매기, 비즈니스센터 등이 있다. 그리고 후자를 Cost Center라고 하며 판촉부, 시설관리, 인사부, 회계부, 임원실 등이 속하고 있다.

그림 6-5 Revenue Center vs. Cost Center

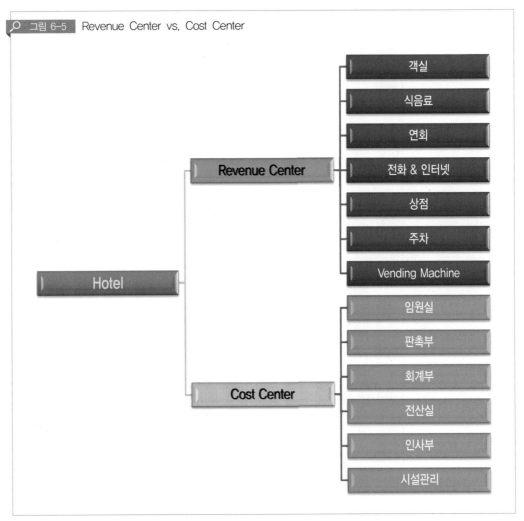

출처: 저자

제2절 호텔 영업부서: 객실부서

1. 서비스 접점의 이해

호텔과 같은 서비스기업의 목적은 훌륭한 서비스를 제공하여 고객만족을 이끌어 내는 것인데, 이는 고객의 인식(Perception)에 달려 있다. 고객은 구매 전에 서비스에 대한 기대(Expectations)를 하며, 구매 후에는 서비스 경험에 대한 품질을 평가한다. 특정 서비스를 구매한 후에 처음 기대수준보다 실제 경험에 대한 인식이 높게 나타나면 고객은 만족하는 것으로 본다. 〈그림 6-6〉에서 보는 바와 같이 서비스 접점(Service Encounter)의 순간은 일련의 서비스 전달과정에서 고객과 호텔을 대리하고 있는 종사원이 상호작용

그림 6-6 서비스 접점

출처: 저자 & opentextbc.ca/introtourism/chapter/chapter-9-customer-service/

(Interaction)을 하는 것을 말한다. 서비스 접점은 호텔에 대한 고객의 좋은 인식을 형성하는 중요한 구성요소이다. 따라서 서비스 접점은 서비스에서 심장처럼 중요하다. 서비스 접점을 통해 고객이 호텔과 상호 작용하는 매개체는 주로 서비스종사원 또는 물리적 시설들이다. 서비스 접점은 다른 표현으로 진실의 순간(Moments of Truth)이라고도 한다. 두 개념은 같은 의미로 사용되고 있다. 서비스 접점의 중요성은 고객은 이를 통하여 호텔이 약속을 지키고 있는가의 여부를 판가름하는 순간이기 때문이다.

고객의 관점에서 볼 때 서비스에 대한 느낌을 가장 분명하게 판단할 수 있을 때는 고객과 호텔이 상호 작용하는 서비스 접점 또는 진실의 순간이다. 고객은 호텔 객실의 예약을 시발로 하여 체크인과 체크아웃 등을 거치며 여러 번의 서비스 접점(진실의 순간)을 경험하게 된다. 이렇게 여러 번의 서비스 접점을 연결하면 다단계 서비스 접점(Service Encounter Cascade)이 형성된다. 여러 번의 서비스 접점을 통하여 고객은 호텔의 전반적인 서비스 품질을 엿볼 수 있는 기회를 가질 수 있으며, 각 서비스 접점은 고객의 서비스 만족도와 이후 재구매 의도에 영향을 미치게 된다. 한편 호텔의 관점에서 보면 각각의 서비스 접점은 질좋은 서비스 제공자로서의 잠재력을 증명하고 또 고객의 충성도를 향상할 수 있는 좋은 기회로 활용될 수 있다.

세계 최고의 테마파크인 Disney World에서 고객들은 평균 약 74회의 서비스 접점을 경험하고 있으며, 이 중에 한 번이라도 부정적인 경험을 했다면 이로 인해 전반적으로는 부정적인 평가를 받을 수도 있다고 한다. 모든 서비스 접점이 고객과의 관계를 구축하는 데 똑같이 중요하지는 않다. 호텔에서 어떤 접점들은 아마도 고객만족을 위해 매우 결정적인 역할을 할 것이다. 특히 다단계 서비스 접점의 초기에 발생하는 실수나 문제점이 결정적인 영향을 미치게 되는 경우가 많다. 실제로 Marriott 호텔은 어떤 서비스 요소가 고객충성도에 가장 결정적인 영향을 미치는가를 파악하기 위해 광범위한 연구조사를 실시했다. Marriott 호텔은 가장 중요한 상위 5개 요소 중 4개 요소가 손님이 호텔 로비에 들어선 후 처음 10분 내에 발생하는 것과 관련이 있다는 발견했다. 즉 더딘 Check-in과정이 고객만족도 제고에 가장 큰 영향을 미친다는 사실을 파악하게 되었다. 따라서 Marriott은 바로 '1st 10'이란 서비스 강화프로그램을 개발해서 고객들이 프런트데스크를 거치지 않고 바로 객실로 직행할 수 있도록 해서 고개만족도 향상에 큰 공헌을 하게 되었다.

고객이 호텔과 여러 번의 상호 작용을 하는 경우에 각 서비스 접점마다 고객이 호텔에 대한 전체 이미지를 평가하는데 중요한 역할을 하고 있다. 많은 긍정적인 경험은 높은 품질의 이미지 형성을 지원하지만 반면에 많은 부정적인 경험은 반대의 결과를 만들어 낸다. 그러나 긍정적인 경험과 부정적인 경험을 동시에 느끼게 되는 경우 고객은 기업의 품질에 좋지 않은 느낌을 가지게 되며 또한 서비스의 일관성에 의문을 품게 되어 결국 경쟁호텔에 관심을 가지게 된다. 또 다단계 서비스 접점에서 초기에는 긍정적인 경험을 하였지만 나중에 부정적인 경험을 하게 되는 경우가 있다. 이와 같은 서비스의 변동성으로 인하여 고객은 호텔의 서비스 품질에 대하여 의문을 품게 되며 미래의 기대에 대해 확신을 가질 수 없게 된다.

서비스 접점에는 세 가지 유형이 있다. 첫째, 인간과의 직접적인 대면 접촉이 없는 원격 접점(Remote Encounters)이다. 이는 집에서 인터넷 홈페이지 또는 스마트 폰을 통해 호텔 객실을 예약하는 것과 ATM을 이용하는 것 등이 존재한다. 둘째, 전화를 통하여 호텔 객실을 이용하는 전화 접점(Telephone Encounters)이 있다. 셋째, 손님이 호텔에서 체크인과 체크아웃을 하는 경우와 테마파크에서 직접 입장권을 구매하는 것과 같은 대면 접점(Face-to-Face Encounters)이 있다. 대면 접촉의 상호작용 중에 서비스 종사원의 행위와 태도는 고객만족에 가장 큰 역할을 하게 된다. 세 가지 유형의 서비스 접점 중에서 서비스 품질과 고객만족에 가장 큰 영향을 미치는 것은 대면 접점이다. 대면 접점이 가장 중요하다면 이 순간에 대한 고객의 만족도는 전적으로 종사원에 의해 결정이 되고 있다. 호텔에서 매일 수많은 고객들과 대면하고 있는 종사원들에게 서비스 접점의 중요성은 아무리 강조해도 지나침이 없을 것이다.

2. 객실부서의 이해

호텔에서 객실부서 또는 객실부(Rooms Division)는 손님을 대상으로 하는 영업부서 중에서 수익창출의 핵심적인 역할을 담당하고 있다. 객실부서는 객실의 판매, 서비스의 제공, 객실의 유지 및 관리 등의 기본적이고 중차대한 직무를 수행하고 있다. 객실부는 크게 프런트 오피스(Front Office), 프런트 서비스(Front Service 또는 Uniformed Service), 하우스키핑(Housekeeping)으로 나누어진다.

프런트 오피스는 객실 예약(Reservation)과 손님영접, 등록과정을 수행하며 동시에 손님에게 호텔 내·외부의 다양한 정보를 제공하는 등 손님이 도착하기 전부터 체재기간 및 손님 환송까지의 전 과정을 중앙에서 조정하는 역할을 담당하는 중요한 부서이다. 그리고 프런트 서비스는 크게 벨데스크(Bell Desk), 도어데스크(Door Desk), 컨시어즈(Concierge) 등으로 구성되어 있다. 또한 객실관리를 담당하는 하우스키핑은 호텔의 객실과 건물관리를 담당하는 부서로서 객실상품을 생산하는 부서이다. 이 밖에도 큰 호텔은 Fitness Center를 객실부서에 편입하여 운영한다.

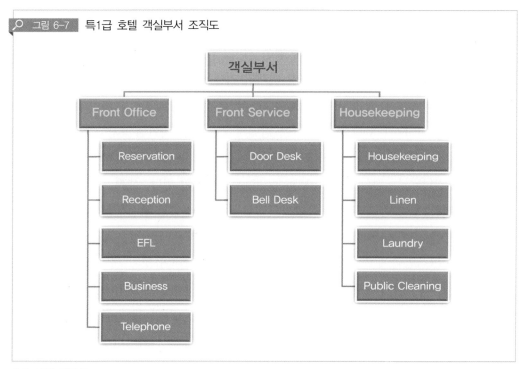

🔍 그림 6-7 특1급 호텔 객실부서 조직도

출처: 저자 재구성

1) 객실의 이해

호텔의 객실(Guest Room)은 물리적 공간과 함께 인적 서비스를 제공하는 상품으로서, 고객에게 편안하고 안락한 잠자리를 제공하는 장소이다. 일반적으로 호텔의 수준과 규모를 평가하는 기준이 되는 것이 객실이다. 그리고 객실을 건축할 때 객실을 중심으로 공간설계를 실시하며, 호텔상품 판매에 있어 핵심적인 위치를 점하고 있다.

객실은 기능적인 관점에서 수면공간·휴식공간·위생공간을 주기능으로 문화공간·사업공간 등 다양한 기능적인 서비스에 인적 서비스를 추가함으로써 손님에게 편리(Convenience)하고 안락(Comfort)함을 제공하는 공간이다.

객실상품에서 물적 자원인 시설은 사생활이 보장되는 손님의 취향에 맞는 미관·어메니티(Amenities)·청결성·안전성·편리성·쾌적성을 손님에게 제공하는 기본적인 서비스와 인적 자원인 종사원의 인적 서비스가 결합된 상품이다.

2) 객실의 유형

현재 관광진흥법 시행규칙에는 1인용 침대(Single Bed)의 규격은 90x195cm 이상이고, 2인용 침대(Double Bed)는 138x195cm 이상으로 규정하고 있다. 그러나 실제 호텔에서는 고객의 안락함과 편의 등을 위해 이보다 더 큰 규격의 침대를 사용하고 있다.

가. 침대의 수와 유형에 의한 분류

① 싱글 베드룸

싱글 베드룸(Single Bedroom)은 한 객실에 1인용 침대가 1개 있는 객실을 지칭한다. 그러나 국내에서는 주로 더블 베드(Double Bed)를 사용하고 있다.

② 더블 베드룸

더블 베드룸(Double Bedroom)은 한 객실에 2인용 침대가 1개 있는 객실을 말한다. 그러나 최근 대다수 호텔들은 2인용 베드 2개(Double Double)를 한 객실에 배치하여 사용하고 있다.

③ 트윈 베드룸

트윈 베드룸(Twin Bedroom)은 한 객실에 1인용 침대 2개가 배치된 객실을 말한다. 이 객실은 주로 단체투숙객들이 많이 이용하는 편이다.

④ 트리플 베드룸

트리플 베드룸(Triple Bedroom)은 한 객실에 1인용 침대 3개가 놓여있는 객실을 말한다. 보통 이 객실은 일반 트윈 베드룸에 Extra Bed를 추가했을 때의 객실을 일컫는다. 이 객실은 주로 단체투숙객이나 가족 단위 투숙객에 의해 이용되고 있다.

⑤ 스튜디오 베드룸

벽에 부착되는 침대를 이용하여 공간 활용을 극대화하는 객실을 말한다. 이 침대는 주간에는 소파로 이용되고 야간에는 침대로 활용이 된다. 즉 주간에는 사무실 등으로 이용하고 야간에는 침실로 이용하는 구조이다. 그러나 최근 일반호텔에서는 일부를 제외하고는 사용빈도가 제한적이다.

🔍 그림 6-8 | 침대의 수와 유형에 따른 객실 분류

▲ Single Bedroom

▲ Studio Bedroom

▲ Twin Bedroom

▲ Triple Bedroom

▲ Double Bedroom

▲ Double-double Bedroom

▲ 온돌방

▲ King-size Bedroom

출처: 저자, hotel-lebensquelle.de & tripadvisor

나. 객실등급에 의한 분류

① 스탠더드 베드룸

스탠더드 베드룸(Standard Bedroom)은 일반객실을 말한다. 주로 타 유형의 객실에 비해 낮은 층에 위치하며 가격대도 가장 저렴한 객실이다. 평수가 비교적 작은 편이며 조망도 가장 좋지 않은 곳에 위치한다. 주로 단체고객 또는 가격에 민감한 손님들이 주로 이용하고 있다.

② 슈페리어 베드룸

슈페리어 베드룸(Superior Bedroom)은 주로 호텔 건물의 중간층에 위치하고 있다. 스탠더드 베드룸에 비해 가격이 조금 높고 객실면적이 더 넓으며 조망도 훨씬 나은 곳에 위치한다.

③ 디럭스 베드룸

디럭스 베드룸(Deluxe Bedroom)은 일반적으로 높은 층에 위치하며 슈페리어 베드룸보다 가격이 더 높고, 객실면적이 더 넓으며, 조망조건도 훨씬 좋은 것이 일반적이다. 특히 객실 인테리어와 목욕탕 소모품 등의 어메니티(Amenities)가 다른 객실유형에 비해 보다 고급스러운 것이 보통이다.

④ Executive Floor(EFL) 베드룸

EFL 룸은 '호텔속의 호텔' 또는 '귀빈층'이라고도 한다. 주로 호텔에서 상위층에 위치하며 전망이 매우 좋은 객실로서 고급스러운 객실 인테리어와 어메니티(Amenities) 등을 제공한다. 주요 손님인 비즈니스 손님들을 위해 객실 안에 업무에 필요한 일부 장비를 제공하거나 또는 EFL 라운지에 비즈니스 업무에 필요한 장비 및 비서 등 인적 서비스를 제공한다. 현재 대부분 특급호텔에서는 1개 층 또는 여러 층의 EFL층을 운영하고 있다. EFL층에는 EFL 라운지가 있어 비즈니스 업무 지원과 식음료를 제공하며 또한 손님들의 편의를 위해 Express Check-In과 Check-Out 서비스를 제공하고 있다.

⑤ 스위트

스위트룸(Suite Room)은 최고로 호화로운 객실로서 호텔 내에서 여러 면에서 최고의 객실을 말한다. 기업의 최고위층 인사, 부유한 사회 저명인사, 국내·외 최고위 정부관리, 연예인 및 운동선수, 외국 왕족 및 귀족 등 호텔의 귀빈들이 주로 이용한다. 일반 스위트 객실은 침실(Bedroom)과 거실(Living Room)이 별도로 구별된 구조를 가지고 있으며, 최고급 스위트 객실에는 최고로 호화로운 침실·거실·욕실 외에도 집무실·회의실·비서실 등 별도의 시설들이 제공되고 있다. 그리고 스위트 객실 중에서도 가격에 따라 제공되는 객실면적·시설·서비스 등이 차별화되어 있는데, 그 종류에는 주니어 스위트(Junior Suite), 코너 스위트(Corner Suite), Royal Suite, Presidential Suite 등이 존재하고 있다.

이 외에도 국내 호텔들은 우리나라 고유의 전통침실인 온돌(Ondol)객실을 만들어 영업활동을 하고 있다.

🔍 그림 6-9 　서울 5성급 'L' 호텔의 등급별 객실

▲ Superior Room

▲ Deluxe Room

▲ Club Floor Room

▲ Junior Suite

출처: lottehotel.com

3) 객실요금의 종류

가. 공표요금

공표요금(공시요금: Rack Rate or Room Tariff)은 호텔이 객실별로 미리 요금을 책정하여 이를 관할행정기관에 신고해서 공식적인 절차를 거쳐 대중에게 공시하는 요금을 말하며 호텔에서 공표하는 기본요금이다. 국내의 현행 객실요금제도는 관할관청에 객실요금을 신고하면 된다. 그러나 물가상승의 억제와 외국인 관광객 유치증진을 위해 관할관청에서는 적정 범위의 객실요금을 호텔업계에 권고하고 있다. 대부분 국내 호텔들은 경쟁호텔 또는 동급호텔의 수준에 준하여 요금을 부과하고 있다.

나. 특별요금(할인요금)

원칙적으로 호텔은 정상적인 요금인 공표요금을 부과해야 함에도 불구하고 심한 경쟁상황 대처, 고객관리, 비수기 타개 등을 목적으로 경영정책에 따라 특별요금(Special Rate)제도를 실시하고 있다. 주로 공표요금에서 일정 금액을 할인하여 판매하고 있다.

① 무료

보통 호텔에서 무료(Complimentary)는 콤푸(Comp)라는 약어로 사용하고 있다. 이는 객실의 판매를 촉진할 목적으로 고객에게 무료로 객실을 이용하게 한다. 주로 판매신장에 큰 공헌을 한 고객, 잠재고객, 기업, VIP 등에게 제공되고 있다. 특히 국내에서는 15개 이상의 객실을 모집한 여행사의 안내인에게 무료로 1개 객실을 제공하고 있다. 무료에는 객실료와 식사요금 등 모든 비용을 무료로 제공하는 경우(Full Comp)와 단지 객실요금만 무료로 포함(Room Only Comp)되는 경우로 나누어진다.

② 할인요금

호텔들은 보통 Walk-in의 경우를 제외하고는 예약을 통해 객실을 구매하는 손님에게는 공표요금대로 받지 않고 할인하여 판매하고 있다. 우선 개인손님은 투숙일 전에 미리 예약을 하면 할인을 해주고 있으며, 단체손님을 유치하기 위해 특히 여행사 등 제3자 판매자를 통해 단체 할인요금(Group Rate)을 적용한다. 비수기(Off-season)에는 객실판매 제고를 위해 패키지(Package)판매 등을 통해 할인된 요금을 부과하고 있다. 또한 특정

기업체(Corporate Rate)나 장기투숙객 에게는 연간 사용하는 숙박일수를 고려하여 할인된 요금을 적용하고 있으며, 단골손님에게도 일정비율을 할인해주고 있다.

③ 추가요금

추가요금(Additional Charge)은 일반적으로 돌발적인 상황으로 인하여 손님에게 정상요금에 더하여 추가적으로 부과되는 요금을 말한다.

첫째, Hold Room Charge이다. 대략 두 가지 경우가 있는데 하나는 귀빈의 요청 또는 보안상의 이유 등의 특별한 사유로 인하여 해당 손님의 객실을 다른 손님에게 판매하지 않고 보류하는 경우를 말한다. 이때 Hold Room Charge를 청구하게 된다. 다른 하나는 예약 접수시 손님의 도착시간이 새벽이 되는 경우 예약처 또는 손님과의 합의하에 전일의 객실료를 지불하는 대가로 손님이 새벽에 도착하더라도 바로 예약한 객실을 이용하게 한다.

둘째, Keep Room Charge이다. 이는 투숙중인 손님이 다른 용무로 인하여 호텔에서 잠을 자지 않고 단기간 다른 곳을 여행하고자 짐을 객실에 남겨두고 가는 경우인데 이런 경우 손님은 객실을 계속해서 객실을 이용한 것이 되므로 Keep Room Charge가 정상적으로 청구된다.

셋째, 초과요금(Over Charge)인 경우도 두 가지가 있다. 하나는 손님이 체크아웃시간을 넘기는 경우인데 보통 호텔들은 오전 12시까지 체크아웃을 하도록 권장하고 있다. 그러나 체크아웃시간이 지나 손님이 시간을 연장하는 경우 해당 시간만큼 추가요금을 징수하게 된다. 이런 경우 보통 12시 부터 15시까지는 객실료의 1/3, 15시 부터 18시까지는 객실료의 1/2, 18시 이후로는 객실료의 100%를 추가로 부과한다. 단골손님 또는 VIP 등에게 이러한 애로사항을 덜어주기 위해 체크아웃시간을 연장하여 주고 있다. 다른 하나는 실제 등록인원 또는 예약된 인원보다 많을 경우 발생하는 요금이다. 이때 Single Occupancy에서 Double Charge가 발생될 수 있으며 세 명이 이용할 경우 추가로 침대(Extra Bed)가 필요하게 되면 추가요금을 받게 된다.

넷째, 취소요금(Cancellation Charge)은 객실을 예약한 손님이 개인사정에 의하여 부득이 객실예약을 취소할 경우를 말하는데, 이때 호텔들은 미리 정해진 호텔 약관(Regulations)에 의해 취소요금을 부과하게 된다. 취소요금이 부과되는 경우도 시간에 따라 다르게 나타난다. 일반적으로 예약 취소일이 예약된 날짜에 가까워질수록 보다 과중한 취소요금이 부과된다.

④ 봉사료와 세금

손님은 호텔을 체크아웃할 때 정산을 하게 된다. 이때 손님의 계산서(Bill)에는 이용료 외에 10%의 봉사료(Service Charge 또는 Gratuity)가 가산된다. 이것은 불투명한 팁(Tip)의 의존도를 벗어나 손님에게 보다 합리적인 서비스를 제공하기 위한 제도이다. 이러한 봉사료는 모든 종사원에게 골고루 배분되고 있다. 그러나 이 제도는 능력있는 또는 열심히 하는 종사원에게서 인센티브를 빼앗는 것도 사실이다. 또 이용료와 봉사료를 합한 금액의 10%가 부가가치세 항목으로 재차 추가된다. 우리 정부에서는 국내 호텔들의 국제 가격경쟁력을 향상하기 위해 외국인 관광객에 한해 부가가치세의 부과를 면제해주는 부가가치영세율제도를 간헐적으로 시행하고 있다.

4) 요금 산정방식의 유형

호텔의 이용요금은 크게 나누어 객실료, 식음료, 그리고 부대시설 이용료 등으로 구분할 수 있다. 호텔에서 요금을 산출할 때 객실요금과 식사요금을 분리하여 각각 별도로 산정하는 방식을 취하는 호텔들이 있는 반면 객실요금에 식사요금을 포함하여 일괄적으로 계산하는 방식을 선호하는 호텔들도 있다.

가. 미국식플랜 호텔(American Plan Hotel)

미국식플랜 호텔은 요금 계산 시 투숙객의 객실요금에 1일 3식대를 포함하여 총숙박요금을 계산한다. 이를 일명 Full Plan, Full Pension, Full Board라고도 한다. 객실료에 2식대(조식 및 석식)를 포함하는 요금방식을 Half Pension이라 부르기도 하며 이를 흔히 Modified American Plan이라고 한다. 이 요금방식은 주로 리조트 호텔 등 지역적인 입지조건상 호텔 주변에 달리 식당시설이 없는 경우에 이 방식을 채택한다.

| 표 6-1 | 미국식플랜의 장·단점

	손님 입장	호텔 입장
장점	• 식사를 모두 호텔에서 해결할 수 있어 식사를 위해 별도로 외출할 필요가 없다 • 정해진 식사시간에 규칙적으로 식사를 하므로 건강에 좋다	• 메뉴가 한정되므로 해당 메뉴 식재료의 대량구매로 인한 비용절감이 가능하다 • 예상식사 인원에 대한 수요예측이 가능하므로 비용절감을 할 수 있다 • 식사시간에 정해져 있으므로 충분한 준비시간과 정리시간을 확보할 수 있다 • 예산을 쉽게 수립할 수 있고 회계절차가 간단하다
단점	• 제한된 메뉴 때문에 선택의 폭이 좁다 • 식사시간이 정해져 있어 시간을 놓치기 쉽다 • 일반호텔의 식당을 이용하는 경우에 비해 획일적이고 소홀한 식사서비스를 받기 쉽다.	• 투숙객에게 제한된 시간 내에 식사를 제공해야 하므로 충분한 공간 확보 및 서비스 인력이 필요하다 • 손님들의 취향에 맞지 않는 메뉴가 제공되었을 경우 남겨진 음식으로 인한 낭비요인이 발생한다

출처: 저자 정리

나. 유럽식플랜 호텔(European Plan Hotel)

대다수 호텔들은 객실요금과 식사요금을 분리하여 별도로 계산하고 있는데 이를 유럽식 플랜이라고 한다. 국내 호텔들도 대부분 이 방식을 취하고 있다. 특히 도심지에 위치한 City Hotel, Downtown Hotel, Business Hotel 등에 투숙하는 손님들은 바삐 활동하는 사업가나 회사원이므로 유럽식 플랜이 적합하다고 할 수 있다.

유럽식플랜의 장점은 첫째, 손님 입장에서 자유로운 식사시간을 가질 수 있으며 둘째, 식성 및 취향에 따라 식당을 선택하여 마음에 맞는 식사를 즐길 수 있고 셋째, 식사요금이 객실요금과 분리되어 있어 요금을 절약할 수 있고 넷째, 시간 상황에 따라 취향에 맞는 식사를 할 수 있다.

다. 컨티넨탈플랜 호텔(Continental Plan Hotel)

이 경우는 주로 유럽지역에 소재하는 호텔들이 사용하는 요금지급방식으로서 손님의 객실요금에 조식요금을 포함시켜서 계산하는 방식을 말한다. 이 경우의 아침식사를 흔히 'Continental Breakfast'하는데 이는 'American Breakfast'보다 메뉴구성이 단순하고 값이 저렴하며 손님에게도 큰 부담이 되지 않는다. 제공되는 메뉴는 계란요리와 육류 그리고 곡물요리는 포함되지 않고 주스, 빵류 그리고 커피나 티 정도로 간단하다.

이 외에도 객실요금에 미국식 조식(American Breakfast)을 포함하는 버뮤다플랜(Bermuda Plan) 호텔과 혼합식 제도인 Dual Plan이 있는데 손님의 요구에 따라 위에서 언급한 미국식플랜이나 유럽식플랜을 혼합한 요금지급방식이다.

3. 프런트 오피스(Front Office)

호텔의 현관부서(Front of the House)부문은 업무성격에 따라 투숙객에게 호텔관련 서비스를 제공하는 프런트 오피스(Front Office)와 호텔을 이용하는 모든 손님에게 서비스를 제공하는 프런트 서비스(Front Service)로 구분할 수 있다.

현관부서는 호텔의 얼굴이다. 현관부서는 손님이 체류하는 동안 모든 필요한 정보를 제공하는 부서이다. 따라서 현관부서에서의 좋은 인상과 친절한 서비스는 손님에게 만족감을 제공하지만 반면에 실수와 서비스의 지체는 호텔의 이미지에 부정적인 영향을 미치게 된다. 또한 현관부서는 객실판매의 조정 및 통제 기능을 담당하고 있다.

프런트 오피스는 하루 24시간 연중무휴로 운영되며 체크인에서 체크아웃까지의 모든 제반사항(등록 · 메시지 입력 · 각종 안내 · 수납 등)에 대한 서비스를 손님들에게 제공한다. 프런트 오피스는 크게 예약실(Reservation), Reception, EFL(Executive Floor), 비즈니스 센터, 전화교환실 등으로 나누어진다.

프런트 오피스에서 업무를 수행하는 종사원은 객실의 판매원이기도 하므로 객실에서 취급하는 상품에 관한 충분한 지식을 갖고 손님에게 응대함은 물론 손님에게 주는 첫인상이 호텔 전체를 대표하는 얼굴이므로 태도 및 말씨에 각별한 주의를 기울여야 한다.

| 표 6-2 | 프런트 오피스의 구성

업 무	역 할
Reception	객실판매에 대한 총괄적인 업무를 수행하며, 손님에게 Check-In과 Check-Out 서비스를 제공하며 이 외에도 객실 통제, 객실 배정, 객실 키 관리 등의 업무를 수행한다. 그리고 Cashier는 여신업무, 환전, Safety Box 서비스 등을 수행한다
예약실(Reservation)	여러 다양한 유통경로(전화, 편지, Fax, Internet Home Page, 여행사, CRS, GDS, 인터넷 중개인 등)에서 발생하는 객실예약을 취합한다
EFL	주로 귀빈에게 Express Check-In과 Express Check-Out 서비스와 비서 서비스 제공, EFL 라운지 서비스, Master Key 관리, Conference Room 관리 등의 업무를 담당한다. 다른 곳과 달리 업무시간이 정해져 있다(보통 오전 7시부터 오후 10시 까지)
비즈니스 센터	주로 1-2층에 위치하며 컴퓨터, 프린터, 복사기, Fax 등 사무기기 등을 대여 관리하며 또한 포장 및 우편물 서비스와 회의실 관리를 한다. 여기도 다른 곳과 달리 업무시간이 정해져 있다(보통 오전 7시부터 오후 10시 까지)
전화교환실	유 · 무선 전화와 휴대폰 등 여러 가지 통신수단을 이용하여 손님들이 의사를 전달할 수 있도록 하며 호텔 내 · 외부의 정보를 정확신속하게 처리하고 손님에게 Wake Up Call 등의 서비스를 제공한다

출처: 저자 정리

그림 6-10 호텔 프런트 데스크

출처: 저자

1) 프런트 오피스의 구조와 업무

가. 객실예약 업무

객실예약 업무는 객실을 원하는 날짜에 이용하고자 하는 손님 또는 중개인과 객실을 판매하고자 하는 호텔 측이 전화, Fax, 직접방문, 예약시스템, 인터넷 등을 통하여 향후 이용할 객실의 종류, 손님성명, 지불조건, 투숙기간 등을 정하는 절차이다.

예약의 접수과정은 곧 호텔상품의 주문을 뜻하므로 손님의 예약 요청에 항상 친절하고 신속하게 업무가 수행되어야 한다. 호텔사업의 출발점은 객실예약이란 것을 명심해야 한다. 또한 예약접수 업무에 종사하는 직원은 손님의 호텔에 관한 어떠한 질문에도 효과적으로 응대할 수 있도록 객실상품 뿐만아니라 시설 및 영업에 대한 정확하고 충분한 지식을 습득하여 항상 정확한 정보를 손님에게 전달하려고 노력해야 한다. 특히 손님과 소통할 때는 항상 정중하고 예의바른 자세를 견지해야 한다.

객실의 예약경로는 여행사, 예약대행업체, Fax, 전화, 직접방문, 국내외 예약사무소, 인터넷 홈페이지, CRS, GDS, 인터넷 중개인 등 다양한 유통경로를 통해 이루어지고 있다.

모든 객실예약에 대한 요구가 발생되면 먼저 체크인 및 체크아웃 정보 및 객실종류를 확인하여 숙박가능여부를 확인한다. 그리고 가능 여부를 확인한 후 컴퓨터의 예약화면에 입력한다. 예약을 입력할 경우 다음과 같은 정보는 반드시 입력해야 한다.

객실예약 입력시 확인사항

- 도착예정일
- 항공기 편명
- 객실요금 통보 및 확인
- 투숙자 성명
- 계약요금 적용 여부 확인
- 출발예정일
- 객실 종류 및 투숙인원수
- 요금 지불방식
- 예약처, 예약처 연락방법, 예약자 성명

객실예약 업무는 사전에 객실사용을 판매하는 업무이다. 따라서 여러 가지 사정에 의하여 변동사항이 수시로 발생할 수 있으며, 변동사항에는 투숙시기, 투숙기간, 투숙형태 및 규모, 예산 등이 있을 수 있다. 그러므로 예약담당 부서는 이런 사항들을 수시로 확인하여 차질이 발생하지 않도록 주의해야 한다. 객실상품은 고정비 지출이 많은 상품이므로 호텔비즈니스에서 빈 객실은 곧 손실을 의미한다.

① 예약금 선불제도(Guaranteed Reservation)

예약금 선불제도란 호텔이 고객이 요청한 객실을 향후 제공한다는 약속의 반대급부로 요금의 지불을 손님에게 보증받기 위해 일정 상당의 요금을 미리 취득하는 것을 의미한다. 호텔은 종종 손님들에 의해 객실 판매의 기회를 상실하는 경우가 많으므로 이를 사전에 예방하고 호텔의 매출액을 일정수준 유지하여 위험을 최소화하기 위한 방안이다. 예약금 선불 제도는 객실가동률이 높은 성수기에 특히 많이 활용되고 있다.

② 초과예약(Over-Booking)

예약업무를 수행하다 보면 판매가 가능한 객실을 훨씬 초과하여 예약을 받게 되는 경우가 있다. 예를 들면 손님이 예약을 취소하는 경우와 예약을 한 사람이 오지 않을 경우(No Show)를 대비하여 불가피하게 초과예약을 해야 할 경우가 많다. 특히 성수기 등 손님이 붐비는 시기에는 손님들의 수요가 공급이 가능한 고정된 객실의 수를 초과하기 마련이다. 이런 상황에서 호텔관리자는 RevPAR를 최대화 할 수 있도록 해야 한다.

통상 초과예약은 No Show인 경우에는 약 5% 정도를 예상하고 예약취소는 약 8~10% 정도로 추산하는 것이 가장 일반적인 것으로 여겨지고 있다. 초과예약에 의한 Carry-Over 손님은 반드시 친절하게 다른 호텔로 안내하여 숙박할 수 있게 하는데, 이를 Turn-Away Service라고 한다. 다음 날이라도 빈 객실이 있으면 이 손님에게 객실을 배정해줘야 한다. 초과예약은 기본적으로 No Show로 인한 피해를 최소화하기 위해 마련된 대책이다. No Show의 처리는 호텔이나 항공사가 당면하는 가장 큰 문제점 중의 하나이다. 수익의 최대화라는 목표를 달성하기 위해서는 No Show 문제는 큰 걸림돌이 아닐 수 없다.

호텔은 객실을 판매함에 있어 여러 가지의 기회손실이 발생하기 쉬우므로 객실판매에서 발생하는 불확실성을 최소화해야 한다. No Show 피해를 보상할 수 있는 방법으로는 신용카드 예약을 통한 벌금부과와 예약취소시 벌칙을 부과하는 것이 일반적이다.

초과예약이 발생하는 4가지 일반적인 요인

- Under-Stay: 예기치 못한 투숙객의 Check-out
- Walk-Out: 공식적인 체크아웃 과정 없이 호텔을 떠나는 손님. 손님이 예약한 일정기간 동안 숙박하고 있었으나 프런트 데스크를 거치지 않고 호텔을 떠나는 경우이다. 즉 호텔입장에서는 손님이 다시 돌아올 것인지를 알 수 없어서 결국 당일 늦게까지 해당 객실을 판매하지 못하는 경우이다
- Stay-Over: 손님이 예약된 숙박일수보다 하루 또는 그 이상을 숙박하는 경우이다.
- No Show: 예약한 손님이 예약된 날짜에 오지 않는 경우이다

나. 객실배정(Room Assignment)

객실배정이란 개별적인 손님의 예약에 맞게 객실을 배정하는 업무이다. 당일 예약된 손님이 도착하기 전에 미리 객실을 준비하여 도착 시 객실배정에 따른 시간을 단축함으로써 고객의 만족을 도모하고 또한 효율적인 업무체제를 구축하도록 한다.

객실배정의 예

- 대다수 국빈행사 및 VIP의 경우에는 마케팅부서와 객실예약부서의 사전 협의에 의해 객실번호가 지정된다
- 기타 VIP 또는 단골손님의 객실배정은 예약처의 특별요구와 고객Profile과 같은 사전에 입수된 정보에 의해 배정된다
- 일행이 있는 손님 또는 단체손님의 경우에는 동일층으로 우선 배정하고 불가능할 경우에는 층의 차이가 너무 나지 않도록 한다
- 객실 형편상 Up-Grade를 해야 하는 경우에는 단골손님 〉 하루 투숙손님 〉 객실단가가 높은 손님을 우선으로 한다
- 객실타입이 실제 배정가능한 객실과 손님의 요구사항이 서로 맞지 않을 경우에는 최대한 손님의 요구에 부합할 수 있도록 사전준비에 만전을 기한다

다. Check-in 업무

예약한 손님이 도착한 다음 등록이 끝나서 객실을 배정받으면 숙박이 개시된다. 손님이 프런트데스크에 도착하면 먼저 예약사항을 확인하고 나서 바로 등록(Registration)을 하는데 등록내용은 손님성명, 주소, 전화번호, 여권번호 등이다. 전반적인 Check-In 과정은 〈그림 6-11〉과 같다.

그림 6-11 　Check-in 절차

인사
고객님. 안녕하십니까? 무엇을 도와드릴까요?

예약 확인
손님 죄송하지만, 예약은 되어 있으십니까?

이름 조회
네, 김 철자 수자 되십니까? (Computer Monitor로 확인)

예약 화면
네, 김철수 고객님. 디럭스 객실로 금일 1박 예약이 있으십니다. (Monitor의 등록카드 버튼 클릭)

등록카드
(손님에게 등록카드 전달하면서) 주소, 여권번호, 전화번호를 확인하신 후 이 곳에 서명하시면 되겠습니다

객실키
(손님이 등록카드 작성하는 동안에 객실키를 준비한다) (키홀더에 키와 등록카드 삽입)

예치방법
손님, 죄송하지만, 객실료와 룸차지에 대한 사전 예치는 어떻게 하시겠습니까?

예치
(예약자 이름과 카드 이름 비교) 네, 신용카드 받았습니다. (Monitor 처리) (카드리더기 이용 처리)

출력
(카드전표 출력) (서명 받음) (체크아웃 시 취소 가능 안내) (고객에게 신용카드 반환)

객실키 전달
(객실키 전달) 손님 객실번호는 1004호입니다. (벨맨 소개)

인사
감사합니다. 머무시는 동안 즐거운 시간되시고 불편한 사항 있으시면 바로 도와드리겠습니다.

출처: 저자 정리

🔍 그림 6-12 프런트데스크 뒷면

출처: 강원랜드

라. Check-out업무

투숙객이 객실 및 식사 등의 호텔 이용요금을 지불하고 따나는 즉 객실사용의 종료를 의미한다. 투숙객을 최종적인 체크아웃과정에서 오래 기다리게 하는 경우 모처럼 체재중의 즐거웠던 시간도 사라져 버리고 또한 호텔이 제공한 모든 서비스가 헛되어 버린다. 프런트 데스크 직원은 컴퓨터를 통해 성명·손님정보·지불수단·메시지와 당일 조식 여부 및 미니바 등의 이용 여부를 확인하고 공항 교통편의 예약 여부와 호텔 서비스의 만족도를 물어본 후 합계액을 손님에게 말씀드린다. 단체 체크아웃일 경우에는 마스터 번호를 컴퓨터에 입력하여 미계산 잔여손님을 확인한 후 객실수와 숙박일수와 대조하고 조식 계산서와 선수금을 확인·처리하며 대표자의 서명을 받고 여행사용 바우처 중 고객용 계산서는 투어가이드에게 주고 보관용은 여신에 전달한다. 전반적인 Check-out 과정은 〈그림 6-13〉과 같다.

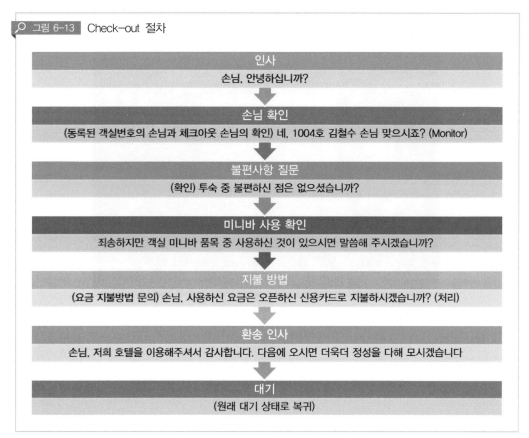

그림 6-13 Check-out 절차

인사
손님, 안녕하십니까?

손님 확인
(등록된 객실번호의 손님과 체크아웃 손님의 확인) 네, 1004호 김철수 손님 맞으시죠? (Monitor)

불편사항 질문
(확인) 투숙 중 불편하신 점은 없으셨습니까?

미니바 사용 확인
죄송하지만 객실 미니바 품목 중 사용하신 것이 있으시면 말씀해 주시겠습니까?

지불 방법
(요금 지불방법 문의) 손님, 사용하신 요금은 오픈하신 신용카드로 지불하시겠습니까? (처리)

환송 인사
손님, 저희 호텔을 이용해주셔서 감사합니다. 다음에 오시면 더욱더 정성을 다해 모시겠습니다

대기
(원래 대기 상태로 복귀)

출처: 저자 정리

마. 야간근무(Night Duty)

호텔은 하루 24시간 업무의 중단없이 계속해서 영업을 하므로 하루의 영업일보를 밤 늦게 종결해야 한다. 보통 밤 11시 30분부터 야간 근무자는 그 날의 영업을 마감하고 결산에 들어간다. 수취계정의 총잔액과 비교해서 개별적인 것을 종합한 원장합계가 수취 계정의 총잔액과 일치 여부를 검증하는 것이 야간근무의 주요 기능이다. 야간근무자는 각 부문의 당일 차변 및 대변이 정확하게 전기(Posting) 되었는지를 확인하고, 만일 잘못 된 점이 있으면 이를 발견해서 정정해야 한다. 호텔은 당일 수입금 일람표(Summary)를 작성하고 모든 계산서가 정확하고 완전하게 청구되었는지 검증하는 것이 야간근무의 목 적이다.

야간근무는 주간업무의 연장이며 주간 근무자로부터 미결 업무를 인계 받아 정리 및 마감하고 다음날 업무 수행에 차질이 발생하지 않도록 메시지, 메일, 등의 각종 전달물을

확인하고 컴퓨터에 의한 매출보고서를 확인하고 또한 각종 보고서를 준비하는 업무를 수행한다.

바. EFL(Club Floor)

대다수 고급호텔들은 수익 및 이윤 확대에 가장 큰 역할을 하는 비즈니스 손님들을 유치하기 위하여 여러 층의 EFL(귀빈층) 또는 클럽 프로어(Club Floor)를 운영하고 있다. 비즈니스 손님은 성수기나 비수기에 상관없이 고정적이고 가장 확실한 손님이며, 관광목적의 손님에 비해 호텔상품의 가격에 훨씬 덜 민감한 편이다. 어쩌면 확실한 비즈니스 손님의 유치가 특히 고급호텔들의 경쟁력에 큰 영향을 미친다고 할 수 있다. EFL의 특징은 객실가격이 일반객실에 비해 조금 높은데 이는 객실 크기 및 인테리어와 라운지(Lounge) 등 보다 차별화된 서비스를 손님에게 제공하기 때문이다. EFL의 가장 두드러진 특징 중의 하나는 수십 명을 수용할 수 있는 EFL 전용 라운지를 제공하는 것이다. 이 전용 라운지에서 국내외의 신문과 정기간행물, TV, 컴퓨터 등이 비치되어 각종 정보에 접할 수 있고 편리하게 업무도 볼 수 있다. 또한 EFL 전용이므로 일반손님들은 접근하지 못하므로 혼잡하지 않은 쾌적한 환경에서 휴식도 취하고 업무도 볼 수 있다. EFL에는 비즈니스 상담 등을 위한 회의실도 구비되어 있으며, 호텔 내의 다른 레스토랑에 가지 않고도 무료로 조식·음료·주류·스넥 등을 제공 받는다. 그리고 EFL에서 근무하는 직원들은 손님에게 비서 역할을 하는 Butler Service를 제공하고 있는 것도 특징이다.

EFL에서 제공되는 서비스

- Express Check-In and Check-Out Service
- 조식을 포함한 무료 식음료 서비스
- 비서역할 지원(Butler)
- 회의실 제공
- 컴퓨터, Fax 등의 사무기기 무료 이용
- 운동시설의 무료 사용
- 메시지의 접수 및 전달
- 각종 예약 확인 및 관광안내

그림 6-14 호텔 로비

출처: 저자

그림 6-15　서울 5성급 'C'호텔의 비즈니스센터, 휘트니스센터, 수영장, 사우나

▲ Business Center

▲ Fitness Center

▲ 수영장

▲ 사우나

출처: twc.echosunhotel.com

4. 프런트 서비스(Front Service)

프런트 서비스의 업무는 손님을 현관 또는 공항에서 최초로 영접함과 동시에 마지막으로 영송하는 장소이다. 여기서 손님들이 인식하는 첫 인상과 마지막 인상은 호텔의 이미지를 결정하는데 중요한 영향을 미친다. 그러므로 각 종사자의 서비스 태도에 대한 중요성이 강조되고 있다. 보통 프런트 서비스는 업무의 특성에 따라 다음과 같은 5개 부문으로 구분하여 업무가 수행되므로 다른 어떤 업무보다도 소통의 중요성과 상호 호환성이 중요시 된다.

- 손님을 공항에서 영접 · 영송 업무를 하는 공항데스크
- 손님을 현관에서 영접 · 영송 · 차량안내 업무를 수행하는 도어데스크
- 손님의 각종 짐을 객실로 운반하고 차량까지 적재하는 업무를 수행하는 벨데스크
- 손님의 짐을 일시 보관하여 주는 업무를 담아하는 Room Cloak
- 손님에게 각종 정보를 전달하고 불편 사항을 해결하는 업무를 수행하는 컨시어즈

---

1) 공항데스크 업무

공항에서 손님을 영접영송 및 수하물 관리가 주업무이며 호텔과의 유기적인 상호 정보교환을 통해 비행기 시간의 정확한 확인 및 영접 후 호텔까지의 차량안내 업무 등을 수행한다. 공항데스크에서 주로 수행하는 출입국 보조 서비스는 먼저 당일 입국할 손님의 예약사항을 항공사에 확인하여 벨데스크에 전달한다. 그리고 나서 손님을 밝은 표정으로 호칭하며 본인 소개와 함께 인사를 하고 짐을 꺼내 직접 운반하는 것(Hand Carry)과 화물용으로 구분하여 차에 적재하고 손님에게 확인을 한 후 대기차량 또는 해당 항공사 체크인 카운터로 안내하고 입출국 관련업무를 도와주고 난 후 벨데스크에 통보하고 처리기록을 남긴다.

2) 도어데스크 업무

호텔 손님이 호텔 정문에 가까이 이르면 제일 먼저 눈에 띄는 사람이 도어맨이다. 또한 손님이 자동차를 타고 정문 앞에 도착하면 자동차 문을 열어 주는 사람이기도 하다.

도어맨은 차량의 질서를 유지하고 손님이 호텔 현관 앞에 도착하거나 떠날 때 영접 · 영송하는 업무를 기본업무로 하며 실질적으로 손님이 호텔에 대한 첫 인상과 마지막 인상을 경험하는 장소이다.

가. 영접 서비스

도어맨은 호텔 정문 앞에 위치하여 호텔에 도착하는 손님의 자동차 도어를 열고 닫아주는 업무를 수행하며 손님의 승 · 하차를 도와주고 손가방 등 손님의 소지품을 받아주며 벨맨에게 손님의 도착을 알려준다. 이때 자동차 실내를 다시한번 확인하여 손님의 분실물 여부를 확인한다. 수하물을 꺼내 벨맨에게 인계할 때에는 수하물의 수와 특이사항을 재확인한다.

나. 안내

손님이 관광이나 유흥을 원하면 안내원으로서 친절한 설명을 잊지않도록 한다. 중요한 공공건물, 시내지리, 극장, 공연장, 접근도로, 관광정보 등에 대한 정확하고 충분한 지식을 보유해야 한다.

다. 주차 질서유지 및 정리

도어맨은 호텔의 정문 주변에 어떠한 장애물의 방치도 허용해서는 안된다. 아울러 호텔의 품위와 정숙을 손상시키는 자들의 출입을 철저히 통제해야 한다. 또한 출입하는 사람 가운데 수상한 언동을 하는 자에 대해서는 즉시 상부에 보고한다. 그리고 어떠한 차량이라도 일정시간 이상 정문 앞에 주차하는 행위를 근절하며, 항상 뒤에 진입할 차량의 편의를 위해 차량흐름을 원활하게 한다. 행사 · 연회 · 세미나 등으로 인해 일시에 많은 차량이 붐빌 때는 사전계획을 철저히 세워 차량흐름을 원활하게 한다.

라. Valet Parking Service

손님의 편의를 위한 주차대행 서비스로 영접 서비스 요령에 의해 손님을 반갑게 맞이한다. 차량을 인수할 때는 운전석 옆문으로 다가가 왼손으로 문을 열고 눈인사를 하며 밝은 표정으로 인사말과 함께 접수증을 전달하고 차량의 외부상태를 확인한다. 만일 차량에 이상이 발견되면 손님에게 확인하는데 여의치 않을 시는 접수증에 이상 여부를 기록한다. 이때 차량 내 귀중품 유무 여부도 함께 확인한다. 차량을 주차한 후 접수증에 기록사항(주차위치 · 차량번호 · 주차근무자 성명)을 확인하고 차량키와 함께 묶어서 데스크에 보관한다.

차량을 인계할 때는 인사말과 함께 접수증을 받아서 확인한 후 신속하게 손님 앞 1미터 내에 차량을 정차시켜 인계 후 영송 서비스요령에 의거하여 영송업무를 수행한다.

마. 영송 서비스

손님이 출발하고자 정문을 나서면 먼저 정중히 인사를 하고 운전기사가 있는 경우에는 차량호출 서비스를 수행하고, 자가 운전하는 손님의 경우에는 신속하게 정문 앞에 차량을 대기시켜 주는 친절한 서비스를 제공하도록 한다. 출발하는 손님의 차문을 닫을 때는 조심성 있게 닫아야 한다.

이 밖에도 도어데스크는 출입문의 개폐관리와 분실물 처리 등의 부수적인 업무도 수행한다. 그리고 도어맨은 항상 정위치에서 근무유지를 해야 한다.

3) 벨데스크 업무

벨맨의 기본업무는 손님을 객실까지 안내 또는 손님의 짐을 전달(Delivery), 수거(Pick Up), 저장(Stock)하는 것이며 아울러 로비관리 및 각종 메시지 전달, Paging 서비스, 객실변경, 차량수배 등의 직무를 수행한다.

벨맨은 업무대기(Stand By) 상태에서는 당일 객실 판매현황과 각종 행사진행 현황을 숙지하고 로비 내 정해진 위치에서 밝은 표정으로 미소를 지으며 양발을 약 30Cm 정도 벌리고 서고 두 손은 벨트부분에 포개어 허리를 곧게 편 바른 자세로 대기하며 손님과 시선이 마주치는 경우에는 밝은 표정으로 호칭하며 목례로 인사를 한다. 손님이 안내를 요청하는 경우에는 문의 받은 위치에서 코너부분까지 안내하고 손님이 직접 짐을 들고 있으면 의향을 물은 후 들어 드린다.

🔍 그림 6-16 Door Desk & Bell Desk

출처: 저자

벨맨은 로비에서 필기도구를 지참하고 일정 지점을 중심으로 시계방향으로 업무를 시작하기 전과 퇴근 전, 또는 매시간 단위로 순찰하고 이상한 점을 발견할 경우에는 선조치 후 차상급자에게 바로 보고한다.

가. 벨맨의 체크인 서비스

① 현관에서 프런트데스크까지

도어 입구에서 항상 대기하고 있는 벨맨은 손님이 도착하면 다가가서 정중히 맞이하며 수하물의 유무 여부 및 수량과 특이사항을 확인한 후 프런트데스크로 안내한다. 벨맨은 손님이 등록하는 동안 2보정도 뒤에 짐을 내려놓고 각 짐별로 Tag을 달고 대기한다.

이때 깨지기 쉬운 주류나 도자기 등은 각별한 주의를 기울여야하며 체크인용 수하물 확인에 필요한 사항을 기록한다.

② 프런트데스크에서 객실까지

손님의 등록절차가 종료되면 프런트데스크 클럭으로부터 객실키를 받아 객실번호를 복창하여 암기시키고 손님을 엘리베이터 쪽으로 유도한다. 이때 손님의 이름을 암기하여 이름을 호칭하여 친밀감을 높이도록 한다. 벨맨은 엘리베이터를 기다리는 동안 호텔내의 부대시설을 안내하거나 손님의 관심을 끄는 말로 친근감을 갖게 한다. 엘리베이터가 도착하면 손님을 먼저 타게하고 짐은 한쪽 구석에 놓고 호텔의 부대시설 안내나 판촉요리 등에 대한 얘기를 프라이버시가 침해되지 않는 한도 내에서 해서 되도록 유쾌한 분위기를 이끌어내도록 한다. 엘리베이터에서 내린 후에는 손님의 2-3보 앞에 서서 객실로 향한다. 이때 너무 빠르거나 느리게 걸어서는 안된다. 복도를 지나면서 비상구도 안내한다.

③ 객실에서

객실에 들어서기 전에 초인종을 두 번 정도 눌러서 객실 안을 화인한 후 도어를 연다음 손님을 먼저 입실토록 한다. 먼저 커튼을 열고나서, 각종 시설 및 비품의 작동 여부와 사용법을 안내한다. 그러나 단골에게는 이런 행동이 역효과가 나는 경우도 있기 때문에 삼가하도록 한다. 손님에게 객실의 만족 여부를 확인한 후 불편한 사항이 있으면 연락해줄 것을 부탁한다. 그리고 처음 방문한 손님에게는 객실내의 모든 시설물에 대한 설명을 친절하게 얘기한다. 이때 객실조명등, 전화, 미니바, 호텔안내문 등에 대한 사용법에 대해 설명을 한다. 이런 설명이 끝난 후 손님이 편안하게 쉴 수 있도록 밝은 인사를 하고 조용히 문을 닫고 객실을 나선다.

나. 벨맨의 체크아웃 서비스

객실로부터 전화 또는 손님이 직접 짐을 내려달라는(Baggage Down) 요청이 오면 벨캡틴은 객실번호와 수하물의 수 등을 파악한 후 벨맨에게 짐을 가지고 올 것을 지시한다. 지시를 받은 벨맨은 체크아웃용 수하물 확인증에 필요한 사항을 기입하고 짐의 개수에 따라 카트나 웨건을 가지고 엘리베이터를 타고 신속하게 객실로 향한다.

벨맨은 객실 앞에 도착한 후 객실번호를 확인한 후 초인종을 2-3번 누른다. 문이 열리면 공손하게 인사를 하고 수하물의 개수를 파악한 후 카트에 싣고 손님이 빠트리기 쉬운 서랍, 옷장, 냉장고 등을 점검한다. 수하물 Tag을 손잡이에 걸고 손님에게 호텔에서 출발시각을 물은 후 수하물 확인증에 시간 및 필요사항을 기록하고 절취선 밑 부분을 손님에게 드리면서 수하물의 인도는 벨데스크에서 담당한다는 점을 전한다. 바로 출발할 예정인 손님의 수하물이 내려 왔을 때 손님은 프런트데스크에서 계산중 이거나 벨맨을 기다리는 경우가 많다. 이러한 경우에는 프런트데스크에 요금 지불 여부를 확인하고 손님을 친절하게 전송한다.

4) Cloak Room Service

호텔에서 Cloak Room이란 손님의 수하물을 일시적으로 보관하는 장소를 말한다. 투숙·연회 등 여러 목적으로 호텔을 방문하는 손님들의 수하물을 일시적으로 보관한다. 연회장이나 여러 레스토랑 등의 시설을 많이 보유한 큰 호텔에서는 현관 정면부근이나 레스토랑의 입구부근, 연회장이 있는 층 등 외래손님의 출입이 잦은 층마다 Cloak Room이 설치되고 있다. 보통 현관 정면 입구부근에 위치하는 Cloak Room이 프런트 서비스가 담당하는 Cloak Room이다.

5) Concierge

컨시어즈는 호텔 현관에서 손님영접, 시내시설 안내, 차량호출, Valet Parking 서비스, 손님수하물 관리, 소포 발송, 수하물보관, 유모차, 휠체어 무료대여, 셔틀버스 운행관리 등을 담당한다. 또한 손님의 요구나 불만사항을 접수처리하며 호텔의 각종 안내와 정보 제공 업무 등을 수행한다. 보통 프런트 데스크 옆 또는 앞에 있는 데스크에서 고유한 유니폼으로 근무한다.

🔍 그림 6-17 Concierge

▲ Concierge Desk   ▲ Concierge Desk

출처: 저자

5. 하우스키핑(Housekeeping)

하우스키핑은 '가정에서의 가사·가계 또는 건물을 수리하고 관리·유지한다'라는 사전적 의미를 가지고 있다. 호텔에서 하우스키핑은 손님이 체류기간 중에 쾌적하고 편리한 시설과 용품을 갖춘 하드웨어적 서비스와 항상 청결하게 정비·유지함은 물론이고 집 떠난 집으로서의 또 다른 편안함을 느낄 수 있도록 하는데 필요한 인적 서비스를 제공한다.

제조기업에 비유하면 호텔부서 중에서 객실예약과 객실판촉 그리고 프런트 데스크는 객실을 판매하는 부서이며, 하우스키핑은 객실을 생산하는 부서이다. 그러므로 효율 및 효과적으로 좋은 상품을 생산해서 판매하려면 두 부서의 유기적인 협력체제가 반드시 필요하다.

손님이 원하는 쾌적한 객실을 유지하기 위해서는 완벽한 청소와 점검, 편리성과 신속성을 확보하기 위해서는 FF&E(Furniture, Fixture and Equipment)의 고장이나 미비함이 없도록 철저히 점검하고 모든 일에 손님의 입장을 우선하는 것을 강조해야 한다. 객실 하나하나에 담긴 정성은 손님으로 하여금 좋은 이미지의 형성과 그 호텔을 오랜 시간동안 기억하게 할 수 있다.

> **하우스키핑 부서의 주요 업무**
>
> ◉ 객실의 FF&E(설비·가구·비품)의 정비 및 관리
> ◉ 객실용 소모품·비품·린넨류의 관리
> ◉ 미니바·유실물·대출품 서비스 및 관리
> ◉ 세탁서비스 및 린넨류의 관리
> ◉ 공공구역의 정비

호텔에서 객실은 손님이 휴식을 취하는 장소이며 개인의 프라이버시가 최대한 보장되어야 하는 곳이므로 객실지역은 24시간 정숙함이 요구된다. 따라서 작업이나 휴식 중 절대 정숙이 요구되며 손님이 투숙중인 객실은 정비·미니바 점검·시설물 보수 등의 이유로 객실을 출입할 경우에는 손님에게 사전 허가를 받은 후 출입하고 손님의 요청 외에는 절대 출입을 금지한다. 손님의 생명과 재산을 보호하는 일을 기본으로 하는 서비스이므로 손님의 물품 도난 및 손실 또는 놀랄 일이 생기지 않도록 해야 할 뿐만 아니라 세계 각국의 고유한 풍습을 최대한 숙지하고 철저한 서비스 매너를 익히도록 해야 한다.

하우스키핑부서의 관리자는 일정표에 의한 주간 청소계획표를 작성하여 당일 업무를 지시·감독하며, 객실정비표에 따라 매일 객실의 이상 여부를 확인한다. 관리자는 호텔의 주상품인 객실을 준비함에 있어서 상품생산과 관련된 모든 사항(시설, 청결, 각종 자산관리, 인적 서비스 등) 업무의 흐름을 정확하게 꿰뚫고 있어야 한다. 이런 활동이 막대한 고정자산의 적절한 관리와 고부가가치 상품인 객실을 합리적으로 경영할 수 있게 한다.

1) 하우스키핑 서비스

하우스키핑 부서는 부서장 〉 하우스키핑과장 〉 층관리자(Floor Supervisor 또는 Inspector) 〉 룸메이드(Room Maid)의 직급 순으로 조직화되어 있다. 층별 관리자는 객실과장의 업무지시를 받아 객실상품의 원활한 판매를 위한 업무를 수행하며 책임지역의 실무관리자로서 담당지역에 대한 모든 사항에 대해 책임을 진다. 주로 업무는 룸메이드에게 작업을 지시감독하고 객실 청소가 끝난 후 점검(Inspection)한다. 한편 하우스키핑 부서에서 가장 많은 인원을 차지하는 룸메이드는 객실을 정비하는 것을 주업무로 한다.

가. 객실정비

① 정비 전 준비

룸메이드는 청소·VIP도착보고서와 마스터키 및 업무일지를 수령하고 담당층의 VIP 현황·객실점유율·특이사항 등을 전달받고 객실 복도를 순찰하며 시설의 이상 유무와 청결 상태를 확인한다. 문이 열려있는 객실은 이상 유무를 확인하여 닫고, 객실정비 요청 ('Do Not Disturb' 표시가 없는)이 있는 객실은 먼저 정비를 하도록 한다. 룸메이드는 청소분담표의 해당 객실란에 손님의 특이사항을 기록하고 창고의 정리상태·메이드 웨건 적재상태·청소용품의 기능상태 등을 확인한다.

🔍 그림 6-18　Room Maid

출처: 저자, kr.pinterest.com/restomir & jabuka.tv/tajne-koje-vam-hotelsko-osoblje-nikad-nece-ispricati/

그림 6-19 Do Not Disturb & Make Up Sign

출처: 저자 & 123rf.com/photo_42700917

② 객실이동

룸메이드는 먼저 담당층 관내 손님의 특이사항을 숙지한 후 웨건과 진공청소기를 준비해서 객실로 이동한다. 청소차 운행 중에 시선은 전방을 응시하고 벽에서 약 10Cm 정도 띄워서 벽에 충돌하지 않게 한다. 도어가 열린 객실과 객실정비 요청 신호가 켜진 객실을 확인한다. 객실 복도 등에서 손님과 마주 칠 때는 청소차의 운행을 멈추고 호칭하며 보통례로 인사를 한다. 객실로 이동한 후에는 재고가 없는 물품이 없는지 확인하고 정비 할 객실문 옆 벽면에 약 10Cm 정도 띄워서 웨건과 진공청소기 순으로 일렬로 세우고 청소분담표를 확인한 후 객실출입 요령에 따라 입실한다. 호텔에는 여러 유형의 객실이 존재하기 때문에 객실별로 정비순서가 정해질 수 있다. 국내 모호텔의 객실정비는 Rush Room 〉 Make Up Room 〉 VIP Room 〉 Suite Room 〉 Stay On Room 〉 Check Out Room의 순서로 수행되고 있다. 한편 객실 정비순서는 〈그림 6-20〉과 같다.

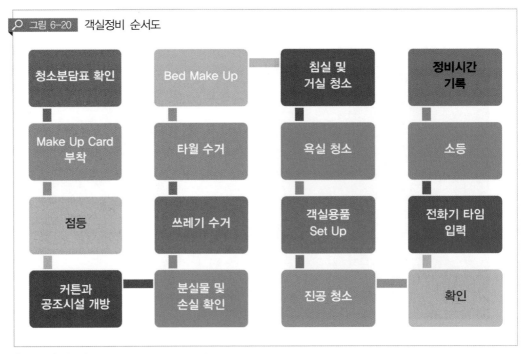

🔍 그림 6-20 객실정비 순서도

청소분담표 확인	Bed Make Up	침실 및 거실 청소	정비시간 기록
Make Up Card 부착	타월 수거	욕실 청소	소등
점등	쓰레기 수거	객실용품 Set Up	전화기 타임 입력
커튼과 공조시설 개방	분실물 및 손실 확인	진공 청소	확인

출처: 저자 재구성

③ 침대꾸미기(Make Up)

손님이 객실에 체류 중일 때는 먼지가 나지 않도록 하고 트윈 객실의 경우에는 사용하지 않는 침대는 침대커버를 벗겨 사용 여부를 확인한 후 재정리한다. 사용한 시트(Sheet)는 손님의 물품과 섞이지 않도록 한 장씩 확인하면서 수거하고, 침대커버·이불·베개를 바닥에 내려둘 때는 사용한 시트를 바닥에 깔고 그 위에 둔다. 1개의 침대를 정비하는데 소요되는 린넨의 소요량은 베개 케이스 4장, 더블 이불시트 1장, 더블시트 1장 등 총 6장이다.

> **침대꾸미기 순서**
>
> ① 베드 패드를 침대 중앙에 둔다
> ② 베개를 접힌 부분이 없도록 하여 커버에 넣은 뒤 바닥에 닿지 않도록 의자 등에 넣어 둔다
> ③ 속 시트를 다림선에 맞추고 부분과 옆부분을 매트리스 밑으로 접어 넣은 뒤 반대편 부분과 하단 부분을 팽팽히 당겨 매트리스 밑으로 접어 넣는다
> ④ 이불 시트를 침대 위에 펼쳐 이불 양쪽 끝을 시트 귀퉁이에 맞춰 넣고 윗부분에서 맞잡아 가볍게 펼치며 균형을 잡고 침대머리에서 약 50~60cm 띄워 중앙에 바르게 둔다

⑤ 베개를 케이스에 넣고 윗부분 중앙에 둔다

⑥ 침대커버를 침대 아래 부분부터 스커트가 반만 덮이도록 펼쳐 놓은 뒤 양쪽 옆부분을 맞춘다

⑦ 베개를 상단 끝 중앙에 무거운 것이 아래로 가도록 하여 2개씩 포개어 둔다

⑧ 침대커버를 베개 위로 덮어 주며, 한 손은 베개 위 뒷부분에 살짝 대고 다른 한 손은 중앙 부분에 격이 생기도록 조금만 넣어 각이 지도록 매만진다

⑨ 정돈된 상태를 확인한다

나. 객실점검(Inspection)

객실점검은 손님에게 객실을 판매하기 위한 마지막 확인과정으로 객실청소 보고서에 의거하여 손님이 퇴숙한 객실점검과 현재 체재중인 객실점검으로 나누어서 점검한다. 객실점검은 객실 입구에서부터 시계반대 방향으로 객실 전부분이 점검에서 빠지지 않도록 손으로 확인하며 점검한다. 점검 중 특이사항은 점검보고서에 기록한 후 관련부서에 연락을 취하고 시설보수 작업을 할 때는 작업중 카드를 도어 손잡이에 걸어둔다. 시간이 오래 걸린다고 판단되면 프런트 리셉션에 연락하여 손님에게 메시지를 전달하거나 판매 중지 처리하고 수리가 완료되면 직접 작동하여 확인을 한다. 객실점검에서 3가지 중요한 사항은 첫째, 설비물과 가구 집기류의 기능상태 확인 둘째, 청결상태 확인 셋째, 비품과 소모품 및 린넨류의 정리정돈 상태를 확인하는 것이다.

다. 미니바(Mini Bar)

미니바는 객실 내의 소형 냉장고에 간단한 음료·주류·스낵 등을 비치해서 손님이 셀프서비스를 이용하게 하는 서비스이다. 손님이 객실 내에서 음료 등이 필요할 때 룸서비스에 직접 주문할 수 있지만 주문 및 기다림 등의 번거로움과 프라이버시 침해, 봉사료에 대한 부담을 느낄 수 있기 때문에 미니바를 통해 보다 편리하게 수시로 이용할 수 있다. 미니바의 운영목적은 손님이 후불로 편리하게 음료 등을 구매할 수 있는 편의 서비스를 제공하고 동시에 호텔의 판매 기회를 극대화하는 것이다.

2) 린넨(Linen) 서비스

대다수 호텔에서 하우스키핑 조직에 속하는 린넨서비스는 주로 고객서비스를 위해 소요되는 여러 가지 종류의 직물들을 말한다. 린넨서비스는 호텔의 여러 영업활동을 위

하여 객실과 기타 영업장에서 사용하는 각종 린넨 및 직원 유니폼이 원활하게 공급되고 세탁수불이 효율적으로 이루어지도록 하는 업무를 수행한다. 호텔의 린넨에는 객실용 린넨(침대 시트, 침대 커버, 이불, 담요, 베개, 수건, 보료, 방석, 욕실 가운 등)과 식음료영업장용 린넨(테이블 커버, 냅킨, 의자 커버, 연회용 치마, 커튼 등), 휘트니스센터용 린넨(수건, 헬스 가운, 사우나복 등), 고객의 세탁물, 직원용 유니폼 등 여러 가지 종류가 존재한다.

린넨류를 구입하는 데 막대한 비용이 소요되며 관리 및 효율성 고저에 따라 수명에 큰 영향을 미친다. 린넨관리는 첫째, 정확한 필요소요량의 측정 둘째, 섬유 재질의 선택 셋째, 재고관리 넷째, 사후관리로 나눌 수 있다. 소요량 측정을 잘못하면 쓸데없는 재고가 쌓이거나 또는 부족해서 효과적인 대고객 서비스에 지장을 초래하기도 한다. 린넨이 마모되는 원인으로는 부주의하게 다루는 경우와 반복되는 세탁으로 인해 수명이 다하는 경우가 있다. 또한 분실과 도난의 경우도 무시할 수 없다.

린넨 서비스의 주요 업무

- 손님의 세탁물을 수거하여 세탁 후 전달하는 Laundry Service 업무
- 세탁물을 세탁하고 수선하는 Washing, Dry Cleaning, Pressing, Sewing 등과 같은 기술적인 업무
- 원활한 영업활동을 위해 린넨과 유니폼류의 적정재고를 유지 및 관리하는 저장품관리 업무
- 경비절감을 위한 린넨류의 수선 및 재활용 업무

제3절 호텔 영업부서: 식음료(F&B)부서

오늘날 호텔에서 레스토랑은 단순하게 식사 및 휴식장소를 제공하는 것뿐만 아니라 맛과 영양이 풍부한 음식, 깨끗하고 위생적인 시설, 분위기나 시설 등의 물적 서비스, 친절하고 세련된 인적 서비스 등 상품과 서비스가 복합적으로 구성되어 판매되는 곳이다. 서구 선진국에서 전통적으로 호텔에서 F&B부서는 투숙객들의 편의를 위해 식음료 상품을 생산·판매하는 것으로써 객실상품을 보완하는 기능을 담당해 왔다. 그러나 국내 호텔산업에서 F&B부서는 오히려 객실부서 보다 더 중요성이 높게 평가받고 있다. 현재 서울시내 특1급 호텔들의 영업실적을 보면 F&B부서의 매출액이 오히려 객실부서를 앞지르고 있다.

호텔에서 F&B부서는 효과적·효율적으로 조리된 식음료 상품을 종사원의 적절한 서비스를 통해 고객에게 제공해야 한다. 호텔의 레스토랑은 경험 많은 주방장에서 유래되는 질 좋은 음식의 제공을 통해 이윤추구뿐만 아니라 지역사회에서 호텔의 긍정적인 이미지 구축에 큰 역할을 하고 있다. 그리고 고객들의 소비성향과 라이프스타일이 변화하면서 F&B부서의 역할은 더욱 강조되고 있으며 또한 경쟁이 심화되면서 과학적인 관리방식의 중요성이 더욱 강조되고 있다.

그러나 호텔에서 F&B부서는 가장 낮은 이익을 창출하고 있는데, 음식을 준비하고 제공하는데 비용이 너무 많이 소요되기 때문이다. 보통 식재료비 및 인건비가 각각 판매가격의 약 25~35%씩을 차지하고 있으며, 이 외에도 직원의 복지혜택과 직접비용을 모두 합하면 이익을 남길 수 있는 여지가 현저히 떨어지고 있다. 그런데 레스토랑에서 판매하는 주류에는 낮은 인건비 및 판매비용이 소요되기 때문에 판매가 많을수록 레스토랑의 이익수준 향상에 도움이 된다. 한편 호텔의 연회부서는 보통 레스토랑 보다 많은 이익을 창출하고 있다. 호텔 연회는 사전에 가격과 고객의 수를 미리 알 수 있으며 또 영업시간이 정해져 있기 때문에 보다 효율적인 운영이 가능하기 때문에 수익성이 높게 나타나고 있다. 따라서 F&B부서는 기본적으로 객실부서보다 비용이 많이 발생하므로 고도의 경영효율화가 이루어지지 않는다면 매출액 향상에는 도움이 되지만 이익 향상에 공헌할 수 있는 여지는 별로 많지 않다.

1. 호텔 레스토랑의 유형

호텔에서 운영되는 레스토랑은 대부분 테이블 서비스(Table Service) 레스토랑이다. 테이블 서비스 레스토랑이란 일정한 장소에 식탁과 의자를 마련해 놓고 손님의 주문에 의하여 종사원이 음식을 제공해 주는 식당으로 세련된 서비스가 제공되는 고급스럽고 호화로운 레스토랑이다.

호텔의 레스토랑은 제공되는 식사의 종류에 따라 다음과 구분할 수 있다.

1) 한식당

호텔의 한식당에서 제공되는 한식요리에는 무엇보다도 옛 궁중요리를 비롯한 불고기, 신선로, 전골요리 등이 있으며 특급호텔에서 한국음식의 표준 식단을 개발하여 가볍고 손쉽게 찾을 수 있는 삼계탕, 비빔밥 등을 만들어 서양요리와 경쟁할 수 있는 여건을 만들었다. 그러나 비용 과다 등으로 비교적 최근까지 특1급 호텔 4-5곳을 제외하고는 한식당은 아예 존재하지 않아서 한식세계화에 역행하고 있었다. 그러나 2016년 말에 세계적인 평가기관인 프랑스의 미슐랭 가이드 심사에서 호텔 한식당과 일반 한식당 두 곳만이 최고 등급인 3성을 획득함으로써 한식당에 대한 평가가 달라지는 계기가 만들어졌다. 향후 호텔에서 한식당이 바람을 일으키게 될 것으로 예측된다.

2) 중식당

중식당은 오랜 역사와 함께 다양한 재료 및 메뉴 개발로 세계적인 요리로 변모하였다. 중식의 특징은 첫째 식재료가 가금류, 야생조류, 어패류, 해조류, 야채류, 과실류, 계란, 콩 등 재료가 무궁무진하다. 둘째, 조리기구는 간단하고 사용하기 쉬우며 기름을 이용하여 볶거나 지지거나 튀기는 요리가 많다. 셋째, 조미료와 향신료가 풍부하여 음식의 모양이 화려하고 풍요롭다. 넷째, 중국은 넓은 영토로 인하여 지역적으로 특색 있는 요리도 많이 발전하였는데 기후와 생활 형태에 따라 북경요리, 남경요리, 광동요리, 사천요리 등으로 구분된다.

3) 일식당

일본은 계절 변화가 비교적 뚜렷하고 사방이 바다로 둘러싸인 특수성 때문에 주로 어패류를 중심으로 하는 요리가 발달하였으며, 신선한 생선을 재료로 하는 요리가 특히 발달하였다. 서양요리와 비교했을 때 일식의 가장 큰 특징은 조리법에 있다. 기본적인 조리법 중에서 대표적인 것이 '나마'라고 해서 생선을 그냥 먹는 것인데, 이에는 회와 스시(초밥)가 있다.

4) 양식당

양식당은 크게 유럽식과 미국식으로 구분된다. 이태리 레스토랑은 면을 재료로 하는 마카로니와 스파게티가 대표적인 요리인데, 이를 총칭하여 파스타(Pasta)라고 한다. 프랑스 레스토랑은 뛰어난 예술적 감각과 수백여 종류에 이르는 소스(Sauce) 및 바다가재 요리 등으로 세계적인 요리로 인기를 끌고 있다.

가. 이태리 식당(Italian Restaurant)

이태리 요리는 면 종류의 요리를 총칭하여 파스타라 하여 스프(Soup)를 대신하여 주 요리 전에 먹는다. 지중해 연안의 풍부한 해산물과 올리브유를 많이 사용하여 마늘을 좋아하는 우리나라 사람들의 식성에 잘 어울린다. 최근에는 대부분 특급호텔에서 이태리 레스토랑을 운영하고 있다.

나. 프랑스 식당(French Restaurant)

프랑스 요리는 세계적으로 특히 고급요리로서 유명하며 오늘날 고급 레스토랑의 대명사로 인식되어 있으며 비교적 규모가 편이다. 요리에 사용되는 소스만 해도 수백 가지가 넘으며 바다가재, 굴, 푸아그라, 캐비어 등 많은 고급 요리가 좋은 포도주(Wine)와 함께 제공된다.

그림 6-21　서울 5성급 'L'호텔의 F&B 영업장

▲ French Restaurant

▲ 한식당

▲ 중식당

▲ 일식당

▲ Italian Restaurant

▲ 부페식당

▲ 라운지

▲ 바

출처: lottehotel.com

2. 호텔 식음료부서의 특징 및 중요성

호텔 내에서의 식음료부서의 특징을 살펴보면 크게 생산관리 측면과 판매관리 측면으로 나눌 수 있다. 첫째, 생산관리 측면의 특징은 ① 생산과 판매의 동시성 ② 주문생산 ③ 수요예측의 어려움 ④ 재료 표준화의 어려움 ⑤ 동일상품 유지의 한계이다.

둘째, 판매관리 측면의 특징은 ① 장소 및 시간의 제약 ② 상품의 부패성 ③ 인적 서비스의 의존도가 높음 ④ 메뉴에 의한 판매 ⑤ 대량판매의 한계 ⑥ 판매와 동시에 소멸되는 것이다. 셋째, 기타 특징으로는 ① 1회성 소비 ② 환경변화에 따른 품질 변화와 체험의 상대성 ③ 경험과 이미지에 의한 상품속성의 이해 등을 들 수 있다. 이같이 식음료 상품은 제조업과는 달리 제약조건이 많아서 비용관리가 매우 어렵다. 이로 인해서 식음료관리는 극복해야 할 문제점이 많이 존재하고 있다.

호텔에서 식음료부서는 여러 중요한 역할을 하고 있다. 첫째, 호텔 투숙객의 편의를 위해 손님의 입맛에 맞는 식사와 음료의 서비스를 제공한다. 둘째, 단골손님의 확보를 통해 긍정적인 이미지를 구축할 수 있다. 셋째, 식음료의 판매활동을 통하여 기업의 이윤 창출에 공헌한다. 넷째, 지역사회의 생활의 질을 보다 높이는데 기여함으로써 기업의 사회적 책임을 다한다.

경제성장으로 인한 국민소득의 증가와 노동시간의 감소로 인한 잉여시간의 증가 등의 국민생활의 질적 향상은 현대인들에게 건강한 정신과 신체를 유지하려는 욕망을 더욱 강하게 만들고 있다. 만족스러운 개인생활을 위한 여러 가지 활동 중에서 다른 사람들과 여유롭게 어울릴 수 있는 장소를 찾게 될 것이며 또한 편안한 휴식공간을 찾게 된다. 손님들의 이러한 욕구가 호텔이라는 장소를 통해 해소되고 있다.

국내 호텔들의 영업현황을 살펴보면 수익의 극대화라는 측면에서 볼 때 객실부문 보다 식음료 판매에 더욱 적극성을 띠고 있는 것을 알 수 있다. 객실판매에는 객실의 수용한계가 엄연히 존재하고 있다. 하지만 식음료부서의 경우에는 수익확대의 제약이 객실에 비해 훨씬 적다는 것을 알 수 있다. 또한 손님이 호텔을 선택을 할 경우에 식음료부문의 속성도 중요하게 생각하고 있다는 사실을 알 수 있다. 여기에는 손님이 호텔 레스토랑에서 경험하는 맛과 청결상태나 식사할 때의 아늑함 등이 포함된다. 보다 구체적인 식음료부문의 중요성은 다음 세 가지로 요약할 수 있다. 첫째, 새로운 고객의 창출에 기여한다. 식음료 서비스의 역할은 새로운 고객을 꾸준히 창출하고 유지함에 있다. 새로운 고객을 만드는 것은 매우 중요하다. 호텔의 기능에는 숙식의 기능 이외에 모임이나 집회, 세미나, 공연예술 등의 다양한 기능을 지니고 있다. 이러한 여러 가지 이유로 호텔 레스토랑을 찾는 손님을 위해 식음료부문에서는 품격 있는 식사와 훌륭한 서비스가 잘 조화될 수 있도록 지속적인 노력을 통하여 손님에게 좋은 인상을 심어야 한다. 식음료부문은 손님에게 단순히 식사만을 제공하는 곳이 아니라 호텔의 이미지 창출에 기여할 수 있는 마케팅 도구로써 중요한 위치를 차지하고 있다.

둘째, 고객의 기대에 대한 부응이다. 레스토랑의 관리자들은 고급 레스토랑의 단골이 될 손님이 많지 않다는 것을 깨달아야한다. 그러므로 단골손님의 창출과 유지에 힘을 써야 할 것이다. 식음료부문의 서비스를 향상, 개선 하기 위해서는 과연 손님이 무엇을 기대하고 있는지를 먼저 확인해야 한다. 또한 식음료 서비스에 있어서 높은 품질을 유지해야 한다. 일관된 높은 품질의 서비스는 호텔의 명성이나 이미지의 창출에 큰 기여를 한다.

셋째, 호텔 수익의 창출에 기여한다. 호텔 수익의 극대화에 큰 공헌을 할 수 있는 분야 중의 하나가 식음료부문이라고 할 수 있다. 대다수 호텔의 주요상품은 객실부문과 식음료부문으로 나눌 수 있다. 그러나 호텔의 객실은 판매수량이 제한되어 있다. 즉 수요에 대한 판매 탄력성이 매우 낮아 한정된 수입으로 만족할 수밖에 없다. 반면에 식음료부문의 상품은 수요에 대한 탄력성이 매우 크다. 현재 국내 호텔산업에서 대규모 호텔일수록 여러 가지 식음료 업장이 다양하게 운영되고 있는 것을 알 수 있다.

3. 호텔 식음료관리

합리적인 호텔 식음료 부서의 경영을 위해서는 고려해야 할 사항이 많다. 일반적인 호텔 식음료부문의 관리절차는 〈그림 6-22〉와 같다. 이러한 식음료 업무가 원활하게 수행되려면 여러 기능분야가 같은 목적을 달성하기 위해 유기적인 협력체제를 유지할 수 있어야 한다. 즉 메뉴관리, 식자재관리, 원가관리, 서비스관리, 마케팅관리, 인적자원관리 등과 같은 기능분야들이 톱니바퀴처럼 서로 잘 맞물려서 물 흐르듯이 업무가 진행될 수 있도록 해야 한다.

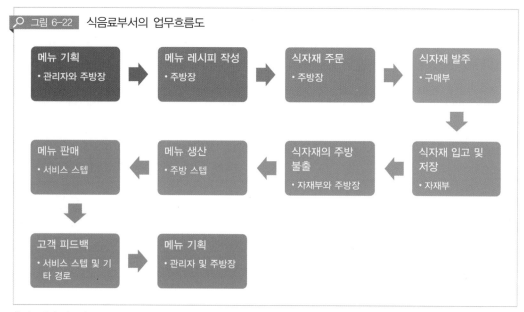

🔍 그림 6-22 식음료부서의 업무흐름도

출처: 저자 재구성

1) 메뉴관리

메뉴(Menu)는 레스토랑에서 제공되는 식사의 종류를 간단히 설명한 목록표로 정의를 할 수 있다. 손님이 레스토랑에 들어선 후 첫 번째로 만나는 것이 메뉴이다. 손님은 메뉴를 통해 전달되는 메시지를 받고서 그에 따라 반응을 한다. 이처럼 메뉴는 손님과 레스토랑이 소통을 하는 도구의 기능을 갖고 있기도 하다. 메뉴는 식음료 부서의 관리에서 가장 중요한 경영도구중의 하나이다. 메뉴는 한 마디로 레스토랑 경영의 처음이자 끝이다.

메뉴는 단순히 판매를 위한 상품의 명칭과 가격을 표시한 리스트가 아니라 판매를 촉진하는 중요한 도구이다. 메뉴는 레스토랑의 경영정책과 이미지를 손님에게 전달하는 중요한 도구로서 레스토랑 경영의 청사진 역할을하고 있다. 메뉴에 의해 손님에게 상품을 제공하기 위한 활동이 제시되며, 영업절차가 조정·통제된다. 메뉴를 기획할 때 반드시 고려해야 할 점은 고객의 욕구와 필요를 충족시킴과 동시에 호텔의 수익성도 고려해야 한다.

메뉴의 역할

- 메뉴에 따라 필요한 인력과 숙련도가 결정된다
- 메뉴에 따라 서비스 제공 방법, 객석의 구조, 주방설비, 집기 등이 달라지며 공간의 구성, 인테리어, 입지 조건 등도 달라진다
- 메뉴의 종류에 따라 구매할 식자재 품목이 결정된다. 즉 어떠한 음식이 메뉴에 포함되는 가에 따라서 해당 식사를 준비할 식자재의 항목이 결정된다
- 메뉴에 따라 식자재의 원가, 노동 및 자본 비용이 결정되며, 메뉴분석에서 원가관리가 시작된다
- 메뉴에 따라 생산 요건이 결정된다. 즉 메뉴는 어느 날 어떻게 조리할 것인가라는 작업흐름과 준비시간 및 제공시간과 수량 등을 결정하게 된다
- 메뉴에 따라 서비스 요건이 결정된다. 메뉴는 어떤 음식이 어떻게 손님에게 서빙되어야 하는지를 결정한다

---

2) 식자재관리

식자재관리는 호텔의 식음료 영업장에서 소요되는 영업에 필요한 식자재의 분류와 구매, 보관, 입고, 출고 등에 이르는 전과정을 일컫는다. 식자재관리란 구매규격에 적합한 식자재의 최저가격도입과 적정재고량의 유지 및 보관상의 신선도 유지, 필요한 식자재의 적시출고와 효율적인 재구매 시점, 구매량의 합리적 결정 등으로 레스토랑에서 제공되는 메뉴의 품질 유지와 원가 및 비용 통제에 대한 문제를 동시에 해결하고자 하는데 그 목적이 있다.

식자재관리가 필요한 이유

- 메뉴의 품질수준과 구매규격에 알맞는 식자재 기준의 설정
- 구매시점, 구매량, 저장문제 등 경쟁력 있는 식자재 재고관리시스템의 확립
- 저장시설의 효율·효과 극대화와 적정재고수준의 관리
- 낭비요소의 사전 제거 및 검품·검량과 책임관계의 확립
- 원가통제와 목표이익의 추구
- 주방업무의 경영 합리화

또한 식자재관리에서 위생관리 측면도 무시해서는 안되는 중요한 분야이다. 호텔에서 식품 안전사고의 위험은 도처에 잠재되어 있어서 식음료부서는 위생관리에 각별히 신경을 써야한다. 호텔 식음료부서에서 부적절한 위생관리로 인한 사고는 지역사회에서 호텔의 평판과 신용도를 떨어뜨릴 뿐만아니라 자칫 막대한 피해를 입게 된다. 그러므로

손님에게 제공되는 식자재에 대해서는 철저한 위생관리가 필요하다. 이렇듯 위생관리의 목적은 주방에서 다양한 식용 가능한 식품을 취급하여 음식을 손님에게 제공하는 과정에서 일어날 수 있는 식품위생상의 위해를 방지하고 또한 손님의 안전과 쾌적한 식생활을 보장하는 것이다. 그랜드 인터컨티넨탈호텔 등 국내 고급호텔들은 최근 HACCP(Hazard Analysis Critical Control Point)이라는 시스템을 도입해서 철저하게 위생관리를 하고 있다.

3) 원가관리

원가관리의 목적은 비용분석을 통해 기대이익을 달성하는 한편 상품의 품질 및 서비스의 질이 일정한 수준을 유지하고 있는가를 확인하는 판단 기준을 구축하는 것이다. 그러므로 성공적인 식음료관리를 하기 위해서는 효율적인 식음료 원가관리제도가 반드시 확립되어야 한다. 원가를 현재 또는 원래 설정한 수준으로 유지하기 위한 노력도 필요하지만 궁극적인 원가관리의 목표는 지속적인 혁신 노력으로 낭비요소를 제거하여 원가 경쟁력을 제고하는 것이어야 한다.

보통 호텔에서 식음료 업장의 원가 구성비는 다른 영업장에 비해 상대적으로 높다는 것을 알 수 있다. 레스토랑의 유형에 따라 다르게 나타나겠지만 많게는 50% 이상을 직접원가가 차지하고 있다. 이러한 면을 비추어 봤을 때 식음료 부서에 대한 원가관리는 반드시 필요하다. 원가관리의 관리대상에는 식재료비, 인건비, 수도 · 광열비, 연료비, 소모품비, 광고홍보비 등이 있지만 주요 관리대상은 식재료비, 인건비, 광고홍보비로 요약할 수 있다. 그래서 식재료 낭비와 제품 손실의 방지는 물론이고 효율적인 인건비 관리도 레스토랑의 원가관리에서 매우 중요한 사항이다.

원가관리를 어렵게 하는 주요 요인은 식재료 가격의 상승, 주문 및 보관 실수로 의한 폐기 처분, 식재료의 과다 사용, 직원들의 생산성 향상 등이다. 여기에서 주문 및 보관 실수와 식재료의 과다 사용은 표준 매뉴얼을 준수함으로써 일정부분 방지할 수 있다 그러나 보다 큰 문제점은 구매하고자 하는 식재료비를 일정하게 유지하기가 어렵다는 것이다. 야채나 해산물 등은 자연재해와 계절성에 따라 가격 차이가 심한 편이다. 또한 소량구입과 대량구입의 차이점도 가격 변동성을 높이고 있다. 이런 경우 많은 레스토랑들은 식재료의 양을 줄여서 원가율을 떨어뜨리려고 하는데, 이런 적절치 않은 대응방식은 결국 품질저하와 이미지 실추만을 낳을 뿐이다. 식음료 원가관리의 가장 큰 난제 중의 하나가 직원들의 낮은 원가관리 의식수준이다. 직원들이 원가관리에 보다 많은 관심을 갖도록 하려면 충분한 교육훈련은 물론이고 높은 수준의 동기부여를 이끌어 낼 수 있어야 한다.   비용수준은 곧 레스토랑의 서비스 품질수준을 나타내고 있다. 원가율을 낮추면 낮출수록 품질이 저하되고 또한 인건비를 낮춘 만큼 서비스의 질이 저하되기 마련이다. 그리고 광고홍보비 또는 판촉비를 줄이면 고객들의 해당 레스토랑에 대한 인지도가 낮아져서 결국 손님들을 빼앗기게 된다. 그러므로 이익을 극대화하기 위해서 비용을 과도하게 낮추는 것은 결코 바람직하지 않지만 그렇다고 적정수준의 이익 수준을 유지하지 못하는 것도 매우 위험하다. 합리적인 레스토랑의 경영은 먼저 단기적으로는 합리적인 수준으로 비용을 유지하여 상품과 서비스의 품질이 떨어지지 않게 해서 좋은 이미지의 구축을 도모하고, 장기적으로는 끊임없는 혁신적인 원가절감 노력을 통해 경쟁사에 비해 비용우위 또는 차별화와 같은 경쟁우위를 창출할 수 있어야 한다.

이 밖에도 합리적인 식음료관리를 위해 중요한 기능에는 서비스관리, 마케팅관리, 인적자원관리 등이 있다. 첫째, 서비스관리는 호텔 식음료부문에 있어서 중요하다. 서비스 품질의 향상을 위해 꾸준한 관리와 표준화, 매뉴얼화의 필요성은 무엇보다도 중요하다. 둘째, 마케팅관리를 통해 고객의 욕구를 파악해서 이에 부응할 수 있는 상품과 서비스를 개발하여 손님에게 효율적으로 전달할 수 있어야 한다. 셋째, 식음료부문에서 인적자원은 매우 중요한 역할을 담당하고 있다. 즉 식음료부서의 가장 큰 자산은 종사원이다. 호텔 식음료부서의 성공은 결국 좋은 자질을 갖춘 서비스 종사원을 선발해서, 훌륭한 교육훈련 프로그램을 시행하고, 어떻게 동기를 부여하느냐에 달려 있다고 해도 과언이 아니다.

4. 식음료 조직관리

1) 식음료 조직관리

호텔 식음료부문의 기능을 원활하게 수행하기 위해서는 효율적인 조직구조를 구축해야한다. 잘 조직되어 있는 기업과 그렇지 않은 기업의 차이는 곧 성공과 실패의 차이라고 해도 과언이 아닐 것이다. 종사원 각자는 자신의 권한과 책임, 역할 등을 잘 숙지해야 하며, 조직목표와 자신의 업무간의 관계도 잘 파악해야 한다. 조직관리란 특정한 조직의 공동목표를 효율·효과적으로 달성하기 위해 집단의 행동을 관리하는 것이며, 그 과정에서 개인도 만족을 추구하게 된다. 성공적인 조직관리의 여부는 경영비전의 공유, 조직환경의 설정, 조직체계의 확립, 리더십의 정체성 확립, 원활한 소통체제의 구축, 공정·공평한 사내규칙의 확립 등에 의해 결정된다고 할 수 있다.

호텔 식음료 조직에서 주요 활동은 사람을 통해 이루어지기 때문에 각자가 최대한 능력을 발휘할 수 있도록 지원하고 배려해 주는 환경이 조성되어야 한다. 식음료 서비스에서 손님의 욕구를 충족시킨다는 의미는 곧 종사원과 경영진에게 만족을 제공하는 것을 뜻하며 결국 주인 또는 주주에게 경제적 이익의 형태로 보상되는 것을 의미한다. 특히 국내 호텔산업에서 수익의 한계성을 나타내고 있는 객실수익보다 식음료부문의 수익 비중이 더 커지고 있어서 합리적인 식음료조직의 관리는 매우 중요한 도전과제이다. 호텔 식음료부문도 공동목표를 위해 상호 협력하는 다수가 일정한 틀 속에서 함께 활동하고 있다. 여기서 일정한 틀이란 곧 조직의 원칙으로 다음과 같다.

가. 조직 공동목표의 공유

조직은 구성원들이 설정한 동일 목적을 달성하기 위해 존재하므로 조직이 추구하는 목적과 목표를 명확하게 설정해야 하며, 이를 모든 구성원이 함께 공유하여 각자의 역할과 협력으로 목적이 달성되는 이치를 잘 인식하도록 해야 한다.

나. 직무분담

조직은 목표달성에 필요한 여러 활동을 분업의 원리와 업무별 동질성의 기준에 따라 능력있는 구성원에게 직무가 할당되도록 한다. 직무할당 시에는 중복이나 누락이 없어야 하며 개개인에게 구체적이고 명확하게 그리고 개인별 업무량이 균형을 이루도록 해야 한다. 여기서 조직은 효율성의 원리에 따라 직무를 할당하고 직원에게 원활한 역할의 수행을 기대하지만 이에 대한 직원의 인식은 다르게 나타나기도 한다. 직원들의 직무에 대한 인식과 기대가 일치되기 위해서는 직원들이 자발적으로 직무분담에 참여하도록 하는 것이 필요한데, 이를 위해서는 직원들의 동기부여가 선행되어야 한다.

다. 권한위임

권한이란 조직 내에서 실행할 수 있는 권리와 그에 따른 권력으로 일정한 명령이나 지시가 부하직원에 의해 수용되었을 때 비로소 전달된 것으로 간주할 수 있다. 직무는 그것을 완수해야 하는 책임과 권한으로 성립된다. 직원에게 직무를 배분하는 경우에 직무수행 결과에 대한 책임을 지는 조건으로 그에 상응하는 권한이 제공되어야 한다. 직무를 수행할 능력이 있는 직원에게 책임과 권한을 부여해서 할당된 직무의 수행을 통해 조직목표의 달성에 기여하도록 한다. 관리자는 유보해야 할 책임과 권한을 잘 파악해야 하며 만일 권한을 부하직원에게 위임할 때에는 통제수단도 미리 강구해야 한다. 그리고 권한이 위임되었으면 직원의 자유재량으로 운신의 폭을 넓혀 줄 뿐만아니라 그 결과에 대하여 상호 확인하도록 해야 한다. 권한위임은 직원의 의욕과 창의성을 자극하여 직무에 대한 보람과 생산성 향상이란 두 마리의 토끼를 함께 잡을 수 있는 경영묘책이다.

라. 통제의 한계 인식

일인의 관리자가 관할할 수 있는 인원수에는 분명히 한계가 존재한다는 원칙이다. 이 원칙에 의하면 직원의 규모가 커질수록 여러 계층이 만들어 진다. 지휘 및 통제의 범위는 업무의 성격, 관리자의 역량, 부하직원의 성숙도, 업무표준화의 정도, 분권화 정도, 공간배치에 따라 다르며 이에 따라 적절하게 정해야 한다.

이 밖에도 효율적인 식음료 조직관리를 위한 지시계통의 체계화, 책임과 권한의 명확화, 관리계층의 적정화, 동기부여, 역량개발 등의 원칙이 있다.

2) 식음료부서의 조직과 업무 분담

〈그림 6-22〉에서 보듯이 호텔 식음료부서에는 다양한 직무에 종사하는 많은 직원들이 공동목표를 달성하기 위해 맡은 바 역할을 수행하고 있으며, 이들의 업무는 다음과 같다.

가. 식음료담당 임원(F&B Director)

호텔 식음료부서의 최고책임자로서 계획 및 전략의 수립, 여러 영업장의 총괄관리, 직원의 인사관리 등 식음료부문의 전반적인 운영에 대한 책임과 권한을 보유하고 있다. 높은 식견과 경험이 필요하며, 호텔에서 가장 많은 직원을 통솔하고 있다. 신뢰받는 리더십과 통찰력을 바탕으로 상황변화에 따라 능동적으로 대처할 수 있는 임기응변에 능해야 한다.

고객관리(VIP 영접 등), 각 영업장의 모니터링(메뉴관리 등), 예산의 집행과 감독, 그리고 궁극적으로 식음료 각 영업장들의 철저한 경영평가를 통해 문제점을 도출하고 이에 대한 해결책을 결정한다. 국내 호텔산업을 보면 외국 체인호텔의 경우에 이 직책은 총지배인처럼 대부분 외국인들이 점유하고 있는 형편이다.

나. 식음료 과장(Assistant F&B Manager)

모든 식음료 업장의 운영상태 및 문제점을 파악하고, 이에 대하여 담당임원에게 보고한다. 그리고 직원들의 직무 및 서비스 교육훈련에 대한 책임을 지며 또한 직원의 고충에도 관심을 기울인다. 또한 손님의 불평처리에 있어서 최종적인 조정역할을 담당한다. 각 영업장의 지배인들에 대한 고과평가에 참여하며, 특히 외국인 임원과의 소통능력도 요구된다. 그리고 신뢰받는 지도자로 성장하려면 업무역량은 물론이고 모든 영업장 종사원들에게 좋은 본보기가 되어야 한다.

다. 영업장 지배인(Outlet Manager)

식음료부서의 영업방침에 따라 실질적으로 담당 영업장을 관리한다. 영업장의 판매실적관리, VIP 영접, 고객만족도 점검, 원가관리, 품질관리, 직원 인사고과 등의 업무를 수행한다. 그리고 매일 업무브리핑을 통해 중요한 업무지시를 내리기도 한다. 또한 관련 부서와 항상 긴밀한 관계를 유지하여 전 식음료부서가 원활하게 운영되도록 한다.

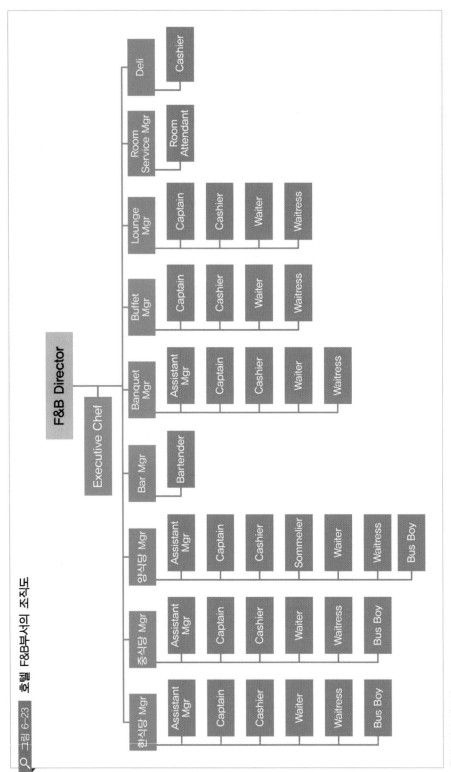

그림 6-23 호텔 F&B부서의 조직도

출처: 저자 재구성

라. 영업장 부지배인(Assistant Outlet Manager)

영업장 지배인을 보좌하여 회의를 주관하며 종사원의 직무 수행능력과 근무태도 등을 감독한다. 그리고 지배인과 함께 매일 업무브리핑의 내용을 점검한다.

마. 캡틴(Captain)

캡틴은 직접 고객을 접대하여 주문을 받고 이를 주방에 전달한다. 근무하는 영업장에 대한 정확한 지식과 충분한 경험을 가지고 서비스에 임하는 책임자이다. 또한 부하직원들의 복장 및 용모를 감독하는 책임도 지고 있으며, 신입직원의 교육을 담당한다.

바. 그리터(Greeter)/영업장 수납원(Outlet Cashier)

식음료 영업장의 입구에 위치하여 손님을 영접하고 또 환송하는 업무를 담당하는 직원이다. 영업장을 찾는 손님에게 좋은 첫인상을 심어주는 것은 매우 중요하며, 품위있는 언행은 필수라 하겠다. 그리고 외국인을 상대해야 하므로 세련된 외국어 실력은 기본이다. 최근에는 영업장에 수납원(Cashier)을 따로 두지 않고 지배인이나 그리터가 수납업무를 수행하기도 한다.

영업장 수납원은 손님 또는 직원으로부터 계산서를 받아서 요금수납을 처리하며 업무가 종료되면 당일의 영업실적을 지배인에게 보고한다. 수납원은 대고객 서비스의 최종적 단계에서 결정적인 역할을 담당하므로 항상 깨끗한 용모와 밝은 미소를 유지해야 한다. 만일 호텔의 실수로 계산서가 잘못 발행이 된 경우에는 손님입장에서 즉각적인 사과와 동시에 서비스 회복처리가 행해져야 한다.

그림 6-24 웨이터/웨이트리스

▲ Waiter

▲ Waitress

출처: accorhotels.com & westbournecoms.com/lunch−love−and−a−satisfied−client/

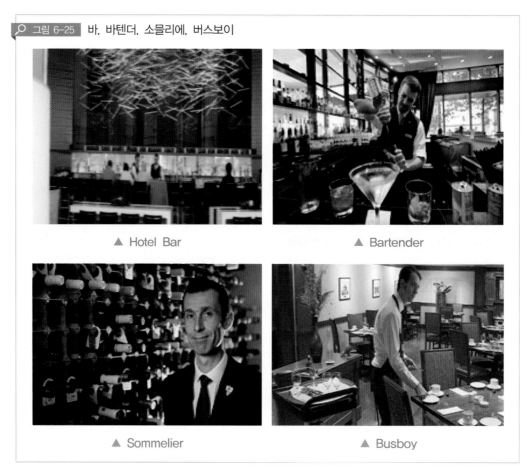

그림 6-25 바, 바텐더, 소믈리에, 버스보이

▲ Hotel Bar

▲ Bartender

▲ Sommelier

▲ Busboy

출처: 저자, dailyherald.com/article/20130906, theatlantichotel.com & cbc.ca/news/canada/british−columbia

사. 웨이터/웨이트리스(Waiter/Waitress)

호텔 식음료업장에서 서비스의 꽃으로서 업장의 살림을 맡아서 하는 직책이다. 위로는 지배인과 캡틴을 보좌하고, 아래로는 버스보이를 교육하고 감독해서 서비스에 만전을 기한다. 영업시간 이외에는 영업장의 구석구석을 점검하여 이상이 있는 곳은 즉시 보고하고 시정하도록 한다. 예약석을 확인하고 테이블 세팅의 정확도 여부를 수시로 확인·점검한다. 손님의 행동에 항상 촉각을 기울여 식사가 정해진 순서에 따라 지체되거나 또는 너무 빨리 제공되는 실수를 범하지 않도록 세심한 노력을 한다. 또한 음식의 종류에 잘 어울리는 주류를 미리 숙지하여 손님의 흥취를 돋군다. 그리고 식사시간을 정확히 파악하여 많은 식사가 제공되는 과정에서도 손님이 즐거운 식사를 하도록 유도한다. 특히 주문을 받을 때에는 항상 Up-Selling을 염두에 두고 임해야 한다.

아. 버스보이(Bus Boy)

영업장 지배인이 정한 스케줄에 따라 깨끗하고 밝은 모습으로 근무에 임하며, 웨이터·웨이트리스가 항상 서비스를 원활하게 제공할 수 있도록 준비 및 운반의 직무를 수행한다.

자. 연회 지배인(Banquet Manager)

연회 지배인은 연회 주최자의 종류 및 특색 등에 항상 관심을 갖고 이들에게 맞춤화된 연회 서비스를 제공해야 한다. 그리고 연회 음식의 요금과 서비스 사양을 결정하고, 주방장과 관련 부서장과의 회의를 통해 각종 메뉴를 개발하고 또한 질과 가격을 결정한다. 연회 주최자 및 고객과 긴밀한 유대관계를 유지해서 재구매와 구전을 유도한다.

차. 연회 수납원(Banquet Cashier)

연회장 수납원의 업무는 예약사항이 수시로 변경되고 주문이 다양하기 때문에 업무처리에 각별한 주의가 요망된다. 각 연회담당 직원이 연회의 종류·인원, 식음료의 종류·단가, 기타 장식 등을 기입한 연회명세서에 손님의 확인을 받아 건네준다. 이후 연회수납원은 직접 손님에게 계산서를 주고 연회 지배인에게 전달하여 서명을 받은 뒤 돌려받아 업무를 종료한다.

카. 바 지배인(Bar Manager)

바텐더를 감독·훈련·지원하며 바가 항상 청결하고 쾌적한 환경을 유지하도록 한다. 그리고 주류와 음료의 재고가 적절한가를 점검한다.

타. 바텐더(Bartender)

손님이 주문한 술병의 상표를 확인하게 하고 손님이 보는 앞에서 잔에 따라주는 것이 바람직하다. 다양한 주류의 종류에 대해 광범위한 지식을 숙지해서 손님의 주문에 신속하게 대처한다.

파. 소믈리에(Sommelier)

소믈리에는 호텔 및 영업장의 모든 와인을 관리하는 담당자로서, 와인에 대한 해박한 지식을 가지고 손님의 식사주문에 따라 이에 알맞는 와인을 추천하고 판매하는 와인전문가이다. 항상 와인에 대한 섬세한 감각을 잃지 않도록 해야하며, 새로운 와인 지식의 습득을 위해 끊임없이 노력해야 한다.

하. 룸서비스(Room Service) 직원

객실에 투숙중인 손님이 호텔 내의 레스토랑을 이용하지 않고 객실에서 식사를 주문할 경우 이에 대응하는 서비스를 담당하는 업무이다. 룸서비스는 아주 개인적인 서비스가 이루어진다는 점에서 상당한 주의가 요구되는 서비스이다. 하지만 힘든 업무에 비해 이익수준은 매우 낮은 편이다(보통 영업장 요금에 10% 추가). 특히 객실 내에서 전화를 이용해서 주문이 이루어지므로 주문접수의 정확성은 아무리 강조해도 지나치지 않다. 담당직원은 주문의사를 전달받은 후 다시한번 주문내용을 반복해서 철저히 확인한다. 정확한 주문접수를 위해서 담당직원은 수준급 외국어 구사가 가능해야 한다. 또한 주문에서 서빙까지 시간이 오래 걸리고 또 이동거리가 길기 때문에 Trolley를 끌고 전용 엘리베이터에 오르기 전에 잊은 것이 없는지 철저하게 점검해야 할 것이다.

5. 연회관리

호텔에서 연회장(Banquet 또는 Function)은 식음료부문 중에서 단일영업장으로는 가장 넓은 면적을 차지하며 다양한 크기의 대·중·소 연회장을 보유하고 있는 호텔의 중요한 수입원이다. 또한 연회는 다른 레스토랑과는 달리 항상 식탁과 의자가 준비되어 있는 것이 아니라 일정한 장소에서 고객의 요구와 행사의 내용·성격·인원·방법에 따라 여러 가지 다양한 행사를 창조하는 식음료부서이다.

과거에는 연회가 집에서 개최되었는데 최근에는 호텔, 레스토랑 등에서 많이 개최되고 있다. 호텔의 연회 서비스는 제공되는 식사 메뉴가 미리 정해지고 인원수에 따른 식사량이 거의 확정적이기 때문에 식음료부문 전체 매출에 대한 원가가 절감될 뿐만아니라 투입되는 인적 서비스에 대한 표준화가 가능하여 비교적 높은 수준의 서비스가 제공될 수 있다. 또한 식사나 음료 등과 같은 상품을 일괄해서 판매하는 경우가 대부분이어서 수익성이 높은 특징을 보유하고 있다.

그리고 연회행사를 통해 호텔이나 레스토랑을 널리 홍보할 수 있는 좋은 기회가 되므로 연회참석자의 깊은 인상은 향후 호텔의 긍정적인 이미지 창출에 큰 기여를 할 수 있다. 그래서 대다수 대형 호텔들은 다양한 크기의 연회장을 갖추고 여러 다양한 성격의 연회행사를 유치하고 있다. 특히 호텔의 상품이 점차 대중에게 소구 되면서 해당 지역의 집회장소, 결혼식과 같은 가족단위 모임이나 행사, 올림픽과 G20 같은 국제적 및 국가적 행사를 치르는 중요한 장소로 각광을 받게 되었다.

1) 연회의 영역

연회는 호텔내 연회장 중심의 상품과 외부의 출장연회 그리고 연회기획 및 연출을 담당하는 이벤트를 그 영역으로 하고 있다. 연회장 중심의 상품은 회의, 연회, 전시회, 가족모임 등이 있으며, 출장연회는 출장연회, 외식사업, 차에 의한 출장연회 및 간이식당 등이 있다. 기타 연회에는 각종 연회물이나 결혼대행업 등의 기획과 연출 등과 같은 각종 이벤트가 상품화되어 있다.

2) 연회의 분류

연회는 분류하는 기준에 따라 다음과 같이 분류할 수 있다.

가. 목적별 분류

① **가족모임:** 약혼식, 회갑연, 생일 파티, 돌잔치, 결혼기념 파티
② **기업행사:** 신년 하례식, 개점기념 파티, 창립기념 파티, 신사옥 낙성기념 파티
③ **학교행사:** 입학·졸업 파티, 사은회, 동창회
④ **정부행사:** 국빈행사, 남북관계 행사
⑤ **협회:** 국제회의, 심포지엄, 정기총회, 이사회
⑥ **기타:** 전시회, 국제회의, 기자회견, 간담회, 이벤트 등

나. 기능별 분류

① **식사판매목적**

Breakfast, Luncheon, Dinner, Cocktail Party, Buffet

② **장소판매 목적**

전시회, 패션쇼, 세미나, 컨퍼런스, 미팅, 강연회, 간담회, 연주회, 발표회

다. 장소별 분류

① **호텔 내 파티:** 연회장 파티
② **출장연회:** 외부 연회
③ **가든파티**
④ **테이크아웃**

라. 시간별 분류

　가. 06:00 ~ 10:00: Breakfast Party
　나. 10:00 ~ 12:00: Brunch Party
　다. 12:00 ~ 15:00: Lunch Party

라. 15:00 ~ 17:00: Afternoon Tea Party

마. 17:00 ~ 22:00: Dinner Party

바. 22:00 ~ 24:00: Supper Party

3) 연회의 특징

호텔산업이 고도로 발달되어 있는 미국에서 대다수 호텔경영자들은 사업목적에 부정적인 영향요소가 많은 식음료부문을 '필요악'으로 간주하는 경향이 매우 높다. 그래서 식음료부문의 영업은 수익성은 거의 배제된 채 영업손실을 최소화하거나 손익분기점에 겨우 도달한 정도의 영업수준을 유지하는 것이 주된 관심사였다.

그러나 1950년대부터 모텔들이 확대되면서 점차 식음료부문의 사업 가능성에 관심이 증가하게 되었다. 호텔 내에서 식음료 사업이 발전하면서 자연적으로 연회라는 새로운 형태의 영업부서가 만들어져서 현재는 호텔영업의 주요 분야로 성장하게 되었다. 보통 대형 호텔의 식음료 부문에서 연회부서는 최대의 판매를 창출하는 부문이다.

오늘날 정보화 시대를 맞이하여 국가 간의 공동이익이나 상호협력 증진을 위한 국제교류를 추구하는 대규모 모임을 갖게 하며, 여가시간의 증대·소득증대·교통수단의 발달은 빈번한 모임이나 회합을 갖게 하는 요인으로 등장하게 되었다. 이와 같은 모임이나 회합이 연회행사로 연결이 되면서 호텔은 경영전략의 일환으로서 연회시설을 개선·확충하고 필요한 요건을 보완하면서 여러 종류의 연회행사 유치에 전력을 경주하고 있다.

🔍 그림 6-26 서울 5성급 'C'호텔의 각종 연회장

▲ Grand Ballroom

▲ Grand Ballroom

▲ Small Banquet Room

▲ Rose Room

▲ Wedding

▲ Corporate Catering

출처: twc.echosunhotel.com

　　호텔 연회장을 이용하는 고객들이 숙박과 기타 서비스를 이용하고 있지만 연회상품
은 여타 식음료 상품과 엄연히 다른 여러 특성을 보이고 있다. 연회손님은 클럽, 단체
및 기타 조직으로 구성된 그룹이 행사를 할 때 행사날짜에 앞서 미리 일자, 시간, 참석인
원, 메뉴, 그리고 기타 요구사항을 가지고 예약을 한다.

연회상품의 특징을 요약하면 첫째, 일시에 대량으로 식음료 서비스를 제공하며 둘째, 동일한 메뉴를 제공하기 때문에 서비스 요령 또한 같다. 셋째, 대부분 예약에 의해 시발되어 사전준비에 의해 개최되며, 넷째, 다른 식음료 영업장에 비해 이익률이 월등히 높다. 보다 구체적인 호텔 연회의 특징은 다음과 같다.

가. 식음료 원가의 절감 효과

연회는 확정된 메뉴를 일시에 대량으로 생산하여 판매하고, 또한 저장중인 재고식자재를 활용할 수 있기 때문에 식음료부문의 원가가 절감되는 효과를 볼 수 있다. 실제로 서울시내 특급호텔 식음료부문의 식재료 원가분석 현황에 의하면 호텔의 일반 레스토랑에 비해 연회부분의 식재료 원가율이 5% 정도 낮다고 한다. 원가수준이 낮으면 그만큼 매출이익률이 높아진다는 것이고 이는 결국 식음료부문의 수익성 향상에 중요한 공헌을 하게 된다. 또한 확정된 메뉴를 동시에 생산하고 판매하기 때문에 노동생산성도 극대화할 수 있다.

나. 호텔의 대중화 및 홍보 효과

호텔에서 개최되는 연회는 일부 한정된 사람들에 의해서만 이용이 되는 다른 영업장과 달리 비교적 불특정다수를 대상으로 하기 때문에 호텔의 대중화에 일부 기여할 수 있다. 또한 호텔에서 기획하여 개최되는 여러 종류의 문화관련 연회행사를 통해 호텔의 이미지를 개선할 수 있다. 연회행사는 호텔이나 레스토랑을 홍보할 수 있는 좋은 기회가 되므로 참석자에게 인상 깊은 서비스는 우수성을 대외적으로 널리 알려 긍정적인 이미지 구축에 기여할 수 있다.

다. 판매의 탄력성

호텔의 객실부문은 아무리 판매를 높이려고 해도 한정된 객실수로 인한 한계가 존재하고 있다. 하지만 연회영업은 객실에 비해 작은 규모이지만 식음료 상품의 종류에 따라 판매량이 매우 탄력적이다. 또한 연회장의 회전율에 따라서 효용을 극대화 할 수 있다. 특히 출장연회(Catering)의 경우에는 전혀 제한없이 무제한 매출을 확대할 수 있다.

호텔영업은 객실, 식음료, 부대시설 등의 3요소가 영업의 주종을 이루고 있다. 그러나 객실의 경우는 공간(객실수)이 제한되어 있고 고정자본의 투자가 식음료부문보다 훨씬 높다. 반면에 식음료 부서에서도 연회분야는 시장 확장성이 매우 높아서 판매기회의 극대화를 보다 용이하게 할 수 있다. 연회영업은 공간면에서 제한을 받기도 하지만 객실보다는 융통성이 크고 여러 유형의 테이블 배치 등으로 규모에 대한 연회장 공간조절이 가능하다.

라. 비수기 타개에 공헌

대다수 호텔상품에는 계절성(Seasonality)을 가지고 있다. 계절성 상품이란 성수기와 비수기가 뚜렷하며 양 시기의 판매 격차가 매우 뚜렷한 상품을 의미한다. 호텔사업에서 비수기 타개는 경쟁우위 여부와 직결된다. 호텔 연회장은 비수기에 특별 이벤트를 기획하고 패키지 상품을 개발하여 고객을 유인하여 비수기 타개에 큰 기여를 할 수 있다.

마. 호텔 외부판매가 가능

호텔영업에서 대부분 시간과 공간의 제약을 받는 것이 일반적이지만 출장연회는 공간적 제약을 거의 받지 않는다. 특히 출장연회는 판매기회의 무한성이라는 측면에서 매우 중요하다. 최근 출장연회만을 전문적으로 취급하는 외식업체의 지속적인 증가 현상은 출장연회의 사업매력을 입증하고 있다고 볼 수 있다.

바. 연회목적 및 성격에 따른 인테리어 변경

호텔에서는 행사의 목적과 유형에 따라 적절하게 연회장 분위기를 연출할 수 있다. 연회장의 분위기를 개선하기 위해 여러 가지 장치와 조명을 설치하며, 연회장의 세트도 연회의 기능과 성격에 따라 구별되어야 하며 이에 따른 테이블 배치도 달리할 수 있다.

사. 타 영업부서의 판매증진에 파급 효과

각종 연회행사의 유치는 연회부서 판매의 증진에만 기여하는 것이 아니다. 연회행사에 참석한 손님들이 객실을 이용하기도 하고 여타 다른 영업장과 부대시설을 이용하는 경우도 많다. 이처럼 연회행사는 호텔 내 다른 매출부서의 판매기회를 확대할 수 있다.

아. 연회상품의 가격 가변성

연회장도 레스토랑처럼 메뉴에 의거한 규정된 가격에 의해 상품을 판매하지만 연회예약 접수시 손님의 예산과 행사의 특성 및 중요도에 따라 특별한 메뉴를 요구할 경우

이에 따른 별도요금이 책정될 수 있다. 국내 호텔산업에서 식음료 판매액이 총수익에서 차지하는 비율이 높은 편이다. 그런데 식음료부문에서도 연회·회의·세미나 등으로 인한 수입이 높은 편이어서 대다수 호텔들이 연회고객 유치를 위한 판촉활동에 열띤 경쟁을 벌이고 있다.

이 외에도 연회부문은 연회행사가 있을 때만 영업이 이루어지며, 또한 성공적인 연회행사를 위해서 판촉부서, 조리부서, 기술부서, 주차부서 등과의 긴밀한 협조관계의 구축을 요하는 등의 특징이 있다. 소득의 증가로 인한 생활수준의 향상, 호텔을 선호하는 소비자들의 기호, 연회의 기능과 유사한 호텔 외부의 시설과 서비스의 질과 양 등을 고려할 때 경쟁우위에 있는 호텔연회에 대한 수요는 점진적으로 증가할 것이다.

6. 주장(Bar)와 주방

1) 주장(Bar)

호텔 식음료영업에서 빼놓을 수 없는 것이 주로 음료(Beverage)를 판매하는 주장(Bar)이다. 음료는 크게 알콜성 음료와 비알콜성 음료로 구분된다. 호텔에는 다양한 유형의 주장이 존재하고 있다. Main Bar는 투숙객을 위주로 영업을 하는 주장으로서 일반 음료를 망라하고 가격도 표준가로서 판매하는 것이 보통이다. 그리고 보통 호텔의 최상층에 위치하는 Sky Lounge Bar와 Club Bar 등이 있다. 주장은 투숙객이 이용하기 편리한 곳에 위치해야 한다.

주장에서 근무하는 핵심적인 종사원이 바텐더(Bartender)이다. 바텐더는 주장에서 규정에 맞는 음료(알콜성 및 비알콜성 음료)를 직접 제조하고 판매하는 업무를 수행한다.

2) 주방

주방에서 이루어지는 조리업무는 식재료의 구매, 식음료 상품의 생산과 판매, 서비스에 이르는 전 공정에서 발생하는 제반업무를 말한다. 주방의 구성원은 호텔 내 다른 조직과 같이 호텔의 규모 및 운영방침에 따라 다르지만 보통 〈그림 6-26〉과 같은 조직으로 구성된다. 주방장은 메뉴개발, 원가관리, 식재료 주문 등의 업무를 총괄하며, 부주방장은 주방장을 보좌한다. 1st Cook은 담당구역을 총괄하며 담당기기 및 기물을 유지·관리하며, 2nd Cook은 1st Cook의 담당구역 관리를 보좌하고 식재료 재고를 파악한다. Cook은 식재료 준비 등 영업 개시 전 모든 사전준비를 담당하며, Cook 보조는 기초 식자재 수렴과 기물의 청결 유지 등의 업무를 담당한다.

그림 6-27 주방의 위계질서

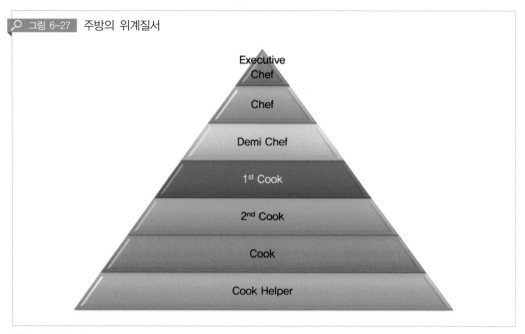

출처: 저자 재구성

그림 6-28 호텔 총주방장과 호텔 주방

▲ 호텔 총주방장 　　　　▲ 호텔주방

출처: hoteliermiddleeast.com/27459 & vienna-insight.at/blog/2012/11/27/hotel-staff-kitchen-personnel/

7. 식음료부서의 문제점

　다양한 유형의 많은 식음료 영업장을 보유하고 있는 국내 특급호텔의 식음료 부서는 식음료 영업을 위한 지원부서로서 판촉부, 구매부, 조리부, 기물관리부 등과 밀접한 관계를 맺고 있으며 비대하고 복잡한 조직구조의 형태를 보이고 있다. 호텔 식음료부문은 크게　세 가지 관점, 즉 고객의 편의 강화, 호텔의 이미지 제고, 그리고 수익센터로서의 역할을 담당하고 있다. 특히 많은 특급호텔들의 경우 식음료 매출액이　객실 매출액을 상회하는 경우가 많아 식음료관리에 대한 시사점이 더욱 크다고 할 수 있다. 현재까지 특급호텔들이 많은 식음료 영업장을 운영하면서 파악되고 있는 문제점은 다음과 같다.

1) 식음료부서 관리의 문제점

가. 비용관리상의 문제점

　첫째, 복잡한 조직구조를 지닌 여러 식음료 영업장을 관리하기 위해서는 많은 비용이 소요되고 있다. 세부적인 관리절차는 식음료 부서의 운영 전반에 걸쳐 보다 많은 관리 양식과 기록을 요구하게 되는데, 이는 결국 식음료 부서의 비용 증가를 야기한다.

　둘째, 개인소유의 레스토랑에 비해 보다 공식적인 조직과 세부적인 관리절차가 필요하고 직무의 세분화가 필요한데, 이 또한 비용(인건비, 복리후생비 등)의 증가를 가져온다.

　셋째, 영업장의 증가는 이에 따른 영업지원부서 즉 조리, 기물관리, 구매, 자재, 인사, 교육, 홍보 및 판촉 등에서 종사하는 인원도 증가시켜 전반적으로 인력운용의 효율성을 떨어뜨릴 뿐만아니라 비용 증가를 수반한다.

　넷째, 영업장의 증가는 각 영업장 별로 고유한 특색이 요구된다. 이를 위해서 여러 분야에서 전문가가 요구되며 이는 인건비의 상승 및 전문인력의 교육훈련 등에 더 많은 비용을 지출하게 된다.

　다섯째, 직원의 증가 또는 장기근속자의 증가는 인건비를 증가시키기 때문에 직원들의 복리후생 수준을 저하시킬 수 있으며, 이 경우 노조의 개입을 유발할 수 있다.

　여섯째, 높은 수준의 인적서비스로 인한 인건비 부담을 경감하기 위해 인원감축을 꾀하거나 또는 시간제 및 비정규직 근무자의 고용을 확대하게 된다. 그러나 이런 노력은 자칫 서비스 품질 저하로 이어져 고객만족도를 저하시킬 수 있다.

일곱째, 비대하고 방만해진 조직에서는 의사소통에 많은 시간이 소모되어 급변하는 환경에 대처할 수 있는 신속한 의사결정을 도출할 수 없으며, 이로 인한 비용 상승효과도 적지 않다.

여덟째, 호텔에서 식음료 부문을 수익센터로써 중요성을 부여하는 사람들은 식음료부문의 운영에서 얻어지는 이익의 개념보다는 매출의 개념에 더 많은 중요도를 부여하고 있다. 이익의 개념이 아닌 매출의 개념에서 본다면 호텔의 식음료 부문은 분명히 수익센터로써의 기능을 수행하고 있다고 할 수 있다. 그러나 매출에는 인건비와 식재료 원가, 식음료 시설의 개·보수비용 등이 포함이 되어있는데, 이런 비용이 결코 낮은 수준이 아니다. 매출측면에서 고려해보면 분명 이득이 있어 보이지만, 위와 같은 비용 등을 제하고 나면 이익측면에서는 호텔 내의 주요 수익센터로서의 기능을 잃을 수도 있다는 한계점이 있다.

따라서 각 식음료 영업장별로 손익분기점을 정확하게 파악한 후 호텔의 이익 창출에 공헌할 수 있는지에 대한 여부를 판단해야 한다. 만약에 영업실적이 개선될 여지가 존재하지 않는다면 해당 영업장은 과감하게 영업을 중지하는 특단의 조치가 필요하다.

나. 목적과 역할상의 문제점

앞에서 얘기했듯이 호텔이 식음료 영업장을 운영하는 목적은 크게 수익창출, 투숙객의 편의, 그리고 호텔의 이미지 제고 등의 이유를 들 수 있다. 이 세 가지의 목적을 동시에 달성하기 위해서는 더 많고, 안정된 종업원의 확보가 중요하다. 또한 연중 휴무와 긴 영업시간, 호텔의 규모와 일치하는 식음료 영업장의 규모, 호텔의 수준과 일치하는 표준 유지를 위한 지속적인 개발과 시설의 개·보수가 요구되고 있다. 그러나 서로 중복이 되고 수익성이 없는 비경제적인 여러 식음료 영업장이 동시에 운영되고 있다. 호텔의 각 레스토랑은 음식의 종류만 다를 뿐 똑같은 기능을 여러 곳에서 수행해야 하는지에 대한 근본적인 인식의 개선이 필요하다. 이를 위해 낭비(Waste)를 최소화해서 세계 최고의 효율성을 보유하고 있는 Toyota의 자동차 조립라인처럼 제조업체를 창의적으로 벤치마킹 해볼 필요가 있다.

다. 조직관리상의 문제점

식음료부문의 조직도를 보면 크게 생산과 판매의 기능으로 나누어진다. 그리고 생산과 판매활동을 보조하는 보조기능으로 나눌 수 있다. 생산기능의 대표적인 부분이 주방이며, 판매기능의 대표적인 부분은 레스토랑과 바, 연회장 등이다. 보조기능에는 판촉, 예약, 구매, 저장, 기물관리, 교육, 분석 및 평가 등이 있다. 세분화 과정이 진행이 될수록 직무의 세분화뿐만이 아니라 복잡한 조직의 관리, 통제절차 등이 필요하게 된다. 이러한 과정은 인건비의 증가와 조직관리의 어려움으로 나타나게 된다.

라. 과잉경쟁에 대한 문제점

첫째는 호텔 간의 경쟁이고, 둘째는 호텔과 외부 외식업체와의 경쟁이다. 호텔 외부의 레스토랑으로써 개인이 독립적으로 운영하는 형태의 전문레스토랑을 제외하고도 특급호텔의 수준과 비교되는 시설과 서비스를 제공하는 패밀리 레스토랑이 성행하고 있다. 이러한 패밀리 레스토랑의 성장은 호텔 식음료 영업장과 경쟁관계를 형성하고 있다. 또한 최근 발표된 미슐랭 가이드를 보면 별등급을 받은 총 24개 국내 식당에서 호텔에 속하는 식당은 단지 3곳에 불과했다. 이러한 결과는 화려한 외관과 달리 호텔식당들은 차별화에 철저히 실패했다는 사실을 잘 보여주고 있다. 고객의 욕구에 초점을 맞추는 노력이 다시 시도되어야 한다.

마. 메뉴관리상의 문제점

성공적인 식음료부서의 운영은 메뉴란 기본개념(Concept)에 바탕을 둔 고객관리, 원가관리, 인적자원의 관리, 구매관리, 식재료 관리, 생산관리, 그리고 시설관리 등이 잘 이루어질 때만 가능하다. 이러한 메뉴를 중심으로 관리되어야 함에도 불구하고 정작 메뉴관리에는 소홀한 경향을 보이고 있다. 메뉴관리가 잘 이루어지지 않으면 인건비와 식재료 원가의 상승, 생산방식의 경직성 증가, 영업장의 차별화 결여 등과 같은 문제점을 야기하게 된다.

위처럼 방대한 문제점들을 단기간에 치유하기란 결코 쉽지 않은 도전과제이다. 결론적으로 종전과 같이 호텔의 모든 식음료 영업장을 주요 수익센터로 운영하기에는 얻는 것보다 잃는 것이 더 많다는 사실을 분명히 인지해야 한다. 이런 노력의 시발점은 식음료부서의 역할과 목적을 현재 추세에 맞게 재조명하는 것에서부터 시작해야 한다. 따라서 경쟁을 무력화할 수 있는 독창적이고 창의적인 발상 전환이 필요할 때이다. 전 구성원의 전략적 사고를 통해 식음료부서는 우아하고 품위있는 고품질 상품 및 서비스를 신속하고 합리적인 가격에 제공해서 이익을 창출하는 최첨단 경영부서로 거듭나야 한다.

참 / 고 / 문 / 헌

김경환(2011). 『호텔경영학』. 백산출판사.

김현수 · 김갑수(2008). 『서비스산업구조 및 생산성통계 국제비교』. 한국산업기술재단 기술
　　　　정책연구센터.

박기용(2004). 『21세기 글로벌경쟁시대의 외식산업경영학』. 대왕사.

이선희 · 송대근(2005). 『호텔객실실무론』. 대왕사.

오정환 · 김경환(2000). 『호텔관리개론』. 백산출판사.

호텔신라교육원. 『호텔개론』.

google.Com

Introduction to Hotel Management and Hotel Industry

호텔산업과
호텔경영

PART 04

경영자와 경영이론

07 경영과 경영자

CHAPTER

제1절 조직과 경영자
제2절 경영계층과 경영기술
제3절 경영자의 관리기능
제4절 경영자의 역할

학습목표

본 장을 학습한 후 독자들은 다음과 같은 사항에 대해 잘 이해할 수 있어야 한다.

❶ 기업이 보유하고 있는 경영자원의 유형에 대해 이해한다.
❷ 기업의 생산성을 측정하는 효과 및 효율의 정확한 의미에 대해 숙지한다.
❸ 경영계층의 상하에 따라 요구되는 경영기술에 대해 숙지한다.
❹ 경영자의 네 가지 관리기능에 대한 이해를 강화한다.
❺ Henry Mintzberg가 개발한 경영자의 10가지 역할을 숙지한다.

제1절 **조직과 경영자**

조직(Organization)이란 공동의 목적을 달성하기 위해 함께 노력하는 사람들의 집합체이다. 조직에서 같이 일하면 개인적으로는 감히 할 수 없는 것을 용이하게 달성할 수 있다. 비즈니스조직(Business Organization)은 이익을 위해 사회의 욕구를 충족시킬 수 있는 제품 또는 서비스를 생산 및 판매하기 위한 조직화된 단체이다. 비즈니스조직인 기업(Firm)이 성공하기 위해서는 첫째, 조직화되어야 하며 둘째, 사회의 욕구를 충족해야 하며 셋째, 반드시 이윤(Profit)을 창출해야 한다. 기업이 조직화되기 위해서는 〈그림 7-1〉과 같은 네 가지 자원(Resources)을 잘 결합해서 이용해야 한다. 첫째, 물적자원은 제조 및 서비스 과정에서 소요되는 원재료, 건물, 기계 등이 포함된다. 둘째, 인적 자원은 제조 및 서비스 과정에 필요한 노동력을 제공하고 대가로 임금을 받는 사람들을 말한다. 셋째, 재무적 자원은 원재료를 구입하고 또 직원에게 임금을 지급하기 위해 소요되는 금전을 말한다. 넷째, 정보자원은 위의 세 자원들이 효과적으로 결합되고 잘 활용되고 있는 것에 대해 말해주고 있다.

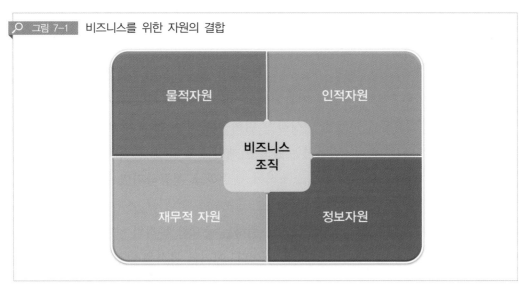

그림 7-1 비즈니스를 위한 자원의 결합

출처: Pride, Hughes & Kapoor

비즈니스조직은 〈그림 7-2〉에서 보는 것처럼 끊임없이 외부환경과 상호작용하면서 투입할 자원을 획득하고 이를 전환과정을 통해 고객을 위한 제품 또는 서비스라는 완성품을 생산하고 있다. 외부환경(Environment)은 자원의 공급자이자 동시에 수요의 근원이 되고 있다. 외부환경으로부터의 피드백(Feedback)은 비즈니스조직의 성과에 대해 말해

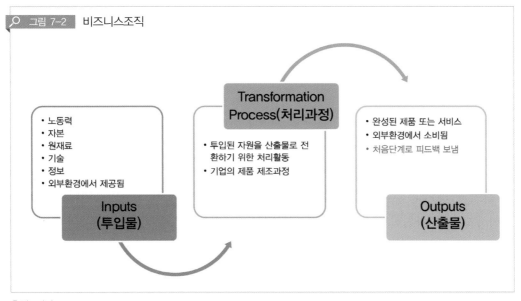

그림 7-2 비즈니스조직

출처: 저자

주고 있다. 만약에 고객이 기업의 제품 구매를 중지하면 별다른 상황반전이 없다면 기업의 생존은 보장받을 수 없게 된다.

경영자(또는 관리자)는 비즈니스조직에서 많이 볼 수 있다. 경영자는 다른 사람 즉 부하직원의 업무를 지원하고 동기부여하고 성과에 대해 책임지는 사람이다. 또한 경영자는 비즈니스조직의 목적을 달성하기 위해 이용되는 위의 네 가지 자원을 포함한 모든 조직의 자원을 관리·감독하는 중요한 책임을 맡고 있다. 경영자는 매일 어려운 문제에 직면하고 있으며 비즈니스조직이 생존하고 성공하려면 훌륭한 경영자가 요구된다.

현재 대부분 비즈니스조직이 달성하고자 원하는 중요한 목적의 하나는 고객이 원하는 제품이나 서비스를 생산해서 제공하는 것이다. 이러한 목적을 달성하기 위한 조직의 주된 활동은 주로 경영자에 의해 결정되고 조정되고 있다. 이처럼 조직의 경영활동 전반에서 권한을 보유해서 중추적 역할을 수행하며 또한 조직운영에 따른 책임을 지는 사람들이 경영자이다. 햄버거 레스토랑 경영자의 목적은 고객이 식사를 위해 기꺼이 비용을 지불하고자하는 햄버거, 샐러드, 감자튀김 등을 제공하여 충성도가 높은 고객을 창출 및 유지하는 것이다.

경영자들은 조직성과(Organizational Performance)에 대해 막중한 책임을 지고 있다. 조직성과(또는 경영성과)는 고객만족을 도모하고 조직의 목적인 이윤을 창출하기 위해서 경영자가 이용가능한 자원을 어떻게 효과적 및 효율적으로 활용했는가를 측정하는 것이다. 조직의 성과는 생산성(Productivity)의 정도로 측정하며, 생산성은 투입물의 비용에 대한 산출물의 양과 질을 측정한다. 〈그림 7-3〉에서 보는 것처럼 효과성과 효율성을 동시에 달성하면 생산성이 향상되고 따라서 조직성과도 개선된다.

효과(Effectiveness)는 조직이 설정한 목적의 적절성과 목적에 비해 조직이 성취한 정도를 측정한다. 효과는 조직 목적의 달성 정도 즉 산출물의 양과 질에 대해 측정하고 있다. 경영자가 적절한 목적을 설정하고 달성했을 때 비로소 효과적인 조직이 된다. 예를 들어 McDonald's의 경영자들은 더 많은 고객들을 유치하고 고객만족이라는 목적을 달성하기 위해 아침식사를 제공하기로 결정했다. 이와 같은 목적의 설정은 아주 효과적인 선택으로 판명되었다. 왜냐하면 이후 McDonald's의 총매출액에서 아침식사의 판매액이 30% 이상을 차지하게 되었기 때문이다.

Drucker는 효과를 작업을 완전하게 수행하는 것 즉 올바른 작업을 하는 것(Doing the Right Thing)이라고 했다. 기업에서 효과는 기업의 목적을 달성하는 것을 말한다. 그러나 효과와 효율은 상호 긴밀하게 연관되어 있다.

성공적인 기업이 되려면 경영자는 효과만을 염두에 둬서는 안 되며 또한 조직을 효율적으로도 운영할 수 있어야 한다. 효율(Efficiency)은 조직의 목적을 달성하기 위해 이용되는 투입물에 대한 자원의 비용을 측정하고 있다. 경영자가 〈그림 7-2〉와 같이 투입물 (노동력, 원재료, 부분품 등)의 양이나 또는 정해진 양의 상품과 서비스를 생산하는데 소요되는 시간을 최소화할 수 있을 때 비로소 효율적인 조직이라고 한다. 즉 조직은 최소한의 노력과 비용으로 목적을 달성하야 하며 또한 낭비를 최소화해야 한다. 예를 들어 McDonald's는 기름소비량을 약 30% 정도 절감하는 동시에 보다 신속하게 감자튀김을 요리할 수 있는 더욱 효율적인 튀김장비를 개발했다. 경영자의 책임은 조직과 구성원이 고객에게 제품과 서비스를 제공하는데 필요한 업무를 가능한 효율적으로 수행할 수 있도록 확립하는 것이다.

Drucker는 효율을 특정 작업이 올바르게 수행되게 만드는 것(Doing the Thing Right)이라고 했다. 효율은 투입물(Inputs)에 대한 산출물(Outputs)의 비율을 측정하고 있다. 예를 들면, 기업이 투입량보다 더 많은 산출량을 창출했다면 효율이 향상되었다고 할 수 있다. 어느 조직이나 한정된 투입 가능한 자원(자본, 인력, 장비 등)을 보유하고 있기 때문에 경영자들은 항상 이런 귀중한 경영자원의 효율적 사용을 도모해야 한다. 바꾸어 말하면 경영진은 자원의 낭비를 최소화하여 최소의 자원 투입으로 최대의 산출을 기할 수 있어야 한다. 성공적인 조직이 되기 위해서는 올바르게 작업(Effectiveness)을 수행하는 것도 중요하지만 그에 못지않게 중요한 것은 최소한의 비용(Efficiency)으로 해당 작업을 수행할 수 있어야 한다. 조직은 효과적이지는 않지만 효율적으로 작업을 수행할 수는 있다. 즉, 올바르지 못한 작업을 효율적으로 잘 수행할 수는 있다. 일반적으로 Marriott이나 McDonald's와 같이 성과가 높은 조직은 효과적이며 동시에 매우 효율적이다. 좋은 경영자는 적절하게 조직의 목적을 설정하고 이를 달성하기 위해 조직의 자원을 효율적으로 활용하는 능력을 보유하고 있다.

출처: Schermerhorn

　대다수 실패한 기업의 경영사례를 보면 목표 설정과 자원 활용이 비효율적이며 비효과적이거나 또는 비효율적으로 수행되어 달성된 효과적 작업임을 쉽게 알 수 있다. 이처럼 바람직하지 않은 사례를 호텔산업에서도 찾아볼 수 있다. TQM 등과 같은 경영혁신운동을 통해 미국 국회에서 수여하는 품질대상을 수상한 미국의 유명호텔체인인 Ritz-Carlton은 최고의 서비스를 고객에게 제공하기 위해 고객만족의 극대화란 올바른 목표를 설정했다(효과적). 그러나 결국 이 호텔은 1995년 Marriott International에 의해 인수되고 말았는데, 고객에게 최고의 서비스를 제공하는 과정에서 너무나 많은 비용이 소요되면서(비효율적) 재무적 성과인 이윤을 창출하는데 실패했다. 즉 최고의 서비스를 제공함에 있어 효율적인 비용구조로 가치를 창출하는데 실패했다고 볼 수 있다. Ritz-Carlton호텔은 고객에게 받는 요금에 비해 훨씬 많은 비용이 소요되는 값비싼 서비스를 제공했기 때문에 조직을 위한 가치 창출에 실패한 것이라고 당시 미국 Hilton 호텔의 최고경영자였던 Steven Bollenbach는 나름대로 실패요인을 분석했다.

제2절 **경영계층과 경영기술**

　기업에서는 효과적 및 효율적으로 조직을 관리하기 위해서 관리자의 계층을 서열화 (Level of Hierarchy)하고 또한 전문성에 따라 기술유형(Type of Skill)으로 분류하고 차별화 한다. 첫째, 조직은 권위에 대한 위계질서의 서열에 따라 관리자를 차별화한다. 〈그림 7-4〉와 같이 경영계층은 위계질서에 따라 초급관리자(First-line Managers), 중간관리자 (Middle Managers), 최고경영진(Top Management Team 또는 Executives)으로 구분된다. 둘째, 조직은 관리자의 구체적인 직무기술, 전문성, 경험 등에 의해 구분해서 각각 다른 부서(또는 기능)로 차별화한다. 따라서 각 부서(생산부서, 마케팅부서, 회계부서, 인사부 서 등)는 유사한 기술과 경험을 보유하며 직무를 수행함에 있어 같은 지식, 도구, 기술로 서 함께 일을 하는 관리자와 직원들의 집합체이며, 각 부서(Department) 내에서도 경영 계층은 존재하고 있다.

1. 경영계층(Levels of Management)

　아주 규모가 작은 조직을 제외하고 모든 조직은 일반적으로 계층적인 경영구조로 이루어져 있다. 경영계층은 최고경영진, 중간관리자, 초급관리자, 일반 직원이란 피라미 드형 서열로 구분되고 있다. 규모가 매우 거대한 조직에서는 보다 세부적인 경영계층들 이 존재하고 있다.

1) 최고경영진

　최고경영진은 최고경영자인 CEO(Chief Executive Officer)외에 회장, 사장, 부사장, 각 사업부의 장 등 기업의 최고의사결정 권한을 가지고 있다. 이들은 주로 기업에서 조직전 체에 심각한 영향을 미칠 수 있는 중대한 사안에 관심을 집중하고 있다. 또한 이들은 기업의 목적(Goal)과 목표(Objective)를 설정하고 이를 달성하기 위해 전략을 수립하기도 한다. 예를 들면, 특정 호텔체인의 사장은 기업의 상품·서비스, 가격과 유통경로 등의 경쟁력을 유지 및 강화하기 위해 지속적으로 경영환경을 분석 및 조사하고 있다. 이런 과정을 통하여 이 기업은 경쟁사의 행동에 효과적으로 대처할 수 있다.

2) 중간관리자

중간관리자로는 각 기능부서의 장이나 부장, 차장 등이 이에 속한다. 이들은 기업에서 경영계층의 중간역할을 수행하고 있다. 전통적으로 중간관리자들은 속하고 있는 조직에서 중요한 역할을 수행하고 있다. 왜냐하면 이들은 최고경영진의 경영방침 등을 재구성하여 초급관리자와 말단 직원들에게 전달하는 임무를 수행하고 있기 때문이다. 또한 이들은 최고경영진에 문제해결 및 의사결정에 필요한 정보를 제공하는 중요한 역할도 수행하고 있다. 실제로 많은 최고경영자들이 중간관리자중에서 선발되고 있다.

과거 많은 기업에서 초급관리자들의 승진 기회를 보장하기 위해 많은 중간관리자 자리를 마련했었다. 그러나 지금은 경쟁이 점점 더 치열해지고 업무 전산화의 영향으로 많은 기업에서 많은 중간관리자의 자리가 사라지고 있다. 이는 오늘날과 같이 시시각각으로 변화하는 경영환경에서 신속하고 유연한 의사결정체제를 구축하기 위함이다. 이를 통해 기업은 많은 비용을 절감해서 보다 효율적으로 기업을 운영할 수 있게 되었다.

3) 초급관리자

일반적으로 과장과 계장급 관리자들이 초급관리자에 속한다고 할 수 있다. 대다수 기업에서 말단인 일반 직원들은 초급관리자에게 일상적인 업무를 보고하고 업무지시를 받

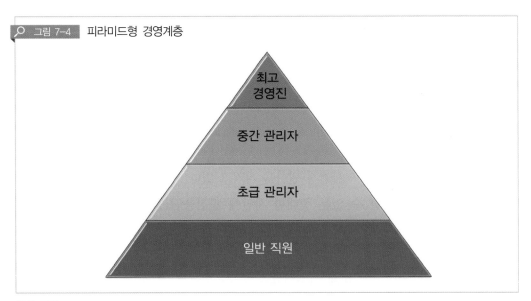

그림 7-4 피라미드형 경영계층

출처: 저자

고 있다. 초급관리자들은 최고경영진 또는 중간관리자가 지시한 경영계획 또는 영업지침에 의거하여 업무를 수행하고 있다.

경영환경이 많이 변해버린 오늘날 많은 기업에서 중간관리자와 초급관리자는 과거의 권위적인 상사(Boss)로서가 아닌 팀장(Team Leader)으로서 부하 직원들을 돌보고 지원하는 역할을 수행하는 추세로 변하고 있다. 팀장들은 각 팀에 부여된 목표를 달성하기 위해 팀원들을 격려하고 지원하는 관계를 지향하고 있으며 수행능력이 뛰어난 팀장들에게는 다음 단계의 관리자로 승진할 수 있는 기회가 제공되고 있다.

〈그림 7-5〉와 같은 역피라미드형 경영계층은 변화한 세태를 반영한 오늘날의 기업조직의 계층구조를 잘 보여주고 있다. 즉 과거와 같은 수직적인 조직구조에서 현재는 수평적인 조직구조의 중요성이 강조되고 있다. 과거에 높은 지위에 있는 관리자들은 주로 부하 직원들을 지시하고 통제했었다. 그러나 시대가 변하면서 중간관리자 이상 고위 관리자의 업무는 현장에서 직접 고객들과 접하고 있는 일반 직원이나 초급관리자를 지원하고 돌보는 역할을 담당하게 되었다. 〈그림 7-5〉에서 보는 바와 같이 전체 조직구성원은 생존을 위해 가장 중요한 과제인 고객만족을 위해 전력을 다해야 하며 관리자의 업무는 현장 직원들이 고객을 위해 최선을 다할 수 있도록 지원을 아끼지 않는 것이다.

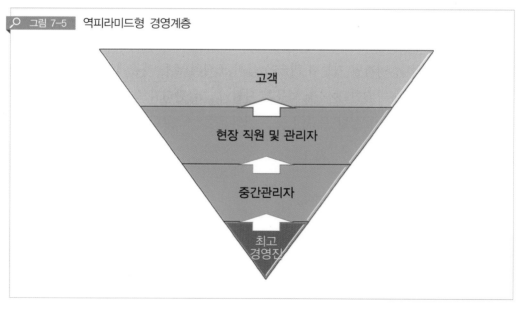

그림 7-5 역피라미드형 경영계층

출처: 저자

2. 경영기술(Management Skills)

오늘날과 같이 불확실하고 복잡한 경영환경에서 생존하고 성장하려면 기업의 경영자는 당면하고 있는 어려운 문제를 해결하고 새로운 기회에 대응하기 위해 다방면의 기술이 요구되고 있다. 기술(Skill)은 지식을 원하는 성과를 달성하기 위해 필요한 행동으로 전환할 수 있는 능력을 말한다. 부서나 전체 조직을 관리하기 위해 경영자에게 필요한 기술은 크게 개념적 기술, 인간관계 기술, 기능적 기술의 세 가지로 압축할 수 있다. 일반적으로 관리자의 직위가 높아질수록 보다 높은 수준의 기술이 요구되고 있다.

교육과 경험은 경영자에게 조직자원을 잘 활용하는데 필요한 개인적 기술을 인지하고 개발하는 것을 가능하게 한다. 또한 교육과 경험은 경영자가 개념적 기술, 인간관계 기술, 기능적 기술 등의 세 가지 기술을 획득하고 개발하는 것을 지원하고 있다.

1) 기능적 기술(Technical Skills)

기능적 기술은 특정한 과업의 수행에 대한 이해와 숙련도를 말한다. 기능적 기술은 생산, 회계, 마케팅, 서비스 제공 등과 같은 특정 기능에 관련된 업무방식과 기술 및 장비에 숙달하는 것이 포함된다. 또한 기능적 기술은 전문적 지식, 분석 능력, 그리고 특정 기능 분야의 문제를 해결하기 위한 도구와 기술의 숙련된 사용을 포함하고 있다. 호텔처럼 영업현장에서 고객을 응대하는 업무를 원활하게 진행해야 하는 일선 직원과 관리자에게 중요한 기술이다. 이처럼 기능적 기술은 특히 조직의 낮은 계층에서 일하는 사람에게 중요하며, 이 기능에 탁월한 능력을 보유한 사람이 초급관리자로 승진하는 것이 일반적이다. 그러나 〈그림 7-6〉처럼 서열이 높은 경영계층으로 향할수록 기능적 기술의 중요성은 낮게 인식되고 있다.

2) 인간관계 기술(Human Skills)

인간관계 기술은 다른 사람들과 함께 일을 하고 집단의 일원으로서 효과적으로 업무를 수행하는 관리자의 능력을 말하고 있다. 인간관계 기술은 부하직원들을 동기부여하고, 격려하고, 조정하고, 소통하고, 그리고 갈등을 해결할 수 있는 능력과 같이 관리자가 다른 사람들과의 관계유지에 대한 능력을 의미하고 있다. 인간관계에 대한 탁월한 능력을 보유한 관리자는 부하직원들이 실수에 대한 부담없이 스스로 의견을 표현하게 하고,

참여를 촉진하며, 또한 그들의 헌신적인 노력에 대해 진정으로 감사를 표하고 있다.

인간관계 기술은 일상적으로 일반 직원들과 직접 대면해야 하는 중간관리자에게 매우 중요한 기술이다. 오늘날 현장에서 중간관리자가 부하직원들을 존중하거나 배려하지 않아서 좋은 직원들을 잃고 있는 기업들의 사례가 크게 증가하고 있다. 종전에는 최고 경영진이 좋은 인간관계 기술이 없어도 기업의 목표를 달성할 수 있었지만 그런 시대는 이제 거의 사라지고 있다는 견해가 많다. 따라서 수평적인 사고가 중시되고 현 경영환경에서 인간관계 기술은 경영계층의 모든 단계에서 요구되는 중요한 기술이다.

3) 개념적 기술(Conceptual Skills)

개념적 기술은 조직을 하나의 전체시스템으로 간주하고 전체와 부분 사이의 관계를 효과적으로 인지할 수 있는 능력을 말한다. 개념적 기술은 경영자의 사고, 정보처리, 그리고 계획 능력을 포함하고 있다. 그리고 개념적 기술은 특정 부서의 전체 조직에 대한 적합성을 살피고 또한 기업조직이 업계, 지역사회, 그리고 보다 광범위한 경영환경에 대한 적합성(Fit)을 파악하는 능력을 의미하고 있다. 그리고 개념적 기술은 보다 광범위하고 장기적인 관점으로 경영환경을 바라봄으로써 기업이 당면하고 있는 복잡한 문제를 진단 및 평가해서 해결하고 또 새로운 기회를 찾는 능력 즉 전략적 사고(Strategic Thinking)를 일컫고 있다.

개념적 기술은 기업에서 모든 계층의 관리자에게 필요하지만 조직을 이끌고 총체적인 책임을 맡고 있는 최고 경영진에게 각별히 중요한 능력이다. 최종적인 의사결정, 한정적인 자원 분배, 생존을 위한 혁신 등에 대한 책임을 지고 있는 최고 경영자에게 전략적 사고의 필요성은 아무리 강조해도 지나침이 없을 것이다.

지금까지 살펴본 세 가지 기술은 각 계층의 관리자에게만 필요한 것은 분명 아니다. 오히려 세 가지 기술은 계층구분에 상관없이 모든 관리자에게 필요한 지식이다. 그리고 세 가지 기술은 신입사원이 입사해서 시간이 흐르면서 갖춰야 할 덕목을 의미하고 있다. 이와 같은 지식을 보다 빨리 학습하고 깨우칠 수 있는 사람일수록 그의 잠재능력은 보다 강화될 수 있을 것이다. 그리고 〈그림 7-6〉은 직위가 높아질수록 그에 따라 요구되는 적합한 기술을 강조한 것이다.

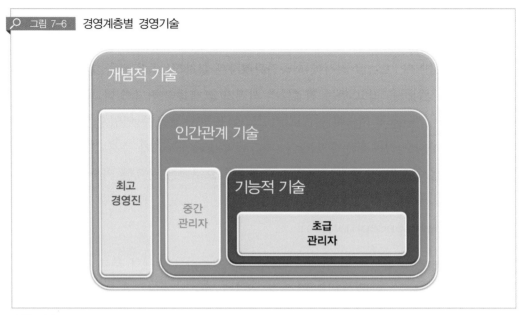

그림 7-6 경영계층별 경영기술

출처: 저자

세 가지 기술에 더해 경영자는 다양한 역량(Competencies)을 개발해야 한다. 〈표 7-1〉은 성공적인 경영자가 되기 위한 보완적인 관리자적 역량을 소개하고 있다.

| 표 7-1 | 경영자의 관리 역량

역량유형	내 용
소통 (Communication)	서면이나 언어적 표현으로 아이디어와 결과를 명확하게 공유 할 수 있는 능력
조정 (Coordination)	조직 구성원들의 통일된 의견과 이해를 도출하는 능력
권한위임 (Empowerment)	부하 직원에게 권한을 위임하거나 공유하도록 하는 것
팀워크(Teamwork)	팀원 및 팀 리더로서 효과적으로 일할 수 있는 능력으로 팀 공헌, 팀 리더십, 갈등관리, 협상, 합의 도출을 포함하고 있다
자기관리 (Self-management)	스스로 자신을 평가하고, 행동을 고치고, 윤리 의무를 이행하는 능력으로 윤리적 사고와 행동, 유연함, 모호함에 대한 관용을 포함한다
비판적 사고 (Critical Thinking)	창의적인 문제 해결을 위해 정보를 수집하고 분석하는 능력으로 문제 해결, 판단 및 의사 결정, 정보 수집 및 해석, 창의력, 혁신을 포함하고 있다. 객관적 증거에 따라 사리판단을 하고 명백한 인과관계에 따라 판단해서 결론을 내린다

출처: 저자 정리

위의 역량 중에서 호텔처럼 서비스를 제공하는 비즈니스에서 점점 중요도가 부각되고 있는 역량이 권한위임이다. 경영자는 권한을 공유 또는 위임함으로써 부하직원이 일상 업무에서 주인의식을 갖고 능동적으로 업무에 임하게 됨으로써 서비스 개선을 촉진하고 있다. 호텔산업에서 성공적인 권한위임의 사례는 유명한 Ritz-Carlton 호텔에서 찾아볼 수 있다.

Ritz-Carlton 호텔은 고객과 대면하는 모든 서비스 종사자에게 대고객 업무 중에 발생하는 돌발적인 사고에서 금전 지출에 대한 권한을 제공하고 있다. 만일 고객에게 서비스를 제공하는 과정에서 누구의 어떤 실수로던지 손님에게 금전적인 손해 등 피해가 발생했을 때 해당 서비스 종사자는 자기에게 위임된 권한을 사용해서 상사에게 보고 없이도 $2,000까지는 현장에서 손님에게 배상해주도록 하고 있다. 이렇게 언제든지 고객에게 불만이 없도록 배려해서 서비스 품질을 고도화함으로써 최고급 호텔로서의 명성을 누리게 되었다.

이렇게 함으로써 종사자는 능동적으로 자기 업무에 충실하게 임하게 되어 항상 최고의 서비스를 고객에게 제공할 수 있게 되었고, 고객은 예상을 뛰어넘는 즉각적인 서비스를 제공받게 되어 만족도가 향상되었으며 충성도(Loyalty)도 크게 개선되었다. 반면에 관리자는 업무 중 사사건건 종사자들의 문의에 답해야 하는 업무시간을 대폭 줄일 수 있게 되어 본연의 업무에 충실을 기할 수 있게 되었다. 그리고 운영과정에서 보면 보고의 기능을 줄이게 되어 보다 효율적이고 신속한 호텔 서비스절차를 확립할 수 있었다. 이와 같은 서비스 전달체계에서 Ritz-Carlton 호텔의 고유한 경쟁우위는 경쟁 호텔체인들이 쉽게 복제할 수 없었다는 것은 말할 나위가 없다.

제3절 경영자의 관리기능

경영(Management)이란 '당면한 조직의 목적을 효과적 및 효율적으로 달성하기 위해 보유하고 있는 자원을 계획·조직·지휘·통제하는 일련의 의사결정과정'이라고 정의할 수 있다. 그렇다면 경영자는 어떻게 이런 목적을 달성할 수 있을까. 경영자는 〈그림 7-7〉과 같이 계획(Planning), 조직(Organizing), 지휘(Leading), 통제(Controlling)란 네 가지 관리기능의 수행을 통해 목적을 달성하고자 노력한다.

20세기 초에 프랑스의 경영자인 Henri Fayol은 높은 성과를 거두는 조직을 만들려면 경영자들은 무엇을 해야 하는가를 연구한 그의 저서 'General and Industrial Management'에서 처음 관리기능에 대해 제안을 했다. 조직의 각 경영계층과 각 부서의 관리자들은 네 가지 관리기능을 수행해야 할 책무를 지고 있다. 즉 기업이 수행하는 여러 기능을 담당하는 구성원들의 업무를 계획·조직·지휘·통제하는 역할을 수행하는 사람이 곧 경영자(관리자)이다. 여기서 기업이 수행하는 여러 기능에는 일반적으로 생산관리(Operations Management), 마케팅(Marketing), 인적자원관리(Human Resources), 재무관리(Finance), 연구 및 개발(R&D: Research and Development) 등이 있다. 경영자들이 네 가지 관리기능을 얼마나 잘 수행할 수 있는가에 따라 그들의 조직이 얼마나 효과적이고 효율적으로 운용되고 있는지 결정된다.

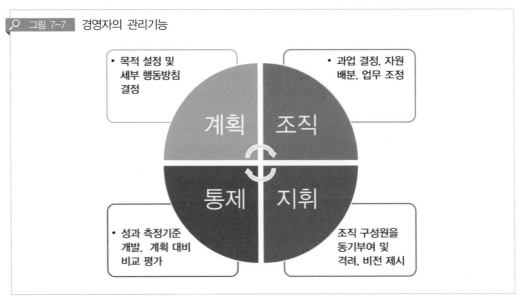

그림 7-7 경영자의 관리기능

출처: 저자

1. 계획(Planning)

계획은 적절한 조직의 목적 설정과 이를 달성하기 위한 세부 행동방침을 결정하는 관리기능이다. 계획기능을 수행하기 위해 경영자는 적절한 조직의 목적과 행동방침을 확인하고 설정한다. 계획은 세 단계로 이루어지는데 첫째, 조직이 어떤 목적을 추구할 것인지를 결정하고 둘째, 목적을 달성하기 위해 어떤 행동방침을 채택할 것인지를 결정하며 셋째, 목적을 달성하기 위해 어떻게 조직자원을 배분할 것인지를 결정한다.

경영자가 얼마나 잘 계획하느냐에 따라 성과인 조직의 효과성과 효율성이 결정된다. 계획의 산출물은 전략(Strategy)이다. 전략은 보통 크게 두 가지 형태로 구분할 수 있다. 호텔산업에서 Marriott, Hilton, Hyatt 등은 고객에게 차별화된 시설과 서비스를 제공하는 차별화전략(Differentiation Strategy)을 추구하며 중저가호텔 브랜드인 Motel 6나 Days Inn 등은 손님에게 최저의 비용으로 적절한 수준의 객실을 제공하는 비용우위전략(Cost-leadership Strategy)을 사용하고 있다.

어떤 목적을 조직이 추구하고 또 어떻게 그 목적을 달성하는가(전략선택)는 대부분 확실치 않기 때문에 계획은 참으로 복잡하고 어려운 활동이다. 즉 계획은 불확실한 환경 하에서 이루어지고 있다. 경영자는 특정 전략을 위해 조직자원을 투입하는 의사결정을 할 때 큰 위험을 감수하고 있다. 결국 계획기능의 산출물이 성공 또는 실패이다.

2. 조직(Organizing)

조직은 목적을 달성하기 위해 구성원이 함께 업무를 수행할 수 있도록 과업(Task)과 권위(Authority)에 대한 관계를 결정하는 관리기능이다. 조직은 수행하는 구체적인 직무의 종류 및 성격에 의해 직원들을 관련 부서(Department)로 배치하고 있다. 조직기능에서 경영자는 서로 다른 개인과 집단 간의 권한과 책임에 대한 질서관계를 조정하고 어떻게 조직자원을 합리적으로 배분할지를 결정한다.

조직기능의 산출물은 구성원들의 이해관계를 조정하고 동기부여를 통해 조직의 목적을 달성하기 위한 과업과 보고체계의 공식시스템인 조직구조(Organizational Structure)를 확립하는 것이다. 조직구조는 조직이 제품과 서비스를 생산하기 위해 자원을 잘 활용할 수 있는지 여부에 대한 역량을 결정한다.

3. 지휘(Leading)

지휘는 조직의 목적을 달성하기 위해 개인이나 집단을 동기부여하고 격려하는 관리기능이다. 조직의 비전(Vision)은 미래에 조직이 의도하는 것과 추구하는 목적에 대해 간단·명료하게 제시된 고무적인 문장이다. 지휘기능에서 경영자는 구성원에게 성취해야 할 조직의 명확한 비전을 제시하는 한편 구성원에게 활력을 불어넣어 자기 몫의 역할을 잘 수행하도록 설득한다.

리더십은 경영자가 자신의 권력, 영향력, 설득 및 의사소통 기술을 사용하여 구성원과 부서 간의 관계를 조정해서 그들의 활동과 노력이 잘 조화를 이루도록 하는 것이다. 리더십은 구성원들을 격려하여 높은 수준의 업무를 수행하게 하여 조직의 비전과 목적을 달성하는데 지원을 아끼지 않도록 한다. 좋은 리더십의 산출물은 높은 수준으로 동기부여가 되어있고 근면성을 보유한 직원이다.

4. 통제(Controlling)

통제는 조직이 사전에 설정한 목적이 순조롭게 달성되고 있는 가를 평가하기 위해 명확한 성과 측정기준과 감독체계를 개발하는 관리기능이다. 즉 조직이 계획한 목적이 제대로 달성되고 있는 가에 대해 평가하고 또한 성과를 유지 및 향상하기 위해 필요한 행동을 취하는 것이 경영자의 통제기능이다. 예를 들면 경영자는 개인별로, 부서별로, 그리고 전체 조직이 사전에 정해진 성과기준에 잘 부합되고 있는가의 여부에 대해 지속적으로 관찰해야 한다.

통제기능의 결과물은 정확하게 성과를 측정하는 능력과 조직의 효과성과 효율성을 향상하는 것이다. 통제기능을 수행하기 위해 경영자는 반드시 어떤 목적(생산성, 품질, 고객만족 등)을 측정할 것인가를 결정하고 또 목적이 어느 정도 달성되었는지를 결정하는데 필요한 감독시스템을 개발해야 한다. 감독시스템은 경영자가 자신이 수행한 다른 관리기능인 계획·조직·지휘가 잘 수행되고 있는가에 정보를 제공하며 이에 대한 정보를 바탕으로 필요한 행동을 취하게 된다.

네 가지 관리기능인 계획·조직·지휘·통제는 경영자의 가장 기본적이자 가장 중요한 직무이다. 조직 내의 모든 경영계층과 부서에서 좋은 경영자는 네 가지 기능을 성공적으로, 즉 효과적 및 효율적으로 수행해야 한다. 경영자의 네 가지 관리기능은 반복적이며 상호 배타적인 관계가 아닌 서로 유기적이고 긴밀한 관계를 맺고 있다. 즉 특정 기능은 다음 기능에 영향을 미치고 있다.

제4절 **경영자의 역할**

기업에서 경영자는 매우 다양한 역할을 수행하고 있다. 역할은 관리자의 행동에 대한 일련의 기대를 뜻하고 있다. Henry Mintzberg는 일주일 동안 미국 유명 대기업의 최고경영자(CEO) 5명을 그림자처럼 따라 다니면서 우편물을 분석하고 무엇을 하고 누구하고 대화하는가 등 그들의 여러 행동을 자세히 관찰한 후 연구 결과를 1973년 저서인 '경영자의 직무 속성'(The Nature of Managerial Work)을 통해 발표했다. Mintzberg는 경영자들은 크게 대인관계 역할, 정보처리 역할, 의사결정 역할과 같은 세 가지 역할(Managerial Roles)을 수행하고 있다고 주장했다. 즉 경영자는 주로 사람들과 얘기하고, 정보를 수집하고 제공하고, 그리고 의사결정을 내리고 있다는 것이다. 그리고 Mintzberg는 세 가지 역할마다 보다 구체적인 역할을 제시해서 경영자는 모두 10가지 역할을 담당하고 있다고 파악했다. 즉 경영자들은 10가지 역할을 동시다발적으로 수행하고 있다는 사실을 발견했다. 지금부터 경영자의 10가지 역할에 대해 자세히 살펴보기로 한다.

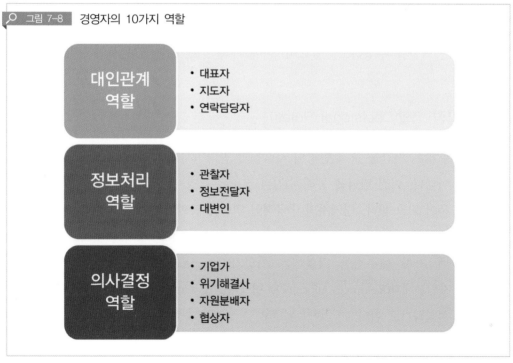

그림 7-8 경영자의 10가지 역할

대인관계 역할	• 대표자 • 지도자 • 연락담당자
정보처리 역할	• 관찰자 • 정보전달자 • 대변인
의사결정 역할	• 기업가 • 위기해결사 • 자원분배자 • 협상자

출처: Mintzberg

1. 대인관계 역할(Interpersonal Roles)

경영자의 업무는 많은 사람들과 만나는 것이다. 대다수 경영자는 업무시간 또는 업무시간이 아닌 경우에도 많은 사람들과 만나고 접촉하고 있다. Mintzberg는 경영자의 서열에 따라 다르지만 대다수 경영자는 대부분(2/3에서 4/5 사이)의 시간을 다른 사람들과 대면해서 만나는 것에 소비하고 있다고 밝혔다. 경영자는 대인관계 역할에서 대표자(Figurehead), 지도자(Leader), 연락담당자(Liaison)의 세 가지 세부적인 역할을 수행하고 있으며, 이에 대해서는 〈표 7-2〉에서 설명하기로 한다.

2. 정보처리 역할(Informational Roles)

경영자들은 대부분의 시간을 다른 사람들과 만나는데 쓰지만 만나는 시간의 대부분은 주로 정보를 수집하고 공유하는 것에 소비되고 있었다. Mintzberg는 연구에 참가한 경영자들은 40%의 시간을 다른 사람들과 정보를 주고받는데 사용하고 있다는 사실을 파악했다. 경영자는 정보를 처리하고, 경영환경을 진단하고, 다른 사람과 대화하면서 정보를 수집하며, 그리고 조직 내외의 사람들과 정보를 공유하고 있다. 경영자는 정보처리 역할에서 관찰자(Monitor), 정보전달자(Disseminator), 대변인(Spokesperson)이란 세 가지 세부적인 역할을 수행하고 있으며, 이에 대해 〈표 7-2〉에서 설명하기로 한다.

3. 의사결정 역할(Decisional Roles)

경영자는 많은 시간을 조직 안팎의 사람들과 만나면서 정보를 주고받고 있지만 그것이 전부는 아니다. 이런 만남을 통해 수집된 정보는 경영자가 효과적인 의사결정을 내리는데 큰 도움이 되고 있다. 경영자의 궁극적인 역할은 당면한 경영상의 여러 문제를 해결하기 위해 수집하고 분석된 정보를 바탕으로 하여 의사결정을 행하는 것이다. 의사결정자로서의 네 가지 세부적인 역할에는 기업가(Entrepreneur), 위기해결사(Disturbance Handler), 자원분배자(Resource Allocator), 협상자(Negotiator)가 있으며, 이에 대해 〈표 7-2〉에서 설명하기로 한다.

| 표 7-2 | 경영자의 10가지 역할

역할유형	역할	활동
대인관계	대표자	행사 참석, 계약 서명, 손님 접견 등과 같은 의식 절차에 관한 임무를 수행한다.
	지도자	조직의 목적을 달성하기 위해 구성원을 동기부여하고 격려한다.
	연락담당자	조직 내부에서 자신의 부하직원 또는 상사를 만나는 것처럼 이메일, 전화, 회의 등을 통해 많은 외부인과 접촉하는데 많은 시간을 소비한다
정보처리	관찰자	정기적인 보고서나 잡지 또는 개인적 접촉을 통해 전반적인 경영환경에 대한 정보를 탐색 및 수집한다.
	정보전달자	이메일, 보고서, 전화, 회의 등을 통해 수집된 정보를 조직 내의 같은 부서 동료나 회사 직원과 공유한다.
	대변인	연설이나 보고서 등을 통해 조직 외부의 사람들에게 정보를 알리거나 공유한다.
의사결정	기업가	미래의 사업기회를 쫓아 새로운 아이디어 개발하고 또 변화 및 혁신을 시도한다.
	위기해결사	조직 내부에서 직원이나 부서 간의 갈등이 격화되거나 또는 외부 경영환경의 불안정으로 위기가 닥치면 이를 극복하기 위해 신속히 적절한 조치를 취한다.
	자원분배자	보유하고 있는 한정된 자원의 부서별 또는 사업부별 할당량을 결정한다
	협상자	일정, 프로젝트, 목표, 생산량, 임금, 노동조합, 예산 등에 대해 토론하고 협상하는 임무를 수행한다.

출처: Mintzberg

참 / 고 / 문 / 헌

김경환(2011). 『호텔경영학』. 백산출판사.

이건희(1997). 『현대경영학의 이해』. 학문사.

Dafts, R. L.(2010). *Management*(9th Ed.). South-Western: OH.

Higgins, J. M.(1994). *The Management Challenge(2nd Ed.)*. MacMillan.

Katz, R. L.(1994). Skills of an Effective Administrator. *Harvard Business Review*. September-October.

Mintzberg, H. A.(1973). *The Nature of Managerial Work*. Harper-Row.

Pride, W. M., Hughes, R. J. & Kapoor, J. R.(2010). *Business*(10th Ed.). South-Western: OH.

Robbins, S. P., & De Cenzo, D.A.(1995). *Fundamentals of Management: Essential Concepts and Applications*. Prentice Hall.

Schermerhorn, J. R.(2010). *Management*(10th Ed.). John Wiley & Sons: MA.

08 경영이론의 발전과정

제1절 고전 경영이론
제2절 행동관리 이론
제3절 현대 경영학의 이론적 배경

CHAPTER

학습목표

본 장을 학습한 후 독자들은 다음과 같은 사항에 대해 잘 이해할 수 있어야 한다.

❶ 고전 경영이론인 과학적 관리, 일반관리원칙, 관료제 조직에 대해 숙지한다.
❷ 행동관리이론이 현대 기업경영에 미친 영향에 대해 깊이 이해하도록 한다.
❸ 경영과학이론, 시스템이론, 상황이론에 대해 각각 숙지하도록 한다.
❹ 전사적 품질관리, 지식경영, 학습조직이론이 현대 경영에 미친 영향에 대해 이해한다.
❺ 이해관계자이론과 기업의 사회적 책임의 관계에 대해 이해한다.

경영사학자 Daniel Wren은 '경영의 역사는 인류의 역사만큼이나 오래 됐다'라고 했다. 우리는 전장에서 경영이란 당면한 조직의 목적을 효과적 및 효율적으로 달성하기 위해 보유하고 있는 자원을 계획 · 조직 · 지휘 · 통제하는 일련의 의사결정과정이라고 학습했다. 그렇다면 오래된 과거에는 경영이란 활동이 전혀 없었을까. 고대 이집트의 피라미드나 6,000Km가 넘는 중국의 광대한 만리장성을 축조하기 위해 누군가는 목적을 달성하기 위해 세부 계획을 입안했을 것이며, 인력 및 자재를 조직화하고, 사람들을 지휘하고, 그리고 계획된 시간 내로 완성될 수 있도록 통제했을 것이다. 그렇다면 Wren의 말대로 경영의 역사는 아주 오래되었다고 할 수 있다.

과거 이집트, 유대민족, 중국, 그리스, 로마 등 각 시대의 경영방식은 당시 사회의 문화및 가치관에 의해 영향을 받았을 것으로 추론할 수 있다. 각 시대에서 정치적, 경제적, 사회적, 기술적 요인 등이 변할 때마다 경영방식도 지속적으로 변해 왔다. 이집트와 로마 등 고대 문명의 경영방식은 매우 권위적인 계층적 조직구조를 가지고 있었다. 반면에 로마 카톨릭 교회의 분권화된 조직구조는 중세시대 경영방식에 지대한 영향을 미쳤다. 그리고 중세 베니스의 상인들은 일찍이 조립라인, 재고관리, 인력관리, 저장, 회계관리 등을 이용하는 경영방식을 사용하고 있었다고 한다.

20세기가 되기 이전에 경영이론의 발전에 큰 영향을 미친 두 가지 사건이 있다. 첫째,

1776년 영국의 경제학자 Adam Smith는 명저 'The Wealth of Nation'을 발표하면서 큰 반향을 일으키게 되었다. 그는 처음으로 자본주의(Capitalism)를 주창하는 한편 생산성의 향상을 위해 분업(Division of Labor)의 중요성을 강조하였다. Smith는 핀공장의 예를 이용하여 모든 조직에서 분업을 시행하면 이로 인해 생산성이 크게 향상된다고 세상을 설득했다. 분업은 현재까지도 기업에서 직무의 전문성이란 관점에서 중요성을 인정받고 있다.

둘째, 18세기 중엽 영국에서 발발한 산업혁명(Industrial Revolution)은 인간의 노동력을 대체하는 기계를 발명해서 생산성 혁명을 일으켰으며 그 결과 종전의 가내수공업은 종말을 고하고 공장이 새로운 생산의 주체로 등장하게 되었다. 많은 공장이 들어서면서 당면한 공장의 목적을 효과적 및 효율적으로 달성하기 위해 보유하고 있는 자원을 계획·조직·지휘·통제하는 경영활동의 중요성이 보다 많은 관심을 끌게 되었다.

그리고 인류가 농경사회에서 산업사회로 전환되면서 많은 경영자와 경영학자들은 전통적인 경영방식은 더 이상 효용가치가 없음을 깨닫게 된다. 즉 집, 농장, 군대 등에서는 잘 운영되던 것들이 새로운 조직인 공장에서는 무용지물이 되고 있다는 사실을 실감하게 되었다. 결국 산업혁명이 태동해서 150여 년이 지난 20세기 초반이 되서야 비로소 경영자들은 새로운 경영방식에 대한 고려를 하기 시작했다.

제1절 고전 경영이론(Classical Management Theories)

18세기 중반 산업혁명으로 촉발된 산업사회의 확장 속도는 점점 가속화되었다. 그러나 분업과 같은 기술과 기계화의 급속한 발전에도 불구하고 근로자들의 생산성은 낮은 수준에서 벗어나지 못하고 있었다. 그래서 공장에서의 작업에 대한 능률을 향상시키기 위하여 학자들과 실무자들은 여러 선구자들이 이미 제시했던 여러 이론들을 강화하고 새로운 경영방식에 대해 집중적인 연구를 시작하게 되었다. 이런 배경으로 고전적인 경영이론들은 탄생하고 발전하게 되었다. 고전 경영이론은 주로 20세기 초에 개발되었다. 고전 경영이론에는 과학적 관리, 경영원칙, 관료제와 같이 크게 세 가지 관점이 존재하고 있다.

$\mathcal{P}$ 그림 8-1 고전 경영이론

고전 경영이론(Classical Management Theories)

과학적 관리(Scientific Management)
- Frederick W. Taylor, Frank & Lillian Gilbreth

일반관리원칙(General Management Principles)
- Henri Fayol

관료제 조직(Bureaucratic Organization)
- Max Weber

출처: 저자

1. Taylor의 과학적 관리(Scientific Management)

과학적 관리는 주어진 어떠한 과업에서도 최선의 방법(One Best Way)을 찾으려고 했다. 과학적 관리의 주창자는 당시 철강회사에서 엔지니어로서 오랫동안 풍부한 실무 및 연구 경험을 가졌던 Frederick W. Taylor(1856-1915)였는데 1911년 저서 "The Principles of Scientific Management"를 발간하면서 경영기법에 혁명적인 변화를 일으켰다. 이전에도 과학적 관리의 연구자들은 많았지만 Taylor는 이를 체계적으로 집대성하였다. 이 외에도 과학적 관리론의 발전에 기여한 다른 연구자에는 Gilbreth 부부와 Henry L. Gantt 등이 있다.

산업혁명이 시작된 지 100년이 지난 1800년대 후반에 산업이 급격히 발전했을 뿐만 아니라 기업의 규모도 크게 확대되었다. 그러나 Taylor는 생산현장에서 동일한 직무를 상이한 기법에 의해 안이하게 수행함으로써 근로자 개개인의 생산능력이 1/3 밖에 미치지 못하고 있음에 크게 실망했다.

Taylor의 관찰에 의하면 근로자와 관리자는 상호 간에 책임에 대한 명백한 개념도 없었으며, 효율적인 작업표준도 없어서 근로자가 고의적으로 작업속도를 늦출 수도 있었다. 그리고 관리자의 의사결정도 육감 및 직관에 기초한 경험에 의해 주먹구구식으로 이루어지고 있었다. 더욱이 당시에는 근로자와 관리자의 관계를 스스로 지속적인 충돌상태라 간주하고 상호 이득을 위한 협조보다는 제로섬(Zero-sum)게임 즉 어느 한쪽의 이익은 다른 한쪽에게는 손실이 되는 것으로 인식되고 있었다.

따라서 Taylor는 작업능률을 개선하기 위한 명확한 지침을 설정했다. 즉 근로자와 관리자 모두가 정작 관심을 가져야 할 것은 성과배분이 아니라 성과자체를 증대시키는 것이라고 강력하게 주장했다.

Taylor의 과학적 관리론은 다음과 같은 4가지 원칙을 기반으로 하고 있다. 첫째, 개인별 작업을 동작연구, 업무 표준화, 적절한 근로조건 등에 의한 과학적인 방법으로 개발한다. 둘째, 각 작업에 적합한 자질을 가진 근로자를 과학적으로 선발한다. 셋째, 교육과 개발을 통해 각 근로자가 자신의 작업을 올바르게 과학적으로 수행할 수 있도록 진심으로 협력하는 한편 근로자의 노력에 대해 적절한 인센티브를 제공한다. 넷째, 관리자와 근로자 간에 작업과 책임을 균등하게 배분하고 경영자는 사전에 세심한 작업계획을 수립해서 모든 작업이 순조롭게 진행되도록 준비한다.

Taylor는 네 가지 원칙의 조화가 생산성을 향상하고 근로자의 만족을 증가시킨다고 했다. 그는 관리자의 주먹구구식인 경험적(Rule of Thumb) 관리법 보다는 과학적인 관리를, 부조화 보다는 조화를, 이기주의 보다는 협조를, 제한된 산출량 보다는 최대한의 산출량을 추구해야 한다고 주장했으며, 조직의 구성원은 스스로 자신을 최대한 효율적으로 개발해야 한다고 했다. 이와 같은 원칙을 따르게 되면 근로자의 생산성 향상을 통해 근로자에게는 높은 임금을 그리고 관리자에게는 보다 많은 이익창출을 통해 모두에게 번영을 가져다 줄 것이라고 확신했다.

그리고 Taylor는 고용주와 종업원이 함께 번영을 달성하는 것에 큰 관심을 두었다. 주로 철강산업과 같은 대규모 제조산업의 근로자들과 함께 일을 하면서 그는 작업(업무)을 재설계하면 근로자들이 보다 많은 일을 할 수 있다는 가능성을 인지했다. 또 Taylor는 근로자를 위한 보상시스템의 적절한 재설계를 통해 보다 많은 근로자가 더 많은 일을 하기 원하게 된다는 사실을 인지했다. Taylor는 특정 작업을 수행하는데 요구되는 동작의 수를 줄이는 것처럼 작업을 과학적으로 재설계하면 작업을 보다 효율적으로 수행할 수 있고 또 적절한 보상이 제공되면 근로자들이 작업 목표를 미달하는 경우는 없을 것이라고 확신했다. 그래서 과학적 접근법을 이용하면 회사와 근로자가 모두 더 많은 돈을 벌 수 있으며, 결과적으로 근로자들도 더 행복해 질 수 있다고 굳게 믿었다.

Taylor의 과학적 관리는 기본적으로 과업관리(Task Management)로서의 특성을 지니고 있는데, 왜냐하면 과학적으로 임금을 결정하기 위한 기초로써 각 근로자가 하루에 처리할 수 있는 공정한 작업량을 과업으로 설정하고 이를 전제로 동작 및 시간 연구를 통해 작업관리시스템을 체계화했기 때문이다.

과학적 관리의 특징 중의 하나는 차별성과급제도의 도입이었다. 이는 근로자들이 그들의 작업량을 달성할 수 있도록 유인하기 위해서 설정한 성과급제도로서 성공적으로 작업량을 채운 근로자에게는 보너스를 통해 높은 임금을 적용하지만 실패한 자에게는 낮은 임금을 적용하는 방식이었다. 당시에는 작업시간이 아닌 작업량에 따라 임금을 지불하는 것은 혁신적인 아니라 오히려 다른 사람들의 의심을 불러 일으켰다. 그래서 Taylor는 미국 국회 청문회에 나가서 자신의 주장을 방어하기에 이르렀고, 현상유지에만 큰 관심을 갖고 있던 많은 노동조합이나 단체들은 그를 조소하기도 했다. 그럼에도 불구하고 이는 현대 기업의 근로자 보상프로그램에 지대한 영향을 미치게 되었다.

또한 Taylor는 기업조직은 사람이나 직위에 의해 관리되는 것이 아니라 하나의 부서에서 체계적으로 관리되어야 한다는 관점에서 기획실(Planning Department)의 설치를 주장했는데, 기획부서는 작업의 변경과 조건을 표준화하고 시간연구에 의하여 과업을 설정함과 동시에 과업을 수단으로 하는 생산의 모든 계획을 수립하게 하였다. 그리고 Taylor는 근로자에 따라 각기 다른 방법으로 작업을 하는 경우가 있었으며 이에 소요되는 시간도 천차만별이라는 것을 간파했다. 작업방법을 통일하기 위하여 표준작업방식과 이에 대한 표준시간이 동작의 순서에 따라 기입되어 있는 작업지시표(Instruction Card)를 작업자에게 제공하여 이에 따라 작업을 하게 하였다.

이와 같은 과학적 관리기법으로 태업을 방지하고 생산성을 향상함으로써 Taylor는 보통 테일러시스템 또는 테일러주의로 일컬어지는 그의 일관된 원칙인 고임금 저비용의 원칙을 달성했다.

2. Gilbreth 부부의 동작이론(Motion and Time Study)

Taylor의 뒤를 이어 Frank Gilbreth(1868-1924)는 교육학과 심리학을 전공한 부인 Lillian Gilbreth(1878-1972)와 함께 과학적 관리에 대해 연구했다. 이들은 낭비적인 손동작과 육체적 동작을 제거하기 위한 작업정렬과 작업성과 최적화를 위해 적절한 도구와 장비의 설계와 사용을 위한 실험을 실시했다. 동작연구의 창시자인 Gilbreth 부부는 동작연구를 '비능률적이고 잘못된 동작으로부터 생긴 낭비를 없애는 과학'이라고 정의했다. Taylor가 인간적 측면보다는 작업방법의 개선에 역점을 둔 것과는 달리 Gilbreth는 교육학과 심리학을 전공한 부인의 도움으로 최초로 인간의 심리적 관점과 생리적 관점에 중점을 둔 연구를 수행하였다. 즉 작업여건, 작업대의 배치, 작업의 주위환경을 개선함으로써 근로자의 작업능률이 제고되도록 한 것이다.

Gilbreth는 특히 벽돌공이 작업하는 일련의 동작들을 분석했다. 그래서 불필요한 동작은 모두 제거하고 몇 가지 동작을 하나로 결합하여 종전에 모두 18가지의 동작을 4가지로 줄이도록 했다. 그 결과 과거 숙련공이 1시간에 120개정도 벽돌을 쌓던 것을 350개 쌓도록 크게 개선하면서 생산성이 거의 3배 정도 향상되었다.

Gilbreth가 제시한 작업개선 방법에는 근로자의 동작을 정밀하게 분석하기 위해 최초로 동작연구에 카메라 촬영법을 도입해서 근로자의 동작이 어떤 종류의 기본동작으로 형성되어 있는지 고속카메라로 촬영해서 분석하는 방법인 미세동작연구(Micromotion

Study)를 통해 사람이 행하는 '찾다', '발견하다', '나르다' 등의 동작을 최소단위인 Therblig라 불리는 18종의 기본단위를 정하고 여기에 그의 성인 Gilbreth을 거꾸로 쓴 서블릭기호(Therbligs)를 고안해 사용함으로써 근로자의 동작요소를 보다 정확하게 분석하는데 공헌하였다.

Taylor와 Gilbreth가 주장했던 과학적 관리는 오늘날에도 관리자들에게 많은 도움을 제공하고 있다. 과학적 관리를 통해 제기되었던 직무설계는 조직 구성원들의 효율 및 효과에 매우 중요하며, 성과에 대한 보상체제의 중요성도 현재까지도 많은 관심을 끌고 있다. 이런 장점에도 불구하고 과학적 관리론은 명확한 한계성도 갖고 있다. 바로 인간관계에 대한 고려가 없었다는 것이다. 과학적 관리론에서는 어떻게 근로자들이 주어진 업무를 수행하는가에 대한 고려를 하지 않았다. 즉 근로자의 노동 환경이나 높은 단계의 욕구에는 관심을 두지 않았고, 노동자의 개인적 차이를 고려하지 않고 똑같이 취급했으며, 그리고 노동자의 생각과 사고를 도외시했다. 대신에 과학적 관리를 연구하는 사람들은 근로자의 효율성을 기계적인 관점으로만 취급하였다.

3. Fayol의 일반관리원칙(General Administrative Principles)

과학적 관리에 대한 관심이 한창이던 시기에 관리자들의 관리방법에 대한 노력이 시도되었다. 과학적 관리가 개별 노동자의 과업을 대상으로 이루어진데 반해 관리이론은 조직 전체의 관리에 관심을 가졌다. 관리이론의 탄생과 발전에 공헌한 프랑스의 탄광기업 사장이었던 Henri Fayol(1914-1925)은 1916년에 저서 'Industrial and General Administration'를 통해 조직과 구성원들을 관리하는 적절한 방식에 대한 주장을 제기했다. Fayol의 접근방법은 관리자는 무엇을 해야 하며, 어떤 방법이 훌륭한 경영성과를 낳게 되는가 등 관리자와 관리자가 수행하는 기능에 초점을 두었다. 관리기능(Functions of Management)과 14가지 일반관리원칙(General Management Principles)에 대한 Fayol의 명확한 주장은 현대 경영학의 발전에 지대한 공헌을 했다.

Fayol은 경영을 계획, 조직, 명령, 조정, 통제 등의 여러 과업을 수행하는 과정이라고 정의했으며 이런 과정은 모든 형태의 사업조직에 적용되는 보편적 원칙이라고 주장했다. 이러한 보편적 원칙은 조직적, 관리적 및 업무적 수준의 세 가지 수준에서 관찰될 수 있다고 했다.

조직적 수준에서 기업조직은 6가지의 주요 기능 즉, ① 기술기능(생산), ② 영업기능(구매, 판매 및 교환), ③ 재무기능(자본의 조달과 활용), ④ 보전기능(인적·물적 재산의 보호), ⑤ 회계기능(재무 기록의 유지), ⑥관리기능(계획, 조직, 명령, 조정, 통제)을 수행한다고 했다. 당시 많은 실무자들에 의해 쉽게 이해될 수 있었던 5가지 기능과 달리 관리기능에 Fayol은 특히 관심을 집중했다.

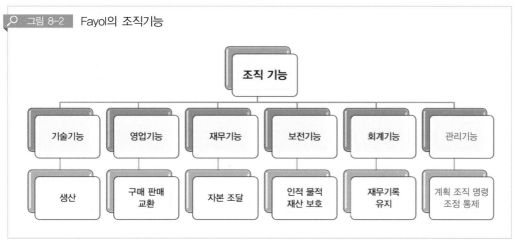

그림 8-2 Fayol의 조직기능

출처: Fayol

Fayol은 관리적 수준에서 경영자는 〈표 8-1〉과 같은 5가지 기능을 수행해야 한다고 했다.

| 표 8-1 | 관리자의 관리기능

관리기능	내 용
계획	기업의 목표를 검토하고 이를 달성하기 위한 행동계획을 수립, 작성한다
조직	수립된 계획을 실행하기 위해 모든 자원을 동원하기 위한 조직구조를 편성·운영한다
명령	직원들이 요구되는 과업을 수행하도록 하기 위해 직원들에게 지시하고 명령을 내린다
조정	전체 직원의 활동을 오로지 조직이 설정한 목표를 달성하는데 통일·조정시킨다
통제	목표가 계획대로 달성되고 있는가를 검토·평가하여 잘못됐을 경우 이를 시정하게 한다

출처: Fayol

업무수준에서 Fayol은 관리자는 〈표 8-2〉와 같은 14가지 일반관리원칙을 수용해야한다고 주장했다. 일반관리원칙이란 관리자가 경영기능을 수행할 때 따르게 되는 일반적인 기준으로 Fayol은 이런 관리원칙들이 어떠한 경우에도 가장 많이 활용될 수 있는 보편적 원칙이라고 주장했다. 이와 같은 일반관리원칙의 네 가지 특성은 첫째, 모든 조직에서 보편적으로 사용될 수 있는 일반적인 원칙이며 둘째, 상위관리자의 입장에서 개발 되었고 셋째, 각 원칙들은 절대적인 것이 아니라 상황에 따라 신축성 있게 사용될 수 있으며 넷째, 관리자의 교육을 강조하고 있다.

| 표 8-2 | Fayol의 일반관리원칙

일반관리원칙(General Management Principles)	
분업의 원칙	권한과 책임의 원칙
규율의 원칙	명령일원화의 원칙
지휘일원화의 원칙	복종의 원칙
개인보상의 원칙	중앙집권의 원칙
계층구조의 원칙	질서의 원칙
공정성의 원칙	정년보장의 원칙
주도권의 원칙	단결의 원칙

출처: Fayol

4. Weber의 관료제 조직(Bureaucratic Organization)

관료제(Bureaucracy)란 불어로 사무실의 책상보를 뜻하는 bure와 통치를 뜻하는 cratia 를 합성한 말로써 분업, 권한의 계층화, 자격에 의한 직원 선발, 엄격한 규칙과 절차 등과 특성을 지닌 조직의 형태를 말하고 있다. 관료제는 독일의 사회학자 Max Weber(1864-1920)가 개발했다. Weber는 대규모 조직의 구조를 향상하고 설정한 목표를 달성하는데 도움이 되는 조직구조에 대한 청사진을 설계하는데 큰 관심을 가졌다. 그의 이런 공적으로 Weber를 조직이론의 아버지라고 한다. Weber는 관료제를 '이상적 또는 진정한 형태의 조직'이라고 주장했다. 그는 관료제의 이념형을 제시하고 전체 조직이 어떻게 운영되어야 하는가에 대한 합리적인 청사진을 제공하였다.

Weber는 세 가지 형태의 정당한 권위를 밝혔다. 첫째, 합리적 및 법적 권위 둘째, 전통적 권위 셋째, 카리스마적 권위다. 합리적 및 법적 권위는 지위(Position)에 따르고,

전통적 권위는 명령하는 사람의 정당성에 달려 있으며, 카리스마적 권위는 추종자 (Follower)의 리더에 대한 인간적 신뢰와 신념에 달려 있다고 간파했다. Weber는 세 가지 형태의 권위가 모든 조직구조의 기초가 되어야 한다고 했다. Weber는 전통적 권위나 카리스마적 권위 보다는 법적 권위에 의한 지배체계를 보다 합리적인 것으로 보았다.

Weber는 관료제의 성격을 다음과 같이 구체적으로 설명하고 있다. 첫째, 분업은 권한과 책임이 명확하게 정의되고 정당화된다. 둘째, 권한의 계층은 명령의 계층을 낳는다. 셋째, 조직 구성원들은 시험 또는 교육 및 훈련과 같은 자격요건에 의해 선발된다. 넷째, 관리자는 선거에 의하지 않고 임명한다. 다섯째, 관리자는 고정된 근무시간에 의해 임금이 지급되고 경력지향적이다. 여섯째, 관리자는 자신이 관리하는 부서를 소유하지 않는다. 일곱째, 관리자의 행동은 엄격한 규칙과 절차, 규율화된 행동, 통제 등의 대상이 된다.

Weber가 제시한 이상형 관료제는 여러 가지 순기능과 역기능을 갖고 있다. 표준화된 행동과 그로 인한 능률 증대, 공정성과 통일성의 확보, 계층구조를 통한 용이한 책임수행 등은 관료제의 순기능이다. 그러나 형식주의, 동조과잉, 인간성의 상실, 무사안일주의, 행정의 독선화, 변화에 대한 저항 등은 관료제가 낳은 심각한 역기능이다. 우리는 대표적인 관료제 조직인 공무원 사회에서 여러 순기능과 역기능을 잘 살펴 볼 수 있다.

제2절 행동관리 이론(Behavioral Management Theories)

행동관리 이론은 생산성을 향상하기 위해 조직에서 인간적 요인의 영향을 이해하는 것에 연구의 관심을 집중했다. 즉 직원들을 동기화하고 격려해서 그들이 최고 수준의 작업을 수행해서 조직목적의 달성에 몰입하도록 하기 위해 관리자는 어떻게 행동해야 하는가에 대해 큰 관심을 가졌다. 〈그림 8-3〉은 경영에서 인간적인 관점을 강조한 행동관리 이론의 발전에 혁혁한 공을 세운 대표적인 연구들이다. 지금부터 각 이론에 대해서 하나씩 살펴보기로 하겠다.

그림 8-3 행동관리 이론

출처: 저자

1. Follett의 인간관계에 대한 연구

Taylor가 경영사고의 아버지라면 Mary Parker Follett(1868~1933)은 어머니라고 할 수 있다. Follett은 Taylor가 무시했었던 조직에서의 인간적 측면에 대해 관심을 가졌는데 관리자는 반드시 직원들을 염두에 두고 행동해야 한다고 주장했다. 그녀는 관리자들이 직원에게 일상적인 근무환경에서 참여를 유도하고 주도권을 행사할 수 있도록 지원을 아끼지 않으면 직원은 조직의 성공을 위해 여러 면에서 공헌할 수 있다는 것을 간과하고 있다고 지적했다. Taylor는 작업을 수행하기 위한 보다 나은 방법을 파악하는 과정에서 관리자들은 직무분석 등에 직원을 포함시키거나 또는 직원에게 업무에 대한 느낌을 질문해 보는 경우가 절대 없다는 사실을 비판했다. 따라서 Follett은 직원은 수행하는 업무에 대해 잘 알고 있기 때문에 직원을 직무분석에 포함시켜야 하며 관리자는 직원이 직무개발과정에 반드시 참여토록 해야 한다고 역설했다.

이어서 Follett은 직원은 업무관련 지식을 보유하고 있기 때문에 관리자 보다는 직원이 스스로 업무과정을 통제하게끔 하고 관리자는 감독자나 감시자가 아닌 코치나 촉진자로서 행동해야 한다고 주장했다. Follett의 이와 같은 지적은 오늘날 경영세계에서 관심을 두고 있는 자가관리팀(Self-managed Team)과 권한위임(Empowerment)의 등장을 벌써부터 예상하고 있어서 놀라운 것이었다.

그리고 Follett은 다른 부서에서 일하고 있는 관리자들이 신속한 의사결정을 지원하기 위해 상호 간에 직접 소통의 중요성을 강조했다. 또한 Follet은 스스로 명명한 교차기능(Cross-functioning)이란 용어를 통해 프로젝트의 목적을 달성하기 위해 여러 부서의 직원이 교차부서(Cross-departmental)팀에서 함께 일을 하는 개념을 창안하기도 했다. 이 개념은 오늘날 많은 조직에서 활용되고 있다.

일찍이 프랑스의 Fayol은 전문성과 지식은 관리자의 권위를 이루는 중요한 원천이라고 역설하였다. 그러나 Follett은 한 발자국 더 나아가 관리자의 공식적 권위는 계층구조의 지위에서 유래되는 것이 아니고 어떤 순간일지라도 반드시 지식과 전문성을 갖춘 사람이 지도해야 한다고 강조했다. 그녀의 이런 주장은 권한은 유동적이어서 조직의 목적을 달성하는데 가장 큰 역할을 할 수 있는 자에게 주어져야 한다고 했다. 오늘날 많은 경영이론가들은 이와 같은 주장에 동조하고 있다. 이처럼 Follett은 조직의 계층구조에 의한 수직적 관점을 견지했던 과거와 달리 권한(Power)과 권위(Authority)를 수평적 관점에서 보았던 최초의 학자였다. 이와 같은 Follett의 경영에 대한 여러 관점들은 당시로서는 파격적이었다. 그래서 최근까지도 그녀의 업적은 연구자나 경영자 사이에서 진가를 인정받지 못하고 있었다.

2. Mayo의 Hawthorne 실험

Hawthorne 실험은 근무환경과 성과 간의 관계를 확인하기 위해 1924~1932년에 미국 시카고 교외에 있는 당시 유명한 전화기회사였던 Western Electric Company의 Hawthorne공장에서 행해진 실험(The Illumination Experiments)이었다. 연구자들은 한편의 작업실 안에는 조명의 밝기를 다양하게 조절했고 반면에 다른 한편의 작업실에는 조명을 계속 일정하게 유지하였다. 그런 뒤에 작업환경이 다른 두 집단의 성과를 비교해 보았는데, 결과는 두 집단 모두 성과가 향상됐다. 심지어는 조명의 밝기를 낮추었음에도 불구하고 생산성은 양쪽 모두가 향상된 것이다. 이와 같은 수수께끼와 같은 연구결과에 대한 의문을 해명하기 위해 초기 연구진은 당시 유명 심리학자였던 하버드대학의 Elton Mayo(1880-1949) 교수를 초대하여 후속 연구(The Relay Assembly Test Experiments)를 진행하게 되었다.

결국 후속실험을 통해 예상하지 못했던 결과를 발견하게 되었다. 즉 관리자의 행동이나 리더십이 근로자들의 관리자에 대한 태도를 형성하여 결국 작업성과에 영향을 미친다는 Hawthorne Effect를 발견하기에 이른다. 이후 Mayo는 또 다른 후속연구(The Bank Wiring Room Experiments)를 통해 작업집단(Work Group)이 생산성에 미치는 영향을 분석하였다. 연구는 작업집단의 내부에서 생산성을 좌우하는 근로자의 행태를 파악하고자 했다. 연구 결과 작업집단에 속하는 구성원들의 느낌, 사고, 행동이 성과에 직접적인 영향을 미친다는 것을 발견하기에 이르렀다.

> 그림 8-4 Hawthorne 실험

▲ The Illumination Experiments

▲ The Relay Assembly Test Experiments

출처: interactions.acm.org & lmmiller.com/lean-lessons-from-the-hawthorne-studies/

Hawthorne 실험이 행해지기 전에는 인간은 임금의 많고 적음에 따라 부지런하기도 하고 게으르기도 하는 경제인이란 사고방식이 널리 퍼져 있었다. 그러나 Hawthorne 실험의 결과 이런 생각이 반드시 옳은 것만은 아니라는 결론에 이르게 되었다. 즉 근로자의 작업능률을 좌우하는 요인은 작업환경이나 돈이 아니라 관리자가 근로자에게 미치는 영향과 종업원의 심리적 안정감이며, 이에는 사내친구관계, 비공식 조직, 친목회 등과 같은 비공식 조직(Informal Organization)이 중요한 역할을 한다는 것을 밝히게 되었다. Hawthorne 실험에 의해 비로소 인간은 단순한 경제인이 아니라 심리적 존재이자 사회적 존재임을 부각시키게 되었으며, 이는 이후 인간중심적 경영에 커다란 공헌을 하였다.

3. Maslow의 동기부여 이론(Motivation Theory)

인간은 끊임없이 어떤 목표를 성취하려고 하는 동기를 부여받고 있다. 1943년 Abraham H. Maslow는 그의 연구논문인 'A Theory of Human Motivation'을 통해 인간의 욕구에는 단계가 있다는 주장을 하였으며, 〈그림 8-5〉처럼 욕구는 총 5단계로 계층화되어 있다고 주장했다. Maslow는 욕구를 사람이 만족을 원하는 생리적 또는 심리적 결함이라고 정의했으며, 경영에 있어 직원의 욕구에 따라 직무 태도 및 행동에 영향을 줄 수 있는 긴장감이 조성된다고 주장했다. 그는 사람들은 만족스럽지 못한 욕구를 충족하기 위해 행동한다고 보았다.

1) 생리적 욕구

인간에게 가장 낮은 수준의 욕구는 생리적 욕구이다. 인간의 가장 기본적인 욕구에는 배고픔이나 갈증이 있다. 경영자는 종업원에게 규정된 임금을 지급함으로써 그들의 생리적 욕구를 충족할 수 있다.

2) 안전 욕구

안전 욕구는 신체적인 위협이나 불확실성에서 벗어나고자 하는 욕구이다. 일상생활의 안전·보호·안정 등에 대한 욕구는 의료보험이나 노후대책을 제공함으로써 직업을 선택하는 행동에 반영된다. 경영자는 안전한 작업조건 및 정년보장 등을 통해서 근로자의 욕구를 충족시킬 수 있다.

3) 소속 요구

안전 욕구가 충족이 되면 사람들은 다른 사람들과 관계를 맺고 소속감과 애정을 나누고 싶어 하는데 이것이 소속 욕구이다. 같은 회사의 동료들과 함께 하고 싶다는 욕구가 그런 예이다. 그래서 회사에서는 야유회나 체육대회 같은 친목활동을 통해 직원들의 욕구를 충족시키고 있다.

4) 존경 욕구

이는 다른 사람에게 자신의 능력 또는 열정을 인정받고 싶어 하는 욕구이다. 존경 욕구가 충족되지 못하면 인간은 열등감과 무력감에 빠지게 된다. 직장에서 자신의 업무를 성공적으로 완수한다든가 동료나 상사로부터 인정받음으로써 또는 승진이나 전직을 통해 자신감과 자부심을 갖게 되는 것 등이 존경 욕구를 충족시키는 방법이다.

5) 자아실현 욕구

자아실현 욕구는 자신의 잠재 능력을 최대한 발휘하고 또 창조적으로 자신의 가능성을 실현하고자 하는 욕구를 말한다. 오늘날에는 낮은 단계의 욕구보다는 자기 계발이나 자아실현의 욕구가 보다 더 중요시 되고 있다. 그러므로 경영진에서도 이런 면에 비중을 두어야 한다.

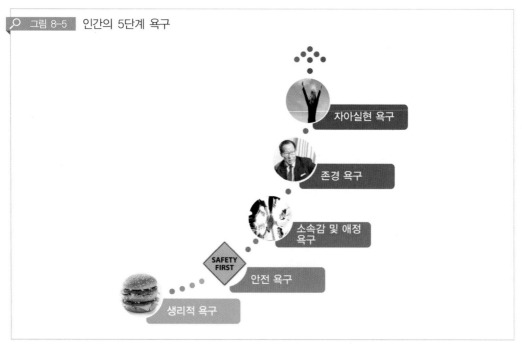

그림 8-5   인간의 5단계 욕구

출처: Maslow

이처럼 욕구불만이 근로자의 행동에 영향을 미칠 수 있다. 인간의 욕구는 중요한 순서대로 배열되는데, 욕구 단계는 가장 기본적인 것으로부터 복잡한 것으로 구성된다. 또한 다음 단계의 욕구를 충족시키기 전에 그 전 단계의 욕구가 충족되어야 한다. 만일 충족된 욕구가 유지되지 않는다면 그 욕구가 다시 우선순위가 된다고 했다. Maslow의 욕구이론은 근로자들의 동기를 부여한다는데 중요한 시사점을 제공한다. 즉, 근로자들이 어떤 욕구를 가지고 있는 가를 파악하고, 이를 근거로 근로자들이 충분히 능력을 발휘할 수 있는 작업환경을 조성하는 등과 같은 조치를 취해야 한다.

4. McGregor의 X이론과 Y이론(Theory X and Theory Y)

2차 세계대전 이후 관리자의 행동이 근로자의 태도 및 행동 형성에 큰 영향을 미친다는 관점에 대해 여러 연구가 수행되었다. 그 중에서 가장 영향력이 있는 연구가 바로 미국의 심리학자 Douglas McGregor(1906-1968)가 수행한 연구이다. Hawthorne 실험과 Malow의 연구에 큰 영향을 받은 그는 관리 및 조직에 있어서 인간의 본성에 관해 대조적인 X이론과 Y이론이라는 두 가지 가설을 제시했다. 그리고 관리자가 X이론적 관점을 가지고 있느냐 Y이론적 관점을 가지고 있느냐에 따라 조직에서 근로자를 취급하는 방법이 달라진다고 간파했다.

X이론의 가정에 의하면 평균적인 근로자는 게으르고, 일을 싫어하며, 가능한 최소만 하려고 한다고 했다. 더구나 근로자들은 야망이 없고 책임을 회피하려고 한다고 했다. 그러므로 관리자의 과업은 일을 회피하려는 근로자들의 타고난 성향에 대응하는 것이다. 근로자들이 최고 수준의 업무를 수행하도록 관리자는 그들을 근접 거리에서 감독하고, 또 당근과 채찍(보상과 처벌)으로 그들의 행동을 통제해야 한다고 했다.

X이론을 선호하는 관리자들은 근로자의 행동에 대한 통제를 최대화하고 근로자들 스스로가 업무에 대한 통제를 최소화할 수 있는 방향으로 작업환경을 설계하고 만들어 간다고 했다. 이런 관리자들은 조직의 성공을 위해 필요한 일을 근로자들은 해야 한다고 믿으며, 관리자들은 규칙, 표준업무절차(SOPs), 행동을 통제하기 위해 잘 정의된 보상 및 처벌 시스템 등의 개발에 집중한다고 파악했다. 이런 관리자들은 근로자가 협력을 기대하거나 원하지 않는다고 생각하기 때문에 근로자가 자신의 문제를 해결하는 것에 대한 자율권을 별로 고려하지 않는다고 했다. X이론에 가까운 관리자들은 자신의 역할을

근로자들이 생산과정에 공헌하고 제품 품질의 저하를 막기 위해 최대한 근접해서 근로자들을 감시하는 것으로 역할을 선정했다. McGregor는 근로자들을 철저하게 감독하고 관리했었던 자동차왕 Henry Ford를 전형적인 X이론 관리자라고 칭했다.

반면에 Y이론은 근로자들은 게으르지 않고, 본래 일을 싫어하지도 않으며, 조직을 위해 좋은 것을 한다고 가정했다. Y이론에 의하면 작업환경의 속성에 의해 근로자들이 작업을 만족 또는 처벌로 여기게 되는 판단 근거를 제공하며, 근로자들이 조직 목표에 몰입하게 되면 스스로 통제를 하기 때문에 관리자들은 근로자들을 철저하게 통제할 필요가 없게 된다. McGregor는 Y이론이 시사하는 바를 '조직에서 협력의 한계는 인간의 본질에 의해 제한되지 않으며 오히려 보유하고 있는 인적 자원의 잠재력을 깨닫지 못하는 창의성의 결핍된 경영에 기인'한다고 간파했다. 관리자의 과업은 근로자들이 조직목표에 몰입을 유인할 수 있는 작업환경을 만들고, 근로자들에게 창의적으로 주도권을 행사하고 스스로가 결정할 수 있는 기회를 제공하는 것이라고 했다.

관리자들이 Y이론에서 제안하는 태도나 행동을 감안한 조직환경을 설계한다면 이는 X이론을 기반으로 하는 조직 환경과 사뭇 다르다. 근로자들이 조직목표의 달성을 지원하기 위해 동기화되었다고 믿는 관리자들은 조직구조를 분권화하고, 업무에 대한 더 많은 통제권을 근로자에게 이양할 것이다. 이런 조직 환경에서 개인과 집단은 그들의 활동에 대해 책임을 지고 있다. 따라서 여기서 관리자의 역할은 근로자들을 통제하는 것이 아니라 오히려 그들에게 지원과 조언을 제공하며, 근로자들이 작업을 수행하는데 필요한 자원을 확보할 수 있도록 지원하고, 조직의 목표를 달성하는데 공헌한 바를 기준으로 근로자들을 평가하는 것이다. Y이론에 적합한 관리자에는 'HP Way'를 주창한 HP의 공동창업자인 Bill Hewlett과 Dave Packard가 있다.

현대 경영학의 이론적 배경(Modern Management Theories)

〈그림 8-6〉은 현대 경영학의 발전에 크게 기여한 대표적인 이론들이다. 지금부터 각 이론에 대해서 하나씩 살펴보기로 하겠다.

🔍 그림 8-6 현대 경영학 이론

출처: 저자

1. 경영과학이론(Management Science Theory)

2차 세계대전을 통해 체득한 군사적 경험은 기업 경영에 많은 변화를 몰고 왔다. 세계 대전과 같은 대규모적이고 복잡한 전쟁을 치르면서 중요한 의사결정을 위해 보다 합리적 인 도구를 이용하게 되었는데, 양적기법(Quantitative Techniques)을 이용하는 경영과학 (Management Science)이 비로소 도입되기 시작했다. 중요한 군사적인 문제를 해결하기 위해 수학자, 물리학자, 그리고 여타 과학자들이 집단으로 연구에 임하게 되었는데, 이들 이 연구했던 방면의 하나가 대량의 물자 또는 인력을 신속하고 효율적으로 이동시키는 것에 관한 것이었다. 이와 같은 업무는 당연히 대규모 기업에도 해당되는 것이다.

특히 1944년 IBM이 처음으로 범용컴퓨터를 소개하고 이후 컴퓨터와 여러 통계기법이 계속해서 개발되면서 경영과학은 눈부신 발전을 거듭하게 되었다. 특히 컴퓨터는 관리자가 양적 의사결정을 위해 대규모의 자료를 수집하고 저장하고 처리하는데 큰 도움을 제공했다.

경영과학이론은 경영에서 현대적인 접근법으로 관리자들이 상품과 서비스를 생산하기 위한 조직자원을 최대한 활용할 수 있도록 지원하기 위해 엄격한 계량기술의 이용에 집중했다. 본질적으로 경영과학이론은 Taylor 등에 의해 개발돼서 효율을 향상하기 위해 직원과 과업 간의 관계를 계량적으로 접근했던 과학적 관리법의 현대적 확장이라고 할 수 있다.

경영과학에는 4가지 주요 특성이 있다. 첫째, 문제해결에 대한 집중이다. 둘째, 합리적 지향성이다. 셋째, 문제를 해결하기 위해 수학적 모형과 기술을 이용한다. 넷째, 의사결정에서 컴퓨터의 이용을 강조한다. 그리고 경영과학에는 여러 분화된 분야들이 존재하고 있는데, 여기에 대해 살펴보기로 하겠다.

1) 생산관리(Operations Management)

생산관리는 각 시기별로 맞는 적정재고량의 결정, 새로운 호텔이나 공장을 어디에 건설해야 하는가, 조직의 재무자원을 어디에 투자해야 하는가와 같은 문제에 직면하고 있는 관리자들의 의사결정을 지원하기 위해 선형 및 비선형 프로그래밍, 모델링, 시뮬레이션, 대기행렬이론(Queuing Theory), 일정계획, 수요예측, 손익분기점 등과 같은 기법을 활용했다.

생산관리는 효율을 향상하기 위해 특정 조직의 생산시스템을 분석하는데 이용할 수 있는 일련의 기술들을 관리자에게 제공한다. 인터넷과 B2B 전자상거래와 같은 정보기술을 이용하여 관리자는 원재료의 투입부터 생산제품의 유통까지 아우르는 공급망관리(SCM)를 이용하여 제조방식을 혁신적으로 바꾸고 있다.

2) 경영정보시스템(MIS: Management Information Systems)

정보기술은 관리자들이 더욱 많고 좋은 정보에 접근할 수 있도록 도와주며, 모든 계층의 관리자에게 의사결정과정에 참여할 수 있도록 지원하고 있다. 또한 정보기술은 관리자에게 정보를 관리하는 새롭고 향상된 방법을 제공해서 그들이 보다 정확하게 상황을 판단하고 보다 나은 의사결정을 내릴 수 있게 지원하고 있다. 경영정보시스템은 관리자가 효과적인 의사결정을 위해 필수적인 기업의 외부환경에 대한 정보와 내부에서 일어나는 이벤트에 대한 정보를 제공하는 시스템을 설계하는데 도움을 제공하고 있다. 경영정보시스템은 관리자에게 적시에 효율적인 방법으로 관련 정보를 제공할 수 있도록 지원하기 위해 설계되어 있다. 오늘날 웬만한 규모의 기업에는 대부분 전산부서가 존재하고 있다.

2. 시스템이론(Systems Theory)

기업 내의 경영현상에 관심을 집중했었던 종전의 경영이론들과 달리 1960년대에 들어서면서 일단의 연구자들은 기업조직의 의사결정과 행동이 물리적 환경, 직원들의 건강과 안정, 고용기회의 공정성, 소비자 보호 등과 같은 조직 외부의 환경에 영향을 미치고 또한 외부환경의 변화가 역시 조직의 생존에 영향을 미친다는 사실을 간파하게 되었다.

시스템이론의 탄생을 이끈 연구자 중에 가장 큰 공헌을 한 사람은 독일의 Ludwig von Bertalanffy이다. 그가 개발한 일반시스템이론(General Systems Theory)은 조직의 시스템 기능을 설명하는데 큰 도움을 제공했다. 생물학자였던 Von Bertalanffy는 모든 과학에서 사용할 수 있는 일반시스템이론을 개발하려고 했다. Von Bertalanffy는 시스템이론을 1930년대에 개발했지만 경영분야에서는 1960년대 이전까지 아무런 고려도 없었다. 이후 조직과 외부환경과의 관계를 설명하면서 시스템 이론에 대한 연구가 시작되었다. 즉 경영학자인 Fremont E. Kast와 James E. Rosenzweig가 조직의 내부기능을 설명하면서 시스템이론을 확장해서 이용했다.

기본적으로 시스템은 서로 관련된 부분들이 모여서 만들어진 개체를 의미하고 있다. 그러므로 〈그림 8-7〉과 같이 시스템의 구성요소에는 첫째, 개체, 둘째, 개체를 구성하고 있는 부분 셋째, 부분들 사이 및 개체와 부분들 간의 상호연관성(그림의 선)이다. 모든 시스템은 부분들 또는 하위시스템(Subsystems)을 가지고 있다. 예를 들면 기업시스템에서 일개 부서는 여러 부서중의 하나이다. 또한 대다수 하위시스템은 그들 자신의 하위시스템을 가지고 있다. 즉 마케팅 부서는 판매, 홍보, 광고, 제품개발, 유통경로 등과 같은 하위시스템들을 가지고 있다.

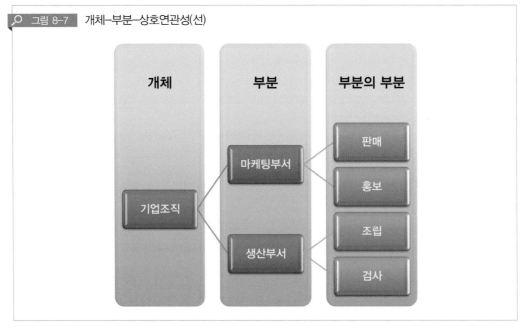

🔍 그림 8-7 　개체-부분-상호연관성(선)

출처: 저자

　생존하고 발전하기 위해서 시스템들은 반드시 시너지(Synergy)를 창출해야 한다. 시너지는 시스템의 부분(또는 하위시스템)들이 결합해서 조정되는 활동은 각 부분들이 독립적인 활동을 통해 할 수 있는 것보다 더 많은 것을 달성할 수 있다는 의미이다. 즉 전체는 부분의 합보다 더욱 크다는 뜻이다. 이와 같이 시스템이론에 근거하여 문제해결을 시도하는 시스템 접근방법(The Systems Approach)은 어떤 현상이나 문제들을 다룰 때 관련된 요소들과의 상호작용을 전체적 관점에서 고려하고 있다.

　시스템이론에서는 조직을 환경내의 다른 시스템들과 상호 의존적인 관계에 있는 일개 시스템으로 보고 있다. 조직의 환경은 조직에 영향을 미치는 사회적, 정치적, 기술적, 경제적 및 경쟁적 요인들로 구성되어 있다. 즉 모든 것은 다른 모든 것과 연결되어 있다는 것이다.

　시스템이론은 〈그림 8-8〉에서 보듯이 사업조직을 투입물-처리과정-산출물의 시스템으로 개념화함으로써 경영에 큰 영향을 미쳤다. 사업조직은 인적, 물적, 재무적, 정보, 기술적 등과 같은 자원을 투입하면 이와 같은 투입물이 생산, 관리, 노동, 기술 활용 등을 통한 적절한 처리과정을 거쳐 상품과 서비스, 재무적, 인적, 사회적 결과물 등과 같은 산출물을 만들어 낸다. 투입물은 원재료와 차입금처럼 조직 외부에서 유래되는 것도 있고 노동력과 매출액처럼 내부에서 기인하는 것도 있다. 처리과정은 여러 방식으로 발생하고, 산출물도 사업조직의 주요 산출물인 상품과 서비스 또는 환경 훼손처럼 여러 방식으로 일어나고 있다. 시스템 접근법의 중요한 시사점은 사업조직은 사회적 시스템 내에서 운영되고 있으며 기업활동은 사회적인 결과를 만들고 있다는 사실이다. 이런 관점에서 사업조직과 다른 실체들과의 관계는 더욱 명확해진다. 예를 들면 공급자와 은행은 특정한 투입물을 제공하며, 근로자들은 부품의 조립과 같은 과정의 수행을 통해 변환(처리과정)을 만들어 내고, 소비자들은 제품과 서비스 같은 산출물을 제공받아 소비하게 된다.

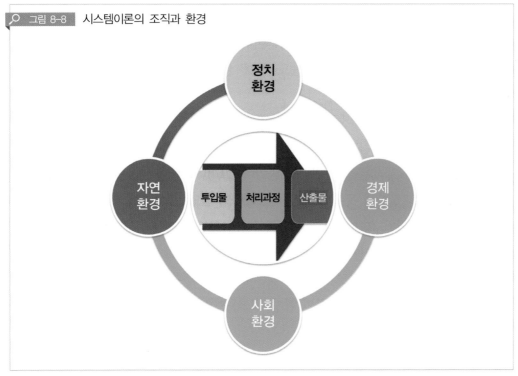

🔍 그림 8-8   시스템이론의 조직과 환경

출처: 저자

시스템의 계층구조에 덧붙여 시스템이론은 크게 시스템을 개방시스템과 폐쇄시스템을 구분하고 있다. 폐쇄시스템(Closed System)은 시스템이 존재하고 있는 환경과 상호작용이 없이 따로 격리되어 있어 자급자족하는 주체를 말한다. 많은 사업조직 또는 행정조직들은 오랫동안 폐쇄시스템으로 운영되어 왔다. 따라서 그들의 영향력이 이해관계자

(Stakeholders)들에게 미치는 것을 인식하지 못했으며 또한 이해관계자가 그들에게 미치는 영향력도 알지 못하였다. 환경과의 교류를 무시해서 폐쇄시스템으로 운영이 되는 조직은 스스로 통제할 수 있는 능력을 상실해서 결국 분해되고 붕괴되는 폐쇄시스템의 경향인 엔트로피(Entropy)를 경험하게 된다.

오늘날 대다수 관리자들은 사업조직을 개방시스템(Open System)으로 여기고 있다. 개방시스템은 투입-처리과정-산출-피드백이란 틀 내에서 문제를 해결하려고 했다. 또한 개방시스템은 조직의 생존이 환경에 달려있는 시스템이다. 즉 환경으로부터 자원, 물자, 정보 등을 받아들여 제품과 서비스를 창출하면서 피드백을 통해 환경과 균형상태를 유지하는 시스템이다. 따라서 문제를 해결하거나 의사결정을 내릴 때 관리자는 그들의 결정과 해결책들이 여러 이해관계자들에게 미치는 영향을 반드시 고려해야 한다. 이 점이 시스템이론이 주는 가장 큰 교훈이다.

3. 상황이론(Contingency Theory)

과학적 관리를 주장한 Taylor와 일반관리원칙을 연구한 Fayol 등의 이론가들은 이런 이론들이 모든 상황에 적용될 수 있다고 믿었다. 그러나 많은 이론들이 대다수 상황에서 이용되었지만 모든 상황에 들어맞는 이론은 하나도 없었다. 따라서 모든 조직이 동일하다는 전제 하에 조직의 효율성 극대화를 위한 유일하고도 최선의 관리방식을 주장한 고전 경영이론의 한계를 보이게 되었다. 1950년대 말에 Lawrence와 Lorsch는 고전이론들을 비판하면서 바람직한 조직구조나 관리방식은 환경 등과 같은 상황요인에 따라 그 효과성이 달라지기 때문에 구체적인 상황인 환경, 구조, 기술 등에 따라 이에 맞는 조직구조나 관리방식을 찾아야 한다고 주장했다.

따라서 상황이론은 시스템이론 등의 추상성을 극복하고 이를 조직이나 경영에서 보다 현실적인 이론으로 발전시킨 것으로 탁월한 경영기법에는 어떤 보편적인 규칙이 존재하는 것이 아니라 당면하고 있는 상황에 따라 다르게 나타나고 있다는 사고를 기반으로 하고 있다. 또한 상황이론은 상황별 적합성(Fit)을 강조하고 있다는 점에서 경영적 사고에 도움을 주는 통합적 접근방법이다. 인간과 조직 그리고 이들에게 수반되는 문제들은 매우 복잡하기 때문에 보편적 경영이론에 의존하는 의사결정에는 한계가 있다는 것을 간파했다.

또한 상황이론에서는 개방시스템(Open System)으로서 조직이 환경 자체를 변경할 수 없기 때문에 환경의 변화함에 따라 그에 적합한 조직구조를 구축하면 조직성과가 향상된 다고 보았다. 따라서 관리자는 조직을 환경 하에 존재하는 개방적인 시스템으로 간주하고 당면하고 있는 환경 특성에 맞춰 조직의 구성요소 및 관리방식도 적합하게 조정해야 주장했다.

초기에 상황이론과 관련된 리더십 연구를 수행한 연구자는 1967년에 리더십 연구를 수행한 Fred E. Fidler였다. 리더십 상황이론 연구의 선구자인 Fidler는 리더유형과 여러 상황에서 집단의 유효성을 연구한 결과 상황이론을 개발하였다. 즉 유일무이한 이상적 리더십의 모습이 존재하는 것이 아니라 상황에 따라 적합한 리더의 모습이어야 한다는 것으로 바람직한 리더십을 리더와 부하 그리고 상황의 상호작용 속에서 나타나는 산물로 보았다. Fidler는 리더십을 과업지향적 리더십과 관계지향적 리더십으로 구분하고 세 가지 상황변수로 리더와 부하의 관계의 질, 과업이 명시된 정도, 그리고 관리자의 권력 범위 등을 들었다. 연구결과 상황이 크게 유리하거나 불리할 경우 과업중심적인 리더십이 효과적이며 상황이 중간일 경우 인간관계 중심적인 리더십이 효과적이라고 하였다. 효율적 리더십을 가능하게 하는 환경적 상황요소가 무엇인지가 관심 주제로 리더십 유형과 상황적 요인과의 효율적 결합, 특정한 상황에 가장 맞는 리더십이 발휘될 때 그 집단의 성과와 구성원의 만족감이 증대될 수 있다고 했다.

그리고 Paul Hersey와 Kenneth H. Blanchard는 리더십을 지시적 리더십, 지원적 리더십, 참가적 리더십, 위양적 리더십으로 나누고 부하의 성숙도를 상황적 조절변수로 보았다. 여기서 부하의 성숙도란 직무기술과 정신적 성숙도를 결합한 것이다. 이는 리더십 형태가 부하의 성숙도 수준에 의해 결정된다는 것으로 개별적 개입행동으로 부하의 성숙수준을 변화시켜 결국 부하 스스로 통제할 수 있도록 하는 것이다. 이처럼 부하의 성숙도 수준 변화에 맞추어 계속해서 리더십 유형을 변화시켜 나가도록 하는 것으로 일과 인간 그리고 성숙도(상황)가 상호 작용하는 3차원의 리더십 모델이다. 즉 유능한 리더는 부하의 성숙수준에 따라 자신들의 리더십 스타일을 선택한다는 것으로 양자가 적합한 관계를 가질 때 조직유효성이 높아진다고 했다.

리더십 연구에서 촉발된 상황이론은 후에 경영전략, 인사, 마케팅과 같은 다른 분야에서도 관심을 갖게 되었다. 여기서도 연구자들은 거의 모든 경영활동은 주로 상황변수에 따라 정해진다는 것을 발견하게 되었다. 예를 들면 〈그림 8-9〉처럼 안정적이고 복잡하지 않은 환경에 놓여있는 기업은 관료제 조직구조(Bureaucratic Structure)를 선택하게 되고, 반면에 변화가 거침없는 역동적이고 복잡한 환경에 처한 기업은 유연한 조직구조(Flexible Structure)를 택하고 있다. 즉 조직구조에 있어 유일한 최선의 방법은 없으며 조직 구조는 조직이 처하고 있는 환경조건에 따라 결정된다.

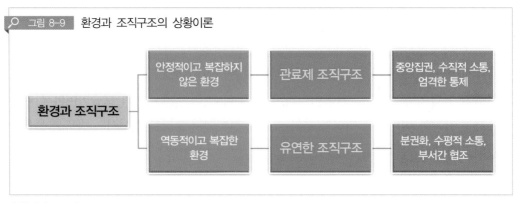

그림 8-9 환경과 조직구조의 상황이론

출처: Schermerhorn

비록 진정한 상황이론은 주어진 상황마다 요인들을 정하고 그에 따른 적절한 행동을 사전에 규정하려 시도하겠지만 모든 상황에서 잠재적 요인들의 수를 사전에 규정하는 불가능하다고 할 수 있다. 상황이론은 문제해결을 위한 접근법이다. 관리자들은 경영스타일, 조직구조, 계획이나 예측 등과 같은 문제에 대한 의사결정을 내릴 때 상황에 맞는 주요 요인들을 고려해야 한다. 그런 다음 그들의 지식과 경험을 토대로 의사결정을 해야 한다. 그러나 상황이론은 조직을 환경의 포로라고 보고 있다는 점에서 비판을 받고 있으며, 관리자가 모든 상황을 식별할 수도 없다는 한계점도 가지고 있다.

4. 전사적 품질관리(TQM)

전사적 품질관리(Total Quality Management) 개념은 먼저 미국에서 1950년대 초 Edwards Deming에 의해 시작되었지만 꽃을 피운 것은 이를 배운 Toyota 등 일본의 기업들이었다. Deming의 원칙은 '먼저 결함을 찾아내고, 결함을 분석하고, 근본적인 원인을 추적하고, 결함을 고치고, 기록을 잘 유지하도록 한다'이다. 일본기업은 제품과 서비스의 품질 개선도 중요하지만 이를 더욱 확대하여 노동의 품질에도 큰 관심을 두는 일본식 관리의 중요한 이론적 기반이 되고 있다. 전사적 품질관리는 제품의 품질을 향상하기 위해 조직의 투입-변환-산출 활동들을 분석하는 것에 집중한다. 정교한 소프트웨어 패키지와 컴퓨터기반의 생산시스템 등과 같은 정보기술을 통해 작업과정과 그것을 향상하는 방법에 대한 관리자와 근로자들의 사고방식을 변화시키고 있다.

TQM은 제품과 서비스의 품질 향상에만 관심을 두는 것이 아니라 관리활동, 조직구조, 그리고 조직 구성원까지도 품질관리의 범주에 포함해야 한다고 주장했다. 그리고 TQM은 생산라인의 품질관리에만 관심을 집중하면 경쟁에서 이길 수 없고 생산관리뿐만 아니라 마케팅, 인사관리, 노사관계, 정보시스템 등 모든 분야로 확대하는 것에 중점을 두고 있다.

5. 지식경영(Knowledge Management)

지식경영은 기업의 구성원 개개인이 축적한 업무지식이나 고유한 노하우(Knowhow)를 체계적으로 찾아내어 조직 내의 보편화된 지식으로 만들어 구성원 간에 공유하게 함으로써 조직의 문제해결능력을 극적으로 제고하려는 관리방식이다. 지식경영의 핵심은 구성원이 보유하고 있는 지적자산(Intelligent Assets)과 이의 공유를 기업 경쟁력의 원천으로 간주하고 있다. 지식경영은 현대 경영학의 태두 Peter F. Drucker와 일본의 석학 노나카 이쿠지로에 의해 주창되고 발전되었다.

먼저 Drucker는 '지식경영이란 일하는 방법을 개선하거나 새롭게 개발해서 기존의 틀을 바꾸는 혁신을 실천하여 부가가치를 향상하는 것'이라고 정의했다. 그리고 노나카 이쿠지로는 '지식경영을 기업의 구성원이 보유하고 있는 정보 및 지식을 공유하고 새로운 지식을 창조하도록 장을 만들어 주는 것'으로 정의했다. 그는 기업의 지식을 명시적 지식과 암묵적 지식으로 구분했다. 먼저 명시적 지식(Explicit Knowledge)은 현재 조직 내 구성원 간에 공유되고 있는 문서, 업무절차, 정책 및 내규, 저장된 데이터베이스 등과 같이 볼 수 있도록 구체적으로 정리되어있는 지식을 말하고 있다. 다음으로 암묵적 지식(Tacit Knowledge)은 최고의 업무방식(Best Practice)이나 주요한 비즈니스 프로세스(Business Processes)처럼 조직이나 구성원 내에 경험과 학습을 통해 체화되어 있지만 겉으로 드러나지 않은 지식을 말하고 있다.

지식경영은 산업사회를 지나 지식사회를 경험하고 있는 인류에게 인간의 창조적 지식이야말로 새로운 지식사회에서 경쟁력의 근원이 되고 있다고 주장하고 있다. 따라서 지식경영은 단순히 정보를 저장 및 관리하는 것을 넘어 구성원과 조직에 내재하고 있는 지식의 중요성을 인지하여 효과적인 지식공유시스템을 구축하고 조직 내의 의사결정에 이용하여 성과를 제고하려는 노력이다.

6. 학습조직(Learning Organization)

학습조직이란 개념을 처음 개발한 Peter Senge는 1990년 그의 저서 The Fifth Discipline에서 학습조직을 '경험을 통해 터득하는 교훈을 기반으로 지속적으로 변화하고 성과를 향상하는 사람, 가치, 그리고 시스템'이라고 정의했다. 그는 학습조직을 조직의 모든 구성원이 지속적으로 학습할 수 있도록 격려하고 지원하는 동시에 정보 공유, 팀워크, 권한위임, 그리고 참여의 중요성을 크게 강조하는 조직으로 묘사했다.

학습조직은 사람이 학습을 통해 성장하듯이 끊임없이 학습하는 조직만이 생존할 수 있다는 전제 하에 그와 같은 바람직한 조직을 이룩하기 위한 방법론에 집중하고 있다. 따라서 학습조직은 끊임없이 변하는 경영환경에서 변화에 적절하게 대응하는 조직의 필요성을 강조하고 있다.

학습조직은 조직, 인간, 기술의 유기적인 통합을 통해서 기업의 생산성 및 성과를 극대화하기 위해 지식 가치의 효과적인 관리를 강조하고 있다. 그리고 학습조직은 일정 시점에 완성되는 개념이 아니라 지속적으로 변하는 환경에 맞춰 구성원도 끊임없는 학습을 통해 대응하는 것을 목표로 하고 있다. Senge는 학습조직의 특성에 대해 과거 사고방식에서 탈피, 개인적 완성도, 조직 전체를 고려하는 시스템적 사고, 비전 공유, 그리고 목적 달성을 위한 팀학습으로 보았다.

7. 이해관계자 이론(Stakeholders Theory)

이해관계자는 기업에 대하여 이해관계를 갖는 개인 또는 그룹을 말한다. 기업과 관계를 맺고 있는 다양한 이해관계자는 〈그림 8-10〉에 나타나 있다. 전통적으로 기업은 가치를 향상하기 위해 주인 또는 주주(Shareholders)만을 중요하게 고려했으며 따라서 그들의 욕구만을 최우선으로 하는 신성한 관리자의 의무에 묶여 있었다. 그 결과 우리는 언론이나 여러 매체를 통해 주요 기업의 최고경영자들이 항상 기업의 존재 목적은 주주의 부를 증진하는 것이라고 앵무새처럼 떠드는 것을 많이 볼 수 있다.

그러나 시간이 경과하면서 이런 관점에 한계가 있다는 것을 알게 되었다. 이를 극복하기 위해 개발된 이해관계자 이론은 기업의 가치 및 성과 향상과 관련되는 이해관계자에는 주주만이 있는 것이 아니라 〈그림 8-10〉에 있는 이해관계자들도 같은 중요성을 갖고 있다고 설득하고 있다. 기업의 가치 및 성과는 기업과 깊은 이해관계를 갖고 있는 조직 내부 및 외부의 이해관계자의 만족도를 기준으로 측정해야 한다고 말하고 있다. 이때 개별적인 이해관계자마다 평가의 기준이 서로 다를 수 있기 때문에 상대적인 중요도에 의해 우선순위를 정해야 한다고 보고 있다. 이해관계자의 우선순위는 힘, 정당성, 긴급성의 세 가지 특성에 의해 측정되고 있다.

이해관계자들이 기업의 가치나 성과 향상에 공헌할 수 있는 이유는 크게 세 가지가 존재하고 있다. 첫째, 이해관계자와 좋은 관계를 창출 및 유지하는 과정에서 미래 경영환경의 변화에 대한 예측능력을 향상할 수 있는데, 그 이유는 이해관계자들이 바로 경영환경 그 자체를 의미하고 있기 때문이다. 둘째, 기업은 이해관계자들을 혁신적인 생산이나 제품개발 과정에 참여하게 함으로써 혁신의 성공 확률을 향상할 수 있다. 셋째, 이해관계자와의 지속적인 관계강화와 신뢰관계의 구축을 통해 불매운동이나 파업과 같은 그들의 부정적인 대응에 전향적으로 대처할 수 있다. 결과적으로 기업은 이해관계자와의 좋은 관계를 유지함으로써 수익성을 향상할 수 있을 뿐만 아니라 투자자 유치처럼 기업가치 향상에도 큰 도움이 될 수 있다.

한편 이해관계자 이론은 기업의 사회적 책임에 대한 활동이 이윤 향상에 공헌하기 때문에 이는 기업과 이해관계자 간 상호 유대를 강화하는 역할을 하고 있다. 즉 이해관계자 이론은 기업의 사회적 책임을 다하는 것에 대한 좋은 이론적 근거를 제공하게 되었다.

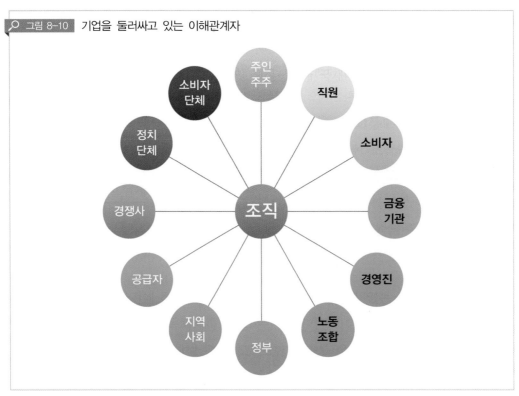

그림 8-10 기업을 둘러싸고 있는 이해관계자

출처: Freeman

참 / 고 / 문 / 헌

강승훈(2003). 이해관계자 어떻게 관리 할 것인가. LG주간경제. 10월 15일. 30-34.

김경환(2011). 『호텔경영학』. 백산출판사.

이학종 · 박헌준(2004). 『조직행동론』. 법문사.

Naver 지식백과

Dafts, R. L.(2010). *Management*(9th Ed.). South-Western: OH.

Freeman, R. E.(1984). *Strategic Management: A Stakeholder Approach*. Pitman: Boston.

Higgins, J. M.(1994). *The Management Challenge(2nd Ed.)*. MacMillan.

Jones, G. R., & George, J. M.(2008). *Contemporary Management, 5th Ed.* McGraw Hill.

Robbins, S. P., & De Cenzo, D.A.(1995). *Fundamentals of Management: Essential Concepts and Applications*. Prentice Hall.

Schermerhorn, J. R.(2010). *Management*(10th Ed.). John Wiley & Sons: MA.

Senge, P.(1994). *The Fifth Discipline*. Harper: NY.

Taylor, F. W.(1911). *The Principles of Scientific Management*. Harper-Brothers: NY.

Wren, D. A.(1979). *The Evolution of Management Thought, 2nd Ed.* New York: Wiley.

Wikipedia

www.google.com

09 기업가정신과 리더십

제1절 기업가정신(Entrepreneurship)
제2절 리더십(Leadership)

CHAPTER

학습목표

본 장을 학습한 후 독자들은 다음과 같은 사항에 대해 잘 이해할 수 있어야 한다.

❶ 기업가정신의 정의에 대해 이해한다.

❷ 본 장에 소개된 여러 기업가의 사례를 보다 깊게 이해하도록 이해한다.

❸ 창업절차에 대해 숙지한다.

❹ 성공적인 창업을 위해 중요한 요인들에 대해 숙지한다.

❺ 리더십이 정확히 무엇을 의미하고 있는지 정확히 이해한다.

❻ 리더십의 여러 역할에 대해 이해한다.

❼ 리더십이론의 진화과정에 대해 숙지한다.

❽ 21세기에 적합한 리더십 유형에 대한 자신만의 견해를 만들어 본다.

우리는 제3장에서 Cesar Ritz, E. M. Statler, Conrad N. Hilton, Kemmons Wilson, J. W. Marriott 등이 창업을 통해 호텔산업에서 혁신을 일으키고 성장과 발전을 주도했던 사실을 살펴보았다. 이들과 같은 사람들을 기업가(Entrepreneur)라고 하며 이들이 보여준 혁신과 성공을 향한 불굴의 의지를 기업가정신(Entrepreneurship)이라고 한다. 아마도 비즈니스 세계에서 가장 유명한 창업은 1976년에 Steve Jobs가 Steve Wozniak과 함께 자기 집 차고에서 Apple I이라는 개인용 컴퓨터를 개발하면서 애플컴퓨터를 공동으로 창업한 것이다.

국내에서도 정주영과 이병철은 각각 현대와 삼성을 창업하면서 불굴의 정신으로 기업을 일으켜 한국경제의 발전에 견인차 역할을 수행하였다. 호스피탈리티산업은 다른 산업에 비해 비교적 진입장벽이 낮은 편이어서 창업에 유리한 편이다. 그러나 창업에 성공한 후 기업이 지속적인 성장을 이루기 위해서는 기업주는 기업가정신뿐만 아니라 기업 조직을 효과적으로 이끌기 위한 리더십도 발휘해야 한다. 본 장을 통해 기업가정신과 리더십에 대해서 알아보기로 한다.

그림 9-1 창업시절의 J. W. Marriott(왼쪽 서있는 사람)

출처: Marriott.com

제1절 기업가정신(Entrepreneurship)

1. 기업가정신의 개념과 정의

인터넷이 등장하면서 기업가(창업가)의 시대가 활짝 열렸다. 기업가(Entrepreneur)는 새로운 사업 기회를 포착해서 새로 기업을 설립하는 자를 말한다. 프랑스어 원어를 놓고 보면 기업가는 구매자와 판매자 사이에서 위험을 감수하는 자 또는 새롭게 기업을 설립하는 자를 의미하고 있다. 경제학자 사이에서 기업가는 이익을 창출할 수 있는 좋은 기회가 있는 경우에 위험을 무릅쓰고 창업을 시도하는 자라고 칭하고 있다. 기업가(起業家)는 혁신으로 새로운 가치를 창출하거나 새로운 제품을 개발하려는 자이기 때문에 기업을 책임지고 운영하고 관리하는 기업가(企業家, Manager 또는 Businessman)와는 다른 개념이다. 기업가는 제7장에서 학습한 경영자(관리자) 또는 자본가와 다르게 인식되고 있다.

| 표 9-1 | 기업가, 관리자, 자본가의 차이점

	기업가	자본가	관리자
특성	기회를 포착하고 활용함 변화를 일으키고 동기화하는 창조자	자본소유자: 주주 주요 주주 소극적 주주	관리자/행정가 자원의 집행/관리
행동적 특성	위험감수 본능적이고 기민하며 새로운 사업 기회를 탐색 리더십으로 새로운 행동 시도 사업 기회를 파악 새로운 기업을 창업	위험회피 대안을 평가함 벤처자본에 투자 선택	위험회피 합리적 의사결정자/사업 탐색 경쟁우위의 창출/지속 협력 강화를 위해 신뢰를 창출 관리프로세스를 감독

출처: Cuervo, Ribeiro & Roig

    기업가정신이란 용어는 1700년대에 처음 사용되기 시작했지만 아직까지 기업가정신에 대한 통일된 정의는 없다. 삼성경제연구소는 기업가정신을 '자원의 제약과 위험의 존재에도 불구하고 도전정신을 발휘하여 경영혁신을 통해서 새로운 사업을 일으키는 기업가의 의지'라고 정의하고 있다. 본서에서는 기업가정신을 '불확실한 환경에서 새로운 사업 기회를 발견하고 불굴의 의지와 도전정신으로 이를 구체화해 나가는 과정'이라고 정의한다. 기업가적 행태의 핵심은 새로운 기회의 포착과 좋은 아이디어를 실제화 또는 현실화하는 것이다. 이를 위해서는 창의성, 추진력, 그리고 위험감수가 요구되고 있다. 그러나 창업가는 아이디어를 현실화하기 위해 소요되는 필수적인 자원을 확보하지 못하고 있는 것이 일반적이다. 스티브 잡스와 빌 게이츠 등 창업을 통해 세상을 변화시킨 대성공의 주인공들을 살펴보면 모두 고유한 가치관이나 기업가적 태도를 견지하고 있다. 본 서에서는 기업가정신, 창업가정신, 창업정신을 같은 의미로 사용하기로 한다.

    처음으로 기업가정신을 체계적으로 연구했었던 저명한 경제학자 Joseph A. Schumpeter(1883~1950)는 자본가(Capitalist)와 기업가를 구분하고 자본주의의 미래를 짊어지는 존재는 자본가가 아니라 바로 기업가이며 기업가정신은 자본주의 엔진의 본질이라고 주장했다. 그는 자기확장적인 성향을 가진 자본가는 궤멸될 수 있지만 반면에 기업가는 자본주의에 활력을 제공해서 사회를 발전시켜 나간다고 주장했다. 그리고 Schumpeter는 이윤 추구를 위해 새로운 방식으로 새로운 제품을 개발하는 것을 혁신이라고 규정했으며 새로운 제품의 발명이나 개발, 새로운 생산방식의 도입이나 새로운 기술의 개발, 새로운 시장의 개척, 새로운 원료나 부품의 공급, 산업의 재조직 등을 혁신으로 보았다.

이와 같은 혁신의 등장하면서 사회가 격변하거나 변화하게 되면서 창조적 파괴(Creative Destruction)가 이루어지게 된다. 즉 혁신이 기존 사업방식의 종말을 앞당기는 것이다. Schumpeter는 혁신을 통해 창조적 파괴를 주도하는 기업가의 의지와 노력을 기업가정신이라고 정의했으며 기업가정신을 창조적 파괴의 원동력으로 보았다. 그는 기업가에게 이윤이란 창조적 파괴 행위를 성공적으로 이끌어낸 결과로서 기업가에게 제공되어야 하는 정당한 대가라고 주장하기도 했다. 그렇지만 창의적인 기업가의 창조적인 파괴 행위는 바로 경쟁기업 등에 의해 모방되면서 전체적으로 점차 이윤이 소멸하게 된다고 했다. 그의 다른 유명한 경제이론인 경기순환(Business Cycle)은 창조적 파괴가 주기적으로 이어지면서 나타나는 자본주의 체제의 고유하고 본질적인 현상이라고 주장했다.

한편 현재 경영학의 아버지로 칭송되는 Peter F. Drucker(1909~2005)는 기업가정신을 '위험을 무릅쓰고 포착한 기회를 사업화하려는 모험과 도전의 정신'이라고 정의했다. Drucker도 기업가정신과 혁신은 서로 별개적인 것으로 떼어놓고 생각할 수 없다고 했다. 그러나 그는 창업을 통해 성공적으로 기업을 설립한 후 기업의 규모가 점차 커지면서 창업보다는 기존 기업의 효율적인 관리에 더 집중하게 되면서 조직 내에 기업가정신이 약화되는 현상을 흔히 볼 수 있다면서 비즈니스 세계에 큰 경종을 울렸다. Drucker는 미래의 성장을 위해서는 혁신은 필수 불가결하며 경영자에게 혁신의 실천에 대한 중요성을 강조했다.

그리고 Drucker는 기업가정신은 대기업과 중소기업 등의 기업세계뿐만 아니라 정부와 같은 공공조직에게도 필요하며 또한 신생 기업뿐만 아니라 기존에 존재하는 오래된 기업에게도 반드시 필요한 덕목이라고 강조했다. 또한 그는 기업가정신은 모든 사회 구성원에게도 필요하며 투철한 기업가정신이 발휘되면서 끊임없이 혁신을 추구해 나갈 수 있는 환경이 잘 조성되는 사회는 비로소 다음단계의 사회로 나아갈 수 있다고 주장했다.

오늘날 대다수 경제학자들은 기업가정신은 경제성장을 촉진하고 사회에 많은 고용 기회를 창출하기 위해 중요한 원동력이라는데 동의하고 있다. 개발도상국에서도 기업가정신은 고용 창출, 소득 향상, 빈곤 감소를 위한 주요 동력이 되고 있다. 따라서 정부는 고용 창출과 경제 성장을 위해 기업가정신은 매우 중요하기 때문에 창업활동을 촉진하는 정책적 지원을 아끼지 않고 있으며 위험을 무릅쓰고 혁신하기 위해 창업에 나서는 기업가에게 다양한 인센티브를 제공하고 있다.

2. 기업가의 특성

많은 사람 중에서 일부만이 기업가가 되려고 한다. 이들이 기업가가 되려는 이유에는 크게 세 가지가 있다. 첫째, 기업가가 되려는 가장 일반적인 이유는 스스로 우두머리가 되기를 원하기 때문이다. 많은 기업가들은 자신의 기업을 차리고 싶다는 오랜 야망을 가지고 있었거나 또는 고루한 기존의 업무에 큰 불만을 가졌거나 좌절감을 느꼈기 때문이라고 말하고 있다. 둘째, 사람은 자신만의 아이디어를 추구하기 위해서 창업을 한다. 어떤 사람은 태생적으로 기회에 기민하기 때문에 새로운 제품과 서비스에 대한 아이디어가 떠오르면 그 아이디어를 실현하고자하는 열정을 가지게 된다. 그러나 기존의 기업에서 혁신에 대한 저항이 심해지게 되면 창의적인 사고를 보유한 사람은 고립된다. 따라서 열정과 의지를 가진 일부 사람은 자신의 고유한 아이디어를 사업 기회로 발전시켜 나가기 위해 창업을 결심하며 결국 퇴사를 선택하게 된다. 셋째, 사람이 창업을 하는 이유는 재무적 보상을 실현하기 위해서이다. 그러나 이는 첫째나 둘째 이유에 비하면 훨씬 덜 중요한 이유이다. 많은 성공적인 기업가들은 많은 돈을 버는 것이 그들에게 있어 주요한 동기는 아니었다고 증언하고 있다. 예를 들면 Netscape를 설립한 Marc Andreessen은 돈이 동기가 아니었으며 또한 성공의 측정치도 될 수 없다고 말하고 있다. 대다수 성공한 기업가는 돈보다는 기업을 일구고 자신의 고유한 아이디어가 성공하는 것을 지켜보는 즐거움이 더 크다고 말하고 있다.

성공한 기업가에게는 여러 가지 고유한 특성이 있다. 그러나 성공적인 기업가들이 공유하고 있는 일반적인 특성이 있다. 첫째, 성공한 기업가들이 공유하고 있는 가장 일반적인 특성은 사업(Business)에 대한 열정이다. 사업에 대한 열정은 신생 기업뿐만 아니라 기존 기업에게도 해당이 되고 있다. 보통 이런 열정은 사업이 인류의 삶에 긍정적인 영향을 미칠 것이라는 기업가의 신념에서 유래되고 있다. 현재 수행하고 있는 사업이 세계를 위해 중요하다고 믿기 때문에 기업가는 안정적인 직장을 포기하면서까지 창업을 하고 있다. 또한 이들은 자신의 기업에서 판매하고 있는 제품과 서비스가 인류의 삶을 증진하고 세계를 보다 살기 좋은 곳으로 만들고 있다는 강한 신념을 갖고 있다. 이와 같은 열정이 많은 세계적인 기업가들이 엄청나게 많은 돈을 벌고 난 뒤에도 일을 즐기고 계속하는 이유이기도 하다.

둘째, 기업가는 새로운 무엇인가를 추구하기 때문에 태생적으로 실패할 확률이 매우 높은 편이다. 새로운 사업 아이디어를 개발하여 성공에 이르려면 상당한 정도의 실험(Experimentation)이 수반되어야 한다. 이 과정에서 수많은 어려움과 실패의 경험은 피할 수 없이 겪게 된다. 성공적인 기업가가 되기 위한 사전 리트머스시험으로 고난과 실패를 극복해 낼 수 있는 인내심의 보유 여부를 확인하는 것이다. 기업가는 실패를 먹고 자라나서 혁신이란 꽃을 피우는 자이다. 기업가는 실패를 두려워하지만 이보다는 더 큰 꿈을 성취하기 위해 용기를 발휘하여 실패를 극복해 나간다.

또한 새로운 아이디어를 추구할 때 일정 수준의 공포는 오히려 건강한 징표를 의미하고 있다. 예를 들면 예기치 않은 사태가 발생하거나 경쟁사의 공격적인 행동은 특정 기업의 계획을 망가뜨릴 수 있지만 이런 유형의 공포는 오히려 기업을 성공으로 이끄는 계기가 되기도 한다. 따라서 기업가는 시장의 변화에 항상 기민하게 대응해야 한다.

셋째, 성공하는 기업가는 제품 또는 고객에 집중을 한다는 것이다. Steve Jobs는 생전에 "컴퓨터는 지금까지 우리가 만든 가장 뛰어난 도구이다. ... 그러나 가장 중요한 것은 가능한 한 많은 사람들이 갖도록 하는 것이다"라고 주장했는데 이는 어떤 사업에서도 제품과 고객이라는 두 가지를 먼저 이해하는 것이 가장 중요하다는 점을 강조한 것이다. 관리, 마케팅, 재무 등의 기능도 중요하지만 기업이 고객의 욕구를 충족할 수 있는 훌륭한 제품이 없다면 모두 무의미한 것이다. 기업가의 제품과 고객에 대한 집중은 가장 성공적인 기업가는 진정한 장인정신을 보유한 사람이라는 믿음에서 유래되고 있다.

넷째, 초기의 아이디어를 탄탄한 사업으로 전환할 수 있는 실행 역량이다. 효과적으로 사업 아이디어를 실행할 수 있는 역량에는 사업모델(Business Model)의 개발, 새로운 벤처 팀의 구성, 사업자금의 조달, 파트너십의 구축, 재정의 관리, 직원들을 이끌고 동기부여 하기 등이 포함되고 있다. 또한 실행 역량은 사고, 창의성, 상상력을 행동과 측정 가능한 결과로 전환할 수 있는 능력을 요구하고 있다. Steve Jobs는 "좋은 아이디어 보다는 좋은 실행이 더 중요하다"라고 했으며 또 Amazon을 창업한 Jeff Bezos는 "아이디어는 쉽다. 그러나 아이디어의 실행은 어렵다"라고 고백하고 있다.

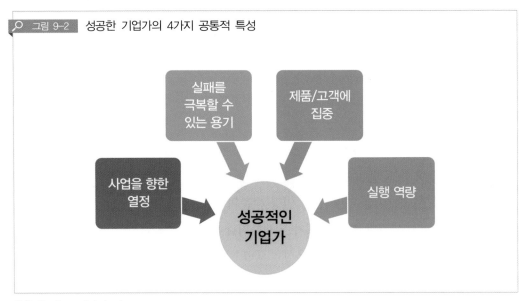

출처: Barringer & Ireland

　탄탄한 실행 역량으로 큰 성공을 거둔 대표적인 기업가로 Howard Schultz를 들 수 있다. 1987년에 Schultz는 Starbucks를 인수했다. 그는 당시 대다수 미국인들이 조용하고 편안하게 커피를 즐길 수 있는 장소가 부족하다는 것을 인지하게 되었다. 고객의 욕구를 충족할 수 있는 좋은 기회를 파악한 그는 Starbucks를 커피시장을 주도하는 선두주자로 만들고 전국적인 브랜드로서의 명성을 구축하기 위해 공격적으로 시장을 공략하기 시작했다. 먼저 그는 경험이 풍부한 경영진을 고용하고, 프리미엄 원두커피를 각 커피매장에 공급하기 위해서 세계적 수준의 로스팅 설비공장을 건설했으며, 그리고 효과적인 조직 인프라의 구축에 중점을 두었다. 다음으로 Schultz는 300여 개소에 달하는 커피매장에서 소비자의 구매이력을 추적할 수 있는 POS(Point-of-sales)시스템을 설계하기 위해 McDonald's에서 정보시스템 전문가를 전격 스카웃했는데, 이 결정은 다음 몇 해 동안에 Starbucks가 신속한 성장을 지속하기 위해서 매우 중요한 것이었다. Schultz가 사업 아이디어를 실행할 수 있는 훌륭한 역량을 갖추었기 때문에 Starbucks는 성공할 수 있었다. 그는 경험이 많은 경영진을 구성하고, 효과적인 전략을 실행했으며, 그리고 사업이 번창할 수 있도록 현명하게 정보기술을 이용하였다.

　이 밖에도 여러 연구조사를 통해 밝혀진 성공한 기업가들이 공유하고 있는 개인적 특성에는 창의성, 몰입, 투지, 유연성, 리더십, 열정, 자기 확신 등이 있다. 혹자들은 창업은 젊은 사람들만이 하는 것이라고 알고 있지만 꼭 그렇지는 않다. Harland Sanders (1890~1980)는 1952년 나이 62세에 홀로 체득한 독특한 후라이드 치킨 조리법을 가지고 KFC를 창업해서 큰 성공을 거두었다. 또한 McDonald's를 세계 최대의 외식업체로 키운 Ray Kroc(1902~1984)도 50세 이후에 새로운 사업에 뛰어들었으며, 1952년 세계 최대의 호텔체인인 Holiday Inn을 설립한 Kemmons Wilson(1913~2003)도 마흔이 다된 나이에 창업하였다.

그림 9-3 KFC의 창업자 Colonel Harland Sanders

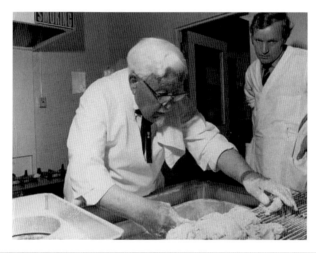

출처: courier-journal.com/story/life/food/2016/08/19/

그러나 성공한 기업가보다는 실패한 기업가가 훨씬 많은 것이 현실이다. 모두들 자기만은 성공할 수 있다고 확신하지만 현실은 그렇게 녹녹치 않다. 〈표 9-2〉에서 보는 것처럼 CBInsight지는 창업에 실패한 사례들을 연구한 결과 실패의 주요 원인 20가지를 발표했다. 창업에 성공하려면 반드시 남의 실패를 반면교사로 삼아야 할 것이다.

| 표 9-2 | 창업에 실패하는 20가지 주요 원인

원인	%	원인	%
시장 수요가 없는 제품 개발	42%	초점을 잃음	13%
자금 고갈	29%	팀과 투자자의 부조화	13%
잘못된 팀 구성	23%	잘못된 중심점	10%
경쟁에 뒤처짐	19%	열정의 부재	9%
가격/비용 문제	18%	열악한 입지	9%
조악한 제품	17%	부족한 자금과 투자자의 무관심	8%
엉성한 비즈니스 모델	17%	법적 문제점	8%
형편없는 마케팅	14%	네트워크/자문의 부재	8%
고객 무시	14%	기업가/직원의 소진	8%
비적절한 출시 시점	13%	중심을 잃음	7%

출처: CBInsight

3. 창업과정과 의사결정

1) 기업가의 창업 결정

창의적으로 새로운 사업 기회를 발견한 기업가가 새롭게 기업을 설립하려면 이전에 많은 의사결정을 내려야만 한다. 먼저 창업과 관련해서 기업가는 스스로에게 다음과 같은 질문을 해야 할 필요가 있다. 첫째, 나는 진심으로 사업에 대한 책임감을 가지고 있는가? 둘째, 어떤 제품 또는 서비스가 사업의 기반이 되어야 하는가? 셋째, 시장이 존재하고 있으며 또한 입지는 어디가 좋은가? 넷째, 나와 직원의 임금을 제공할 수 있을 만큼 사업 잠재력은 충분한가? 다섯째, 어떻게 하면 사업을 착수할 자본을 모을 수 있을까? 여섯째, 혼자 창업해야 하는가 아니면 동업자와 함께 창업해야 하는가? 이와 같은 질문은 옳거나 그른 것을 묻는 것이 아니다. 대신에 답변은 전적으로 기업가 자신의 판단에 달려 있다. 기업가는 이런 질문에 답하기 위해서 최대한 많은 정보를 수집하고 여러 사람으로부터 자문을 받아보는 것이 바람직하다.

창업에 대한 의사결정과정에서 기업가의 과제는 결단력과 신중함을 균형감 있게 다루는 것이다. 즉 기회를 잡기 직전에 행동을 미루는 자가 되지 말아야 하며 동시에 새로운 사업에 대한 위험을 줄이기 위해 사전에 시행할 수 있는 작업은 철저히 준비함으로써 다가올 기회에 미리 대비하는 것이 바람직하다. 사전 준비작업에는 시장 판매 기회의 평가, 제품 또는 서비스의 개발, 적절한 사업계획의 준비, 소요되는 사업금액, 그리고 사업자본을 확보하기 위한 준비 등이다.

성공과 실패에 대한 창업사례들에 대한 많은 연구조사의 결과를 보면 미래 창업가들이 눈여겨 봐야할 핵심 요인들이 파악되고 있다. 첫째, 창업에 대한 동기이다. 즉 창업을 함으로써 얻게 되는 보상에 대한 자기성찰이 필요하다. 그것이 사업에 대한 열정이던지 아니면 돈이던지 확실해야 한다. 그러나 만약 보상이 금전이라면 사업 초기에는 돈을 모으기가 매우 어렵다는 것을 인지해야 한다. 둘째, 적절한 전략의 존재 여부이다. 기업가는 자신 또는 자신의 기업이 개발한 제품 또는 서비스가 다른 것들과 차별화할 수 있는 전략이 준비되어 있어야 한다. 예를 들면 가격만을 경쟁의 초점으로 삼는다면 이는 매우 위험한 선택이다. 셋째, 현실적인 비전의 제시이다. 실제로 많은 창업기업들이 사업 초기에 흔히 볼 수 있는 부족한 영업자금으로 인해 실패를 하는 경우가 부지기수이다. 일반적으로 기업가들이 작성한 사업계획서를 살펴보면 창업비용은 과소하게 평가하고 동시에 향후 판매액은 과대평가하는 경향이 많다. 그러나 오히려 전문가들은 창업비용은 50% 이상 증액하고 동시에 판매액은 줄이는 것이 보다 현실적이라고 권고하고 있다.

2) 독자창업과 공동창업

창업과정에서 기업가는 혼자서 창업을 해야 하는가 아니면 동업해야 하는가에서 선택의 기로에 서게 되는 경우가 많다. 이에 대한 결정에서 각 자의 개인적 자질 및 기술 등과 같은 여러 요소가 고려되어야 한다. 공동창업에 대한 장·단점을 살펴보기로 한다. 먼저 장점을 보면 공동창업을 하면 구성원은 의사결정과 관리책임을 공유할 수 있으며, 서로 정서적 지원을 제공함으로써 창업에 따른 개인적 스트레스를 극복할 수 있다. 그리고 공동창업은 위험을 다소 줄일 수 있는데 만일 한 사람이 자기 책무를 할 수 없는 경우가 발생하면 다른 사람이 이를 대신할 수 있다. 일부 연구조사 결과를 보면 투자자나 은행은 한 사람 이상이 참여하는 창업투자를 선호하는 경향이 높다고 한다. 공동창업에 대한 다른 장점으로는 서로의 자금력과 전문성을 결합할 수 있다는 점이다. 가장 좋은 경우는 공동창업자들이 상호 보완적인 기술을 보유하고 있는 경우인데 이에 대한 좋은 예로 애플컴퓨터의 경우 Steve Wozniak은 최고의 엔지니어였으며 동시에 Steve Jobs는 발명품을 사업화하는 것에 대한 천재적인 능력을 소유하고 있었다.

그러나 공동창업에서도 많은 잠재적인 약점이 있다. 첫째, 공동창업자들은 함께 벤처기업을 소유하고 있다. 그러나 보통 기업가들은 잠재적인 파트너가 창업에 심대한 공헌을 하지 않는 한 지분을 나누려고 하지 않는다. 둘째, 공동창업자들은 의사결정을 함께 수행하고 있다. 그러나 한 구성원이 형편없는 결정을 내리거나 잘못된 업무습관이 있는 경우 큰 문제가 될 수 있다. 셋째, 여러 사람이 함께 일을 하다보면 갈등이 초래되는 경우가 많다. 갈등의 소지가 되는 경우는 주로 관리계획, 영업절차, 사업목적의 결정 등에서 발생하고 있다. 또한 갈등은 공평하지 않은 업무시간 투자나 개성의 충돌로 발생할 수 있다. 사소한 갈등은 시간이 흐르면서 해소되는 경우가 많지만 심각한 경우에는 기업을 매각하거나 최악의 경우에는 기업실패로 귀결되고 있다. 그러나 현재까지 밝혀진 바에 의하면 공동창업을 하는 이점이 위험에 비해 크다는 것이 중론이다.

3) 창업의 제품/서비스 개발전략

기업가는 새로운 사업기회에 대한 좋은 아이디어를 발견하게 되면서 창업을 시도한다. 가끔 기업가는 시장의 욕구를 충족할 수 있는 번쩍이는 아이디어를 발견한 후 이를 실현할 수 있는 제품이나 서비스에 대한 아이디어를 개발하게 된다. 이와 달리 기업가는 먼저 제품이나 서비스에 대한 좋은 아이디어를 포착한 후에야 비로소 제품/서비스에 맞는 시장을 찾는 경우도 있다. 제3장에서 살펴 본 Hilton의 창업과정에서 보았듯이 처음 Mobley호텔을 방문했을 때 주인은 그에게 '호텔이 너무 바빠서 레스토랑 식탁 위에서 잠을 자게해도 손님들은 기꺼이 돈을 지불할 것이다'라는 농담을 건네는 순간 Hilton의 뇌리에는 사업 아이디어가 섬광처럼 번쩍 떠오르게 된다. 이후 그는 즉시 호텔을 매입하여 개조된 제품/서비스를 도입하면서 호텔리어로서 큰 성공을 거두게 된다.

사업 아이디어가 반드시 혁명적일 필요는 없다. 연구조사, 시점, 그리고 좋은 운이 결합되면서 평범한 아이디어가 성공적인 사업으로 전환되는 경우도 있다. 사업 아이디어를 개발하기 위해서는 먼저 관련분야에 대한 독서를 게을리 하지 않으며 또 많은 사람과 대화를 나누면서 기존의 제품/서비스는 무엇이 한계인가? 현재 존재하지 않는다면 당신은 무엇이 좋겠는가? 새로운 기술을 이용할 수 있는 여지가 존재하는가? 등과 같은 질문을 던져야 할 것이다.

Ansoff는 보통 사업 아이디어는 〈그림 9-4〉에서 나타난 것처럼 주로 네 가지 범주에 해당된다고 보았다. 첫째, 기존시장/기존제품을 나타내는 1번 범주는 신생 창업기업이 수행하기에는 어려운 접근방식이다. 여기서는 상품화계획이나 광고 등이 시장에서 소비자의 인기를 끄는 효과적인 방법이 되고 있다. 따라서 창업기업의 입장에서 진입비용이 많이 소요되는 반면에 이윤창출의 기회는 불확실하다. 둘째, 신제품/신시장을 뜻하는 4번 범주는 제품과 시장이 모두 알려지지 않았기 때문에 신생 기업에게는 가장 위험한 접근방식이다. 이 방식은 가장 많은 연구조사와 계획을 요구한다. 그러나 성공할 수 있다면 신생 기업에게는 성장 잠재력이 가장 크며 수익성이 매우 높을 수 있다. 셋째, 신제품/기존시장을 나타내는 3번 범주에서 신생 기업은 기존 업체들이 생산할 수 없는 제품/서비스를 시장에 새로이 도입할 수 있다. 넷째, 기존제품/신시장을 의미하는 2번 범주에서 신시장은 다른 국가나 지역, 그리고 다른 틈새시장을 의미하고 있다. 자국에서 제품을 판매하던 기업가는 타국에 같은 제품을 판매할 수 있다. 2번 및 3번 범주는 위험도가 중간정도이지만 그러나 이는 효과적인 제품조사 또는 시장조사로 사업위험을 줄일 수 있다. 이 범주에서는 혁신, 차별화, 그리고 틈새시장의 개척 등과 같은 효과적인 전략을 잘 이용함으로써 신생 기업은 좋은 기회를 만들 수 있다.

그림 9-4 창업의 제품/시장 매트릭스

출처: Ansoff

4) 창업의 시장 진입전략

창업기업이 보유하고 있는 독창성은 경쟁업체와 차별화하는데 도움을 제공하며 새로운 제품/서비스가 시장에 도입되는 것을 용이하게 한다. 그리고 벤처기업은 가격만을 시장 진입전략으로 삼는 어리석은 행위는 피해야 한다. 신규 기업은 소규모이다. 그러나 대기업은 대량생산을 통해 비용을 절감할 수 있는 이점을 보유하고 있다는 것을 잊지 말아야 한다.

성공적인 벤처기업은 혁신, 차별화, 틈새시장 등과 같은 효과적인 전략을 통해 시장에서 존재감을 과시하고 소비자의 관심을 이끌어 내고 있다. 첫째, 혁신은 기업가정신을 정의하는 가장 일반적인 특성이다. 혁신에는 두 가지 유형이 있다. 먼저 선구적인 또는 급진적인 혁신은 획기적인 기술이나 전혀 새로운 제품을 구현한다. 그리고 점진적인 혁신은 기존 제품의 일부를 수정하는 것이다. 혁신은 생산방식에서부터 가격정책까지 비즈니스의 모든 분야에서 발생할 수 있다. Tom Monaghan은 1960년대 후반에 최초로 피자 배달시장을 개척하면서 Domino's Pizza를 창업해서 대성공을 이룩했다.

둘째, 차별화전략은 벤처기업의 새로운 제품/서비스를 기존 경쟁자들의 것과 분리해서 독자적인 영업을 구축하자는 시도이다. 벤처기업의 차별화전략이 성공을 거두게 되면 소비자들은 신제품이 이룩한 독특한 품질에 가치를 더 두게 됨으로써 시장의 가격변동성에 비교적 덜 민감하게 반응할 수 있다. 일반적으로 차별화전략으로 개발된 제품은 가격보다는 제품의 품질에 더욱 집중하기 때문에 가격이 다소 비싼 편이다.

셋째, 새로운 틈새시장을 개척하는 것은 시장의 부분적인 하위집단의 소비자에게서 아직까지 충족되지 못했던 욕구를 발견하여 이에 맞는 제품/서비스를 제공하는 전략이다. 벤처기업은 거대한 경쟁사가 쉽게 파악할 수 없는 아주 좁은 범주에 속하는 시장을 집중·공략함으로써 소비자의 욕구를 비교적 잘 충족할 수 있다. 예를 들면 최근에 저출산 고령화 등과 같은 인구통계에 큰 변화가 만들어지고 있다. 고령층이나 또는 최근 크게 증가하고 있는 1인 가구에 집중하는 것도 좋은 방식이며 또 젊은 세대를 위해서는 특정한 라이프스타일에 집중하는 것도 고려할만 하다. 또한 Four Seasons 호텔체인은 단일 브랜드에 집중하고 최고경영자나 부유층과 같은 한정된 고객층에 집중하고 이들에게 세계 최고 수준의 개인서비스를 제공하면서 세계 최정상의 럭셔리 호텔체인으로 등극했다.

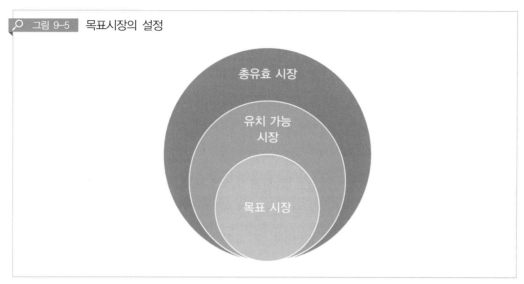

그림 9-5 목표시장의 설정

출처: 이현주

5) 창업의 마케팅전략

　창업기업에게 마케팅 활동의 중점은 판매에 둬야 한다. 소비자가 제품/서비스를 구매해서 값을 지불하지 않으면 기업가의 모든 계획과 전략은 실패할 수밖에 없다. 벤처기업이 소비자로부터 주문을 받으려면 기업가는 창업을 실행에 옮기기 전에 미리 목표시장을 조사하고 잠재 경쟁사의 제품과 판매방식, 가격, 광고방식 등에 대해 철저히 분석해야 한다. 기업가는 지역사회에 존재하는 학교, 교회, 공공기관, 기타 조직에서 이름, 주소, 이메일 주소 등을 수집하여 잠재적 소비자의 명단을 개발할 필요가 있다.

　창업한 후에 기업가는 제한된 예산을 효과적 및 효율적으로 이용하여 자사의 제품/서비스에 대한 정보를 최대한 많은 잠재 소비자에게 알려줄 수 있어야 한다. 벤처기업이 틈새시장을 공략하는 경우 제품 판매를 전담하는 직원을 고용하는 것이 좋다. 그리고 직접 판매방식은 우편이나 인터넷을 이용하는 것이 비교적 적은 비용으로 가능하다. 외부경로를 통한 판매방식은 주로 판매중개인을 통해 이용이 가능하다. 또한 광고와 판촉활동은 중요한 마케팅 도구이며 신문, 잡지, TV, 라디오 광고는 많은 수의 소비자를 접할 수 있는 효과적인 수단이다. 그리고 naver.com이나 google.com과 같은 검색사이트나 검색엔진에 존재를 알리는 방법도 효과적이다. 홍보활동은 제품의 판매를 촉진하기 위한 아주 좋은 방법이며, 홍보를 위해 신문, TV, 인터넷 등 다양한 미디어매체를 잘 이용해야 한다.

6) 창업의 사업계획

창업의 성공을 위해 종합적이고 완전한 사업계획(Business Plan)은 매우 중요하다. 사업계획에서는 새로운 사업이 성취할 목표를 설정하고 그 목표를 달성하기 위한 방법을 기술하고 있다. 보통 보고서 형식으로 작성된 문서이다. 또한 사업계획에는 창업가의 비전을 기술하고 있으며 벤처기업의 이력서 역할을 담당하고 있다.

사업계획서를 작성하는 이유는 다음과 같다. 첫째, 많은 자금과 개인의 헌신적 노력이 실행에 옮겨지기 전에 기업가는 새로운 사업이 가치가 있는 여정이라는 것을 스스로 확신할 수 있다. 둘째, 투자자로부터 창업자금을 조달받기 위해서 작성한다. 셋째, 경영진이 사업목표의 설정과 장기계획을 개발하는데 지원을 제공하기 위함이다. 넷째, 유능한 직원을 고용하기 위해서 필요하다. 다섯째, 다른 기업과 제휴관계나 파트너십을 맺으려 할 때 자사의 사업에 대해 잘 설명할 수 있다.

사업계획은 기업가가 자원의 적절한 배분, 예상치 못한 문제점의 해결, 좋은 사업관련 의사결정 등에서 도움을 제공한다. 특히 잘 짜인 사업계획은 사업자금의 대출 신청을 위해 매우 중요하다. 사업계획서에는 사업을 통해 빌린 자금을 어떻게 상환할 것인가에 대해 구체적으로 기술해야 한다. 그리고 기업가는 창업에 소요되는 모든 초기 비용과 잠재적 위험을 고려해야 하며 단순하거나 허술하게 보이지 않도록 조심해야 한다.

혹자들은 사업계획서는 주로 사업자금을 투자받기 위해 작성한다고 잘못 이해하는 경우가 많은데 이는 잘못된 사실이다. 사업계획서를 작성하는 주된 목적은 기업가가 포착한 사업 기회에 대해 깊은 이해를 갖도록 지원하는 것이다. 사업계획을 개발하는 과정은 기업가에게 스스로에게 비판적인 질문을 제기하고, 그 질문에 대한 답변을 연구하고, 그리고 답변을 제공함으로써 자신의 초기 사업비전이 보다 나은 기회로 발전해 나가는데 도움을 제공할 수 있다. 사업계획서는 보통 30~40 페이지에 달하며 〈그림 9-6〉은 일반적인 사업계획서의 양식을 보여주고 있다.

그림 9-6　사업계획서의 일반 양식

- 표지
- 차례
- 요약
- 산업, 고객, 경쟁 분석
- 기업 및 제품 개요
- 마케팅 계획
- 영업 계획
- 성장 계획
- 경영진
- 주요위험 분석
- 재무계획
- 부록

출처: Bygrave & Zacharakis

7) 창업자금의 조달

기업가는 자신의 꿈을 현실화하기 위해 창업자금이 얼마나 필요하며 또 어떻게 소요 자금을 확보할 것인가에 대해 미리 추정해 놓을 필요가 있다. 창업에는 반드시 많은 자금이 필요한 것은 아니다. 사례를 보면 Steve Jobs와 Steve Wozniak은 폭스바겐 차와 HP 과학용 계산기를 팔아서 $1,300의 창업자금을 마련해서 이를 바탕으로 Apple I의 개발에 나설수 있게 되었다. 또 중국의 유명 전자상거래업체인 알리바바의 CEO 마윈은 단지 $2,000를 가지고 창업을 하였다.

금액이 얼마나 필요하던지 간에 창업을 하려는 사람의 입장에서는 항상 자금이 부족할 것이다. 창업에 소요되는 금액을 줄이려면 사무실을 마련하기 보다는 자택의 공간을 활용할 수도 있으며 또한 장비를 구입하는 대신 리스로 임대할 수 도 있다. 그러나 기업가는 사업이 이익을 내기 시작하기 전까지 소요되는 모든 비용을 충당하기 위해 필요한 현금의 액수를 미리 추정해야 한다. 이를 위해 가장 좋은 재무적 도구가 손익계산서와 현금흐름표이다. 손익계산서는 매월 또는 매년마다 사업의 이익수준을 결정하기 위해 벤처기업의 추정 수익과 비용을 명시하고 있다. 한편 현금흐름은 실제로 필요한 물건을 구입하고 또 청구서와 경비를 지급할 수 있는 금액을 말한다. 현금흐름표는 일정기간 동안의 현금수입액과 현금지출액의 차이를 보여주고 있다.

특히 창업 첫해의 경우 대부분 기간 동안에 월별 지출액이 월별 수입액을 초과할 가능성이 높다. 그리고 대다수의 경우 제품은 대금을 지급받기 전에 발송되어야 하며, 이와 동시에 기업가는 이미 청구된 계산서에 대한 액수를 지급해야 한다. 따라서 전달의 부족분에 더해 누적되는 현금흐름의 적자는 더욱 커지게 된다. 창업에 성공하기 위한 첫 변곡점은 월간 수입액이 월간 비용을 충당하고도 남을 때이며, 이 시점부터 누적되었던 현금흐름의 적자총액은 감소하기 시작하며 점차 흑자로 향하게 된다. 이처럼 적자에서 흑자로 현금흐름의 방향이 전환되기 이전 시점까지 누적된 현금흐름의 액수가 벤처기업이 준비해야만 하는 자금의 규모이다.

또한 모든 우발적 사고들은 사전에 예측될 수 없기 때문에 재무예측은 피할 수 없이 부정확할 수밖에 없다. 전문가들은 창업가들에게 예기치 않는 돌발사태에 대비하기 위해서 현금흐름 소요액을 약 20% 정도 상향할 것을 권고하고 있다. 이와 같은 추정을 통해 기업가는 필요한 자금의 조달처를 찾고 새 사업을 시작하는데 집중할 수 있다

많은 기업가들은 창업을 진행하기 위해 소요되는 자금의 마련에 큰 어려움을 겪고 있다. 창업자금의 투자를 유치하는 것에는 다양한 방식이 존재하고 있다. 자신의 자금, 가족이나 친구, 은행, 신용카드, 창업투자기업, 정부의 창업 지원 프로그램 등이 있다. 〈그림 9-7〉에서 보는 것처럼 최근에 국내에서도 인터넷 등 온라인으로 다수의 사람으로부터 자금을 모을 수 있는 크라우드펀딩이 시작되면서 한결 나은 창업환경이 조성되고 있다.

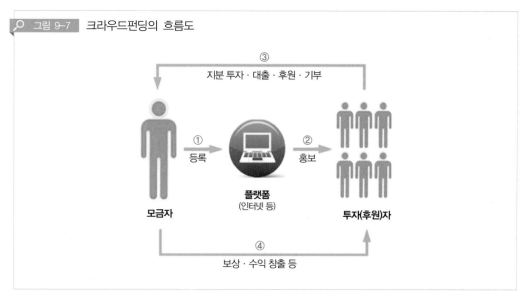

그림 9-7 크라우드펀딩의 흐름도

③ 지분 투자 · 대출 · 후원 · 기부

① 등록

② 홍보

모금자

플랫폼
(인터넷 등)

투자(후원)자

④ 보상 · 수익 창출 등

출처: KB금융지주

8) 정부의 창업 지원정책

정부의 지원으로 좋은 창업환경이 조성되면 보다 많은 사람들이 꿈을 쫓아 창업에 나설 수 있다. 사회에서 높은 기업가정신이 발휘될수록 많은 고용창출이 가능하며 따라서 경제성장이 촉진될 수 있다. 따라서 정부의 창업에 대한 지원은 결국 경제성장을 촉진하는 정책이므로 이에 대한 지원은 반드시 필요한 것이다. 또한 많은 경제학자들이 기업가정신은 안정적이고 지속가능한 사회를 구성하는 열쇠라는데 동의하고 있다.

창업활동에 대한 정부의 지원은 창업자금 지원정책, 규제정책, 세금정책, 재산권 보호정책 등을 통해 행해질 수 있다. 첫째, 정부가 수행할 수 있는 가장 중요한 창업지원 활동은 기업가들이 사업에 필요한 자금을 확보할 수 있도록 지원하는 것이다. 둘째, 규제절차를 보다 단순하고 신속하게 처리할수록 많은 창업기업들이 들어설 수 있다. 그리고 정부의 규제를 준수하는데 소요되는 비용을 절감하는 것도 좋은 방안이다. 이를 위해 정부는 원스톱 서비스(One-stop Service)를 시행하여 기업가들이 사업 등록 등에서 지원을 받을 수 있도록 하고 있다. 셋째, 정부는 조세 수입을 증진하기 위해 세제정책을 시행하고 있다. 그러나 세금은 여러 활동에 대한 비용을 증가시켜 기업의 활력을 저하시키고 있다. 그러므로 정부는 조세 수입의 증진과 기업가정신의 촉진이라는 두 목표를 균형있게 조정해야 한다. 창업을 지원하기 위한 정부의 구체적인 세제지원정책으로는 기업의 법인세율의 인하, 투자나 교육에 대한 세금공제, 기업 세액공제가 있다. 넷째, 개인의 재산권이 존중되고 그리고 이 권리가 적절하게 보호되는 법적시스템이 잘 갖춰져 있는 곳에서 창업기업이 성공할 기회가 높아진다. 재산권을 보호하는 법적시스템이 존재하지 않는다면 창조하고 투자하는 동기가 사라질 수 있다. 특히 최근 기술혁신이 매우 빠르게 진행되면서 이에 따른 지적재산(Intellectual Property)에 대한 권리의 보호에도 정부의 재빠른 대응도 시급하다.

정부는 창업을 장려하며 적절한 지원이 제공되는 창업환경을 조성하기 위해 최선을 다해야 한다. 정부는 창업지원 육성시설을 공급하고 창업에 필요한 정보 수집이 용이하도록 지원해야 한다. 그러나 창업에 대한 규제가 많고 공직사회에 관료주의가 팽배하다면 창업은 어려워지게 된다. 현재 국내 창업시장에서 가장 큰 문제점은 한번 실패하면 낙인이 찍혀 재기가 거의 불가능하게 되는 것이 일반적인 사실이다. 실패를 통해 많은 교훈을 얻을 수 있기 때문에 실패는 성공의 어머니이다. 실패를 용납하고 오히려 실패를 딛고 재기할 수 있는 친화적인 창업환경의 조성은 경제성장을 촉진하기 위한 중요한 국가적 과제이다.

대표적인 한국형 경영자 및 창업가로 잘 알려진 현대그룹의 설립자 정주영 회장은 생전에 새로운 사업에 뛰어들 때마다 이구동성으로 '이것만은 안 된다'라고 막아서는 직원들에게 '이봐 해봤어!'라고 하면서 그들을 설득하여 신사업을 일구며 기업을 키워나갔다고 한다. 그는 항상 다른 사람들이 무모하고 불가능하다고 보는 사업을 가능한 것으로 만들었다. 불확실하고 위험이 커서 다른 사람들은 감히 엄두도 내지 못하는 사업 기회에서 정주영 회장은 타고난 배짱과 남다른 통찰력으로 과감히 뛰어들어 큰 성공을 거두었으며 우리나라 경제성장에 큰 공헌을 하였다. 그는 남들이 고정적인 시각으로 사업 기회를 바라볼 때 이런 고정관념을 과감히 탈피했던 사람이다.

제3장과 제4장을 통해 우리는 세계 호텔산업과 국내 호텔산업의 발전과정을 살펴보았다. 오늘날 Marriott 등과 같은 메가 호텔체인이 이룩한 성장과 이에 대비되는 국내 호텔체인의 정체는 결국 기업가정신의 차이이다. 메가 호텔체인은 끊임없이 기업가정신을 발휘하여 창조적인 파괴로 종전의 호텔산업을 혁신하면서 세계 호텔산업을 주도해 나갔으나, 국내 호텔체인들은 그렇지 못했다. 특히 재벌의 창업 2세 또는 3세 경영자들은 새로운 사업에 대한 위험을 감수하기 보다는 기존의 안정적인 사업운용에 보다 많은 관심을 두는 태도를 보이고 있다. 모두가 같은 방향만을 직시하고 있다. 이처럼 고갈된 기

업가정신으로는 국내 호텔산업을 세계적인 수준으로 육성하는 것은 불가능하다고 할 수 있다. 이제 국내 호텔산업에서도 기업가정신을 발휘하여 호텔체인을 세계적 수준으로 발전시켜 나갈 수 있는 호텔리어가 나타나기를 고대해 본다.

제2절 리더십(Leadership)

불확실성이 높아지고 급변하는 경영환경에서 경쟁 또한 치열해지면서 경영자의 리더십에 대한 중요성이 점점 더 부각되고 있다. 이와 같은 환경에서도 Marriott International은 2016년 Starwood의 인수를 완성하면서 세계 최대의 호텔체인으로 우뚝 서게 되었다. 이와 같은 성공은 창업자인 J. W. Marriott 1세의 기업가정신이 토대가 되었다. 부친의 사업을 이어 받은 Bill Marriott 2세는 외식사업을 위주로 했던 Marriott의 주사업을 호텔사업으로 과감히 전환하면서 성장을 거듭하게 되었다. 그러던 2012년 Bill Marriott 2세는 최고경영자(CEO)의 역할을 자식이 아닌 Arne Sorenson에게 양도하였다. Sorenson은 리더십을 십분 발휘하여 2015년 Starwood의 인수를 전격 발표하였다. 이들의 리더십은 Marriott 호텔제국을 건설하는데 주춧돌이 되었다. 이렇듯 리더의 역량에 따라 기업의 성과에 큰 차이가 나타나고 있다.

그림 9-8 Bill Marriott, Jr & Arne Sorenson

출처: Marriott.com

1. 리더십의 정의 및 개념

리더십은 정치와 경제뿐만 아니라 여러 분야에서 주요 관심의 대상이 되어왔으며 이에 관한 이론도 다양하게 개발되어 왔다. Leader는 원래 Lead에서 나온 말로 이에는 앞선다는 뜻 이외에 지도한다 또는 선도한다는 의미도 있다. 따라서 리더란 앞선 사람 또는 지도하고 선도하는 사람을 말하고 있다.

리더십은 이를 규정하려는 목적이나 학자들의 전문적인 견해에 따라 내용이 매우 다양하게 전개되어 왔다. Yukl는 리더십이란 무엇을 해야 할 필요가 있고 어떻게 하면 그것을 효과적으로 할 수 있는지 이해하고 합의하기 위해 타인에게 영향을 미치는 과정이며, 공유하는 목표를 달성하기 위해 개인의 노력과 집합적 노력을 촉진하는 과정이라고 했다. Hersey & Blanchard는 리더십을 "어떤 주어진 상황에서 목표를 달성하기 위하여 개인 또는 집단의 활동에 영향을 미치는 과정이다"라고 정의했다. 한편 Drucker는 리더는 추종자(Follower)를 가지고 있는 사람이며 추종자에게 신뢰를 얻는 것이 효과적인 리더십을 발휘하기 위해 중요하다고 했다. Kouzes도 리더와 부하와의 관계를 강조하고 리더십은 다른 사람을 이끄는 열망이 있는 사람과 따르기로 한 사람간의 관계라고 했다.

리더십이란 과거에는 상사가 부하에게 영향력을 행사하는 과정으로 보았으나 지금은 주어진 상황 속에서 조직목표를 효과적으로 달성하기 위해 영향력을 발휘하여 구성원으로 하여금 목표수행에 자발적으로 공헌할 수 있도록 유도·조정하는 리더의 행동으로 보고 있다.

2. 관리자와 리더(Manager and Leader)

관리자와 리더는 같은 의미로 사용되지 않는다. 관리자와 리더의 차이는 일반적으로 세 가지 관점으로 요약할 수 있다. 첫째, 리더십이란 관리자가 수행하는 여러 가지 역할 중의 하나라는 관리자중심론이다. 둘째, 관리자는 변화를 거역하고 현실에 안주하려고 하는 부정적 성향을 갖는 인물이고, 반면에 리더는 개혁을 주도하는 인물이라는 리더우위론이다. 셋째, 리더가 중요한 것은 사실이지만 관리자의 역할도 역시 중요하다는 양자등위론이다.

관리자중심론은 리더십을 관리자가 수행해야 하는 많은 기능이나 역할(계획, 통제, 조직, 지휘 등) 중의 하나인 것으로 이해하고 있다. Mintzberg는 1973년 경영자들의 역할을 10가지(대변인, 수장, 연결자, 기업가, 정보전달자, 감시자, 문제해결사, 자원분배자, 교섭자, 그리고 리더 역할 등)로 세분하고 리더의 역할을 다만 그 중의 하나로 보았다.

그리고 리더우위론은 주로 조직과 구성원들의 변화에 초점을 두고 있는 학자들의 주장에서 유래되었다. Bennis는 리더와 관리자의 차이점에 대해 관리자란 혁신보다는 모방에 능숙하며 단기적 안목에 사로잡혀 되도록이면 현재 상황을 고수하려는 사람으로 보고 있다. 또한 관리자들은 상급자에 대한 충성과 복종을 중시하는 수직적 통제의 관점에 사로잡혀 있는 인물들이라고 간주했다. 상하간의 위계질서와 서열을 중심으로 조직의 질서가 유지된다고 보았다. 반면에 리더는 오늘날 기업경영에 있어 꼭 필요한 이상적인 인물로 묘사하고 있다. 주어진 일을 수행하는 방법에만 매달리기보다는 해야 할 일, 중요한 일, 그리고 핵심적인 일을 찾아서 장기적 관점에서 추진하는 인물로 보았다. 또한 신뢰와 혁신을 중시하며 잘못된 현상에 도전하여 이를 바로 잡아가는 스타일을 보유한 사람으로 그리고 있다.

같은 맥락에서 미국에서 발행되는 World Executive Digest는 〈표 9-3〉과 같이 리더와 관리자를 구분하고 있다. 결론적으로 리더우위론에서는 관리자들이 갖고 있는 단기적이고 현실안주형 태도를 부정하고, 반면에 리더가 대변하는 장기적, 미래지향적 태도를 갖추도록 요구하고 있다.

| 표 9-3 | 리더와 관리자의 차이점

관리자(다른 사람을 관리하고 감독함)	리더(다른 사람을 지원하고 격려함)
남에게 지시함	남을 안내하고 개발시킴
경쟁분위기를 조성함	상호협력적인 분위기를 조성함
직책/직급을 활용	관계를 활용
동질적/획일적인 것을 추구 ('어떻게 할까요?' 식의 느린 의사결정 패턴을 보인다)	다양성/유연성의 추구 ('이렇게 합시다' 식의 신속한 의사결정 패턴을 보임)
위험 회피	위험 감수
개인별 기여도를 평가, 보상	팀작업 결과를 평가 및 보상함
위에서 하라는 대로 함	스스로 일처리를 주도함
사람을 비용으로 간주	사람을 자산으로 간주

출처: 백기복

한편 양자등위론은 리더십이 중요한 만큼 관리자의 개념도 중요하다는 입장이다. 리더와 관리자의 역할이 같이 양립한다는 등위론의 관점은 Kotter에 의해 정리되고 있다. 그는 리더와 관리자의 차이를 네 가지로 세분하여 제시하였다. 기본적으로 Kotter는 관리한다는 것은 일관성과 질서를 유지하는 활동에 속하며, 리드한다는 것은 건설적인 대응을 위한 변화의 과정에 해당한다고 설명하고 있다.

첫째, 관리자는 계획하고 예산을 수립하는 활동에 치중하는 반면에 리더는 조직이 나아갈 방향을 설정하는 활동을 중시한다. 둘째, 관리자는 주어진 직무수행을 위한 조직화와 인력의 동원을 중시하지만, 리더는 사람들에게 비전을 전파하고 그것을 조직에서 공유하도록 하는 정신적 조율과정을 더욱 강조하고 있다. 셋째, 관리자는 통제와 문제해결에 많은 시간을 소비하지만, 리더는 조직원들에게 동기를 부여하고 그들을 고무하는데 노력을 집중한다. 넷째, 관리는 예측가능성을 높이고 질서를 정착시키는 것을 목표로 하지만, 리드한다는 것은 혁신적 변화를 최종 목적으로 하고 있다.

3. 리더십이론의 진화과정

리더십은 처음 특성이론에서 출발하여 행동이론을 거쳐 상황이론으로 발전해왔으며 최근에는 거래적 리더십, 변혁적 리더십, 서번트 리더십에 이르기까지 새로운 리더십이론들이 전개되고 있다.

1) 리더십 특성이론

1930년대의 리더십 특성이론은 리더의 특성에 초점을 두는 것으로 리더는 특별한 성향을 가지고 태어난다는 것이다. 성공적인 리더의 특성이 무엇인가에 초점을 두고 성공적인 리더와 비성공적 리더의 차이가 무엇인가에 관해 연구했고 리더는 고유한 개인적 특성만 있으면 그가 처해있는 상황이나 환경이 바뀌더라도 항상 리더가 될 수 있다고 보았다. 주로 위인이나 영웅들을 대상으로 한 연구가 많았으며 유전적인 천재에 대한 연구에도 관심을 두었다. Stogdill은 20여 년간의 연구를 통해 성공적 리더의 일반적 특성을 제시하였다. 리더의 특성으로 결단성, 사회적 환경에 대한 민감성, 상황적응력, 스트레스에의 내구력, 신뢰성, 야심, 성취 지향성, 자기 주장성, 자신감, 정력(활동성), 지배성(타인에 대한 영향 욕구), 지구력, 책임감, 도전과 적극성, 협력이 있으며 기술로는 개념적 기술, 과업지식, 대화유창성, 사교술, 설득력, 정치적 및 외교적 수완, 조직력(행정능력), 창조성, 총명성(지능), 실천력 등을 들고 있다.

| 표 9-4 | 리더의 특성

특성의 유형	구체적 특성
신체적 특성	연령, 신장, 체중, 용모
성격적 특성	독립성, 자신감, 지배욕구, 공격성
사회적 특성	교육수준, 신분, 사교성, 거주지, 출신지
지능	판단력, 결단력, 표현력
인간관계능력	관리능력, 협조성, 사교성, 청렴성
업무능력	성취욕구, 솔선수범, 책임감, 목표지향성

출처: Bass & Stogdill

그러나 전통적인 특성이론가들은 모든 리더들이 동일한 특성을 지닌 것으로 보고 상황에 따라 보유한 특성이 달라질 것이라는 점을 간과했다. 물론 인간이 특정 분야에서 어떤 뛰어난 잠재능력을 가지고 태어나는 것도 사실이다. 그러나 모든 분야의 리더들이 동일한 특성을 지니기 보다는 리더 자신이 가진 바람직한 특성을 지속적으로 개발해 나가는 것이 태어날 때 갖고 있는 능력보다 훨씬 더 중요하다고 할 수 있다.

2) 리더십 행동이론

1940~60년대의 리더십 행동이론은 리더의 행동에 초점을 두고 어떤 리더십을 쓰면 다른 집단보다 성과가 좋은지에 관심을 두었다. 또한 리더십은 개발된다고 보고 높은 성과와 관련이 있는 리더의 행동, 즉 효율적인 리더의 행동유형에 관심을 두었다.

미국 아이오와 대학의 연구에서는 리더십을 전제적인 리더십, 민주적인 리더십, 그리고 자유방임적 리더십으로 구분했다. 전제형은 모든 책임과 권한을 리더가 갖고 과업의 할당, 하향식 의사소통을 한다. 민주형은 적절한 권한위임과 참여적 의사결정을 바탕으로 한다. 자유방임형은 모든 책임과 권한을 부하에게 위임한다. 연구 결과는 자유방임적 리더십이 집단성과가 가장 낮고 민주적과 전제적 리더십은 상황에 따라 다르지만 일반적으로 집단 구성원간의 협조 및 친밀감과 의사소통의 측면에서 민주적인 리더십이 가장 효과적이었다.

또한 미국 오하이오 주립대학의 경영연구소는 리더행동기술 질문서를 개발하여 구조주도적 리더와 배려적 리더로 리더십스타일을 분류하였다. 구조주도는 리더가 목표제시, 계획수립, 성과의 표준화를 통해 과업달성에 초점을 두었으며, 반면에 배려는 부하에 대한 인간적인 존중과 신뢰구축, 복리후생에 관심이 높다. 리더십의 4분면에 대한 연구 결과를 보면 일반적으로 구조주도와 배려가 높은 리더십일 때 가장 효과적인 것으로 나타났으나 종업원의 결근율과 고충처리율 등 역기능도 있기 때문에 어느 리더십이 가장 효과적이라고 하기 어려우며 결국 리더십 스타일의 효과성은 어떤 상황에 처해 있는가가 중요한 요인이라고 했다.

인간지향의 리더십을 강조한 사람이 Likert와 McGregor이다. McGregor는 리더가 인간(부하)을 보는 관점은 비관적(X론적)과 낙관적(Y론적)으로 나뉘는데 이 중에서 어떤 관점으로 보느냐에 따라 리더십의 형태가 달라진다고 주장했다. X론적으로 본다는 것은 리더가 자기권한을 최대한 사용하고 철저한 감독과 징벌, 명령을 행하는 스타일을 말하며 Y론적은 리더가 자율과 적당한 충고로 일관하는 스타일을 말한다. McGregor는 모든 인간은 Y형으로서 스스로 자기통제를 하며 그렇게 게으르거나 책임을 회피하려고만 하는 것이 아니기 때문에 과업중심의 리더십 보다는 인간중심의 리더십이 보다 효과적이라고 보았다. 이와 같은 McGregor의 연구결과는 1960~1970년대에 "인간중심의 경영"이라는 새로운 유형을 창조하였으며 오늘날 조직관리에 매우 큰 영향을 미치고 있다.

한편 Blake & Mouton의 연구에서 관리격자는 1에서 9까지 등급으로 나누어 도표를 만든 것으로 인간과 업적이라는 방향의 두 축을 중심으로 관리자의 유형이 정해진다고 하는 관리자 유형결정 도구이다. 이 이론은 관리자의 행동을 인간에 대한 관심과 업적에 대한 관심이라는 두 요인의 관점에서 기술하고 있다. 이 이론에 의하면 어떤 부분이나 소집단(과, 계, 팀)등의 능률은 소집단의 리더인 관리자가 어떠한 리더십을 전개하는가에 따라 좌우된다고 보았다. 결론적으로 효과적인 리더의 모습은 상황의 특수성에 따라 적절한 리더십을 발휘해야 한다고 파악했다.

3) 리더십 상황이론

1970년대 이후 리더십 상황이론은 상황적합성에 초점을 둔 리더의 효과성에 초점을 둔 것으로 효과적인 리더십은 상황에 따라 달라진다고 보고 있다. 즉 유일무이하고 이상적인 리더십의 모습이 존재하는 것이 아니라 상황에 따라 적합한 리더의 모습이어야 한다는 것으로 리더십을 리더와 부하 그리고 상황의 상호작용 속에서 나타나는 산출물로 보았다. 리더의 특성은 다양한 상황에 의해 결정되며 진정한 리더는 이런 상황에 대처하는 리더로 이때 리더는 비전을 지녀야 하며 구성원에게 강한 정서적 반응을 이끌어낼 수 있어야 한다. 효율적 리더십을 가능하게 하는 환경적 상황요소가 무엇인지가 관심주제로 리더십유형과 상황적요인과의 효율적 결합, 특정한 상황에 가장 맞는 리더십이 발휘될 때 그 집단의 성과와 구성원의 만족감이 증대될 수 있다고 보았다.

리더십 상황이론 연구의 선구자인 Fidler는 리더유형과 여러 상황에서 집단의 유효성을 연구한 결과 상황적합성이론을 개발하였다. 리더십 스타일 진단은 어느 상황에서 어떤 리더십을 보이는 것이 가장 효과적인가를 논하는데 있어 매우 큰 시사점을 가진다. Fidler는 리더십을 과업지향적 리더십과 관계지향적 리더십으로 구분하고 세 가지 상황변수로 리더-부하와의 관계, 과업구조, 그리고 직위권력을 들었다. 연구결과 상황이 크게 유리하거나 불리할 경우 과업중심적인 리더십이 효과적이지만 상황이 중간일 경우 인간관계 중심적인 리더십이 효과적이라고 했다.

Hersey & Blanchard의 연구에서는 리더십을 지시적 리더십, 지원적 리더십, 참가적 리더십, 위양적 리더십으로 나누고 부하의 성숙도를 상황적 조절변수로 보았다. 부하의 성숙도란 직무와 관련된 기능과 지식, 자신감과 자기존경심을 의미한다. 이는 리더십 형태가 부하의 성숙도 수준에 의해 결정된다는 것으로 개별적 개입행동으로 부하의 성숙수준을 변화시켜 결국 부하 스스로가 자신을 통제할 수 있도록 지원하는 것이다. 이처럼 부하의 성숙도 수준 변화에 맞추어 계속해서 리더십 유형을 변화시켜 나가도록 하는 것으로 일과 인간 그리고 성숙도(상황)가 상호 작용하는 3차원의 리더십 모델로 불리고 있다. 즉 유능한 리더는 부하의 성숙수준에 따라 자신들의 리더십 스타일을 선택한다는 것으로 양자가 적합한 관계를 가질 때 조직유효성이 높아진다고 보고 있다.

4) 변혁적 리더십(Transformational Leadership)

1980년대 기업환경이 급격하게 변하고 구조조정의 과정에서 새로운 리더십 패러다임에 대한 필요성이 대두되었다. 변혁적 리더십은 1985년 Bass에 의해 구체화되었으며 리더와 하위자가 상호 동기유발 수준을 높여주며 보다 원대한 목표를 달성하고자 하는 의욕을 심어주는 리더십을 말한다. 변혁적 리더십은 핵심 변혁적 행동, 개별배려, 지적 자극으로 구성되고 있다. 첫째, 핵심 변혁적 행동이란 리더가 부하들에게 비전과 사명감을 제시하고 부하들에게 의식, 가치관, 신념을 전달함으로써 부하들로부터 존경받는 리더십을 말한다. 이때 리더는 감정에 따라 행동하는 것이 아니라 자유, 평등, 인간존중의 가치에 호소하는 카리스마적 특성을 보이기도 한다. 둘째, 지적자극은 부하들에게 문제해결을 새로운 방법으로 시도하도록 격려하거나 부하들의 창의성을 개발하도록 자극하는 리더십을 말한다. 셋째, 개별적 배려는 부하에 대한 관심표명, 부하에 대한 이해, 부하들의 관심사항 공유 등 부하들에게 개별적인 관심을 보여주고 조언해주는 리더십 행동유형을 말한다.

이와 같이 변혁적 리더는 조직의 주요 변화과정을 주도하는 리더로서 조직 구성원들의 의식, 가치관, 태도의 혁신을 추구하며 구성원들에게 장기적 비전을 제시하고 그 비전의 달성을 위해 함께 매진할 것을 호소하는 리더십을 의미하고 있다.

5) 거래적 리더십(Transactional Leadership)

거래적 리더십이란 성과와 보상의 교환관계나 예외에 의한 관리에 치중하는 성향을 보인다. 리더가 정한 수준 이상의 성과를 달성한 경우 부하들이 원하는 보상을 제공하고 그 대가로 부하들로부터 원하는 업무성과를 제공받는 관계를 유지하게 된다. 리더는 바람직한 결과를 도출하거나 부하의 행동을 수정하기 위해 긍정적 강화 또는 부정적 강화 등의 방법으로 부하에게 상황적 강화를 한다. 거래적 리더는 관리의 효율적인 과정을 유지하고 개선시키기 위해 권력을 융통성 있게 발휘함으로써 보상과 처벌을 적절히 사용하여 부하들을 동기 부여한다. 그리고 예외적 관리는 규정과 표준에 따라 업무를 처리하도록 하며 표준에 맞지 않거나 이를 위반할 경우에만 개입하여 수정 행동을 취하는 것을 의미한다. Bass는 과업지향적이거나 경험이 풍부한 부하는 일반적으로 자기관리를 많이 하는 경향이 있으며 자기 주도적인 부하는 긍정적 또는 부정적 강화에 대해 민감하게 반응한다는 것을 발견했다.

6) 서번트 리더십(Servant Leadership)

Greenleaf는 The Servant as Leader에서 헤르만 헤세가 쓴 "동방순례"에 나오는 레오(Leo)를 통해 서번트 리더십의 개념을 설명했다. 레오는 순례자들의 허드렛일이나 식사 준비를 돕고 때로는 지친 순례자들을 위해 밤에 악기를 연주하는 사람이었다. 레오는 순례자들에게 필요한 것이 무엇인지 살피고 그들이 정신적 및 육체적으로 지치지 않도록 배려했다. 그러던 어느 날 레오가 사라지자 일행은 혼란에 빠지고 피곤에 지친 순례자들 사이에 싸움이 잦아지게 되었다. 사람들은 레오가 없어진 뒤에야 비로소 레오의 소중함을 깨닫고 그가 순례자들의 진정한 리더였음을 깨닫게 되었다. 충직한 심부름꾼인 레오 없이는 순례자들은 아무것도 할 수 없다는 사실을 깨달았던 것이다.

Greenleaf는 서번트 리더십은 '부하를 존중하고 창의성을 발휘하여 성장할 기회를 제공하며 조직을 진정한 공동체로 이끌어가는 리더십'이라고 정의했다. 또 Daft는 "리더가 자신의 이익보다 다른 사람의 이익을 우선하고 그들의 성장을 도와주고 기회를 제공하는 리더십"이라고 정의했다. 또한 그는 리더십이 변하고 있으며 리더십의 초점이 리더에서 팔로어로 옮겨가고 있다고 주장하였다. 그리고 Drucker는 미래경영에서 지식시대에는 기업 내에 상사와 부하의 구분이 없어지며 지시와 감독이 더 이상 통하지 않을 것이라고 예측했다. 따라서 과거 우월한 위치에서 부하들을 이끌어야 한다는 리더십 패러다임에서 리더가 부하들을 위해 헌신하며 부하들의 리더십 능력을 개발하기 위해 노력하는 서번트 리더십 위주의 패러다임으로 전환하는 것이 바람직하다고 주장했다.

| 표 9-5 | 전통적인 리더십과 서번트 리더십의 차이점

	전통적 리더십	서번트 리더십
목 표	효율적 관리	변화에 대한 대응
방 법	명령과 통제	합의
조직구조	중앙집권적/위계적 조직	분권적/수평적 조직
리더와 부하의 관계	가부장적 관계	파트너 관계
권한과 책임의 위치	리더	리더와 구성원
적합한 상황	안정적인 외부환경 반복적/일상적인 업무	지속적 변화가 필요한 상황 장기적인 성장 필요

출처: 황인경

그렇다면 과연 훌륭한 리더는 타고나는가? 아니면 만들어지는가? 이에 대한 답변은 "리더는 타고나거나 육성되는 것이 아니라 다른 사람들에 의해서 선택이 된다"라고 해야 할 것이다. 어떤 사람이 특정한 자질이나 스타일을 보여준다고 해서 그 자체로서 리더로 인정받게 되는 것은 아니다. 다른 사람들이 어떤 이를 그들의 리더로 인정해 줄 때 비로소 리더가 되는 것이다. 그리고 진정한 리더라면 자신의 지위를 이용하여 영향력을 확대하는데 관심을 집중할 것이 아니라 정당한 리더십의 행사를 통해 반드시 추종자들에게 혜택이 돌아가도록 해야 한다.

마지막으로 세계 최대 호텔체인을 건설한 Marriott의 회장 Bill Marriott 2세의 아래 말을 잘 음미해보도록 하자.

"현재 우리가 경영하고 있는 대부분의 비즈니스들은 20년 전에는 존재하지 않았었다. 매리엇 성공의 핵심적 요소는 실험(도전)을 두려워하지 않는다는 것이다. 비즈니스에서 변화는 인간에게 산소와 같은 것이다. 한 마디로 핵심이다. 변화는 우리를 매우 놀라게 하며 때로는 우리를 마비시키기도 한다. 위대한 목표를 달성하려할 때 당신을 방해하는 것은 오직 당신의 사고방식뿐이다. 아무 것에도 도전을 하지 않는 기업들은 필연적으로 도전하는 기업에 뒤떨어 질 것이다. 당신은 변화를 주도할 수 있다. 그렇지 않으면 변화에 이끌려 다닐 것이다."

우리는 지금까지 여러 장을 통해 관리자, 기업가, 리더십에 대해 학습하였다. 먼저 관리자는 기업이 성장해서 규모가 커지고 조직이 복잡해짐에 따라 이에 집중하게 된다. 복잡한 조직의 경쟁력을 강화하기 위해 관리자는 효율성 향상에 집중한다. 관리자는 기업의 안정성을 중요시하기 때문에 위험은 되도록이면 회피하려고 한다. 그런데 기업가는 환경변화에 따라 새로운 사업기회를 포착하는 것에 집중한다. 기업가는 새로운 기회를 현실화하기 위해 위험을 기꺼이 감수하려 한다. 한편 리더는 기업의 성장이 정체되거나

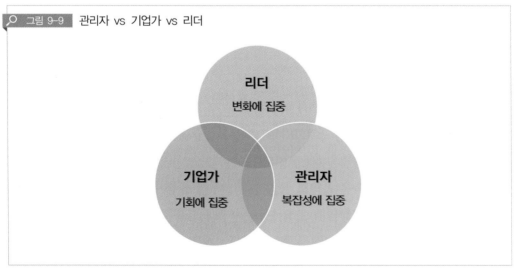

🔍 그림 9-9 관리자 vs 기업가 vs 리더

출처: Dover & Dierk

또는 위기를 맞게 되는 경우 등과 같이 변화가 요구되는 상황에서 조직에서 바람직한 변화를 촉진하는 역할을 담당하고 있으며 위험을 감수하거나 또는 위험을 최소화하려고 한다. 만약에 최고경영자가 관리자, 기업가, 그리고 리더의 자질을 모두 결합할 수 있다면 이는 기업에게 큰 축복일 것이다.

참 / 고 / 문 / 헌

김경환(2011). 『호텔경영학』. 백산출판사.

김미경(2008). 『리더십과 조직유효성간의 관계에서 팔로어십 특성의 조절역할』. 연세대학교 생활환경대학원 석사논문.

백기복(2000). 『이슈리더십』. 창민사.

신동윤(2014). 창업가정신은 실패를 먹고 자란다. E-JOURNAL. 37, 22-25.

이건희(1997). 『현대경영학의 이해』. 학문사.

이현주역(2016). 1등 스타트업의 비밀. 션 아미라티 지음. 비즈니스북스.

유동운(2009). 기업가정신의 역사와 현대적 의미. CFE Report, 101. 자유기업원.

황인경(2002). 서번트 리더십. LG주간경제.

황인학(2016). 한국 기업가정신의 장기 변화 추이 분석. KERI Insight. 한국경제연구원.

Barringer, B. R. & Ireland, R. D.(2006). *Entrepreneurship: Successfully Launching New Ventures*. Upper Saddle River, NJ: Pearson Prentice Hall.

Blake, R.R. & Mouton, J.S. Mouton(1968). *Corporate Excellence through Grid Organizational Development*. Houston, Gulf Publishing.

Bygrave, W. & Zacharakis, A.(2011). *Entrepreneurship(2nd Ed.)*. Hoboken, NJ: Wiley.

Cuervo, A., Rebeiro, D. & Roig, S.(2007). *Entrepreneurship: Concepts, Theory and Perspective*. Springer.

Daft, R. L.(2008). *The leadership experience(4th ed.)*. Mason, Ohio: Thomason South-Western.

Dover, P. & Dierk, U.(2010). *Sustaining Innovation in the Global Corporation: The Role of Manager, Entrepreneurs, and Leaders*. Babson Faculty Research F u n d Working Papers.

Greenleaf, R. K.(1970). *The Servant as leader*. Indianapolis: The Robert K. Greenleaf Center.

Greger, K.R., & Peterson, J.S.(2000). Leadership Profiles for the New Millennium. *The Cornell HRA Quarterly*. February.

Hersey, P,. & Blanchard, K. H.(1977). *Management of organizational behavior: Utilizing human resources(3rd ed.)*. Englewood cliffs, NJ: Prentice Hall.

Higgins, J.M.(1994). *The Management Challenge(2nd Ed.)*. MacMillan.

Katz, R.L.(1994). Skills of an Effective Administrator. *Harvard Business Review*. September—October.

Mintzberg, H.A.(1980). *The Nature of Managerial Work*. Englewood Cliffs.

Northouse, P. G.(2007). *Leadership theory and practice*. Thousand Oaks: Sage Publications.

Robbins, S.P., & De Cenzo, D.A.(1995). *Fundamentals of Management: Essential Concepts and Applications*. Prentice Hall.

Szilagyi, A. D., & Wallace, M. J.(1987). *Organizational Behavior & Performance(4th ed.)*. Glenview, Illinois; Scott, Foresman.

Yukl, G.(2002). *Leadership in Organizations(5th ed.)*. NJ: Prentice Hall.

10 호텔의 관리부서

CHAPTER

학습목표

본 장을 학습한 후 독자들은 다음과 같은 사항에 대해 잘 이해할 수 있어야 한다.

❶ 마케팅 개념, 마케팅 관리, 마케팅 믹스, 관계마케팅 등의 개념을 숙지한다.

❷ 호텔 손님의 유형에 대해 이해한다.

❸ 직원만족에 영향을 미치는 요인에 대해 숙지한다.

❹ 호텔 고용관리의 절차에 대해 이해한다.

❺ 호텔에서 부서별, 직급별 상하관계를 이해한다.

❻ 호텔에서 직원의 이직 원인에 대해 숙지한다.

❼ 회계측면에서 기업의 활동을 이해한다.

❽ 미국의 통일회계제도를 숙지한다.

❾ 재무관리의 역할을 이해한다.

❿ 자료-정보-지식의 관계를 이해한다.

⓫ 호텔의 정보시스템인 PMS와 PMS Interfaces에 대해 이해한다.

제1절 **마케팅**

1. 호텔 마케팅부서

마케팅이란 용어는 이제 우리에게 아주 친숙한 개념이 되고 있다. 그만큼 기업의 마케팅 노력은 우리의 생활 속에 깊이 스며들어 있다. 그러나 마케팅에 대한 개념을 정확하게 이해하고 있는 사람이 그리 많지 않은 것도 사실이다. 미국마케팅협회(AMA)는 마케팅을 '조직과 이해관계자들을 위해 고객에게 가치를 창조하고 소통하여 그 가치를 전달하는 것이다. 또한 고객과의 관계를 관리하기 위한 조직의 기능 및 일련의 프로세스이다'라고 정의했다. 그리고 Kotler, Bowen & Makens는 마케팅을 '개인 또는 단체가 다른 사람과 제품과 가치의 교환과 창출을 통하여 욕구와 필요를 충족해 나가는 사회적이며 관리적인 과정이다'라고 정의했다.

이제 지구상의 모든 기업에서 마케팅은 제품의 생산만큼이나 중요한 관리기능으로 인식하게 되었다. 그만큼 마케팅의 중요성은 아무리 강조해도 지나침이 없을 정도가 되었다. 호텔 마케팅부서는 크게 판촉부, 마케팅부, 홍보부로 나눌 수 있다. 먼저 호텔 마케팅부서의 가장 중요한 역할은 객실을 비롯한 호텔의 상품을 판매(Sales)하는 것이다. 일부 직접 예약을 하는 고객을 제외하면 마케팅부서에서 사전에 객실과 같은 상품을 판매하지 못한다면 객실부서, 프런트오피스, 하우스키핑부서, 식음료부서의 존재는 아무런 의미가 없게 된다. 즉 마케팅부서의 판매관리자와 직원은 많은 잠재고객들과 처음으로 접촉하고 있는 사람들이다. 따라서 판매관리자와 직원들은 기업고객과 연회를 유치하기 위해 많은 노력을 기울이고 있다. 보통 대규모 호텔에서 판매부의 직원들은 산업별, 지역별, 거래처별로 판매에 대한 책임을 배정받아 활동하고 있다. 또한 이들은 잠재고객과 시장동향을 주시하고, 경쟁사를 예의 주시하며 호텔 상품의 가격 및 질적 경쟁력의 제고를 꾀하며, 고객의 욕구에 맞는 적절한 상품을 개발해서 판촉활동에 나서고 있다.

마케팅부는 고객의 욕구 파악과 판촉활동에 필요한 자료를 수집하며, 전반적인 경기 및 산업동향을 파악하고 있으며 마케팅 계획을 개발하고 그에 따른 노력을 평가하고 있다. 그리고 홍보부는 다양한 미디어매체를 통해 호텔에 대한 광고 및 홍보활동을 담당하고 있으며, 호텔의 이미지 향상을 위해 특별 이벤트를 계획하고 있다. 호텔 마케팅부서는 이 외에도 매출관리(Revenue Management), 우편물 발송, 패키지(Package) 상품의 기획 등과 같은 많은 역할을 수행하고 있다.

2. 마케팅개념(Marketing Concept)

과거에 기업들은 자신들 위주의 경영사고방식을 고수해 왔는데, 이들은 고객을 먼저 이해하기보다 기업위주의 상품·서비스를 개발하여 공급하여 왔다. 하지만 기업 간의 무한경쟁 및 변화가 가속되고 있는 현실에서 생존하기 위하여 호텔들은 종전과 같은 공급자위주의 사고방식에서 탈피하여 수요자중심의 사고방식으로 기업을 운영해 나가야 할 것이다. 즉, 고객의 시각에서 호텔사업을 이해해야 한다는 것이다. 소비자가 가장 선호하는 성공적인 호텔이 되려면 고객들에게 가장 '마음에 드는' 호텔이 되어야 할 것이다. 이렇게 고객의 마음에 드는 호텔을 만들기 위해서는 첫째, 항상 고객의 욕구가 무엇인지를 바르게 또한 적시에 이해해야 하고 둘째, 이와 같은 고객의 욕구를 충족(Meet) 또는 상회(Exceed)할 수 있는 가치있는 상품과 서비스를 개발하여 고객에게 효율적으로 전달할 수 있어야 할 것이다.

여기서 우리는 마케팅의 출발점이라 할 수 있는 고객의 욕구(Needs)와 필요(Wants)에 대한 바른 인식을 가져야 하겠다. 마케팅의 가장 기본적인 개념은 바로 인간의 욕구이다. 인간의 욕구는 인간이 무엇에 대해 궁핍을 느끼는 상태이다. 인간은 삶을 영위하면서 다양하고 복잡한 욕구를 느끼게 되는데, 음식, 의복, 안전등은 인간의 기본적인 물리적 욕구이다. 이러한 인간의 욕구는 문화와 개인적 특성에 의해 특정한 필요(원하는 것)의 형태로 전이된다. 즉 필요는 인간이 그들의 욕구를 구체적으로 표현하는 방법이라고 할 수 있으며, 필요는 인간의 욕구를 충족할 수 있는 대상(Object)으로 표현된다. 많은 사람들이 이러한 욕구와 필요를 잘 구분하지 못하는 경우가 많다. 예를 들면, 구멍 뚫는 드릴을 제작하는 제조업자는 아마도 소비자들이 드릴을 필요로 하는 것으로 생각하겠지만, 소비자의 진정한 욕구는 구멍인 것이다. 이런 사고를 가진 업자들은 이른바 '마케팅 근시'(Marketing Myopia)에 빠지기 십상일 것이다. 사람들은 대부분 무한한 욕구를 가지고 있는 것에 반해 한정된 자원을 보유하고 있다. 일반적으로 소비자들은 그들이 지불할 수 있는 돈으로 최대한 만족할 수 있는 상품을 선택한다. 이렇게 필요가 구매력으로 변환되어질 때 비로소 수요(Demand)가 된다. 여기서 명심해야 할 것은 소비자의 모든 필요가 전부 수요로 변하는 것은 아니라는 점이다.

위와 같이 고객의 마음을 올바로 읽고 그들의 숨은 욕구를 파악하여 그것에 대한 문제해결방안을 제시하는 것이 마케팅이다. 이와 같은 과정은 제반 경영활동의 핵심을 고객에 두고 고객위주로 사고하며 또한 고객의 시각에서 모든 현상을 바라볼 수 있을 때 비로소 가능해 질 수 있다. 현재와 같은 변화 및 경쟁사회에서 호텔의 수익률은 고객만족을 궁극적인 목적으로 하는 고객위주의 경영이 이루어 질 때 비로소 향상될 수 있다. 오늘날의 마케팅은 단순히 일개 기능분야가 아니고, 기업철학이며 경영의 기본방향을 제시하는 것이다. 흔히들 마케팅은 단지 홍보캠페인을 의미하는 것으로 잘못 이해하고 있으나, 광고 및 홍보는 마케팅의 다양한 활동 중 한 분야에 불과하다. 마케팅이란 고객의 욕구와 필요를 정확히 파악하고 그들에게 가치 있는 상품·서비스를 개발하여 소개하며, 손쉽게 구매할 수 있도록 배려하고 교환과정(Exchange Process)에서 고객에게 가치와 만족을 부여하여 그들과 장기적인 관계를 맺는 것이다.

마케팅의 역할을 확인하기 위해 시장의 역학기능을 살펴보면 〈그림 10-1〉과 같다. 즉 판매자와 거래를 원하는 잠재 및 실제 고객의 집합인 시장의 욕구와 필요에 따라 상품·서비스가 개발되고, 여기서 고객이 참된 가치(Value) 발견하고 만족을 느끼게 되면 원활한 거래가 이루어지며 고객과의 관계(Relationships)가 성립되는 것이다. 마케팅은 이러한 과정의 촉진제 또는 윤활제 역할을 한다. 다시 말해서 마케팅활동은 고객의 욕구를 파악하고 필요를 자극하는 일에서부터 실제 구매가 발생한 다음의 사후관리에 이르기까지의 모든 진행과정에 관여된다고 할 수 있다.

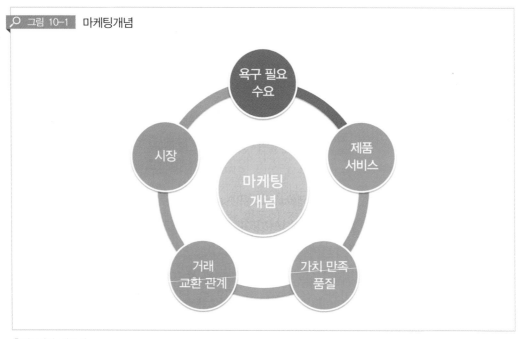

🔍 그림 10-1 마케팅개념

출처: 저자 재구성

무엇을 최우선 순위로 삼는가에 따라 해당 기업의 마케팅철학을 알 수 있다. 〈그림 10-2〉에서 볼 수 있듯이 호텔산업의 마케팅개념도 다른 산업의 경우와 마찬가지로 여러 단계를 거치며 진화해 왔는데 마케팅 접근철학은 무엇을 지향하는 가에 따라 생산개념, 상품개념, 판매개념, 마케팅개념으로 진화해왔다.

1) 생산개념(Production Concept)

생산개념은 고객의 최우선 관심사를 저렴한 가격인 것으로 간주한다. 따라서 상품/서비스 생산에 따르는 비용을 절감하고 고객에게 신속하고 효율적인 상품/서비스를 생산하는데 노력을 집중한다. 그러나 이러한 생산지향적인 경영방식은 종업원의 생산성을 추구하는 과정에서 종종 고객의 욕구를 무시하는 결과를 낳았다.

예를 들어 손님이 밤 10시 반에 자신이 투숙하고 있는 호텔의 레스토랑에 갔다. 늦은 시간이라 레스토랑에는 손님이 몇 테이블 밖에 없었으므로 많은 공간적 여유가 있었다. 그럼에도 불구하고 손님들은 모두 한 구석에 모여 앉아 있었다. 이 손님은 창가에 앉기를 원했지만 웨이터가 내키지 않는 기색을 하자 다른 사람들과 마찬가지로 주방 앞에 앉기로 했다. 거의 텅 빈 레스토랑의 한 구석에서 손님은 때아닌 혼잡을 경험해야만 했다. 이와 같은 상황은 손님의 욕구보다는 식당의 편의와 생산성을 위주로 하는 생산개념의 대표적 예이다.

2) 상품개념(Product Concept)

상품개념은 고객은 항상 우수한 품질을 추구한다는 가정 하에서 만들어졌다. 이러한 시장접근전략은 고객보다는 상품 자체에 몰입한다. 즉 고객의 근본적인 욕구가 무엇인가를 알려하기보다는 상품 그 자체에 집착하는 '마케팅 근시'적 오류를 범하기 쉬운 것이다.

가령 객실요금에 식사까지 포함하는 미국의 고급서비스 호텔 중 다수는 전통적인 테이블서비스를 고집해 왔다. 그러나 이러한 방식은 식생활의 변천과 함께 신속하고 간단한 식사를 원하는 현재 시장의 욕구를 더 이상 반영하지 못하였다. 이에 대해 마케팅 컨설턴트들은 호텔 객실의 쓰레기통에 버려진 햄버거 포장지와 피자박스들을 보면 최근 고객들의 음식선호 추세를 알 수 있을 것이라고 충고했다. 이와 같은 사례는 고객의 욕구 충족보다는 상품 자체만이 중시되는 마케팅 철학을 잘 대변하고 있다.

3) 판매개념(Selling Concept)

판매개념은 제반 판매활동과 촉진도구를 사용하여 어떻게든 고객들이 더 많은 양의 상품 또는 서비스를 구매하도록 설득하려 애쓰는 것이다. 그런데 이러한 시장접근전략의 문제점은 고객이 구매하고 싶어 하는 상품과 서비스를 개발하고 생산하는 데는 큰 관심을 두지 않고 이미 생산되어져 있는 상품과 서비스의 판매에만 집중하고 있다는 것이다. 이러한 판매자위주의 마케팅을 수행하는 기업은 판매가 발생하기까지의 광고 및 홍보에 만 주력하고 사후 고객만족관리에는 보통 소홀히 한다. 따라서 이러한 전략은 매우 근시 안적이고 단기적인 시장접근방법이라고 할 수 있다.

4) 마케팅개념(Marketing Concept)

마케팅개념은 앞에 나열한 시장접근방법과는 달리 경영방침 및 기업목표를 고객만족 (또는 고객욕구 충족)으로 삼는 것으로, 최근 시장지향적인 주요 호텔체인들이 따르고 있는 마케팅 동향이다. 이들이 따르고 있는 마케팅개념은 경쟁호텔보다 더욱 효율적으로 시장의 욕구와 필요를 충족시키자는 것이다. 이러한 마케팅 철학은 고객이 기업생존의 열쇠를 가지고 있다는 사실을 인식하는 데서 비롯된다. 마케팅개념에서는 호텔의 시장점 유율과 판매수익이 고객을 얼마나 최대한 만족시키느냐에 따라 결정되는 것으로 보고 있다. 따라서 오늘날 이윤극대화를 위한 호텔산업에서의 경쟁은 판매경쟁보다는 고객만 족경영이 되어야 한다고 말할 수 있다.

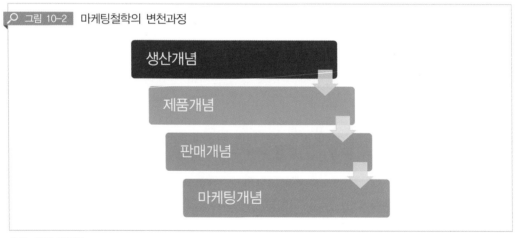

🔍 그림 10-2 마케팅철학의 변천과정

출처: 저자 재구성

마케팅철학이 시대에 따라 변해왔듯이 호텔상품도 진화를 거듭해왔다. 〈그림 10-3〉 에서 보듯이 처음 그랜드호텔은 귀족이나 부유층 등 소수 특권층의 전유물이었다. 그러 나 1908년 미국 버펄로에 Statler 호텔이 개업하면서 호텔의 높은 문턱은 사라지고 일반

대중들도 상용호텔을 이용할 수 있게 되었으며, 1950년대에 이르자 모텔이 대대적으로 소개되면서 호텔산업은 모든 계층을 아우르게 되고 외연이 크게 확장되었다. 20세기 후반이 되자 호텔 상품 그 자체보다는 친절한 직원 등의 서비스가 호텔을 선택함에 있어 중요한 가치기준이 되었다. 그리고 21세기가 되면서 많은 고객의 욕구는 자신의 개인적인 취향과 선호도가 제대로 반영되고 또한 최신 기술이 완비된 호텔에서 좋은 숙박체험을 할 수 있게 되기를 원하고 있다.

그림 10-3 호텔 상품의 변천과정

19세기	20세기 초반	20세기 중반	20세기 후반	21세기
• Grand Hotel • 귀족이나 부유층과 같은 특권층의 전유물	• Commercial Hotel • 대중적인 호텔에서 개인용 객실을 이용	• Motel • 접근이 쉬운 숙소에서 값싸고 편리하게 객실 이용	• 서비스 • 친절한 직원의 서비스가 호텔 선택에 중요	• 경험 • 개인화된 상품과 서비스 • 최신 기술 활용

출처: 저자

3. 호텔의 손님(고객)

호텔의 객실을 이용하는 사람을 손님(Guest)이라고 한다. 그래서 호텔에서는 객실(Guestroom)이라고 부르고 있기도 하다. 호텔을 이용하는 손님들은 매우 다양하다고 할 수 있다. 특히 여행을 즐기는 사람들은 대부분 호텔에서 유사한 형태로 숙박 및 식사를 해결하고 있다. 호텔 손님을 체계적으로 분류하는 것도 투숙객을 이해하여 이를 경영에 반영할 수 있다는 측면에서 중요하다고 할 수 있을 것이다. Gomes(1985)는 호텔의 손님을 크게 다음과 같은 유형으로 분류하였다.

1) 기업 개별손님(Corporate Individual Guests)

이는 비즈니스를 목적으로 여행을 하는 개인들이며, 또한 어떤 형태로도 단체여행객에 속하지 않는다. 이들은 하루 혹은 이틀 정도 호텔에 투숙하는 경향이 있다. 기업체 손님들은 대부분 자주 호텔을 이용하며 연간 약 15~20여 회 정도 호텔을 이용한다. 개별 비즈니스 손님들은 비교적 비용에 덜 민감한 편이며, 또 호텔 측이 자신을 인지해주는 것과 특별한 대우 등 대접을 원하는 성향이 높다.

2) 기업 단체손님(Corporate Group Guests)

기업체도 단체로 비즈니스 목적으로 여행을 하고 있다. 그러나 개별 비즈니스 손님과는 달리 이들은 보통 호텔 또는 호텔이 위치하는 지역의 다른 장소에서 개최되는 콘퍼런스(conference) 또는 회의에 참석하려고 여행을 한다. 이들은 기업 내의 여행담당 부서나 여행사를 통해 호텔객실을 집단으로 예약을 하고 이용한다. 이들의 평균체류기간은 약 2일에서 4일 사이다.

3) 컨벤션·협회 단체손님(Convention and Association Group Guests)

이 단체손님들이 단체 비즈니스 손님과 다른 점은 규모이다. 컨벤션이나 협회행사에 참가자가 때로는 수천 명에 이르기도 한다. 일반적으로 컨벤션 참가자들은 가격협상을 거쳐 할인된 가격으로 객실·식사 및 기타 부대 서비스를 포함하는 패키지(Package)를 제공하는 대규모 호텔을 이용한다. 적은 수의 객실과 한정된 컨벤션 시설을 보유한 호텔들은 비수기(off-season)에 대폭적으로 할인된 가격을 내세워 이들 단체고객들을 유치하려 한다. 컨벤션 참가자들은 보통 객실을 공유하고 보통 약3일에서 4일 정도 호텔에 체류한다.

4) 여가여행 손님(Pleasure-Traveling Guests)

여가여행 손님들은 종종 가족과 함께 여행을 하는데 그 목적은 관광 또는 친구 및 친족들을 방문하는 것이라고 말할 수 있다. 리조트호텔을 제외하면, 이들은 보통 하루 정도 호텔에 투숙하며 객실은 부부와 그들의 자녀들이 사용한다. 이들은 보통 성수기(Peak Season)에 여행을 하기 때문에 특정단체의 회원이 아닌 경우 할인혜택을 제공받지 못하는 경우가 많다.

5) 장기체류·이주 손님(Long-term Stay and Relocation Gguests)

이 손님들은 주로 이주하는 개인 또는 가족으로서 새로운 거주지를 찾을 때까지 한정적으로 호텔을 이용하거나 장기 출장자인 경우가 많다. 이들은 주로 약간의 취사시설과 일반 객실보다 좀 더 넓은 주거공간을 가진 객실을 선호한다.

6) 항공사 손님(Airline-related Guests)

항공사들은 호텔과 가격협정을 통하여 승무원들을 호텔에 투숙하게 한다. 또한 기상이변 등으로 예상치 못한 숙박이 필요한 손님들에게 객실을 제공하고 있다. 이들이 이용하는 객실들은 보통 최저 가격으로 집단으로 예약된다.

7) 정부·군인 손님(Government and Military guests)

이 손님들은 출장을 하는 정부 관리나 군인들로서 이들에게는 협정에 의해 미리 결정된 대폭 할인된 가격으로 객실이 제공된다. 보통 정부 혹은 군대조직과 서비스 수준에 대한 계약을 마친 제한된 수의 호텔들만이 이들에게 객실을 제공한다고 할 수 있다.

8) 지역주민 손님(Regional Getaway Guests)

호텔들은 비수기에 대폭 할인된 가격으로 같은 지역에 사는 주민손님들을 대상으로 단기체류형 객실을 판매하기도 한다. 이들에게는 객실 외에 약간의 식사와 오락프로그램이 제공된다.

🔍 그림 10-4　호텔 손님의 유형

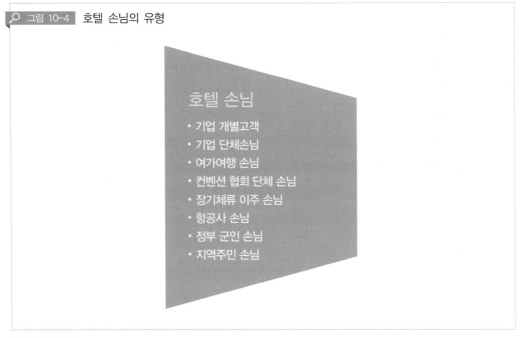

호텔 손님

- 기업 개별고객
- 기업 단체손님
- 여가여행 손님
- 컨벤션 협회 단체 손님
- 장기체류 이주 손님
- 항공사 손님
- 정부 군인 손님
- 지역주민 손님

출처: 저자 정리

4. 마케팅관리(Marketing Management)

　마케팅관리는 고객행동, 마케팅 조사, 시장세분화·표적화·포지셔닝의 단계를 거친다. 고객행동 분석은 마케팅 활동에 대한 고객의 반응, 고객의 욕구를 결정하는 개인적·심리적·문화적·사회적 요인을 파악하는 것을 말한다. 마케팅 조사는 시장에 대한 심층 정보를 수집하고 분석하는 것이다. 시장세분화·표적화·포지셔닝은 고객의 욕구와 경쟁 제품을 고려하여 시장을 세분화하는 것으로 세분시장 가운데 해당 호텔의 강점을 극대화할 수 있는 시장을 개발하는 표적마케팅 방법이다.

　표적마케팅(Target Marketing)은 마케팅 활동에서 가장 중요한 부분으로 시장세분화, 시장표적화, 시장포지셔닝의 세 단계로 구성된다. 1단계는 시장세분화(Market Segmentation)인데 호텔의 서비스를 원하는 고객들을 구분하고 그 특징을 규명하며, 시장세분화의 기준을 선정해서 세분시장에 대한 개요를 개발한다. 2단계 시장표적화(Market Targeting)는 세분시장의 매력도를 측정하는 척도를 개발하고 표적세분시장을 선택하는 단계이다. 3단계인 시장 포지셔닝(Market Positioning)은 경쟁시장에서의 위치 설정과 적절한 마케팅 믹스를 개발하는 것이다.

🔍 그림 10-5 | 표적마케팅의 단계

시장 세분화(Segmentation)

시장 세분화의 기준 식별   세분화된 시장 별로 프로필 개발

시장 표적화(Targeting)

세분시장의 매력도 측정 척도 개발   표적 세분시장의 선정

시장 포지셔닝(Positioning)

표적 세분시장의 포지셔닝 개발   표적 세분시장에 적절한 마케팅믹스 개발

출처: 저자 재구성

    시장세분화에 대한 구체적인 사례를 보면 서울시내 특1급 호텔은 세분시장을 크게 비즈니스(Business)와 여가(Pleasure) 고객으로 구분하고 있으며, 각 세분시장은 다시 FIT(개인)과 Group(단체)으로 분류하고 있다. 또한 Pleasure 개인시장을 "Package"시장과 "FIT(Foreign Independent Traveler)"시장으로 재분류하고 있다. 종합적으로 〈표 10-1〉과 같이 서울지역 특1급 호텔은 객실고객을 Business FIT(Corporate), Business Group, Pleasure FIT, Pleasure Package, Pleasure Group, Airline Crews, Others의 7가지 세분시장으로 구분하고 있다.

| 표 10-1 | 서울지역 특1급 호텔 객실고객의 세분시장

	FIT	Group
Business	Business FIT(Corporate)	Business Group
	Airline Crews	
Pleasure	Pleasure Package Pleasure FIT	Pleasure Group
Others	Others	

출처: 정규엽·이창호

5. 마케팅믹스(Marketing Mix)

마케팅믹스란 호텔기업이 표적시장에서 마케팅 목표를 달성하는데 이용되는 도구의 집합을 의미한다. Kotler는 마케팅믹스는 시장세분화 과정이 전제되었을 때 비로소 의미가 있다고 주장하였다. 마케팅믹스의 개념은 1960년대 미국 하버드대학의 Borden교수에 의해 처음 제창되었는데, 그는 12가지 요인들이 마케팅 프로그램을 구성하는데 고려되어야 한다고 지적했다. 이 12가지 요인들이란, 제품계획, 가격결정, 상표화, 유통과정, 인적판매, 광고, 촉진, 포장, 진열, 서비스, 물적유통, 시장발견과 분석을 말한다. 그 후 McCarhy는 이러한 마케팅믹스 요소들을 4P's 알려진 4개 항목 즉, 상품(Product), 가격(Price), 촉진(Promotion), 유통(Place)으로 단순화하여 마케팅학계에 일반화 시켰다.

그런데 최근 이 4P's 모델은 다소 제한적인 면을 드러내고 있다. 그래서 Booms & Bitner는 서비스산업의 마케팅믹스로 7가지 요소를 제시했는데, 기존의 4P's에 인적자원(People), 서비스전달과정(Process), 물적 증거(Physical Evidence) 등의 요소가 추가되고 있다.

1) 상품도구

가. 고객의 추구 효익 파악

서비스 상품개발 및 관리의 첫 단계는 고객이 추구하는 핵심 효익을 이해하는 것이다. 서비스고객이 구매하는 것은 유형적인 것이 아니라 바로 이 효익이기 때문이다. 고객이 추구하는 효익에는 편리, 신속성, 친절, 안전, 지위 및 명성, 사생활 보호 등 여러 가지 종류가 있을 수 있다. 고객의 핵심적인 추구 효익을 파악하기 위해서는 체계적인 시장조사가 필수적이다. 서비스는 구체적인 형체가 없으므로 품질의 비교분석이 용이하지 않기 때문에, 철저한 시장분석을 통해야만 자사의 서비스가 현재 시장에서 어떻게 인식되고 있으며, 과연 어디에서 차별적 우위를 확보할 수 있는지 파악할 수 있을 것이다. 과거 Marriott Corporation은 유명한 경영대학의 교수들과 더불어 객실, 식음료, 휴식공간, 부대시설, 외부요인 등 숙박업에 관한 모든 부문에 대해 시장조사를 했다. 그리고 이러한 고객자료를 바탕으로 1983년 기존 숙박형태에서 탈피한 새로운 호텔세분시장의 브랜드인 "Courtyard by Marriott"을 개발하였다. 그 결과 Courtyard는 비즈니스 여행자들의 욕구와 필요를 성공적으로 충족시켰으며, 1994년에는 300개의 체인 수를 기록하는 급성장을 할 수 있었다. 이와 같이 서비스마케팅 관리자는 고객과 밀착하여 그들의 욕구와 필요, 그리고 불만족 요인까지도 귀중한 정보로 활용하여 기업성장의 기회로 전환시켜야 한다.

나. 서비스 이미지 전략

서비스는 무형적 속성 때문에 뚜렷한 이미지 없이는 잠재고객의 의식 속에 저장되기 어렵다. 서비스의 이미지가 제대로 구축되어야 고객은 그것에 걸맞은 기대를 하며 구매의 사결정을 내리게 된다. 따라서 기업이 제공하는 서비스를 구체화, 형상화하여 잠재고객의 인식 속에 바람직한 위치정립을 해주는 일관성 있는 이미지 관리가 필요하다. 서비스마케팅에서는 브랜드의 이름이 차별화에 미치는 영향이 일반마케팅의 경우보다 크므로, 기업이 전달하고자 하는 이미지와 잘 어우러지는 브랜드의 선정 또한 중요하다고 하겠다. 호텔의 경우 Marriott Marquis는 귀족적 이미지를, Quality Inn은 질적 이미지를, 그리고 Viscount Hotel은 Value(가치)와 Discount(할인)의 내용을 브랜드에 내포하고 있다.

다. 물리적 환경

서비스는 서비스의 결과만큼이나 서비스가 제공되는 과정이 중요하다. 이는 고객이 서비스의 생산에 참여하여 서비스가 제공되는 시간동안 직접 서비스환경에 처해있기 때문이다. 핵심서비스 상품과 서비스 제공과정은 분리하여 생각할 수 없다. 물리적 환경은 서비스 제공과정에서 소비자의 만족도를 결정하는 중요한 요인이다. 물리적 환경에는 디자인요인, 분위기요인, 사회적요인 등 세 가지의 요인이 있다. 디자인요인은 건축양식, 실내구조, 색채와 같은 시각적 요인을 말하며, 분위기요인은 음악, 향기, 실내온도 등 비시각적 효과를 내는 요인들을, 그리고 사회적요인은 호텔종업원이나 타 고객 등 서비스 환경의 공간을 공유하는 사람들을 의미한다.

2) 가격도구

가격은 고객으로 하여금 호텔상품에 대한 지각과 기대를 형성하게 하고 가격민감성에 의한 시장세분화를 가능토록 하며 표적시장을 선별적으로 유인하는 전략적 요소이다. 가격은 경쟁업체들보다 낮게 책정될 때 고객에게 그들이 지불한 금액당 가치를 더해주고 경쟁력을 제공하지만, 낮은 가격에 의한 중저가 이미지가 형성되면 고급고객의 유치에 어려움이 생기기도 한다. 유형제품의 경우, 가격파괴의 바람을 타고 최근 곳곳에 생겨난 창고형 할인점은 시장의 욕구와 맞아떨어져 큰 호응을 얻고 있지만, 호텔서비스 상품은 무형서비스를 구매하는데 따른 지각위험성이 높고 서비스상품 자체의 감성적 요인이 강하기 때문에 가격결정은 신중히 이루어져야 한다. 따라서 호텔상품의 가격을 결정할 때는 먼저 표적시장을 선정해야 하며, 시시때때로 경제환경에 따른 표적시장의 가격민감성 추세 및 시장규모의 변동을 파악하여 이에 시의적절하게 대처해야 한다.

3) 유통도구

호텔상품의 유통과정이 일반 유형제품의 유통과 다른 점은, 일반 제품은 중간상인과 같은 유통경로를 거쳐 최종 소비자가 있는 곳으로 가지만, 호텔의 경우는 그 반대로 고객이 여행사 등의 유통경로를 통해 호텔로 찾아간다는 점이다. 따라서 제조업의 경우에는 공장이 어디에 위치하건 소비자에게 큰 의미가 없지만, 서비스의 생산지인 호텔은 호텔건립의 타당성을 조사하는 단계에 있어 표적시장이 쉽게 호텔을 이용할 수 있는지에 대한 접근성과 입지성이 충분히 고려되어야 한다.

호텔상품의 판매는 첫째, 여행사, 전문예약회사, 국제 호텔소개 시스템, 여행브로커 등의 다양한 유통경로를 통해 이루어지기도 하며 둘째, 호텔 자체가 프랜차이징(Franchising), 위탁경영계약(Management Contract) 등에 의해 체인화 되어 다수 체제로 시장접근 및 확장이 이루어지기도 한다. 유형재화의 경우에도 그러하듯이 어떠한 유통경로를 채택하느냐에 따라 시장에 미치는 영향과 판매수익에도 차이가 나타날 수 있다. 그러므로 호텔업에 있어서도 각 유통경로의 성격과 장단점에 대한 이해가 있어야 하며, 각 호텔상품에 적절한 경로의 선택 및 관리가 이루어져야 한다.

4) 촉진도구

호텔서비스 상품은 무형적 요소가 강하기 때문에, 이러한 무형적인 서비스의 질과 가치를 잠재고객의 마음에 선명하게 부각시키고 구매욕구를 자극하는데 다소 어려움이 따른다. 따라서 호텔의 촉진전략이 설득력이 있기 위해서는 호텔에서 제공하는 서비스가 고객에게 제공되는 효익과 가치를 바로 이해하고, 이를 구체화하고 형상화하여 고객에게 소구(Appeal)될 수 있는 유형 이미지로 전환시켜 시장에 전달해야 한다. 표적시장과의 커뮤니케이션을 위해서는 크게 광고, 판매촉진, 인적판매, PR 등의 도구를 사용하는데,

이 네 가지 요소를 촉진믹스(Promotion Mix)라고 부른다. 이러한 촉진도구와 매체를 적절히 사용할 때 시장에서 원하는 차별적 효과를 거둘 수 있다.

6. 관계마케팅(Relationship Marketing)

1) 관계마케팅의 개념

Davidow는 "많은 기업들은 그들의 장래가 현재 자기 회사의 상품을 이용하는 고객이 앞으로도 재구매를 하느냐의 여부에 달려 있다는 사실을 이해하지 못하고 있는 것 같다"라고 주장했다. 이는 고객창조뿐만 아니라 고객재창조가 얼마나 중요한가를 일깨워주는 말이다. 대다수 기업들의 마케팅활동은 기존의 고객집단에 더욱 가까이 다가감으로써 그들과 밀착된 관계를 구축·유지하는 데 특별한 주위를 기울여야 할 것이다.

고객과의 관계는 호텔과 같은 서비스산업에서 특별한 중요성을 지닌다. 새로운 고객을 창출하거나 경쟁호텔의 고객을 끌어오는 것보다는 현재 우리 호텔을 찾는 고객들의 충성도(Loyalty)를 향상시켜 단골고객으로 만드는 것이 매출향상이나 홍보비용 면에서 훨씬 효율적이기 때문이다. 이렇게 고객과의 서비스 접점(Service Encounter)을 관리하여 그들과의 관계를 형성·유지·발전시킴으로써 굳건한 고객기반을 다지려는 노력이 관계마케팅이다.

호텔을 찾는 고객은 대부분 호텔서비스를 한번 이용하고 마는 것이 아니라 계속해서 호텔을 사용할 필요를 갖고 있는 사람들이다. 소비자들은 호텔을 선정할 결정권이 있으며, 많은 호텔들이 이용 가능한 까닭에 선택의 여지가 많고 따라서 전환율도 높다. 호텔서비스는 구전(Word of Mouth)에 의해 주로 홍보되며 이에 따라 고객이 창출되는 경우도 많이 있다. 관계마케팅은 고객과 보다 긴밀하게 밀착시켜 관계를 강화하고 돈독히 하는 것으로서 경쟁호텔이 쉽게 따라 할 수 없는 특정 호텔만의 고유한 차별화전략이 되어야 할 것이다.

2) 관계마케팅의 특징

관계마케팅의 특징은 다음과 같다. 첫째, 상품·서비스의 질보다는 고객과의 관계의 질을 더욱 중시한다. 즉, 상품·서비스관리 중심에서 고객의 관리 및 관계구축 중심으로

마케팅의 초점이 바뀌었다. 둘째, 시장점유율보다는 고객점유율을 핵심으로 한다. 시장점유는 전체 시장 속에서 우리의 매출액이 차지하는 비율을 나타내는 규모중심의 척도이지만, 고객점유는 한 고객의 소비액 중 우리 서비스의 구매총액이 어느 정도인가를 나타내는 범위중심의 척도이다. 즉 관계 마케팅은 신규고객 쟁탈전에 발을 구르기보다는 기존고객의 재구매를 유도함으로써 고객 1인당 이윤효과(Profit per Customer)를 높이는 것이다. 셋째, 광고·판촉 중심의 일방적 커뮤니케이션이 아닌, 인적판매 중심의(호텔의 경우 각 업장) 소규모 단위(unit) 전략이다.

관계마케팅의 개념은 기존의 거래마케팅(Transaction Marketing)과 비교될 때 더욱 명확해진다. 관계마케팅은 고객과의 지속적이고 친밀한 관계를 형성하려고 노력하는 것임에 반해서, 거래마케팅은 그저 한 거래를 성사시키는 것을 그 목표로 한다. Levitt은 고객과의 관계를 '결혼'에 비유하고 있다. 즉 하룻밤의 사랑(One Night Stand)으로 그치는 것이 아니라, 지속적으로 서로에게 충실하고 관심을 가지고 함께 문제를 풀어나가며 서로에게 한 약속을 지키는 관계를 말한다.

3) 관계마케팅의 효익

관계마케팅의 효익에는 크게 두 가지가 있다. 첫째 효익은 고객이 유지된다는 점이다. 기존고객의 유지는 고객점유율을 높여주며, 이것은 결과적으로 시장점유율의 현저한 상승효과를 가져온다. 새로운 고객을 유치하는 것보다 기존의 고객이 한 번 더 호텔을 찾도록 유도하는 것이 홍보비용과 노력면에서 훨씬 더 효율적이다. 이것은 호텔산업의 경우 더욱 그렇다. 새로 나온 신상품을 소개하는 경우에도 비고객보다는 기존고객으로의 확산이 더욱 용이하다는 보고도 있다.

고객과의 밀착된 관계를 유지함에 따르는 다른 효익은 고객들로부터 귀중한 시장정보와 그들의 욕구·필요에 대한 자료를 직접 얻을 수 있다는 것이다. 상호작용적 관계가 형성되면 고객은 그들이 현재 경험하는 불편을(사소한 것일지라도) 토로하거나 새로운 상품 아이디어를 제안할 만큼 충성도와 친숙도, 그리고 정성을 갖게 된다. 따라서 고객이 제공하는 자료를 바탕으로 하여 서비스를 개선하고 참신한 서비스상품 개발을 할 수 있게 되는 것이다.

4) 고객충성도(Customer Loyalty)

고객은 충성도에 따라 예상고객, 고객, 단골고객, 지지자, 옹호자로 나눌 수 있다(〈그림 10-6〉). 많은 기업은 예상고객을 발견해내는데 과도한 관심을 기울이고 있고, 그들을 고객으로 전환하려고 노력한다. 그러나 관계마케팅의 표적시장은 기존고객이다. 즉호텔산업의 경우, 우리 호텔을 찾은 고객을 정규고객으로 전환시켜 계속해서 이용하고 반복구매를 하도록 유도하는 것이다. 관계마케팅의 목표는 고객을 점진적으로 충성도 사다리 위쪽으로 이동시켜 궁극적으로는 지지자, 그리고 옹호자로 만드는 것이다. 특별할인이나 우수고객 골드카드, 회원제 도입 등은 고객의 반복구매를 유도하여 단골고객으로 만드는데 중요한 역할을 하겠지만, 이는 경쟁사들에 의하여 쉽게 모방될 수 있는 방법들이다. 고객을 호텔의 적극적인 지지자 및 옹호자로 만드는 것은, 서비스의 가치전달과 고객과 접점하는 '진실의 순간'(Moments of Truth)의 참된 고객감동 없이는 불가능하다.

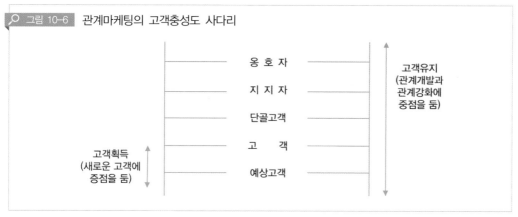

> 그림 10-6 관계마케팅의 고객충성도 사다리

출처: 이화인

특정 기업의 작은 서비스나 상품의 차별화에 감동한 고객은 더 큰 서비스의 차별화를 기대하며 점차 자신의 충성도를 발전시켜 나간다. 가령 대학을 갓 졸업한 사회초년생이 A사의 소형차를 구입하고는 완전히 만족하였다면, 후에 가정이 생기고 중형차가 필요하게 되거나 중년이 되어 사회적으로 성공하여 고급차를 원할 때도 계속 A사의 차를 고집하게 될 것이다. 이것은 다층마케팅(Tier Marketing)의 개념으로, 고객이 상품·서비스 계열에 관심을 갖기 시작한 초기에 저가의 상품으로 고객만족을 실현하여 장차

고가의 상품을 구입하도록 유도하는 평생고객관리 시스템이다. 호텔기업에서도 이 다층 마케팅이 시도되고 있다. 가령 Marriott 체인은 Fairfield Inn(중저가)과 Courtyard by Marriott(중간가격)에서 폭넓은 시장을 형성하여 이들이 점차 Marriott Suites의 고객이 될 것을 기대하고 있다. 중저가 호텔상품에서 차별화된 서비스를 경험하고 만족을 한 고객은 고가의 상품을 구매할 때에도 자신이 신뢰할 수 있는 호텔기업의 상품을 찾게 된다.

제2절 **인적자원 관리**

1. 인적자원관리의 의의 및 호텔 인사부서

호텔에서 고객만족이 더욱 중요해짐에 따라 매일 고객과 접촉하고 있는 종사원들에 대한 관리가 더욱 강조되고 있다. 호텔 인적자원관리란 호텔기업의 목표달성을 위해 필요한 인적자원을 확보하고, 경쟁력 있는 인적자원을 효율적·효과적으로 개발하며, 종사원에게 맡은 직무(Job)에 대한 만족을 제공함으로써 개발된 능력을 유지·발전시키려는 의도를 내포한 경영활동을 의미한다.

일반적으로 노동력(Labor) 또는 인간능력은 자금(Capital) 및 물자(Material)와 함께 기업 경영활동의 중요한 자원으로 인식되고 있으며, 또한 노동력의 질에 관한 문제는 직무와 함께 현대 인적자원관리의 핵심 과제가 되었다. 따라서 기업경영 차원에서 우수한 인적자원의 확보와 파악·육성·개발·유지·동기부여 등에 관심을 가져야 한다.

인적자원관리는 첫째, 호텔기업 구성원의 생산성 및 경쟁력 향상을 통하여 호텔기업의 목표달성에 공헌하고 둘째, 조직 내의 이해집단(Stakeholders) 간의 의사조정을 통하여 기업과 구성원의 상호이익을 추구하며 셋째, 구성원들의 개성 및 인격을 존중함으로써 인간성 회복에 공헌하고 마지막으로, 성과 또는 능력위주의 관리로 구성원의 창조적 능력과 혁신적인 사고의 개발을 목표로 한다.

호텔에서 인사관리부서의 핵심 기능은 직원의 채용, 복리후생, 교육 및 훈련이다. 먼저 인사부는 직원을 채용하고, 승진 및 부서 이동과 같은 경력관리, 직무의 분석 및 평가,

인사고과의 평가, 급여관리, 국민연금·의료보험·고용보험 등에 대한 업무를 수행하고 있다. 그리고 노무부에서는 직원들의 복리후생제도와 복리후생시설의 관리, 취업규칙과 노조관련 업무, 직원들의 고충 및 상담의 관리, 직원 징계 및 포상의 관리, 직원의 건강관리 등에 대한 업무를 하고 있다. 또한 교육부에서는 신입사원의 오리엔테이션 교육, 어학교육, 해외연수, 팀워크교육 등 직능별 교육과 업무능력 제고 프로그램 등을 관리하고 있다.

2. 직무관리

호텔기업의 규모가 확대되고 복잡하게 됨에 따라 조직 내에 새롭고 다양한 직무가 생겨났다. 특히 전문화(Specialization)와 분업화로 특징지어지는 현대 기업조직에서 직무의 종류는 점점 더 다양해지고 있다. 호텔산업에서 종사원이 수행해야 할 직무의 내용과 성격을 분석하여 직무 수행시 요구되는 능력이나 책임 등과 같은 요건들을 설정하기 위하여 직무연구가 필요하다. 즉, 직무와 직무상 인간의 상관관계를 파악하는 과정이 중요하게 인식되고 있다.

직무의 내용이나 성격을 분석하여 해당 직무를 수행하기 위해 필요한 조건들을 연구하는 것을 직무분석(Job Analysis)이라 한다. 직무분석의 결과는 직무기술서(Job Description)와 직무명세서(Job Specification)에 기록된다. 직무분석의 결과는 직무평가(Job Evaluation)와 인사고과(Performance Evaluation)에서 활용된다.

1) 직무분석

Yoder는 직무분석을 각자의 직무에 대한 제반 사실을 규명·기술하는 과정이라고 정의했다. 즉 직무분석은 관찰 또는 연구를 통하여 특정 직무의 성격, 직무 수행상 종사원에게 요구되는 숙련도·지식·능력·사명감과 같은 제 요건을 파악하는 과정이라고 할 수 있다. 직무분석을 수행함에 있어서 직무분석 방법의 선택(면접, 설문서, 혼합, 현장관찰), 직무분석을 수행할 담당자의 자질 및 주관, 직무분석의 목적인 직무에 대한 설명이 중요하다. 직무분석을 통해 수집되는 정보에는 직무 목표, 목표를 달성하는데 소요되는 구체적인 과업(Task), 직무수행 표준, 필요한 지식과 기술, 요구되는 교육과 경험 등이 있다. 이러한 정보는 직무기술서와 직무명세서를 개발하는데 활용된다.

가. 직무기술서

직무기술서(Job Description)는 직무분석의 결과로 나타난 모든 중요한 사실과 정보를 관계된 모든 직원들이 쉽게 이해할 수 있도록 정리·기록한 서식이다. 직무기술서는 주로 직무명칭(Job Identification), 직무요약(Job Summary), 직무내용(Job Content), 직무요건(Job Requirement) 등에 대한 정보를 포함하고 있다. 그리고 직무기술서는 첫째, 무엇을 해야 하는가? 둘째, 언제 해야 하는가? 셋째, 어디서 해야 하는가? 와 같은 질문에 답하도록 작성되었다.

일반적으로 직무기술서는 크게 세 분야로 구분할 수 있다. 첫째, 표제(Heading)부분으로서 직무명과 그 직무가 속하는 부서에 대하여 서술하며, 직무명과 인원 수, 직무명에 따른 근무시간, 근무요일 및 근무교대, 그리고 직무담당자가 보고해야하는 관리자 등에 대한 정보가 포함된다. 둘째, 직무요약(Summary)부분으로 직무에 따르는 임무를 기록하며 직무의 본질과 목표에 대한 기본적인 이해를 용이하게 하고 교육 및 훈련을 위한 좋은 자료가 된다. 셋째, 직무에 대한 구체적인 임무에는 직무의 개괄적인 기술, 직무를 수행하는데 소요되는 도구 및 기계 등에 대한 개요, 직무담당자의 자세, 직무에 사용되는 원재료, 가장 밀접하게 연계되어 있는 직무와의 상호 관계, 직무에서 요구되는 직무경험과 승진과의 연계성, 직무 수행상 요구되는 교육·훈련 분야, 임금·급여, 근무시간, 온도, 습도, 조도, 환기 등의 작업환경 및 조건 등이 기재된다.

잘 작성된 직무기술서는 해당 직무에 종사하는 사람이 업무수행에 요구되는 단계적인 지침으로 이용되고 종사원의 업무성과를 평가하는 데도 도움이 되며 신입 종사원에게 직무에 요구되는 구체적인 내용을 숙지하게 함으로써 좋은 오리엔테이션 자료가 될 수 있다.

나. 직무명세서

직무명세서(Job Specification)는 직무를 수행하는데 요구되는 종사원의 자격(Qualifications)에 대해 서술한 것이다. 직무명세서는 호텔의 종사원이 되고자 할 때 숙지해야 할 최소자격으로 예비 종사원의 자격을 평가하는 적절한 표준지표로도 이용된다.

| 표 10-2 | 직무기술서의 예

직무기술서: 1st Street Steak

직무명	서버(Server)
관리자	홀 매니저
근무시간	유동적(근무 요일과 시간이 주에 따라 다름)

임무

① 서버는 영업시간 1시간 전에 도착하여 관리자에게 보고한 후 개점준비를 돕도록 한다.

② 서버들은 근무시간은 홀 매니저에 의해 할당된다. 근무 스케줄은 전주 금요일에 공고하며, 일주는 일요일부터 시작된다.

③ 서버들은 물을 따르고, 식사 및 음료 주문을 받으며, 주문내용을 주방과 바에 알리고, 준비된 식사 및 음료를 내어주고, 계산서를 손님에게 제시 하고, 테이블을 청소하고 끝난 후에는 다시 테이블을 재정리한다.

④ 서비스 절차: 식사는 손님의 왼쪽에서, 음료는 손님의 오른쪽에서 서빙한다. 모든 접시, 컵, 쟁반 등은 손님의 오른쪽에서 치우도록 한다.

⑤ 개점시간 15분전에 서버들에게 당일스페셜, 서비스 기술 등과 그 외 중요한 사항에 대한 브리핑을 실시한다.

⑥ 팁은 공동으로 관리한다. 모아진 팁의 10%는 바텐더들에게 제공되고 나머지는 서버들에게 균등하게 지급된다. 팁의 배분은 익일 행한다.

⑦ 서버들은 자신의 유니폼을 다음과 같이 준비해야 한다: 검정색 바지 또는 치마, 긴소매에 단추가 달린 흰색 셔츠, 검정색 보타이, 굽이 낮으며 광택이 나는 검정색 신발. 하이힐 착용 금지, 서버들에게는 자기 유니폼 관리에 소요되는 비용 $5를 매주 지급한다.

⑧ 개인용모에 대한 표준: 근무 전에 샤워 또는 목욕 할 것, 겨드랑이용 방취제 사용할 것, 손톱 청결, 머리는 청결하고 단정할 것, 과도한 치장 금지

   남성: a. 청결한 면도를 선호함. 단정하고 잘 다듬어져 있으면 콧수염도 허용 함
         b. 안면 및 귀에 장식 금지
         c. 머리는 셔츠 깃 보다 길지 않아야 한다.

   여성: a. 과도한 장식, 화장 또는 향수 사용금지
         b. 긴 머리는 반드시 헤어네트(그물망)안에서 정돈할 것
         c. 긴 인조손톱 사용금지

직무명세서는 직무명, 직무 개요, 인적요건 등의 세 부분으로 구성되며, 특히 인적요건 사항을 강조하고 있다. 인적요건에 대한 직무명세서의 기재사항에는 성별 및 연령, 체격조건, 동작의 민첩성, 정서 및 성격, 정신적 성숙도, 교양 정도, 경험 및 지식수준, 특수 기능 등이 포함된다. 직무명세서는 직무기술서와 혼동되어 사용되기도 하나 직무기술서는 직무내용과 직무요건을 포함하며, 직무명세서는 직무요건 중에서 특히 인적요인을 중시한다.

2) 직무설계 및 평가

전통적인 직무연구는 인간을 어떻게 직무에 맞게 적응시킬 것인가에 중점을 둔 직무

분석 및 평가가 연구의 대상이었지만, 최근에는 인간(종사원)을 중심으로 직무를 설계하는 직무설계가 직무연구의 중심이 되고 있다.

직무설계(Job Design)는 기업조직을 일련의 작업군으로 나눈 후 단위직무의 내용 및 작업방법을 설계하는 활동을 말한다. 직무설계의 목적은 종사원의 동기부여, 사기진작과 조직 전체의 생산성 향상을 도모하는 것이다. 기업조직의 목표를 달성하기 위해 호텔경영자는 단기적인 이익 창출 보다 기업의 장기적인 성공을 이끌어 낼 수 있는 종사원의 동기부여에 보다 많은 관심을 집중해야 한다.

직무평가(Job Evaluation)는 직무의 상대적 가치를 결정하고 그 가치에 따라 여러 직무에 서열을 부여하는 과정이다. 구체적으로 직무평가는 각 직무의 성격 및 특색, 요구되는 지식과 기술의 정도, 정신적·육체적 노력, 직무·스텝·물자·시설 등에 대한 책임이나 위험도 등과 같은 요소를 기준으로 한다.

직무평가의 목적은 동일한 노동시장에서 유사 기업과 비교하여 사내 임금체계를 합리화하고, 임금조건의 불공평성·불규칙성을 제거함으로써 종업원들의 불평을 최소화하고, 임금관리를 단순화하며, 각 직무에 적절한 종사원을 배치하고, 조직 내의 인사이동과 승진 등을 결정하는 중요한 기준으로 사용된다.

3) 직무만족

직무만족(Job Satisfaction)이란 "직무에 대한 일련의 태도로서 직무나 직무수행의 결과로서 발생되는 유쾌하고 긍정적인 정서상태이며 직무에 대한 정서적 반응으로서 내성, 즉 자기관찰에 의해서만 이해될 수 있고, 또한 이는 주관적인 개념으로서 개인이 원하는 것과 실제의 차이라는 비교의 성격을 지닌다"라고 정의된다. 호텔 종사원의 직무만족 정도는 조직의 고객만족 및 경영성과와 밀접한 관계를 가지므로 직무만족이 기업조직에서 중요한 의미를 갖는다.

호텔 종사원의 직무만족을 향상하기 위해서는 직무만족에 영향을 미치는 요인을 파악해야 한다. 직무만족의 영향요인은 내적 요인과 외적 요인으로 구분할 수 있다. 내적 요인에는 직무자체·책임감·성취감·승진·인정 등이 있으며, 외적 요인에는 회사정책 및 관행·근무조건·임금·안정성·관리체계·상사 및 동료와의 관계 등이 존재한다.

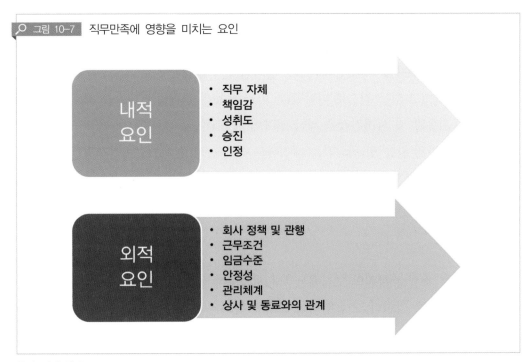

🔍 그림 10-7 직무만족에 영향을 미치는 요인

내적 요인
- 직무 자체
- 책임감
- 성취도
- 승진
- 인정

외적 요인
- 회사 정책 및 관행
- 근무조건
- 임금수준
- 안정성
- 관리체계
- 상사 및 동료와의 관계

출처: 저자 정리

　호텔은 서비스업이란 특성 때문에 인적의존도가 매우 높으며, 호텔의 전체 비용구조에서 인건비는 가장 큰 비중을 차지한다. IMF 이후 호텔기업들은 어려운 국면을 타개하기 위해 인건비 및 경비절감에 많은 관심을 기울였다. 특히 인건비 절감을 위해 기업들은 정규 근로자에 비해 노동유연성이 보다 탄력적인 비정규 근로자의 고용을 서두르고 결국 대부분 영업장에서 이에 동조하게 되었다.

　비정규직 근로자의 고용은 인건비를 절감하고 성수기 및 비수기에 따라 인력수급을 유연하게 관리할 수 있는 장점이 있다. 값싼 비정규직 근로자를 고용하여 인건비를 절감할 수 있지만 비정규직 근로자의 직무만족이 대체적으로 정규직 근로자에 비해 낮아 노동생산성의 저하와 고객서비스 품질의 저하가 우려되고 있다. 그럼에도 불구하고 다른 산업과 마찬가지로 대부분 호텔기업들도 비정규직 근로자의 고용을 더욱 확대하고 있는 것이 엄연한 현실이다. 이처럼 비정규직 근로자의 고용은 이제 피할 수 없는 대세가 되었다. 그러므로 비정규직 근로자를 고용함으로써 예상되는 폐해를 최소화하려면 우선 이들의 직무만족도를 정규직에 근접할 수 있게 향상해야 할 것이다.

직무만족에 관한 연구를 보면 직무만족에 대한 영향요인의 분석결과 비정규직 근로자의 직무만족도가 정규직 근로자보다 전체적으로 낮게 나타나고 있다. 즉, 비정규직 근로자는 정규직 근로자에 비해 상대적으로 열악한 근무환경과 근로조건으로 인하여 차별적인 대우를 느끼고 있는 것으로 나타났다. 따라서 높은 품질의 서비스를 제공하기 위해 이들에게 동기유발 및 사기진작을 위한 전략이 개발되어야 하는데, 정규직 근로자와 비정규직 근로자간의 갈등 및 위화감을 제거하고 상호 공생 할 수 있는 창조적인 인적자원 관리전략의 창출이 시급하다.

3. 고용관리

고용관리는 호텔 종사원의 모집에서부터 시작하여 선발·배치·전환·이직에 이르는 일련의 관리활동을 말한다. 고용관리의 궁극적 목적은 적합한 인력과 적정 인원을 적재적소에 조달하고 배치하는 것이다. 고용관리는 직무분석에 의해 산출된 직무기술서와 직무명세서가 잘 준비되어야 가능하다.

고용관리를 효율·효과적으로 수행하기 위해서 가장 먼저 해야 할 일은 고용해야 할 정확한 인원을 산출하기 위한 고용계획을 수립해야 하며, 직무분석에 의한 추후 요구되는 인력의 질적 요건을 규정해야 한다. 그러므로 바람직한 고용관리를 위해서는 효과적인 고용계획의 수립과 직무분석이 전제조건이 된다고 할 수 있다. 특히 인사고과 및 근무평가에 의한 해직·해고가 상당히 어려운 국내 상황에서 고용관리는 더더욱 중요하다고 할 수 있다. 만일 고용단계에서 합리적인 방법으로 공석중인 직무분야에 선발된 인력을 적재적소에 충원하지 못하면 업무성과의 부진은 물론이고 이에 따른 비용증가(예: 교육훈련비 및 채용 비용)로 이어진다. 또 조직의 분위기에도 부정적인 영향을 미쳐 결국 경영성과에 악영향을 초래하게 될 것이다. 그러므로 종사원에 의한 인적 서비스가 주상품인 호텔경영에서 효과적인 고용관리는 매우 중요한 의사결정과정이다.

1) 모집

종사원모집(Recruiting)은 현재 조직에서 공석 또는 향후 발생할 공석을 채우기 위해 자격을 갖춘 인력을 찾고 가려내는 과정이다. 이 과정은 적당한 매체를 통해 충원할 인원 및 직무분야를 발표 혹은 광고하고, 적임자를 결정하기 위해 인터뷰와 후보자 평가 등을 포함하는 과정이다. 종사원 모집은 사내와 사외에서 각각 이루어 질 수 있다.

사내모집(Internal Recruiting)은 주로 현직 종사원을 승진시키거나 배치전환, 직무로테이션, 재고용 등을 통하여 적임자를 선발·충원한다. 한편 서울지역의 일부 호텔에서 부족한 인원을 충원하기 위해 사내공고(Posting Job Openings)를 시행하고 있다. 이 제도는 종사원이 원하거나 자신의 적성에 맞는 부서로 전직할 수 있는 기회를 부여하며, 종사원에게 자기계발과 성장의 기회를 제공하고 있다. 이런 제도로 인하여 기업의 투명성이 확대되고 종사원들에게 조직의 목표를 알리는 동시에 적임자를 찾아낼 수 있다는 장점이 있다.

사내모집을 통해 충원을 하지 못 할 경우에는 사외모집(External Recruiting)을 실시한다. 외부모집방법에는 직원을 통한 모집(Employee Referral Programs), 자발적 응시(Walk-ins), 취업알선기관 또는 업체, 교육기관과 신문·잡지 등에 의한 매스컴을 통해서 이루어지기도 한다. 사외모집을 하는 경우 비용이 사내모집에 비해 더 많이 소요된다는 단점이 있으나 보다 폭넓은 인력집단에서 선택하게 되므로 우수한 인력을 고용할 수 있는 장점이 있다.

2) 선발

모집이 호텔에 입사하려는 사람들을 모으는 과정인데 비하여, 선발(Selection)은 후보자중 가장 적임자를 찾아내는 과정이다. 직무가 요구하는 실제적인 기술, 지식 및 적성을 가진 후보자를 선발하여 경쟁력 있는 종사원으로 성장하게 만드는 것이다. 이 때 직무기술서와 직무명세서는 적임자를 선발하는데 중요한 도구로 이용된다.

여기서 호텔의 프런트데스크 종사원을 선발하는 예를 들어보자. 프런트데스크 직무에서 흔히 요구되는 두 가지 구체적인 능력으로서 수학적 적성과 타이핑 기술이다. 프런트데스크 종사원의 산술능력은 프런트데스크의 회계 및 숫자를 다루는데 도움이 될 것이며, 신속한 타이핑 능력은 장부기록·컴퓨터사용·예약입력 등에 특히 유용할 것이다. 아울러 프런트데스크 종사원은 고객들과 많은 접촉을 해야 하므로 선발 시 후보자의 개인적 특성을 면밀하게 검토해야 한다. 개인적 특성에는 친화력(Congeniality), 융통성(Flexibility), 프로다운 태도(Attitude), 동기부여(Self-motivation) 및 용모(Appearance) 등이 있다.

국내에서의 일반적인 선발과정은 입사지원서 접수 및 검토 → 채용시험 실시 → 면접시험 실시 → 신체검사 → 신원 및 경력 조회 → 채용 결정과 같은 절차를 거친다. 실제 예로, 서울시내 R호텔의 채용 절차는 ① 1차 서류전형(입사지원서류의 기재사항을 기초로 호텔 심사기준에 의한 서류심사) ② 2차 면접(인사부) ③ 3차 면접(해당 부서장) ④ 4차 면접(최종면접) ⑤ 신체검사 순으로 실시되고 있다.

최근 호텔종사원을 선발하는 과정에서 두드러진 동향은 선발 후 교육·훈련 등에 비용이 많이 소요되는 일반적인 후보자보다는 선발 후 별다른 교육·훈련 없이도 바로 현업에 투입될 수 있는 숙련자를 뽑기를 바란다는 사실이다. 현재 국내 일반기업들도 초보자보다는 경력자를 우선하여 채용하는 것을 선호하는 것도 이와 같은 맥락에서 일 것이다.

3) 배치

배치(Placement)는 선발과정을 통해 채용된 인력을 적합한 직무에 배속시키는 활동을 일컫는다. 호텔기업의 인적자원관리부서는 채용된 종사원에게 조직에 대한 일체감과 주인의식을 함양하기 위해서 자신의 직무에 대하여 만족감을 가질 수 있도록 적절한 배치를 해야한다. 여기서 적절한 배치란 직무종사자가 조직의 직무수행에 적합한 자격요건을 갖추고 있고 직무수행능력 및 적성이 맞는 상황을 말한다.

4) 승진

승진(Promotion)이란 조직 내에서 보다 나은 직무로의 수직적인 이동을 말한다. 따라서 보수 및 직위가 상승하고 보다 확대된 권한과 책임이 뒤따르게 된다. 일반 기업조직에서 구성원들의 승진은 참으로 미묘하지만 중요한 문제가 아닐 수 없다. 따라서 각 종사원들은 승진에 대해 모두들 지대한 관심을 가질 수밖에 없을 것이다. 그러므로 합리적인 승진관리는 기업조직의 인적자원관리의 핵심이라고 해도 과언이 아닐 것이다. 공정하고 투명한 승진심사기준의 확립과 시행은 조직전체의 사기진작과 동기부여에 큰 영향을 미친다.

한편 승진관리에서 가장 핵심적인 사항은 선임권(Seniority)과 역량(Competence)이다. 국내에서는 과거에 철저하게 선임권을 중요시하는 연공주의가 횡행했었으나, 최근에는 오히려 개개인의 역량을 중시하는 능력 혹은 성과주의가 득세하고 있다. 하지만 가장 합리적이고 무리가 없는 방법은 각 호텔기업의 특성에 맞게 연공주의와 능력주의를 함께 조화시키는 것일 것이다. 국내 정서에 비추어봐서 맞지도 않는 선진서구식 방식을 무리하게 추진했을 때 때로는 득보다 실이 더 많을 수도 있을 것이다. 다른 방면에서와 마찬가지로 국내 기업조직에 맞지도 않는 서구식 심사기준을 단시간에 서둘러 도입하기보다는 내부 고객인 종사원들과 직접 대화를 통한 의견수렴을 시도해서 승진 및 심사제도를 확립해 나가는 것이 보다 나은 방법일 것이다. 〈표 10-3〉은 서울 C호텔의 직급체계이다.

| 표 10-3 | C호텔의 직급체계

조리부문	식음료부문	객실부문	마케팅&판촉/관리/기타
Executive Chef	Director	Director	Director
Sous Chef	Outlet Manager	Manager	Manager
Demi de Partie	Assistant Outlet Manager	Assistant Manager	Assistant Manager
Demi Chef	Captain	Supervisor	Specialist
1st Cook	Chief Waiter/Waitress	Sr. Agent	Administrator/ Sr. Agent
2nd Cook	Sr. Waiter/Waitress	Agent/Attendant	
3rd Cook	Waiter/Waitress	Agent/Attendant	Agent/Administrator
3rd Cook	Waiter/Waitress	Attendant	
Cook Helper	F&B Helper	Helper	Clerk

출처: www.echosunhotel.com

5) 인사고과

기본적으로 관리조직은 구성원들의 모든 행위를 조직의 목표와 일치할 수 있도록 유인할 수 있는 기능을 가져야 한다. 이때 기업조직이 더욱 합리적으로 모든 구성원의 행위를 동일한 목표로 유도하기 위해서는 이들에 대한 합리적이고 공정한 평가기준을 보유하게 될 때 더욱 효율적인 조직행위가 형성된다는 전제가 필요할 것이다.

이러한 기업의 구성원에 대한 합리적인 평가기준으로 보통 사용되는 것이 인사고과 제도이다. 인사고과(Merit Rating)란 기업에서 관리자가 조직구성원들의 모든 행위를 기업의 목적에 일치하도록 유도하기 위해 제정·실시하는 인사평가제도로서 구성원의 능력과 이에 따른 업적을 평가하여 종사원이 보유하고 있는 현재 또는 잠재적 가치를 조직적으로 파악·이해하는 것이다.

과거 인사고과는 종사원의 과거 실적에 대한 차별적인 보상기준에 대한 자료로서 승진·전직·상여금·해직·복직 등을 결정하는데 사용하는 과거지향적인 입장을 견지하였으나, 최근에는 종사원의 개발 및 적재적소의 직무배치 등 적극적인 자원개발과 교육·훈련·성취 동기부여·배치전환·조직개발 등 미래지향적인 입장으로 많이 전환되었다.

6) 전직

승진과 달리 전직은 조직의 필요에 의하여 종사원을 동등한 직급으로 수평적으로 이동시키는 것을 일컫는다. 그러므로 전직인 경우 해당 종사원의 급료·직책·권한 등에 큰 변화는 없다. 전직은 기업 자체조직의 변화 혹은 개인적인 요인 등 여러 가지 원인에 의해 발생된다. 예를 들어, 종사원이 처음 입사 시에 잘못된 선발과정으로 인하여 적합하지 않은 부서 및 직무에 배치가 되었으나 후일 이를 시정한다거나 다기능관리자를 양성하기 위해 여러 직무를 경험하게 하는 등의 경우가 있다. 하지만 불합리한 방법에 의한 전직은 종사원의 불평·불만을 야기하여 조직전체를 건강하게 유지할 수 없게 하는 원인이 될 수도 있음을 명심해야 한다. 만일 전직 해당자가 이런 인사조치에 대한 부정적인 사고를 가지고 있다는 것을 발견했다면 빠른 시간 내에 그에게 인사이동에 대한 충분한 근거를 제시·설명을 하여 이해시키도록 해야 할 것이다. 그렇지 않으면 그들의 조직에 대한 몰입과 충성도는 감퇴되어 결국 고객만족과 경영성과에 부정적인 영향을 미칠 것이다.

7) 이직

이직(Turnover)은 기업과 종사원 간의 고용관계의 종료를 의미한다. 중요한 것은 이직이 기업의 경쟁력 또는 성공 여부와 깊은 관계가 있다는 것이다. 호텔산업에서의 일반적인 이직 원인은 〈표 10-4〉에 잘 나타나 있다.

| 표 10-4 | 호텔의 이직 원인

호텔의 이직 원인
잘못된 선발, 고용 및 오리엔테이션이다. 경영층은 적절한 자격심사와 신원조회 없이 쉽게 종사원을 고용했다
신입사원을 자신의 능력과 호환되지 않는 직무에 배치하였다. 신입사원들은 맡은 직무가 도전적이지 못하거나 관심이 없으면 쉽게 따분해 하며, 또한 직무가 너무 어려우면 자주 좌절하곤 했다
맡은 직무 및 그에 따른 요구사항에 대한 그릇된 정보. 신입사원들은 맡은 직무가 상상했던 것보다 매우 다르다는 것을 발견할 수 있다. 이때 직무기술서와 직무명세서는 이러한 문제점을 방지하는데 도움을 제공한다. 신입사원에게는 그의 직무에 대한 충분한 정보가 제공되어야 한다
적절하지 못하고 서투른 지휘는 잠재력을 지닌 좋은 종사원이 일찍 포기하게 되는 원인이 된다. 신입사원은 도움, 지도 및 확신이 필요하다
타당한 급여체계의 결여. 신입사원의 임금은 현재 유사한 직종에서 근무하고 있는 근로자의 수준을 넘어서는 안된다. 이 규칙을 깨뜨리는 것은 종사원의 분노와 이직을 유발한다. 명확한 임금정책이 반드시 필요하다
교육프로그램의 결여. 보다 많은 교육훈련을 받은 종사원일수록 더욱 더 현직에 머무르는 성향이 있다. 지속적인 교육프로그램을 운영하는 조직일수록 장기간 종사원을 유지할 수 있다. 교육은 신분과 프로정신을 스며들게 하고 능률, 생산성 및 충성도를 향상한다
적절한 불평처리 절차의 결여. 만일 종사원이 불평이 있다면 미래의 차별을 염려할 필요없이 불평을 토로할 수 있는 절차가 필요하다
열악한 근무환경. 형편없고 부적당한 시설은 높은 이직률에 영향을 미친다. 알맞은 화장실과 목욕시설은 호텔산업에서 매우 중요하며 이는 종사원의 윤리와 위생 표준을 향상시키는데 도움을 준다
승진기회의 결여. 야망이 높은 신입사원들은 그들이 승진할 수 있는 경로를 보고 싶어 한다. 버스보이는 빨리 서버가 되어서 결국에는 서버팀장이 되기를 원할 것이며, 또한 식기를 세척하는 종사원은 결국 주방장이 되는 것을 상상할 것이다. 이런 종사원들은 현 직장을 떠나지 않으려 할 것이다
금전적 보상의 결여. 본질적으로 근로자는 가능하면 높은 임금수준을 원하며 결국 최고의 임금에 이끌릴 것이다. 그러나 높은 임금만으로는 종사원을 유지할 수 없다. 적정 수준의 임금을 이미 수령하고 있는 자가 직무변경을 고려할 때에는 정신적 및 물질적 등과 같은 여타 사항들이 더욱 중요하게 부각될 수 있다
명백한 관리자의 관심 결여. 섬세하고 좋은 관리자, 부서장과 종사원과의 좋은 인간관계는 종사원의 이직을 낮춘다. 인정, 포상, 스포츠 팀, 소풍, 회사차원의 활동, 안락한 근무환경, 유쾌한 동료 등은 모두 종사원의 만족을 증진하는데 공헌 할 수 있다. 위에 언급한 높은 이직을 야기하는 10가지 원인은 사실 인간요인이 결여된 결과라고 할 수 있다

출처: 저자 정리

한편 이직의 유형에는 첫째, 종사원의 자발적인 의지에 의하여 기업조직을 떠나는 경우(Resignation) 둘째, 기업의 경제적·전략적 필요에 의한 정리해고(Layoffs) 셋째, 종사원의 부주의·실책에 대한 적극적 대처방안으로서 징계에 의한 파면(Discharge) 넷째, 종사원의 정년으로 인한 퇴직(Retirement) 등이 있다. 이와 같은 이직유형 중에서 최근 가장 문제가 되고 있는 것은 정리해고이다.

20세기 서양세계 기업에서 인적자원관리의 가장 큰 특징 중의 하나는 기업의 필요에 의해 종사원을 정리해고 할 수 있다는 것이다. 예를 들면 잘 성장하던 기업이 특정 시점에서 경쟁력이 뒤쳐지고 이익을 산출할 수 없는 지경에 이르게 되면 가장 많이 사용하는 비용절감 및 기업합리화 방법이 직원의 정리해고이다. 서구방식과 국내방식은 각각 장·단점을 보유하고 있다. 다만 다른 점은 어떤 방식이 어떠한 특정한 경영환경 하에 더욱 적절한가라는 것일 것이다. 이와 같은 것은 1980년대 세계경제를 주름잡던 일본기업들의 경쟁우위에 대한 근본적인 배경의 하나가 그들 특유의 종신고용제이다. 하지만 후일 오히려 이 제도로 말미암아 일본은 경쟁력이 약화되는 환경변화를 맞이하게 된다. 이와 같이 현재는 평생직장보다는 평생직업이라는 개념이 더욱 우세하게 우리에게 다가오고 있는 형편이다.

대표적인 서비스기업인 호텔산업에서 이직은 아주 중요한 경영이슈가 아닐 수 없다. 왜냐하면 이직은 서비스품질의 유지와 직결되기 때문이다. 성공적인 호텔의 이직률은 실패한 호텔에 비해 현저히 낮은 것이 보편적인 사실이다. 성공적이지 못한 호텔들은 높은 이직률로 인하여 고객들에게 일관성 있는 서비스를 제공하지 못했다. 왜냐하면 새로 충원된 종사원들이 대부분 숙련자가 아니었기 때문에 높은 품질의 서비스를 고객에게 제공할 수 없었다. 또한 새로 충원한 종사원들에 대한 교육 및 훈련 비용이 훨씬 많이 소요되었기 때문이다. 이들과 달리 성공적인 서비스 기업들은 숙련된 종사자들이 장기간 근무하기 때문에 항상 일관적이고 친숙한 서비스를 고객에게 제공할 수 있었다.

한편, 종사원의 이직은 호텔산업에서 비용과 생산성에 직접적인 영향을 미치는 중요한 문제이다. 호텔산업에서 종사원의 이직에 따른 비용은 다른 어떤 산업보다도 매출에 더욱 큰 영향을 미치고 있다. 조직을 떠나기 전에 이직하는 종사원은 지각, 낮은 업무성과, 낮은 도덕심, 잦은 결근 등을 유발하는 행동 및 태도에 대한 문제점을 보이는 것이 일반적인 현상이다. 이직이 가장 많이 발생하는 때는 처음 입사 후 2주 이내이다. 이렇게 2주 만에 이직을 함으로써 해당 종사원에 대해 장기적인 보상차원에서 제공되었던 교육훈련은 낭비되고 마는 것이다.

가. 이직률의 측정

이직은 적절한 인사관리와 높은 이직의 원인을 가능한 줄임으로서 감소시킬 수 있다. 이직문제를 다루기 전에 먼저 이직의 원인이 무엇인지를 정확히 파악하는 것이 매우 중요하다. 퇴직인터뷰는 이런 목적에서 종종 이용된다. 이직의 원인이, 비록 해고일지라도, 무엇인지를 파악하기 위해 퇴직자를 관리자가 인터뷰해야 하는 것이다. 열악한 근무환경과 불공정하고 무능력한 관리자와 같은 비판적인 상황은 종종 직장을 떠나는 이유로 처음부터 언급되지 않으며 종종 침묵만이 남을 뿐이다. 대기업에서는 주기적인 이직인터뷰 보고서 형식을 보유하고 있으며 여기서는 잘 알려진 이직사유가 요약이 되고 있다. 퇴직자는 이직에 대하여 강한 감정을 보이기 때문에 일부 관리자들은 퇴직일 다음 주에 이직의 사유를 묻는 편지를 반송편지를 동봉하여 퇴직자에게 보내는 방법을 선호하고 있다. 이런 방법은 퇴직자는 어느 정도 시간이 경과한 후에 비로소 퇴직사유에 대해 객관적일 수 있다는 이론에 근거한 것이다. 이직의 원인은 주기적으로 조사하여 향후 대안 개발에 활용할 수 있어야 한다.

이직을 통제하기 위해 비교목적으로 현재의 이직률을 파악하는 것이 필요하다. 이직률을 구하는 등식에는 여러 가지가 존재한다. 중요한 것은 어느 것을 선택하든지 한 가지만을 일관적으로 사용해야 한다. 여기서는 이직률을 구하는 등식을 다음과 같은 것을 이용하기로 하겠다.

$$이직률 = \frac{이직자\ 수}{매월\ 중간시점의\ 직원수} \times 100$$

만약에 7월의 중간시점에서 50명에게 봉급이 지급되었으며 6명의 종사원이 7월에 퇴직하였다면 이직률은 아래와 같은 등식에 의해 12퍼센트가 된다. 이직률 등식은 연간으로도 구할 수 있다.

$$이직률 = \frac{6}{50} \times 100 = 12\%$$

이직률을 합리적으로 파악하려면 자진퇴사, 해고, 정리해고 등과 같은 보다 구체적인 자료가 요구된다. 그리고 생산부서, 서비스부서 등 직종에 따라 이직률을 분석하는 것도 바람직하다. 경영층은 신입사원들이 평균적으로 어느 정도의 기간동안 근무하는지에 대한 분석자료를 확보할 필요가 있다. 낮은 이직률과 함께 꾸준히 일정한 인력수준을 유지하는 영업장에서 이직이 주로 신입사원들 사이에서만 이루어진다면 경영진은 반드시 그 원인을 파악해야 한다. 이직률을 낮추기 위한 방법이 〈표 10-5〉에 소개되어 있다.

| 표 10-5 | 이직률 절감 방안

이직률 절감 방안

기업의 이직률과 이직으로 인한 비용에 대한 지식 확보

고용과 유지에 대한 프로그램을 구축한다. 가장 직접적이고 비용효율적으로 이직률을 줄이는 방안은 장기적이고 효과적인 종사원을 찾을 수 있는 유용하고 신뢰할 수 있는 종사원 선발시험의 이용이다

경영층이 종사원들이 쉽게 조직에 적응할 수 있게 도와주고 또한 이행이 안전하게 될 수 있도록 하는 친교의 시간을 시행토록 한다. 이와 같은 목적은 신입사원을 위한 오리엔테이션 프로그램을 통하여 쉽게 조직을 이해할 수 있도록 도움을 제공한다

이익분배와 주식지분을 공유할 수 있도록 제공한다. 조직을 구성하는 종사원들의 노력으로 말미암아 조직이 성장할 수 있으므로 종사원들은 반드시 보상받아야 한다

현실적인 직무 시사회를 제공한다. 이런 사실에 기반한 시사회는 신입사원들에게 업무를 시작하기 전에 직무에 대한 현실감각을 익힘으로써 고용 후에 비현실적인 기대를 하지 않도록 도움을 줄 수 있다. 시사회를 통해 기업정책과 조직행동에 대해 소개할 수 있다. 시사회에서는 신입사원들이 수행하게 될 과업을 명확하게 보여 줘야 한다

종사원들이 직무만족을 달성할 수 있도록 도와준다. 직무만족은 이직과 부정적인 선형관계를 가지고 있다. 즉 직무에 불만족한 종사원일수록 그렇지 않은 종사원보다 훨씬 높은 이직률을 보이는 것이 사실이다

무관심과 결근을 줄이기 위해 업무교환 교육프로그램을 제공한다

종사원들이 자신들의 직무에 자긍심을 갖고 또한 조직에서 중요한 자산이라는 것을 인지할 수 있도록 직무향상 프로그램을 실시한다

교육훈련을 지속적으로 실시한다. 질 높은 교육훈련은 이직률을 상당 부분 줄일 수 있다

지속적인 품질향상 프로그램을 개발한다. 이 프로그램은 조직의 모든 종사원들의 노력을 요구하며, 영업표준을 향상시키기 위한 조직전체의 끊임없는 도전과제이다

출처: 저자 정리

4. 교육훈련

호텔은 제조업체나 다른 서비스기업에 비하여 특히 인적자원에 대한 의존도가 매우 높다. 특히 고객과의 접촉빈도가 많은 호텔산업에서 서비스제공자인 종사원이 가장 중요한 전략적 자원이란 사실이 여러 연구를 통하여 밝혀지고 있다. 따라서 호텔기업의 인적자원관리는 조직운영을 위한 통제위주의 기능적인 활동이라는 고정관념에서 탈피하여, 종사원 개개인의 능력을 적극적으로 육성하고 활용하는 전략적 차원에서 이루어져야 하며, 이를 위해서는 종사원의 교육훈련에 보다 많은 관심과 지원을 아끼지 말아야 할 것이다.

마케팅믹스에 빗대어 교육훈련(Training)은 동기유발(Motivation)·고용(Employment)·보상(Compensation)과 함께 4대 인사정책믹스라고 불리고 있다. 기업조직의 교육훈련은 기업 내 종사원들이 현재 보유하고 있는 지식·기술·태도가 기업이 종업원들에게 기대

하는 수준과 차이가 클수록 그 필요성이 증대된다. 따라서 오늘날과 같이 다방면에서 변화가 가속되는 환경에서는 모든 기업이 종사원 개발에 지속적인 관심을 가져야 할 것이다. 인적자원관리 분야 학계연구의 주요 관심사가 1980년대 초반부터 노사관계의 이슈에서 종사원을 기업조직의 새로운 자산(Asset)으로 인식하는 인적자원관리로 이동한 것도 이러한 환경변화를 반영한 것이다.

종사원 교육훈련에 투자하는 기업은 그에 상응하는 결과를 기대하기 때문에 대부분 교육훈련의 유효성에 관심을 두게 된다. 교육훈련의 목적은 일차적으로는 교육훈련에 참가한 피교육자의 학습성과 향상이지만 궁극적으로는 실제 현업에서의 업무성과를 개선하는데 있다. 하지만 여러 학계의 연구결과 종사원들이 교육받은 내용을 실제 현업에서 활용되는 정도가 대체로 많지 않다는 사실이 드러나고 있다.

교육훈련의 실시는 궁극적으로 경영조직의 성과향상에 공헌해야 하는데, 교육에 참가한 종사원들이 교육훈련시간에 습득한 기술 및 지식 등을 활용하려는 의지가 약하거나 현장으로의 전이(Transfer of Training)를 방해하는 조직 내 요인이 작용하여 현장에서 적용수준이 낮다면, 교육훈련은 별로 가치없는 활동이 될 것이다. 또 교육훈련 내용이 올바르지 못하면 그 결과로 인하여 실제 업무에서 계속 효과 및 효율향상은 기대하기 어려울 것이다.

가속되는 경영환경 변화에 맞추어 이를 반영할 수 있는 지속적인 교육훈련의 실시는 기업경쟁력을 확보하기 위한 중요한 과제이다. 창의적이고 효과적인 교육훈련을 받은 종사원은 고객의 기대를 상회하는 서비스를 제공하여 고객에게 만족스러운 경험을 제공하여 기업의 이익 및 가치향상에 기여할 것이다. 호텔기업이 과거방식에 얽매인 교육방법을 고집하고 변화를 수용하지 못할 때 외부고객인 소비자는 물론이고 내부고객인 종사원들도 불만을 토로할 것이다. 경쟁력있는 교육훈련은 종사원들 자신의 경력관리에도 지대한 영향을 미치기 때문이다.

제3절 **재무회계**

1. 회계의 의의 및 이용자

기업과 여러 이해관계를 갖고 있는 사람들은 경제적 의사결정을 하기 위해서 그 기업에 대한 여러 정보를 필요로 하게 된다. 회계(Accounting)란 정보이용자들이 경제적 의사결정에 필요한 정보를 제공하기 위해 경제주체인 기업의 경제적 행위를 측정해서 전달하는 행위이다. 다른 한편으로 회계는 일종의 재무정보시스템으로서 기업의 경제적 상황을 파악 및 기록하고 정보를 사용자에게 전달하는 일련의 과정 또는 체계이다. 회계의 주요 관심대상은 기업의 경제적 행위이다. 회계의 목적은 정보이용자에게 경제적 의사결정과정에서 요구되는 중요한 정보를 제공하는 것이다.

〈그림 10-8〉에 나타난 것과 같이 기업 재무회계의 과정은 크게 다음과 같은 네 과정으로 요약된다. 첫째, 거래의 파악을 통해 경제적 활동의 증거를 선별한다(호텔의 객실

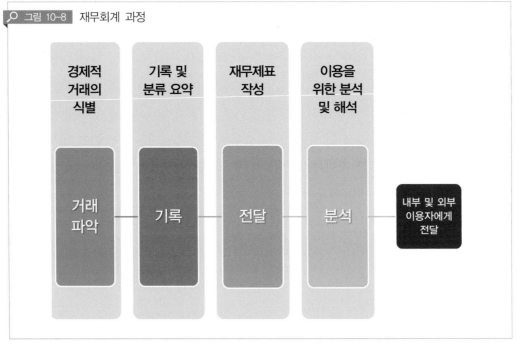

그림 10-8 재무회계 과정

출처: 윤주석

및 식음료 판매, 연회의 판매, 직원급여 지급 등). 둘째, 거래를 기록한다(기업조직의 재무활동 내역을 시간별로 체계적으로 유지하며 거래들이 분류 및 요약된다). 셋째, 정보의 전달이다(정보이용자들에게 표준화된 재무제표의 형태로 전달). 넷째, 재무제표의 분석 및 해석이다(보고된 정보를 토대로 기업의 재무상태를 분석하고 해석한다).

회계는 기업의 언어이다. 왜냐하면 회계는 기업의 재무정보를 전달하는 역할을 담당하기 때문이다. 회계정보의 이용자는 내·외부 및 의사결정의 종류에 따라 구분된다. 내부이용자에는 사장, 총지배인(GM) 등 경영자와 기타 의사결정자 등이 있다. 외부이용자는 크게 직접 및 간접이용자로 구분된다. 직접이용자에는 투자자와 채권자 등이 있고, 간접이용자에는 노동조합, 세무서, 정부경제기관 등이 존재한다.

기업의 경영자는 기업운영을 계획·통제·평가하기 위해 회계정보를 이용하며 적시적소에 정보제공을 필요로 한다. 경영자가 필요로 하는 회계정보에는 작년 호텔의 월별 객실매출은 얼마인가, 식음료 상품의 원가비율은 어떤가, 수익률이 가장 높은 업장은 어디인가, 종사원 1인당 생산성은 어떤가 등이다. 위와 같이 예상되는 질문에 답하기 위하여 내부보고서를 만들어 제공한다. 내부보고서는 경영 대안들의 재무적 비교와 차기 연도의 예상비용 내역 및 현금수요 등이 포함된다.

그리고 특정 기업의 외부에서 재무정보에 우선적 관심을 가진 이용자로서 투자자와 채권자가 있다. 투자자는 자본시장에서 현재 또는 미래의 투자의사결정과 관련하여 투자위험 및 투자수익을 평가할 수 있는 회계정보를 요구하고, 채권자는 자금대여에 관한 의사결정에 필요한 해당 기업의 원리금 지급능력을 평가할 수 있는 정보를 필요로 한다. 이들의 관심사항은 기업이 만족할 만한 수준의 매출신장을 달성하고 있는가, 기업의 수익성이 경쟁업체와 어떻게 다른가, 기업의 부채가 만기도래 시 변제할 능력은 충분한가, 이자 및 배당금을 지불할 현금은 충분하게 보유하고 있는가 등과 같다.

그리고 거래처는 매입채무 및 미지급금의 지급능력을 평가할 수 있는 정보, 종사원과 노동조합은 기업의 안정성과 수익성·급여와 퇴직금의 지급능력을 평가할 수 있는 정보, 고객들은 해당 기업의 장기적 존속가능성에 대한 정보, 정부 및 감독기관은 자원의 효율적 배분을 위한 정책입안, 기업활동의 규제, 조세정책의 결정 및 기타 경제활동 관련 통계를 위한 정보 등을 필요로 한다.

2. 회계의 분류 및 기능

1) 회계의 분류

회계는 회계정보의 이용자에 따른 분류방법에 따라 크게 재무회계(Financial Accounting)와 관리회계(Managerial Accounting)로 나누어진다.

가. 재무회계

재무회계는 정보이용자중 주로 기업외부의 이용자(예: 투자자, 채권자, 고객, 종사원 등)들의 효과적인 경제적 의사결정을 위해 유용한 정보를 제공하기 위해 행하는 회계분야를 말한다. 다양한 정보이용자들의 상이한 욕구를 모두 만족시키기는 매우 힘든 일이다. 그래서 재무회계에서의 재무제표(재무보고서)는 정보이용자들의 공통된 정보욕구만을 충족시킬 수 있는 회계정보를 반영·보고한다는 의미에서 일반목적 재무보고서라고 한다. 그리고 재무회계는 기업이 과거에 수행한 경제적 거래에 대한 결과만을 반영·보고한다. 그래서 주로 과거의 재무정보를 제공한다는 점에서 관리회계와 그 성격이 다르다.

나. 관리회계

재무회계와 달리 관리회계의 재무보고서는 기업 내에서 특정 경제적 의사결정에 적합한 회계정보만을 반영·보고하므로 특수목적 재무보고서라 한다. 관리회계는 주로 내부이용자인 경영진의 의사결정에 필요한 정보를 제공하는 것을 목적으로 한다. 관리회계에 포함되는 경영의사결정에는 원가분석, 경영성과 분석, 예산편성, 상품·서비스의 가격결정, 투자여부의 결정 등이 있으며, 이런 정보는 반드시 경영자의 의사결정유형에 적합해야 한다. 재무회계와 달리 관리회계는 주로 미래를 예측하는 정보가 대부분이다.

2) 회계의 기능

회계의 기능은 회계정보를 산출하고 이용자들에게 전달하여 이를 경제적 의사결정에 이용함으로써 모든 경제주체의 한정된 자원을 효율적으로 배분토록 하는 것이다. 여기서 부기와 회계의 기능차이를 알아보면 부기는 단지 경제적 거래를 기록하는 것이고, 회계는 경제적 거래를 파악·기록·전달한다. 회계의 기능은 크게 측정과 전달기능의 두 가지로 요약할 수 있다.

가. 측정기능(Measuring Function)

기업이 수행한 경제적 행위가 해당 기업의 경제적 자원과 이에 대한 청구권에 미치는 영향을 화폐가치로 환산하여 적절한 회계정보로 전환하는 과정이다. 여기서 모든 회계정보가 화폐가치를 통하여 측정되는 이유는 화폐단위가 가치비교를 위해 가장 적합한 수단이자 공통적인 척도이기 때문이다.

나. 전달기능(Communication Function)

회계과정을 통하여 만들어진 회계정보를 각 이용자에게 전달하는 과정을 말한다. 전달하는 수단은 재무상태표, 손익계산서, 현금흐름표 등의 재무제표(Financial Statements)를 통해 이루어진다. 한편 모든 정보이용자들에게 유용한 회계정보가 되려면 적합성, 신뢰성, 일관성, 호환성 등이 갖춰져야 한다.

그림 10-9   회계의 기능

측정기능
- 기업의 경제적 행위
- 경제적 자원과 청구권
- 화폐가치로 환산
- 적절한 회계정보로 전환

전달기능
- 재무상태표
- 손익계산서
- 현금흐름표
- 이익잉여금처분계산서
- 자본변동표

출처: 윤주석

3. 호텔 회계부서

일반적으로 호텔 회계부서의 업무활동은 크게 여섯 가지 영역으로 구분될 수 있다. 첫째, 일반적인 재무회계로서 호텔의 예산작성, 운영자금의 관리 및 지출, 급여의 산출 및 지급, 세무 등의 재무행정을 수행하며, 매월 결산을 통하여 호텔의 재무상태 및 영업성과를 측정하고 비교·분석하여 유용하고 적정한 재무정보를 정보이용자에게 제공한다. 둘째, 영업회계로서 호텔에서 발생하는 객실, 식음료 및 기타 부대시설에서 발생하는 모든 매출이 정확하게 수취·기록되었는지 심사하여 영업일보를 작성하고, 현금, 신용카드사별 대금청구와 회수, 국내·외 여행사의 후불 등의 계산 내역을 정리·기록한다.

셋째, 여신관리로서 객실투숙객 미수금 관리 및 크레디트사별 대금청구와 회수, 국내·외 여행사의 후불관리 등 외상매출 거래 대금의 효율적 회수를 담당한다. 넷째, 원가관리로서 호텔로 반입되는 모든 물품의 검수관리, 식자재, 음료 및 기타 자재의 발주와 불출 등 자재관리, 주방–주장간 원재료 이동 심사 및 원재료의 재고조사, 실제원가 및 표준원가의 산출 등을 수행하며 또한 원가일보를 작성하여 이용자에게 원가정보를 제공한다. 다섯째, 구매관리로서 구매품의서와 구매발주서를 통하여 국내외 식음료 자재 및 일반자재 등 호텔영업에 필요한 모든 물자를 구입하여 호텔운영이 원활히 이루어질 수 있도록 한다. 여섯째, 전산실관리이다. 다른 일반업체와 달리 호텔은 특이하게 전산실을 경리부서에서 감독·관리하고 있다. 전산실은 호텔의 모든 경영정보시스템의 유지 및 업무에 필요한 프로그램을 개발한다.

4. 기업활동과 재무제표의 이해

1) 기업활동

투자자가 기업에 투자한 대가로서 기업은 최대한 이익을 산출하여 그들에게 최대한 배당할 목적으로 상품과 서비스를 소비자에게 판매하기 위해 운영된다. 기업은 서로 다른 산업에서 서로 다른 상품과 서비스를 판매하고 있음에도 불구하고 수익성(Profitability: 이익창출능력)과 유동성(Liquidity: 지급능력)의 확보라는 동일한 목표를 가지고 있다. 이런 기업의 목표를 수행하기 위해 기업은 재무활동·투자활동·영업활동을 수행하고 있다. 〈그림 10-10〉은 이런 관계를 잘 표현하고 있다.

첫째, 영업활동은 호텔의 사업목적과 직접 관련된 활동으로 원재료·식재료·상품·반제품 등의 구입, 상품 및 서비스의 생산·판매 및 판매대금의 회수, 임직원의 임금 지급 등과 같은 관리비의 지급, 기업홍보를 위한 광고비의 지급, 세금납부 등이 포함된다.

둘째, 투자활동은 호텔의 상품 및 서비스의 생산·판매하는 과정에서 필요한 여러 가지 자산을 취득·처분하는 것과 관련된 활동을 말하며, 유가증권 혹은 고정자산의 취득 및 처분 등이 이에 포함된다.

셋째, 재무활동은 호텔을 설립·운영하는데 소요되는 자금을 조달하는 활동을 말한다. 여기에는 주식을 발행하여 필요한 자금을 조달하고 영업결과 생긴 이익을 분배, 채권을 발행하여 대여한 자금의 상환, 금융기관으로부터의 자금의 대여 및 부채상환 등이 여기에 포함된다.

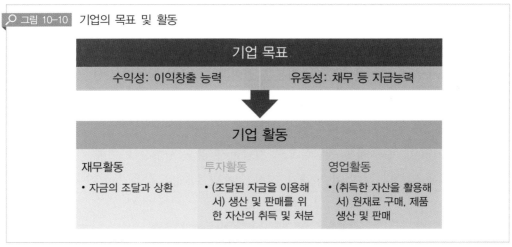

그림 10-10 기업의 목표 및 활동

출처: 저자 재구성

2) 재무제표의 이해

회계과정의 결과 정보이용자에게 전달하기 위해 기업의 회계정보를 요약하여 산출되는 재무보고서를 재무제표라 한다. 일반적으로 중요한 재무제표에는 재무상태표(종전 대차대조표), 손익계산서, 현금흐름표 등이 존재하는데 이것에 대해 각각 알아보기로 하겠다.

가. 재무상태표(Statement of Financial Position)

재무상태표는 일정 시점에서 기업의 재무상태를 보여주는 재무제표이다. 회계측면에서 기업경영의 두 가지 기본적인 요소는 기업이 소유한 것과 타인으로부터 대여한 것이 존재한다. 재무상태표의 차변(좌변)에 기재되는 자산(Asset)은 기업의 재산 내역을 나타내며, 대변(우변)에 기재되는 부채와 자본은 차변의 자산을 매입하기 위해 필요한 자금의 조달 방법을 나타내고 있다. 즉, 자산은 우변에서 조달한 자금의 운용이라고 할 수 있다. 그리고 이익(또는 손실)은 자산을 운용한 결과이다.

자산은 기업이 소유하고 있는 경제적 자원을 말하며, 과거 거래에 대한 결과로서 특정 기업에 의해 획득된 미래의 경제적 효익을 의미한다. 자산에는 현금, 예금, 유가증권, 매출채권(외상매출금 및 받을어음), 재고상품 등의 유동자산과 건물, 토지, 장비, 비품 등의 고정자산이 있다. 자산은 1년을 기준으로 하여 유동자산과 비유동자산으로 구분된다. 유동자산은 1년 이내에 현금화가 가능한 자산을 말하며, 비유동자산은 투자목적 혹은 영업활동에 사용할 목적으로 장기간 보유하는 자산을 말한다.

자본(Capital)은 자산을 요구할 수 있는 권리를 말하며, 총자산에서 총부채를 제한 소유주지분(Owner's Equity)을 말한다. 자본은 잔여지분으로서 기업의 자산 중 타인지분인 부채를 제외한 잔액만이 기업소유자의 지분으로 귀속된다. 자본에서 자본금은 납입한 자금 혹은 발행주식의 액면총액인 법정자본금을 의미하며, 이익잉여금은 기업의 영업결과 발생한 이익 중 주주에게 배당금으로 지급하지 않고 재투자를 위해 기업내 유보가 결정된 금액을 말한다. 기업이 부채가 전혀 없으면 아래와 같은 등식이 성립된다.

$$\text{자산} = \text{자본}$$

부채(Liabilities)는 과거 거래의 결과로 인하여 제3자에게 상품 혹은 서비스를 이전해야 하는 기업의 현재 의무를 말한다. 여기서 제3자를 채권자(Creditor)라고 하는데 이는 이들이 기업에게 신용을 제공했기 때문이다. 그렇기 때문에 채권자는 해당 부채금액에 달하는 만큼의 자산청구권을 소유하고 있다. 부채는 1년을 기준으로 유동부채와 고정부채로 나뉜다. 유동부채는 1년 이내에 도래하는 부채로서 외상매입금, 지급어음, 선수금, 단기차입금, 미지급금 등이 이에 포함된다. 그리고 고정부채는 상환기일이 1년 이후인 부채와 장기차입금, 사채 등이 포함된다.

한편 기업이 타인으로부터 부채를 끌어다 쓰면서 자본은 아래와 같이 채권자청구권인 부채와 소유자청구권인 자기자본으로 나누어진다. 이와 같이 자산·부채·자본은 재무상태표를 구성하는 3대 요소이며 기업의 재무상태를 파악하는데 필요하다.

$$자산 = 부채 + 자본$$

재무상태란 기업이 보유하고 경제적 자원의 화폐가치와 채권자 및 자본가에게 지급해야 할 의무의 크기를 의미한다. 자산·부채·자본은 기업이 경제적 행위를 수행함에 따라 지속적으로 증감된다. 〈표 10-6〉은 인터컨티넨탈호텔을 소유 및 운영하고 있는 (주)파르나스호텔의 2015년도 재무상태표이다. 재무상태표는 기업의 재무상태뿐만 아니라 단기채무의 지급능력과 해당기업의 자본구조(부채와 자본의 구성비율)를 파악하는데 유용한 정보를 제공한다.

| 표 10-6 | 파르나스호텔의 재무상태표

구분	2015년 12월 31일	2014년 12월 31일
자산		
I. 유동자산	**19,653,275,521**	**24,644,523,322**
1. 현금 및 현금성자산	5,811,293,138	11,502,069,385
2. 매출채권 및 기타 채권	12,673,223,459	11,781,505,510
3. 재고자산	1,034,125,107	887,203,674
4. 기타 유동자산	134,633,817	473,744,753
II. 비유동자산	**1,299,239,831,677**	**1,225,693,365,048**
1. 유형자산	883,321,644,742	1,208,316,209,027
2. 무형자산	5,878,325,309	6,001,882,808
3. 투자부동산	402,799,920,626	0
4. 종속기업 및 관계기업 투자	3,391,314,000	3,391,314,000
5. 기타 장기채권	2,774,508,681	4,096,372,770
6. 장기금융자산	7,500,000	2,682,832,213
7. 기타 비유동자산	1,066,618,319	1,204,754,230
자산총계	**1,318,893,107,198**	**1,250,337,888,370**
부채		
I. 유동부채	**68,860,578,404**	**41,310,574,387**
1. 매입채무 및 기타 채무	24,918,145,997	13,842,245,818
2. 단기금융부채	12,653,240,000	2,114,370,000
3. 법인세부채	1,363,968,027	2,396,227,223
4. 유동충당부채	883,451,253	709,570,902
5. 기타 유동부채	29,041,773,127	22,248,160,444
II. 비유동부채	**540,091,866,298**	**501,695,835,095**
1. 장기금융부채	280,490,934,657	232,651,638,916
2. 순확정급여부채	5,334,601,272	7,179,392,278
3. 비유동충당부채	650,606,475	632,158,069
4. 이연법인세부채	159,860,050,060	163,789,300,688
5. 기타 비유동부채	93,755,673,834	97,443,345,144
부채총계	**608,952,444,702**	**543,006,409,482**
자본		
1. 자본금	98,506,580,000	98,506,580,000
2. 기타 포괄손익누계액	0	(246,123,714)
3. 이익잉여금	611,434,082,496	609,071,022,602
자본총계	**709,940,662,496**	**707,331,478,888**
부채와 자본총계	**1,318,893,107,198**	**1,250,337,888,370**

출처: 파르나스호텔

나. 손익계산서(Income Statement)

손익계산서는 일정기간 동안 기업의 경영실적을 보여주는 재무제표이다. 손익계산서는 크게 매출(Revenue), 비용(Expenses), 이익 또는 손실(Profit or Loss)의 세 가지 요소로 구성되어 있다. 매출은 기업의 주요 영업활동인 상품과 서비스의 상거래를 통해서 벌어들이는 매출액과 영업외활동에서 거둬들이는 이득(Gains)이 있다.

그리고 비용은 기업이 상품과 서비스를 생산·판매하기 위해 소요된 경비로서 이에는 상품 및 서비스를 생산하는데 소요되는 매출원가와 판매 및 관리활동에 소요되는 판매비 및 관리비(임직원 급여, 광고선전비, 수도광열비 등)가 포함된다. 또한 영업외활동으로 인한 순자산의 감소분을 손실(유가증권 처분손실)이라 한다.

일정기간 동안 특정 기업이 영업활동 및 영업외활동을 수행함으로써 발생한 매출과 이득을 합한 금액이 비용과 손실을 합한 금액보다 많으면 순이익이 발생한 것이고, 반대인 경우는 순손실이 발생한 것이라고 한다. 재무제표는 주로 회계기간마다 산출되므로 해당 회계기간의 이익 혹은 손실을 당기순이익(Net Income) 혹은 당기순손실(Net Loss)이라 한다. 기업이 영업활동을 영위하는 목적의 하나는 이익창출이기 때문에 당기순손실보다는 당기순이익이 최대화되는 것이 물론 기업을 위해 좋은 것이다.

기업의 가치는 무엇보다 기업에 의해 창출되는 이익의 수준에 의해 결정된다. 특히 영업활동에 의해 이익이 발생되지 않으면 기업의 미래는 예측하기 힘들다. 손익계산서를 살펴 볼 때 매출과 이익의 양과 더불어 이익의 질에 대해서도 파악해야 한다. 이는 기업 성장의 질과도 밀접한 관계가 있다. 예를 들면, 법인세차감전순이익은 적지만 영업이익이 계속해서 증가하고 있는 기업은 경쟁력이 향상되고 있다고 볼 수 있다. 반면에 영업이익은 계속 감소하고 있는데 당기순이익은 늘고 있다면 이 기업에게는 무엇인가 범상치 않은 사연이 있다는 것을 추측할 수 있다. 〈표 10-7〉은 파르나스호텔의 2015년도 손익계산서이다.

| 표 10-7 | 파르나스호텔의 손익계산서

구분	2015년 1.1~12.31	2014년 1.1~12.31
I. 매출액	199,280,230,124	198,949,421,254
II. 매출원가	162,595,320,992	159,407,823,206
III. 매출총이익	35,684,909,132	39,541,598,048
IV. 판매비와관리비	22,231,458,408	23,031,683,735
V. 영업이익	14,453,450,724	16,509,914,313
VI. 기타수익	1,521,707,380	1,113,336,272
VII. 기타비용	1,744,495,410	911,285,708
VIII. 금융수익	125,610,974	237,185,326
IX. 금융비용	5,497,108,960	5,332,800,095
X. 법인세비용차감전순이익	8,859,164,708	11,616,350,108
XI. 법인세비용	2,402,728,028	2,499,620,469
XII. 당기순이익	6,456,436,680	9,116,729,639

출처: 파르나스호텔

한편 이익에는 4단계의 이익수준이 존재하는데 기업의 손익계산서를 보다 잘 이해하고 활용하려면 이를 잘 숙지해야 한다. 첫째, 총매출액에서 매출원가를 차감한 것이 매출총이익(Gross Profit)이다. 둘째, 매출총이익에서 판매비 및 관리비를 차감한 것을 영업이익(Operating Profit)이라 한다. 셋째, 영업이익에서 영업외 이익을 더하고 영업외 손실을 제한 것이 법인세차감전순이익(Profit Before Income Tax)이 된다. 넷째, 법인세를 제하고 남는 것을 당기순이익(Net Income)이라 한다. 이 4단계는 각 수준마다 나름대로 중요하고 의미심장한 내용을 포함하고 있다. 따라서 일정기간 동안 특정기업의 경영성과를 올바르게 파악하려면 이익의 4단계를 정확히 이해해야 한다.

다. 현금흐름표(Statement of Cash Flows)

일정기간 동안에 기업의 영업·투자·재무활동으로 인한 각각의 현금 유출액과 유입액을 보여주는 재무제표이다. 기업을 운영함에 있어 중요한 역할을 하는 것이 현금이다. 기업이 도산하는 가장 큰 이유중의 하나가 현금부족으로 인한 것이기 때문에 현금 유출입의 경로에 대한 정보는 모든 정보이용자의 주된 관심사이다.

손익계산서상의 이익은 현금처럼 보일 수도 있으나 때에 따라서는 그렇지 못한 경우도 있다. 즉, 이익과 현금흐름은 다르다는 것이다. 이익이 발생해도 현금은 마이너스일 수도 있다. 이익과 현금흐름이 다른 이유는 크게 두 가지가 있다. 첫째, 외상매출금과 외상매입금 그리고 재고 등이 존재하기 때문이다. 외상매출금은 상품 또는 서비스를 판매했지만 대금은 아직 회수하지 못한 경우이며, 반면에 외상매입금은 남에게서 상품 또는 서비스를 구매했지만 대금을 아직 지급하지 않은 경우이다. 그리고 재고는 양에 따라 손익에 영향을 주지 않지만, 재고가 증가하는 만큼 이에 대한 대금을 지급해야 하므로 현금흐름이 감소했다고 볼 수 있다. 이와 같은 현실적인 영업순환상 현금흐름(자금)의 움직임은 손익계산서에서는 확인할 수 없다. 둘째, 현금이 지출되지 않는 비용이 존재하기 때문이다. 예를 들면, 감가상각비와 같이 투자자금은 장비나 설비를 구매할 때 지출되지만 비용은 사용기간에 따라 계상되기 때문에 자금이 지출되지 않는 비용이 된다. 또한 기업이 보유하고 있는 유가증권의 가치가 떨어지면 평가손이 발생되며 이에 따라 손익계산서에 평가손은 비용으로 계산되지만, 실제로 자금이 지출되지는 않는다. 그러므로 이익과 현금흐름 간에 괴리가 생긴다. 이런 실제 자금의 이동현상을 실질적으로 설명해 주는 것이 현금흐름표의 영업활동으로 인한 현금흐름이다.

요약하면, 손익계산서나 재무상태표는 현금 자체의 변동내용을 자세히 보여주지 못한다. 그래서 현금흐름표가 각광을 받기 시작했는데 이 재무보고서의 가장 큰 특징은 다른 재무보고서에 비해서 현금흐름 상황을 잘 보여주어 기업의 도산 징후예측에 보다 나은 정보를 제공하고 있다. 〈표 10-8〉은 파르나스호텔의 현금흐름표이다.

특정 기업의 몇 개 연도의 현금흐름표에 나타난 정보를 바탕으로 다음과 같은 사항에 대한 정보를 파악할 수 있다.

- 기업의 채무지급능력이 개선되고 있는가?
- 영업활동을 통해서 영업비용, 부채상환, 이자지급 등 지급의무를 수행할 수 있는 충분한 현금이 지속적으로 창출되고 있는가?
- 영업활동을 통해서 기업의 성장에 필요한 투자자원이 확보되고 있는가?
- 주주에게 배당금을 지급할 수 있을 정도로 충분한 현금이 창출되고 있는가?

| 표 10-8 | 파르나스호텔의 현금흐름표

구분	2015년 1.1~12.31	2014년 1.1~12.31
I. 영업활동으로 인한 현금흐름	24,167,045,223	44,896,000,152
1. 영업활동에서 창출된 현금흐름	38,316,516,916	49,059,939,229
2. 이자의 수취	125,610,974	255,449,350
3. 배당금 수익	563,342,067	515,104,149
4. 이자의 지급	(8,265,872,841)	(7,418,219,576)
5. 법인세의 납부	(6,572,551,893)	2,473,727,000
II. 투자활동으로 인한 현금흐름	(89,258,291,085)	(99,005,242,762)
1. 투자활동으로 인한 현금유입액	4,233,653,328	875,225,136
가. 장기대여금의 감소	–	306,037,000
나. 유형자산의 처분	492,851,637	169,188,136
다. 무형자산의 처분	111,125,000	–
라. 보증금의 감소	940,000,000	400,000,000
마. 장기금융자산의 처분	2,689,676,691	–
2. 투자활동으로 인한 현금유출액	(93,491,944,413)	(99,880,467,898)
가. 보증금의 증가	600,000,000	2,450,000,000
나. 유형자산의 취득	92,679,777,423	97,321,695,552
다. 무형자산의 취득	212,166,990	108,772,346
III. 재무활동으로 인한 현금흐름	59,400,469,615	25,715,244,970
1. 재무활동으로 인한 현금유입액	66,249,430,600	33,630,347,200
가. 차입금의 증가	60,429,000,000	23,963,000,000
나. 사채의 증가	–	–
다. 입회금의 증가	3,198,000,000	2,338,000,000
라. 장기성예수보증금의 증가	4,000,000	2,000,000
마. 임대보증금의 증가	2,618,430,600	7,327,347,200
2. 재무활동으로 인한 현금유출액	(6,848,960,985)	(7,915,102,230)
가. 차입금의 감소	2,114,440,000	1,600,065,368
나. 입회금의 감소	2,037,185,300	1,538,894,000
다. 임대보증금의 감소	1,222,834,000	3,980,903,840
라. 예수보증금의 감소	1,000,000	3,000,000
마. 금융리스부채의 감소	105,992,230	–
바. 배당금의 지급	1,367,509,446	792,239,022
IV. 현금 및 현금성자산의감소(I+II+III)	(5,690,776,247)	(28,393,997,640)
V. 기초의 현금 및 현금성자산	11,502,069,385	39,896,067,025
VI. 기말의 현금 및 현금성자산	5,811,293,138	11,502,069,385

출처: 파르나스호텔

　재무상태표, 손익계산서, 현금흐름표의 3대 재무제표는 상호 유기적이며 상호 보완적인 관계를 가지고 있다. 이러한 재무제표에서 유용한 정보를 산출하려면 분석과정에서 특정 재무제표에 너무 많은 비중을 두어서는 안 될 것이다. 각 재무제표는 각각 고유한 특성에 의해 산출되었기 때문에 세 가지 재무제표는 상황에 따라서 개별적·종합적으로 분석해야 할 것이다. 즉, 숲과 나무를 동시에 볼 수 있는 혜안을 가져야 특정 기업에 대한 정확하고 유용한 재무정보를 취득할 수 있다.

5. 통일회계제도(USALI)의 이해

　통일회계제도(USALI: Uniform System of Accounts for the Lodging Industry)는 호텔산업을 위해 1923년 미국 뉴욕시 호텔협회에 의해 처음 개발된 회계시스템이다. 통일회계제도의 목적은 호텔산업에서 재무정보를 통일된 분류, 양식 및 표현에 의해 산출된 재무제표를 작성하는데 필요한 공식적인 언어를 제공하는 것이다. 그리고 통일회계제도는 미국호텔협회(AH&LA: American Hotel & Lodging Association)의 공식 인증을 취득했다.

　통일된 재무제표를 산출함으로써 달성된 결과는 첫째, 호텔기업간의 재무제표에 대한 상호 호환성이 구축되었다. 둘째, 각 매출부서의 성과를 쉽게 표현할 수 있어 효율적으로 경영정보를 수집할 수 있게 되었다. 셋째, 올바른 책임회계시스템의 필요성과 중요성을 인식하게 되었다. 넷째, 모든 호텔기업도 쉽게 이용할 수 있는 보편적인 회계정보시스템을 제공하게 되었다. 다섯째, 국가별과 지역별은 물론이고 전 세계 호텔산업의 재무정보를 통합·이용하는 것이 용이하게 되었다.

　한편 국내에서 영업하고 있는 외국계의 유명 호텔들은 국내의 재무제표와 통일회계제도에 의한 재무제표 두 가지를 모두 사용하고 있어서 둘 다 숙지해야 할 필요가 있다. 〈표 10-9〉는 통일회계제도(USALI)에 의해 산출된 손익계산서(Income Statement)의 사례를 보여주고 있다.

| 표 10-9 | Income Statement의 예|

Income Statement	$('000)	%Gross
REVENUE		
Rooms	24,000	52.5
Food	12,500	27.3
Beverage	5,000	10.9
Telephone	250	0.5
Spa/Health Club	0	0.0
Other Income	4,000	8.8
Total Revenues	**45,750**	**100.0**
DEPARTMENTAL EXPENSES		
Rooms	6,000	25.0
Food & Beverage	13,000	74.3
Telephone	125	50.1
Spa/Health Club	0	0.0
Other	1,500	37.5
Total	**20,625**	**45.1**
DEPARTMENTAL INCOME	**25,125**	**54.9**
UNDISTRIBUTED OPERATING EXPENSES		
Administrative & General	3,500	7.7
Marketing	2,800	6.1
Property Operations & Maintenance	2,000	4.4
Utilities	1,600	3.5
Total	**9,900**	**21.7**
HOUSE PROFIT	**15,225**	**33.2**
Management Fee	1,373	3.0
INCOME BEFORE FIXED CHARGES	**13,852**	**30.2**
FIXED EXPENSES		
Property Taxes	1,200	2.6
Insurance	600	1.3
Reserve for Replacement	1,830	4.0
Total	**3,630**	**7.9**
NET INCOME	**10,222**	**22.3**

제4절 **재무관리**

1. 재무관리의 의의

재무관리(Financial Management)는 기업의 자금흐름과 관련된 활동을 다루는 학문으로 기업재무(Corporate Finance)라고도 한다. 재무관리는 기업의 투자에 필요한 자금조달과 운용을 다루는 활동이다. 즉, 재무관리는 합리적인 투자결정과 자금조달을 연구하는 활동이다. 최근에는 보다 단기적인 과제인 유동성 관리도 연구에 추가되고 있다. 그리고 재무관리의 목표는 기업가치의 극대화이다.

기업의 재무담당자(Treasurer)는 내부조달 또는 금융시장(Financial Market)을 통해 필요한 자금을 조달하여 주로 영업활동을 위해 실물자산에 자금을 투자한다. 자금투자의 결과로 산출되는 성과(현금흐름)가 긍정적인 경우(이익발생)는 자금을 제공한 투자자인 주주나 채권자에게 배당금 또는 이자의 형태로 지불된다. 만일 기업이 향후 새로운 사업기회에 재투자할 자금이 필요하다면 이익금 중 일부를 사내에 유보할 수 있다. 이렇게 투자자에게 배당금이나 이자를 지불하려면 기업은 그들이 기업에 투자한 자금보다 더욱 많은 현금흐름을 창출할 수 있어야 한다. 다시 말하면 부가가치(Value Added)를 창출할 수 있어야 한다.

기업에서 재무담당자가 수행하는 재무의사결정은 크게 두 가지로 요약할 수 있다. 첫째, 투자결정을 통해 어느 정도의 자금을 어떤 자산에 투자할 것인가를 결정한다. 투자결정에 의해서 자산의 규모와 구성이 결정되며 결과는 재무상태표의 차변에 기록된다. 둘째, 자금조달결정은 투자결정이 내려진 후 투자에 소요되는 자금을 어떻게 조달할 것인가에 대한 결정이다. 자본조달결정에 의해 자본구조(부채와 자기자본의 비율)의 규모와 구성이 설정되며 결과는 재무상태표의 대변에 기록된다. 아울러 이익을 사내에 유보할 것인가 아니면 배당금으로 지급할 것인가에 대한 의사결정도 포함된다.

한편 비교적 규모가 큰 호텔기업에서는 재무담당자(Treasurer)와 회계담당자(Controller)로 나누어서 회계 및 재무관리 업무를 수행한다. 회계담당자는 주로 재무회계, 원가회계, 세무회계, 회계정보시스템관리 등의 업무를 수행하고, 재무담당자는 현금 및 신용관리, 자본지출, 재무계획 수립 등에 대한 업무에 종사하고 있다.

2. 재무관리의 목표

기업의 경영진 및 재무담당자가 재무의사결정을 통해 이루려는 궁극적인 목표는 무엇인가? 한마디로 재무관리의 목표는 기업의 경영목표와 같다고 할 수 있다. 과거로부터 흔히 기업경영의 목표는 이익 또는 이윤의 극대화라고 알고 있다. 하지만 기업의 목표로서 이익극대화(Profit Maximization)는 최근 많은 도전을 받고 있는데, 이는 세 가지 문제점이 밝혀지고 있기 때문이다.

첫째, 이익극대화에서 말하는 이익은 회계적 측정치로서 기업의 경제적 성과를 잘 표현하고 있지 못하기 때문이다. 실제로 이익은 손익계산서란 장부상의 이익으로서 기업의 실제 현금흐름(Cash Flow)과 꼭 일치한다고 볼 수 없기 때문이다. 이익은 각 기업의 감가상각, 재고자산평가 등의 여러 가지 회계처리방법에 따라 측정이 달라질 수 있어 자의적인 측정치라고 할 수 있다.

둘째, 이익은 현금흐름의 발생 시기를 잘 반영하지 못하고 있다. 즉, 서로 다른 시점에서 발생하는 이익을 정확하게 파악할 수 없다. 예를 들어, 현재 10억원의 수입이 있으나 10년 후에 11억원의 비용이 발생하는 투자대안 ㉮와, 현재 20억원의 비용을 지출하여 10년 후에 22억원의 수입을 얻을 수 있는 투자대안 ㉯가 있다고 가정하자. 여기서 단순히 이익극대화 목표에 의해서 두 투자대안을 평가하면 대안 ㉯가 2억원 만큼의 이익을 획득할 수 있고 반면에 ㉮는 1억원의 투자손실의 발생이 예상되므로 대안 ㉯를 선택하는 것이 적절하게 보일 것이다. 하지만 이런 평가방법은 현금은 발생 시기에 따라 가치가 달라질 수 있다는 현실세계의 사실을 전혀 반영하지 못하고 있다.

셋째, 이익극대화는 미래이익의 불확실성의 정도에 따른 이익의 질적 가치를 반영하지 못한다. 따라서 이익을 토대로 해서 불확실성의 정도가 서로 다른 미래 이익수준을 정확하게 평가할 수 없다. 예를 들어, 현재 1천만원을 투자하여 1년 후에 1천2백만원을 동일하게 벌어들일 수 있다고 예상되는 두 가지 투자대안이 있는데, 대안 ㉮는 은행의 정기예금에 가입하는 것이고, 대안 ㉯는 새로운 식음료 메뉴개발에 투자하는 것이다. 여기서 정기예금에 대한 투자는 불확실성이 거의 존재하지 않지만 대안 ㉯에 대한 투자는 위험이 훨씬 높게 나타난다. 일반적으로 위험을 회피하고자 하는 투자자는 대안 ㉮를 더 선호할 것이다. 하지만 위와 같은 두 투자안은 기대이익이 같기 때문에 이익극대화에 의해서는 투자에 대한 우열을 판단할 수 없다.

오늘날 기업의 경영목표는 전통적인 개념인 이윤의 극대화에서 기업가치의 극대화(Firm's Value Maximization)로 점점 대체되고 있다. 여기서 말하는 기업가치는 기업이 미래에 획득할 현금흐름을 그 발생시기와 불확실성의 정도에 따라 적절하게 할인한 현재가치의 총합을 의미한다. 바꾸어 말하면, 기업의 가치는 기업이 소유하고 있는 총자산가치 또는 부채의 총시장가치와 주식의 총시장가치를 합한 것으로 간주할 수 있다. 여기서 부채의 시장가치는 거의 일정하기 때문에 기업의 가치를 극대화한다는 것은 바로 주식(또는 자기자본)의 총시장가치를 극대화하는 것과 일맥상통한다고 볼 수 있다. 그래서 기업가치의 극대화는 주주의 부의 극대화와 동일한 개념이라고 할 수 있는 것이다. 한편 기업의 주식가격은 기업이 보유하고 있는 미래의 현금흐름 창출능력과 아주 밀접한 관계에 있다고 할 수 있다.

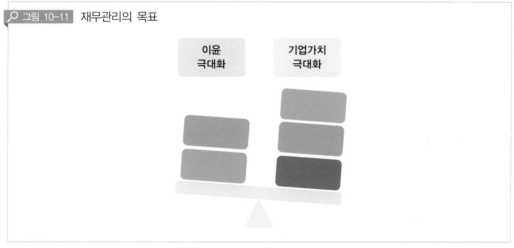

그림 10-11 재무관리의 목표

출처: 저자

3. 화폐의 시간적 가치

일반적으로 사람들은 같은 금액일 경우 미래의 현금보다 현재의 현금을 소유하길 원한다. 즉, 오늘의 1원은 미래의 1원보다 가치가 더 크기 때문이다. 여기에는 크게 두 가지 이유가 있다. 첫째, 보통 일반인들은 미래의 소비보다 현재의 소비를 더 선호하는 시차선호(Time Preference)의 경향을 보이기 때문이다. 하지만 개인적 특성에 따라 미래의 소비에 비해 현재의 소비를 선호하는 정도는 다르게 나타날 수 있다. 둘째, 현재의 현금을 가지고 좋은 곳에 투자하거나 혹은 주어진 생산기회를 통하여 미래에 그 이상의 가치를 창출할 수 있다. 즉, 자본화되어 가치를 창출할 수 있는 현재의 현금흐름을 더 선호하게 되는데, 이는 자본의 생산성이라는 특성에 기인한 것이다.

따라서 일반적으로 사람들이 더욱 선호하는 현재의 현금을 빌려쓰려면 미래에 보다 많은 현금을 이들에게 제공할 수 있어야 한다. 이처럼 추가로 지급하는 금액(이자)을 현재의 현금에 대한 일정한 비율로 나타낸 것이 이자율(Interest Rate)이다. 그러므로 이자율은 화폐의 가격으로서 화폐의 시간적 가치를 평가하는 척도라고 할 수 있다. 일반적으로 투자자들은 위험을 싫어하기 때문에 투자에 대한 적절한 보상이 보장되지 않으면 불확실한 미래의 현금흐름에 현혹되지 않는다.

현재가치(Present Value)란 미래에 발생할 일정한 금액을 현재시점의 화폐가치로 환산한 것이다. 현재가치를 구하는 과정을 할인계산과정(Discounting Process)이라 한다. 예를 들면, 연리 10%로 매년 복리 계산되는 정기예금에 현재 얼마를 입금해야 5년후에 천만 원이 될 것인지를 계산해 보면 다음과 같다.

$$PV(1+0.1)^5 = 10,000,000원 \Rightarrow PV = 10,000,000/(1+0.1)^5 = 6,209,213원$$

즉, 오늘 6,209,213원을 연리 10%로 매년 복리 계산되는 정기예금에 예금하면 5년 후에 천만 원이 되는 것이다. 따라서 현재의 6,209,213원과 5년도 말의 천만 원은 각각 가치가 동일하다고 할 수 있다.

4. 호텔의 자본비용(Cost of Capital)

호텔기업의 투자(Investment) 및 자금조달(Financing)에 대한 의사결정은 서로 매우 밀접한 관계를 가지고 있다. 왜냐하면 호텔기업이 투자를 할 때 소요되는 자금을 어떠한 방법으로 조달하는가에 따라 자본비용이 결정되고 이러한 자본비용이 바로 투자안을 평가하는 가장 중요한 기준이 되기 때문이다. 다시 말해서 성공한 투자가 되기 위해서는 자본비용을 상회하는 수익률이 보장되어야 한다.

자본비용이란 호텔기업이 귀중한 자본을 사용하는 대가로 자본제공자들에게 지급하는 비용을 일컫는다. 예를 들면, 호텔기업이 사채를 발행하여 자금을 조달할 경우에는 채권자에게 지급해야 하는 이자가 부채의 자본비용이 되며, 새로운 주식을 발행하여 투자에 소요되는 자금을 조달할 경우에는 주주에게 지급해야 되는 배당금(Dividend)이 자기자본에 대한 자본비용이 된다.

자본비용은 자본을 이용하는 호텔기업의 입장에서는 비용으로 인식되지만, 자금을 공급하는 투자자의 입장에서는 요구수익률이 된다. 즉, 투자자가 호텔기업에 자금을 대여할 경우 투자자는 자신이 부담하게 되는 투자금의 안전한 환수에 대한 위험(Risk)에 직면하게 되는데, 이에 당연히 투자자들은 이에 상응하는 대가를 사용자에게 요구하게 된다. 그러므로 투자자들은 무위험수익률(예: 국공채 금리수준)에 그들이 부담하게 되는 위험에 상당하는 위험대가(Risk Premium)를 합한 만큼의 수익률을 요구하게 된다.

위에서 언급한 바와 같이 호텔기업은 투자결정에 대한 자금을 조달하기 위해 사채 또는 주식을 발행한다. 이때 투자자가 경험하는 사채를 매입하는 경우의 위험수준과 주식을 매입하는 경우의 위험수준은 달리 나타날 수 있으므로 각각의 위험대가는 달라질 수 있다. 따라서 호텔기업의 입장에서는 자금을 조달하는 방법 즉 원천(Source)에 따라 자본비용이 달라진다.

자본비용은 호텔기업의 전반적인 재무적 의사결정과정에서 다음과 중요한 역할을 담당한다. 첫째, 자본비용은 투자에 소요되는 자금을 조달하는 방법과 자본구조를 결정하는 중요한 기준이 된다. 기업이 투자에 필요한 자금을 공급할 때 부채 또는 자기자본 등을 이용할 것인가, 아니면 부채와 자기자본 모두를 동시에 이용할 것인가의 문제는 각 경우가 호텔기업 전체의 자본비용에 미치는 영향에 따라 그 결과가 달라진다. 그러므로 호텔기업의 목표가 기업가치의 극대화라면 자본비용을 최소화할 수 있는 자금조달방법을 선택해야 한다.

둘째, 자본비용은 호텔기업의 투자여부를 결정하는데 중요한 지표가 된다. 기업이 투자안을 결정할 때 그 투자안으로부터 획득할 수 있는 기대수익률이 자본비용보다 높을 경우 기업가치는 증가하므로 투자안은 선택된다. 이러한 의미에서 자본비용은 호텔기업이 투자안으로부터 얻을 수 있는 최소한의 요구수익률이 되는 것이다.

셋째, 자본비용은 배당금결정이나 리스금융의 이용 여부, 사채차환(Bond Refunding) 등의 기타 재무적 의사결정시에 중요한 변수로 활용되고 있다. 예를 들면, 호텔기업의 외부자본 조달비용이 높아지는 경우 호텔기업은 종전에 비해 배당금 지급을 줄이는 한편 이익을 가능한 많이 기업 내에 유보하려 한다. 리스임차료가 호텔기업의 자본비용보다 낮을 경우 호텔기업은 설비 등의 구입을 위한 자금을 차입하여 조달하는 대신 리스를 사용하는 것이 바람직하다. 또한 새로이 사채를 발행하는 것이 종전보다 비용이 적게 소요되는 경우 신규채권을 발행하여 기존사채를 차환해야 한다.

넷째, 경제 전체를 전반적으로 봤을 때 자본비용은 각 산업 또는 각 기업의 투자수준을 결정하고 자원을 배분하는 역할을 한다. 자본비용이 낮을 경우에는 순현가가 0보다 큰 투자안이 상대적으로 많아져서 과다투자가 발생할 가능성이 높아지게 된다. 반면에 자본비용이 높은 경우에는 순현가가 0보다 작은 투자안이 상대적으로 많아져서 투자가 위축되는 경우가 발생하게 된다. 이와 같이 자본비용에 따라 산업 또는 기업의 투자수준이 결정되므로 적절한 자원분배를 위해서는 적정 자본비용 설정이 매우 중요하다고 할 수 있다. 또 국가 간에도 자본비용 차이에 따라 국가경쟁력에 영향을 미칠 수 있다.

5. 호텔 투자의 위험과 혜택

호텔기업에 대한 투자를 고려할 때 호텔산업에 내재된 고유한 위험과 잠재적 혜택을 잘 이해해야 만족스러운 결과를 창출할 수 있을 것이다. Elgonemy는 〈표 10-10〉과 〈표 10-11〉에서 나타난 바와 같이 미국의 호텔산업에 내재된 혜택과 위험에 대한 예를 들고 있다.

| 표 10-10 | 호텔 투자의 혜택 및 보상 요소

보상 · 혜택요소	내　　　용
우호적인 조세법	개인소유 호텔의 감가상각은 짧은 시간 내에 상계할 수 있다. 호텔은 적절한 감가상각방식을 통해 세제혜택을 이끌어 낼 수 있다
잠재이익	호텔 수익이 손익분기점에 도달한 이후 이익은 급속하게 증가하는 경향이 있다. 호텔의 상당한 비용이 고정비에 속하며, 이는 객실점유율에 따라 크게 변하지 않는다
잠재된 가치증가	호텔투자에 대한 재무적 보상은 부채에 따른 이자 및 원금상환 등을 차감한 후의 연간 현금흐름과 호텔을 매각하는 경우에 발생할 수 있다
물가인상 위험 억제효과	호텔의 객실요금은 시장환경의 한도 내에서 물가인상에 맞춰서 인상할 수 있다
세계시장의 효과	호텔산업이 속한 관광산업은 전 세계에서 가장 많은 사람을 고용하는 가장 큰 산업이며 향후 가장 큰 성장이 예상되고 있다
무형적인 혜택	유명하고 등급이 높은 호텔은 소유자의 포트폴리오, 특권, 투자사회에서의 신분 등을 향상할 수 있다

출처: Elgonemy

| 표 10-11 | 호텔 투자의 위험 요소

위험요소	내　　　　　　　　　　　용	
호텔산업의 순환주기 및 영업레버리지	객실점유율과 평균객실단가의 작은 변화는 호텔의 영업이익에 지대한 영향을 미친다. 영업레버리지(고정비) 비중이 큰 호텔은 다른 형태의 부동산투자에 비해 경제의 순환주기에 보다 민감하게 반응하며, 또한 높은 이자보상비율을 유지해야 한다	
이자율 위험	예상치 못한 이자율의 변화는 위험이다. 금리인상은 호텔투자에 심각한 영향을 미치는데 왜냐하면 호텔들은 보통 많은 부채를 보유하고 있기 때문인데, 이자율의 증가는 이익수준을 낮게 하거나 또는 추진중인 호텔프로젝트의 타당성을 의심케 한다. 추가적으로 금리가 인상되면 호텔의 미래가치는 줄어들며, 높은 금리는 보다 많은 이익창출을 불가능케 하며 또한 금리인상은 주가수익률(P/E Ratio)의 악화를 초래한다	
공급측면의 위험	새로운 호텔건설에 대한 과열반응은 투자자들에게 관망과 신중함을 요구한다. 호텔객실의 공급이 수요를 초과하는 경우 이는 호텔산업 전체를 위해 아주 심각한 문제이다. 현재 미국의 많은 호텔시장에서는 공급증가율이 수요증가율을 앞서고 있다. 이런 현상의 부분적인 원인으로 자본공급자가 전통적인 부동산 금융업자가 아니고 호텔기업들이란 점이다	
경영위험	호텔을 경영함에 있어 가장 중요한 두 가지 내재위험은 첫째, 비용·마케팅·서비스에 대한 잘못된 관리이며 둘째, 위탁경영계약에 내재된 구조적 결함이다. 호텔은 단순히 부동산에 불과하지 않은 사업이며 집중적이고 능력있는 경영진을 요구하며, 적합한 전문적인 호텔경영회사와의 위탁경영계약 체결은 성공을 위해 아주 중요하다. 호텔경영에서 가장 중요한 세 가지 분야는 마케팅(브랜드), 서비스품질, 그리고 원가관리다	
유동성 위험	유동성 위험은 호텔시장의 고갈로 정의된다. 객실수요가 현저히 낮을 경우 매각자가 매수자나 임차인을 찾는 것은 매우 어렵기 때문에 이런 시장에서 호텔자산의 매각은 매우 힘들다. 일반적으로 호텔들은 유동성이 거의 없는 자산으로 간주되는데, 예를 들면 일개 호텔을 매각하는데 때에 따라서는 1년이란 시간이 소요될 수도 있다	

출처: Elgonemy

6. 호텔산업의 재무적 특징

　호텔산업은 전형적으로 주기적인(Cyclical) 산업이다. 호텔의 이익과 가치는 객실점유율과 평균객실요금의 등락에 따라 빠르게 향상되거나 감소한다. 일반적으로 경제 불황과 같은 급격한 환경변화를 제외하고는 객실점유율의 추세는 객실공급의 변화에 의하여 결정된다. 이런 객실공급의 증가는 호텔건설에 필요한 투자자금에 대한 금융조건이 호전됨에 따라 생긴다.

　여기서 미국 호텔산업의 사업주기(Business Cycle)에 대한 Rushmore & Goldhoff의 견해를 살펴보면 다음과 같다. 투자자들은 다른 형태의 부동산 투자에 비해 호텔 투자의 수익이 보다 좋다는 것을 인식하게 되면 호텔건설에 필요한 자금·금융에 관심을 가지게 된다. 호텔 투자에 대한 자금의 확보가 용이해지면 호텔개발자들은 새로운 호텔을 건설하게 되어 결국 객실공급이 증가하게 된다. 이때 객실공급 증가분의 일부는 객실수요의 증가로 감당할 수 있다. 그러나 객실공급의 증가가 객실수요의 증가를 앞지르게 되면 해당 호텔시장은 과적(공급초과: Overbuilding)시장으로 돌변하고 결국 호텔들의 객실점유율은 하락하게 된다.

낮은 객실점유율은 결국 객실가격의 인하를 초래하며, 이익은 감소하게 되고, 호텔의 가치를 떨어뜨리게 된다. 종전에 비해 낮아진 이익과 가치를 목격하게 되면 자금제공자와 주식보유자는 호텔산업에 대한 투자를 더 이상 고려하지 않게 되므로, 결국 새로운 호텔개발의 속도가 점점 느려진다. 이후 시간이 경과해서 객실수요가 현재의 객실공급수준을 따라 잡거나 또는 더뎌진 객실공급 증가율을 상회하게 된다. 그래서 객실수요가 객실공급을 초과하게 되면 객실점유율과 평균객실요금은 다시 오르고, 이익수준도 향상되고, 궁극적으로 호텔가치도 상승하게 된다. 이런 상황이 되면 투자자들과 금융업자들은 호텔산업에 대한 투자를 다시 시작하게 된다. 그리고 이와 같은 순환주기는 계속해서 반복되고 있다.

미국 호텔시장에서는 현재 호텔의 시장가치(Market Value)가 재건축비용(Replacement Cost)보다 높으면 새로운 호텔건설이 가능해지고, 반대로 재건축비용이 시장가치보다 높아지면 새로운 호텔건설에 대한 관심이 감소하게 된다. 미국에서 지난 40년 동안의 경험을 살펴보면 호텔투자자들이 돈을 잃게 되는 경우는 객실수요의 부족 또는 미숙한 경영보다는 대부분 객실공급초과 즉, 과적현상 때문인 것으로 밝혀지고 있다. 호텔산업에서 투자는 가치와 시간에 대한 게임이다. 주기적 성향을 지닌 호텔산업에서 시장들의 상황, 호텔상품의 유형, 객실가격의 유형 등에 대한 이해를 향상할 수 있다면, 호텔투자자들은 구체적인 상승 및 하락추세를 파악할 수 있으며, 호텔자산을 매입하거나 매각하는 시점을 보다 잘 이해하게 되어 결국 투자에 대한 위험을 줄이고 이익을 증가시킬 수 있다.

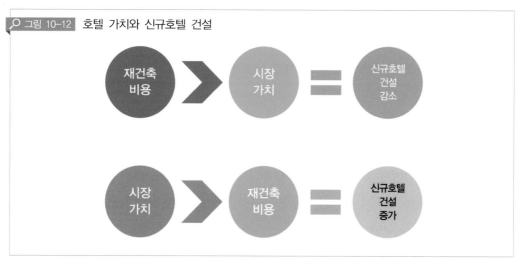

🔍 그림 10-12 호텔 가치와 신규호텔 건설

출처: Elgonemy

제5절 정보시스템

1. 정보의 개념 및 의의

우리는 현재 농경사회와 산업사회를 지나 아직 끝이 보이지 않는 정보화시대의 정점을 향해 가고 있다. 현 시대에 살고 있는 우리는 정보가 없다면 불편한 삶을 감수해야 한다. 우리의 모든 생활이 이제 정보에 의해 지배되고 있기 때문이다. 하물며 개인생활에서도 정확한 정보를 반드시 필요로 하는데 수많은 사람들이 모여서 일을 하는 기업조직에서는 더더욱 가치있는 정보가 요구된다. "아는 것이 힘이다(Knowledge is Power)"란 어구가 실제로 지구사회 전체를 압도하고 있는 것이 현실이다. 개인이든, 조직이든, 사회든 많이 알아야 보다 많은 혜택을 누릴 수 있기 때문이다. 그만큼 정보는 우리 생활에서 중요한 자원(Resource)이 되었다. 정보는 이제 과거 산업사회에서 가장 중요하게 여겼던 3대 자원인 토지, 노동력, 자본보다 더 중요한 자원이 되었다. 왜냐하면 지식 또는 정보가 존재하는 곳에 자본 또는 인력이 확보될 수 있기 때문이다. 이런 의미는 결국 과거와는 완전히 다른 사회가 이미 등장했다는 것을 시사하고 있다.

정보의 중요성은 크게 개인차원, 기업차원, 사회차원 등의 세 가지 분야로 나누어 생각할 수 있다. 첫째, 개인차원에서 외부환경 변화에 대한 적응과 스스로의 발전을 꾀하기 위해 빠르고 정확한 정보가 필요하며, 또한 휴대폰, 초고속 통신망, 스마트폰, 태블릿 PC 등의 대중화로 가계지출에서 통신비가 차지하는 비중이 매년 증가하고 있기 때문이다. 둘째, 기업차원에서 다양한 소비자의 욕구를 충족시키기 위해 끊임없이 그들의 동향을 파악하고 이에 맞는 신제품을 개발해야 하며, 현재와 같은 다양성의 시대에 소비자 개개 인에 적합한 맞춤마케팅을 추구하기 위해서 정보가 필요하다. 그래서 자사에서 보유하고 있는 자료를 토대로 추출된 정보를 상품화하는 기업들이 속속 등장하고 있다. 셋째, 정보 자원의 창조·관리·분배에 크게 의존하는 정보화 사회에서는 정보를 생산하고, 이용하고, 분배하는 역할을 담당하는 지식근로자(Knowledge Worker)가 사회구성원의 다수를 차지하게 되었다. 이들은 정보자원을 효과적으로 관리함으로써 사회 각 부문 간의 원활한 정보유통, 정보누설 및 오용으로 인한 사회구성원의 사생활 침해를 예방하고 있다.

종합적으로 정보는 인간이 판단하고, 의사결정을 내리고, 행동을 수행할 때 그 방향을 정할 수 있도록 도와주는 역할을 하는 것이라고 정의할 수 있다. 정보와 유사한 개념들이 존재하고 있다. 실제로 우리는 자료(Data)와 정보(Information)를 잘 구분할 수 없을 때가 종종 있을 것이다. 유사 개념들을 종합하면 정보의 개념은 〈표 10-12〉와 같다.

| 표 10-12 | 정보의 개념

구 분	사례
자료(Data)	174, Brown, U.S.A. Chef, (540) 961-4231
정보(Information)	김영길은 신장이 174cm이고, 눈은 갈색이며, 미국에 살고 있으며, 직업은 주방장이며, 전화번호를 가지고 있다
지식(Knowledge)	김영길은 이메일 보다는 전화를 통해 접촉하는 것이 쉽다
지혜(Wisdom)	김영길과는 이메일로 연락하지 않는 것이 상책이다

출처: 김성근·양경훈, 저자 재구성

자료, 정보, 지식간의 관계는 먼저 수집된 자료를 여과해서 형식화하고 요약하면 즉 처리하면 정보가 만들어진다. 이런 정보를 분석하여 의사결정 후 실행하면 그에 대한 결과가 만들어진다. 이런 과정이 꾸준히 반복되면서 지식이 축적되고, 축적된 지식이 강화되면 전체적으로 반복되는 과정이 보다 효율 및 효과적으로 처리가 가능해진다.

1) 의사결정과 정보의 가치

어떤 탐탁하지 않은 상황을 문제(Problem)라고 한다. 문제를 해결하기 위해 의사결정을 해야 한다. 의사결정(Decision Making)과 문제해결(Problem Solving)을 위해 기업은 정보를 필요로 하며, 이는 경영활동의 핵심이다. 합리적인 의사결정은 기업의 경쟁우위와 직결된다. Simon에 의하면 의사결정은 다음과 같은 네 단계의 과정을 거친다.

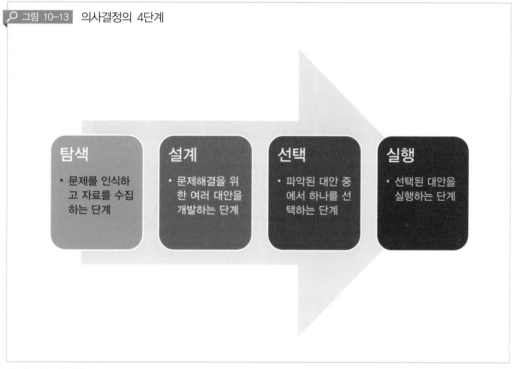

🔍 그림 10-13   의사결정의 4단계

탐색
• 문제를 인식하고 자료를 수집하는 단계

설계
• 문제해결을 위한 여러 대안을 개발하는 단계

선택
• 파악된 대안 중에서 하나를 선택하는 단계

실행
• 선택된 대안을 실행하는 단계

출처: 저자 재구성

또한 의사결정은 결과의 예측가능성 정도에 따라 〈그림 10-14〉와 같이 세 가지 유형으로 분류할 수 있다. 확실성하에서 또는 어느 정도의 위험성이 존재하는 경우의 의사결정이라면 정보시스템의 적절한 역할이 가능하지만, 불확실성하에서 이루어지는 의사결정은 내재되는 위험을 동반하고 있기 때문에 정보시스템의 유효성이 제한적일 수밖에 없다.

🔍 그림 10-14 예측가능성에 따른 의사결정의 유형

출처: 저자 재구성

정보는 의사결정에 커다란 영향을 미친다. 그렇다고 해서 모든 정보가 다 가치를 보유하고 있는 것은 아니다. 가치있는 정보는 올바른 의사결정을 행하기 위해서 아주 중요한 역할을 한다. 정보의 가치평가는 그 정보의 지원을 받는 의사결정과 매우 밀접한 관계가 있다. 정보는 그 자체가 어떤 절대적인 가치를 보유하고 있는 것이 아니라 누가, 언제, 어떤 상황에서 그 정보를 이용하느냐에 따라 상대적인 가치가 정해질 뿐이다. 예를 들면 반도체가격의 동향에 대한 정보는 삼성전자 및 LG전자 경영진에게는 아주 높은 가치가 있는 정보이겠지만 호텔이나 외식기업의 경영자에게는 이보다 더욱 중요한 정보가 훨씬 많기 때문에 가치가 그리 높지는 않을 것이다.

정보의 가치는 크게 정량적(Quantitative) 가치와 정성적(Qualitative) 가치로 구분할 수 있다. 정보의 가치를 계량화하는 것은 매우 어려운 일이다. 전에 언급한 반도체의 가격동향이 얼마만큼의 가치를 가지고 있는지를 계량화하는 것은 현재로서는 거의 불가능하다고 밖에 볼 수 없을 것이다. 그래서 일반적으로 정보의 보편적인 가치는 〈표 10-13〉에서 보는 바와 같이 주로 정성적 가치에 의해 결정되고 있는 것이 현실이다.

| 표 10-13 | 정보의 정성적 가치

구 분	내 용
타당성(Relevance)	해결해야 할 문제와 얼마나 관련이 있는가?
정확성(Accuracy)	얼마나 오류가 적은 정보인가?
적시성(Timeliness)	필요한 정보를 꼭 필요한 시점에 제공하는가?
완전성(Completeness)	문제해결에 필요한 정보 중 어느 정도의 정보를 제공할 수 있는가?
최신성(Current)	얼마나 최근의 정보인가?
경제성(Economy)	정보를 확보하는데 소요되는 비용이 경제적인가?
접근성(Accessible)	필요한 정보의 입수가 용이한가?

2. 정보시스템의 정의 및 구조

정보시스템을 거론하기 전에 먼저 우리는 시스템(System)이란 말을 사용하고 있다. 시스템은 투입된 된 자원을 처리하여 생산품을 산출함으로써 공동목표 또는 다중목표를 달성하기 위해 공동작업을 하는 구성요소들의 집합이다. 그리고 일개 시스템은 일반적으로 개별적인 하위목표(Subgoal)를 가진 여러 개의 하위시스템(Subsystem)으로 구성이 된다. 여기서 하위시스템들은 모두 시스템의 주목표를 달성하는데 나름대로 공헌하고 있다. 하위시스템들은 다른 상위시스템 혹은 다른 하위시스템으로부터 투입물과 산출물을 교환하기도 한다. 조직을 하위조직들과 하위시스템들의 집합체로 간주하는 것이 우리가 일반적으로 사용하는 시스템 사고방식(System Thinking)이다. 이 사고방식은 아주 강력한 경영접근방식이며 조직의 문제해결과 의사결정을 위한 아주 훌륭한 개념틀(Framework)이 되고 있다.

정보시스템(Information Systems)을 간단히 말하면 자료를 처리하고 정보를 생산하기 위해 함께 작동되는 모든 구성요소들이다. 거의 모든 비즈니스 정보시스템은 하위목표를 가진 하위시스템을 보유하며 이들은 모두 기업조직의 주된 목표를 달성하는데 공헌하고 있다. 일반적인 조직에서 정보시스템은 〈표 10-14〉에서 보듯이 자료(Data), 하드웨어(Hardware), 소프트웨어(Software), 원격통신(Telecommunication), 인간(People), 절차(Procedure)로 구성되고 있다.

| 표 10-14 | 정보시스템의 구성요소

구성요소	개 요
자료	시스템이 정보를 생산하기 위해 취하는 투입물
하드웨어	컴퓨터와 그 주변장치(입력장치, 출력장치, 저장장치). 하드웨어는 데이터통신장비도 포함하고 있다
소프트웨어	컴퓨터에게 자료를 어떻게 투입하고, 어떻게 자료를 처리하고, 어떻게 정보를 전시하고, 어떻게 자료 및 정보를 저장하는 것에 대한 명령어의 집합
원격통신	전자적 자료형태인 문자, 사진, 소리, 동영상 등의 신속한 전송 및 수신을 촉진하는 하드웨어와 소프트웨어
인간	조직의 정보 욕구를 분석하고, 정보시스템을 설계하고 개발하고, 컴퓨터 프로그램을 만들고, 하드웨어를 운영하고, 소프트웨어를 유지보수하는 정보시스템 전문가와 이용자
절차	데이터 처리과정에서 최적하고 안전한 연산을 달성하기 위한 규칙. 절차들은 응용소프트웨어와 보안척도를 분배하는 우선순위들이 포함되어 있다

출처: Oz

한편, 경영정보시스템(MIS: Management Information Systems)은 조직의 전반적인 운영·관리 및 의사결정을 지원하기 위해 정보를 적절한 시기에 적절한 형태로 적절한 구성원에게 전달함으로써 조직의 목표를 보다 효율적 및 효과적으로 달성할 수 있도록 조직화된 통합적 인간-컴퓨터 시스템이다.

위에서 경영정보시스템은 인간-컴퓨터 시스템이라고 언급했다. 인간과 컴퓨터는 상호 교환작용을 함으로써 시너지를 창출할 수 있다. 컴퓨터는 단지 인간들이 제공한 명령들을 수행할 수 있을 뿐이라는 중요한 사실을 잊지 말아야 한다. 컴퓨터는 정확하게 자료를 인간보다 훨씬 빠른 속도로 처리할 수 있다. 하지만 아직까지 여러 면에서, 특히 상식적인 면에서, 인간들에 비해 한계를 지니고 있다. 그러나 컴퓨터의 강점들을 인간들의 강점과 결합하면 시너지를 창출할 수 있다. 시너지는 개별적인 자원들이 각각 생산할 수 있는 산출물의 합보다 개별적인 자원들이 서로 힘을 결합함으로써 보다 많은 산출물을 생산해낼 수 있을 때 창출이 된다(이를 수식으로 나타내면 1+1=3이라고 할 수 있다). 컴퓨터는 신속하고 정확하게 일을 할 수 있으며 인간은 비교적 느리며 범실을 만들어낸다. 그러나 컴퓨터는 독립적인 의사결정을 수행할 수 없으며 또한 문제해결을 위한 단계도 수립할 수 없다. 그래서 인간과 컴퓨터의 결합은 인간이 사고함에 있어 대용량의 자료를 효율적으로 처리할 수 있도록 한다. 〈표 10-15〉는 시너지를 창출할 수 있는 인간과 컴퓨터의 자질들을 보여주고 있다. 여기서 우리가 명심해야 할 것은 시너지로 인한 잠재적인 효과뿐만 아니라 컴퓨터가 홀로 존재함으로써 우리가 기대할 수 없는 것에도 관심을 가져야 한다는 것이다.

| 표 10-15 | 시너지를 창출할 수 있는 인간과 컴퓨터의 자질

인간	컴퓨터
사고한다	프로그램된 논리적 연산을 매우 신속하게 계산하고 수행한다
상식을 보유하고 있다	자료 및 정보를 매우 신속하게 저장하고 복구할 수 있다
의사결정을 행한다	복잡한 논리적 및 연산기능을 정확하게 수행할 수 있다
컴퓨터가 무엇을 할 것이지 지시한다	길고, 지루한 연산을 실행한다
새로운 방법과 기술을 학습한다	정해진 과업을 인간보다 적은 비용으로 수행한다
전문지식을 축적할 수 있다	개조할 수 있다(프로그램되고 또 재프로그램할 수 있다)

출처: Oz

모든 정보시스템들은 기본적으로 같은 방식으로 운영된다. 컴퓨터는 정보시스템의 다음과 같은 네 가지 주요 기능을 실행하는데 편리한 수단을 제공한다.

- 투입물(Input): 자료를 정보시스템으로 투입한다.
- 처리(Processing): 정보시스템에 투입된 자료를 가공하고 조작한다.
- 산출물(Output): 자료가 정보로 만들어진다.
- 저장(Storage): 데이터베이스에 자료와 정보를 저장한다.

〈그림 10-15〉에서 보듯이 처리(Process)는 정보를 산출하기 위해 자료를 가공하는 것이다. 그리고 자료는 원재료(Input)이며, 정보는 산출물(Output)이다. 제조기업의 공정에서 원재료가 처리돼서 최종적인 산출물을 창출하듯이, 최종적으로 유익한 정보를 창출하기 위해 자료를 정보시스템에서 가공·처리한다.

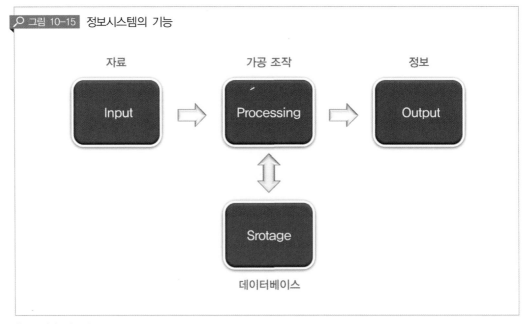

그림 10-15 정보시스템의 기능

자료　　　　　가공 조작　　　　　정보

Input → Processing → Output

Srotage

데이터베이스

출처: 저자 재구성

3. 호텔정보시스템의 이해

　　호텔경영에서 주된 관심사는 항상 고객만족의 극대화와 최고 수준의 개인적 서비스에 집중되어 왔다. 정보기술(IT: Information Technology)의 이용이 때로는 이런 목표에 부합되지 않는 것으로 간주되어 왔기 때문에, 호텔산업이 정보기술을 실제 영업활동에 적용한 시기는 타 산업에 비해 매우 뒤쳐지는 추세가 지속되어왔다. 실제로 정보기술은 차갑고, 비인간적이고, 기계적인 분위기를 창출하여 호텔에서 개인적 서비스에 방해가 되는 것으로 여겨져 왔다.

　　호텔산업에서 컴퓨터 응용기술이 대대적으로 이용되려면 위와 같은 편견에 대한 변화부터 선행되어야 할 것이다. 현재는 많은 호텔기업들이 비로소 하이터치(High Touch)와 하이테크(High Tech)는 상호 배타적인 것이 아니고 함께 활용하면 효율향상과 비용절감은 물론이고 높은 수준의 개인적 서비스를 창출할 수 있다는 것을 인지하게 되었다.

　　호텔산업과 정보기술의 첫 만남은 그리 고무적인 것은 아니었다. 호텔산업에서 첫 번째로 컴퓨터가 도입된 것은 1963년 뉴욕의 Hilton호텔이었는데, IBM의 미니컴퓨터를 사용하여 객실관리자동화를 실현하고자 하였다. 그러나 프런트데스크 직원이 자료입력을 위해서 천공기(Key-punch Card)를 사용해야 했기 때문에 실시간에 정보처리가 될 수 없어서 당시의 정보기술은 해당 직무에 적합하지 않았다. 많은 시간이 소요되는 천공기의 사용으로 호텔의 프런트데스크에는 항상 손님들이 긴 줄에서 기다려야 하는 불편을 야기했기 때문에 이 컴퓨터는 도입되고 난 뒤 바로 치워지는 신세를 면치 못했다.

그래서 이후 호텔산업은 정보기술의 투자를 다른 산업분야보다 소홀히 하게 되었다. 호텔기업들이 다시 본격적으로 정보기술을 활용하게 된 것은 다른 산업에 비해 적어도 10년이란 시간이 흐른 뒤였다. 현재도 호텔산업은 특히 항공사 등 다른 분야의 업체들에 비해 정보기술을 이용한 자동화 등의 측면에서 수년 정도 뒤져있는 것으로 여겨지고 있다. 그나마 다행스러운 것은 현재는 많은 호텔기업들이 경쟁우위(Competitive Advantage)를 창출하기 위한 수단으로 정보기술을 활용하려는 추세가 눈에 띄게 증가하고 있다는 것이다.

1) 호텔정보시스템의 역할 및 구조

호텔정보시스템의 역할은 첫째, 수작업 또는 업무자동화(OA)수준에서 처리하던 작업을 전산화함으로써 업무처리의 효율성을 높이고, 자료처리 시에 오류발생을 최소화한다. 둘째, 전산화작업을 통하여 업무처리절차의 표준화를 기할 수 있고 이런 과정에서 사용하는 용어의 통일이 가능하다. 셋째, 고객의 신상정보 또는 서비스정보 등을 데이터베이스화함으로써 고객의 취향에 맞는 수준 높은 서비스의 제공이 가능하다.

호텔정보시스템에서 제공되는 기능은 부서단위(Department)가 아니라 섹션(Section)에 의해 운영되며 이는 또한 여러 개의 모듈(Module)로 구성되어 있다. 모듈은 호텔 정보시스템을 구성하는 전체에 문제가 발생하면 문제가 더욱 심각해지므로 이를 방지하기 위해 전체시스템을 각각의 기능별 구성요소로 분리해서 개별적으로 구축한 후 이를 통합해서 사용하는 방법이다.

이러한 모듈에 의해 구성된 호텔정보시스템으로는 PMS(Property Management System: Front Office System), Back Office 시스템, 업장관리시스템, Interfaces 등이 있다. 국내 특1급 호텔에서 사용하는 전형적인 정보시스템의 구성을 요약하면 〈표 10-16〉과 같다.

| 표 10-16 | 호텔정보시스템의 구조

시스템유형	직무내용	정보시스템 활동내역
PMS (Front Office)	예약	객실고객 및 업장고객의 예약을 받는다
	Front Cashier	객실고객의 check-out을 수행한다 환전업무를 수행한다
	Front Clerk	객실고객의 check-in을 수행한다
	Housekeeping	객실청소 상태를 점검한다 객실고객 정보를 관리한다
	Bell Desk	메시지를 출력하여 고객에게 전달한다
	교환실	각종 안내 서비스를 수행한다 Morning call, voice mail 서비스를 수행한다
	마케팅	객실수요에 대한 예측을 한다
	경영진	실시간으로 객실현황을 관리한다
Back Office System	인사 · 급여	호텔직원 전체의 인사 및 급여업무를 수행한다
	경리 · 회계	매출 · 매입관리를 수행한다
	고객관리	호텔고객들의 정보를 관리한다
	원가관리	호텔관리에 필요한 비용을 분석한다
	검수 · 구매	식재료 및 자재의 구매 및 검수를 수행한다
	시설관리	호텔시설의 관리업무를 수행한다
	경영진	경영성과 분석 및 경영전략에 필요한 정보를 수집한다
업장관리시스템 (POS)	주방	고객의 주문이 신속히 전달되어 조리된다 Recipe(조리법)관리
	레스토랑	고객의 주문내역이 주방에 자동으로 전달된다 객실고객의 영수증을 구분해서 처리한다 계산서를 발급한다 고객신상에 대한 정보를 제공한다
PMS Interfaces	전화요금관리	객실고객의 전화사용에 대한 내역 및 요금을 산출한다
	에너지관리	객실에 설치된 전열, 냉난방 등 에너지를 중앙에서 관리한다
	전자키관리	마그네틱장치에 의한 객실문을 관리한다
	Internet	고객이 객실에서 Internet 검색 및 전자우편을 사용케 한다
	Voice Mail	고객의 객실 부재시 상대방 음성으로 메시지가 전달된다
	Mini Bar	고객이 객실의 냉장고에서 구매한 요금내역을 산출한다
	비디오상영	고객이 원하는 영화를 제공하며 자동으로 요금을 부과한다
	고객이름호출	고객이 객실에서 전화를 걸면 객실번호와 이름이 표시되어 고객의 이름을 호칭하게 한다
	영수증검색	객실내의 TV를 통해 사용내역 및 요금을 볼 수 있다

출처: 허정봉

2) 호텔정보시스템의 유형

일반적으로 호텔에서 정보기술은 첫째, 노동생산성의 향상을 통한 비용절감 및 효율향상 둘째, 고객서비스 질의 개선 셋째, 매출향상 넷째, 효율적인 경영의사결정 지원이란 목표 아래 투자·도입되고 있다. 이런 목표를 달성하기 위해 호텔기업의 경영정보시스템은 〈그림 10-16〉에서 보는 바와 같이 PMS, Back Office 시스템, POS(업장관리시스템), PMS Interfaces 등의 네 가지 유형의 시스템으로 구성되어 있다. 여기서 PMS(Property Management System)는 주로 프런트 오피스의 업무를 수행하며 호텔에서 가장 중요하고 기본적인 기능을 수행한다. 호텔에서 정보시스템 부서는 주로 회계부나 재경부에 속하는 하위 부서로서 존재하고 있다. 이는 호텔에서 사용하는 중요한 정보시스템이 대부분 Fidelio 등 타 정보업체에서 개발한 패키지 프로그램을 주로 이용하여 운영되고 있다는 특성에서 유래하고 있기 때문이다.

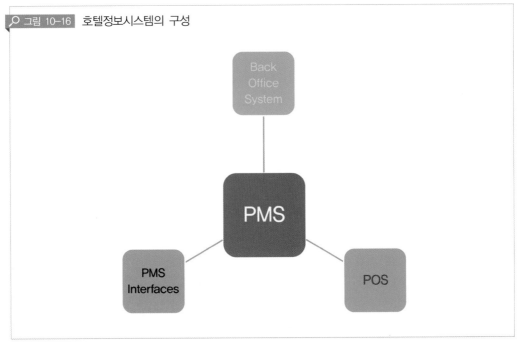

🔍 그림 10-16 호텔정보시스템의 구성

출처: 저자 재구성

가. PMS(Property Management System)

PMS는 크게 객실관리시스템(Rooms Management Module)과 고객계정관리시스템 (Guest Accounting Module)으로 구성된다. 먼저 객실관리시스템은 중점적으로 프런트 오피스와 하우스키핑 부서간의 커뮤니케이션을 공고히 하기 위해 설계되었다.

첫째, 객실관리시스템은 객실상황에 대한 최신의 정보를 제공한다. 고객이 프런트데스 크에 도착하면 객실을 배정하기 전에 프런트데스크 직원은 정확한 객실상황에 대한 정보를 숙지하고 있어야 한다. 미래 객실사용에 대한 여부는 예약 자료에 의해 결정되고, 현재 객실사용에 대한 여부는 하우스키핑부서의 자료에 의해 파악이 가능하다. 그러므로 하우스키핑부서의 호텔 전체 객실에 대한 정보는 호텔의 주상품을 신속히 판매하기 위해 매우 중요하다. 특히 현재 객실사용 가능여부는 프런트데스크에서 대기 중인 고객에게 신속하게 객실을 배정하기 위해 매우 중요하다. 객실상황에 대한 정보의 갱신은 프런트데스크 직원 또는 하우스키퍼에 의해 수시로 행할 수 있다. 그러나 만약 프런트 오피스와 객실정비부서 간에 객실정보가 서로 다르다면 고객서비스의 질이 저하된다.

둘째, 객실관리시스템은 Check-in시 객실배정 업무를 지원하는 기능을 수행한다. 때때로 경영진에 의해 미리 정해져서 자동으로 객실 및 요금이 배정될 수도 있다. 고객의 요구에 신속하게 대응하기 위해 프런트 오피스 직원에게 의사결정권을 주어 실제 객실 배정 시에 통제권을 행사하게도 한다.

셋째, 다양한 고객들의 요구에 부응하는데 대한 협조이다. 프런트 오피스는 호텔내의 다른 부서에 협조와 고객서비스 향상을 위해 한정된 내용의 고객 신상정보를 제공한다. 이때 다른 부서의 종사원은 해당 고객의 객실현황이 사용중(Occupied)인지 빈방(Vacant)인지를 분명하게 확인해야 한다.

넷째, 객실관리시스템은 여러 종류의 Interface와 함께 업무를 수행하여 고객에게 다양한 서비스를 제공한다. 이런 예에는 모닝콜, 메시지전달 시스템 등이 있다.

한편 객실관리시스템이 순조롭게 운용이 되기 위해서 하우스키핑부서는 청소해야 할 객실 수의 파악, 룸메이드(Room-maid) 투입 계획, 각자의 청소담당 객실 배정, 룸메이드의 업무생산성 측정(청소 소요시간, 객실 수 등) 등의 업무에 항상 만전을 기해야 한다.

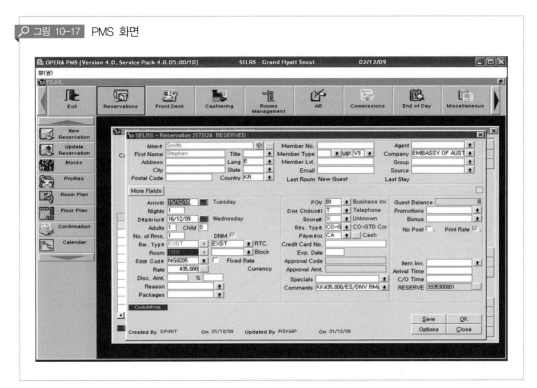

그림 10-17 PMS 화면

출처: Fidelio

　다음으로 고객계정관리시스템은 고객과 호텔사이에 발생하는 금전적인 문제를 처리하고 통제하는 기능을 수행한다. 이 시스템은 주로 고객과의 금전관계를 처리하기 때문에 프런트 오피스에서 가장 중요한 업무를 수행한다고 볼 수 있다. 전산화된 고객계정관리는 온라인으로 고객별 사용료 집계, 자동으로 고객계정 파일의 갱신 및 유지, 관련 회계서류의 출력, 고객계정별 잔액현황 파악, 현금출납 처리, 식음료업장 사용료 통제, 계정감사 등의 중요한 업무를 수행한다.

　고객계정은 고객이 객실을 예약 한 후 해당 일시에 호텔에 도착하면 사전 예약계정이 준비되어 있어 Check-in시에 신속하게 등록절차를 진행할 수 있다. 고객계정의 주요 정보에는 고객이름, 주소, 객실번호, 계정번호 등이 저장되어 있다.

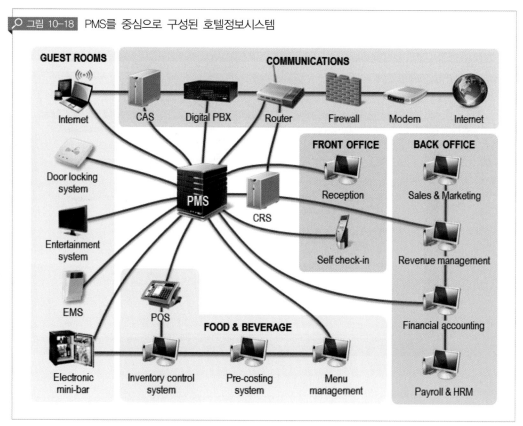

○ 그림 10-18 PMS를 중심으로 구성된 호텔정보시스템

출처: Benckendorff, Sheldon & Fesenmaier

나. 업장관리시스템(POS)

업장관리시스템은 POS(Point-of-sales: 판매시점관리)를 지칭한다. 이 POS는 원래 백화점이나 대형 할인판매점에서 크게 성공하여 호텔까지 응용하기에 이르렀다. 호텔에서 POS의 가장 주된 기능은 고객이 식음료업장 등 부대시설에서 구매한 상품에 대한 정보가 최대한 신속하게 프런트 오피스로 전달되어 항상 고객계정이 정확한 잔액을 유지되게 해야 한다. 예를 들면 고객이 룸서비스를 통해 아침식사를 주문해 식사를 마치고는 곧바로 Check-out을 했는데, 만일 식사요금이 이 고객의 계정에 신속히 집계되지 않았다면 이로 인한 피해는 심각한 지경에 이르게 된다.

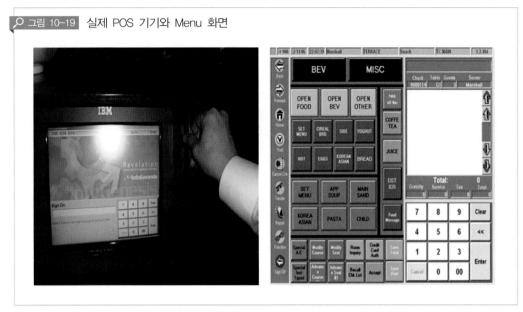

🔍 그림 10-19 실제 POS 기기와 Menu 화면

출처: Fidelio

다. Back Office 시스템

Back Office 시스템의 주요 기능은 호텔에서 발생하는 매출 및 매입관계를 관리하는 경리·회계 시스템, 종사원의 채용·교육과 급여 관계를 관리하는 인사·급여시스템, 영업활동에 필요한 식음료관리 및 이에 대한 원가를 관리하는 재고관리시스템과 원가관리시스템, 고객관리 및 판촉을 위한 업무를 수행하는 판촉·연회관리 시스템 등으로 구성되어 있다. 그리고 최고경영자가 매일 의사결정을 하기 위해 필요한 모든 정보를 제공하고 분석하는 중역정보시스템(EIS: Executive Information System)도 여기에 포함된다. 모든 호텔의 Back Office 시스템은 각 호텔의 처한 환경과 특성에 따라 고유한 형태로 구축된다.

라. PMS Interfaces

위에서 살펴본 〈표 10-16〉에서 보았듯이 호텔에서는 여러 가지 다양한 형태의 PMS Interfaces가 이용되고 있는데, 이들은 주로 독립된 시스템(Stand-alone System)으로 운용되며 PMS와 서로 접속(Interface)되어 있다. 이런 접속기능을 통해 PMS는 여러 독립적인 Interface 시스템들과 자료·정보를 교환할 수 있어 초보적인 수준이지만 호텔 정보시스템의 통합적 관리를 시도하고 있다.

가장 대표적인 PMS Interface에는 CRS와 POS가 있다. POS는 이미 업장관리시스템에서 설명하였기 때문에 여기서는 CRS를 중심으로 기타 여러 Interfaces에 대해 설명을 하기로 한다. 첫째, CRS(Centralized Reservation System: 중앙예약시스템)이다. 호텔의 객실예약은 편지, 전화, 팩스, e-mail, 호텔의 웹사이트, 항공사의 GDS(Global Distribution Systems)를 이용한 여행사, 인터넷, 인터넷 여행사(Expedia.com, Booking.com 등) 등의 경로를 통해 이루어지고 있는데, 어떤 경로를 통하든지 예약정보는 PMS에 등록되어야 한다. 특정 호텔이 호텔체인의 예약망 또는 독립 예약대행사의 예약망에 가입했다면, 예약정보는 온라인을 통해 체인본사의 CRS와 접속되어 있는 단위호텔의 PMS로 전송된다. 최근에는 PMS와 CRS를 통합하여 운용하는 것이 주요 추세이다. PMS와 CRS의 통합 외에 또 다른 추세는 특정 호텔에서 같은 체인에 소속된 다른 호텔의 객실예약을 가능하게 하는 것이다. CRS는 PMS와 연결되어 선호도가 높은 객실 및 특별 요구사항, 체류기간, 요금보장조건, 예약대행인에 대한 세부사항 등과 같은 고객 예약정보를 기록하고 저장한다.

세계의 유명 호텔체인들은 대부분 CRS를 보유하고 있다. 고객 서비스의 향상, 운영효율 극대화, 수익 향상은 CRS를 이용하는 목적이다. 각 단위호텔에서 CRS는 영업활동을 위해 아주 중요한 시스템(A Mission Critical System)이다. 왜냐하면 객실예약은 호텔사업이 처음 시작되는 곳이기 때문이다. 올바른 객실 예약정보의 관리는 호텔기업의 성공과 직결되어 있다고 해도 과언이 아닐 것이다. 경쟁력있는 CRS가 되려면 첫째, 고객의 사용요청(객실유형 및 요금, 사용가능 여부 등)에 언제든지 정확하고 즉각적인 응답을 해야 한다. 둘째, 반드시 다른 관광관련 기업체(항공사의 GDS, 여행사, 렌터카, 예약전문기업(UTELL 등), 인터넷 여행사(Expedia.com, Travelocity.com 등)의 예약시스템과 상호 긴밀하게 연결(Link)되어 있어야 한다.

여기서 유의해야 할 것은 GDS(Global Distribution Systems)의 영향력이다. 과거에는 미국의 여행사를 통해 예약된 객실중 70% 이상이 거대항공사들의 예약시스템인 GDS를 통하여 이루어졌다고 한다. 호텔들의 CRS와 항공사들의 GDS간의 자료교환에 있어서의 기술적 문제를 해결하기 위해 THISCO(The Computer Industry Switching Company)에 의해 개발된 데이터변환장치인 Ultra-switch가 이용되고 있다. THISCO는 몇몇 주요 체인들이 공동으로 투자해서 설립됐으며 호텔객실의 예약이 순조롭게 진행되도록 하기 위해 설립되었는데, Ultra-switch는 GDS에서 운용되는 자료형식을 CRS의 자료형식에 맞게 변환해주는 역할을 한다. 그러나 이와 같은 GDS의 영향력도 새로운 예약중개업체인 Expidia.com이나 Travelocity.com의 등장으로 점점 작아지고 있는 형편이다. 아니 이들 인터넷 여행사가 GDS를 대체하고 있다고 해도 과언은 아닐 것이다.

최근에는 고객들이 인터넷 홈페이지를 통하여 직접 객실을 예약(Direct Booking)하는 사례가 점차 증가하고 있다. 이렇게 됨으로써 예약대행인인 여행사의 역할이 크게 위축되었는데, 이는 고객들이 직접예약을 해버림으로써 과거와 같이 예약수수료를 받을 길이 없어졌기 때문이다. 또한 Internet Direct Booking은 지금까지 호텔산업의 예약시장을 점령하였던 GDS들에게도 큰 위협이 되고 있다. 앞으로 인터넷 예약시장이 성장하면 할수록 그만큼 GDS의 시장규모는 축소될 수밖에 없기 때문이다.

인터넷 예약은 고객뿐만 아니라 호텔기업에게도 큰 혜택을 제공하고 있다. 만약 한 고객이 특정 호텔의 홈페이지를 통해 직접 예약을 했다면 호텔은 여행사를 통해 예약되었을 때 지불해야할 수수료와 항공사에 지불할 GDS 사용료 등을 절약할 수 있다. 이렇게 예약과정에 대한 비용이 절약되기 때문에 호텔은 인터넷에서 직접 예약을 하는 고객에게는 요금을 할인해 주고 있는데, 이렇게 상호 혜택을 보게 되므로 Win-Win 상황이 만들어 진다.

둘째, CAS(Call Accounting System: 전화요금관리시스템)이다. CAS는 고객의 시내·외 전화사용에 있어서 소요되는 비용을 통제하기 위해 개발되었다. CAS를 통하여 고객은 교환실을 통하지 않고 통화를 할 수 있으며 통화료는 자동으로 산출된다. CAS는 종래 전화시스템에 비해 훨씬 적은 공간을 차지하고 또한 유지·보수에 필요한 재료 및 인적자원을 절감할 수 있다.

CAS의 기능은 첫째, 객실별 외부(Outbound)전화의 자동 확인이다. 교환원의 통제 없이 객실에서 직접 통화가 가능하고 자동으로 객실번호를 인지한다. 둘째, 경로선택과 최소비용 경로선택이다. 외국에서는 통화시에 가장 적당한 전화회사와 가장 저렴한 통화경로를 선택할 수 있도록 한다. 셋째, 자동적인 통화요금의 부과이다. 넷째, 모든 통화의 기록이다.

셋째, ELS(Electronic Locking System: 전자잠금시스템)이다. ELS는 고객들의 안전과 보안을 강화하기 위해 개발되었다. 최근에는 대다수 호텔에서 객실 도어의 키를 종전과 같이 열쇠를 사용하지 않고 마그네틱 카드를 사용한다. 마그네틱 카드를 홈사이에 끼워 넣었다가 빼면 객실도어가 열린다. 한편, 객실카드는 Check-in시 프런트데스크에서 발행해주고 있다. 만일 이 카드를 분실하면 새로운 코드를 입력한 새로운 카드를 고객에게 발급해주고 있다. 그러면 처음 발행됐던 카드는 다시 찾는다 해도 사용이 불가능하다. 이는 객실을 보호하여 도난 등을 방지하기 위함이다.

넷째, EMS(Energy Management System: 에너지관리시스템)이다. 호텔 내 모든 공간의 냉난방, 환기, 조명 등을 중앙에서 자동으로 관리하기 위해 개발되었는데, EMS가 이런 업무를 보다 효율적으로 관리하면 할수록 고객들은 더욱 안락해 질 수 있다. 이런 관점아래 객실과 기타 대중공간을 효율적으로 통제하여 에너지 소비를 줄이고 경비를 절감할 목적으로 이용되고 있다. 그리고 EMS의 가장 큰 이점은 호텔의 안락한 분위기를 저해하지 않으면서 건물의 에너지 사용량을 절감할 수 있다는 것이다. 예를 들면, 모든 장소에 비치된 장비의 On/Off를 시간대 별로 관리한다(예: 제1회의실은 오전 10시부터 오후 2시까지는 점등하고 이외 시간에는 소등한다).

EMS의 자세한 기능은 첫째, 사용량 통제이다. 에너지 사용량을 미리 정해진 한도 내로 유지한다(예: 객실은 평상시에 15도, 고객이 재실 중에는 18도를 유지할 수 있도록 관리). 둘째, 효율적 순환이다. 이는 특정 장비를 사용할 때 시간별로 잠시 작동을 멈추게 해 에너지 소모를 줄이는 것이다. 셋째, 객실점유의 감지 기능이다. 예를 들면, 고객이 현관에서 등록절차를 마치고 객실에 들어서면 센서가 감응하여 전등 및 냉난방 장치가 가동을 시작하고, 손님이 나가면 자동으로 전등을 끄고 객실온도를 낮춘다. 그러나 최근에는 객실키가 이런 자동감응장치의 역할을 수행하기도 한다.

다섯째, 객실 내에서 손님이 사용하는 고객운용 시스템(Guest-operated Systems)이다. 이 시스템들은 고객이 객실이나 대중공간에 설치된 장비를 직접 조작하여 편리를 도모하는 목적으로 개발된 것이다. 〈표 10-17〉과 같은 시스템들이 객실 내에서 손님에게 제공되고 있다.

| 표 10-17 | 객실 내 고객운용시스템

시스템 명칭	서비스 내용
Express Check-out System	객실 내에 위치하며 주로 TV 모니터를 이용하여 Check-out 절차를 신속하게 진행하여 신용카드로 요금을 지불한 후 프런트데스크를 거치지 않고 곧바로 호텔을 나갈 수 있도록 한다
Video-on-Demand	고객이 객실에서 보기를 원하는 영화 프로그램을 제공한다. 이를 위해 호텔은 비디오 제공회사와 계약하여 장비를 설치한다
Mini Bar	객실내 냉장고에 음료 등을 비치하여 고객이 음료를 구매할 때마다 자동센서가 작동하여 사용료 내역을 프런트 오피스의 PMS로 전송한다. 또한 제품별 재고 파악이 자동으로 이루어진다
Electronic Concierge	객실에 존재하며 고객에게 필요한 여러 정보를 제공한다. 이때 제공되는 정보의 종류에는 항공기 스케줄, 지역의 유명레스토랑 정보, 오락거리, 주식시장 정보, 뉴스, 쇼핑정보 등이 있다. 최근에는 보다 높은 차원의 전문가시스템(Expert System)을 개발하여 객실에 제공하고 있다

출처: 저자 정리

이밖에도 고객서비스를 향상하기 위해 Wake-up Calls, Voice Mail, Smart-room 등의 시스템이 설치되어 이용되고 있다. 특히 Smart-room은 TV, 냉난방, 커튼, 조명 등 객실 내의 모든 장비를 고객이 직접 리모컨으로 조절하여 쾌적하고 안락한 체류경험을 제공하고 있다.

🔍 그림 10-20 Smart Room

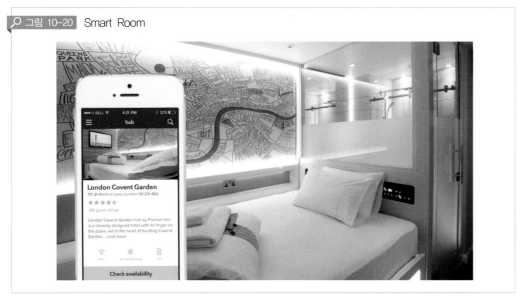

출처: pocket-lint.com/news/131162

제6절 **기타 관리부서**

1. 안전관리부

안전관리부(Security)는 호텔에서 도난 및 화재의 방지를 최우선 목적으로 업무를 수행하고 있다. 호텔 내에서 안전과 보안이 잘 유지되지 않으면 재산상에 큰 피해를 볼 수 있다. 안전관리부는 손님을 위해 호텔을 항상 안전한 장소로 유지해야 하며 외부 침입자 등으로부터 보호되고 기타 도난사고 등 범죄가 발생하지 않도록 사전에 철저하게 예방해야 한다. 또한 안전관리부는 호텔 내 손님 및 직원의 신변을 보호하는 경비, 호텔의 제반시설과 재산을 보호하고, 호텔 내 불필요한 사람의 출입을 통제하고 있다.

2. 시설관리부

시설관리부(Maintenance and Engineering)의 고유 업무는 호텔이 영업을 하기 위해 가장 기본적인 시설인 전기 및 조명, 급수, 배수, 급배기, 방재 등을 운영 및 관리하며 그에 따른 예산관리, 요금 계산 및 분석을 담당하고 있다. 영업장 및 객실영업 지원으로 보일러실, 냉동기실, 변전실, 비상발전 설비, 온도제어 시설을 운영한다. 그리고 방재실에서는 호텔의 전화와 전력 모니터링, 도시가스 모니터링, 엘리베이터 모니터링, Pay TV 방송 설비, CC TV 등을 운영함으로써 호텔 건물에서 발생하는 모든 시설물과 시스템의 작동 상태를 24시간 실시간으로 모니터링하고 있으며 유사시 즉각적으로 대처할 수 있도록 만반의 대비를 하고 있다. 또한 방송실에서는 각종 연회의 조명 및 음향을 지원하고 있으며, 목공실에서는 호텔 전체의 내·외장 인테리어를 보수 및 유지하고 있다.

이 외에도 관리부서에는 식재료, 음료, 시설자재 등 호텔에서 필요한 모든 물품의 구매를 담당하는 구매부(Purchasing)가 있으며, 구매한 물품을 저장하고 필요한 부서의 요청에 따라 해당 부서에 물품을 불출하는 자재관리부(Storing)가 있다.

참 / 고 / 문 / 헌

권순일(1999). 『조직행위론』. 세종출판사.

김경환(2011). 『호텔경영학』. 백산출판사.

김민주(2001). 종업원 교육훈련의 구성요소와 전이성과 간의 관계에 대한 산업별 비교 연구. 『관광학연구』, 24(3): 89-105.

김성근 · 양경훈(2001). 『e-Business 환경의 경영정보관리』. 문영사.

김은홍 · 이진주 · 정문상(1998). 『사용자중심의 경영정보시스템』. 다산출판사.

김일윤(1996). 호텔산업 종업원의 직무만족결정요인에 관한 실증연구. 중앙대학교 대학원 박사학위 논문.

김영규 · 감형규(1999). 『재무관리』. 제2판. 박영사.

박운성(1998). 『인사관리』. 진명문화사.

박정식 · 박종원 · 조재호(2001). 『현대재무관리』. 제6판. 다산출판사.

변찬복(1999). 『호스피탈리티회계』. 대왕사.

우찬복(1995). 호텔종사원 직무만족과 직무요인에 관한 실증적 분석. 『관광학연구』, 18(2): 3-28.

유필하 · 김용준 · 한상만(1998). 『현대마케팅론』. 제4판. 박영사.

윤주석(1996). 『회계원리』. 제2판. 학문사.

윤지환 · 김정만(2001). 특급호텔 파견근로자와 정규근로자 간의 직무만족에 관한 비교연구. 『관광학연구』, 25(2): 275-294.

이필상(1999). 『재무관리』. 제4판. 박영사.

이화인(1999). 『호텔마케팅』. 학현사.

인터컨티넨탈호텔. 인사부 규정.

정규엽 · 이창호(2001). 호텔객실고객 세분시장의 개념정립과 주요성과변수에 미치는 영향 분석. 『관광학연구』, 25(2): 257-274.

일본능률협회 CS경영추진팀(1994). 『CS경영추진 사례집』. 한국 제이마크(주) 역, 21세기북스.

허정봉(2000). 호텔정보시스템의 서비스 품질 측정에 관한 연구: 서울지역 특급호텔을 중심으로. 경기대학교 박사학위 논문.

한경수 · 채인숙 · 김경환(2005). 『외식경영학』. 교문사.

Andrew, W. P., & Schmidgall, R. S.(1993). *Financial Management for the Hospitality Industry*. Educational Institute: AH&MA.

Angelo, R. M., & Vladimir, A. N.(1994). *An Introduction to Hospitality Industry, 2nd ed*. Educational Institute: AH&MA.

Angelo, R.M., & Moll, S.V.(1994). *Operation Controls for the Hospitality Industry*. Educational Institute: AH&MA.

Benckendorff, P. J., Sheldon, P. J. & Fesenmaier, D. R.(2014). *Tourism Information Technology*, 2nd Ed. CABI.

British Institute of Management(1952). *Job Evaluation: A Practical Guide* in Personal Management Series.

Bugalis, D.(1998). Strategic use of information technologies in the tourism industry. *Tourism Management*, 19(5): 409-421.

Davis, R. C.(1951) *The Fundamentals of Top Management*, Haper and Row.

Elgonemy, A. R.(2000). The Pricing of Lodging Stocks: A Reality Check. *The Cornell HRA Quarterly*, 41(6): 18-28, December.

Gomes, A. J.(1985). *Hospitality in Transition*, Pannell Kerr Forster.

Hayes, D. K. & Ninemeier, J. D.(2007). *Hotel Operations Management*, 2nd Edition. Prentice Hall.

Kasavana, M. L., & Cahill, J. J.(1997). *Managing Computers in the Hospitality Industry*, 3rd ed. Educational Institute: AH&MA.

Keiser, J., DeMicco, F. J., & Grimes, R. N.(2000). *Contemporary Management Theory: Controlling and Analyzing Costs in Foodservice Operations (4th Ed.)* Prentice Hall.

Kotler, P., Bowen, J., & Makens, J.(1999). *Marketing for Hospitality and Tourism, 2nd Edition*, Prentice Hall.

Laudon, K. C., & Laudon, J. P.(2010). *Management Information Systems: Managing the Digital Firm*. 11th Edition. Pearson.

Lewis, R. C., Chambers, R. E., & Chacko, H. E.(1995). *Marketing Leadership in Hospitality: Foundations and Practices, 2nd ed.*, Van Nostrand Reinhold.

Oz, E. (2002). *Management Information Systems*, 3rd ed. Course Technology: Thomson Learning.

Rushmore, S., & Goldhoff, G.(1997). Hotel Value Trend: Yesterday, Today, and Tomorrow. *The Cornell HRA Quarterly*, 38(6): 18-28, December.

Stutts, A. T.(2001). *Hotel and Lodging Management: An Introduction*. Wiley.

Tanke, M. L.(1990). *Human Resources Management for the Hospitality Industry*, Delmar.

Yoder, D.(1962). *Personnel Management & Industrial Relation, 5th ed.*, Prentice-Hall.

호텔산업과
호텔경영

PART 05

호텔산업의 구조와
호텔사업의 본질

11 호텔산업의 구조와 현황

제1절 세계 호텔산업의 규모
제2절 세계 호텔산업의 구조
제3절 세계 호텔산업의 객실 유통경로
제4절 국내 호텔산업의 특성과 구조

CHAPTER

학습목표

본 장을 학습한 후 독자들은 다음과 같은 사항에 대해 잘 이해할 수 있어야 한다.

❶ 세계 최대의 호텔체인들의 자세한 면모를 파악한다.

❷ 세계 호텔산업의 소유 및 운영 구조를 이해한다.

❸ 호텔산업에서 호텔체인과 독립호텔 간의 경쟁관계에 대해 이해한다.

❹ 호텔의 이해관계자들에 대해 이해한다.

❺ 유명 호텔체인들이 보유하고 있는 브랜드 포트폴리오에 대해 숙지한다.

❻ 호텔산업에서 객실이 판매되는 통로인 유통경로에 대해 숙지한다.

❼ 온라인여행사(OTA)의 역할에 대해 이해한다.

❽ 호텔롯데와 호텔신라 등 국내 대표적인 호텔체인들의 경영특성에 대해 숙지한다.

❾ 최근 국내에서 급성장하고 있는 비즈니스호텔의 기회와 도전과제에 대해 이해한다.

제1절 세계 호텔산업의 규모

세계 호텔산업의 규모를 정확히 파악하는 것은 생각처럼 쉬운 일이 아니다. 세계 호텔산업의 규모를 파악한 보고서가 그리 많지 않은 것이 사실이다. 설사 보고서가 있다고 해도 호텔의 범위를 결정함에 있어 대부분 주관적인 판단에 의해 작성되기 때문이다. 호텔의 범위에는 가족이 생계를 해결하기 위해 운영하는 아주 작은 호텔에서부터 백만 실이 넘는 객실을 관리하는 메가 호텔체인까지 매우 다양하기 때문이다. 또한 세계적으로 통용되는 호텔에 대한 정의는 물론이고 국제적으로 공인된 등급시스템도 존재하지 않기 때문에 호텔산업의 정확한 규모를 파악하는 것은 결코 쉽지 않은 일이다.

그럼에도 불구하고 세계 호텔산업은 성장을 지속하고 있다. 영국의 유명 리서치기업인 MKG Hospitality에 의하면 2014년 1월을 기준으로 했을 때 전 세계에는 약 1천 9백 5십만 실의 호텔 객실이 존재하고 있는데, 이는 전년도에 비해 20만실 정도 증가한 것이다(〈표 11-1〉). 대부분 성장이 포화된 서구 등 선진국 호텔시장과 달리 신흥국의 호텔시장은 세계 호텔산업의 성장을 주도하고 있다. 특히 아시아·태평양지역이 성장을 주도하고 있으며 뒤이어 중동·아프리카시장과 남미시장에서도 객실이 증가하고 있다. 합하면 세계 호텔객실 공급의 70% 정도를 차지하고 있는 북미시장과 유럽시장은 해가 갈수록 세계시장에서 점유율이 감소하고 있다는 형국이다.

| 표 11-1 | 세계 호텔 객실 공급 규모(2014년 1월 기준)

지역	총 객실수	호텔체인 객실수	호텔체인 점유율
North America	5,400,000	3,600,000	67%
Europe	6,600,000	1,800,000	27%
Asia	4,400,000	1,700,000	39%
Middle East & Africa	1,300,000	300,000	23%
South America	1,700,000	400,000	24%
합 계	19,500,000	7,800,000	40%

출처: MKG Hospitality, 2014

전통적으로 호텔산업은 전형적인 파편화된 산업(Fragmented Industry)이다. 종전에 호텔산업은 주로 가족에 의해 운영되는 소규모 독립호텔이나 중소규모의 호텔체인들에 의해 운영되고 있었으며, 호텔체인보다는 오히려 독립호텔이 대다수를 차지하고 있었다. 따라서 소수의 공급자가 시장을 지배하는 다른 산업과 달리 호텔산업에는 시장지배력을 가진 대규모 기업이 한동안 나타나지 않고 있었다. 〈표 11-1〉을 보면 미국 호텔시장은 강력한 브랜드를 앞세운 유명 호텔체인의 점유율이 상당히 높지만 다른 지역의 호텔산업은 매우 파편화되어 있고 브랜드화(Branded)가 덜 진행되어 있다는 사실을 알 수 있다. 세계 호텔산업에서 브랜화란 호텔체인의 브랜드를 사용해서 영업활동을 수행하고 있는 호텔의 여부를 판단하는 것이다. 〈표 11-1〉을 보면 미국을 제외한 세계 다른 지역에서는 독립호텔들이 아직도 대다수 호텔객실을 공급하고 있다는 것을 알 수 있다.

미국 호텔산업은 유명 호텔체인들이 객실의 대다수를 공급하고 있다. Marriott, Hilton, IHG, Accor 등과 같은 세계적인 메가 호텔체인들은 세계 호텔산업의 성장에 견인차 역할을 담당하고 있다. 이들과 같은 기업형 호텔체인의 구조는 미국에서 탄생하고 발전해서 완성이 되었다고 해도 과언이 아닐 것이다. 따라서 이들이 미국의 호텔산업을 좌지우지하는 것은 어쩌면 당연한 것이다.

그러나 유럽 호텔시장은 상당히 이례적인 구조를 보이고 있는데 유럽의 호텔들은 상당수가 오래되고 규모가 작은 편이다. 유명 호텔체인의 침투가 일정 부분 이루어지고 있지만 대부분 서유럽보다는 동유럽에서 진행되고 있다. 아시아와 중동지역은 최근 크게 성장하고 있으며 특히 새로운 호텔들이 많이 건립되고 있다. 남미지역의 호텔시장도 신속한 성장세를 보이고 있는데 이는 주로 유명 호텔체인들에 의해 주도되고 있다.

〈표 11-1〉에서 보듯이 세계 호텔객실의 약 40%는 호텔체인에 의해 공급되고 있다. 〈표 11-2〉에서 보듯이 세계 최정상 호텔체인인 Marriott, Hilton, IHG, Accor 4사의 객실을 합하면 3백 만실을 넘어서고 있으며 이는 전체 호텔체인에 의한 객실공급의 40% 이상을 차지하고 있는 것이다. 게다가 새로운 객실공급(Pipeline)의 약 65%도 이들에 의해 계획·주도되고 있다. 신뢰성, 고객안전, 표준의 일관성, 고객 경험 및 정보기술에 대한 투자 여력 등 여러 방면에서 이점을 보유하고 있는 메가 호텔체인들의 세계시장 진출은 향후에도 더욱 가속화될 것으로 예상되고 있다.

| 표 11-2 | 세계 Top 10 호텔체인(2016년 8월 기준 객실 수)

체인명	국적	객실 수	호텔 수
Marriott International	USA	1,136,814	5,809
Hilton Worldwide	USA	772,834	4,726
IHG(InterContinental Hotels Group)	Great Britain	717,694	4,971
Wyndham Worldwide	USA	675,647	7,734
Jin Jiang/Plateno Hotel Group *	China	640,000	6,000
Accor	France	518,655	3,837
Choice Hotels International	USA	510,639	6,423
Home Inns Hotel Group *	China	311,608	2,787
Best Western	USA	296,213	3,733
Carlson Rezidor Hotel Group	USA	176,873	1,127

출처: Hotels & HotelNewsNow *2015년 9월 기준임.

〈그림 11-1〉을 보면 알 수 있듯이 미국을 제외한 지역에서는 메가 호텔체인들이 시장침투를 할 수 있는 여지가 상당부분 남아있다는 것을 짐작할 수 있다. 호텔객실의 브랜드화 즉 체인화현상의 확산은 위험을 분산하기 위해 지리적으로 다각화를 기하려는 메가호텔체인의 역동적 성장에 의해 촉진되고 있다. 특히 21세기에 접어들어 메가 호텔체인

들의 성장이 가파르게 진행되면서 호텔산업에서도 전에 비해 공급자의 수가 현저하게 감소하게 되는 산업통합(Industry Concentration)이 상당부분 이루어지고 있다. 그러나 브랜드호텔 즉 호텔체인의 성장은 독립호텔의 시장점유율 축소로 이어지고 있다. 향후 메가 호텔체인의 성장은 호텔산업에 다방면에 걸쳐 심각한 영향을 미칠 것으로 예상되고 있다.

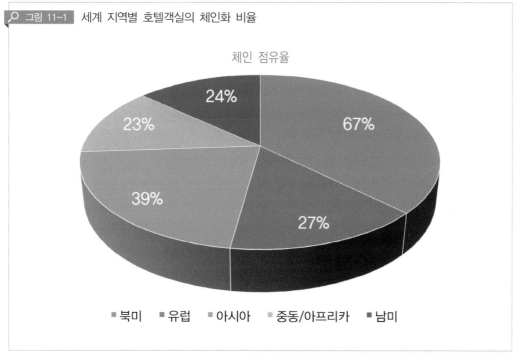

○ 그림 11-1 세계 지역별 호텔객실의 체인화 비율

체인 점유율

24%
23%
67%
39%
27%

■ 북미 ■ 유럽 ■ 아시아 ■ 중동/아프리카 ■ 남미

출처: 저자

한편 〈표 11-3〉에서 보는 바와 같이 세계 호텔산업에는 최고급호텔에서부터 가격이 저렴한 경제가호텔 등 다양한 유형의 호텔들이 존재하고 있다. STR에 의하면 2011년을 기준으로 했을 때 전 세계에서 호텔체인에 소속되어 영업을 하는 147,008개소의 호텔 중에서 최고급(Luxury) 세분시장에 해당되는 호텔은 4,856개소(3.3%)이며 총 779,467실의 객실을 운영하고 있다. 그리고 가격이 가장 저렴한 경제가(Economy)호텔의 수가 가장 많다는 것도 알 수 있다.

| 표 11-3 | 세계 호텔산업의 세분시장별 분포(2011년 기준)

등급	호텔 수	객실 수
Luxury	4,856(3.3%)	779,467(5.7%)
Upper Upscale	10,325(7.0%)	1,847,046(13.4%)
Upscale	21,348(14.5%)	2,769,999(20.2%)
Upper Midscale	25,939(17.6%)	2,664,167(19.4%)
Midscale	28,328(19.3%)	2,416,445(17.6%)
Economy	56,212(38.2%)	3,264,979(23.7%)
합계	147,008(100%)	13,742,103(100%)

출처: STR, 2011

　　세계 호텔산업의 규모는 객실수요에 의해 결정되고 있다. 호텔산업에서 장기적 차원에서 객실수요(Demand)의 증감에 영향을 미치는 요인에는 여러 가지가 존재하고 있다. 첫째, 세계 호텔산업의 수요는 글로벌 경제상황과 상당한 관계가 있다. 호텔시장은 크게 비즈니스시장(Business Market)과 여가시장(Leisure Market)의 두 가지로 나눌 수 있다. 비즈니스시장의 핵심인 기업수요(Corporate Demand)는 호텔산업의 안녕과 성장에 큰 영향을 미치고 있다. 한 보고서를 보면 기업수요가 전체 호텔객실 수요의 약 65-75%를 차지하고 있는 것으로 발표되고 있다. 이는 경제성장률(GDP)과 호텔의 객실점유율 수준 간의 깊은 상관관계를 잘 보여주고 있는 것이다. 또한 다른 연구조사를 살펴보면 경제성장률과 객실점유율은 일부 심각한 극적인 호황기나 불황기를 제외하고는 대부분 밀접한 상관관계를 맺고 있는 것으로 판단되고 있다.

　　둘째, 글로벌 항공수요의 증가는 호텔수요에 긍정적인 영향을 미치고 있다. 중저가항공사의 성장과 함께 항공기 좌석이 증가하고 동시에 항공운임이 떨어지면서 전 세계적으로 여행수요가 꾸준히 증가하고 있다. Airbus사는 2013년부터 2032년까지 세계 항공고객의 수요는 해마다 연평균 4.7%의 속도로 성장할 것으로 예상했다.

　　셋째, 신흥국의 경제성장이다. 신흥국에서 인구가 고령화되고 또 경제성장이 이루어지면서 증가된 여가시간과 소득은 더 많은 여행기회를 부추기고 있다. 예를 들면 중국에서 여행 기회가 크게 증가하면서 호텔산업이 성장하고 브랜드에 대한 관심도 증가하고 있다. 따라서 중국의 호텔기업들도 괄목할만한 성장을 이룩하고 있다.

　　넷째, 인구통계의 변화이다. 현대 사회에서 일과 여가에서 균형을 추구하는 젊은 세대의 욕구는 여행기회의 증가를 유발하고 있으며 이들은 숙박경험에 대한 높은 기대감을 갖고 있다. 세계경제에서 신흥국 소비자의 소비 수요는 폭발적으로 증가하고 있으며 상당 기간 동안 선진국의 소비 수요를 능가할 것으로 예측되고 있다. 특히 미래 소득이 오를 것이라고 확신하는 20-30대 연령층이 소비를 주도하고 있다. 높은 열망을 보유하고 있는 이들은 열망을 현실화하기 위해 소비를 실행하고 있는데, 여행은 이들에게 중요한 열망의 하나이다.

다섯째, 기술(Technology) 혁신의 영향이다. 기술혁신이 여행산업과 고객의 여행경험에 미치는 영향이 점점 커지고 있다. 인터넷과 모바일혁명은 세계인들이 여행 기회를 조사하고 계획하고 예약하는데 있어 좋은 도구로서 선호되고 있다. 일부 신흥국에서 고객들은 데스크톱 PC를 건너뛰고 바로 모바일 기기를 이용하고 있다. 그리고 SNS의 등장으로 세계인들은 여행에 대한 사고와 태도가 변화하게 되었는데 즉 이들은 스마트폰을 통해 서로 여행 경험을 공유하는 한편 여행 기회의 조사와 의사결정과정에서 타인이 올려놓은 후기와 권고를 중요시하게 되었다. 따라서 여행자들은 후기 및 권고 등 많은 정보를 토대로 보다 나은 의사결정을 하게 되었으며 보다 쉽고 신속하게 여행 예약이 가능하게 되었다. 이는 세계의 많은 여행지(Destinations)에 대한 여행 기회가 증가하는 결과를 촉진하게 되었다.

제2절 세계 호텔산업의 구조

1. 호텔의 소유와 운영 구조

과거 호텔산업에서 대다수 호텔들은 〈그림 11-2〉처럼 주로 개인(가족)에 의해 소유 및 운영되고 있어서 매우 파편화된(Fragmented) 구조적 특징을 보이고 있었다. 또한 〈그림 11-3〉과 〈그림 11-4〉에서 보는 바와 같이 초기에 호텔체인들은 호텔들을 직접 소유하고 운영하는 직영방식(Owned & Operated)을 채택했으며 일부 체인은 타인 소유의 호텔을 리스해서 운영(Leased & Operated)하기도 했다.

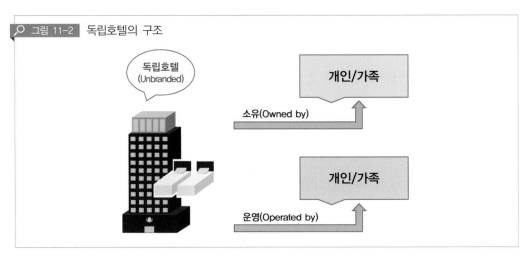

그림 11-2 　독립호텔의 구조

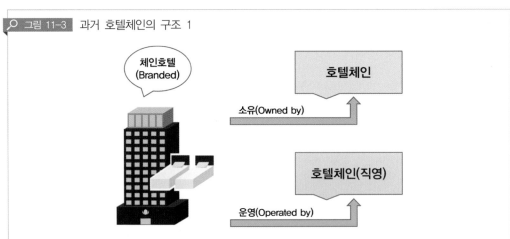

그림 11-3 　과거 호텔체인의 구조 1

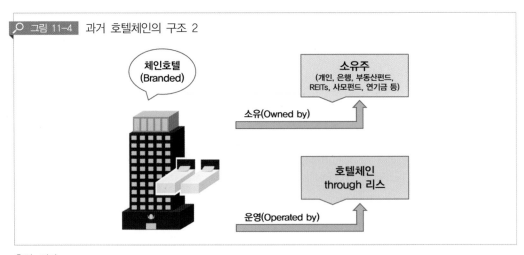

그림 11-4 　과거 호텔체인의 구조 2

출처: 저자

그러나 시간이 흐르면서 호텔체인들은 직영방식 또는 리스운영방식을 버리고 프랜차이즈(Franchise) 영업방식을 폭넓게 채택하게 되면서 신속하게 성장했으며 규모가 크게 확대되었다. 또한 호텔체인은 성장을 가속화하기 위해 프랜차이즈 사업과 함께 다중브랜드(Multi-brand) 전략을 시행했다. 호텔체인들이 프랜차이즈 비즈니스모델을 채택하면서 얻게 된 가장 큰 혜택은 스스로의 강점에 집중할 수 있게 된 점이었다. 즉 호텔체인은 종전에 함께 수행했던 부동산사업을 포기하고 장기간에 걸쳐 노하우가 축적된 호텔의 운영(Operations)에만 집중할 수 있게 되었다.

Franchisor(본사)인 호텔체인은 Franchisee(가맹점)인 가맹호텔에게 브랜드뿐만 아니라 고객만족과 객실점유율의 향상을 도모할 수 있는 중앙예약시스템과 고객충성도 프로그램과 같은 경쟁력있는 표준화된 서비스를 제공할 수 있게 되었다. 호텔체인의 프랜차이즈 네트워크 규모가 커지면서 가맹호텔들은 규모의 경제에 의한 이점을 톡톡히 누리게 되었는데 이와 같은 효과는 가맹호텔이 독자적으로 운영되었을 경우에는 얻기가 불가능한 것이었다. 호텔체인의 성장은 과거 호텔산업을 지배했었던 독립호텔들의 희생 즉 쇠퇴를 담보로 하는 것이다. 즉 〈그림 11-5〉에서 보듯이 미국 호텔산업에서 호텔체인의 성장은 향후에도 지속이 되어 2023년에는 전체 시장의 80%를 차지할 것으로 예측되고 있다. 프랜차이즈 사업이 크게 성공하자 호텔체인들은 과거 호텔을 직접 소유했던 직영방식의 비즈니스모델에서 프랜차이즈와 위탁경영계약에서 창출되는 수수료를 토대로 하는 수수료기반 비즈니스모델로 전환하게 되었다.

🔍 그림 11-5   독립호텔과 체인호텔의 경쟁

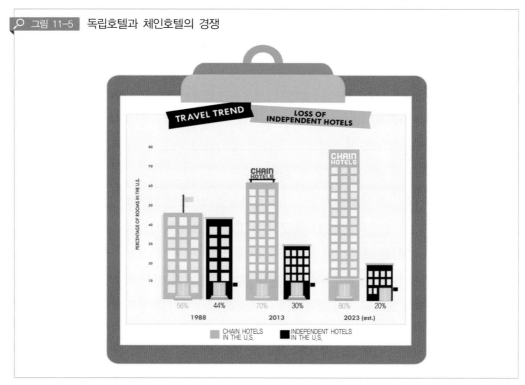

출처: Skift

　20세기 말이 되자 성장을 거듭하던 호텔체인들은 전략을 변경해서 종전에 소유하고 있던 많은 호텔들을 시장에 내놓아 매각하게 되었다. 이때 가장 적극적인 구매자중의 하나가 호텔REITs(부동산투자회사)였다. 이와 같은 호텔을 소유하게 된 호텔 REITs들은 호텔을 호텔체인이 운영할 수 있도록 임대(Leased)해 주었다(Sale and lease-back).

　2000년대에는 사모펀드(PEFs: Private Equity Funds)가 호텔투자에 큰 관심을 보이며 많은 개별호텔이나 호텔체인을 인수하면서 종전의 REITs를 제치고 호텔산업에서 가장 유력한 투자자로 부상하게 되었다. 또한 연기금(Pension Funds)들도 역시 호텔자산에 적극적인 투자를 감행했다. 사모펀드와 연기금은 종전에 호텔체인들이 소유하고 있던 많은 호텔들을 매입하여 소유하는 동시에 운영은 전문성이 검증된 호텔체인에 일임하였다(Sale and manage-back). 이처럼 종전에 소유했었던 많은 호텔을 매각하고 대신에 매각한 호텔의 운영권을 확보함으로써 호텔체인들은 재무상태표에서 많은 고정자산과 부채를 제거하게 되었다. 자산경감전략(Asset-light Strategy)이라고 부르는 이런 새로운 비즈니스모델은 프랜차이즈와 위탁경영을 호텔의 주요 비즈니스모델로 채택하고 있다(〈그림 11-6〉).

그림 11-6 자산경감전략(Asset-light Strategy)의 비즈니스모델 유형

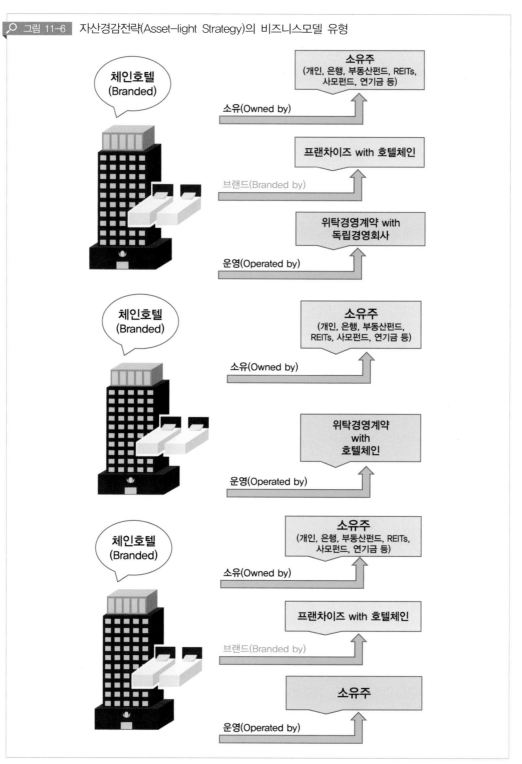

현재 호텔체인들은 종전의 호텔소유자(Hotel Owner)에서 비로소 전문적인 호텔운영자 및 프랜차이저(Hotel Operator & Franchisor)로 전략적인 전환을 이룩하였다. 세계 호텔산업을 주도하고 있는 Marriott, Hilton, IHG, Accor 등과 같은 메가 호텔체인들은 과거 수십 년간 성장을 거듭하며 체인네트워크의 규모를 극대화해왔으며 결국 세계 호텔산업의 거인으로 자리매김하게 되었다.

한편 호텔산업에 투자를 감행한 사모펀드와 연기금 등 기관 및 재무적 투자자들은 합리적인 소유자로서 보유하고 있는 호텔자산의 운용에 대한 지식수준이 높았다. 이들 중 일부는 소유하고 있는 호텔의 운영을 규모가 크며 전국적인 브랜드 체인망을 구축하고 있는 메가 호텔체인에 맡기는 대신에 규모가 작고 보유하고 있는 브랜드가 없으며 또 지역적 한계를 가지고 있는 독립경영회사(Independent Management Company)에게 운영을 맡기는 전략적 결정을 했다. 〈표 11-4〉는 2015년 말을 기준으로 세계에서 호텔을 가장 많이 소유하고 있는 기업을 소개하고 있다.

| 표 11-4 | 세계 Top 20 호텔 소유주(Owner)

순위	기업명	객실수	호텔수	순위	기업명	객실수	호텔수
1	G6 Hospitality	63,722	553	11	Procaccianti Co.	17,532	63
2	Hilton Worldwide	59,463	146	12	ARC Hospitality Trust	17,351	142
3	Host Hotels	52,944	96	13	Sunstone Hotel Investors	13,845	29
4	AccorHotels	48,168	331	14	TMI Hospitality	12,938	181
5	Hospitality Properties Trust	45,864	302	15	Columbia Sussex Corporation	12,790	39
6	Ashford Hospitality Trust	27,950	132	16	Xenia Hotels	12,548	50
7	Hyatt Hotels	27,277	68	17	Felcor Lodging Trust	12,272	40
8	RLJ Lodging Trust	20,900	126	18	Lasalle Hotel Properties	11,450	46
9	Drury Hotels Company	18,835	130	19	Diamondrock Hospitality	10,928	26
10	HEI Hotels	17,594	57	20	Summit Hotel Properties	10,751	80

출처: National Real Estate Investor

위의 설명처럼 전통적 구조를 유지해오던 호텔산업에 극적인 변화가 발생했다. 오늘날 세계의 많은 호텔들이 대규모 기업인 호텔체인에 의해 운영되고 있으며 각 호텔의 개발(Development), 건물자산(Asset)의 소유, 운영(Operations), 브랜드 및 마케팅 등은 각각 다른 조직에 의해 관리되는 것이 점차 일반화되고 있다. 〈그림 11-7〉의 좌측 그림처럼 종전에는 호텔의 소유(Ownership)-운영(Operations)-브랜드(Brand)가 통합돼서 개인(가족) 또는 호텔체인에 의해 관리되었다. 그러나 오늘날 상당수 호텔은 〈그림 11-7〉의 우측 그림처럼 소유-운영-브랜드를 담당하는 주체가 각각 다를 뿐만 아니라 서로 역할이 분리되어 있다. 이와 같은 현상은 메가 호텔체인들이 성장을 거듭해서 규모가 커질수록 더욱 가속화되고 있다.

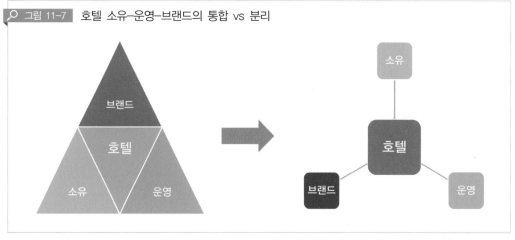

○ 그림 11-7 호텔 소유-운영-브랜드의 통합 vs 분리

출처: 저자

오늘날 호텔산업을 자세히 살펴보면 〈그림 11-8〉에 나타난 바와 같이 우리가 흔히 거리에서 볼 수 있는 대부분 호텔마다 다양한 이해관계자 간의 관계가 형성되어 있는 것을 알 수 있다. 첫째, 호텔의 소유권은 과거의 대표적인 소유자였던 개인이나 호텔체인에서 사모펀드 등이 적극적인 투자자로서 새 소유주로 등극하고 있다. 둘째, 타인 소유의 호텔은 호텔체인과 독립경영회사에 의해 운영되고 있는데, 이들이 성장하면 할수록 개인/가족에 의해 운영되는 독립호텔은 점점 그 수가 적어지고 있다. 오늘날 호텔체인들은 과거 소유자에서 전문적인 호텔운영자(Operator)로 역할이 변경되었다. 셋째, 과거 호텔체인은 호텔부동산의 소유에 집중하였지만 이제는 대신 경쟁적인 호텔브랜드를 육성하고 소유하는 Franchisor로 변신하여 신속한 성장을 거듭하고 있다.

이처럼 많은 호텔들의 경영구조에는 복잡하고 다양한 이해관계자들이 존재하고 있다. 그리고 호텔체인이 보유하고 있는 브랜드에 가입해서 영업하고 있는 호텔에서 이해관계자의 구조는 복잡하며 서로 간에 관심사가 다르게 나타나고 있다. 따라서 모든 이해관계자 간의 이익을 균형적으로 충족시키는 것이 개별호텔을 책임지고 있는 총지배인(GM)의 중요한 업무가 되었다.

그림 11-8 호텔의 이해관계자(Stakeholders)

출처: 저자

한편 〈그림 11-9〉에서 보는 바와 같이 호텔산업은 다양한 이해관계자(Stakeholder)들로 구성되어 있다. 첫째, 호텔상품을 구입하는 소비자인 고객이다. 둘째, 중·소규모 또는 대규모의 호텔체인들이 존재하고 있다. 셋째, 프랜차이즈 본사인 호텔체인에 가맹된 호텔의 소유주들은 자신들의 권익을 보호하기 위해 협회를 조직하고 있다. 넷째, 호텔체인에 속하지 않고 독립적으로 자신의 호텔을 운영하는 호텔 소유자가 있다. 다섯째, 호텔체인이 아니면서 호텔 소유주의 호텔을 대신하여 운영하는 전문기업으로 독립경영회사(Independent Management Company)가 있다. 여섯째, STR, PKF Consulting, Jones Lang LaSalle처럼 호텔산업에서 다양한 정보와 전문적인 서비스를 제공하고 있는 컨설팅기업이 있다. 일곱째, 은행이나 투자은행과 같이 투자목적으로 호텔을 소유하고 있는 사람 또는 기업을 위해 호텔이란 자산(Asset)을 수탁하여 대신 관리하는 전문기업으로 자산관리사(Asset Management Company)가 있다. 이들은 보통 위임받은 호텔의 운영을 호텔체인이나 독립경영회사에 위탁하고 있다. 여덟째, 위에 열거한 이해관계자 중에서 고객을 제외한 모든 이해관계자들이 상호 간의 친목과 권익의 증진을 위해 조직한 호텔협회가 있다.

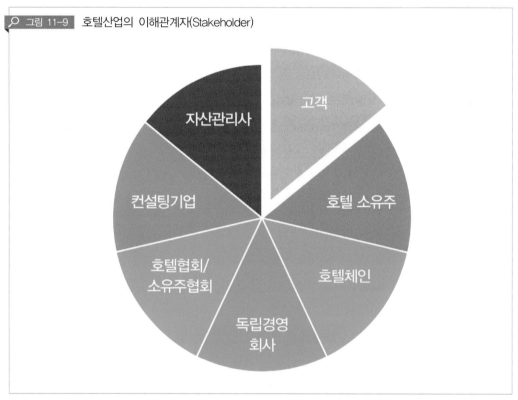

그림 11-9 호텔산업의 이해관계자(Stakeholder)

출처: 저자

2. 호텔체인의 브랜드 포트폴리오

1980년대에 미국의 메가 호텔체인들은 성장을 지속하기 위해 시장세분화(Market Segmentation) 전략을 채택했다. 당시 미국의 호텔시장은 성숙단계에 진입하게 되면서 경쟁이 가열되고 성장은 지체되면서 경쟁의 초점은 비용절감과 서비스에 집중되었다. 이런 위기상황을 타개하기 위해 호텔체인들은 차별화와 시장점유율의 향상에 전력투구하게 되었다. 시장세분화전략의 핵심은 다양하고 이질적인 욕구들로 구성된 전체시장을 동일한 욕구를 가진 여러 세분시장으로 쪼개는 것이었다. 호텔시장은 여러 유형의 여행자가 그들이 원하는 경험, 서비스, 어메니티, 가격 등과 같은 구체적인 기준에 따라 전체시장을 여러 개의 세분시장으로 구분할 수 있었다. 즉 같은 욕구를 보유한 여행자들을 동일한 세분시장으로 집단화 할 수 있었다. 호텔체인들은 여러 유형의 세분시장이 결정되면 각 세분시장에 맞는 적절한 명칭의 브랜드를 출시하여 이를 기반으로 해서 영업활동을 수행하였다.

실제 예를 들어보면 〈그림 11-10〉에서 보는 바와 같이 세계 최정상의 호텔체인인 Marriott International은 가격대를 기준으로 하여 개발된 각 세분시장별로 고유한 브랜드를 채택하고 있다. 즉 Marriott체인은 최고급(Luxury) 세분시장에는 Ritz-Carlton, 고급(Upper Upscale) 세분시장에는 Marriott, 상급(Upscale) 세분시장에는 Courtyard by Marriott 그리고 중상급(Upper Midscale) 세분시장에는 Fairfield Inn을 각각 도입하여 이용하고 있는데 이와 같은 브랜드의 구성체계를 브랜드 포트폴리오(Brand Portfolio)라고 지칭하고 있다. 〈그림 11-11〉은 세계 유명 호텔체인들이 보유하고 있는 브랜드 포트폴리오를 잘 보여주고 있다.

그리고 호텔체인들은 각 세분시장마다 각각 다르게 차별화된 마케팅전략을 시행하여 효과를 극대화하고 있다. 시장세분화 전략은 대성공을 거두었으며 오늘날 호텔체인들의 가장 두드러진 전략으로 활용되고 있다. 그 결과 호텔산업에는 브랜드의 수가 크게 증가하였다. STR에 의하면 2016년 5월 기준으로 세계 호텔산업에서 호텔체인들에 의해 사용되고 있는 브랜드의 수는 약 990여개에 달하고 있는 것으로 나타나고 있다. 시장세분화 전략을 통하여 구축된 브랜드 포트폴리오를 통해 호텔체인들은 체인네트워크의 규모를 크게 확대하였으며 이는 이윤창출의 극대화에 크게 공헌하였다.

앞에서 호텔체인들은 자산경감전략(Asset-light Strategy)을 이용하여 종전의 호텔소유자에서 전문적인 호텔운영자 또는 프랜차이저(Hotel Operator or Franchisor)로 전환되었다고 설명했다. 〈그림 11-10〉을 보면 Marriott 본사(HQ)는 호텔이란 부동산을 소유하고 있지 않다. 대신에 본사는 여러 브랜드를 소유하고 있으면서 각 브랜드에 소속된 개별호텔 1-8의 성공을 위해 다양한 지원을 제공하고 있다. 타인이나 타 기업이 소유하고 있는 개별호텔 1-4의 운영은 위탁경영계약을 통하여 Marriott이 담당하고 있는데 Marriott은 운영회사(Operator)의 역할을 담당하고 있다. 한편 개별호텔 5-8의 소유주는 Franchisor인 Marriott이 보유하고 있는 브랜드에 가입하여 가맹호텔(Franchisee)이 되었으며 운영은 스스로 하고 있다. 과거에 Marriott International은 대다수 호텔들을 직접 소유했지만, 현재는 5,800개소가 넘는 체인네트워크에서 단지 1~2% 정도의 호텔만을 소유하고 있다. 〈표 11-5〉는 세계에서 가장 많은 객실을 보유하고 있는 50대 브랜드를 소개하고 있다.

그림 11-10 Marriott International의 체인체계도(Chain System Chart)

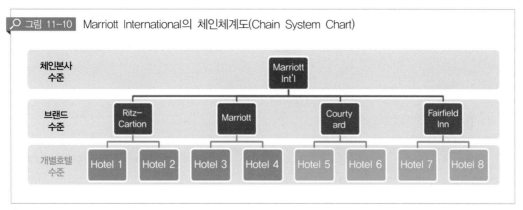

출처: 저자

그림 11-11 유명 호텔체인의 브랜드 포트폴리오

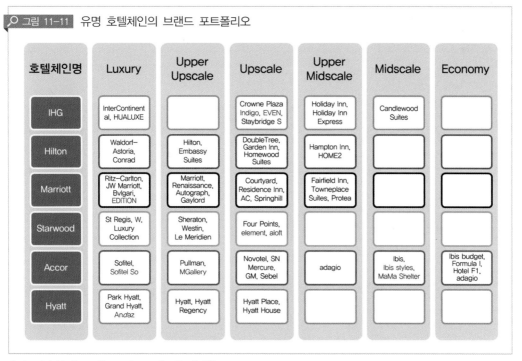

호텔체인명	Luxury	Upper Upscale	Upscale	Upper Midscale	Midscale	Economy
IHG	InterContinental, HUALUXE		Crowne Plaza Indigo, EVEN, Staybridge S	Holiday Inn, Holiday Inn Express	Candlewood Suites	
Hilton	Waldorf-Astoria, Conrad	Hilton, Embassy Suites	DoubleTree, Garden Inn, Homewood Suites	Hampton Inn, HOME2		
Marriott	Ritz-Carlton, JW Marriott, Bvlgari, EDITION	Marriott, Renaissance, Autograph, Gaylord	Courtyard, Residence Inn, AC, Springhill	Fairfield Inn, Towneplace Suites, Protea		
Starwood	St Regis, W, Luxury Collection	Sheraton, Westin, Le Meridien	Four Points, element, aloft			
Accor	Sofitel, Sofitel So	Pullman, MGallery	Novotel, SN Mercure, GM, Sebel	adagio	ibis, Ibis styles, MaMa Shelter	Ibis budget, Formula I, Hotel F1, adagio
Hyatt	Park Hyatt, Grand Hyatt, Andaz	Hyatt, Hyatt Regency	Hyatt Place, Hyatt House			

출처: 저자 *붉은 글씨는 부티크 브랜드를 의미함

| 표 11-5 | 세계 Top 50 호텔 브랜드

순위	브랜드명	객실수	호텔수	순위	브랜드명	객실수	호텔수
1	Best Western	293,589	3,745	26	La Quinta Inns	87,500	886
2	Home Inn	257,000	2,341	27	Residence Inn	85,129	697
3	Holiday Inn Express	236,406	2,425	28	Westin	78,288	209
4	Holiday Inn Hotels	228,100	1,226	29	Hyatt Regency	75,122	162
5	Marriott Hotels	221,319	603	30	Fairfield Inn	71,072	768
6	ibis	216,759	1,929	31	Extended Stay Ame.	69,383	629
7	Hampton Inn	210,372	2,108	32	InterContinental H.	69,026	186
8	Hilton Hotels	206,635	572	33	Radisson Blu	68,725	294
9	HanTing Hotel	205,577	2,003	34	Premier Inn	60,956	713
10	7 Days Inn	198,140	2,220	35	Econo Lodge	56,741	938
11	Super 8	168,438	2,631	36	Americas Best Value	54,757	1,013
12	Sheraton	156,432	446	37	Embassy Suites	53,284	225
13	Courtyard by Marriott	153,417	1,037	38	Renaissance Hotels	51,593	160
14	GreenTree Inn	151,098	1,676	39	Toyoko Inn	50,577	255
15	Quality Inn	146,228	1,720	40	Wyndham Hotels	48,753	225
16	Days Inn	142,870	1,788	41	Comfort Suites	46,766	592
17	Comfort Inn	129,595	1,665	42	Motel 168	46,400	422
18	Ramada	118,132	839	43	NH Hotels	44,892	310
19	Crowne Plaza Hotels	113,284	406	44	Riu Hotels	44,883	103
20	Motel 6	111,852	1,253	45	Red Roof Inn	44,234	466
21	Doubletree by Hilton	110,772	457	46	Homewood Suite	43,401	387
22	Jin Jiang Inn	110,683	904	47	Clarion	43,320	313
23	Mercure	103,545	787	48	Howard Johnson	42,888	393
24	Hilton Garden Inn	94,031	668	49	Springhill Suites	39,750	336
25	Novotel	90,968	490	50	Melia Hotels	39,540	127

출처: Hotels

제3절 세계 호텔산업의 객실 유통경로

호텔사업은 소비자가 주상품인 객실을 예약하면서 비로소 사업이 개시되는 구조를 가지고 있다. 이는 항공사, 렌트카, 레스토랑 등 호스피탈리티 기업들이 보유하고 있는 공통된 특성이라고 할 수 있다. 따라서 호텔은 소비자가 원하는 객실의 이용가능성과 요금에 대한 불확실성을 절감하기 위해 예약을 통해 객실을 사전에 확보하도록 유도하고 있다.

객실과 같은 서비스상품은 동시에 생산되고 소비되기 때문에 저장이 불가능하며 한번 놓친 객실의 판매 기회는 영원히 회복할 수 없다. 즉 호텔의 객실, 레스토랑의 좌석, 항공기의 좌석 등은 제 시간 내에 판매하지 못하면 다시는 판매할 기회를 가질 수 없다. 잃어버린 판매 기회가 누적이 되면 영업실적에 부정적인 영향을 미치게 된다. 따라서 호텔은 단시간 내에 고정된 공급물량을 판매해야 하기 때문에 예약을 통한 수요와 공급에 대한 세밀한 관리가 뒤따라야 한다.

1970년대 이전에는 호텔 객실의 예약은 주로 전화/전보, 우편, FAX 등과 같은 전통적인 방식에 의해 수행되었다. 이런 전통적인 방식에 의존하던 독립호텔과 달리 호텔체인들이 성장하면서 체인망에 가입한 체인호텔들은 체인본사가 제공하는 중앙예약시스템인 CRS(Central Reservation System)와 콜센터(Call Center)의 지원을 받아 객실을 판매할 수 있게 되었으며 이는 체인호텔에게 경쟁우위를 제공하게 되었다. 따라서 이런 이점을 쫓아서 체인망에 가입하는 독립호텔들이 점차 증가하면서 호텔체인들은 성장을 가속할 수 있게 되었다.

그러나 1970년대 말에 들어서자 전통적인 객실예약 방식에 큰 변화가 나타나기 시작했다. 이 변화는 미국의 유명 항공사인 American Airlines과 United Airlines에 의해 촉발되었다. 이들 항공사는 1960년대부터 컴퓨터기반의 중앙예약시스템(CRS)을 구축하기 시작했다. 1970년대가 되자 항공사들은 여행사에 컴퓨터 모니터를 제공하면서 자사 항공기 좌석의 예약을 독려하게 되었다. 1970년대 말이 되자 여행사들은 같은 컴퓨터 모니터에서 항공기 좌석뿐만 아니라 호텔 객실과 렌트카의 예약도 함께 판매하는 것이 수익 향상에 도움이 된다는 것을 인지하게 되었다. 이때부터 항공사의 중앙예약시스템은 GDS(Global Distribution System)로 부르게 되었으며 Sabre, Amadeus, Worldspan, Galileo와 같은 4대

GDS가 세계 여행산업의 판매를 주도하게 되었다.

그러나 여행사와 GDS를 통하여 예약되는 객실 물량이 증가하게 되면서 이에 대한 중요성을 인식한 호텔체인들은 자사의 CRS가 4대 GDS와 개별적으로 각각 연결되어 작동하기 위해서는 불편하고 비용이 많이 소요된다는 것을 인지하게 되었다. 따라서 1989년 Marriott, Hilton, Sheraton, Hyatt, Holiday Inns, Days Inns, Best Western, Choice, La Quinta Inn, Forte 등 당시 17개 유명 호텔체인들은 힘을 합하여 각각 자사의 CRS와 4대 GDS를 한 통로를 통해 연결시켜 주는 Interface System인 THISCO(The Hotel Industry Switch Company)를 공동으로 설립했다. 이후부터 호텔체인의 CRS를 비롯한 객실 예약은 THISCO란 단일 스위치를 통해 보다 용이하게 4대 GDS와 연결하여 이용할 수 있게 되었다. THISCO는 이후 Pegasus로 발전하게 되었다. 이후 GDS는 인기를 끌게 되었으며 1980년대 초반에는 GDS를 통해 판매된 객실규모가 총 객실판매량의 2%인 2백만 실 정도에 불과하였으나 1999년에 이르러서는 점유율이 20%로 대폭 증가해서 약 4천만 실에 달하는 큰 성장을 이루게 되었다.

그러나 이는 공짜가 아니었다. 〈그림 11-12〉에서 보듯이 개별호텔은 여행사, GDS, Switch를 이용하여 객실을 판매할 때 마다 그에 따른 수수료(Fee)를 납부해야 했으며 이에 더해 호텔체인의 CRS를 이용하는 것에 대한 수수료도 지급해야만 했는데, 이런 비용이 총판매금액의 약 20%에 달할 정도였다. 이후부터 호텔산업에서는 남는 객실을 판매하기 위해서 항공사의 GDS에 종속되는 관계가 심화되었다. 이로 인해 호텔들은 객실재고를 스스로 판매할 수 없을 뿐만 아니라 객실가격의 책정도 외부에 의해 결정되는 기형적인 구조를 안고 사업을 하게 되었다. 이와 같은 결과는 다른 관광기업에 비해 날로 발전하는 기술(Technology)에 대한 투자에 뒤늦게 대응한 결과였다.

호텔은 여행사나 GDS와 같은 중개인(Intermediaries)을 이용하지 않고 직접(Direct) 판매를 할 수 있다면 비용이 절약되면서 수익을 향상할 수 있다. 1990년 중반 인터넷이 등장하면서 호텔들은 중개인의 도움없이 홈페이지를 통해 소비자가 직접 예약을 할 수 있게 되기를 희망했다. 그래서 1996년에 Marriott, Hilton, Hyatt 등 주요 호텔체인은 자체적인 Web Site(Brand.com)를 개발하면서 많은 이용자가 이를 통해 객실을 예약할 수 있게 되었다.

같은 해에 미국에서 Microsoft는 Expedia.com이라는 온라인여행사(OTA: Online Travel Agency)를 출범했으며 다음 해 유럽에서는 Priceline.com이 사업을 개시했다. 비숫한 시기에 GDS인 Sabre가 Travelocity.com라는 OTA를 설립하며 경쟁에 뛰어든다. 이후부터 인터넷을 이용한 전자방식(Electronic)의 온라인(Online) 예약이 선풍적인 인기를 끌게 되었다. 이처럼 인터넷을 통한 전자예약시장은 소비자들이 가격을 비교할 수 있고 값싸게 예약할 수 있을 뿐만 아니라 먼저 이용한 사람들의 후기와 권고를 볼 수 있기 때문에 폭발적인 성장을 하게 되었다. 이에 더해 2007년 스마트폰의 등장으로 인한 모바일혁명으로 앱(App)을 통한 예약과 Facebook과 같은 SNS를 통한 객실예약도 점점 점유율을 높여가고 있다.

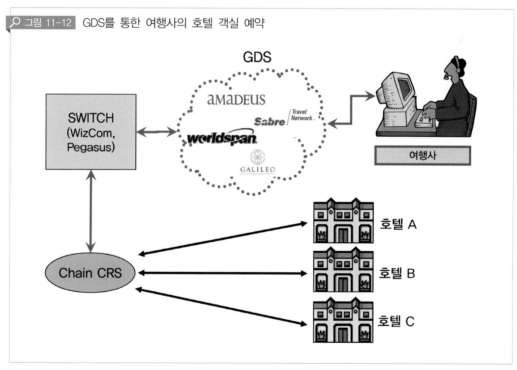

🔍 그림 11-12 GDS를 통한 여행사의 호텔 객실 예약

출처: 저자

〈그림 11-13〉은 2017년 1월을 기준했을 때 세계 도처에 존재하는 호텔들이 객실을 판매하기 위해 이용할 수 있는 다양한 유통경로를 보여주고 있다. 먼저 독립호텔과 호텔체인에 소속된 체인호텔은 호텔 내에 있는 예약부서에서 전화, FAX, 우편, Walk-in 등의 방식으로 객실예약을 수행하고 있다. 또한 이들은 일반 기업과의 계약(Corporate Contract)을 통해 객실을 판매하고 있으며 자체적으로 Web Site를 개발하여 소비자에게 직접 객실을 판매할 수 있다.

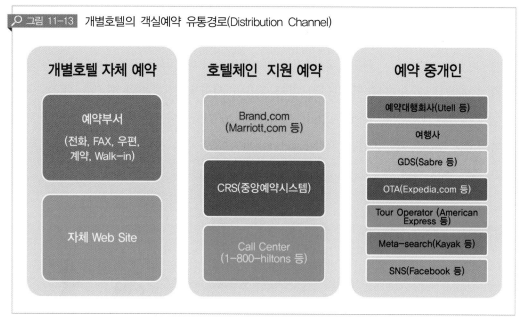

그림 11-13 개별호텔의 객실예약 유통경로(Distribution Channel)

출처: 저자

이에 더해 Marriott나 Hilton과 같은 호텔체인에 프랜차이즈계약이나 위탁경영계약에 의해 체인네트워크에 가입된 체인호텔들은 체인본사가 제공하는 Brand.com, CRS, Call Center를 통해 보다 많은 객실을 판매할 수 있다. Brand.com은 홈페이지에서 이루어지지만 CRS와 Call Center는 주로 전화에 의해 예약이 이루어지고 있다.

호텔의 자체적인 예약과 체인본사의 지원에 의한 것은 직접적인(Direct) 예약방식으로 비교적 예약에 따른 비용이 적게 소요된다. 그러나 호텔들은 직접방식에 의해 객실재고를 모두 판매하지 못하게 되면서 예약중개인을 통한 간접방식(Indirect)의 객실판매가 증가하게 되었다. 호텔들은 간접방식을 통해 남는 객실들을 판매할 수 있다는 이점이 있지만 수수료 등 비용이 직접방식에 비해 훨씬 많이 소요되고 있다. 전에 소개한 여행사와 GDS에 더해 인터넷이 등장하면서 OTA를 비롯한 수많은 중개시장이 들어서게 되었다. 그 중에서 OTA의 성장은 호텔산업의 수익 향상에 큰 장애가 되고 있다.

호텔들은 자체적 또는 체인본사의 지원으로도 팔 수 없는 객실들은 예약중개인(Intermediaries)을 통한 간접방식을 통해 판매하고 있다. 호텔들은 예약중개인들이 호텔을 대신하여 소비자에게 객실을 판매할 수 있도록 하기 위해 다음과 같은 호텔에 대한 정보를 제공하고 있다. 첫째, 객실요금(수시로 변함) 둘째, 객실 예약가능

(Availability) 여부(수시로 변함) 셋째, 객실타입, 패키지타입, 어메니티, 위치, 연락처, 회의시설의 존재 등 개별호텔에 대한 정보(잘 변하지 않음), 넷째, 호텔 시설 등에 사진과 동영상(수시로 변하거나 또는 변하지 않음).

〈그림 11-14〉에서 보는 것처럼 여러 유통경로 중에서 가장 일반적인 단기체류(Transient) 손님에 대한 객실예약이 가장 많이 이루어지는 곳은 호텔의 자체예약(Direct), Brand.com, CRS, GDS, OTA 등이다. 그 중에서 시간이 경과하면서 전통적 방식인 자체예약과 CRS의 점유율은 점차 줄고 있는 반면에 Brand.com, GDS, OTA의 시장지배력은 점차 강화되고 있다.

미국 호텔산업에서 2015년 1월을 기준으로 했을 때 호텔 객실예약 유통경로별로 시장점유율을 보면 Brand.com이 33%로 가장 높으며 다음으로 자체예약(Direct)이 24%, GDS가 16%, OTA가 14%, CRS가 13% 순으로 나타났다(〈그림 11-15〉).

🔍 그림 11-14 호텔 객실예약의 주요 유통경로 흐름도

출처: 저자

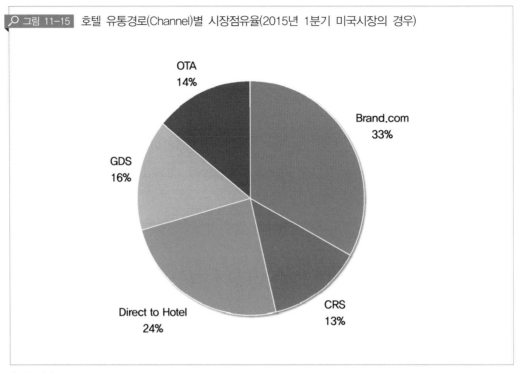

🔍 그림 11-15 호텔 유통경로(Channel)별 시장점유율(2015년 1분기 미국시장의 경우)

출처: 저자

　각 유통경로별로 소요되는 비용은 〈표 11-6〉에 잘 나타나 있다. 즉 1박에 100달러 하는 호텔 객실을 예약할 경우 각 유통경로를 이용하면 이에 드는 비용이 적게는 $14(판매금액의 14%)가 소요되며 가장 많은 경우는 $46(판매금액의 46%)가 소요되고 있다. 특히 OTA를 통한 객실 예약이 가장 많은 비용이 소요된다는 사실을 확인할 수 있는데 이로 인해 호텔의 수익성은 크게 악화되고 있다.

| 표 11-6 | 유통경로별 마케팅 및 예약 수수료 비교 (객실요금 $100에 1박을 하는 경우)

1박 객실요금 $100	전화–직접	전화–제3자	전화–여행사	GDS	Brand .com	OTA (Merchant)	OTA (Opaque via GDS)
인건비	$10	n/a	$10	n/a	$2	n/a	n/a
직접마케팅	n/a	n/a	n/a	$1	$3	커미션에 포함됨	커미션에 포함됨
할인또는 커미션	n/a	10%	$10	$10	n/a	$25	$40
로열티 프로그램	$2	$1.50	$1.50	$1	$3	n/a	n/a
유통경로 수수료	n/a	$25	n/a	$6	$5	$5	$6
신용카드 수수료	$2	$2	$2	$2	$2	n/a	n/a
총비용	$14	$28.50	$23.50	$20	$15	$30	$46
비용(%)	14%	28.5%	23.5%	20%	15%	30%	46%
순매출	$86	$71.50	$76.50	$80	$85	$70	$54

출처: Green & Lomanno

　Marriott.com이나 Hilton.com과 같은 Brand.com을 통해 객실예약이 이루어지기를 원하는 호텔과 호텔체인의 바람과는 달리 오히려 OTA에 소비자들이 점점 몰리고 있다. 호텔 객실예약에 대한 OTA의 영향력은 원래 그리 많지 않았다. 그러다가 OTA의 시장침투가 훌쩍 높아지는 계기가 만들어졌다. 즉 2001년 9·11사태가 발발하게 되자 호텔과 호텔체인들은 자체적으로는 남는 객실들을 판매할 수 없게 되었다. 이와 같은 위기상황을 타개하기 위해서 호텔과 호텔체인들은 OTA에 재고로 남은 객실의 판매를 위탁하게 되었다. 이후 OTA의 시장점유율은 점점 더 높아지게 되었다.

　〈표 11-7〉에서 보는 바와 같이 OTA에는 세 가지 유형의 사업방식이 존재하고 있다. 첫째, 상인(Merchant) 방식은 OTA가 호텔로부터 원가에 일정 수량의 객실을 사전에 미리 구매한 뒤 자신들의 마진으로 약 25~35% 정도 Mark-up(인상)된 가격으로 소비자에게 판매하는 사업방식을 말한다. 둘째, 대행인(Agent) 방식은 호텔로부터 객실의 판매를 위탁받은 OTA가 해당 객실을 소비자에게 판매한 후 대가로 커미션을 받는 사업방식이다. 예약대행 수수료인 커미션은 규모가 작은 독립호텔이나 소규모 호텔로부터는 30% 정도를 받고 있으나 협상력이 강한 규모가 큰 유명 호텔체인으로부터는 훨씬 낮은 15% 정도

를 받고 있다. 셋째, 불투명(Opaque) 방식은 소비자가 OTA를 통해 객실을 예약할 때 구매가 확정되기 이전에는 자신이 이용할 호텔의 브랜드명을 확인할 수 없도록 되어있다. 이 방식의 특징은 보통 할인율이 높아 소비자는 가장 낮은 요금으로 객실을 구매할 수 있다. 최근에는 세 가지 사업방식 중에서 Expedia.com과 Hotels.com 등 많은 OTA들이 대행인(Agent)으로 사업방식이 집중되고 있다.

| 표 11-7 | 온라인여행사(OTA) 사업방식 유형

OTA Business Models	
Merchant Model	원가(Net rate)에 고정된 수의 객실 재고를 호텔측으로부터 구매 + Mark-up(25~35%)된 가격으로 고객에게 판매
Agent(Retail) Model	객실예약 판매 후 Commission 지급 받음 (Independent & small hotels: 30%; Larger chains: 15%) 보통 수수료 20~25%
Opaque Model	고객은 구매가 이루어지기 전까지는 이용할 호텔의 브랜드명을 확인할 수 없음(보통 할인율이 매우 높음)

출처: 저자

OTA가 객실 판매를 거들면서 호텔의 매출액은 증가하고 있다. 그러나 OTA를 통해서 매출액이 20%가 증가하고 있지만 동시에 이들에게 지급하는 커미션은 39% 정도 증가하고 있다. 즉 커미션 증가율이 매출액 증가율보다 두 배 이상 빠르게 증가하고 있다. 따라서 호텔의 수익성에 큰 악영향을 미치고 있다.

한편 OTA시장에서 많은 인수합병(M&A)이 발생하면서 산업통합(Industry Consolidation)이 이루어지게 되었다. 즉 미국의 Expedia.com과 유럽의 Priceline.com이 연속적인 인수합병을 통해 규모를 키우면서 드디어 세계 OTA시장을 양분하게 되었다. 현재 Expedia.com은 Orbitz, Hotels.com, Travelocity, Hotwire, Wotif, Elong, Venere, Trivago 등을 자회사로 거느리고 있으며, 그리고 Priceline.com은 Booking.com, Agoda, Ctrip, Kayak, OpenTable, Rentalcars.com 등을 거느리게 되었다. 그 중에서 Expedia.com은 미국 OTA시장에서 70%를 점유하고 있으며, Booking.com은 유럽 OTA시장에서 62%의 시장점유율을 차지하고 있다.

그러나 높은 예약대행 수수료로 인하여 OTA시장이 확대될수록 호텔의 수익성에는 부정적인 영향을 미치고 있다. Wall Street Journal은 조만간에 OTA 객실예약이 Brand.com 객실예약을 추월할 것으로 예측하고 있다. 호텔과 호텔체인은 Brand.com

을 보다 합리적으로 개발하여 이 Web Site로 소비자들을 유인하고 이를 통해 객실예약이 이루어지도록 하여 수익성 향상을 도모해야 할 것이다.

| 표 11-8 | Brand.com vs. OTA

특 성	OTAs	Brand.com Web Site
예약의 용이성	호텔별로 가격 비교 가능	호텔별로 가격 비교 불가능
충성도 혜택	브랜드가 다른 여러 호텔에 대한 접속이 가능하게 함	호텔체인에 속한 브랜드 호텔에만 접속 가능함
가치	이점 없음	객실 업그레이드, 나은 객실, 무료서비스 (커피, 식사, 스파, 공항버스, 무료인터넷 등) 제공함
옵션	여러 지역과 브랜드에 걸친 다양한 옵션의 접속이 가능하게 함	옵션이 호텔체인에 한정됨
서비스	맞춤화된 서비스를 제공 못받음	개인화된 서비스를 제공 받음
Search Engine 최적화	예산이 많기 때문에 강력함 (시간과 노력을 절약할 수 있음)	매우 다양함. 그러나 보통 예산이 적기 때문에 낮음
거래 안전도	Web Site 보안에 대한 예산이 많기 때문에 높은 안전성 보유	일부 호텔들은 적은 예산을 투자하기 때문에 안전성이 낮음
가격	보통 낮음	보통 높음

출처: ICRA

제4절 국내 호텔산업의 특성과 구조

지금부터는 특급호텔(새 기준의 4성급과 5성급)을 중심으로 국내 호텔산업에 대하여 알아보기로 하겠다. 먼저 국내 호텔산업의 특성에 대해 알아보기로 한다. 첫째, 국내의 특급호텔은 전형적인 장치산업이자 입지사업이다. 국내에서 특급호텔은 초기에 막대한 자본이 소요되는 장치산업의 특징을 보이고 있다. 특히 각 도시마다 도심지역에서 좋은 입지를 확보하기 위해서는 토지비용이 너무 많이 소요되어 특급호텔을 건축하기가 매우 어려운 상황이다. 이와 같은 과도한 초기투자비용의 지출뿐만 아니라 노후한 또는 진부한 호텔시설에 대한 주기적인 수리(Renovation) 비용에 대한 투자가 반드시 뒤따라야 하기 때문에 투하자본 회수에 상당히 긴 시간이 소요되고 있다. 호텔수리는 보통 7~8년 마다 객실, F&B영업장, 로비, 연회장 등을 대상으로 이루어지고 있다. 이렇게 막대한 비용이 투자되어야 하기 때문에 객실수요의 급증과 같은 큰 변수가 없는 한 새로운 호텔의 시장진입에 대한 장벽(Entry Barrier)은 매우 높은 편이다. 또한 기존 호텔은 이미 좋은 입지에 건축되었고 경쟁력 높은 브랜드를 보유하고 있기 때문에 신규 진입자의 입장에서는 높은 진입장벽이 되고 있다.

둘째, 특급호텔의 실적은 외국인 입국자의 규모와 밀접한 상관관계를 보이고 있다. 특급호텔에서 객실점유율은 영업실적의 향상을 위한 중요한 지표가 되고 있다. 객실수요를 의미하는 객실점유율은 인바운드 즉 외래관광객의 수에 큰 영향을 받고 있는데, 외래관광객의 규모는 세계경제, 환율, 메가 이벤트, 외교관계, 전염병, 테러 등과 같은 외부변수에 의해 변동성이 주로 결정되고 있다. 예를 들면 2003년 SARS가 창궐하자 세계적으로 여행수요가 급감하면서 특급호텔의 객실점유율은 크게 하락했다. 또한 2008년 세계금융위기 시에는 원/달러 환율이 급등(원화가치 하락)하면서 가격경쟁력이 제고되면서 외래관광객 입국자가 크게 증가해서 영업실적이 크게 향상되었다.

셋째, 국내의 주요 호텔기업들은 경기, 환율, 국내외 정세, 테러, 전염병 등과 같은 외부변수의 충격으로 인한 영업위험(Operating Risk)을 분산하고 성장을 유지하기 위해서 부대사업의 확장에 많은 노력을 기하고 있다. 특급호텔은 객실상품의 판매와 그에 따른 미니바, 전화, 세탁서비스뿐만 아니라 그 외에도 F&B 영업장, 연회장, 피트니스, 사우나 등 기타 사업장 등을 통해 수익을 창출하고 있다. 이뿐만 아니라 상당수 특급호텔들은 사업안정성을 제고하고 외형을 확대하기 위해서 면세점, 외식사업, 임대사업, 피트니스클럽, 골프장 등에 대한 부대사업을 통한 수익창출에도 지대한 관심을 보이고 있다. 일반적으로 외국 호텔체인들은 지속적인 성장을 위해서 신규호텔의 건설을 통한 네트워크의 확충에 투자를 아끼지 않고 있다. 그러나 국내 호텔체인들은 적절한 입지를 갖춘 신규호텔의 투자에는 막대한 자금이 소요되기 때문에 자본투하가 덜 요구되면서도 기존 호텔사업과 시너지 효과를 볼 수 있는 부대사업을 통해 사업다각화를 도모하고 있다.

특히 면세점사업은 관세청의 영업허가를 받아야 하기 때문에 진입장벽이 높고 성장성이 있는 사업이어서 비교적 안정적이며 양호한 수익성이 현재까지 유지되고 있다. 그리고 면세점은 호텔사업과의 시너지 창출이 가능할 뿐만 아니라 환율변동 시에는 내외국인을 대상으로 하는 각각의 면세품가격과 객실가격의 가격경쟁력이 서로 상반된 방향으로 움직이고 있어서 외부 환경요인에 의한 호텔사업의 영업실적 변동성을 완화하는 역할을 하고 있다. 따라서 면세점사업은 호텔기업에게 사업안정성을 유지·보완하는 전략적 역할을 담당하고 있다.

그러나 사업안정성의 제고, 외형의 확대, 시너지의 창출 등과 같은 부대사업의 순기능이 존재함에도 불구하고 오히려 기존 사업수요의 잠식과 재무안정성의 저하 등과 같은 역효과도 야기될 수 있다. 이와 같이 부대사업은 호텔기업의 성장성, 재무구조, 영업효율성, 사업다각화 측면에서 지대한 영향을 미치고 있다.

다음으로 국내 호텔산업의 안녕과 수요에 영향을 미치는 외부 환경요인에 대해 알아보기로 한다. 첫째, 국내 호텔산업의 수요에 중요한 영향을 미치는 환경요인은 환율(Exchange Rate)이다. 미국, 일본, 중국 등과 같이 호텔에 대한 수요가 주로 내국인에 의해 창출되고 있는 다른 국가들과 달리 국내 호텔산업의 수요는 주로 외국인 방문객에 의해 창출되고 있다. 변동성이 높은 환율은 입국하는 외국관광객 수의 변화에 직접적인 영향을 미치고 있다. 예를 들면 달러환율이 상승하면 즉 원화가치가 떨어지면 외국관광객들이 평소보다 훨씬 많이 유입되어 객실수요가 크게 증가한다. 실제로 IMF 외환위기와 2008년 세계금융위기 직후 원화가치가 크게 하락하면서 외국인관광객들이 크게 증가했다. 이와는 반대로 환율이 하락하면(원화가치의 상승) 한국을 여행하는 비용이 증가하게 되면서 외국인 관광객의 수는 감소하게 된다. 따라서 국내 호텔산업의 객실수요는 크게 감축된다. 또한 이때는 오히려 내국인들의 해외여행이 가파르게 증가하게 되어 관광수지 적자가 심각한 사회·경제적 문제로 종종 언급되고 있다.

환율변동의 특급호텔에 대한 직접적인 영향은 객실, 식음료, 각종 부대서비스, 면세품의 국제 가격경쟁력에 대한 변화를 야기할 뿐만 아니라 간접적으로는 내국인 및 외국인의 출입국 추세와 밀접한 상관관계를 보이고 있기 때문에 호텔사업과 면세품사업의 실적에 큰 영향을 미치고 있다. 특히 2012년 이후 엔화약세의 기조가 유지되면서 일본인 입국자의 수가 감소하여 이들을 주요 대상으로 하고 있는 특1급(5성급)들의 객실점유율이 크게 저하되고 있다.

둘째, 우호적인 정부정책의 여부이다. 중앙정부의 관광산업에 대한 정책과 각종 세제와 관련된 정책은 호텔의 영업실적에 큰 영향을 미치고 있다. 지가가 높은 도심지에 건축된 특급호텔들은 종합부동산세의 적용대상으로 세금 부담비용이 높으며 또한 산업용 전력요금의 적용 여부에 따라 직접비용의 고저가 결정되고 있다. 또한 국제회의 및 컨벤션과 다국적기업의 유치 등에 대한 정부의 정책적 노력, 부가가치세 영세율의 시행과 외래관광객에 대한 비자제도의 개선, 면세점사업의 확대 등의 관광산업 육성정책은 호텔의 우호적인 영업환경 조성에 결정적인 영향을 미치고 있다.

셋째, SARS 및 조류독감 등의 전염병과 한류열풍은 내외국인의 출입에 큰 영향을 미치고 있다. 2003년 SARS가 발병하면서 외국인관광객이 크게 감소하여 호텔 및 면세사업에 악영향을 미쳤다. 그러나 이후 한류열풍이 아시아지역을 강타하면서 일본인과 중국인 관광객이 크게 증가하여 특급호텔의 영업실적은 크게 향상되었다.

그 외에도 국내외 정세, 국민소득의 변화, 국제적 메가 이벤트, 수출입관련 산업경기 등이 외래방문객 수의 변화에 큰 영향을 미치고 있다. 결국 국내 호텔산업에서 특히 특급호텔의 영업실적은 관광 및 비즈니스 목적의 외국인 입국자의 규모에 의해 큰 영향을 받고 있다.

지금부터는 국내 호텔산업의 구조에 대해 알아보기로 한다. 국내 호텔산업의 구조를 논함에 있어 우리나라를 대표하는 재벌 등 대기업의 참여를 빼놓고는 효과적으로 설명을 할 수 없을 것이다. 위에서 설명한 바와 같이 특히 고급호텔을 건설하려면 초기 투하자본이 엄청나기 때문에 웬만한 기업은 호텔에 대한 투자를 감당하기 어려우며 주로 대기업에서 호텔사업에 투자하는 경향이 강하게 나타나고 있다. 실제로 각각 1999년과 2004년에 개업한 W호텔과 코엑스 인터컨티넨탈호텔에는 2,000억 원이 넘는 비용이 투자되었다고 한다. 최근에는 지가가 많이 올라 서울 도심지에 5성급 호텔을 신축할 경우에는 총투자비용이 수천억 원에 달하고 있는 형편이다. 대기업들은 1970년대부터 호텔산업의 민영화를 이끌며 오랫동안 국내 호텔산업의 성장에 견인차 역할을 해오고 있다. 대기업 계열집단에 소속된 호텔들은 우수한 입지, 브랜드 인지도, 오랜 경험을 통해 비교적 안정적인 영업실적을 유지하고 있다.

국내 최고의 기업집단이라고 할 수 있는 삼성그룹은 주식회사 호텔신라라는 법인을 먼저 설립하고 이후 1979년 서울 신라호텔의 개관을 시발로 하여 1990년에는 제주 신라호텔을 오픈했다. 그러나 여기까지였다. 이후부터 호텔신라는 호텔사업을 등한시하는 한편 오히려 수익성이 보다 높은 면세점사업의 확대에 더욱 지대한 관심을 가졌다. 현재 호텔신라의 사업상황을 살펴보면 2015년 호텔신라가 벌어들인 총매출액 약 3조 2천억 원 중에서 면세점사업부의 비중이 90.2% 그리고 호텔사업부의 비중이 8.5%를 차지하고 있다. 이런 사실을 보면 호텔신라라는 명칭을 무색하게 한다. 적어도 재무제표를 통해서 보면 이 기업은 신라면세점으로 명칭하고 부대사업으로 호텔사업을 운영하고 있다는 것이 보다 정확한 판단인 것으로 사료된다.

그러나 호텔신라는 2000년대 중순 이후 국내 호텔산업에 불기 시작한 비즈니스호텔 건축 열풍의 영향으로 뒤늦게 비즈니스호텔 사업에 뛰어들게 되었다. 비즈니스호텔 사업을 위해 새로운 브랜드인 신라스테이(Shilla Stay)를 도입하였으며 2013년에 이르러 처음으로 신라스테이 동탄호텔을 개관하였다. 이후 신라스테이는 짧은 시간에 걸쳐 고속성장을 하면서 2016년까지 역삼, 제주, 서대문, 울산, 마포, 광화문, 구로, 천안을 연속적으로 오픈했다. 한편 주로 5성급 호텔을 직접 소유 및 운영하고 있었던 과거의 패턴과 달리 호텔신라의 비즈니스호텔 사업은 부동산펀드이나 리츠(REITs) 등이 소유하고 있는 호텔을 임차해서 운영하는 사업방식의 변화가 나타나고 있다. 이는 자본투자 부담에서 벗어나 성장을 가속화하기 위한 전략적 선택이라고 할 수 있다. 2016년 말을 기준으로 호텔신라는 국내에서 총 12개소의 호텔을 통해 총 3,947실을 운영하고 있으며 해외진출은 중국 쑤저우에 소재하고 있는 호텔을 위탁경영계약에 의해 운영하고 있다.

한편 국내 최대의 유통기업인 롯데그룹도 1970년대 초에 일본롯데에 의해 국내 투자가 결정되면서 주식회사 호텔롯데를 설립하고 국내에서 사업을 개시하였다. 호텔롯데는 1979년 처음으로 서울 롯데호텔(본관)을 오픈하였으며 1988년에는 서울 롯데호텔 신관을 증축·개관하였다. 이어서 1988년 롯데월드호텔을 개관했으며 1993년 대덕호텔, 2000년 제주 롯데호텔, 2002년 울산 롯데호텔을 차례로 개관했다.

종전에는 주로 5성급 호텔만을 운영하던 호텔롯데도 2009년에 비로소 롯데시티호텔 마포를 개관하면서 비즈니스호텔 사업에 뛰어드는 전격적인 결정을 했다. 호텔롯데의 서브브랜드인 롯데시티호텔은 이어서 2011년 롯데시티호텔 김포공항을 개관하였으며 2014년 한해에만 롯데시티호텔 제주, 대전, 구로 세 곳을 개관했다. 비즈니스호텔 열풍이 한층 가열되던 2015년에 롯데시티호텔 울산을 개관했으며 2016년에는 명동점을 오픈하였다. 특히 2016년에는 호텔롯데 최초의 라이프스타일 서브브랜드인 L7 명동호텔을 개관하면서 시장세분화 전략에 박차를 가하게 되었다. 호텔롯데도 주로 직접 소유 및 운영하던 과거의 사업방식에서 벗어나 특히 비즈니스호텔 사업은 주로 임차방식을 통해 호텔들을 운영하고 있다.

| 표 11-9 | 삼성그룹과 롯데그룹의 호텔사업

대기업명	법인명	호텔명	개업년도	객실 수	비고
삼성그룹	(주)호텔신라	서울 신라호텔	1979	464	소유
		제주 신라호텔	1990	429	소유
	(주)신라스테이	신라스테이 동탄	2013	286	임차
		신라스테이 역삼	2014	306	임차
		신라스테이 제주	2015	301	임차
		신라스테이 서대문	2015	319	임차
		신라스테이 울산	2015	335	임차
		신라스테이 마포	2015	383	임차
		신라스테이 광화문	2015	339	임차
		신라스테이 구로	2016	310	임차
		신라스테이 천안	2016	309	임차
		거제호텔	2005	166	위탁경영
	중국	쑤저우 진지 레이크 신라호텔	2006	305	위탁경영
롯데그룹	(주)호텔롯데	서울 롯데호텔	1979	1,151	소유
		롯데월드호텔	1986	482	소유
		제주 롯데호텔	2000	500	소유
		울산 롯데호텔	2002	200	임차
		롯데시티호텔 마포	2009	284	임차
		롯데시티호텔 김포공항	2011	197	임차
		롯데시티호텔 제주	2014	262	임차
		롯데시티호텔 대전	2014	312	소유, 임차
		롯데시티호텔 구로	2014	287	임차
		롯데시티호텔 울산	2015	354	임차
		롯데시티호텔 명동	2016	430	임차
		L7 명동	2016	245	소유
		부여리조트	2010	322	임차
		Lotte Hotel Guam	2014	222	임차
		Lotte Hotel Hanoi	2014	318	임차
		Lotte Hotel NY Palace	2015	908	소유, 임차
		Lotte Hotel Joetsumyoko	2015	–	소유
		Lotte Hotel Moscow	2010	300	소유
		Lotte Legend Hotel Saigon	2013	283	위탁경영
		Lotte City Hotel 타슈켄트팰리스	2013	–	위탁경영
	(주)부산 롯데호텔	부산롯데호텔	1998	650	소유, 위탁

출처: 저자 정리

호텔롯데는 국내 호텔체인 중에서 해외 호텔사업에 가장 적극적인 관심을 가지고 있다. 최초의 해외진출로서 2010년 러시아의 수도에 롯데호텔 모스크바를 개관했다. 이어서 2013년에는 베트남의 롯데레전드호텔 사이공과 롯데시티호텔 타슈켄트팰리스를 각각 오픈했으며, 2014년에는 롯데호텔 하노이와 괌을 각각 개관했다. 호텔롯데의 해외시장 진출은 2015년 8월 미국 뉴욕의 맨해튼에 소재하는 대표적인 최고급호텔인 New York Palace호텔을 8.5억 달러(약 8,930억원)에 전격적으로 인수하면서 가속화되고 있다. 이는 국내 호텔산업 역사상 가장 높은 인수 금액이다. 같은 해에는 일본 니가타의 묘코시에 온천호텔을 인수했다.

2016년 말을 기준으로 호텔롯데는 국내에서는 13개소의 호텔에서 약 5,676실의 객실을 운영하고 있으며, 해외시장에서는 7개소의 호텔로 약 2,000실이 조금 넘는 객실을 운영하고 있다. 호텔롯데는 국내 호텔체인으로는 최대 규모를 자랑하고 있으며 2016년 미국의 유명 호텔전문 잡지사인 Hotels가 선정하는 세계 167위 호텔체인으로 등극하게 되었다. 국내 호텔체인이 세계 200위 안에 진입하기는 이번이 처음이다.

그러나 호텔롯데도 호텔신라처럼 호텔사업 보다는 면세점사업에 더욱 치중하고 있다. 2015년 호텔롯데의 총매출액 약 5조 1천억 원의 구성을 보면 면세점사업부의 매출비중이 84.3%를 차지하고 있으며 반면에 호텔사업부의 비중은 10.8%에 불과하다. 역시 롯데면세점이라 칭해도 무방할 것이다.

'황금 알을 낳는 거위'라고 칭해지고 있는 면세점사업은 호텔신라와 호텔롯데의 외형 확대와 사업안정성의 제고에 긍정적인 영향을 미치고 있다는 것은 주지의 사실이다. 기업이 이윤창출의 목적을 달성하기 위해서는 어떠한 선택도 할 수 있다. 그러나 관광한국이란 보다 큰 목적을 달성하기 위해서 호텔사업과 면세점사업 중 어느 것이 보다 중요한 관광인프라 사업인가에 대한 고민도 해봐야 할 것이다. 우리나라를 대표하는 호텔체인인 두 기업이 면세점사업에 치중하면서 여러 부작용도 나타나고 있다.

2000년대 들어서 불고 있는 비즈니스호텔의 열풍은 아쉽게도 호텔신라나 호텔롯데가 아닌 앰배서더호텔그룹처럼 작지만 전문적인 호텔기업에 위해 도입되고 주도되었다. 이는 과거 국내 호텔산업의 민영화를 이끌던 호텔신라와 호텔롯데가 면세점사업에 몰두하면서 호텔산업의 변화를 정확히 읽지 못해서 비롯된 결과이다. 또한 3장에서 살펴보았듯이 Marriott, Hilton, IHG, Accor와 같은 세계적인 호텔체인들이 위험부담이 큰 혁신적인 전략으로 성장을 거듭하고 있는 동안에 국내 호텔체인들의 성장은 답보상태에 머물고 있다. 메가 호텔체인들과 호텔신라와 호텔롯데의 성장속도와 그에 따른 현재 규모를 보면 비교가 불가능할 정도이다. 국내 최대의 호텔체인인 호텔롯데의 객실규모를 보면 세계 최정상 호텔체인의 1/100에도 미치지 못하고 있는 것이 현실이다. 또한 질적 성장인 경영혁신성면에서도 국내 호텔체인은 글로벌 호텔산업의 트렌드에 전혀 부응하지 못하고 낙후되어 있는 실정이다.

두 체인이 면세점사업에 정신이 팔려있는 동안 국내 호텔시장은 메가 호텔체인들에게 안방을 활짝 내주게 되면서 이들이 국내시장을 지배하게 되었다. 그뿐만 아니라 내국인 수요가 크게 부족한 국내 호텔체인에게 해외시장 진출은 성장을 위해 매우 중요하다고 할 수 있는데 성장을 위한 절호의 기회가 주어졌던 중국 호텔시장에 대한 진출경쟁에서 국내 호텔체인들은 철저히 배제되고 말았다. 결국 면세점사업의 성장은 호텔사업의 희생을 담보로 하는 것이라서 뒷맛이 씁쓸하다. 그러나 이제 면세점사업도 경쟁이 치열해지면서 사업안정성과 성장성이 예전같지 않은 레드오션으로 점차 변모하고 있다.

〈그림 11-16〉은 국내 호텔체인과 외국 호텔체인의 비즈니스모델을 비교한 것이다. Marriott이나 Hilton과 같은 대표적인 메가 호텔체인들은 과거에는 객실상품을 위주로 하면서 호텔들을 직접 소유 또는 리스해서 운영하는 비즈니스모델을 사용하였으나 시간이 흐르고 경영환경이 변하면서 이에 대응하기 위해 프랜차이즈와 위탁경영을 위주로 하는 자산경감 비즈니스모델(Asset-light Business Model)로 비즈니스모델의 대전환을 이룩했다. 그 결과 이들은 체인네트워크의 확대를 통해 규모의 경제와 범위의 경제 효과를 극대화하면서 세계 호텔시장을 주도하고 지배하는 메가 호텔체인으로 거듭나게 되었다.

그러나 국내의 대표적인 호텔체인인 호텔신라와 호텔롯데는 초기부터 몇 개의 호텔을 직접 소유하면서 객실위주의 사업보다는 오히려 면세점이나 외식사업 등과 같은 부대사업의 확장에 중점을 두었다. 그림에서 보듯이 체인네트워크의 확장에 집중하는 전략을 구사하는 외국의 메가 호텔체인들과 달리 국내 호텔체인들은 몇 개의 호텔에서 부대사업을 통해 매출을 극대화하는데 전력을 기울여왔다. 그런데 무엇보다 중요한 사실은 시간이 흐르면서 경영환경이 엄청나게 변했지만 국내 호텔체인들은 아직도 같은 비즈니스모델을 전가의 보도처럼 이용하고 있다. 그러나 과거와 같은 비즈니스모델에서 체인의 지속적인 성장을 위해 필수적인 규모의 경제와 범위의 경제 효과를 기대하는 것은 연목구어와 같다고 할 수 있다.

호텔신라와 호텔롯데는 공히 재벌이란 대기업 계열의 호텔전문기업으로 탄생했지만 현재는 특성이 서로 다른 호텔사업과 유통사업(면세점)을 동시에 수행하는 구조를 갖게 되었다. 그러나 이런 사업구조는 'The Best Hospitality Company'라는 호텔신라의 목표 와 배치될 뿐만 아니라 '아시아 Top3 브랜드호텔'이라는 호텔롯데의 비전과도 일치하지 않는다. 분사(Spin-off)를 통해 각 사업부마다 독자적인 성장을 모색하는 방향이 바람직 한 것이 아닌가 싶다. 변하지 않으면 도태된다는 사실은 비즈니스 세계의 평범한 진실 이다. 따라서 이제 국내 호텔체인들도 외국 메가 호텔체인들처럼 새로운 기회를 위해서 는 어떠한 위험도 두려워하지 않는 기업가정신을 발휘하고 창조적 파괴를 통해 성장을 위한 새로운 블루오션을 발견해서 세계적인 호텔체인으로 거듭날 수 있는 지혜를 찾아 야 하겠다.

그림 11-16 국내 호텔체인과 외국 호텔체인의 비즈니스모델 비교

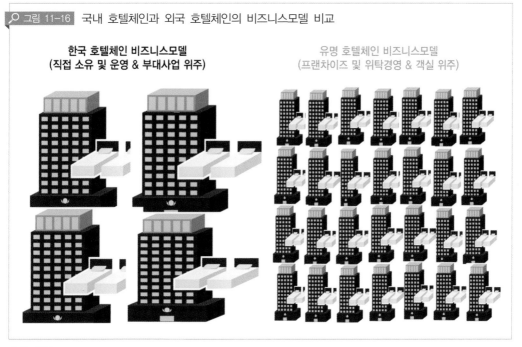

한국 호텔체인 비즈니스모델
(직접 소유 및 운영 & 부대사업 위주)

유명 호텔체인 비즈니스모델
(프랜차이즈 및 위탁경영 & 객실 위주)

출처: 저자

한편 신세계그룹의 계열사인 신세계조선호텔은 1914년에 개관한 조선호텔을 모태로 하고 있는데 웨스틴조선 서울호텔은 현존하는 국내 호텔 중 가장 오래된 호텔이다. 또한 신세계그룹은 웨스틴조선 부산호텔을 소유 및 운영하고 있다. 그리고 2012년에는 신세계

그룹이 강남 센트럴시티의 지분 60%를 인수하면서 JW 매리어트호텔의 소유권 일부도 함께 인수했다. 그리고 2015년에는 비즈니스호텔을 서울역 앞에 Four Points by Sheraton 이란 Starwood계열의 브랜드로 개관하면서 비즈니스호텔 사업에 나서게 되었다.

또한 GS그룹의 호텔계열사인 파르나스호텔은 1988년에 그랜드 인터컨티넨탈호텔을 그리고 1999년에는 코엑스 인터컨티네탈호텔을 각각 개관했다. 그리고 2012년에는 비즈니스호텔인 나인트리 명동호텔을 개관했다. 한편 쉐라톤워커힐호텔과 W워커힐호텔을 소유 및 운영하고 있던 SK그룹은 2017년부터는 Starwood체인과의 오랜 프랜차이즈 관계를 청산하고 독립적인 운영계획을 발표했다. 이 밖에도 〈표 11-10〉에서 보는 바와 같이 호텔사업을 진행하고 있는 국내 대기업은 한화그룹, 한진그룹, 현대중공업그룹, 현대차 그룹, 현대그룹 등이 있으며 최근에는 현대산업개발, 대림산업, 부영건설 등과 같은 대형 건설사들이 호텔사업에 적극적으로 나서고 있다. 또한 미래에셋그룹과 같은 투자은행도 대안투자로서 호텔사업에 큰 관심을 보이고 있는데 특히 2015년에 세계 최고의 5성급 호텔체인인 Four Seasons 서울호텔을 개관하였으며 미국과 호주에서 여러 유명 고급호텔을 인수했다. 그리고 이랜드그룹은 켄싱턴호텔 4개소를 운영하고 있다. 따라서 국내 호텔산업에서 특히 5성급과 4성급 같은 고급호텔의 상당수가 대기업계열의 호텔체인에 의해 소유되거나 운영되고 있다.

| 표 11-10 | 기타 대기업 계열의 호텔기업

대기업명	법인명	호텔명	개업년도	소재지	객실 수
신세계그룹	신세계조선호텔	웨스틴조선호텔 서울	1970	서울	462
		웨스틴조선호텔 부산	1978	부산	290
		JW매리어트호텔	2000	서울	497
		포포인츠 바이 쉐라톤 남산	2015	서울	342
GS그룹	파르나스호텔	그랜드 인터컨티넨탈호텔	1988	서울	519
		코엑스 인터컨티넨탈호텔	1999	서울	654
		나인트리호텔 명동	2012	서울	144
현대산업개발	아이파크호텔	파크하얏트호텔 서울	2005	서울	185
		파크하얏트호텔 부산	2012	부산	269
SK그룹	SK네트웍스	워커힐호텔	1963	서울	930
		워커힐인천공항 환승호텔	2001	인천	96
대림산업	오라관광	글래드호텔 여의도	2014	서울	319
		메종글래드호텔 제주	1981	제주	512
		글래드 라이브 강남호텔	2016	서울	210
한화그룹	한화호텔&리조트	플라자호텔	1976	서울	415
미래에셋그룹		포시즌스호텔 서울	2015	서울	317
		코트야드 바이 매리어트 판교	2014	경기	282
한진그룹	칼호텔네트워크	그랜드하얏트인천 이스트타워	2003	인천	522
		그랜드하얏트인천 웨스트타워	2014	인천	500
		서귀포KAL호텔	1985	제주	225
		제주KAL호텔	1974	제주	282
현대중공업	(주)호텔현대	호텔현대 울산	1982	울산	257
		호텔현대 경주	1992	경북	440
		호텔현대 영암	2006	전남	208
		씨마크호텔	2015	강원	150
현대차그룹		해비치호텔	2007	제주	288
현대그룹		반얀트리호텔	2010	서울	50

출처: 저자 정리

대기업이 아닌 호텔전문기업의 활약도 눈여겨 볼 필요가 있다. 1955년 19실의 금수장 호텔로 개업한 앰배서더호텔그룹은 국내 호텔산업에서 히든챔피언으로서 톡톡히 역할을 담당하고 있다. 과거의 금수장호텔은 몇 차례의 증축을 통해 현재는 그랜드 앰배서더호 텔로 변모했다. 앰배서더호텔그룹은 1987년 프랑스의 세계적인 호텔체인인 Accor와 노 보텔앰배서더 강남호텔에 대한 합작투자를 체결하면서 성장을 위한 힘찬 발걸음을 내딛 었으며 호텔은 1993년 개관하면서 큰 성공을 거두었으며 이어서 1997년 노보텔앰배서더 독산호텔을 개관하였다. 또한 앰배서더호텔그룹은 2001년 당시 호텔신라가 지오빌이라 는 호텔을 신축하기 위해 구입했으나 사업을 포기하면서 매물로 나온 서울 강남구 대치 동 부지를 인수했다. 이 자리에 앰배서더는 신개념 호텔인 317실의 이비스앰배서더 서울 을 2003년에 오픈하면서 대성공을 거두었다. 이 호텔은 국내 비즈니스호텔의 효시로 일 컬어질 정도로 국내 호텔산업에 큰 충격을 주었다. 이어서 2006년에는 이비스앰배서더 명동호텔을 개관하면서 공전의 히트를 기록하였다. 앰배서더호텔그룹은 비즈니스호텔사 업의 성공으로 국내 호텔산업을 주도하는 호텔전문기업으로 거듭나게 되었다. 이에 더해 앰배서더호텔그룹은 2006년에는 Accor 본사와 공동으로 AAK(Accor-Ambassador Korea) 라는 위탁경영전문회사를 설립하여 Novotel, ibis, Mercure 등 국내에서 영업하는 Accor 계열 브랜드 호텔들의 경영을 도맡고 있다. 2016년 말을 기준으로 앰배서더호텔그룹은 17개소의 호텔을 소유하거나 운영하고 있는데 규모면에서 국내 최대 호텔체인의 하나로 우뚝 서게 되었다.

1989년 아미가호텔로 호텔사업을 시작한 임피리얼 팰리스 호텔은 서울호텔 외에도 임피리얼 팰리스 부티크 호텔 이태원과 임피리얼 팰리스 시티 호텔 후쿠오카를 직접 운 영하고 있다. 한편 교원공제회 소속의 The-K호텔은 5개소의 호텔을 운영하고 있다. 그 리고 카지노회사인 파라다이스그룹은 파라다이스 부산호텔과 도고 스파호텔을 운영하고 있다.

한편 중국관광객의 급격한 증가 등으로 인해 전국적으로 비즈니스호텔이 속속 건립 되면서 국내 호텔산업에 대한 투자패턴에서 큰 변화가 발생하고 있다. 특히 연기금 등 기관투자자들이 부동산펀드나 리츠(REITs)와 같은 부동산간접투자상품을 통하여 비즈니 스호텔에 투자하는 경우가 급증하고 있다. 이는 과거의 직접 소유 및 운영방식에서 벗어 나 장기임차(Master Lease)방식으로 호텔이란 영업시설을 확보하려는 호텔기업의 인식변 화와 풍부한 자금력을 보유한 연기금의 투자수요가 외국인관광객의 급증으로 인한 호텔

객실수요의 급증과 맞물린 결과라고 볼 수 있다.

　부동산간접투자상품이 비즈니스호텔을 포함한 호텔에 투자하게 된 원인에는 두 가지가 존재하고 있다. 첫째, 호텔 객실수요가 증가함에 따라 더 많은 호텔을 공급하기 위한 건설자금을 조달하기 위해서 부동산간접상품과 같은 자금이 필요하게 되었다. 과거에는 보통 호텔 소유주가 자기자본 일부와 호텔자산을 담보로 하여 금융기관으로부터 대출을 통하여 호텔을 건설하여 운영하는 직접 소유 및 운영하는 사업방식이었다. 그러나 2010년 이후 호텔 객실공급이 크게 증가하면서 이와 같은 자금조달방식에 대한 구조상의 한계점이 드러나게 되었으며 이에 따라 부동산간접투자상품과 같은 새로운 방식의 자금조달이 필요하게 되었다.

　둘째, 종전에 부동산간접투자상품의 투자대상 부동산에 중대한 변화가 발생하게 되었다. 과거에 투자대상은 주로 오피스빌딩이나 아파트개발 사업이었다. 그러나 주택시장이 장기간에 걸쳐 침체되고 오피스빌딩에 대한 경쟁이 심화되면서 수익률이 감소함에 따라 수요가 증가하고 있는 호텔건설이 대안투자로 각광받게 되었다. 이에 더해 호텔신라와 호텔롯데와 같은 대표적인 호텔기업이 비즈니스호텔 사업에 뛰어들게 되자 그 수익성과 성장성에 투자자들의 관심이 크게 높아지게 되었다. 이와 같은 이유로 2011년부터 본격적인 투자가 이루어지면서 부동산간접투자상품에는 2014년 6월말을 기준으로 했을 때 총 27개 호텔 신축사업에 2조 7천억 원이 투자되었다. 드디어 국내 호텔산업에서도 투자에 대한 패러다임이 바뀌게 되었다. 즉 과거 직접 소유 및 운영하는 방식에서 소유와 운영이 분리되는 방식으로 변하게 되었다. 그러나 임차방식의 호텔경영은 선진국 호텔산업에서는 이미 수십 년 전에 이용했던 낡은 방식이다.

　부동산간접투자상품 중에는 부동산투자회사라고 부르는 리츠(REITs)와 부동산펀드가 있다. 부동산투자회사는 다수의 투자자로부터 자금을 모아서 부동산을 개발 또는 매입하거나 부동산관련 유가증권에 투자한다. 투자에 따라 발생하는 이윤은 투자자에게 되돌려주는 주식회사 형태의 부동산간접투자상품이다. 그리고 부동산펀드는 다수의 투자자로부터 자금을 투자받아 모은 후 공동기금을 조성하여 전문적인 투자기관에 위탁하여 부동산을 구입 또는 개발하거나 부동산과 관련된 유가증권에 투자하여 운영성과에 따라 발생하는 이윤을 분배하는 간접투자상품이다. 〈표 11-11〉과 〈표 11-12〉는 2014년 6월을 기준으로 했을 때 국내에서 부동산펀드와 리츠가 호텔사업에 투자한 현황을 집계한 것이다.

| 표 11-11 | 부동산펀드의 호텔투자 현황

(단위: 실, 억원)

호텔명	객실수	투자년도	총자산	투자형태	운영구조	임차인 (운영업체)	임대기간	년임대료
이비스명동	280	2005	610	리모델링	책임임대	앰배스텔	20	총매출의 44%
포시즌스	329	2006	5,300	개발	책임임대	미래에셋컨설팅(포시즌스)	20	감정평가/매출액 감안 결정
신라스테이동탄	300	2011	630	개발	개발 후 매각	호텔신라	15	총매출의 42% (최소보장 32억)
이비스종로	363	2011	790	선 매입	책임임대	앰배스텔	20	총매출의 43% (최소보장 38억)
코트야드판교	282	2011	1,800	PF 및 지분	책임임대+위탁운영	미래에셋컨설팅(Marriott)	15	감정평가/매출액 감안 결정
롯데시티구로	290	2012	629	선 매입	책임임대	호텔롯데	20	객실매출의 40% (최소보장 35억)
서부T&D용산	907	2012	2,700	선 매입	책임임대+위탁운영	서부T&D (AAK)	8	165
신라스테이울산	338	2012	760	선 매입	책임임대	호텔신라	20	총매출의 38% (최소보장 40억)
포포인츠남산	359	2012	900	선 매입	책임임대	조선호텔	20	총매출의 43% (최소보장 60억)
신라스테이제주	304	2013	560	개발	책임임대	호텔신라	20	총매출의 38% (최소보장 35억)
홀리데이인을지로	224	2013	553	PF 및 선 매입	책임임대	오라관광	15	객실매출의 42% (최소보장 29억)
베스트웨스턴서면	226	2013	280	PF 및 지분	위탁운영	(BGH Korea)	–	–
신라스테이마포	387	2013	1,300	선 매입	책임임대	호텔신라	15	총매출의 40% (최소보장 50억)
롯데시티울산	354	2013	738	선 매입	책임임대	호텔롯데	20	객실매출의 39% (최소보장 37억)
신라스테이구로	313	2013	713	선 매입	책임임대	호텔신라	15	객실매출의 44% (최소보장 35억)
롯데시티명동	453	2013	1,570	선 매입	책임임대	호텔롯데	20	객실매출의 38% (최소보장 77억)
인터불고엑스코	303	2013	687	매입	책임임대	호텔인터불고	15	37
하워드존슨제주	280	2013	535	개발	책임임대	폴앤파트너스	20	36.5

출처: 김태원 · 오동훈

| 표 11-12 | 리츠(REITs)의 호텔투자 현황 (단위: 실, 억원)

	명동스카이 파크호텔	아벤트리 호텔종로	나인트리 호텔	명동 티마크호텔	쉐라톤디큐브 시티호텔	명동호텔
지역	중구 명동	종로 견지동	중구 명동	중구 충무로	신도림동	중구 충무로
객실 수	130	155	144	288	269	175
투자시기	2001. 2	2011. 12	2011. 12	2012. 09	2013. 11	2014. 4
총자산	316	384	598	887	1,598	229
리츠회사명	JR 제5호	아벤트리	생보 제1호	JR 제10호	JR 12호	모두투어
주요투자자	KT&G, 재정공제회, 담배인삼 공제회	HTC, 모두투어, IBK캐피탈	새마을금고중앙 회, 경찰공제회	농협중앙회, KT&G, 하나투어, 신한생명	대성산업, 한화저축은행	모두투어, 삼영토건, SK증권
투자형태	리모델링	리모델링	리모델링	리모델링	매입	리모델링
운영구조	책임임대	책임임대	책임임대	책임임대	책임임대	책임임대
리츠형태	위탁관리	자기관리	위탁관리	위탁관리	기업구조조정	자기관리
임차인	스카이 파크호텔	HTC	파르나스호텔	마크호텔	대성산업	모두스테이
운영업체	스카이 파크호텔	HTC	파르나스호텔	마크호텔	Starwood	모두스테이
임대기간	15	10	20	15	10	545
보증금	10	30	23	25	95	13
년임대료	21.6억	총매출의 42% (최소보장 30억)	총매출의 44% (최소보장 33억)	총매출의 42% (최소보장 30억)	95	총매출의 43% (최소보장 15억)

출처: 김태원·오동훈

국내 호텔산업에서 호텔신라와 호텔롯데는 자체 브랜드를 사용하고 있지만 많은 호텔들이 프랜차이즈나 위탁경영계약을 통해 외국 유명체인의 브랜드를 이용하고 있다. 〈표 11-13〉에서 보는 것처럼 세계 Top 10 호텔체인들의 브랜드가 국내 호텔산업에 범람하고 있다. Marriott, Hilton, IHG, Accor, Hyatt, Wyndham 등과 같은 유명 호텔체인들은 국내 호텔산업에서 특히 3성급~5성급 세분시장에서 두각을 나타내고 있다. 이들은 세계적으로 잘 알려진 친숙한 브랜드와 본사에서 제공하는 월등한 서비스를 통해서 시장지배력을 강화해 나가고 있다. 2016년 라이벌인 Starwood체인을 인수하면서 30개 브랜드에 운영하는 객실이 110만실을 넘는 어마어마한 규모를 자랑하는 세계 최대의 호텔체인인 Marriott International은 위탁경영과 프랜차이즈를 통해 국내에서 12개 호텔(3,581실)을 운영하고 있다. 한편 일본의 대표적인 호텔체인인 도요코인과 니시테츠(서철)호텔이 국내 대도시에서 진출을 점차 확대하고 있다.

| 표 11-13 | 세계 유명 호텔체인의 국내 진출 현황

외국 호텔체인명	호텔명	개업년도	소재지	객실 수
Marriott International	리츠칼튼호텔 서울	1995	서울	374
	알로프트호텔 강남	2014	서울	188
	쉐라톤 디큐브시티호텔	2011	서울	269
	JW매리어트호텔	2000	서울	497
	JW매리어트호텔 동대문 스퀘어	2013	서울	170
	코트야드 바이 매리어트 타임스퀘어	2009	서울	283
	포포인츠 바이 쉐라톤 남산	2015	서울	342
	매리어트 이그제큐티브 아파트	2007	서울	103
	쉐라톤그랜드 인천호텔	2009	인천	321
	코트야드 바이 매리어트 판교	2014	경기	282
	웨스틴조선호텔 서울	1970	서울	462
	웨스틴조선호텔 부산	1978	부산	290
Hilton Worldwide	콘래드호텔	2014	서울	319
	밀레니엄힐튼 호텔	1989	서울	680
	그랜드힐튼 호텔	1987	서울	503
	힐튼호텔 경주	1991	경북	330
IHG	그랜드 인터컨티넨탈호텔	1988	서울	519
	코엑스 인터컨티넨탈호텔	1999	서울	654
	홀리데이인호텔 성북	1990	서울	128
	홀리데이인 익스프레스 호텔	2015	서울	224
	홀리데이인 인천송도 호텔	2015	인천	202
	홀리데이인 광주호텔	2011	광주	205
	홀리데이인 리조트	2010	강원	214
	인터컨티넨탈 알펜시아 평창	2009	강원	238
Wyndham Hotels	라마다호텔 동대문	2012	서울	154
	라마다서울호텔	1986	서울	246
	라마다 서울 종로	2014	서울	139
	라마다플라자 광주호텔	2008	광주	120
	라마다플라자 청주호텔	2006	충북	328

	라마다프라자 제주호텔	2003	제주	400
	파크하얏트호텔 서울	2005	서울	185
	파크하얏트호텔 부산	2012	부산	269
Hyatt Hotels	그랜드하얏트호텔 서울	1978	서울	601
	그랜드하얏트인천 이스트타워	2003	인천	522
	그랜드하얏트인천 웨스트타워	2014	인천	500
	하얏트리젠시 제주호텔	1985	제주	224
	노보텔앰베서더호텔 강남	1993	서울	332
	머큐어앰배서더쏘도베호텔	2012	서울	288
	이비스앰배서더호텔 서울	2003	서울	317
	이비스앰배서더호텔 명동	2007	서울	280
	노보텔앰베서더호텔 독산	1997	서울	218
	이비스앰배서더호텔 인사동	2013	서울	363
	이비스스타일 앰배서더 서울명동	2015	서울	180
Accor Hotels	이비스버젯 앰베서더 동대문	2014	서울	195
	이비스앰베서더호텔 씨티센터	2011	부산	180
	노보텔앰배서더호텔 부산	2009	부산	329
	이비스버젯 앰베서더 해운대	2014	부산	181
	노보텔앰배서더호텔 부산	2008	대구	204
	노보텔앰배서더호텔 수원	2014	경기	287
	이비스앰배서더호텔 수원	2008	경기	240
	풀만앰배서더호텔 창원	2008	경남	321
Four Seasons Hotel	포시즌스호텔 서울	2015	서울	317
	베스트웨스턴프리미어호텔 강남	2005	서울	128
Best Western International	베스트웨스턴프리미어 가든호텔	1979	서울	372
	베스트웨스턴 UL호텔	2014	부산	203
	베스트웨스턴 인천에어포트호텔	2004	인천	305

출처: 저자 정리

우리나라 호텔산업은 최근 들어 중국인관광객이 급증하면서 부쩍 성장하게 되었다. 특히 2012년 7월에 정부가 '관광숙박시설 확충을 위한 특별법'을 시행하면서 관련 규제가 크게 완화되었다. 이 때문에 종전에 약 3%수준에 머물던 연평균 객실공급 증가율이 8%로 대폭 향상되면서 객실공급이 크게 증가했다. 〈표 11-14〉에서 보는 바와 같이 2015년 말을 기준했을 때 전국에는 총 1,279개소의 호텔이 존재하고 있으며 공급객실 규모는 총117,626실에 달하고 있으며, 콘도미니엄을 합하면 객실공급은 총 16만실을 초과하고 있다.

역시 〈표 11-14〉에서 보듯이 2015년 말을 기준으로 국내에는 총 907개소의 관광호텔(Tourist Hotel)이 101,726실을 공급하고 있다. 그러나 국내 호텔산업에서는 5성급(특1급)과 4성급(특2급)을 포함하는 고급호텔이 전체에서 호텔수로는 약 22.16%를 차지하고 있지만 반면에 객실 수로는 약 50.34%를 차지하고 있어 고급호텔 위주의 기형적인 구조를 나타내고 있다. 이는 제3장에서 살펴보았던 미국 호텔산업의 구조는 물론이고 〈표 11-3〉에서보았던 세계 호텔산업의 구조와 정반대의 양상을 보이고 있다.

역시 〈표 11-15〉를 보면 알 수 있듯이 국내 호텔산업에서 객실매출은 내국인 대비 외국인 매출 비중이 4:6으로 외국인의 비중이 높게 나타나고 있다. 그러나 부대시설의 매출은 8:2 정도로 내국인 수요가 외국인 수요에 비해 훨씬 높게 나타나고 있다. 따라서 국내 및 세계경제의 경기 변동에 따라 호텔 매출액에 변화가 나타난다. 국내 호텔산업은 소비자의 소득에 따라 탄력성이 높게 나타나기 때문에 국내외 경기변동에 따라 영업실적이 좌우되고 있다. 호경기가 이어질 때는 외국인 입국자가 증가하고 또한 내국인 여가활동의 증가로 호텔을 이용하는 소비자가 늘어날 뿐만 아니라 다양한 기업행사, 연회행사, 식음료 판매 등과 같은 부대시설의 판매도 따라서 향상된다. 그러나 경기가 침체되면 관광수요가 감소하면서 호텔 매출이 감소하게 된다.

국내 호텔산업의 계절적 변동성에 따른 판매실적은 그리 크지 않은 것으로 판단되고 있다. 외국인 매출은 추운 1~2월에는 소폭 감소하고 날씨가 쾌청한 10월에는 소폭 증가하는 경향이 나타나고 있다. 반면에 내국인 매출은 휴가기간인 7~8월과 연말인 12월에는 증가하고 있으며 2~3월과 9월에는 감소하는 경향을 보이고 있다.

또한 국내 호텔산업에서는 영업실적이 지역별로 격차가 뚜렷하게 나타나고 있다. 호텔은 입지산업이라서 집객력이 좋고 관광인프라가 탁월한 대도시 서울과 부산 그리고 대표적 관광지인 제주에 손님들이 몰리고 있다. 〈표 11-16〉에서 보듯이 우리나라의 관문인 서울은 2014년 기준으로 전체 객실매출의 약 46%를 차지하고 있을 정도로 심하게 편중되어 있다.

한편 국내 호텔산업에서는 등급에 따라서도 영업실적에 심한 차이가 나타나고 있다. 〈표 11-17〉에 나타난 바와 같이 2014년을 기준으로 5성급 호텔은 국내 호텔 전체 매출액에서 약 62%를 차지하고 있다. 그런데 전국에 5성급 호텔은 86개소가 존재하고 있는데 이는 전체 907개 호텔의 약 9.5%를 차지하고 있으며 객실 수로는 전체 호텔객실 101,726실중에서 29,265실로서 약 28.7%를 차지하고 있다. 비즈니스 고객이 많은 고급호텔은 높은 객실요금을 받을 수 있어 자생력이 있다. 그러나 주로 단체관광 고객이 많이 찾는 3성급(1등급)호텔은 경기변동과 계절에 따라 부침이 심한 편이다. 더군다나 이들은 호텔 고유의 사업인 객실판매 보다 오히려 임대나 오락시설의 판매에 집중하는 경향이 있는데 이는 화를 자초하는 것이다.

위에 설명한 지역별과 등급별 차이를 종합해서 분석해보면 고급호텔이 많은 대도시와 유명 관광지는 객실단가가 높고 객실점유율도 높아서 영업실적이 양호하지만 반면에 저가호텔이 많이 존재하는 지방이나 소도시는 경쟁력이 매우 낮다고 볼 수 있다. 이처럼 지역별/등급별로 차이가 높게 나타나는 양극화현상은 아직도 낙후된 국내 호텔산업의 현주소를 잘 보여주는 것이라고 말할 수 있다.

| 표 11-14 | 전국 관광숙박업 등록 현황(2015.12.31.기준)

구분		서울	부산	대구	인천	광주	대전	울산	세종	경기	강원	충북	충남	전북	전남	경북	경남	제주	소계
관광호텔업	5성급 업체수	7	–	–	1	–	–	1	–	–	1	–	–	–	–	1	–	–	11
	5성급 객실수	3444	–	–	321	–	–	200	–	–	150	–	–	–	–	330	–	–	4445
	4성급 업체수	1	–	–	–	–	–	–	–	–	–	–	–	–	–	–	–	–	1
	4성급 객실수	215	–	–	–	–	–	–	–	–	–	–	–	–	–	–	–	–	215
	3성급 업체수	8	2	–	1	–	2	–	–	1	–	–	–	2	1	1	1	–	19
	3성급 객실수	947	346	–	60	–	122	–	–	84	–	–	–	140	57	104	182	–	2042
	2성급 업체수	10	2	–	2	–	2	–	–	7	1	2	–	2	2	1	1	–	32
	2성급 객실수	621	85	–	123	–	99	–	–	377	63	98	–	113	80	80	57	–	1796
	1성급 업체수	5	2	–	1	–	–	–	–	2	1	2	–	1	3	–	4	–	21
	1성급 객실수	272	74	–	50	–	–	–	–	80	34	117	–	40	134	–	140	–	941
	특1등급 업체수	20	8	2	4	1	1	1	–	4	7	1	–	–	3	4	3	16	75
	특1등급 객실수	8688	2940	492	1568	120	174	257	–	1155	2029	328	–	–	650	1322	668	4429	24820
	특2등급 업체수	40	4	5	8	–	3	2	–	10	6	1	4	3	5	3	3	19	114
	특2등급 객실수	10223	650	736	1778	–	706	689	–	1707	1025	180	567	406	410	130	383	2137	21727
	1등급 업체수	43	11	1	3	2	2	–	–	9	7	3	2	1	8	9	6	26	133
	1등급 객실수	6208	1148	117	273	198	165	–	–	1021	479	291	105	58	528	534	421	2053	13599
	2등급 업체수	17	12	1	4	2	2	2	–	8	1	1	3	5	4	3	5	14	83
	2등급 객실수	1521	817	36	230	59	148	147	–	654	30	132	137	338	204	180	327	1134	6094
	3등급 업체수	34	9	1	21	3	1	2	–	25	2	2	1	4	2	6	6	13	135
	3등급 객실수	1875	1443	42	975	216	30	65	–	1400	120	80	55	189	114	403	452	766	8225
	등급없음 업체수	64	13	10	19	11	7	2	–	54	16	10	8	11	11	15	13	19	283
	등급없음 객실수	5264	641	574	1038	641	327	116	–	3103	1141	499	381	633	554	1142	642	1126	17822
	소계 업체수	249	43	20	64	18	20	10	–	120	42	22	18	29	39	41	45	107	907
	소계 객실수	39278	8144	1997	6416	1234	1771	1474	–	9581	5071	1725	1245	1917	2731	4225	3272	11645	101726
수상관광호텔업	업체수	–	–	–	–	–	–	–	–	–	–	–	–	–	–	–	–	–	–
	객실수	–	–	–	–	–	–	–	–	–	–	–	–	–	–	–	–	–	–
전통호텔업	업체수	–	–	–	2	–	–	–	–	–	–	–	–	1	1	1	–	1	6
	객실수	–	–	–	74	–	–	–	–	–	–	–	–	20	21	16	–	26	157
가족호텔업	업체수	11	–	–	2	–	1	2	–	3	11	2	3	4	9	2	17	54	121
	객실수	1648	–	–	453	–	80	65	–	166	703	102	178	2008	480	120	1047	3339	10389
호스텔업	업체수	28	23	1	18	–	–	–	–	4	1	1	1	4	14	9	8	120	232
	객실수	667	253	11	475	–	–	–	–	126	21	29	10	80	125	143	68	2881	4889
소형호텔업	업체수	3	–	–	2	–	–	–	–	1	1	–	–	1	1	4	–	–	13
	객실수	79	–	–	51	–	–	–	–	29	24	–	–	20	28	234	–	–	465

의료관광호텔업	업체수	–	–	–	–	–	–	–	–	–	–	–	–	–	–	–	–	–	–
	객실수	–	–	–	–	–	–	–	–	–	–	–	–	–	–	–	–	–	–
소계 (관광호텔업 외)	업체수	42	23	1	24	–	1	2	–	8	13	3	4	10	25	16	25	175	372
	객실수	2394	253	11	1053	–	80	65	–	321	748	131	188	2128	654	513	1115	6246	15900
호텔업 합계	업체수	291	86	21	88	18	21	12	–	128	55	25	22	39	64	57	70	282	1279
	객실수	41672	8397	2008	7469	1234	1851	1539	–	9902	5219	1856	1433	4045	3385	4738	4387	17891	117626
휴양콘도업 합계	업체수	–	4	–	2	–	–	–	–	15	67	8	15	6	8	15	14	55	209
	객실수	–	1368	–	335	–	–	–	–	3073	19070	1969	2764	769	913	2866	2215	7454	42796
총계	업체수	291	90	21	90	18	21	12	–	143	122	33	37	45	72	72	84	337	1488
	객실수	41672	9765	2008	7804	1234	1851	1539	–	12975	24889	3825	4197	4814	4298	7604	6602	25345	160422

출처: 한국호텔업협회

| 표 11-15 | 관광호텔의 매출 구성 추세

구 분		2008	2009	2010	2011	2012	2013	2014	
								금액	비율
객실 매출	내국인	544,503	598,874	698,736	753,581	806,121	848,062	780,322	41.77%
	외국인	780,912	917,545	1,029,930	1,108,465	1,311,409	1,137,941	1,087,666	58.23%
	소계	1,325,415	1,516,418	1,728,666	1,862,046	2,117,531	1,986,003	1,867,988	100%
부대 시설 매출	내국인	1,340,217	1,329,648	1,339,205	1,481,100	1,500,023	1,456,571	1,208,485	80.50%
	외국인	544,503	332,900	369,215	343,062	375,743	329,620	292,773	19.50%
	소계	1,884,720	1,662,548	1,708,421	1,824,163	1,875,766	1,786,191	1,501,258	100%
합계	내국인	1,884,720	1,928,522	2,037,941	2,234,681	2,306,144	2,304,633	1,988,807	59.03%
	외국인	1,325,415	1,250,445	1,399,145	1,451,527	1,687,152	1,467,561	1,380,439	40.97%
	소계	3,210,125	3,178,966	3,437,087	3,686,209	3,993,297	3,772,194	3,369,246	100%

출처: 문화체육관광부 & 한국관광호텔업협회, 호텔업 운영 현황

| 표 11-16 | 지역별 관광호텔 객실매출 비율 추세 (단위: 백만원)

구분	2012		2013		2014	
	매출액	비율	매출액	비율	매출액	비율
서울	1,143,817	54.02%	966,862	48.68%	858,035	45.93%
제주	239,041	11.29%	258,268	13.00%	242,386	12.98%
부산	168,899	7.98%	187,366	9.43%	176,788	9.46%
경기	98,205	4.64%	94,808	4.77%	72,444	3.88%
인천	87,792	4.15%	89,982	4.53%	129,179	6.92%
강원	68,591	3.24%	72,072	3.63%	64,840	3.47%
경남	56,007	2.64%	62,261	3.14%	58,588	3.14%
경북	57,793	2.73%	55,496	2.79%	53,835	2.88%
전북	48,206	2.28%	41,737	2.10%	45,743	2.45%
전남	21,698	1.02%	30,782	1.55%	34,792	1.86%
대구	31,983	1.51%	29,357	1.48%	30,710	1.64%
울산	24,575	1.16%	27,698	1.39%	29,093	1.56%
대전	22,368	1.06%	20,386	1.03%	19,361	1.04%
광주	17,512	0.83%	17,012	0.86%	19,490	1.04%
충북	18,472	0.87%	16,542	0.83%	16,194	0.87%
충남	12,572	0.59%	15,374	0.77%	16,511	0.88%
합계	2,117,531	100%	1,986,003	100%	1,867,988	100%

출처: 문화체육관광부 & 한국관광호텔업협회, 호텔업 운영 현황

| 표 11-17 | 등급별 관광호텔 매출 비중 추세 (단위: 백만원)

구분	2012		2013		2014	
	매출액	비율	매출액	비율	매출액	비율
5성급	1,198,727	60.56%	1,163,789	62.30%	1,105,825	61.77%
4성급	362,885	18.33%	311,001	16.65%	329,580	18.41%
3성급	245,578	12.41%	223,081	11.94%	215,467	12.04%
2성급	59,413	3.00%	54,938	2.94%	43,994	2.46%
1성급	46,737	2.36%	46,579	2.49%	45,113	2.52%
등급미정	65,980	3.33%	68,715	3.68%	50,237	2.81%
합계	1,979,320	100%	1,868,102	100%	1,790,215	100%

출처: 문화체육관광부 & 한국관광호텔업협회, 호텔업 운영 현황

참 / 고 / 문 / 헌

김경환(2014). 『글로벌 호텔경영』. 백산출판사.

김경환(2011). 『호텔경영학』. 백산출판사.

김태원·오동훈(2014). 부동산간접투자기구의 호텔 투자 특징 및 활성화방안 연구. 부동산학
연구. 20(4), 131~155.

소피텔앰배서더서울(2005). 앰배서더, 그 꿈과 신화의 50년.

최한승(2014). Methodology Report: 호텔. 한국기업평가.

한국관광호텔업협회.

호텔롯데(2015). 2015년 사업보고서, 호텔롯데.

호텔롯데(2016). 2016년 반기보고서, 호텔롯데.

호텔신라(2015). 2015년 사업보고서, 호텔신라.

호텔신라(2016). 2016년 분기본고서, 호텔신라

Barthel, J. & Perret, S.(2015). OTAs—A Hotel's Friend or Foe? HVS.

Green, C. E. & Lomanno, M. V.(2011). Distribution Channel Analysis: A Guide for Hotels.
An AH&LA and Ste Special Report. HSMAI Foundation.

Hayes, D. K. & Ninemeier, J. D.(2007). *Hotel Operations Management(2nd Ed.),* Pearson
Prentice Hall. Upper Saddle River: NJ.

Hotels(2016). 325 Hotels: The Winds of Change. *Hotels*, July/August.

ICRA(2015). Online Travel Agents: Boon or bane? ICRA Research Services. 2015 September.

NERI(2016). 2016 Top Hotel Owners. *National Real Estate Investor*, October.

STR(2016). STR Chain Scales — Global.

12

호텔 객실비즈니스의 본질

CHAPTER

제1절 호텔 객실판매의 성과 측정
제2절 호텔 손익분기점과 영업레버리지
제3절 호텔객실 매출관리

학습목표

본 장을 학습한 후 독자들은 다음과 같은 사항에 대해 잘 이해할 수 있어야 한다.

❶ 호텔 객실부서의 영업성과를 측정하는 객실점유율, 평균객실요금에 대해 이해한다.

❷ 호텔 객실부서의 영업성과를 종합적으로 측정하는 RevPAR의 중요성을 숙지한다.

❸ 호텔에서 손익분기점 분석의 중요성에 대해 숙지하도록 한다.

❹ 호텔사업에서 영업레버리지의 중요성에 대해 깊이 이해하도록 한다.

❺ 호텔에서 매출관리(Revenue Manageemnt) 도입의 중요성에 대해 이해한다.

❻ 호텔사업에서 매출관리가 필요한 이유에 대해 이해하도록 한다.

❼ 적절한 매출관리의 운영절차에 대해 이해한다.

제1절 호텔 객실판매의 성과 측정

1. 호텔 객실판매의 중요성

기업이 비즈니스를 하는 목적은 이익을 창출하기 위함이다. 이익을 창출하려면 먼저 비용을 들여 제품을 생산해서 소비자에게 판매해야 한다. 소비자가 제품이나 서비스를 구매하면서 기업에게 지불하는 금액을 매출액(Revenue)또는 판매액(Sales)이라고 한다. 매출액은 보통 가격 X 판매량으로 산출된다. 마찬가지로 호텔에서는 객실매출액은 판매한 객실수 X 객실요금으로 구할 수 있다. 기업의 이익은 매출액에서 소요된 비용을 제하면 비로소 산출된다. 즉 매출액(Revenue) – 비용(Expenses) = 이익(Profit)이다. 기업에서는 이익이 많을수록 영업실적이 양호한 것이다.

이익을 창출하기 위한 사업으로 호텔에서는 여러 유형의 제품과 서비스가 판매되고 있으며 영업실적을 제고하는데 가장 중요하게 고려되고 있는 상품은 무엇보다도 객실이다. 〈표 12-1〉에서 보는 바와 같이 고급호텔의 여러 부서 중에서 객실부서의 이익은 평균 약 65%~75%로 가장 높은데, 이는 객실 판매에는 비용이 별로 소요되지 않기 때문이다. 객실은 호텔이 일단 건립되어 영업을 시작하면 매일 재판매가 가능하며 식음료상품과 달리 소모되지 않으며 또 선물가게의 선물이나 의복처럼 외부에서 구매할 필요가 없다. 레스토랑에서 음식의 경우에는 약 25%-35%, 그리고 의복은 약 50% 정도의 높은 판매비용이 소요되기 때문에 객실부서에 비해 이익수준이 현저히 낮다. 또한 보통 객실요금은 레스토랑이나 선물가게의 평균판매단가 보다 높게 판매되고 있다. 그러므로 호텔에서 보다 많은 객실이 판매될수록 보다 많은 이익이 창출될 수 있다.

| 표 12-1 | 미국 고급호텔(Full-Service Hotel)의 영업부서별 이익 수준

영업부서	이익(Profit %)
객실부서	65%-75%
연회부서	25%-35%
고급 레스토랑	0%-10%
바/라운지	30%-40%
선물가게	25%-30%

출처: Hayes & Ninermeier

호텔경영에 대한 오랜 경험을 보유하고 있는 북미 및 서유럽 국가에서 호텔은 객실판매 위주의 경영을 하고 있다. 〈표 12-2〉에서 보듯이 보편적으로 서구에서는 호텔 전체 매출액의 65% 이상을 객실부문이 차지하고 있다. 그러나 국내 특1급 호텔들의 판매실적을 보면 식음료 및 부대시설 판매액이 객실판매액을 상회하는 것을 볼 수 있다. 이는 한편으로는 국내 호텔산업의 특징을 잘 대변하고 있지만 다른 한편으로는 호텔영업의 효율성 측면에서 문제점을 드러내는 것이다. 〈표 12-2〉는 2003년 통계라서 효용성이 떨어진다고 생각할 수 있지만 국내 호텔영업의 행태가 바뀌지 않는 한 이는 아직도 유효하다고 볼 수 있다. 〈표 12-1〉에서 보듯이 호텔이 이익을 창출하기 위한 사업이라면 아주 특별한 경우가 아니라면 객실에 집중해야 하는 것은 명약관화한 사실이다. 부대시설 수익의 극대화는 먼저 객실경영에서 최고 수준의 효율성을 완성한 이후에 고려해야 마땅하다. 다시한번 명심해야 할 점은 호텔은 객실을 위주로 건축된 건물임을 잊지 말아야 한다.

| 표 12-2 | 미국 및 국내 호텔의 수익구조 비교(2003년)

(단위: %)

구분	Luxury	Upscale	Mid-price	Economy	특1급	특2급	1-3급
객실부문	58.7	64.7	69.9	72.2	38.2	41.7	42.8
식음료부문	31.6	28.1	25.5	22.7	42.4	42.0	35.2
통신부문	1.4	1.2	1.1	1.0	0.9	1.0	0.3
기타 운영부문	5.2	3.4	1.3	1.1	8.7	3.2	6.7
임대 및 기타수입	2.7	2.5	2.1	3.0	7.0	6.0	13.4
기타	0.4	0.1	0.1	0.0	2.8	6.0	1.5

자료: 김현수 · 김갑수

호텔을 건설할 때는 주로 객실을 중심으로 해서 설계되고 있다. 따라서 호텔의 규모도 객실면적과 수에 의해 결정되며 이를 기반으로 각종 부대시설의 유형과 규모도 결정되고 있다. 객실판매는 객실부서 자체의 수익으로만 그치는 것이 아니라 호텔의 전반적인 영업실적에 영향을 미치는 것으로 레스토랑 등 타 영업부서의 판매 기회는 투숙객의 증가에 상당부분 의존하고 있다. 즉 특정 호텔에 투숙객이 증가하면 그만큼 식음료 및 기타 부대시설의 이용도가 높아지면서 영업실적도 향상되고 있다.

2. 호텔 객실영업 성과지표의 이해

호텔의 주력 상품인 객실의 영업실적에 대한 성과를 측정하기 위해 전 세계 호텔산업에서는 공통적인 지표를 이용하고 있다. 즉 호텔에서는 객실상품의 판매성과를 측정하기 위해서 객실점유율, 평균객실요금, RevPAR 등의 세 가지 측정치를 중요한 객실영업의 성과지표로 사용하고 있다. 각 호텔들은 이런 성과지표들을 일별, 주일별, 월별, 분기별, 연별 등 주기적으로 측정하고 있으며 이를 중요한 영업정보로 활용하고 있다.

위의 세 가지 객실영업 성과지표를 살펴보기 전에 먼저 호텔에서 판매되는 객실에 대한 이해가 필요하다. 예로 서울호텔은 100실을 갖춘 호텔이다. 이는 서울호텔이 보유하고 있는 객실이 총 100실이라는 의미이다. 그러나 만약에 100실중에서 5개의 객실이 수리중이거나 객실 일부가 손상되어 판매할 수 없다면 서울호텔이 당일 판매할 수 있는 객실은 95실에 불과하게 된다. 또한 서울호텔이 20개의 객실을 1개월에 걸쳐 대대적으로 수리하고 인테리어를 다시 한다면 이 기간 동안의 판매가능 객실수는 80실이다. 이처럼 호텔이 당일 손님에게 판매가능한 객실의 수를 판매가능 객실수(Rooms Available)라고 하며, 판매가 된 객실의 수를 판매된 객실수(Rooms Sold)라고 부르고 있다. 여기서 판매가능 객실수는 공급(Supply)을 그리고 판매된 객실수는 수요(Demand)를 의미하고 있다.

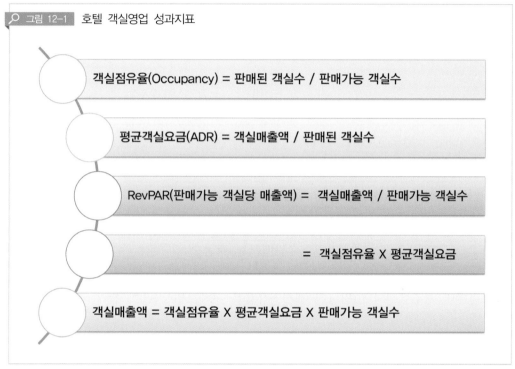

그림 12-1 호텔 객실영업 성과지표

객실점유율(Occupancy) = 판매된 객실수 / 판매가능 객실수

평균객실요금(ADR) = 객실매출액 / 판매된 객실수

RevPAR(판매가능 객실당 매출액) = 객실매출액 / 판매가능 객실수

= 객실점유율 X 평균객실요금

객실매출액 = 객실점유율 X 평균객실요금 X 판매가능 객실수

출처: 저자 정리

지금부터 〈그림 12-1〉에 나와 있는 객실영업 성과지표에 대해서 알아보기로 한다. 첫째, 객실점유율(Occupancy)는 일, 월, 년 등 일정기간 동안에 호텔이 보유하고 있는 판매가능한 객실수에서 손님에게 판매된 객실수의 비율(%)을 측정하는 것이 목적이다. 바꾸어 말하면 객실점유율은 공급에 대한 수요의 비율을 나타내고 있다. 이는 호텔에서 판매가능한 객실 중에서 손님들에 의해서 점유되고 있는 객실의 비율을 나타내는 지표이다. 객실점유율을 구하는 공식은 손님들에게 판매된 객실수를 판매가능한 객실수로 나눈 값을 백분율로 나타낸다. 객실점유율이 높다는 것은 객실을 많이 판매한 것을 뜻하므로 100%에 가까울수록 좋다. 객실점유율은 객실영업에서의 양적 평가를 담당하고 있다.

| 표 12-3 | 제주호텔의 객실판매 내역

제주호텔: 500실, 일반객실 1박 공시요금 = 150,000원

판매일자	판매가능 객실수	판매된 객실수	객실매출액	투숙객 수
10/1	500	350	35,000,000원	440
10/2	495	340	38,000,000원	450
10/3	495	330	37,000,000원	460
10/4	495	380	45,000,000원	440
10/5	495	390	48,000,000원	500
10/6	500	400	44,000,000원	480
10/7	500	420	46,000,000원	470

〈표 12-3〉 제주호텔의 예를 통해 객실점유율을 알아보도록 하자. 아래와 같이 객실점유율은 퍼센트(%)로 나타낸다는 것을 잊지 말아야 한다.

$$객실점유율 = \frac{판매된\ 객실수}{판매가능\ 객실수} \times 100$$

그렇다면 제주호텔의 10월 1일 객실점유율을 구해보면 다음과 같다.

$$객실점유율 = \frac{350}{500} \times 100 = 70.0\%$$

그렇다면 10월 1일부터 10월 7일까지 기간의 객실점유율을 구하면 다음과 같다.

$$객실점유율 = \frac{350+340+330+380+390+400+420}{500+495+495+495+495+500+500}$$
$$= \frac{2,610}{3,480} \times 100 = 75.0\%$$

둘째, 평균객실요금(ADR: Average Daily Rate)은 일정기간 동안에 손님에게 객실을 얼마의 가격으로 판매하였는가를 측정하는 것이다. 평균객실요금은 객실판매액을 손님에게 판매된 객실수로 나눈 값이다. 평균객실요금이 높을수록 또는 공시요금에 가까울수록 호텔의 영업성과는 더욱 좋아진다. 평균객실요금은 객실을 얼마나 좋은 가격으로 손님들에게 판매하였는가를 측정하는 객실영업의 질적 평가를 나타내고 있다.

역시 〈표 12-3〉의 제주호텔 예를 통해 평균객실요금을 알아본다. 평균객실요금은 각 국의 화폐단위(여기서는 원)로 나타낸다.

$$평균객실요금 = \frac{객실매출액}{판매된\ 객실수}$$

그렇다면 제주호텔의 10월 1일 평균객실요금을 구해보면 다음과 같다.

$$평균객실요금 = \frac{35,000,000}{350} = 100,000원$$

그리고 10월 1일부터 10월 7일까지 판매된 객실의 평균단가를 알아보기로 하자.

$$평균객실요금 = \frac{293,000,000}{2,610} = 112,261원$$

객실점유율과 평균객실요금은 각각 유료투숙객의 비율과 판매객실별 평균단가를 나타내고 있는 것으로, 판매된 객실의 수량과 가격을 간략하게 요약하고 있다는 점에서 호텔이란 자산(Asset)의 활동성과를 측정하는 가장 직접적이며 대표적인 지표로서의 역할을 수행하고 있다. 또한 호텔에서 평균객실요금과 객실점유율은 가격과 수요의 관계를 의미하고 있다. 따라서 객실매출액을 극대화하기 위해서는 두 지표를 동시에 높이는 것이 바람직하다. 그러나 두 성과지표 사이에는 서로 상충(Trade-off)하는 관계가 존재하고 있어 두 지표를 동시에 높이는 것은 불가하다. 예를 들면 객실요금을 높이면 객실점유율은 떨어지게 되며 반대로 객실요금을 낮추면 객실점유율은 높아지게 된다.

과거 호텔산업에서는 보통 객실점유율이 높으면 경영성과가 좋은 것으로 여기었으며, 다른 한편에서는 평균객실요금이 높을수록 경영성과가 좋다고 생각했다. 그러나 결국 호텔산업에서는 객실점유율 또는 평균객실요금 중 어느 한쪽만을 강조하는 것이 합리적이지 않다는 것을 인지하게 되었다. 그래서 개발된 것이 RevPAR(Revenue Per Available Room: 판매가능 객실당 판매액)이다.

셋째, RevPAR는 객실판매액을 판매가능 객실수로 나누어 산출된 값이다. 그러나 호텔산업에서 널리 이용되고 있는 등식은 객실점유율과 평균객실요금의 곱으로 RevPAR를 산출하는 것이다. 즉 RevPAR는 객실점유율과 평균객실요금을 결합하여 하나의 지표로 나타낸 것이다. 판매된 객실수 대비 객실판매액을 구한 평균객실요금과 달리 RevPAR는 판매가능한 객실수와 대비한 객실판매액을 산출한 것이며 결국 객실 공급과 대비한 매출액을 의미하고 있다. RevPAR는 과거처럼 객실점유율이나 평균객실요금 중 어느 한쪽만을 강조하는 것이 아니라 객실영업에서 두 개념을 동시에 균형적으로 측정하고 있어서 현재 호텔산업에서 객실판매의 생산성을 측정하는 성과지표로 중요하게 이용되고 있다. 또한 RevPAR는 하나의 성과지표를 통해 객실영업의 양과 질을 동시에 측정할 수 있을 뿐만 아니라 호텔시장의 공급과 수요를 동시에 보여준다는 점에서 호텔의 경영성과를 함축적으로 표현한다는 장점이 있다. 따라서 RevPAR는 경쟁호텔 또는 경쟁관계에 있는 호텔체인의 브랜드 사이에서 객실판매액의 최대화를 목표로 하는 객실영업의 경쟁력을 측정하는 가장 중요한 지표로 이용되고 있다.

RevPAR를 구하는 등식은 다음과 같다. 두 번째 계산방식이 간편해서 많이 이용되고 있다.

$$RevPAR = \frac{\text{객실매출액}}{\text{판매가능 객실수}} \quad \text{또는} \quad RevPAR = Occupancy \times ADR$$

그렇다면 제주호텔의 10월 1일 RevPAR는 0.70 X 100,000원 = 70,000원이 된다.

그리고 10월 1일부터 10월 7일까지의 RevPAR를 구하면 다음과 같다.

$$RevPAR = 0.75 \times 112,261\text{원} = 84,196\text{원 또는}$$

$$RevPAR = \frac{293,000,000}{3,480} = 84,196\text{원}$$

여기서 RevPAR를 사용하는 다른 예를 들어보기로 한다. A호텔의 객실점유율은 80%이며 평균객실요금은 40,000원이다. 그리고 경쟁호텔인 B호텔의 객실점유율은 70%이며 평균객실요금은 60,000원이라고 한다면 과연 어느 호텔이 더 효과적으로 객실을 판매하고 있는가? 이는 각 호텔의 RevPAR를 구해보면 잘 알 수 있다.

$$A\text{호텔의} \ RevPAR = 0.80 \times 40,000\text{원} = 32,000\text{원}$$

$$B\text{호텔의} \ RevPAR = 0.70 \times 60,000\text{원} = 42,000\text{원}$$

당연히 RevPAR가 높은 B호텔이 다른 조건이 똑 같다면 A호텔에 비해 훨씬 경쟁력이 있는 호텔로 인정될 수 있다. 대다수 성공적인 호텔들은 Occupancy 또는 ADR 어느 한쪽 만을 강조하지 않고 균형적인 측정방식인 RevPAR가 최대화되도록 노력하고 있다. 그리 고 실제로 특정시장에서 RevPAR가 높은 호텔들이 낮은 호텔보다 보다 성공적인 객실영 업을 수행하고 있는 것으로 나타나고 있다. 물론 이것은 객실부문의 판매만을 한정하고 하는 얘기이다. 서울지역 특급호텔의 현황을 살펴보면 역시 대부분 RevPAR가 높은 호텔 들의 객실부문 영업성과가 낮은 호텔들에 비해 훨씬 좋다는 사실을 알 수 있다. 다시한번 강조하지만 Occupancy, ADR, RevPAR는 세계 공통으로 이용되는 호텔객실상품의 판매 생산성을 측정하는 지표이므로 반드시 이해하고 숙지해야 한다.

한편 위의 등식들을 종합해보면 객실매출액은 다음과 같이 간편하게 구할 수 있다.

$$객실매출액 = 객실점유율 \times 평균객실요금 \times 판매가능\ 객실수$$

따라서 제주호텔의 10월 1일 객실매출액을 구해보면 다음과 같다.

$$0.70 \times 100,000 \times 500 = 35,000,000원$$

다음으로 이중 객실점유율(Double Occupancy)에 대해 알아보기로 하자. 호텔에서 수 용이 가능한 인원은 침대의 수에 의해 결정될 수 있다. 호텔의 1인용 객실(Single Room) 에는 1인 밖에 수용할 수 없지만 2인용 객실(Twin Room)에는 2인을 수용할 수 있다. 호텔에서는 될 수 있는 한 침대 수에 가까운 인원 즉 호텔의 수용 인원수에 가까운 손님 을 수용해야 수익의 극대화를 꾀할 수 있다. 왜냐하면 투숙객이 많을수록 식사, 음료, 연회, 세탁, 전화료 등과 같은 부대시설에서의 판매액을 최대화할 수 있기 때문이다. 그 러므로 호텔은 보다 많은 투숙객이 이용할수록 영업실적의 향상에 도움이 되고 있다. 따라서 1인 이상의 투숙실적을 보여주는 지표를 이중 객실점유율이라고 한다.

$$이중\ 객실점유율 = \frac{투숙객\ 수 - 판매된\ 객실수}{판매된\ 객실수}$$

그렇다면 제주호텔에서 10월 1일의 이중 객실점유율은 다음과 같다.

$$이중\ 객실점유율 = \frac{440 - 350}{350} = 25.7\%$$

제주호텔에서 판매된 객실 350실 중에서 90실은 이중 객실점유(2인 이상 투숙)가 되고 있으며 그 비율이 25.7%라는 뜻이다. 이중 객실점유율을 통해 호텔에서 판매된 2인용 객실과 1인용 객실의 비율을 파악할 수 있다. 따라서 이중 객실점유율이 높을수록 투숙객이 많다는 것이므로 레스토랑 등과 같은 부대시설에 대한 판매기회를 확대할 수 있다. 미국 호텔산업에서는 이중 객실점유율을 50% 이상 유지하고 있다.

한편 객실당 직원수(Ratio of Employees to Guest Rooms)는 호텔 서비스수준을 나타내는 중요한 지표이다. 만일 500실을 보유한 제주호텔이 400명의 직원을 고용하고 있다면 $\frac{400}{500}$=0.80으로 객실당 직원수는 0.80명이다. 파트타임 근무자의 경우는 정규직의 1/2로 계산하면 된다. 이 수치가 높을수록 호텔은 많은 직원의 고용을 통해 고객에게 보다 많은 개인적인 서비스를 제공할 수 있다. 최고급(Luxury)호텔은 보통 다른 등급의 호텔에 비해 이 비율이 훨씬 높은 편이다.

그리고 직원당 객실매출액(Ratio of Employees to Rooms Revenue)은 객실판매의 결과를 놓고서 생산성에 대한 경쟁력을 측정하는 중요한 지표이다. 제주호텔의 경우 10월 1일 400명의 직원으로 35,000,000원이 객실매출액을 기록했다. 그렇다면 해당 일자의 직원당 객실매출액은 $\frac{35,000,000}{400}$ = 87,500원이다. 또한 객실판매액에 더해서 다른 부대시설들의 매출액을 합한 총직원 대비 총매출액의 비율을 구한 후 이를 경쟁호텔의 측정치와 비교해보면 해당 호텔의 판매생산성에 대한 경쟁력을 측정할 수 있다.

제2절 호텔 손익분기점과 영업레버리지

1. 손익분기점 분석

기업이 비즈니스를 하는 목적은 이익을 창출하는 것이다. 따라서 이익창출에 대한 계획을 수립하는 것은 기업을 위해 매우 중요한 업무이다. 손익분기점 분석(Break-even Point Analysis)은 기업이 효과적으로 이익창출 계획을 수립하는데 이용되는 좋은 도구이다. 손익분기점 분석은 Cost(비용), Volume(판매량), Profit(이익) 간의 관계를 분석하고 있다고 해서 CVP Analysis라고도 호칭되고 있다.

손익분기점(BP) 분석은 한편으로는 제품의 판매량(Volume)과 생산원가(Cost) 간의 관계를, 다른 편으로는 생산된 제품을 판매해서 얻는 매출액(Revenue) 및 이익(Profit)을 보여주고 있다. 손익분기점은 이익이 0인 판매량의 수준을 의미하고 있는데, 즉 총매출액과 총비용이 같아서 이익 또는 손실도 발생하지 않는 지점을 말하고 있다. 또한 손익분기점은 이익이 시작되는 지점이자 손실이 더 이상 발생되지 않는 지점을 나타낸다.

$$손익분기점 = 총매출액 - 총비용 - 0(이익)$$

여기서 먼저 고정비용과 변동비용에 대한 개념에 대해 알아보자. 먼저 고정비용(Fixed Costs)은 기업이 판매하는 제품의 수량에 상관없이 고정적으로 소요되는 비용을 말한다. 바꾸어 말하면 판매량의 많고 적음에 따라 변하지 않는다. 따라서 〈그림 12-2〉에서 보는 바와 같이 고정비용은 판매량이 증가했다고 해서 늘어나지 않을 뿐만 아니라 판매량이 감소했다고 해도 줄어들지 않고 일정하다. 극단적인 경우로 판매량이 0인 경우에도 기업이 사업을 계속한다면 똑같이 소요되고 있다. 호텔의 고정비용에 대해서는 나중에 설명하기로 한다.

그리고 변동비용은 판매량이 변하면 이에 따라 같이 연동이 된다. 즉 〈그림 12-3〉처럼 변동비용은 판매량이 증가하면 늘고 판매량이 감소하면 줄어든다. 변동비용은 반드시 제품 한 단위별로 생산 또는 판매할 때 마다 소요되는 비용으로 표현되어야 한다. 호텔의 변동비용에 대해서도 나중에 설명하겠다. 〈그림 12-4〉는 고정비용과 변동비용을 합한 총비용에 대한 그래프이다.

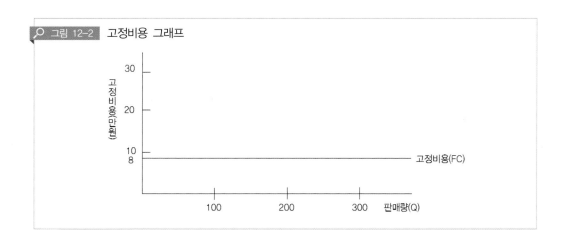

그림 12-2 고정비용 그래프

543

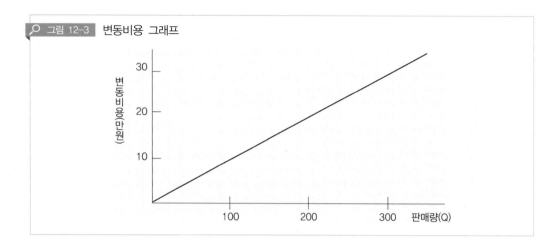

🔍 그림 12-3　변동비용 그래프

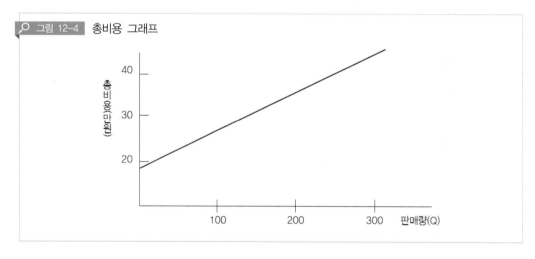

🔍 그림 12-4　총비용 그래프

　　손익분기점을 구하는 방식은 다음과 같다. 먼저 〈표 12-4〉를 보면 판매량이 0개일 경우 고정비용은 500원이고 총비용도 500원이며 변동비용은 없다. 그런데 판매량이 100개일 경우에는 매출액은 500원이며 총비용은 매출액보다 많은 900원이다. 다음으로 판매량이 200개일 경우 매출액은 1,000원이며 여기서도 총비용이 매출액을 넘어서고 있다. 그러나 판매량이 400개에 도달하는 경우를 보면 매출액과 총비용이 각 2,000원으로 똑같다. 이처럼 총비용 ＝ 매출액이 되는 지점을 기업의 손익분기점이라고 한다. 만약 이 기업이 손익분기점 보다 더 많은 제품을 판매하게 되면 비용은 점점 줄어드는 반면에 이익은 점점 더 증가하게 된다.

| 표 12-4 | 손익분기 일정

판매량	매출액	고정비용	변동비용	총비용
0	0	500	–	500
100	500	500	400	900
200	1,000	500	800	1,300
300	1,500	500	1,200	1,600
400	**2,000**	**500**	**1,500**	**2,000**
500	2,500	500	1,600	2,100
600	3,000	500	1,750	2,250

손익분기점은 그래프를 이용할 수도 있다. 손익분기점 도표는 그래프 형태로 판매량, 매출액, 이익 간의 관계를 분석하고 있다. 손익분기점 도표는 다양한 판매수준에서 기업의 손익 수준을 보여주고 있다. 〈그림 12-5〉를 보면 매출액은 Y축에서 그리고 판매량은 X축에서 측정되고 있다. 고정비용인 FC곡선은 X축과 평행하는 수평선인데 이는 판매량에 상관없이 일정수준으로 고정되어 있다는 뜻이다. 총비용(TC) 곡선은 고정비용(FC) 곡선에 위에서부터 시작된다. 제품이 400개가 판매되었을 때 비로소 손익분기점에 도달하였다. TR = TC이 되는 손익분기점에 이르기 이전에는 매출보다는 소요되는 비용이 더 많기 때문에 기업은 손실을 입게 된다. 그러나 손익분기점을 넘어서는 순간부터 매출은

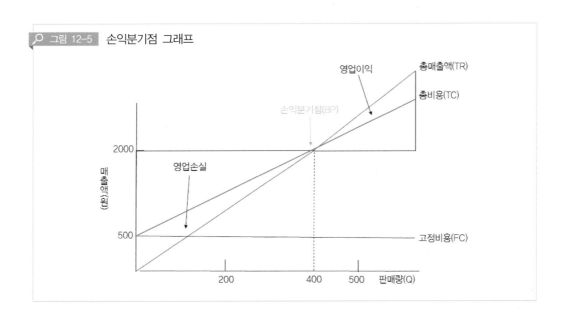

그림 12-5 손익분기점 그래프

증가하고 비용은 감소하게 된다. 손익분기점은 이익이 창출되는 판매량의 수준을 결정하는데 좋은 도구가 되고 있다.

손익분기점 그래프는 단순해서 이용하기 간편하지만 아주 정확하지는 않으며 손익분기점 분석을 사용하여 해결할 각 질문에 대한 그래프를 손으로 작성하는 데 시간이 많이 소요된다는 약점이 있다. 이를 보완하기 위한 대안으로 손익분기점 분석은 〈그림 12-6〉과 같이 그래프 도표에 묘사된 수학적 관계를 표현하는 일련의 등식을 이용하고 있다.

🔍 그림 12-6 손익분기점 등식

손익분기점(CVP) 등식 - 단일상품의 경우

손익분기점(CVP) 분석 등식은 비용(Cost) - 판매량(Volume) - 이익(Profit) 간의 관계를 아래와 같이 보여주고 있다

이익(Profit) = 총매출액(TR) - 총변동비용(TVC) - 고정비용(FC)

P = 판매가격
Q = 판매량
V = 제품 한 단위당 변동비용

공헌이익(Contribution Margin) = 판매가격(P) - 단위당 변동비용(V)

손익분기점 (판매량): $Q = \dfrac{FC}{P-V}$ 판매량 = $\dfrac{고정비용}{판매가격 - 단위당 변동비용}$

손익분기점 (판매가격): $P = \dfrac{FC}{Q} + V$ 판매가격 = $\dfrac{고정비용}{판매량}$ + 단위당 변동비용

손익분기점 (단위당 변동비용): $V = P - \dfrac{FC}{Q}$ 단위당 변동비용 = 판매가격 $- \dfrac{고정비용}{판매량}$

손익분기점 (고정비용): $FC = TR - TVC$ 고정비용 = 총매출액 - 총변동비용

출처: 저자 정리

유능한 호텔관리자가 되기 위해서는 각 영업부문에 대한 철저한 경영분석과 창의적인 판매관리에 대한 경쟁적인 지식과 경험이 요구되고 있다. 특히 객실부서 관리자는 오늘, 내일, 월, 분기, 년 등과 같이 일정기간 별로 판매되는 객실이 호텔의 이익 창출에 어떻게 공헌하고 있는 가에 대한 메커니즘을 잘 이해할 수 있어야 한다. 이를 위해 손익분기점 분석에 대한 이해가 필요하다.

일반적으로 한정서비스호텔(Limited-service Hotel)은 주로 객실판매를 통해 매출(Revenue)을 올리고 있으며 이 외에도 객실내의 전화 및 인터넷과 유료TV 프로그램, 그리고 자동판매기 등을 통해서도 매출액을 올릴 수 있다. 한편 고급서비스호텔(Full-service Hotel)은 추가로 제공되는 부대서비스의 종류가 많기 때문에 호텔운영이 더 어렵다고 볼

수 있다. 그러나 이처럼 다른 유형의 호텔의 존재에도 불구하고 유능한 관리자가 되기 위해서는 호텔의 이익을 실현하기 위해서 오늘 또는 동월에 판매되어야 하는 제품이나 서비스의 정확한 수량 또는 규모를 사전에 파악할 수 있어야 한다.

호텔은 영업과 직원의 유지 및 배치 등에서 많은 고정비용이 소요되기 때문에 매출액 또는 객실판매량 측면에서 이익이 실현되기 시작하는 일정 시점(손익분기점)이 존재하고 있다. 호텔에서 이익이 실현되는 바람직한 객실판매량과 매출액에 도달하는 일정한 시점인 손익분기점 이전까지 벌어들인 총매출액은 전부 호텔을 운영하기 위해 소요되는 고정비용과 각 객실을 판매하고 유지하는데 소요되는 변동비용을 지불하는 데 사용되고 있다.

〈그림 12-7〉의 예를 들어보자. 그래프에서 보는 바와 같이 월드호텔이 특정일에 이익을 실현하기 시작하는 손익분기점에 도달하기 위해서는 객실 200실을 판매해서 2천만원이란 매출액을 달성해야 한다. 다르게 표현하면 월드호텔은 손기분기점에 도달하기 위해서 반드시 200실을 최소한 평균객실요금(ADR) 100,000원에 판매해야만 한다는 의미이다. 월드호텔은 손익분기점에 도달하는 매출액(수익)을 달성하기 위해서는 먼저 평균객실요금을 인상해서 다소 적은 수의 객실을 판매하거나 아니면 평균객실요금을 인하해서 보다 많은 객실을 판매할 수 있다. 그러나 손님에게 객실을 제공하기 위해 소요되는 변동비용 때문에 매출의 손익분기점이 서로 동일하지 않을 수 있다는 사실을 명심해야 한다. 즉 후자의 경우는 전자에 비해 보다 많은 수의 객실을 판매하기 위해 더 많은 변동비용이 소요되기 때문이다.

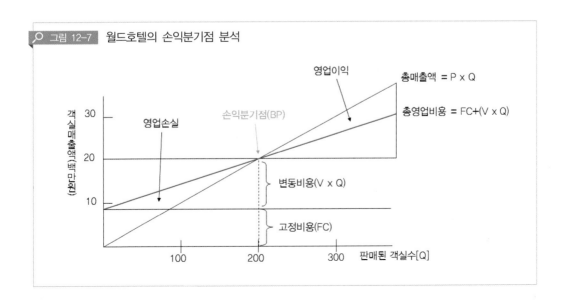

그림 12-7 월드호텔의 손익분기점 분석

1) 호텔의 고정비용(Fixed Costs)

지금부터 호텔의 고정비용에 대해 자세히 알아보도록 한다. 주어진 일정기간 동안의 손익분기점을 계산하려면 먼저 호텔에서 발생하는 고정비용을 파악해야 한다. 고정비용은 일정기간 동안에 객실판매량의 고저에 상관없이 호텔이 반드시 지불해야 하는 모든 비용의 합계를 말한다. 일반적으로 호텔의 고정비용에는 이자비용, 보험료, 재산세, 임원의 급여 및 복지혜택 비용, 정규직 직원의 급여 및 복지혜택 비용, 건물 및 장비에 대한 감가상각비, 손님이 없을 경우에도 소요되는 기본적인 수도광열비(겨울에 객실의 적정 온도를 유지하기 위해 소요되는 에너지 비용 등) 등이 있다. 이와 같은 고정비용은 객실판매량의 많고 적음에 상관없이 일정하게 소요되고 있다.

2) 호텔 객실의 변동비용(Variable Costs)

다음으로 한 단위의 제품을 판매할 때 마다 소요되는 변동비용에 대해 알아보기로 한다. 여기서는 1개의 객실 즉 객실 한 단위를 판매할 때 마다 소요되는 변동비용을 뜻하고 있다. 변동비용의 의미는 각 객실이 판매되는 경우에만 발생하기 때문에 가변적인 것이다. 만약에 오늘 객실이 하나도 팔리지 않았다면 변동비용은 0이다. 따라서 판매되지 않은 객실을 유지하는데 소요되는 비용은 모두 고정비용으로 처리되고 있다.

〈표 12-5〉와 같이 객실판매에 소요되는 변동비용에는 손님의 퇴실 후 재판매를 위해 객실정비에 소요되는 비용(인건비, 세제비용, 어메니티 비용, 에너지비용 등), 객실에서 이용되는 리넨(Linen)의 세탁에 소요되는 비용(인건비, 세제비용, 에너지비용 등), 객실에 손님이 체류하면서 소비하는 비용(전기, 수도, 냉·온방비 등), 그리고 주기적으로 계획되

| 표 12-5 | 월드호텔의 객실단위당 변동비용

변동비용 내역	비용(원)
Room maid 인건비	4,000
Linen 등 세탁비용	1,700
세탁세제 및 기타 소모품 비용	1,000
어메니티(객실 및 욕실용품 등) 비용	1,300
손님 체류와 청소에 소요되는 수도광열비	1,540
일별 객실판매 **변동비용**의 합계	**9,540**

는 호텔의 보수(Renovation)에 활용하기 위해 적립되는 FF&E 대체비용에 대한 객실부서의 공헌분 등이 존재하고 있다.

한편 〈표 12-6〉은 미국 호텔산업에서 오랜 경험을 통해 파악된 고급호텔의 고정비용과 변동비용에 대한 실태이다. 손익계산서의 매출 또는 비용의 각 항목에 대한 고정비용과 변동비용에 대한 보편적인 비율을 나타내고 있다. 이런 통계가 절대 부족한 우리로서는 이를 잘 음미해 볼 필요가 있다.

| 표 12-6 | 미국 Full-service 호텔의 손익계산서 항목별 고정비 및 변동비 비율

매출 또는 비용 항목	고정비용 %	변동비용 %	변동성 지표
매출부서			
음식	25–50	50–75	객실점유율
음료	0–30	70–100	음식매출액
전화	10–40	60–90	객실점유율
기타 매출	30–60	40–70	객실점유율
부서별 영업비용			
객실	50–70	30–50	객실점유율
식음료	35–60	40–65	식음료매출액
전화	55–75	25–45	전화매출액
기타 매출부서	40–60	40–60	기타 매출액
미분배 영업비용			
일반관리비	65–85	15–35	총매출액
경영수수료	0	100	총매출액
마케팅	65–85	15–35	총매출액
프랜차이즈 수수료	0	100	객실매출액
유지보수	55–75	25–45	총매출액
에너지	80–95	5–20	총매출액
고정비용			
재산세	100	0	총매출액
보험료	100	0	총매출액
대체적립금	0	100	총매출액

출처: Rushmore

3) 객실 판매가격

호텔에서는 보통 객실을 판매할 때 최소요금을 객실단위당 변동비용과 일부 고정비용을 함께 부담할 수 있는 수준에서 책정하고 있다. 그러나 만약에 변동비 이하의 가격으로 객실을 판매하는 경우 판매하면 할수록 더욱 많은 손실이 누적되므로 피해야 한다. 즉 객실의 판매가격은 반드시 총변동비용과 고정비용에 대한 공헌도를 반영해서 합리적으로 책정되어야 한다. 미국의 유명 항공사들은 위기가 닥치면 생존을 확보하기 위해 변동비용을 부담하고 동시에 고정비용의 일부만이라도 낼 수 있다면 좌석요금을 대폭 인하해서 판매하는 공격적인 할인정책을 시행하고 있다는 것은 이미 널리 알려진 사실이다. 호텔 전체에 대한 고정비용과 각 객실을 판매할 때 소요되는 단위당 변동비용을 알 수 있으면 관리자는 이를 판매객실요금과 함께 이용해서 쉽게 손익분기점을 파악할 수 있다. 호텔이 이익을 실현하기 시작하는 시점인 손익분기점은 판매되어야 하는 객실판매량뿐만 아니라 달성해야 하는 객실매출액의 측정치로도 표현되고 있다.

지금부터는 호텔 손익분기점 분석의 보다 구체적인 예를 들어보겠다. 월드호텔은 900실의 호텔이며, 어떤 날이던지 월드호텔의 고정비용은 22,350,000원이다. 그리고 월드호텔의 객실단위당 변동비용은 9,540원이며, 〈표 12-5〉는 변동비용을 자세히 구분한 것이다.

어제 월드호텔의 평균객실요금을 88,930원이었다고 가정한다. 다음과 같은 등식을 통해 어제 객실판매량에 대한 손익분기점을 산출해보면 다음과 같다.

$$\text{손익분기점(객실판매량)} = \frac{\text{고정비용}}{\text{객실판매가격} - \text{객실당 변동비용}}$$

$$= \frac{22,350,000}{88,930 - 9,540} = 281.52\text{실}$$

이와 같은 결과의 의미는 주어진 조건인 고정비용, 객실당 변동비용, 평균객실요금에 의하면 월드호텔은 어제 이익을 실현하려면 최소한 282실을 판매했어야만 했다. 만약에 어제 281개 또는 보다 적은 수의 객실을 판매했거나 또는 평균객실요금이 88,930원에 미치지 못했다면 월드호텔은 반드시 지불해야 하는 비용에도 미치지 못하는 매출실적을 올린 것이다. 그러나 만약에 월드호텔이 어제 282실 이상의 객실을 판매했었다면 일개 객실을 판매할 때마다 세전이익으로 79,390(88,930 - 9,540)원씩을 벌어들인 셈이다. 따라서 월드호텔은 282실 보다 많은 객실을 판매하면 할수록 보다 많은 이익을 창출할 수 있다.

만약에 월드호텔이 어제 3,000,000원의 이익 창출을 원했다면 얼마나 많은 객실을 판매했어야 하나? 이에 대한 답은 위의 손익분기점(객실판매량) 등식을 수정해서 아래와 같이 구할 수 있다. 월드호텔이 어제 이익 3,000,000원에 달하는 영업실적을 올리려면 319.31실을 판매했어야 한다.

$$\text{손익분기점(객실판매량)} = \frac{\text{고정비용} + 3,000,000}{\text{객실판매가격} - \text{객실당 변동비용}}$$

$$= \frac{22,350,000 + 3,000,000}{88,930 - 9,540} = 319.31\text{실}$$

이처럼 추가적인 객실의 판매로 달성한 이익은 아래와 같이 판매가격에서 객실당 변동비용을 제한 후 추가판매한 객실의 수를 곱함으로써 구할 수 있다. 판매가격에서 단위당 변동비용을 차감하면 공헌이익(CM)이 된다. 이 경우에 공헌이익은 79,390원이며 한 단위 객실을 판매할 때마다 생기는 액수로 이것으로 먼저 고정비용을 충당하고 손익분기점을 통과한 이 후에는 전부 이익으로 전환된다. 손익분기점 객실판매량을 초과해서 37.79실을 추가로 판매하면 3,000,149원의 이익을 달성할 수 있다(즉 손익분기점 (초과 객실판매량) X 공헌이익 = 이익이 된다).

$$88,930 - 9,540 = 79,390 \times 37.79 = 3,000,148\text{원}$$

한편 공헌이익비율(CM Ratio)은 공헌이익이 총매출액의 변화에 따라 어떻게 영향을 받고 있는지 잘 보여주고 있기 때문에 매우 중요한 지표이다. 어제 월드호텔이 319실을 판매했다면 공헌이익비율이 89.3%이다. 이는 만일 매출액이 1원씩 증가할 때마다 총공헌이익은 0.893원씩 증가한다는 뜻이다(1원 X 0.893). 이는 고정비용이 변하지 않고 일정하다면 순이익이 0.893원 증가한다는 뜻을 내포하고 있다. 이처럼 호텔에서 객실은 다른 영업장에 비해 훨씬 높은 수준의 공헌이익비율을 가지고 있다. 따라서 이익 창출에 지대한 공헌을 하고 있다.

$$\text{공헌이익비율} = \frac{\text{단위당 공헌이익}}{\text{판매가격}} = \frac{79,390}{88,930} = 89.3\%$$

다음으로 안전한계(Margin of Safety)는 실제 매출액이 손익분기점에 해당하는 매출액을 초과하는 금액으로 실제 매출액과 손익분기점 매출액의 차이를 나타내고 있다. 안전한계는 만약에 현재 매출액이 감소하고 있는 경우에 놓여있다면 호텔이 영업손실을 기록할 때까지 이익이나 매출액이 감소해도 이를 감당할 수 있는 매출액의 여유분 정도를 나타내고 있다. 만약에 호텔이 안전한계율이 낮다면 매출액이 소폭 감소해도 영업손실이 발생할 가능성이 높아지게 된다.

안전한계 = 실제 매출액 − 손익분기점 매출액

안전한계 = 28,368,670(319실 판매) − 25,078,260(282실 판매) = 3,290,410원

$$안전한계율 = \frac{실제\ 매출액 - 손익분기점\ 매출액}{실제\ 매출액} \times 100$$

한편 민감도분석(Sensitivity Analysis)은 손익분기점 분석에서의 독립변수(단위당 변동비용 또는 객실판매가격)의 변화에 따른 종속변수(객실매출액)의 민감도를 분석하는 것이다. 만약에 월드호텔의 종전 고정비용 22,350,000원이 25,000,000원으로 2,650,000원 증가했다. 그럼에도 불구하고 종전의 이익수준인 5,000,00원을 유지하고 싶다면 월드호텔은 얼마나 많은 객실을 추가적으로 판매해야 하는가? 이에 대한 답은 해결책은 아래와 같다. 즉 변동비용이 2,650,000원 증가해도 같은 수준인 3,000,000원의 이익을 유지하려면 33.38실이 추가로 판매되어야 한다.

$$증가된\ 객실판매량 = \frac{변동비용의\ 인상분}{공헌이익} = \frac{2,650,000}{79,390} = 33.38실$$

이에 대한 증명은 다음과 같이 할 수 있다.

증가된 매출액: 33.38 × 88,930 = 2,968,483원

증가된 변동비용: 33.38 × 9,540 = 318,445원

2,968,483 − 318,445 = 2,650,038원으로 증가된 고정비용 충당이 가능

그러므로 이익에 대한 영향은 0

다음은 월드호텔의 매출액에 따른 손익분기점을 구해보기로 한다.

$$손익분기점(매출액) = 손익분기점(객실판매량) \times 평균객실요금$$
$$= 281.52실 \times 88,930원 = 25,035,570원$$

이런 결과를 놓고 보면 88,930원의 가격으로 객실을 판매한다면 월드호텔이 객실판매를 통해 이익을 창출하려면 최소한 25,035,570원 이상의 매출실적을 달성해야 한다. 그런데 만약에 월드호텔이 같은 가격으로 600실을 판매했다면 매출실적은 53,358,000원에 달하게 되는데, 이 경우에는 25,284,127원 만큼의 이익을 창출할 수 있다. 이를 구하는 등식은 아래와 같다.

$$이익(손익분기점\ 초과) = 손익분기점\ 초과\ 객실판매량 \times (평균객실요금\ -$$
$$객실당\ 변동비용)$$
$$이익(손익분기점\ 초과) = (600실\ -\ 281.52실)\ (88,930\ -\ 9,540)$$
$$이익(손기분기점\ 초과) = (318.48)\ (79,390) = 25,284,127원$$

손익분기점 분석은 다음과 같은 가정을 기반으로 하여 개발된 것이다. 첫째, 손익분기점은 모든 비용은 고정비용과 변동비용으로 정확하게 구분할 수 있다고 추정하고 있다. 둘째, 판매가격은 일정할 것이라고 추정하고 있다. 셋째, 손익분기점은 기술혁신이나 노동생산성이 일정하다고 추정하고 있으며 재고수준의 증감을 고려하지 않고 있다. 넷째, 손익분기점은 생산량 또는 판매량은 거의 일정한 것으로 추정하고 있다. 다섯째, 생산요소의 가격 또한 일정한 것으로 추정하였다.

손익분기점 분석은 객실영업뿐만 아니라 레스토랑 등과 같이 독립된 영업장에서도 관리자가 효과적인 영업실적의 분석을 위해 쉽게 이용할 수 있는 매우 유용한 도구이다. 이를 위해서 다종상품 손익분기점 분석 방식을 이용해야 한다. 손익분기점 분석을 통해 호텔은 각 영업부문의 강점과 약점을 파악할 수 있다. 손익분기점 분석을 통해서 영업실적이 상당 기간에도 불구하고 개선되지 않는 영업장은 호텔 전체의 영업실적 향상을 위해 과감히 정리해야 할 것이다.

2. 영업레버리지 분석

비용구조(Cost Structure)는 기업이 영업활동을 수행하기 위해 소요되는 총비용에서 고정비용과 변동비용의 상대적 비율을 나타내고 있다. 어떤 산업 또는 기업은 고정비용의 비율이 변동비용에 비해 훨씬 높거나 아니면 변동비용의 비율이 훨씬 높은 기업도 있다. 기업이 어떤 비용구조를 가지고 있던지 강점과 약점을 동시에 가지고 있어서 어떤 기업이 좋다고 딱 잘라 말할 수는 없다.

만일 기업의 비용구조가 변동비용에 비해 고정비용의 비율이 훨씬 높으면 이를 레버리지가 높다고 한다. 영업레버리지(Operating Leverage)는 총영업비용에서 고정비용이 차지하는 비중을 말하며 이는 고정자산을 보유함으로써 부담하게 되는 것이다. 영업레버리지는 매출액의 변동비율에 대한 영업이익의 민감도를 측정하는 것이다. 〈그림 12-8〉에서 보듯이 영업레버리지 효과는 고정비용의 지렛대 작용으로 매출액이 변동할 때 영업이익이 그보다 더 높은 비율로 변동하는 현상을 말한다. 보다 정확하게 표현한다면 영업레버리지가 높다는 의미는 매출액이 손익분기점을 통과한 이후 매출액이 조금만 증가해도 영업이익은 상대적으로 더 높은 비율로 증가한다는 것이다. 그렇지만 반대로 영업레버리지가 높은 기업은 매출액이 손익분기점에 미치지 못하는 경우에는 상대적으로 더 많은 영업손실을 볼 수 있다.

또한 호텔은 재무레버리지(Financial Leverage) 효과가 높은 사업이다. 호텔건설에는 막대한 자금이 소요되므로 부채를 이용하는 것이 대부분이다. 따라서 호텔은 부채로 인해 많은 금융비용을 물어야 한다. 따라서 타인자본을 사용하는 경우에 이자비용이 발생

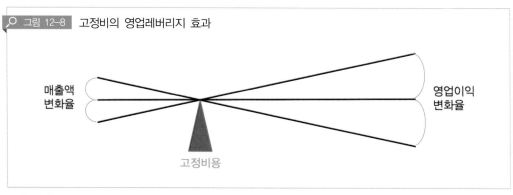

그림 12-8 고정비의 영업레버리지 효과

매출액
변화율

영업이익
변화율

고정비용

출처: 저자

하게 되면서 순이익 변동률이 영업이익 변동률 보다 확대되게 되는데 이것이 재무레버리지 효과이다.

일반적으로 높은 고정비용과 낮은 변동비용의 구조를 가진 기업은 매출액의 변동에 따라 영업이익의 변동폭이 크게 확대되는 경향이 있다. 즉 경기가 좋은 해에는 영업이익이 더 많아지지만 반면에 경기가 나쁜 해에는 영업손실의 폭이 더 커지는 특성을 가지고 있다. 반면에 고정비가 낮고 변동비가 높은 구조를 보유한 기업은 비교적 안정적으로 영업이익을 달성할 수 있을 뿐만 아니라 경기가 나쁜 시기에도 영업손실의 위험이 비교적 적게 나타나고 있다. 그렇지만 경기가 좋은 해에는 영업이익을 최대화 할 수 있는 여지가 비교적 낮다는 단점이 있다. 호텔은 초기에 고정자산에 대한 투자비용이 많고 개관 후에도 많은 고정비용이 소요되는 전형적인 장치산업의 특성을 가지고 있다. 따라서 호텔은 영업레버리지가 높은 기업이다.

지금부터 〈표 12-7〉과 같이 비용구조가 서로 다른 두 호텔의 예를 들어 영업레버리지를 설명하기로 한다. 먼저 유럽호텔과 아시아호텔은 공히 매출액이 5억 원에 이르게 되면 손익분기점에 도달한다는 공통점이 있다고 가정을 하자. 그러나 유럽호텔의 공헌이익비율(CM Ratio)은 0.40이고 반면에 아시아호텔은 0.60이다(공헌이익 = 판매가격 − 단위당 변동비용 = 총매출액 − 총변동비용). 공헌이익비율이 뜻하는 것은 매출액 손기분기점을 통과한 이후에 1원씩 매출액이 증가할 때마다 유럽호텔은 0.40원의 이익을 얻게 되지만 반면에 아시아호텔은 더 많은 0.60원의 이익을 얻게 된다는 것이다. 하지만 반대로 매출액이 손익분기점에 미치지 못하는 경우에는 유럽호텔은 단지 1원당 0.40원의 손실을 입게 되지만 반면에 아시아호텔은 더 많은 0.60원의 손실을 기록하게 된다. 아시아호텔이 고정비 부담이 더 높기 때문에 더 많은 위험에 노출되어 있는 것이다.

| 표 12-7 | 유럽호텔과 아시아호텔의 비용구조

	유럽호텔		아시아호텔	
매출액	500,000,000	100%	500,000,000	100%
총변동비용	300,000,000	60%	200,000,000	40%
고정비용	200,000,000	40%	300,000,000	60%
순이익	0	0%	0	0%

〈그림 12-9〉는 유럽호텔 그리고 〈그림 12-10〉은 아시아호텔의 비용구조를 각각 그래프로 표현한 것이다. 두 호텔은 동일한 손익분기점을 보이고 있다. 두 그래프에서 각 호텔의 이익수준 정도는 총매출액(TR)과 총비용(TC) 간의 수직적 차이를 통해 측정할 수 있다. 이를 비교해보면 손익분기점을 통과하는 경우에 아시아호텔은 높은 영업레버리지를 보이고 있기 때문에 총매출액과 총비용 간의 수직적 차이가 훨씬 많이 나고 있다. 즉 아시아호텔의 이익이 유럽호텔에 비해 더욱 많아진다는 뜻이다. 하지만 반대로 손익분기점 이하의 경우를 보면 영업레버리지가 높은 아시아호텔은 유럽호텔에 비해 손실이 더욱 확대되고 있다는 사실을 알 수 있다.

영업레버리지도(Degree of Operating Leverage: DOL)는 매출액의 변화에 따라 영업이익이 변하는 정도를 측정하는 수단이다. 다른 조건이 모두 동일하다면 영업레버리지가 높을수록 더 많은 위험을 부담해야 한다. 그러나 〈그림 12-9〉와 〈그림 12-10〉에서 보듯이 위험부담이 높을수록 기대수익도 많아지게 된다. 이에 대해 보다 자세히 알아보자. 만약에 두 호텔 모두가 매출액이 손익분기점 매출액(5억원)보다 3억 원이 많아지게 되는 경우 유럽호텔의 영업이익은 1.2억 원(=300,000,000 X 0.40)에 불과하지만 영업레버리지가 높은(Positive Operating Leverage) 아시아호텔의 영업이익은 1.8억 원(=300,000,000 X 0.60)으로 훨씬 많아진다. 그러나 반대의 경우 즉 매출액이 손익분기점 보다 3억 원이 감소하는 경우에는 유럽호텔의 손실액은 1.2억 원(=300,000,000 X 0.4)에 달하게 되지만 아시아호텔의 손실액은 더욱 확대되어 1.8억 원(=300,000,000 X 0.60)이 된다. 요약하면 경기가 좋아서 매출액이 손익분기점을 초과하는 경우에는 아시아호텔이 유리한 반면에 경기가 좋지 않아서 매출액이 손익분기점을 넘지 못하는 경우에는 유럽호텔에 보다 유리하다고 볼 수 있다.

$$영업레버리지도(DOL) = \frac{영업이익\ 변동율}{매출액\ 변동율} = \frac{공헌이익}{영업이익}$$

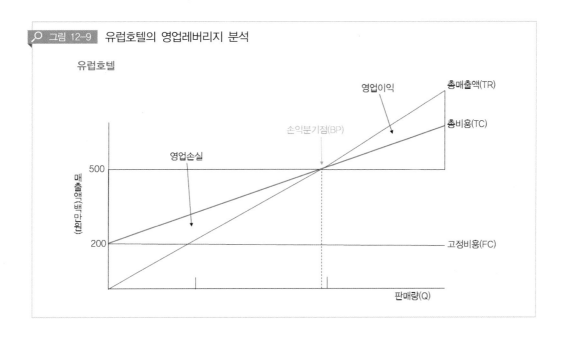

그림 12-9   유럽호텔의 영업레버리지 분석

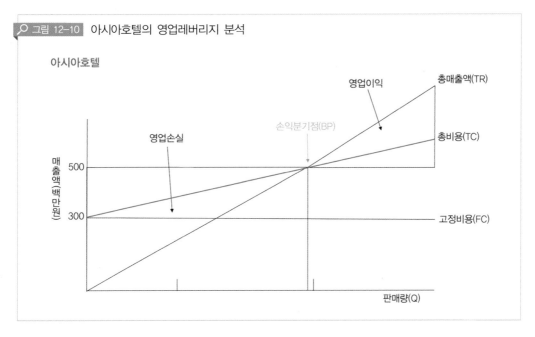

그림 12-10   아시아호텔의 영업레버리지 분석

　　미국의 유명한 컨설팅기업인 PWC는 미국 호텔산업 전체를 놓고 봤을 때 과거에는 손익분기점에 도달하는 평균적인 객실점유율이 66.6%였지만 1998년에는 55%로 감소했다고 발표했다. 이처럼 호텔은 영업실적을 보다 자세히 파악하기 위해서 손익분기점에 도달하는 객실점유율(Break-even occupancy)을 정확히 파악하고 있어야 한다.

〈표 12-8〉은 미국 호텔산업의 경우를 보여주고 있는데 여기에서 손익분기점 객실점유율은 51% 이다. 이 표는 객실점유율이 향상될수록 호텔의 영업레버리지 효과가 증가된다는 사실을 잘 보여주고 있다. 만약에 객실점유율이 55%를 달성하게 된다면 매출액이 $1씩 증가할 때마다 이익이 4센트씩 증가하고 있으며, 85%에 이르게 되면 매출액이 $1씩 증가할 때마다 이익은 보다 확대되어진 24센트로 증가하고 있다.

그리고 〈표 12-8〉은 11%의 자본환원율(Cap Rate)을 적용하는 경우 영업레버리지 효과로 인하여 호텔의 가치가 증가하고 있다는 사실을 보여주고 있다. 신속한 이익의 증가는 바로 호텔의 가치 증가에 바로 영향을 미치고 있다. 예를 들면 객실점유율이 70%에서 75%로 향상되는 경우에 호텔의 가치는 26.7% 증가하고 있다. 객실점유율이 향상되고 동시에 금융비용이 감소하게 되는 경우 추가적인 이익 또는 가치의 향상이 가능하다. 그러나 경기가 좋지 않은 경우에는 높은 영업레버리지는 반대의 효과를 산출하게 된다는 사실을 잊지 말아야 한다. 호텔 객실관리는 이처럼 디테일하게 이루어져야 한다.

| 표 12-8 | 객실점유율이 영업레버리지에 미치는 영향

객실점유율	총매출액 (천달러)	이익 (천달러)	이익률(%)	가치 (천달러)	매출액 증가율(%)	이익/가치 증가율(%)
100%	12,979	3,907	30	35,518	4.8	11.5
95	12,835	3,504	28	31,855	5.0	13.0
90	12,385	3,102	26	28,200	5.3	14.7
85	11,203	2,704	**24**	24,582	5.6	17.4
80	10,611	2,303	22	20,936	5.9	21.1
75	10,020	1,901	19	17,282	6.3	**26.7**
70	9,428	1,500	16	14,636	6.7	36.4
65	8,836	1,100	12	10,000	7.2	57.1
60	8,243	700	8	6,364	7.7	57.1
55	7,651	297	**4**	2,700	5.1	–
51	**7,213**	**0**	**0**	**0**	–	–

출처: Rushmore

제3절 **호텔객실 매출관리**

1. RevPAR의 중요성

본 절을 통해 효과적인 호텔경영을 위한 객실 매출관리의 중요성에 대하여 살펴보도록 하겠다. 먼저 제1절에서 소개한 바 있는 RevPAR는 오랫동안 호텔산업에서 매출과 이익을 극대화하기 위해 가장 중요한 성과지표로 간주되고 있다. 이처럼 중요한 역할을 담당하고 있는 RevPAR는 다양한 당사자에 의해 여러 가지 목적으로 이용되고 있다. 첫째, RevPAR는 호텔매출의 극대화를 위한 경영진의 역량을 평가하는데 이용되고 있다. 둘째, RevPAR를 이용하여 호텔들은 주변에 존재하는 경쟁호텔들의 경영성과와 비교할수 있다. 셋째, RevPAR를 이용하여 호텔은 전년도의 객실 매출실적과 비교하여 경영성과를 측정할 수 있으며 또 예산편성에서 이용되고 있다. 넷째, RevPAR는 호텔소유주, 호텔투자자, 호텔체인, 금융투자기관 등이 호텔의 성과 측정과 향후 객실매출과 현금창출액을 예측하는데 활용되고 있다.

아래의 등식과 같이 RevPAR는 객실을 많이 팔 수 있는 능력과 객실을 좋은 가격에 팔 수 있는 능력을 동시에 측정하고 있다. 즉 두 가지 성과지표를 결합하여 함께 측정하고 있다. 그러나 서로 상충되는 특성을 가지고 있는 두 지표를 동시에 향상하는 것은 현재까지 불가능한 것으로 간주되고 있다.

$$RevPAR = \frac{객실매출액}{판매가능\ 객실수} \quad 또는 \quad RevPAR = Occupancy \times ADR$$

그러나 만일 호텔이 객실판매를 수행함에 있어 두 지표 중에서 하나에만 집중하는 정책을 시행하는 경우 객실매출을 최대화하기 위한 좋은 기회를 놓칠 수 있다. 예를 들면 만약에 A호텔이 객실판매를 최대화하기 위해 객실점유율의 향상에 집중하기로 결정했다면 호텔은 보다 많은 객실을 판매하기 위해 객실요금을 인하하게 될 것이다. 그 결과 A호텔의 객실점유율은 경쟁호텔들의 평균치인 75% 보다 훨씬 높은 92%를 기록했다. 그러나 이는 주변 경쟁호텔들에 비해 훨씬 낮은 요금으로 객실을 판매한 결과였다. 즉 경쟁호텔들이 평균 165,000원에 객실을 판매한 반면에 A호텔은 단지 125,000원에 판매한 결과였다. 그러나 결과적으로 이는 어리석은 판단이었다. 이 경우 A호텔은 보다 궁극적인 목적인 객실매출액을 늘이기 위해 객실점유율을 일부 희생하더라도 객실요금의 인상을 고려해야 한다.

반대의 경우도 상정할 수 있다. B호텔의 경우는 객실요금에만 집중하기로 결정한 후 요금을 너무 높게 책정한 결과 많은 손님들을 잃게 되었다. B호텔의 평균객실요금은 175,000원이었지만 경쟁호텔들의 평균은 150,000원이었다. 그렇지만 B호텔의 객실점유율은 겨우 60%였지만 경쟁호텔들은 78%를 기록했다. B호텔은 너무 높은 요금을 책정함으로써 많은 잠재고객들을 잃게 됨으로써 낮은 객실매출을 기록하면서 좋은 기회를 놓쳐버렸다.

위의 예처럼 하나에만 집중하게 되면 해당지표는 개선될 수 있지만 이 목적을 달성하기 위해 다른 지표는 희생하게 되는 결과를 낳게 된다. 이런 연유로 RevPAR의 중요성이 크게 강조되고 있다. 이처럼 RevPAR는 가격과 판매량의 극대화라는 궁극적인 목적에 대한 호텔 경영진의 역량을 평가할 수 있는 좋은 지표이다.

또한 호텔의 이익 향상을 위해 RevPAR가 의미하는 시사점에 대해 깊이 이해하는 것도 매우 중요하다. 이는 〈그림 12-11〉에서 보는 바와 같이 RevPAR를 구성하는 두 지표 즉 객실점유율과 평균객실요금 중에서 어느 지표에 더 집중하는 것이 바람직한가에 대한 논의를 말하는 것이다. 일반적으로 호텔산업에서는 평균객실요금을 인상하여 RevPAR를 향상하는 것이 결과적으로 더욱 많은 이익을 창출할 수 있다고 이해하고 있다. 이는 요금 인상을 통한 객실판매에는 누적되는 변동비용이 아주 적게 소요되는 호텔산업의 고유한 특성이 반영되고 있기 때문이다. 따라서 높은 객실요금의 결과로 늘어난 대다수 객실매출은 객실이익으로 직결된다.

이번에는 반대로 객실점유율을 강조하여 보다 많은 객실의 판매를 통해 RevPAR 향상을 꾀하는 경우에는 객실판매량의 증가로 인해 보다 많은 변동비용(인건비, 세탁 및 세제비용, 어메니티 비용, 에너지비용 등)이 소요되는 것을 막을 수 없다. 따라서 객실점유율의 향상을 통해 RevPAR가 향상되는 경우에도 객실매출은 당연히 늘어나게 되지만 일정 부분은 증가되는 변동비용을 부담해야 하므로 이익은 그만큼 감소할 수밖에 없다.

그러나 높은 객실점유율의 경우에도 재무성과 향상에 대한 시사점은 존재하고 있다. 보다 많은 객실의 판매로 인하여 변동비용이 증가하는 것은 사실이지만 그 결과 보다 많은 고객들이 호텔을 이용하게 됨으로써 레스토랑 등 기타 부대시설에서 매출 향상을 기할 수 있는 기회가 만들어지게 된다. 만약에 기타 부대시설 등의 판매를 통해 창출되는 이익이 보다 많은 객실판매로 인해 발생한 비용보다 많게 된다면 호텔의 이익은 오히려 늘어날 수 있다.

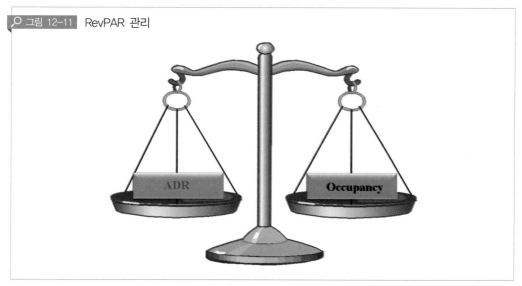

🔍 그림 12-11 RevPAR 관리

출처: 저자

호텔산업은 국내외적으로 크고 작은 정치·경제·사회 등 다방면의 거시환경과 이벤트에 따라 수요의 변동이 심하게 나타나는 특성을 지니고 있다. 먼저 경제환경을 보면 호텔산업은 호황기 또는 불황기 등 경기변동에 따라 수요가 민감하게 반응하는 대표적인 경기순환산업(Cyclical Industry)이다. 경기상황이 주기적으로 변함에 따라 호텔의 주상품인 객실수요도 따라서 변하게 된다. 정치환경에서는 전쟁과 테러가 발생함에 따라 여행자들이 여행을 포기하거나 연기하게 됨으로써 객실수요도 따라서 감소하게 된다. 사회환경에서 올림픽·월드컵과 같은 큰 국제적 행사나 SARS나 메르스 같은 전염병과 세월호 같은 굵직한 사건 등도 호텔산업의 객실수요 변화에 긍정적이거나 부정적인 영향을 미치고 있다.

1997년 1분기부터 2004년 4분기까지 외국인 이용객이 주로 이용하는 서울시내 12개 특1급 호텔들의 분기별 객실수요에 대한 변동추이를 보면 1997년 4분기의 IMF 외환위기로 인하여 객실수요는 오히려 전 분기 보다 5.76% 증가했다. 그러나 2001년 3분기에는 미국 9·11 테러사태로 인하여 객실수요는 전 분기 대비 5.17% 감소했다. 한편 2002년

2분기에는 역사적인 한·일 월드컵게임으로 인해 객실수요가 전 분기 대비 6.32% 상승했다. 그러나 2003년 1분기에는 SARS(중증 급성호흡기 증후군)의 발병으로 인해 서울 특1급 호텔의 객실수요는 전 분기 대비 24.12% 대폭 감소했다. 또한 2003년 4분기에는 조류독감이 발발하면서 2004년 1분기 객실수요는 전 분기 대비 8.66% 감소했다. 특히 2003년 1분기 발생한 SARS의 영향으로 인하여 외국인관광객의 수가 급감하면서 서울 특1급 호텔의 객실수요에 부정적인 구조변화가 발생하는 주요 원인이 되었다.

이처럼 객실수요가 정치·경제·사회의 환경 변화에 민감하게 반응하는 산업적 특성상 효과적인 객실영업지표의 관리는 호텔사업의 성패를 가름하는 중요한 기준이 되고 있다. 따라서 호텔은 이익공헌도가 월등히 높은 객실부문의 판매를 극대화하기 위해서 객실영업지표를 보다 합리적이고 효과적으로 관리해야 한다. 평균객실요금과 객실점유율은 RevPAR 및 수익성에 공히 영향을 미친다는 것은 주지의 사실이다. 그렇다면 두 영업지표의 수익성에 대한 상대적 영향력에 대해 깊이 이해할 필요가 있다.

호텔에서 객실매출액을 제고하기 위해서는 RevPAR를 최대화해야 한다. 그리고 RevPAR를 향상하려면 객실점유율이나 평균객실요금을 공히 제고해야 한다. 그러나 두 지표 사이에는 상충관계가 존재하고 있으므로 동시에 높일 수는 없다. 일반적으로 호텔산업에서는 높은 객실점유율이 주도하는 RevPAR의 향상보다는 높은 평균객실요금의 주도에 인한 RevPAR의 향상이 호텔의 수익성 향상에 더욱 긍정적인 영향을 미치는 것으로 간주하고 있다.

왜냐하면 높은 객실점유율이 주도하여 향상된 RevPAR는 증가된 객실 이용으로 인하여 어메니티와 청소 등에 대한 변동비용이 상승하여 이익을 갉아먹게 된다. 물론 증가된 객실이용으로 F&B 등 부대시설에 대한 매출이 늘어날 수 있지만 증가하는 변동비용을 상쇄할 수 있는 수준은 되지 못하는 경우가 많다. 따라서 고정비용이 같다고 한다면 높은 평균객실요금이 주도하여 RevPAR가 증가하는 경우에는 비록 총매출액은 조금 적게 나타나지만 추가적인 변동비용이 초래되지 않기 때문에 영업이익률은 오히려 더 높게 나타나고 있다.

호텔산업에서 호경기에는 객실점유율은 상당 기간 동안 지속적으로 상승하다가 일정 시점을 통과하게 되면 증가율이 점차 감소하면서 안정적으로 되며 결국 객실점유율의 증가는 정체된다. 이때부터는 평균객실요금의 상승이 RevPAR의 향상을 주도하게 된다. 이처럼 호황기에는 수요가 많아 객실점유율에 중점을 두기 보다는 수요가 많은 환경의 기회를 충분히 활용하는 즉 평균객실요금을 적절하게 인상하여 객실매출을 극대화해야 된다는 인식에는 많은 공감대가 형성되고 있다.

그러나 불황기 즉 경기침체 하에서 객실영업지표인 RevPAR의 운용에 대해서는 의견이 분분하다. 한편에서는 경기침체기 기간에는 과감하게 평균객실요금을 인하해서 객실을 판매한 호텔들은 객실점유율이 상승해서 그 결과 매출이 증가해서 할인전략을 시행하지 않은 호텔들에 비해 수익성이 크게 향상된다고 주장하고 있다. 그러나 다른 한편에서는 경기침체기에는 높은 객실요금과 낮은 객실점유율의 조합이 수익성 향상에 보다 이롭다고 주장하고 있다. 즉 높은 객실점유율이 주도하는 RevPAR의 향상보다는 평균객실요금의 증가로 인한 RevPAR의 향상이 호텔의 수익성 향상에 더욱 긍정적인 영향을 미친다는 주장이다. 미국에서 최고의 수익성을 기록한 호텔들을 보면 평균객실요금이 RevPAR 향상에 50-75%를 기여하게 하고, 나머지 25-50%는 객실점유율이 공헌하도록 하는 전략을 구사하였는데, 그 결과 평균영업이익은 22.5%를 기록했다고 한다.

그러나 불황기에 가격인하정책을 통해 객실매출을 제고하여 수익성을 확보하려면 호텔들은 탄력성(Elasticity)을 잘 이해해야 한다. 비수기나 경기침체기에 효과적으로 객실을 판매하려면 반드시 객실상품의 가격에 대한 탄력성 여부를 가장 먼저 확인해야 한다. 만일 객실수요가 가격에 대해 비탄력적이라면 객실요금을 낮춰도 원하거나 또는 계획한 만큼의 충분한 객실판매는 이루어질 수 없다. 이 경우 가격인하정책은 오히려 독이 될 수 있다. 호텔산업에서 저가 객실상품의 수요는 가격에 대해 탄력적(Elastic)이나 반면에 고가 객실상품의 수요는 가격에 비탄력적(Inelastic)인 것이 일반적이다.

2. 호텔 매출관리

매출관리(Revenue Management)는 다양한 상황과 조건에서 매출의 극대화를 꾀하는 과학이자 예술이다. 매출관리는 항공사의 좌석이나 호텔의 객실처럼 공급량이 고정된 제품을 현재의 수요 또는 예측된 수요에 맞춰 판매하기 위해 적절하게 가격을 조절함으로써 매출을 극대화하기 위한 목적으로 사용되는 관리도구이다.

호텔의 매출관리는 매출과 이익을 극대화하기 위해서 **적절한** 객실을 **적당한** 유통경로를 통해 **적합한** 고객에게 **적정한** 가격으로 **적시에** 판매하는 것이라고 정의할 수 있다〈그림 12-12〉. 매출관리가 점점 발전함에 따라 다양한 분석방식을 활용하여 고객 수요를 예측하고 객실재고와 가격 가용성을 최적화해서 매출을 극대화하는 노력이 더욱 체계화 되었다. 매출관리의 핵심은 제품 가치에 대한 고객의 인식을 잘 이해해서 구분된 각 세분시장별로 제품 가격, 유통경로, 가용성이 정확하게 일치되도록 조정하는 것이다.

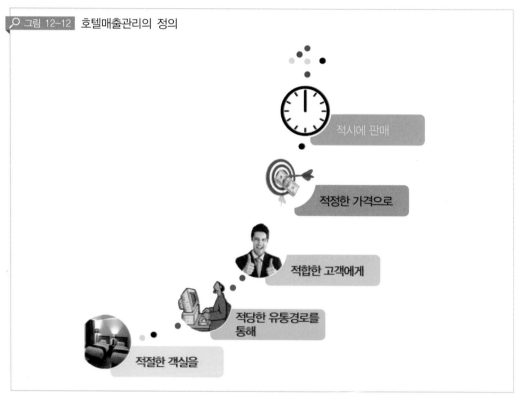

그림 12-12 호텔매출관리의 정의

적시에 판매

적정한 가격으로

적합한 고객에게

적당한 유통경로를 통해

적절한 객실을

출처: 저자 재구성

매출관리를 최초로 도입한 것은 미국의 유명 항공사들이었다. 1978년 미국의 항공산업에서 전격적으로 시행되었던 규제완화(Deregulation)정책이 항공사가 매출관리를 도입하는 직접적인 동기가 되었다. 규제완화로 신생 항공사들이 시장에 신규로 진입하여 공격적인 가격인하 정책으로 좌석을 공급하면서 많은 고객의 인기를 끌게 되었다. 이에 따라 많은 빈 좌석으로 운항을 하게 된 기존의 대형 항공사들은 큰 위기를 겪게 되었으며 이들은 대응방안을 내놓아야만 했다.

1980년대 초반이 되자 대형 항공사들은 빈 좌석으로 항공기를 운항하는 것보다는 판매량의 고저에 상관없이 고정비용은 일정하고 판매단위당 변동비용이 낮은 항공산업의 특성을 십분 활용하여 경쟁적인 낮은 가격으로 고객에게 좌석을 판매하기 위해 수율관리

(Yield Management)를 채택하게 되었다. 이로 인해 매출이 크게 향상되면서 수율관리는 항공사의 위기 극복에 큰 공헌을 하게 되었으며 이때부터 항공산업에서 수율관리는 일반화되었다. 이처럼 초기에는 수율관리(Yield Management)란 명칭으로 이용되었다. 그러나 1985년에 American Airlines가 PEOPLExpress와 같은 저가항공사(LCC)와 경쟁하기 위해 'Ultimate Super Saver'라는 초저가 좌석요금을 시장에 내놓게 되면서 처음으로 매출관리(Revenue Management)란 명칭이 이용되었다.

매출관리는 우선적으로 고정비용을 충당하기 위해 최소한의 좌석 수를 낮은 가격으로 판매해야 하는 필요성에서 비롯된다. 이렇게 먼저 고정비용이 충당되고 나면 남은 좌석들은 매출 및 이익을 극대화하기 위해 보다 높은 가격으로 판매하도록 했다. 매출관리의 도입은 항공사의 경영성과 향상에 지대한 공헌을 하게 되었으며 대다수 항공사들도 뒤를 따를 수밖에 없었다.

항공산업의 성공으로 호텔산업에서도 매출관리의 이점을 충분히 인지하게 되면서 도입을 모색하게 되었으나 관련 기술((Technology)이 태부족할 뿐만 아니라 고객에 대한 충분한 정보가 확보되지 않다는 것을 뒤늦게 알게 되었다. 매출관리와 중앙예약시스템(CRS) 등과 같은 혁신적인 정보통신기술의 활용도에서 호텔산업은 항상 항공산업에 뒤처지고 있는 것이 사실이다. 그리고 호텔산업에는 항공산업에서 볼 수 없는 매출관리의 색다른 특성이 있다는 것을 알게 되었는데, 바로 고객의 숙박기간(Length of Stay: LOS) 즉 숙박일수는 호텔산업에 고유한 것으로 효과적인 매출관리를 위해 해결해야 할 도전과제가 되었다.

앞서 말한바와 같이 초기에는 수율관리란 명칭으로 이용되었는데 목표는 수율(Yield)을 극대화하는 것이었다. 수율은 일정 기간 동안 실현가능한 최대의 매출에서 실현된 매출의 비율을 말하는 것이며, 수율을 극대화하는 것은 실현된 매출 즉 실제 매출액을 극대화하는 것이다. 수율은 다음과 같은 방식으로 산출할 수 있다.

$$수율(Yield) = \frac{실제매출액}{실현가능한\ 최대\ 매출액} \times 100$$

수율의 예를 들어보면 X호텔은 100실을 보유하고 있으며 공시요금(Rack Rate)은 100,000원이라고 하자. 그렇다면 X호텔이 100실을 공시가격에 100% 판매할 수 있다면 하루에 가능한 최대 매출액은 10,000,000원이 되는데 이것이 바로 실현가능한 최대 매출액(Maximum Potential Revenue)이다. 그런데 만일 어제 X호텔이 90,000원의 요금으로 80실의 객실을 판매했다면 수율은 72%가 된다. 모든 호텔들은 100%의 수율을 달성하기를 원할 것이다.

$$Yield = \frac{7,200,000}{10,000,000} \times 100 = 72\%$$

수율은 아래처럼 다른 방식으로도 구할 수 있다. 아래의 마지막 등식을 보면 결국 수율은 공시요금 대비 RevPAR가 차지하는 비율로 나타낼 수 있다. 그렇다면 수율의 극대화는 RevPAR의 극대화를 통해 달성할 수 있으며 그 결과 매출액도 극대화할 수 있다.

$$Yield = \frac{\text{판매된 객실수} \times \text{평균객실요금}}{\text{판매가능한 객실수} \times \text{공시요금}} \times 100$$

$$Yield = \text{객실점유율} \times \frac{\text{평균객실요금}}{\text{공시요금}} \times 100$$

$$Yield = \frac{RevPAR}{\text{공시요금}} \times 100$$

그러나 수율관리가 재고관리를 통해 매출을 극대화하는 것이라면 매출관리는 시장세분화, 수요 예측, 여러 제품에 대한 가격 최적화를 통해 고객의 행동을 예측하는 것이다. 따라서 매출관리가 다루는 영역이 훨씬 광범위하다고 할 수 있다.

모든 기업은 제품의 판매와 가격 결정에서 불확실하고 복잡한 상황에 직면하게 된다. 즉 기업은 제품의 원가와 브랜드 이미지를 고려하면서 어떤 제품을 팔고, 목표고객은 누구이며, 적절한 판매시점은 언제이며, 얼마나 많은 제품을 팔아야 하며, 그리고 어느 것이 적절한 유통경로인가 등에 대해 심사숙고하고 있다. 이와 같은 환경에서 매출 및 이익을 극대화하기 위해 호스피탈리티 기업들은 매출관리를 이용하고 있다. 매출관리는 〈그림 12-13〉에서 나타난 것과 구성요소와 운영프로세스에 의해 사용되고 있다.

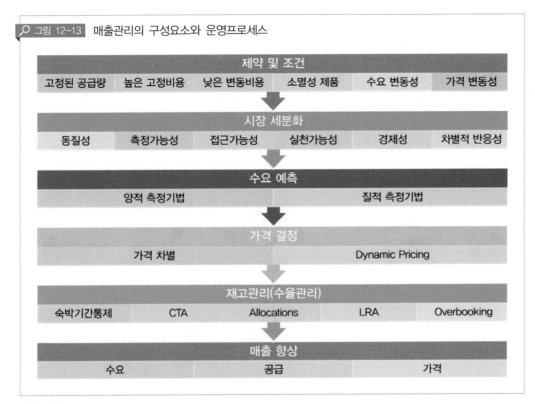

그림 12-13 매출관리의 구성요소와 운영프로세스

출처: 저자

1) 매출관리의 제약 및 조건

매출관리에 적합한 사업적 특성이 있다. 매출관리의 원칙을 지혜롭게 이용하면 모든 서비스기업에서 매출 및 이익을 향상할 수 있는 것으로 판명되고 있다. 즉 항공사와 호텔에서 오랫동안 이용되고 있으며 또한 학계의 연구를 통해서 〈그림 12-14〉에 소개한 여러 특성을 가진 산업에서는 매출관리를 이용하는 이점이 분명하게 존재하고 있는 것으로 밝혀지고 있다. 첫째, 시간이 지나 버리면 제품의 가치가 사라지는 즉 소멸성(Perishability)이 있는 제품을 판매하는 경우이다. 둘째, 기업의 공급량(Fixed Capacity)이 고정되어 있어 단기간에 판매량을 늘이거나 줄일 수 없으며 또한 제품의 이동도 불가능하다. 셋째, 비용구조에서 고정비용은 높은 반면에 제품 한 단위의 추가 판매에 대한 변동비용이 매우 적게 소요되는 사업이 있다. 넷째, 전체 시장을 여러 개의 세분시장으로 구분할 수 있으며 각 세분시장별로 가격민감도도 다르게 나타난다. 다섯째, 제품수요에서 뚜렷한 성수기와 비수기가 존재하고 있으며 이를 예측할 수는 있지만 확률이 매우 높다고 할 수는 없다. 여섯째, 수요와 공급에서 발생하는 균형의 변화를 반영하여 가격을 신속하게 조정할 수 있는 상당한 유연성이 있다. 일곱째, 실제 서비스의 제공에 앞서 사전에 요청된 주문을 평가해서 수락 또는 거절 할 수 있는 기회가 있다. 따라서 위와 같은 사업적 특성을 가지고 있는 호텔산업에서 매출관리의 수용은 필수적이다. 이와 같은 특성들은 매출관리를 실행함에 있어 중요한 제약이나 조건이 되고 있다.

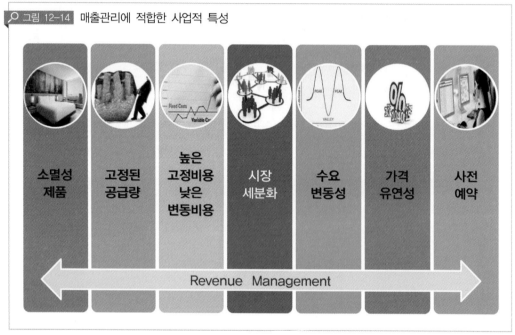

🔍 그림 12-14 매출관리에 적합한 사업적 특성

출처: 저자

2) 시장세분화

시장세분화(Market Segmentation)는 전체 시장을 동일한 욕구나 특성을 가지고 있는 다수의 하위 세분시장으로 구분하는 마케팅기법이다. 각 세분시장은 기업의 동일한 마케팅정책에 대해 각각 차별적으로 반응해야 정당성을 인정받을 수 있다. 시장세분화의 목적은 구매가능한 잠재고객의 확인, 구매방식, 고객 가치, 예상 구매가격 등을 이해하고 규명된 각 세분시장의 특성에 따라 수요예측, 객실 할당, 가격결정을 제각기 하는 것이다.

전통적으로 호텔산업에서는 시장을 세분하는 기준으로 숙박목적을 이용하고 있었다. 그러나 효과적인 매출관리를 위해서는 동질성, 측정가능성, 접근가능성, 실천가능성, 경제성, 차별적 반응성 등과 같은 구체적인 세분화 기준을 반드시 충족할 수 있어야 한다. 〈표 12-9〉는 호텔매출관리에서 이용되고 있는 시장세분화 기준의 예를 보여주고 있다.

| 표 12-9 | 호텔 매출관리의 시장세분화 사례(미국의 경우)

세분시장	특성
FIT (Fully Independent Tourists)	자동차를 이용해서 여행 주로 주말 또는 유급휴가기간에 여행 직접 예약 또는 여행사를 통해 예약 대체적으로 숙박기간이 짧음(1-6일)
여가 여행자 (전세버스투어)	주로 단체로 숙박하며 숙박기간도 매우 짧음(1-3일) 여행자들은 직장, 학교, 관심과 같은 특성을 공유 관광명소 또는 교통이 편한 곳에 숙박을 하고자 함 주로 Tour Operator를 통해 예약 수요의 계절성이 높음
비즈니스 여행자	숙박기간이 매우 짧음(1-3일) 주로 주중에 숙박 직접 예약 또는 여행사를 통해 예약 여행지에서 업무가 행해지는 가까운 곳에 숙박을 하고자 함 수요의 계절성이 낮음 가격 탄력성이 낮음 Fax나 복사기 등 추가적인 서비스를 원함 인터넷 접속이 가능해야 하며 책상이 있는 객실을 원함
가족동반 여행자	가격 탄력성이 높음 주로 주말, 휴일, 방학 기간 등에 여행 아기용 의자와 비디오게임 등 추가적인 서비스를 원함
고령 여행자	가격 탄력성이 높음 주로 성수기에 진입하기 바로 전에 여행함

출처: 저자 정리

3) 수요예측

다수의 세분시장이 결정되고 그에 따른 가격구조가 어느 정도 완성되면 다음 단계로 수행해야 하는 과업이 수요예측(Forecasting Demand)이다. 많은 경험자들에 의하면 매출관리의 핵심으로 수요예측을 꼽고 있다. 수요예측의 목적은 주어진 조건과 상황에서 미래에 발생할 수 있는 최적의 수요수준을 확률적으로 추정하는 것이다. 이는 미래의 수요수준이 기업의 현재 의사결정에 매우 중요한 영향을 미치기 때문이다. 정확한 수요예측은 효과적인 매출관리의 관건이 되고 있다. 이것은 효과적인 수요예측이 동반되지 않으면 다음 단계의 활동인 가격결정이나 수율(Yield)이 효과적으로 수행될 수 없기 때문이다. 그리고 정확한 수요예측은 매출 향상으로 직결되고 있다. 이런 중요성에도 불구하고 정확한 수요예측은 모든 기업에서 핵심적인 도전과제가 되고 있다.

수요예측은 매출관리에서 통계기법 등 가장 높은 수준의 기술적인 지식이 요구되는 분야이다. 수요예측방법으로는 크게 양적 측정기법(Quantitative Methods)과 질적 측정기법(Qualitative Methods)으로 구분되고 있다. 호텔산업에서 수요예측은 일반적으로 현재까지 파악된 실제로 예약된 객실 수에 향후 예약이 가능한 추정 객실 수를 더해서 산출되고 있다. 그리고 많은 객실수요가 예상이 되면 높은 가격을 책정해서 매출을 극대화하고 반면에 적은 객실수요가 예측되는 경우에는 가격을 인하해서 수요를 자극하는 것이 적절하다고 할 수 있다.

일반적으로 수요는 변동적이고 자주 변해서 이에 맞춰 적절한 가격결정을 위해 유연성을 발휘하는 것이 매출 극대화를 위해서 매우 중요하다. 가격이 주기적으로 변하고 있는 역동적인 가격결정 환경에서 가격의 높고 낮음에 대한 결정은 특정일 또는 특정기간에 대한 수요예측을 기반으로 하고 있다. 그러나 예측이라는 용어는 서로 다른 사람에게는 다른 의미로 전달될 수 있다. 재무회계부서에서는 예측을 금전으로 간주하지만 객실부서에서는 객실수요로 본다. 정확한 수요예측은 세분시장별로 날마다 수집되는 것이다.

4) 가격결정

정확한 수요예측이 완료되면 다음 단계는 보다 자세하고 전술적인 가격결정(Pricing)이다. 정확한 가격결정은 기업의 성공에 중요한 역할을 담당하고 있다. 매출관리는 상당부분 적정한 가격(Right Price)의 설정에 대한 역할을 강조하고 있다.

일반적으로 기업들은 가격이 오르면 공급을 늘이고 가격이 떨어지면 공급을 줄이고 있다. 그러나 호텔산업에서는 공급이 가격결정에 중요한 영향을 미치지 못하고 있는데, 이는 앞에서 살펴봤듯이 호텔은 공급량이 고정되어 있어 가격의 변동에 맞춰서 공급을 조절할 수 없는 특성이 있기 때문이다. 따라서 호텔은 단지 가격조정을 통해서 수요만을 조절할 수 있는데, 예를 들면 수요가 부족한 비수기에는 가격을 인하해서 객실수요를 창출하고 있다.

호텔매출관리의 가장 핵심적인 사항의 하나가 각 고객이 수락할 수 있는 객실요금을 제시하여 매출을 극대화하는 것이다. 즉 고객의 지불의사에 부응해서 객실요금을 조절하는 것이다. 가격결정의 가장 중요한 목적은 각 세분시장별로 지불의사를 고려한 제품판매를 통해서 최대한의 매출 및 이익을 달성하는 것이다. 각 세분시장별로 지불의사 또는 가격민감도는 각 고객이 제품에 부여하는 가치에 의해 좌우되고 있다. 즉 가격결정의 핵심은 가격차별(Price Discrimination)이다. 따라서 소비자들에게 단일한 가격을 제시하기 보다는 다양한 가격을 제시하는 것이 바람직 한 것으로 간주되고 있다. 지불의사를 토대로 세분화된 고객그룹으로 구분해서 각 그룹마다 적정한 가격을 제시하도록 하는 것이다. 이와 같은 다중가격체계를 통해 호텔은 매출을 극대화할 수 있다.

오늘날 소비자들은 구매를 고려하고 있는 항공사 좌석이나 호텔 객실의 가격이 구매 결정을 내리는 시점과 좌석 또는 객실의 가용성에 따라 크게 달라진다는 사실을 잘 알고 있다. 호텔매출관리는 구매시기가 서로 다른 상이한 고객그룹이 존재하는 경우에 가장 높은 매출을 달성할 수 있는 것으로 밝혀지고 있다. 즉 가격에 탄력적인 고객그룹은 실제 숙박일보다 훨씬 먼저 객실을 예약하고 있으며, 가격에 비탄력적인 고객그룹은 실제 숙박일이 다되서야 예약을 하고 있는 있다는 것이다. 이것이 사실이라면 일찍 예약을 하는 고객에게는 가격을 인하해주고 뒤늦게 예약을 하는 고객에게는 가격을 인상하는 것이 효과적인 가격전략이 되고 있다.

비교적 최근에는 역동적 가격전략(Dynamic Pricing)이 주목을 받고 있다. 역동적 가격은 매출관리를 능동적으로 적용해서 동일한 제품을 다른 가격으로 다른 고객에게 판매하는 프로세스를 말한다. 호텔은 공급이 고정되어 있으므로 객실상품에 여러 개의 가격을 제시하고 각 해당가격에는 한정된 수량의 객실만을 판매하도록 통제한다. 이 가격방식의 목적은 공급에 제한을 두어 수요를 한정하는 것이다. 만약에 해당 객실상품에 대해 가격을 인상하는 경우 인상분에 대한 지불의사가 없는 고객은 그 상품의 구매를 중지하게 되므로 자연히 수요는 감소하게 된다. 그런데 이때 공급을 제한하는 것보다는 가격을 인상하는 것이 매출 극대화 측면에서 보다 효과적이다. 역동적 가격전략을 이용할 때는 보다 높은 가격에 대한 지불의사를 가진 고객이 낮은 가격으로 구매를 하도록 내버려 둬서는 안된다는 점에 유의해야 한다.

5) 재고관리

가격결정 절차가 끝나면 다음 단계는 재고관리(Inventory Management) 또는 수율관리이다. 재고관리를 통해 기업은 매출 및 이익에 대한 잠재력을 최적화할 수 있다. 재고관리 기법을 통해 호텔은 성수기에 객실요금을 최대화할 수 있으며 반면에 비수기에는 객실점유율을 최대화할 수 있으며 이를 통해 결국 매출을 극대화할 수 있다.

재고관리의 예로는 〈표 12-10〉에 소개한 숙박기간통제(Length of Stay: LOS)와 같은 기법들이 자주 이용되고 있다. 그리고 초과예약(Overbooking)은 예약취소나 no-show에 대비하여 영업위험을 최소화하기 위해 종전부터 보편적으로 사용되고 있는 기법이다. 초과예약은 무엇보다도 정확한 수요예측을 통해 손님에게 서비스가 거부되는 사례를 방지하고 만약에 이런 상황이 발생하면 서비스 회복프로그램이 바로 작동해서 불만족을 최소화해야 할 것이다.

| 표 12-10 | 호텔매출관리의 재고관리(수율관리) 기법

재고관리 기법	내용
최대 숙박일수 (Maximum LOS)	특정 예약에서 최대 숙박일수를 제한한다. 요금을 인상하는 목적으로 이용되며 특히 성수기에 할인요금과 판촉요금을 제한하는데 이용하고 있다
최소 숙박일수 (Minimum LOS)	특정 예약에서 최소 숙박일수를 제한한다. 주로 성수기에 장기 숙박을 촉진하기 위해 이용하고 있다
Close To Arrival (CTA)	성수기를 바로 앞둔 특정일에 대해서는 더 이상의 예약을 받지 않도록 한다. 현재 숙박중인 고객만 성수기 직전까지 숙박하도록 유도한다. 그러나 장기 예약을 무시하는 오류를 범할 수 있다
할당(Allocations)	파트너에게 할당된 수의 객실을 할인된 가격으로 판매할 수 있도록 한다
Last Room Availability (LRA)	계약을 맺은 기업고객 등과 같은 중요한 고객에게는 마지막 여유분의 객실의 사용을 보장해 준다. 계약가격에 해당하는 객실이 판매 여유가 있는 한 보장을 해준다

출처: 저자 정리

6) 매출 향상

매출의 향상은 수요, 공급, 가격 간의 관계에 대한 철저한 이해와 상황에 따라 적절한 가격을 책정하는 유연한 가격정책을 통해 판매기회를 극대화함으로써 이루어진다. 수요가 많은 시기에는 특정 제품의 가치가 소멸되는 시점이 가까워질수록 가격결정에 대한 유연성과 변동성이 떨어지게 된다. 그러나 수요가 적은 시기에는 반대로 작동이 된다.

수요는 시간의 흐름에 따라 변하기 때문에 시장변화에 잘 대응해서 수익을 극대화하려면 수요를 잘 파악하고 필요할 경우 예측을 수정하고 유연한 가격전략을 신속하게 실행할 수 있어야 한다.

참 / 고 / 문 / 헌

김경환(2016). 호텔 객실영업 성과지표의 객실판매액에 대한 영향 분석. 관광연구저널. 30(3): 63-77.

김경환(2011). 『호텔경영학』. 백산출판사.

오정환·김경환(2000). 『호텔관리개론』. 백산출판사.

이순구·박미선(2008). 『호텔경영의 이해』. 대왕사.

정창무·김민주(2010). 호텔객실판매율과 평균객실요금 간의 관계 분석: 서울시 특급호텔을 중심으로. 대한국토·도시계획학회지 국토계획. 45(6): 73-83.

허진숙(2011). 고객중심적 호텔 수익관리 연구. 강원대학교 대학원 박사학위논문.

허진숙·이정자(2010). 경기침체기의 호텔 객실수익의 영향요인에 관한 연구. 호텔경영학연구. 19(6): 153-170.

Canina, L. & Carvell, S. (2005). Lodging Demand for Urban Hotels in Major Metropolitan Markets. *Journal of Hospitality & Tourism Research*, 29(3): 291-311.

Cross, G. R., Higbie, A. J. & (DAX) Cross, Q. D. (2009). Revenue Management's Renaissance. *Cornell Hospitality Quarterly*, 50(1): 56-81.

Culligan, P. E. (1990) Looking Up: Lodging Supply and Demand. *Cornell Hospitality Quarterly*, 24(1): 32-35.

Damonte, L. T., Domke-Damonte, D. J. & Morse, S. P. (1998/1999). The Case for Using Destination-level Price Elasticity of Demand for Lodging Services. *Asia Pacific Journal of Tourism Research*, 3(1): 19-26.

Enz, C. A., Canina, L. & Lomanno, M. (2009). Competitive Pricing Decisions in Uncertain Times. *Cornell Hospitality Quarterly*, 50(3): 325-341.

Frye, W. D.(2011). Understanding the breakeven point when it xomes to to room revenue. *The Rooms Chronicle*. 19(5).

Gallager, M & Mansour, A. (2009). An Analysis of Hotel Real Estate Market Dynamics. *Journal of Real Estate Research*, 19: 133-164.

Gomes, A. J.(1985). *Hospitality in Transition*, Pannell Kerr Forster.

Hanks, R. D., Cross, R. G. & Noland, R. P. (2002). Discounting in the Hotel Industry: A New Approach. *Cornell Hospitality Quarterly*, 43(4): 94-103.

Hayes, D. K. & Ninemeier, J. D.(2007). *Hotel Operations Management*, 2nd Edition. Prentice Hall.

Hotels(2009). *World's Largest Hotel Companies*, June.

Ismail, J. A., Dalbor, M. C. & Mills, J. E. (2002). Using RevPAR to Analyze Lodging-segment variability, *Cornell Hospitality Quarterly*, 43(6): 73-80.

Kasavana, M. L. & Brooks, R. M.(2005). *Managing Front Office Operations*. 7th Edition. Educational Institute, AH&LA.

Kimes, S. E.(2002). Perceived Fairness of Yield Management, *Cornell Hospitality Quarterly*, 43(1): 21-27.

Kimes, S. E.(1989). The Basics of Yield Management, *Cornell Hospitality Quarterly*, 30(3): 14-19.

Koenig, M. & Meissner, I.(2010). List Pricing versus Dynamic Pricing: Impact on the Revenue Risk, *European Journal of Operational Research*, 204(3): 505-512.

Lee, D. (1984). A Forecast of Lodging Supply and Demand. *Cornell Hospitality Quarterly*, 18(3): 44-53.

Mandelbaum, R. (2010). How Profitable Will Your NOI be in 2011? *Lodging*, November, 26-27.

O'Neill, J. W. (2011). Hotel Occupancy: Is the Three-Year Stabilization Assumption Justified? *Cornell Hospitality Quarterly*, 52(2): 176-180.

O'Neill, J. W. & Mattila (2006). Strategic Hotel Development and Positioning: The Effect of Revenue Drivers on Profitability *Cornell Hospitality Quarterly*, 47(2): 146-154.

Rushmore, S.(2002). *Hotel Investment Handbook*. HVS.

Rushmore, S.(1997). The Ups and Downs of Operating Leverage. *Lodging Hospitality*. 9, January.

Singh, A., Dev, C. S. & Mandelbaum, R. (2014). A Flow-through Analysis of the US Lodging Industry During the Great Recession. *International Journal of Contemporary Hospitality Management*, 26(2): 205-224.

Stibel, J. M. (2007). Discounting dos and don'ts. *MIT Sloan Management Review*, 49(1): 8-9.

Stutts, A. T.(2001). *Hotel and Lodging Management: An Introduction*. Wiley.

Talluri, K. T. & Van Ryzin, G. J.(2004). *The Theory and Practice of Revenue Management*. Springer Science: NY.

호텔산업과
호텔경영

PART 06

호텔체인의 성장과
비즈니스모델

13

호텔체인의 성장과 세계화

제1절 호텔체인의 탄생과 성장
제2절 호텔체인의 세계화

CHAPTER

학습목표

본 장을 학습한 후 독자들은 다음과 같은 사항에 대해 잘 이해할 수 있어야 한다.

❶ 유명 호텔체인의 탄생과 성장과정을 이해한다.
❷ 유명 호텔체인의 주요 성장전략에 대해 이해한다.
❸ 다국적 호텔체인의 해외시장 진출 동기에 대해 이해한다.
❹ 호텔체인이 해외시장 진출에 대한 위험요인에 대해 이해한다.
❺ 유명 호텔체인들의 해외시장 진출의 자세한 과정에 대해 이해한다.

제1절 호텔체인의 탄생과 성장

　호텔체인(Hotel Chain)이란 동일한 개인이나 조직에 의해 소유 또는 운영되는 2개 이상의 호텔집단을 말한다. 호텔은 여행자가 타 지역을 방문하기 때문에 관광지 자체를 포함한 상품에 대한 정보의 비대칭성이 비교적 큰 편이다. 그래서 호텔은 숙박을 경험한 후에야 품질을 정확하게 알 수 있는 경험재의 특성을 가지고 있다. 따라서 소비자에게 인지도가 높은 호텔 브랜드는 정보의 비대칭성으로 인해 소비자가 체감하는 상품에 대한 불확실성을 감소시키는 효과가 크기 때문에 유명 호텔체인들은 이를 지렛대로 이용하여 시장지배력을 확대해 나갈 수 있다는 이점이 있다.

　우리는 제3장에서 Ritz, Statler, Hilton, Sheraton, Holiday Inn 등과 같은 호텔체인의 성장과정을 이미 살펴보았다. 본 장에서는 이들에 대한 이야기는 제외하겠다. 유럽에서 Ritz의 전성기 이전에는 보통 가족에 의해서 운영되는 비교적 소규모 사업의 형태로 운영되었으며, 체계적인 구조와 규모를 갖춘 호텔체인은 아직 존재하기 전이었다고 한다.

　19세기 말이 되면서 유럽에서는 Ritz 외에 초기의 호텔체인들이 등장하기 시작한다. 먼저 1897년 독일 베를린에는 최초의 Kempinski 호텔이 건립됐다. 그리고 1900년대 초반 영국에서는 최초의 호텔체인이 탄생했다. 즉 1904년 Earl Grey 4세는 Hertfordshire에 최초의 Trust House 호텔을 개업한다. 청결, 서비스, 좋은 식사로 큰 인기를 끌게 된 Trust House 호텔은 대성공을 거두며 제1차 세계대전이 종전될 시점에는 약 100여 개의 호텔을 경영하였다고 한다. Trust House는 1920년대와 1930년에도 계속 성장해서 제2차 세계대전이 발발하기 직전에는 222개의 호텔을 거느린 거대한 호텔체인으로 거듭나게 되었다. 이후 Trust House는 The Cavendish, The Grosvenor House 등과 같은 영국의 유명 호화호텔들을 차례로 인수하면서 고급호텔로서의 명성을 쌓게 된다. 1970년 Trust House Group과 Forte's Holdings Limited의 합병을 통해 Trust House Forte(THF)가 새로이 탄생하게 되었다. 1971년 Trust House Forte는 일부 16세기 Inn들과 호화호텔들로 구성된 181개 호텔들과 약 10,300실의 객실을 보유하게 되었다.

Ritz와 Kempinski, Trust House 이후 유럽에서는 1950년 프랑스의 Club Med, 1956년 스페인의 Melia, 1966년 스위스의 Movenpick, 1967년 프랑스의 Accor, 1976년 프랑스의 Louvre, 1978년 스페인의 NH Hotels 등과 같은 호텔체인이 속속 등장했다.

한편 미국 호텔산업에서는 Statler, Hilton, Sheraton 외에도 다른 호텔체인들이 등장하기 시작했다. 비록 호텔의 기원은 유럽에서 유래되었지만 현대적 의미의 호텔경영을 완성한 것은 역시 미국 호텔체인들이다. 지금부터 여러 유명 호텔체인의 탄생과 성장 과정을 살펴보기로 한다.

1. Westin Hotels

1930년 미국 워싱턴주 야키마시에서 호텔의 소유주였던 Severt W. Thurston과 Frank Dupar는 보유하고 있는 호텔들을 보다 효과적으로 경영하기 위해 파트너관계를 맺었다. 그 후 Peter Schmidt와 Adolph Schmidt가 사업에 합류하면서 워싱턴주 내에서만 17개의 호텔을 운영하는 Western Hotels란 호텔기업을 설립하게 된다. 초기에 경영진은 각 호텔을 개별적으로 개발하였다. 약 20년간 눈부신 성장을 이룩한 1954년에 회사명을 Western International Hotels로 개명하게 된다. 1958년 운영하는 모든 호텔들은 단일 기업구조에

의해 관리하기 시작했으며, 1963년에는 기업공개를 하여 상장기업으로 면모를 바꾸게 된다. 그러나 1970년 체인은 거대 항공사의 모기업인 UAL사에게 피인수되는 우여곡절을 겪게 되며, 창립 50주년이 되는 1980년 다시 회사명을 변경해서 Westin Hotels & Resorts 로 재탄생하게 된다.

1987년 당시 회장이던 Richard Ferris는 UAL을 United Airlines, Hertz Rent a Car, Hilton Hotels, Westin Hotels 등의 호스피탈리티기업들을 Apollo란 중앙예약시스템을 통해 통합하는 Allegis란 여행재벌기업의 탄생을 발표한다. 그러나 이 전략은 크게 실패하게 되고 결국 Westin은 일본의 Aoki사에 의해 인수된다. 그러나 1994년 Aoki는 다시 Westin을 REIT이자 Starwood Lodging의 모기업인 Starwood Capital과 유명 투자회사인 Goldman Sachs에게 공동으로 매각된다. 1998년 Starwood는 Goldman Sachs의 지분을 모두 매입하면 Westin에 대해 독점소유권을 가지게 되었다.

Westin체인은 성장하면서 호텔산업에 많은 혁신을 일으켜 왔다. 1946년 최초로 고객 신용카드를 선보였으며, 1969년에는 24시간 룸서비스, 1991년에는 각 객실마다 Voice Mail을 설치했다. 1999년 Westin은 'The Heavenly Bed'란 침실상품을 선보여 공전의 히트를 구가하게 된다. 호텔 역사상 최초로 침대를 브랜드화한 것이다. 2005년에는 Heavenly Bed를 구성하는 침실상품들이 미국의 유명 백화점인 Nordstrom의 60 여개 점포에서 판매되기에 이르는데, Westin은 이를 통해 소매점에 호텔상품을 판매하는 최초의 호텔기업이란 영광을 얻게 된다. Westin은 United Airlines과 좋은 동반자 관계를 유지해 왔는데, Heavenly Bed 상품을 뉴욕과 캘리포니아 간의 프리미엄 서비스 노선에 투입하기도 했다.

그러나 2016년 Marriott International이 Starwood Hotels & Resort를 전격 인수하면서 Westin 체인의 소유권은 Marriott으로 넘어가게 되었다.

2. Le Meridien Hotels

Le MERIDIEN

Le Meridien호텔은 프랑스의 대표항공사인 에어프랑스사가 승객들을 투숙시켜야 할 필요가 증가되고, 당시 파리의 객실공급이 부족한 상황에 대응하기 위해 1972년 항공사가 보유한 호텔과 다른 호텔들을 합병하면서 설립되었으며, 초창기 이 호텔의 정식명칭은 Hotel France International이었다. 그러나 기업이 설립된 직후 이 젊은 호텔체인은 개인호텔기업인 Les Relais Aeriens와 합병하면서 Societe des Hotels Meridien으로 개칭하게 되었다. Le Meridien은 처음에는 프랑스에 있는 호텔만을 운영하였으나 신속하게 영업활동의 범위를 중동으로 확대하였다. 20년 사이에 Le Meridien은 세계 50여 도시에서 54개의 호텔들을 경영하는 체인으로 성장하게 되었다. 성장전략은 에어프랑스의 전철을 밟아나갔다. 1976년 Le Meridien은 북미에서 처음 호텔영업을 시작했으며 이후 뉴욕, 샌프란시스코 등에도 진출하였는데, 미국 호텔시장을 관리하는 경영진에는 미국인과 프랑스인이 같이 활동하였다. 에어프랑스사가 Le Meridien호텔을 개발한 이유 중의 하나는 프랑스의 문화를 세계로 전파하는 것이었으며, 또한 이를 통해 미국의 독주에 따른 프랑스의 문화유산을 보호하기 위해서였다.

Le Meridien의 전략은 고객들이 편안함을 느낄 수 있는 격조 높은 호텔을 운영하는 것이었으며, 대부분 호텔들은 중간 정도의 크기였다. 문화주의 경영철학과 함께 Le Meridien은 프랑스 전통과 최상의 프랑스요리를 강조하였다. 또한 패션의 나라 프랑스의 정수로서 종사원들의 유니폼도 프랑스 패션디자이너들에 의해 개발되었다. Le Meridien의 요리에 대한 몰입은 세계적으로 유명한 프랑스요리 주방장들이 프랑스지역 외에서 영업하는 Le Meridien호텔들의 요리에 대한 자문역을 수행키로 한 계약을 예로 들 수 있다. 그리고 1992년 Le Meridien은 독일 루프트한자항공사의 자회사인 캠핀스키 호텔과 전략적 제휴를 결성하였는데 이로 인해 Le Meridien은 세계 80개국의 호텔네트워크를 보유하게 되었다.

그러나 1994년 Le Meridien은 영국 호텔산업의 거인인 Forte호텔체인에 팔리게 되었으며 그 후 다시 소유권이 영국의 Catering 전문회사인 Compass Group에 양도되었다. 그리고 2005년 Le Meridien은 Starwood Hotels & Resorts Worldwide에 인수되었다. 그러나 2016년 Marriott International이 Starwood Hotels & Resort를 전격 인수하면서 Le Meridien 체인의 소유권도 Marriott International로 넘어갔다.

3. Choice Hotels International

1939년 미국 남부에서 7명의 모텔 소유주에 의해 설립된 Choice호텔은 오늘날 세계 최대의 프랜차이즈호텔 중의 하나이다. Choice호텔에는 Comfort Inn, Quality Inn, Sleep Inn, Clarion, Rodeway, Econo Lodge 등과 같은 세분시장별 브랜드가 존재하고 있다. 특히 1981년 이후 Choice호텔은 혁신적인 경영을 시도하였으며 여러 분야에서 최초의 개가를 올렸다. 초기의 Quality Court체인은 호텔산업에서 최초로 리퍼럴(Referral) 네트워크를 구축하였으며, 최초로 금연객실 프로그램을 시행하였고, 또한 여행사에게 수수료를 주요 국가의 화폐로 지불한 최초의 호텔체인이었다. 그러나 Choice호텔의 호텔산업에 대한 최대의 공헌은 자사의 호텔시스템을 저가호텔(Limited-service Budget Hotel), 중가호텔(Full-service Midpriced Hotel), 고가호텔(Full-service Luxury Hotel) 등의 세 가지 유형으로 구분한 브랜드의 시장세분화(Segmentation)이다.

저가호텔 세분시장의 Comfort Inns은 해당시장에서 선두주자이며 1,000여 개소 이상의 체인을 보유하고 있어 가장 거대한 체인의 하나로서 여겨지고 있다. 중가호텔 세분시장에서는 600여 개소 이상의 Quality Inns가 다양한 서비스를 제공하고 있다. 그리고 고가호텔 세분시장에서는 Clarion호텔이 세계에서 약 80여 개소가 운영되고 있다. 또한 Comfort Suites, Quality Suites, Clarion Suites와 같은 약 120여 개소의 스위트호텔(All-suite)개념은 핵심브랜드에 버금가며 중산층을 표적시장으로 하고 있다. 이외에도 약 60여 개소에서 경제가(Economy)호텔인 Sleep Inns이 영업활동을 하고 있다.

Choice의 공격적인 해외시장 개척은 1985년 미국의 피닉스와 영국의 런던에 새로운 예약센터를 설립하면서 시작되었다. 1년 사이에 Choice는 스위스, 독일, 영국에 호텔들을 개관하였고, 1986년에는 프랑스와 이탈리아에 호텔들을 개관하고 아일랜드와 인도에서도 개발을 시작하였다.

1989년 Choice는 미래의 성장을 위해 일본, 터키, 남미, 카리브해 등과 같은 지역을 목표로 국제시장 개척 노력을 한층 강화하였으며, 이후에도 캐나다, 영국, 유럽대륙, 호주 등에 대한 확장을 시도하였다. 1990년 Choice는 장기체류형 브랜드인 Mainstay Suites를 출시하고, 1992년에는 비로소 세계 최대의 프랜차이즈 호텔기업으로 등극하게 된다. 2005년 Choice는 다시 현대적 스타일을 가진 고급형 All-suites 브랜드인 Cambria Suites를 출시하였으며, 같은 해 67개의 가맹점을 운영하는 Suburban Extended-Stay 체인을 인수하였다. 2016년 12월 말일 기준으로 Choice는 510,000실을 갖춘 6,400 여개의 호텔을 운영하는 세계 4위의 호텔체인이다. Choice의 비즈니스모델은 100% 프랜차이즈 방식이다.

4. Best Western International

Best Western은 2차 세계대전 직후 호텔사업을 시작했다. 당시 미국 호텔들은 보통 대규모 도심호텔이거나 아니면 이보다 훨씬 작고 가족중심으로 운영되는 도로가에 있는 호텔로 구분되고 있었는데, 캘리포니아 주에서 독립적으로 운영되는 몇몇 호텔들이 협조해서 여행자에게 서로 호텔을 소개(Referral)하기 시작했다고 한다. 이와 같이 작고 비공식적인 네트워크가 성장해서 결국 1946년 M. K. Guertin에 의해 현재의 Best Western으로 변모한다.

Best Western이란 이름은 당시 대다수 소속 체인호텔들이 미국 미시시피강 서쪽에 위치하고 있다고 해서 붙여졌다. 그리고 1946년부터 1964년까지 Best Western은 대다수 가맹호텔들이 미시시피강 동쪽에 있어서 경쟁관계에 있지 않았던 Quality Courts(현 Quality Inn)와 마케팅 파트너십 관계를 맺는다. 1964년 Best Western은 성장전략의 일환으로 Best Eastern이란 브랜드를 출시하며 최초로 미시시피강 동쪽에 호텔을 오픈한다. 그러나 오래 못가서 1967년 Best Eastern은 사용이 중지되고 전 지역에서 Best Western 명칭으로 통일된다. 1964년 처음으로 캐나다에 진출하면서 국제 호텔시장에 진출하는데,

이후 1976년 멕시코, 호주, 뉴질랜드에 진출하면서 해외시장 진출을 가속화한다. 그리고 Best Western 고유의 황금왕관 로고는 1964년 처음 개발된 후 여러 차례의 수정을 거쳐 1994년 현재의 로고로 변경됐다.

체인 소유호텔과 프랜차이즈 가맹점으로 구성되는 일반 호텔체인들과 달리 Best Western은 독립적으로 소유되고 프랜차이즈 형태로 운영되는 특이한 구조를 가지고 있다. 그러나 프랜차이즈 본사와 가맹점이 서로 이윤창출(For-profit)을 위해 운영되는 일반적인 프랜차이즈와 달리 Best Western은 각 프랜차이즈가맹점은 협회(Association)의 구성원으로서 행동하고 투표권을 행사하고 있었다. Best Western은 초기 가입수수료에 추가되는 객실 수만큼의 비용을 징수하며, 각 가맹호텔들이 준수해야 하는 표준 규칙을 제정했다. 또한 Best Western은 장기계약을 피해서 해마다 계약을 갱신하도록 하고 있는데, 재계약률이 90%를 넘었다. 각 가맹호텔은 스스로 독립된 정체성을 유지할 수 있다. 각 가맹점은 Best Western 간판과 상호를 반드시 사용해야 하지만, 옵션으로 Best Western Adobe Inn처럼 스스로 고유한 명칭도 사용할 수 있다. Best Western의 또 하나의 특징은 가맹호텔의 상당수가 인도인 가족에 의해 가업으로 운영되는 호텔들이란 점이다.

Best Western은 창립 이래 조직을 비영리 협조적(Cooperative) 구성원 협회란 명칭을 유지해 왔다. 그러나 1984년 미국 연방법원으로부터 Best Western은 프랜차이즈 기업으로서 그에 따른 적절한 법과 규정을 따라야 한다는 명령을 받게 된다. 따라서 종전의 고유했던 Referral 조직은 중지되고 프랜차이즈 본사로서 거듭나게 되었다. 그리고 2002년 Best Western은 상위층의 손님들을 겨냥해서 Best Western Premier라는 새로운 브랜드를 출시한다. 2016년 12월 말일 기준으로 Best Western은 세계 90개국에서 300,000실을 갖춘 3,700여 개의 호텔을 운영하고 있다.

5. Marriott International

1927년 Marriott의 설립자인 J. W. Marriott 1세는 수도 워싱턴에서 자그마한 맥주 바를 오픈하였다. 개점 후 얼마 안돼서 Marriott은 가게를 Hot Shoppe란 멕시칸 레스토랑으로

개조하였는데, 이 시기에 미국의 서부지방은 멕시코 음식이 매우 유행하고 있었으나, 이에 반해 동부는 아직 멕시코 음식이 덜 알려진 상황이었다.

Marriott과 아내 앨리는 하루에 16시간 이상 열심히 일을 했다. 그 결과 Hot Shoppe는 워싱턴에서만 여섯 점포로 성장하고, 결국 필라델피아와 볼티모어 지역으로도 확장되기에 이르렀다. 성장 기조를 유지하기 위해 Marriott은 보수적인 재무관리시스템을 시도하였고, 메뉴의 표준화와 식재료의 중앙공급 방식을 도입하고, 기타 모든 소요 물자들을 중앙집하장(Central Warehouse)에서 공급하도록 하였다.

이후 항공기 승객에게 점심 도시락을 팔기 시작해서 결국 1937년 Marriott은 본격적으로 항공기내식(Airline Catering) 사업을 최초로 시작하였다. 한편 1940년대에 Marriott은 성장세가 주춤하였지만 1950년대에 다시 사업을 확장하여 1950년대 말에는 90여 개소의 Hot Shoppe 점포를 운영하게 되었다. 1953년 Hot Shoppe는 주식시장에 상장하였고, 1957년 Marriott은 워싱턴에 360여 개의 객실을 갖춘 첫 번째 호텔을 오픈하게 되었다. 이후 Marriott의 레스토랑 사업은 점차 부진하였으나, 반면에 호텔사업에 대한 관심은 점점 고조되었다.

설립자의 아들인 J. W. Marriott 2세는 1964년 부친으로부터 경영권을 인수한 후 레스토랑 사업에서 더욱 공격적인 성장전략을 전개하기에 이르렀는데, 1967년 Marriott은 Big Boy란 레스토랑 체인과 Farrell's란 아이스크림 회사를 인수했다. 또한 Marriott은 같은 시기에 Roy Rogers란 패스트푸드 체인을 창업하고, 1982년에는 Gino's란 패스트푸드 체인을 인수해서 대부분의 Gino's 점포들을 Roy Rogers란 상호로 전환했다.

그러나 호텔사업에서의 Marriott의 확장전략은 더욱 가공할 만 했다. 1970년에 Marriott은 총 4,770여 개의 객실을 보유한 11개의 호텔만을 운영하고 있었으나, 1970년대 말이 되자 100여 개소의 호텔과 45,000여 개의 객실을 운영하게 되는 획기적인 성장을 이룩하게 되었다. 1980년대에도 Marriott은 쉬지 않고 사업 확장을 도모했는데, 예를 들면 1982년 Marriott은 200여 개의 Big Boy 레스토랑, 365여 개의 패스트푸드 점포를 소유하기에 이르렀고, 51개소의 국내선 공항과 21개소의 국제선 여객터미널에서 기내식 주방시설을 운영하고, 급식계약(Contract Food Services)을 통하여 140여 개의 일반기업, 100여 개의 병원과 20여 대학의 식당을 경영하게 되었다. 부친과 마찬가지로 Marriott 2세도 일관된 상품과 서비스를 고객에게 제공하기 위해서 모든 사업부서들을 강력한 중앙통제식 방법으로 경영하였다.

한편 1983년에 철저한 시장조사를 거쳐 중가시장(Mid-price Market)에 Courtyard를 도입한 이래 Marriott은 전 세계로 그 영역을 확대해 나갔다. 1987년 장기체류 세분시장을 공략하기 위해 Residence Inn을 인수했고, 같은 해에 새롭게 떠오르는 경제가시장(Economy Market)에서 기회를 선점하기 위해 Fairfield Inn을 도입했다.

1980년대에 있어서 Marriott의 성장에 가장 중요한 사항은 호텔사업과 호텔사업의 확장뿐만 아니라, 부동산 회사로서의 일면도 갖추게 되었다는 것이다. 다른 호텔기업들과 달리, 1980년대에 Marriott은 잠재 투자자나 소유자들의 요청을 기다리기보다는 공격적으로 새로운 호텔건설에 뛰어 들었다. 1980년대와 1990년대 초의 Marriott의 성장전략은 다음과 같은 세 가지 측면으로 이해될 수 있다. 첫째, 기업 외부로부터 가능한 최대한의 자금을 확보한다(borrow as much money as possible from outside of the company). 둘째, 많은 양호한 입지조건을 확보한 곳에 새로운 호텔들을 건립한다(build new hotels in variety of the best locations). (3) 새로 건설된 호텔들을 판매하는 동시에 위탁경영계약을 통해 운영권을 확보한다(sell those new hotels while holding the right to operate them). Marriott의 확장전략을 부연해서 설명하면, 호텔의 소유권(Ownership)과 경영(Management)의 분리는 Marriott에게 빠른 성장을 위해 필수적인 투자자본의 확보란 부담을 덜어주었을 뿐만 아니라, 위탁경영계약을 통해 Marriott은 직접비용과 간접비용을 부담해야 하는 직접 소유방식 보다는 덜 변동적인 현금흐름(Cash Flows)의 체제를 유지할 수 있었다. 또 호텔들로부터 총매출액의 3%-5%에 달하는 기본수수료(Base Fees)와 영업이익의 일부를 성과수수료(Incentive Fees)로 확보할 수 있었다. 이러한 위탁경영으로부터 유래된 비교적 안정된 현금흐름의 확보는 Marriott이 직접 소유해서 경영하는 방식에 비해 자체 현금흐름 대비 높은 수준의 부채비율을 유지하는 것을 가능하게 했다.

그러나 공교롭게도 재무레버리지를 기반으로 하는 공격적인 확장전략은 Marriott에게 비교적 짧은 시간에 커다란 성장 기회도 제공했지만, 반면에 이런 무리한 확장전략은 이후 창업 이래 최악의 위기 사태로 몰아가게 되었다. 결국 1993년 10월 8일에 1990년대 초부터 불거져 나온 저조한 경영성과의 누적으로 비롯된 과도한 재무적 어려움을 극복하기 위해 Marriott은 분사(Spin-off)란 고육지책을 감행하였다. 분사로 종전의 단일 기업은 2개의 독립된 회사로 다시 탄생하게 되었다. 즉 구 "Marriott Corporation"은 "Host Marriott"으로 상호를 바꾸었고, "Marriott International, Inc."란 새로운 회사가 탄생했다. 분사란 고육지책을 감행하게 된 배경으로는, 1980년대와 1990년대 초까지 Marriott은 특히 호텔사업부에서 공격적인 확장전략을 전개했는데, 그 결과로 호텔사업부문은 1980년 1개 브랜드 밑에 75개의 호텔과 약 30,000여 개의 객실에서 1993년말 시점에서 4개의 브랜드에 784개의 직영점 또는 프랜차이즈 호텔과 173,000여 개의 객실을 운영하는 거대한 호텔체인으로 탈바꿈하기에 이르렀다.

Marriott의 성장에 있어 중요한 전략적 결정의 하나가 1993년에 단행한 분사이다. 서로 분리된 이후 Marriott International과 Host Marriott는 각자의 사업분야에서 좋은 경영성과를 보였다. 두 기업의 상호 보완적인 관계는 개별적 또는 전체적인 측면에서 각자의 경영성과를 향상하는데 큰 도움이 되었다. 구체적으로 호텔산업에서 가장 큰 부동산기업(REITs)의 하나인 Host Marriott이 많은 호텔들을 매입하면 전략적으로 매입한 호텔들의 위탁경영권을 Marriott International에게 넘겨주었다. 바꾸어 말하면, Host Marriott 호텔들을 '구입'하면 Marriott International은 이 호텔들을 떠맡아 '운영'하였다. 예를 들면 1994년과 1995년에 11,300여 객실을 포함하는 27개 고급호텔들을 매입하기 위해 Host Marriott는 약 9억1천만 불을 투자했는데, 이 호텔들은 모두 Marriott International에 의해 위탁경영되었다. 두 기업 간의 긴밀한 관계는 아마도 호텔역사상 가장 효과적인 사업제휴의 예라고 볼 수 있을 것이다. 또한 이 두 자매기업들은 재무 리엔지니어링의 효과를 극대화하기 위해 서로 재무자원을 교환하기도 하였다. 요약하면, 효과적으로 수립된 소유자-운영자 관계는 두 기업은 물론이고 투자자들에게도 긍정적인 영향을 미치게 되었다.

1995년 Marriott은 Ritz-Carlton호텔 체인을 인수함으로써 전 세계 호텔시장에서 경제가(Economy)부터 최고급(Luxury) 호텔상품들을 판매하는 유일한 호텔체인이 되었다. 그리고 1997년에는 Marriott은 Renaissance 호텔체인을 매입함으로써 다국적 호텔체인으로서의 기틀을 확립했으며, 같은 해에 TownePlace Suites, Fairfield Suites 및 Marriott Executive Residence 같은 새로운 브랜드를 도입했다. 이후 Marriott은 여러 브랜드를 새로 도입하는 동시에 여러 번의 인수합병을 통해서 체인의 규모를 더욱 확장했다.

드디어 2015년 11월 Marriott은 라이벌 호텔체인이었던 Starwood를 122억 달러에 전격 인수하기로 결정했으며 인수절차는 2016년 9월에 종결되었다. 따라서 Marriott International은 전 세계 110여 개 국가에서 약 5,800개소의 호텔에서 총 110만실을 운영하는 세계 최대의 호텔체인으로 등극하게 되었다. 〈그림 13-1〉에서와 같이 현재 Marriott International은 총 30개의 유명 브랜드를 운영하고 있다.

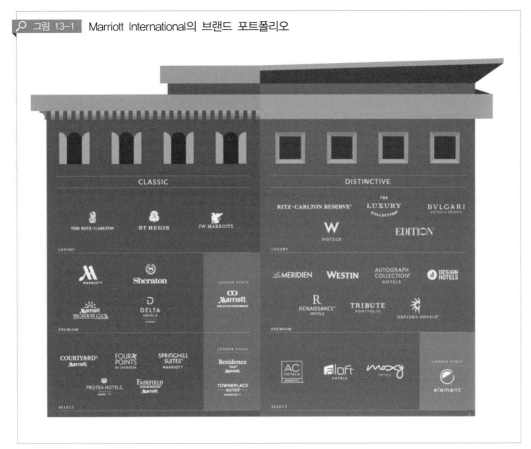

그림 13-1 Marriott International의 브랜드 포트폴리오

출처: marriott.com

6. Hyatt

HYATT

미국 시카고의 재벌가문인 Pritzker 패밀리에 의해 설립된 Hyatt호텔은 다른 호텔체인
에 비해 뒤늦게 도심지 고급호텔시장에 뛰어들었지만 바로 괄목할만한 성장을 했다.
1957년 LA로 비즈니스여행을 하던 중 창업자 Jay Pritzker는 얼마 후 국제공항이 되는
장소와 가까운 곳에 위치한 작은 호텔을 인수했으며, 이후 호텔사업은 매우 빠르게 성장
했다. 1967년 Hyatt호텔은 향후 매우 유명해진 로비 아트리움(Atrium)으로 치장한 Hyatt

Regency를 애틀랜타에 개관함으로써 최고급호텔 컨셉을 개발하게 되었는데, 이러한 최고급호텔들은 컨시어지 서비스, 꽃배달, 목욕가운 제공 등의 호화로운 서비스로 고급여행자들을 위한 '총체적 경험'(Total Experience)을 중시했다. Hyatt는 총체적 경험을 강조하여 호텔에서의 독특한 식당시설을 중시한 최초의 미국 주요 호텔체인중의 하나였는데, 목표는 객실에 투숙하는 손님들에게만 소구하는 것이 아니라 호텔이 위치한 지역사회의 소비자들을 끌어들이는 것이었다.

　Hyatt International은 1969년에 설립되었는데, 최초의 위탁경영계약을 체결하면서 최초로 해외시장 진출을 기록한 호텔이 Hyatt Regency Hong Kong이었으며 뒤이어 Hyatt Regency Manila와 Hyatt Regency Acapulco가 개관했다. 1989년에 Hyatt는 호텔업계 최초로 어린이를 위한 프로그램인 Camp Hyatt를 도입했다. Hyatt는 부동산에 대한 소유권과 호텔의 경영권을 분리하는 것의 이점을 누구보다도 먼저 인지한 체인이었다. Pritzker 패밀리는 한 기업은 호텔을 경영하고 또 다른 기업은 부동산을 소유토록 했다. 그러나 2004년 Hyatt Corporation과 Hyatt International은 Hyatt Hotels Corporation이란 단일 기업으로 합병되었다.

　2004년 Hyatt는 Blackstone Group으로부터 Hyatt 최초의 한정서비스 체인인 AmeriSuites를 인수해서 Hyatt Place로 개명했다. 그리고 2005년 Hyatt는 역시 Blackstone Group에게서 한정서비스 세분시장의 Summerfield Suites를 인수해서 역시 Hyatt Summerfield Suites로 개명했다. 2009년 기업공개(IPO)를 실시해서 상장기업으로 재탄생하게 되었다. Hyatt의 현재 브랜드 포트폴리오는 Park Hyatt, Grand Hyatt, Hyatt Regency, Hyatt Resorts, Hyatt Place, Andaz, Hyatt Summerfield Suites, Hyatt Vacation Club으로 이루어졌다. 그러나 Hyatt는 Marriott, Hilton, Accor, IHG 등이 자산경감전략을 채택하며 큰 성장을 이루는 동안에 경쟁에서 점점 뒤처지고 있는 상황에 처하게 되었다. 그러던 2015년 Hyatt는 경쟁사를 쫓기 위해 매물로 나온 Starwood를 인수하려 했지만 주식의 이중구조 등의 원인으로 결국 실패하고 말았다.

7. Wyndham Worldwide

　　Wyndham은 1981년 미국 텍사스 주의 댈러스 시에서 Trammell Crow에 의해 설립되었다. 기업은 성장해서 결국 호텔 REIT인 Patriot American Hospitality와 합병한다. 통합된 기업은 결합(Paired-share)REIT의 구조로 재탄생하게 되었는데 Patriot체인은 호텔자산을 소유하거나 호텔을 임차했고 반면에 Wyndham은 Patriot가 소유하거나 임차하는 호텔들을 관리하도록 했다.

　　Patriot로 명명된 통합기업은 90년 후반에 급속하게 성장하기 시작했는데, 많은 호텔자산들을 인수한 후 Wyndham으로 개명했다. 1998년 고급화된 한정서비스 브랜드를 설립하기 위해 Summerfield Hotel Corporation을 인수한 후 Summerfield by Wyndham으로 개명했다. 또한 Wyndham Garden Hotels을 설립했으며, 새로 인수한 11개의 호텔로 구성된 Grand Bay Hotels & Resorts란 최고급(Luxury) 브랜드를 출시하기도 했다. 그리고 Patriot는 The Great Eastern Company와 같은 유럽의 호텔들을 구입하기도 했다.

　　그러나 기업의 신속한 성장은 현금을 고갈시키는 지경에 이르게 하면서 더 이상 자력으로 성장할 수 없는 상황에 빠지게 되었다. 결국 1999년 3월 Thomas H. Lee Partners와 Apollo Real Estate Advisors가 주축이 된 사모펀드 연합체에 경영지분을 양도하는 조건으로 10억 달러의 구조조정자금을 지원 받게 된다. 새 주인은 회사명을 Wyndham International로 개명했으며, 이로써 기업은 세제혜택을 누리던 종전의 결합REIT에서 이중과세가 부과되는 주식회사(C Corporation)로 지위가 변경된다.

그리고 1999년부터 2004년 동안 Patriot는 과거 빠른 성장을 도모하기 위해 차입했던 부채를 갚기 위해 고심하게 되는데 결국 90년대 말에 인수했었던 많은 호텔들을 매각하게 되었으며, 9·11 사태로 호텔산업이 최악의 상황이어서 대폭 할인된 가격으로 호텔들을 양도할 수밖에 없는 비운을 겪게 된다. 그런 노력의 일환으로 기대를 한몸에 받았던 Grand Bay Hotels & Resorts는 사업이 중지되고, Summerfield Suites와 Wyndham Garden Hotels

| 표 13-1 | 1975년 대비 1982년 미국 호텔체인의 성장 추세

체인명	객실 수		7년간 평균 성장률(%)
	1975	1982	
Holiday Inn	240,500	265,585	1.43
Best Western	92,841	150,188	7.11
Ramada Inns	87,251	86,503	−0.12
Sheraton	74,500	79,803	0.99
Hilton Hotels	59,931	80,473	4.30
Friendship Inns	59,000	64,000	1.17
Howard Johnson's	57,860	59,360	0.37
Days Inns of America	36,992	43,549	2.36
Trusthouse Forte(TraveLodge)	29,404	29,000	−0.20
Quality Inns International	31,975	48,350	6.09
Best Value Inns/Superior Motels	14,400	21,300	5.75
Motel 6	21,788	33,166	6.19
Hyatt Hotels	19,500	36,300	9.28
Marriott Hotels	14,953	42,182	15.97
Rodeway Inns International	18,855	17,860	−0.77
Westin Hotels	13,213	14,012	0.84
La Quinta Motor Inns	5,762	14,705	14.32
Red Carpet/Master Host Inns	21,750	NA	NA
Hotel System of America	10,000	NA	NA
Americana Hotels	7,200	10,549	5.61
Econo-Travel Motor Hotels	6,020	9,715	7.08
Dunfey Hotels	6,000	9,100	6.13
Radisson Hotels	NA	8,865	NA
Stouffer Hotels	5,473	NA	NA

출처: Hotels

의 호텔들은 다른 체인에 매각되기에 이른다. 특히 많은 수의 Summerfield Suites 호텔들은 InterContinental Hotels Group에 피인수되어 Staybridge Suites Hotels로 개명된다.

2005년 6월 Wyndham International은 사모펀드인 Blackstone Group이 주축이 된 연합체에 32억4천만 달러에 매각돼서 비공개기업으로 존속하게 된다. 이후 몇 달이 지나자 많은 호텔자산들이 Goldman Sachs와 Columbia Sussex에 매각된다. Blackstone은 남은 자산을 LXR Luxury Resorts로 개명하고, Wyndham과 Wyndham Garden Hotels 브랜드는 복합기업인 Cendant에 매각하기에 이른다. 또한 Blackstone은 Summerfield Suites 브랜드를 Hyatt에 매각하는데, Hyatt는 Hyatt Summerfield Suites로 개명한다.

2006년 8월 Days Inn을 포함한 Cendant의 모든 호텔 프랜차이즈 브랜드들이 Wyndham Worldwide의 사업부로 편입된다. 2016년 12월 말을 기준으로 7,700여 개의 호텔에서 총 675,00실을 운영하는 세계 제4위 규모의 호텔체인으로 성장했다.

8. IHG(InterContinental Hotels Group)

IHG는 영국이 자랑하는 세계 제3위의 호텔체인이다. IHG는 전 세계 100여개 국가에서 약 5,000여 개의 호텔에서 72만 실을 운영하고 있다. IHG는 원래 영국 최대의 맥주회사였던 Bass에서 유래하고 있다. Bass는 1980년대부터 1990년대에 걸쳐 미국의 대표적인 호텔체인이었던 Holiday Inn과 InterContinental Hotel을 차례로 인수하면서 세계 호텔산업의 최강자로 군림하게 되었다. 모기업이었던 Bass는 매각해 버렸다.

IHG의 최고급 브랜드인 InterContinental호텔은 원래 1946년 당시 미국의 최대 항공사인 Pan Am이 전체지분을 보유한 자회사로 설립되었다. 당시 최고의 인기를 누리던 Pan Am은 남아메리카 국가와의 무역과 관광활동의 증진은 물론이고 미국정부의 외교력을 강화하기 위한 노력을 지원하기 위해 호텔 자회사의 설립을 결정하였다. 최초의 호텔은 브라질의 Belem에서 오픈했으며 이후 InterContinental호텔은 남아메리카 및 카리브 해 지역으로 영업지역을 확대한다.

1960년대 초기에 InterContinental호텔은 유럽, 아시아, 태평양 등을 여행하는 미국인 비즈니스 및 여가 여행자의 증가로 인하여 동 지역에 새로운 호텔들을 개관했다. 아시아에서 InterContinental호텔은 최초로 인도네시아의 이국적인 섬인 발리에 호텔을 오픈하는데, 이 호텔의 객실에 대한 수요가 엄청나서 객실예약을 보장받기 위해 소비자들은 Pan Am 비행기 좌석을 예약해야만 했다고 한다. 역시 1960년대 초에 InterContinental호텔은 중동의 레바논에 최초의 호텔을 개관했으며, 이어서 1964년에는 동유럽에도 진출한다.

InterContinental은 현지호텔이 고유한 지역 환경을 잘 반영하여 설계하는 독특한 호텔건축으로 유명하며, 또한 호텔의 복원으로도 유명하였다. 궁전, 관공서 건물, 오래된 유곽 등은 InterContinental호텔이 선정하는 복원 대상이었다. 이러한 문화적 환경에 대한 공헌 중에서 가장 유명한 예는 시드니에서 과거 재무성 빌딩을 복원하여 호텔로 전환한 사례이다.

그러나 InterContinental호텔은 1981년에 영국의 Grand Metropolitan PLC에 5억 달러에 피인수되었다가, 1988년에 다시 일본의 Saison Group(60%)과 SAS International(40%)에 재매각되었으며, 1991년 Saison은 SAS의 지분을 전량 인수했다. 그러나 1998년 3월 InterContinental호텔은 다시 영국의 맥주회사인 Bass PLC의 자회사인 Bass Hotels에 의해 인수되었으며 Bass PLC가 이미 1989년 인수한 세계 최대의 호텔브랜드인 Holiday Inn과 함께 2000년 Six Continents Hotels로 편입된다. 그러다가 2003년 모기업인 Bass PLC가 주력사업이었던 맥주사업의 포기를 결정하면서 InterContinental Hotels Group PLC로 재탄생하게 되었다. 현재는 회사명을 약자를 써서 IHG로 브랜드화하고 있다. 미국에서 탄생한 호텔기업이 영국이 자랑하는 세계 정상의 호텔체인으로 탈바꿈되었다.

영국기업인 IHG의 주력시장은 북미 및 중남미이다. IHG의 기함브랜드인 InterContinental은 아시아·중동·아프리카 지역에서 가장 활발한 영업활동을 벌이고 있는 것으로 나타나고 있으며, 나머지 브랜드들은 모두 북미 및 중남미 시장에 집중되어 있는 편이다. 그리고 IHG는 북미시장 이외의 지역에 진출할 때는 주로 고급브랜드에 집중하고 있다. 가장 가격대가 낮은 Holiday Inn Express는 북미시장 특히 미국에 집중되어 있다는 사실도 미루어 짐작할 수 있다.

IHG의 주력 비즈니스모델은 프랜차이즈이다. 2014년 기준으로 전체 호텔의 84.5%, 전체 객실의 72.8%가 프랜차이즈 사업모델에 의해 운영되고 있으며, 위탁경영에 의해 운영되는 호텔은 전체의 15.4%, 객실은 전체의 26.8%를 점유하고 있다. 직접 소유하거나 리스로 운영되는 호텔은 단지 7개소로 존재감이 거의 없다고 볼 수 있다. 한편 브랜드별로 보았을 때 최고등급 브랜드인 InterContinental은 위탁경영에 의해 운영되는 호텔이 133개인 반면에 프랜차이즈 호텔은 훨씬 적은 44개소에 불과하다. 역시 고급브랜드인 Crowne Plaza도 다른 브랜드에 비해 위탁경영의 비율이 현저히 높게 나타나고 있다. 따라서 직접 소유하는 호텔이 거의 없는 IHG의 주요 수입원은 프랜차이즈 수수료와 위탁 경영 수수료이다.

9. Accor Hotels

Accor는 유학 중에 Holiday Inn 등 미국 호텔체인들의 합리적인 경영에 감명을 받고 귀국한 Paul Dubrale이 Gerard Pelisson을 호텔사업에 함께 끌어 들이면서 시작되었다. 1967년 처음으로 프랑스의 고속도로 주변에 미국식 모텔인 건설했다. 비록 출발은 늦었지만 기업규모가 점차 확대되면서 객실 수, 매출액, 이윤 등이 지속적으로 증가됐다. 현재 Accor는 어떤 호텔체인보다도 많은 국가에서 영업활동을 전개하고 있다. Dubrale과 Pelisson은 1975년 Mercure 호텔체인을 인수하고 1980년에는 Sofitel체인을 인수했다. 그들은 처음 Novotel로 호텔사업을 시작했으나 1983년 Borel International과 합병되면서 Accor로 개명하게 되었다. 이후 Accor는 1985년 Formule 1을 도입하고, 1990년에는 미국의 Motel 6를 인수했으며 1992년에는 Pullman호텔을 인수했다. 그리고 미국의 중저가호텔체인인 Red Roof Inns을 인수했다. 후일 Motel 6와 Red Roof Inn은 다시 매각했다.

Accor는 1979년에 Sofitel이란 고급호텔상품으로 미국시장에 처음으로 진출했다.

Accor의 해외시장 확대전략의 일환으로 Sofitel과 같은 고급호텔시장을 공략했으며, 미국 시장에서의 다소 약한 브랜드 인지도를 보강하고 호텔이 위치한 지역의 주민을 유인하기 위해 식음료상품 판매촉진 활동을 강력히 전개했다. 그래서 몇몇 호텔에서는 식음료상품 매출액이 총매출액의 50%까지 차지하기도 했다. 한편 시장세분화(Segmentation)의 가치를 일찍부터 간파한 Accor는 최고급호텔에서 저가호텔까지 다양한 호텔상품을 보유하고 있다.

유럽에서 더욱 명성이 높은 Accor의 강점은 표적고객을 상대로 명확하게 정의된 상품을 제공하는 것으로 알려지고 있다. 대다수 Accor호텔들은 위탁경영계약 또는 프랜차이즈를 통해 가맹관계를 결성하고 있다.

Accor의 Formule 1 컨셉은 혁신적인 것이었다. 프랑스에 있는 Formule 1의 객실은 97평방피트의 면적에 더블침대, 선반형 침대, 세면대, 수납장, 책상, 옷장, TV 등이 갖추어져 있다. 이 외에도 Formule 1에는 자동청소기능을 갖춘 샤워시스템 등과 같이 비용을 절감할 수 있는 다양한 시설이 구축되어있다. Formule 1 컨셉은 유럽에서 다른 호텔들이 모방하게 되었다.

주로 기업인수를 통한 확장전략을 전개한 Accor는 계속해서 해외시장 진출에 지대한 관심을 표명하고 있다. 가장 관심을 두고 있는 유럽시장 뿐만 아니라 북미와 아시아 시장에도 못지않은 의욕을 갖고 있다. Accor의 호텔매출의 약 65%는 유럽시장에서 창출되고 있으며 아시아 시장 특히 중국에서 공격적인 확장전략을 실행하고 있는데, 경제가 브랜드인 ibis를 적극 활용하고 있다. Accor의 성장전략은 장기 사업계획인 'Accor Model'이라 부르는데 주요 전략에는 진출지역과 브랜드의 배분을 잘 조화하는 접근법, 진출 국가와 재무위험을 동시에 평가하는 심사숙고 접근법, 다중 브랜드 판매팀, 자료지향적인 매출관리시스템(Yield Management System), 글로벌 예약시스템, 강력한 브랜드 등과 같은 자원 네트워크가 성장을 지원하도록 하는 접근법 등이 있다.

2004년 Accor는 Club Med의 지분 28.9%를 취득했으나 2006년 핵심사업에 집중하기 위해서 대부분의 지분을 매각했다. Accor와 Club Med는 함께 시너지를 창출하는 여러 가지 고객중심 프로그램을 시행하고 했는데, 예로는 공동구매협약, 웹사이트를 통한 상호판매, Accor의 고객충성도 프로그램에 Club Med의 참가, Sofitel과 Novotel 브랜드에 Club Med가 개발한 체력단련(Fitness) 상품의 도입 등이다. Accor는 2016년 12월 말을 기준으로 세계 100여개 이상의 국가에서 3,800개(520,000실)의 호텔을 운영하고 있는 세계 제6위의 호텔체인이다. 특히 2016년 Accor는 Fairmont, Raffles, Swissotel 브랜드를 보유하고 있는 캐나다의 FRHI를 27억 달러에 전격 인수하면서 브랜드 포트폴리오를 크게 강화하게 되었으며 또한 북미시장에 대한 외연이 크게 확장되었다.

그림 13-2 Accor의 강화된 브랜드 포트폴리오

출처: accor.com

10. Melia Hotels

관광대국 스페인이 자랑하는 호텔체인 Melia의 설립자인 Gabriel Escarrer Julia는 약관 15세의 나이에 마조르카 섬에 있는 Thomas Cook 여행사의 직원으로 일을 하기 시작했다. 1953년 18세 때에 그는 마조르카 섬의 팔마 시에 있는 35실을 갖춘 El Paso Hotel을 임차하여 운영을 하게 된다. 이 사업의 성공으로 자금을 만든 Escarrer는 두 번째 호텔을 임차

하여 운영한다. 그 후 1956년 Escarrer는 Hoteles Malloquines이라는 독립적인 호텔회사를 창립하게 된다. 1950년대 및 1960년대를 통해 Escarrer는 계속해서 마조르카 섬에 있는 호텔들을 인수했으며, 1974년에는 호텔사업을 카나리섬까지 확장한다. 1976년 Costa del Sol지역에까지 진출하게 되면서 그 영향으로 The Sol Hotels란 브랜드가 만들어진다.

Escarrer는 Hotasa 체인을 인수하고 1984년 스페인의 대다수 주요 도시에 호텔들을 포진하게 된다. 1985년 Sol의 국제사업부가 설립되고, 인도네시아의 발리 섬에 첫 번째 해외진출 호텔이 영업을 시작한다. 1987년 스페인, 베네수엘라, 콜롬비아, 이라크 등에서 고급 호텔을 운영하는 Cadena Melia 체인을 인수하게 된다. 그래서 Sol 체인과 Melia 체인을 관장하기 위해 Group Sol이란 모회사를 설립하였다. Sol 호텔은 주로 해변에 위치하는 3-4성급 리조트 호텔들이었으며, Melia는 주로 대규모 리조트와 도심에 있는 비즈니스호텔로서 5성급 고급호텔이었다. 1996년 Group Sol은 Sol Melia로 개칭했으며, 주로 도시와 리조트에 위치하는 호텔들을 인수하면서 국내 및 국제 시장으로 눈부시게 성장하게 된다. 같은 해 6월 Sol Melia는 스페인 호텔기업으로서는 최초로 주식시장에 기업을 공개하게 되는데, 상장과 동시에 호텔자산을 소유하는 Inmotel Inversions와 호텔경영전문회사인 Melia S.A.로 기업을 두 개의 회사로 분할한다. 그러나 1999년 두 회사는 다시 호텔자산을 직접 소유 및 경영하는 통합기업으로 변경되는데, 이런 기업구조는 조직성장에 박차를 가하는데 큰 도움이 된다.

해외시장에서 Melia는 유럽스타일의 서비스와 분위기를 제공하고자 했다. 그래서 해외지역에서 근무하는 대다수 관리자와 중간관리자는 회사의 철학과 서비스표준을 불어넣는 Melia의 자체 교육기관에서 선발했다. 각 호텔에서는 스페인 요리를 제공하는 레스토랑이 운영되고 있으며, 또한 각 호텔은 스페인인 건축가와 디자이너들이 관여해서 각 지역에 맞는 고유한 구조를 갖게 했다. 예를 들면 디즈니월드 근처에 있는 Melia 최초의 미국호텔은 스페인 빌라식인 정원과 호수로 둘러싸인 타운하우스형 빌라로 설계되었다. 2008년 Melia는 새로운 전략을 발표하는데 핵심 내용은 다음과 같은 5가지로 요약할 수 있다: 브랜드자산, 고객 지식 및 접촉, 자산관리, 재능관리, 지속가능성이다.

어린 아이에 의해 시작된 조그만 호텔이 이제는 유럽의 3번째 규모이며 세계에서 12번째로 큰 대규모 호텔기업으로 눈부신 성장을 이룩하였다. 2015년 연말을 기준으로 Melia는 전 세계 41개 국가에서 376개의 호텔체인을 소유 및 운영하고 있으며, 42,275명의 직원들을 고용하고 있다.

지금까지 살펴본 것처럼 세계의 유명호텔들은 환경변화에 잘 부응하면서 큰 성장을 이룩하였다. 〈표 13-2〉에서 보듯이 1998년에서 2008년 사이에 호텔체인들은 규모를 크게 확대했다. 그렇다면 그들은 어떤 전략으로 이런 큰 성장을 이룩할 수 있었을까? 이에 대한 답은 크게 세 가지로 요약할 수 있다.

첫째, 시장세분화(Market Segmentation) 전략이다. 1980년대 미국 호텔산업은 공급초과로 시장이 포화돼서 성장이 정체되면서 호텔체인들의 성장을 지속하기 위한 새로운 전략이 필요하다는 것을 인지하게 되었다. 시장세분화 전략은 이런 위기를 극복하기 위해서 개발되었다. 오랫동안 단일 상품과 브랜드 전략으로 일관했었던 호텔체인들은 자신들의 호텔에 대한 고객들의 브랜드 충성도(Loyalty)가 상당하다는 것을 인지하게 되었다.

| 표 13-2 | 1998년과 2008년의 세계 Top 10 호텔체인

1998년	객실 수	호텔 수	2008년	객실 수	호텔 수
Cendant Corporation	499,056	5,566	IHG	585,094	3,949
Bass Hotels & Rs	465,643	2,621	Wyndham Hotels G.	550,576	6,544
Best Western Int'l	300,000	2,800	Marriott Int'l	537,249	2,999
Choice Hotels Int'l	292,289	3,474	Hilton Hotels Corp.	502,116	3,000
Marriott Int'l	289,357	1,477	Accor	461,698	3,871
Accor	288,269	2,577	Choice Hotels Int'l	452,027	5,570
Starwood Hotels	213,238	653	Best Western Int'l	308,636	4,035
Promus Hotel Corp.	178,802	1,119	Starwood Hotels	274,535	897
Hilton Hotels Corp.	101,891	255	Carlson Hotels WW	146,600	969
Carlson Hospitality	98,404	482	Global Hyatt Int'l	135,001	721
합 계	2,726,949	21,024	합 계	3,953,532	32,555

출처: Hotels

따라서 호텔체인들은 이와 같은 브랜드 인지도를 여러 가격대로 확장할 수 있으며, 기존시장에 새로운 브랜드와 상품을 출시해도 호응도가 높을 수 있다는 가능성을 확신하게 되었다. 이렇게해서 개발된 것이 시장세분화 전략이다.

시장세분화 전략의 창시자는 Quality International의 CEO이었던 Robert Hazard이다. 그는 1981년 종전의 표준 브랜드인 Quality Inn은 그대로 유지하는 동시에 고급(Upscale) 세분시장에 Quality Royale, 경제가(Economy) 세분시장에는 Comfort Inns을 각각 출시하여 큰 성공을 거둔다. 그리고 후에는 All-suite 세분시장을 위해서 Comfort Suites를 도입했다. 이 전략은 대성공을 거두었으며 다른 대다수 호텔체인들이 모방하게 되었다.

종전에 다국적 호텔체인들은 가격대(Price Points)를 기준으로 시장을 세분화하며 새로운 브랜드를 출시했다. 그러나 최근에는 시장세분화의 기준으로 생활방식(Lifestyle)을 채택하고 있다. 특히 젊은 세대들의 욕구에 부합하기 위해 생활방식에 의한 시장세분화 전략을 시행하고 있으며 새로운 브랜드들이 잇달아 출시되고 있다.

둘째, 경쟁 호텔체인을 인수합병(M&A)하는 전략이다. 1980년대 및 1990년대에 걸쳐 현재 21세기까지 세계 호텔산업에서는 수많은 인수 및 합병(Mergers & Acquisition: M&A)이 발생했다. 때로는 주요 호텔체인 간의 인수합병 소식이 신문이나 방송을 뜨겁게 달구기도 했다. 2016년 Marriot이 Starwood를 인수하면서 최정상으로 등극하였으며, Accor가 FRHI를 인수하고, 그리고 최근 중국기업들이 세계적인 호텔체인들을 사들이는 것을 보면 식을 줄 모르는 인수합병의 열기를 새삼 확인할 수 있다. 이제 인수합병은 호텔체인들이 규모의 경제를 확대하고 국제시장에 진출을 통해 성장을 지속하기 위한 중요한 전략으로 자리매김하게 되었다. 결국 역동적인 인수합병의 역사로 인해 현재와 같은 글로벌 호텔산업의 지형이 완성되었다.

셋째, 자산경감전략(Asset-light Strategy)의 채택이다. 과거에 대다수 호텔체인들은 호텔을 직접 소유 및 운영하는 전략을 채택하고 있었다. 그러나 1980년대부터 이런 추세에 변화가 생기게 되었다. 호텔체인들은 자금투자 없이도 신속하게 성장할 수 있으며 또한 호텔의 소유에 따른 영업 및 재무위험을 없앨 수 있다는 매력 때문에 보유하고 있던 호텔들을 매각했으며 동시에 매각하는 호텔을 계약에 의해 임차하거나 위탁경영하게 되었다. 현재 대다수 세계 정상의 호텔들은 수 천 여개의 호텔을 프랜차이즈 또는 위탁경영 계약을 통해 운영만 하고 있지 소유는 거의 하지않고 있다. 대신에 이들은 브랜드를 소유함으로써 호텔체인의 운영방식을 완전히 바꿔 버렸다.

한편 최근 유명 호텔체인들은 〈그림 13-3〉에서 볼 수 있듯이 The Luxury Collection(Marriott, 원래 Starwood), The Autograph Collection(Marriott), The Curio Collection(Hilton), The Unbound Collection(Hyatt) 등과 같은 소프트 브랜드(Soft Brand)를 경쟁적으로 출시하면서 독립호텔들을 끌어들이고 있다. 이는 규모가 큰 호텔체인에 비해 각 지역시장의 고유한 욕구를 보다 잘 반영할 수 있는 이점을 보유하고 있는 지방의 독립호텔들이 자신의 독립적인 정체성을 유지하면서도 체인네트워크에 가입할 수 있도록 해서 이들로 하여금 호텔체인의 중앙예약시스템을 이용하게 하고 또 리워드 프로그램 (Rewards Program)의 혜택을 고객에게 제공하도록 하고 있다. 대신에 호텔체인은 약간의 수수료를 받고 있다. Soft Brand란 의미는 호텔체인과 독립호텔의 느슨한 연대의 의미로 체인에 이미 강한 유대관계로 맺어진 일반적인 체인호텔인 Hard Brand와 대비해서 부르는 명칭이다.

○ 그림 13-3 Soft Brand Collections

▲ Marriott

▲ Marriott

▲ Hilton

▲ Hyatt

출처: marriott.com, hilton.com, hyatt.com

제2절 호텔체인의 세계화

세계화는 무역 및 자본 자유화의 추진으로 재화·서비스·자본·기술·노동력 등의 흐름이 자유롭게 각국으로 통제없이 이동이 가능하여 세계가 단일시장으로 통합되는 현상이라고 정의될 수 있다. 즉 세계화는 높은 수준의 자율성을 보유했던 각 국가별 경제체제 사이에 무역·투자·기술·정보·자본·인력 등의 이동과 흐름이 대규모로 이루어지고 이에 대한 국경통제가 대폭적으로 줄어들거나 사실상 통제가 불가능해지면서 세계경제가 명실상부하게 하나의 경제체제라는 인식의 변화가 크게 증가하고 있는 현상이다.

보다 폭넓은 의미의 세계화는 '정치·경제·사회·문화 등 여러 분야에서 시간 및 공간에 대한 제한이 급속도로 소멸되면서 국가 간 교류가 증가하여 세계가 하나의 단위로 통합되어 가는 과정'이다. 세계화의 전파에 첨병 역할을 하는 조직이 바로 다국적 기업(MNC)이다. 다국적 호텔체인(Multinational Hotel Chains: MHC)은 계약 또는 직접투자 등의 진출방식을 통해 2개 이상의 국가에서 호텔에 대한 경영활동을 수행하는 다국적기업이다. 세계를 누비고 다니는 다국적기업처럼 지속적인 성장을 해야 하는 다국적 호텔체인은 성장을 위해 세 가지 선택을 할 수 있다. 첫째, 기존의 국내시장을 확대하는 것이고 둘째, 국내시장에서 표적시장에 맞는 새로운 상품과 서비스의 출시이며 셋째, 해외에 진출하여 새로운 시장을 개척하는 것이다. 다국적 호텔체인이 성장기회를 위해 해외시장으로 진출할 때 현지국의 법률시스템, 외국인투자에 대한 제한, 문화적 차이, 경제시스템, 규제시스템, 노동법의 차이, 원재료의 존재 여부 등과 같은 다양하고 복잡한 도전에 접하게 된다.

다국적 호텔체인의 해외진출 동기는 크게 네 가지로 요약될 수 있다. 첫째, 해외진출에 대한 가장 큰 동기는 새로운 시장을 찾기 위한 것이다. 1980년대 자국시장이 포화되어 성장이 정체되는 것을 실감한 미국의 호텔체인들은 새로운 성장의 발판을 마련하기 위해서 해외시장으로 진출을 모색하게 된다. 보통 해외진출 국가의 선정은 시장규모, 시장성장성, 매력적인 세분시장의 존재, 해당 체인의 브랜드에 대한 수요 등에 의해 결정된다.

둘째, 규모의 경제 및 범위의 경제를 통한 효율성을 향상하기 위해 해외진출을 감행하게 된다. 막대한 비용이 투자되어 구축된 중앙예약시스템(CRS)은 네트워크가 확대될수록 규모의 경제 효과를 톡톡히 볼 수 있다. 또한 정보시스템 등을 여러 시장에서 활용함으로써 범위의 경제를 극대화 할 수 있다.

셋째, 위험의 분산이다. 글로벌 시장이 서로 통합되고는 있지만 세계 각 국가별 비즈니스 주기가 정확히 일치하지는 않는다. 또 각 국가마다 호경기 또는 불경기가 정확히 동시에 일어나지는 않는다. 세계 여러 국가에 진출함으로써 다국적기업은 경기의 변동성을 감소시켜 안정적인 수익을 꾀할 수 있다. 호텔산업에서도 사업주기(Business Cycle)가 서로 다른 국가로 진출함으로써 위험을 분산하는 효과를 거둘 수 있다.

넷째, 경쟁강도가 높은 산업에서는 경쟁기업의 움직임에 매우 민감하다. 따라서 경쟁 호텔체인이 해외국가로 진출하면 경쟁 체인도 바로 뒤를 따르게 된다. 특히 직접적인 경쟁을 벌이고 있는 다국적 호텔체인이 해외시장에 진출하면 뒤질세라 곧바로 진출을 결정하는 체인들이 많다.

본격적인 호텔체인의 국제화 또는 세계화는 제2차 세계대전 이후인 1940년대 말에 이르러서야 미국에서 비로소 시작되었다. 효율적 경영, 표준화, 일관성, 그리고 과학적 경영 등에 힘입어 미국의 Hilton, Sheraton과 같은 호텔체인들은 괄목할만한 성장을 이루었다. 특히 제2차 세계대전 이전에 호텔체인들은 세계무대에서 높아진 미국의 위상에 걸맞게 해외 진출을 고려하기 시작한다. 결국 1949년 미국의 InterContinental과 Hilton International에 의해 최초로 본격적인 의미의 호텔체인의 세계화가 개시된다.

국내시장을 넘어 해외시장에 진출하여 투자하기 위해서는 높은 위험을 감수해야 한다. 첫째, 해외시장에서 새 호텔을 위한 좋은 입지(Location)를 파악하기란 여간해서 쉽지 않다. 둘째, 자본조달을 위한 금융은 국내에 비해 더욱 복잡했으며 소요자금을 확보하기가 어려웠다. 타국 은행들은 호텔건설에 소요되는 자금을 융통하는 것을 달가워하지 않는다. 셋째, 특히 개발도상국의 경우에는 호텔건축, 직원의 충원, 지역 풍습, 사업 관행 등에서 다른 면이 많다. 넷째, 정국이 불안정한 개발도상국에서는 강제적인 호텔자산의 국유화 위험이 존재했으며, 아울러 정치환경이 매우 혼란스러울 때 손님의 수는 급격하게 감소해서 호텔영업에 심각한 악영향을 미치게 된다. 다섯째, 다른 기업들처럼 해외에서 영업활동을 수행하는 호텔은 급격한 환율변동, 가격통제, 이윤의 본국 송금에 대한 제한, 불공정한 세제, 이윤과 경영수수료에 대한 제한 등의 제약을 받아들여야 하는 경우가 존재한다. 이와 더불어 진출한 국가의 국적브랜드 호텔들과 경쟁을 벌여야 하는데 특히 정부가 소유하거나 상당부분 지분을 확보하고 있는 호텔들과 경쟁하는 경우도 있다.

그러나 제2차 세계대전이 종전된 후 이와 같은 상황이 급변하기 시작했다. 미국에서는 2차 세계대전 동안에 연합국과 동맹국의 여러 지역들과 풍물이 영화관에서 뉴스 보도로 상영되면서 군인 및 그 가족을 포함한 일반 시민들은 지구상에 존재하는 다른 국가의 이국적인 모습에 관심을 갖기 시작했다. 종전이 돼서 다시 평화와 번영의 시기가 도래하자 수많은 미국인들은 뉴스에서 보았던 많은 이국적인 국가를 방문하고자 하는 욕구가 형성되었다. 이에 더해 높은 달러화의 가치와 더욱 발전된 항공기 여행은 이와 같은 미국인들의 해외여행 욕구를 현실화 촉매제 역할을 하게 되었다.

미국 호텔체인의 국제화는 InterContinental Hotels Corporation에 의해 비로소 시작되었다. InterContinental은 1946년 당시 미국의 최대 항공사이자 20세기에 가장 유명하고 성공한 항공사인 Pan American World Airways(Pan Am)의 설립자인 Juan Terry Trippe(1899–1981)에 의해 Pan Am의 자회사로 설립되었다. 그러나 Pan AM이란 이름이 세계적인 호텔체인의 호칭으로는 덜 어울리며 또한 International보다는 더 잘 어울리는 InterContinental을 브랜드로 선택했다. 회사 창립의 목적은 브랜드명에서 보듯이 국내보다는 해외에 호텔을 건설하기 위함이었다.

당시 미국정부는 Pax Americana라고 불리는 패권적 지배를 통해 주변국 또는 우방국에 대한 영향력을 강화하는 한편 미국 문화의 우월성을 전 세계에 전파하기를 희망했다. 그리고 해외를 여행하는 미국인 여행자들에 의해 소비되는 달러로 여행국의 경제부흥을 지원하고자 했다. 그래서 미국 정부는 해외지역에 대한 호텔 건설을 호텔체인들에게 독려하게 되었다. 이와 같은 환경에서 처음에 Trippe는 호텔체인을 설립하는 것을 달가워하지 않았고 Statler와 같은 기존 호텔체인들이 참여해 줄 것을 원했다. 그러나 아무도 이런 미국 정부의 요구에 응하지 않게 되자 Trippe는 결국 호텔 자회사의 설립을 결심하게 되었다. 그리고 정부는 해외 호텔건설을 위한 지원책으로 2천5백만 달러를 저리로 융자해줬다.

이후 숱한 우여곡절을 겪은 뒤에 결국 1949년 브라질의 북부도시 Belem에 최초의 호텔인 85실을 갖춘 Grande Hotel을 개관하게 된다. 이듬해인 1950년에는 칠레의 Santiago에 400실의 Hotel Carrera, 콜롬비아의 Baranquilla에 250실의 Hotel El Prado를 연속으로 개관하게 되었다. 계속해서 1951년 InterContinental은 멕시코시티에 있는 270실의 Reforma Hotel을 매입했다.

이후 InterContinental Hotel은 모기업인 Pan Am의 취항지인 아시아·태평양, 아프리카, 중동 등지에 진출하면서 미국인 여행자와 승무원에게 숙소를 제공했으며, 개관하는 지역마다 최초의 국제 호텔기업으로 명성을 쌓게 된다. 1953년 InterContinental은 버뮤다, 몬테비데오, 보고타, 마라카이보, 카라카스 등에 진출하면서 체인의 규모를 두 배 이상으로 확대했다. 1955년에는 쿠바의 수도 아바나에 있는 세계적으로 유명한 550실의 Hotel Nacional의 대주주가 된다. 1970년에 이르자 InterContinental은 50여개 국가에서 20,000실을 운영하는 60개소의 호텔을 운영하게 되었다. 사업모델로 InterContinental은 주로 위탁경영을 이용했으며 일부에서는 직접투자방식을 채택했다.

그러나 고속성장을 거듭하던 InterContinental 체인은 1981년에 영국의 Grand Metropolitan에 매각되며, 또한 1998년에는 역시 영국의 맥주회사인 Bass PLC에 체인의 소유권이 넘어가게 되었다. 당시 Bass PLC는 이미 세계 최대의 호텔 브랜드였던 Holiday Inn을 인수해서 소유하고 있었다. 1946년에 시작된 InterContinental의 호텔사업은 1996년에는 이르러서는 총 222개소의 호텔들을 운영하는 거대한 국제 호텔체인으로 성장했다.

한편 1919년에 처음으로 호텔사업을 개시한 이후 큰 성공을 경험한 Conrad Hilton은 2차 세계대전 이후 미국정부의 패권주의적 세계정책에 적극 지지하며 해외시장 진출을 꾀하게 되었다. 이 목적을 위해 1947년 전액을 투자하여 자회사인 Hilton International을 창립했다. 그러나 Hilton Hotels Corporation 이사회가 무모하게 보이는 Hilton의 계획을 적극 반대하면서 해외시장 투자자금의 확보에 난항을 겪게 되었다.

그러던 중 당시 중남미에 있는 푸에르토리코의 정부는 미국 사업가들을 유인하기 위해서 조세피난처(Tax Heaven)를 개발하였다. 이와 더불어 미국인 관광객들의 달러를 벌어들이기 위해 푸에르토리코 정부는 고급호텔 건설의 필요성을 인식하게 되었다. 정부는 여러 유명 호텔체인들의 투자제안서를 검토한 후 Hilton International을 선택하였다.

드디어 1949년 12월 산후안에 Caribe Hilton을 개관하였다. Hilton International은 푸에르토리코 정부기관이 8백만 달러를 투자하여 건축한 Caribe Hilton을 임차하여 운영하기로 했으며, Hilton International이 이 호텔에 투자한 금액은 이사회에서 승인한 30만 달러가 운전자금 및 개관 전 비용으로 사용된 것이 전부였다. 임차료 명목으로 호텔이 벌어들인 총영업이익의 $\frac{2}{3}$를 푸에르토리코 정부가 가져갔으며, Hilton은 나머지 $\frac{1}{3}$의 이익을 갖도록 계약이 되었다. 이윤분배 리스계약(Profit-sharing Lease Agreement)이라고 불렸던 이 방식은 당시로서는 혁신적인 방법이었다. 후일 이 방식은 더욱 발전하여 현재의 위탁경영계약(Management Contracts)으로 발전하였다. Caribe Hilton 사업은 미국인 관광객의 폭주로 대성공을 거두게 되었다. 따라서 푸에르토리코 정부는 투자금을 불과 수년 만에 회수했으며 남는 자금은 다른 관광목적 사업에 투자되었다.

이후 1950년대와 1960년대에 Hilton International은 이스탄불, 마드리드, 홍콩, 카이로, 아디스아바바, 베를린, 로마, 바베이도스, 나이지리아 등에 진출하게 된다. 1963년에 한 해 동안에만 도쿄에서 로마에 이르기까지 8개소의 호텔을 개관했다고 한다.

Hilton International의 주요 세계화전략은 바로 표준화전략이었다. 주로 세계를 여행하는 미국인 여행자들을 목표고객으로 삼았기 때문에 이스탄불, 마드리드, 홍콩 등 어디에서나 같은 양식의 호텔을 건설했다고 한다. Hilton의 말대로 외지에 '작은 미국(Little America)'을 구축하려고 했다.

그러나 시간이 경과하고 세계 여러 나라에 진출하면서 유연한 진입전략을 채택하게 되었다. 즉 파리나 런던 같은 유럽지역에서는 임차(lease)방식을 선택했으며, 저개발국에는 위험이 덜한 위탁경영계약을 이용했다. 그리고 고급호텔 체인으로서 품질저하가 우려되는 프랜차이즈는 고려하지 않았다. 또한 확장을 가속화하기 위해 호텔 건축전문가, 엔지니어, 실내장식 전문가, 프로젝트 관리자, 주방 및 지원업무 전문가 등의 지원인력부서를 따로 두어 관리했다. 1964년에 이르러 Hilton International은 22개국에서 29개의 호텔을 운영하는 규모로 크게 성장하게 되었으며, 같은 해 모기업인 Hilton Hotels Corporation으로부터 분사(Spin-off)를 감행했다.

Hilton International은 국제 호텔시장에서 고급호텔 경영회사로서 경쟁우위를 갖추게 되었다. 1970년 말부터 Hilton International은 좋은 조건으로 위탁경영계약을 체결하게 되었다. 당시 보편적인 계약조건은 계약기간은 보통 50년으로 증가했으며 기본수수료로 총매출액의 3-5%와 인센티브수수료는 총영업이익의 10%를 경영수수료로 지급받았고 경영성과 평가나 계약해지 조항은 존재하지 않았다.

그러나 승승장구하던 Hilton International은 1967년에 유명 항공사였던 TWA에 8천6백만 달러에 매각된다. 1949년 30만 달러를 투자한 이후 약 20년 만에 엄청난 투자수익률을 거두었다. 이후 Hilton International은 계속해서 성장했지만 결국 인수한 지 약 20년 만인 1987년에 TWA는 Hilton International을 미국 항공사인 United Airlines의 모기업인 Allegis Corporation에 9억 8천만 달러에 다시 매각되었다. 그러나 6개월 후 Allegis는 다시 영국의 Ladbroke에 10억 달러에 매각되어 버린다. 이후 Hilton International은 영국의 대표적인 호텔체인으로 성장하게 되었다. 그러나 2006년에 미국의 Hilton Hotels Corporation은 영국의 Hilton International을 인수하면서 결국 40년 만에 다시 결합하게 되었다.

Hilton의 강력한 라이벌이었던 Sheraton 호텔체인은 1949년에 캐나다에서 두 개의 호텔체인을 인수하면서 처음으로 국제무대에 데뷔했다. 이후 1961년에는 이스라엘의 텔아비브에 최초의 중동지역 호텔을, 1963년에는 남미 최초로 베네수엘라에 Macuto Sheraton을 개관했다. 1965년 보스턴에 전 세계 100번째 호텔을 개관했으며, 1985년에는 외국체인으로서는 최초로 중국 수도 베이징에 호텔을 개관했다. 그러나 1968년 Sheraton 체인은 Harold Geneen의 ITT에 의해 인수되었다. 그러나 다시 ITT Sheraton은 1998년 Starwood Hotels에 의해 인수되었으며, 그리고 2016년에는 Marriott International에 인수되었다.

Western Hotels 체인은 1954년에 최초로 국외지역인 캐나다로 진출하면서 회사명을 Western International로 변경했다. 그러나 체인은 1970년 United Airlines에 매각되며, 1980년에는 창립 50주년을 기해 기업명을 Westin으로 변경했다. 그러나 체인은 다시 1987년에 일본의 아오키그룹에 재차 매각되며, 1998년에는 다시 Starwood Hotels에 매각된다. 결국 2016년 Mattiott International이 Starwood Hotels을 인수하게 되면서 Westin은 Marriott에 정착하게 되었다.

Holiday Inn은 1960년대부터 프랜차이즈를 진입전략으로 삼고 해외시장으로 진출을 시도했다. 1960년에 Holiday Inn은 캐나다의 몬트리올에 최초로 국외지역에 호텔을 오픈했다. 이후 1967년 최초의 유럽 및 중동지역 호텔을 네덜란드에 오픈하면서 지속적으로 성장을 도모했으며, 1973년에 아시아시장, 그리고 1974년에는 남미시장에 각각 최초로 진출했다. 특히 1984년에는 '죽의 장막' 중국의 베이징에 최초의 국제 호텔체인을 건립했다. 해외시장에서 Holiday Inn은 프랜차이즈의 영업표준을 엄격히 준수할 것을 매우 강조했다. 따라서 세계 어디서나 동일한 시설과 일관적인 서비스가 제공되었다.

고속성장을 거듭하던 Holiday Inn은 1970년 전 세계에 약 175,000실을 운영하는 대제국을 건설하였다. 그러나 세계 최대의 호텔제국을 건설한 Holiday Inn은 1988년에는 해외사업부, 1990년에는 북미사업부가 차례로 영국의 맥주회사인 Bass PLC에 의해 피인수되면서 현재까지 영국에 존속되고 있다.

Choice는 1958년 미국의 피닉스와 영국의 런던에 새로운 예약센터를 건립하면서 해외시장에 진출을 시도했다. 처음에는 영국, 스위스, 독일 등지에 호텔을 오픈한다. 이후 1986년에는 프랑스와 이탈리아에, 1989년에는 일본, 터키, 남미, 캐리비언 등지로 진출하며, 이후에는 캐나다, 영국, 호주, 유럽대륙으로 더욱 확장했다.

Hyatt는 1969년 해외시장 진출을 위해 Hyatt International을 설립하고 위탁경영을 진입전략으로 채택했다. 1969년 홍콩에 최초로 해외시장 호텔을 개관했으며, 이어서 밀라노와 멕시코의 아카풀코에 호텔을 오픈했다.

영국을 대표하는 호텔체인인 Forte는 1960년대 파리에 있는 George V, Plaza Athenee, Tremoille 등을 차례로 인수하면서 체인의 국제화를 처음 시도했다. 그리고 1994년 Forte는 프랑스의 대표항공사 Air France가 소유하고 있었으며 세계 50여 도시에서 54개 호텔을 운영하는 Le Meridien Hotel을 인수했다. Forte는 1979년부터 1996년까지 영국 최대의 호텔체인으로 명성을 유지했으며, 1983년부터 1994년까지 글로벌 순위는 항상 10-11위를 유지했다. 그러나 Forte는 1996년에 영국 Grand Metropolitan의 적대적 인수(Hostile Takeover)의 희생양이 되어 체인이 해체되는 비운을 맞이하게 되었다.

프랑스를 대표하는 호텔체인 Accor는 먼저 유럽대륙에 진출하여 큰 성장을 이룩했다. 1979년에는 Sofitel이란 고급호텔 브랜드로 미국시장에 진출을 시도했다. Accor는 계속해서 1990년 미국의 Motel 6를, 1999년에는 Red Roof Inn을 인수했다. 그러나 두 브랜드는 2007년과 2013년에 다시 미국기업에 매각되었다.

스페인의 대표적인 호텔체인인 Melia는 1985년 국제사업부를 설립하고 발리를 시발로 해서 베네수엘라, 콜롬비아, 이라크 등지로 진출하였다.

아시아지역의 호텔체인으로 일본의 프린스호텔은 1974년 캐나다의 토론토에 처음으로 호텔을 오픈했으며 이어서 하와이, 대만, 말레이시아, 태국 등지로 연이어 진출했다. 역시 일본의 뉴오타니호텔은 1976년 최초로 하와이에 진출한 이후 LA, 북경에 호텔을 오픈했다. 1970년에 일본의 대표 항공사인 JAL의 자회사로 설립된 Nikko호텔체인의 해외시장 진출은 초기에는 점보제트기의 등장과 해외여행 규제의 완화로 인해 증가하는 일본인 해외여행객에게 서비스를 제공하는 것이 목적이었다. Nikko는 동남아시아에 먼저 진출한 후 이어서 독일과 프랑스로 확장했으며, 1985년에는 뉴욕의 Essex House를 인수하면서 미국에 진출했다. 해외지역에 오픈된 Nikko 호텔은 대부분 서구식 건축 및 설계양식으로 건설되었지만, 일본식 조경, 일본식 다다미 객실, 일본식 꽃꽂이, 일본 전통차 서비스, 안락한 고객 서비스를 가미하는 등 일본 고유의 특성을 곁들였다.

홍콩의 Luxury 체인인 Mandarin Oriental호텔은 먼저 동남아시아 시장을 거쳐 1984년 캐나다의 밴쿠버에 북미 최초의 호텔을 개관했다. 특히 체인은 뉴욕에 본사 브랜드의 호텔을 개관하기 전에 The Mark Hotel을 먼저 매입해서 해외시장 경험을 쌓은 후 본격적인 진출을 꾀하였다. 그리고 홍콩을 대표하는 Peninsula Hotel은 상하이, 베이징, 도쿄, 마닐라, 방콕, 뉴욕, 비버리힐스, 시카고, 파리 등지에 진출하였다. 역시 홍콩의 Shangri-La는 중국을 주력시장으로 동남아시아로 진출을 도모한 후 2003년에는 호주와 중동에 최초로 호텔을 오픈했으며, 2006년에는 파리에 2008년에는 밴쿠버로 진출하였다.

세계 호텔산업의 세계화 추세를 살펴보면 처음에 유럽의 호사스런 그랜드호텔 양식이 미국으로 수출되었다. 미국의 호텔들도 초기에는 유럽식 그랜드호텔 양식과 호화로운 프랑스식 식사 및 서비스 양식을 모방하였으나 시간이 흐르면서 효율, 표준화, 일관성을 중시하는 테일러리즘으로 불리는 과학적 경영에 몰입하게 된다. 미국에서는 유럽식 가족경영의 단계를 뛰어넘어 보다 상업적인 기업형 호텔체인들이 20세기 초반부터 들어서게 된다. 이런 기업형 호텔체인들은 1950년대를 전후로 호텔산업 세계화의 전면에 나서게 되며 미국식 호텔경영은 유럽 등 전 세계로 전파되며 큰 성공을 거두었다. 유럽의 호텔체인들도 과학적 관리를 주요 골자로 하는 미국식 호텔경영에 심취하게 된다. 또 세계 각국의 호텔체인들은 미국 호텔체인들의 경영방식을 모방하기에 급급했다. 그러나 1970년대 중반 이후 미국의 국력이 약해지면서 상황은 조금씩 변하기 시작했다. 특히 유럽의 호텔체인들은 초기에는 표준화를 중시하는 미국식 호텔경영을 따라했으나 시간이 흐르면서 지역별 문화의 차이를 인정하는 현지화 전략을 채택하게 된다.

1980년대 중반부터 1990년대 초반까지 당시 세계대전의 악몽에서 벗어나 경제부흥을 달성하는 한편 그 당시 달러가치의 하락과 유리한 부동산세제 등과 같은 우호적인 경영환경에 편승한 유럽, 일본, 홍콩의 기업들이 미국의 주요 호텔체인들을 인수하는 대격변의 시대가 개막되었다.

1985년부터 1990년까지 5년 사이에 미국 호텔산업에는 약 556,000실의 호텔객실이 공급되었다. 그 결과 미국 호텔산업은 심각한 공급과잉(Overbuilding)을 경험하게 되었다. 이렇게 성장이 불가능하게 되자 미국 호텔체인들은 성장을 위해 더더욱 해외시장 진출을 가속화하였다.

호텔체인의 세계화는 글로벌 호텔산업의 눈부신 발전을 가져왔다. 그 선두에 섰던 저력있는 미국 호텔체인들은 1990년 중후반부터 다시 성장을 지속하게 되면서 2000년대에 다시 세계무대의 중심축으로 등장하고 있다. 그러나 Mandarin Oriental, Peninsula, Taj와 같이 미국식 호텔경영을 답습하는 한편 지역 고유의 특성을 가미한 호텔체인의 미국 및 유럽으로의 역수출은 계속해서 눈여겨 봐야할 트렌드이다.

〈표 13-3〉에서 보는 바와 같이 다국적 호텔체인의 규모는 점점 더 확대되고 있다. 호텔산업도 다른 산업처럼 몇 개의 주요기업이 세계시장을 지배하는 산업통합(Industry Consolidation)이 서서히 진행되고 있다. 2012년 기준으로 세계 Top 50대 호텔체인이 전 세계 총객실의 50% 정도를 점유하고 있으며, Top 50 호텔체인의 60%를 Top 8 체인이 점유하고 있다.

| 표 13-3 | 세계 Top 8, 35, 50 호텔체인들에 운영되는 객실 수 (연말 기준)

	2000	2001	2002	2003	2004	2005	2012
Top 8	3,014,703	3,137,864	3,201,925	3,275,625	3,302,792	3,590,777	4,253,361
Top 35	4,220,662	4,430,556	4,541,926	4,609,046	4,760,501	4,990,918	6,711,683
Top 50	4,528,301	4,748,735	4,862,572	4,955,566	5,090,736	5,268,638	7,116,163

출처: Hotels

한편 〈표 13-4〉는 세계화 지수가 가장 높은 즉 가장 많은 국가에서 호텔을 운영하고 있는 호텔체인의 순서를 보여주고 있다.

| 표 13-4 | 세계화지수 Top 10 호텔체인 & Consortia (2015년 12월 31일 기준)

순위	호텔체인명	호텔운영 국가 수
1	Best Western International	101
2	Starwood Hotels & Resorts	100
3	Hilton Worldwide	100
4	IHG	96
5	AccorHotels	92
6	Carlson Rezidor Hotel Group	91
7	Marriott International	87
8	Preferred Hotels & Resorts	85
9	Small Luxury Hotels of the World	82
10	Global Hotel Alliance	76

출처: Hotels

🔍 그림 13-4 세계 최정상 호텔체인들

출처: Skift

참 / 고 / 문 / 헌

김경환(2014). 『글로벌 호텔경영학』. 백산출판사.

김경환(2011). 『호텔경영학』. 백산출판사.

김경환(1999). 『호텔·레스토랑산업의 경영전략』. 백산출판사.

오정환·김경환(2000). 『호텔관리개론』. 백산출판사.

이순구·박미선(2008). 『호텔경영의 이해』. 대왕사.

어윤대 외(2001). 『국제경영』. 학현사.

Annual Report, 1996. Beverly Hills, CA: Hilton Hotels Corporation.

Annual Report, 2009. Washington, DC.: Marriott International Inc.

Annual Report, 1996. New York, NY: ITT Corporation.

Annual Report, 1996. Washington, DC.: Marriott International Inc.

Bell, C. A.(1993). Agreements with Chain−Hotel Companies. *The Cornell Hotel & Restaurant Administration Quarterly*, Vol. 23(1).

Canina, L.(2009). Examining Mergers and Acquisitions. *Cornell Hospitality Quarterly*. Vol. 50(2).

Canina, L.(2001). Good News for Buyers and Sellers: Acquisitions in the Lodging Industry. *The Cornell Hotel & Restaurant Administration Quarterly*. Vol. 42(6).

Dow Jones News Retrieval. 1997.

Fortune 500 largest U.S. corporations. 1997 (April, 28). Fortune, F−5.

Gee, C. Y.(2008). *International Hotels: Development and Management. 2nd Ed.* Educational Institute: AH&MA.

Gomes, A. J.(1985). *Hospitality in Transition*, Pannell Kerr Forster.

Hayes, D. K. & Ninemeier, J. D.(2007). *Hotel Operations Management*, 2nd Edition. Prentice Hall.

Hilton(2013). *Hilton Worldwide Annual Report 2013.*

Hotels(2016). 325 Hotels: The Winds of Change. *Hotels*, July/August.

Hotels(2009). World's Largest Hotel Companies, *Hotels,* June.

Hotels(1997). Hotels Giants Survey. 1997 (July). *Hotels*, 46.

IHG(2013). *IHG Annual Report 2013.*

Kasavana, M. L. & Brooks, R. M.(2005). *Managing Front Office Operations*. 7th Edition. Educational Institute, AH&LA.

Lee, D. R. 1985. How They Started: The Growth of Four Hotel Giants. *The Cornell Hotel & Restaurant Administration Quarterly*, 26(1); 22−32.

Marriott International, Inc. 1997. *Company Capsule*. Hoover's Inc.

Marriott International, Inc. 1997 (May 30). *Value Line.*

Mintel(2005). *International Hotel Industry.*

Parrino, R. 1997, Spinoffs and wealth transfers: The Marriott case. *Journal of Financial Economics*, 43, 241−274.

Ritzer, G.(2010). *Globalization: A Basic Text.* Wiley−Blackwell: West Sussex.

Rushmore, S. 1997 (June). Occupancy Build−up Rules Change. *Lodging Hospitality*, 17.

Starwood(2013). *Starwood Hotels & Resorts Annual Report 2013.*

Strand, C.(1996). Lessons of a Lifetime: The Development of Hilton International. *The Cornell Hotel & Restaurant Administration Quarterly*, Vol. 37(3).

Stutts, A. T.(2001). *Hotel and Lodging Management: An Introduction*. Wiley.

Wikipedia.

WTO(2008). *Trade in a Globalizing World,* World Trade Report 2008. WTO.

14 호텔체인의 비즈니스모델

CHAPTER

학습목표

본 장을 학습한 후 독자들은 다음과 같은 사항에 대해 잘 이해할 수 있어야 한다.

❶ 호텔체인의 소유 및 직영 비즈니스모델의 장단점을 이해한다.

❷ 호텔체인의 리스(임차) 비즈니스모델의 장단점을 이해한다.

❸ 호텔체인의 프랜차이즈 비즈니스모델의 장단점을 이해한다.

❹ 호텔체인의 프랜차이즈 사업에 가맹한 호텔소유주의 장단점을 이해한다.

❺ 호텔체인과 호텔 소유주 간의 프랜차이즈 계약 조항에 대해 숙지한다.

❻ 호텔산업에서 위탁경영계약의 성장 원인을 파악한다.

❼ 호텔체인과 호텔 소유주의 위탁경영계약에 대한 서로의 장단점을 숙지한다.

❽ 위탁경영계약을 체결할 때 호텔체인과 호텔 소유자 간의 쟁점 사항을 숙지한다.

❾ 자산경감전략(Asset-light Strategy)의 특성에 대해 자세히 이해한다.

제1절 호텔체인의 비즈니스모델

사업 초기에 대다수 호텔체인들은 주로 호텔을 소유(Own) 및 직영(Operating)하는 구조를 보이고 있었으며, 일부는 타인이 소유하고 있는 호텔을 임차(Lease)하여 운영했다. 이와 같은 비즈니스모델(Business Model)은 한참 동안 유지되었다. 그러나 시간이 흐르면서 호텔체인의 비즈니스모델에 변화가 만들어지기 시작했다.

1950년대에 Holiday Inn 체인이 프랜차이즈 사업을 대대적으로 도입하면서 다른 호텔체인들도 뒤를 따르게 되었다. 그러나 1960년대 이후 호텔체인들이 해외시장에 진출하면서 위탁경영계약이 도입되었으며 마침 종전의 프랜차이즈 방식의 한계를 절감한 호텔체인들이 1970년대에 들어서면서 위탁경영의 채택을 중시하게 되었다.

　　프랜차이즈와 위탁경영이 도입되었지만 1980년대 이전까지만 해도 유명 호텔체인들의 주요 사업방식은 소유 및 직영 비즈니스모델이었다. 즉 많은 호텔들을 직접 소유하고 있었다. 그러나 1980년대가 되자 정상급 호텔체인들은 성장을 지속하기 위해 종전의 비즈니스모델을 전격적으로 수정하기 시작했다. 새로운 비즈니스모델의 핵심은 과거 호텔들을 소유하며 부동산기업의 특성을 띠고 있었던 호텔체인들이 보유했던 대다수 호텔들을 매각하기 시작했다. 동시에 호텔체인들은 매각하는 호텔의 새 주인과의 협상을 통해 위탁경영계약을 맺거나 또는 리스계약을 통해 호텔의 운영권은 계속해서 유지할 수 있었다. 즉 호텔 부동산 대신에 호텔 브랜드만을 소유하고 운영하는 순수한 호텔운영회사(Operator)로 변모하기 시작했다. 이로서 대다수 유명 호텔체인들은 주로 소유하고 있는 브랜드를 기반으로 타인 소유의 호텔과 프랜차이즈 및 위탁경영 계약을 체결해서 호텔의 운영 또는 지원을 담당하는 순수한 호텔운영회사 및 프랜차이즈 본사로서 면모를 일신하는데 성공을 거두게 되었다. 호텔체인들의 이런 전략을 자산경감전략(Asset-light Strategy)이라고 부르고 있다.

　　호텔체인들이 소유 및 직영 비즈니스모델에서 자산경감(Asset-light) 비즈니스모델로 전환하게 된 배경에는 여러 요인이 존재하고 있다. 첫째, 부동산 투자자들이 마침내 호텔을 좋은 투자 대상으로 인식하기 시작한 것이었다. 둘째, 이자율이 낮은 금융환경과 종전의 주 투자처였던 오피스 등의 상업용 부동산에서 공급초과로 매물이 시장에 넘치게 되었다. 그러나 호텔의 가치는 오히려 향상이 돼서 보다 높은 가격을 받을 수 있게 되었다. 셋째, Marriott, Hilton, IHG와 같은 상장된 호텔체인의 주주들은 본사 경영진에게 재무상태표 상에서 건물분에 대한 자본을 빼내어서(즉 매각해서) 이를 주주에게 돌려줌으로써 투자수익률을 높일 수 있도록 해 줄 것을 거세게 요구하게 되었다.

　　이와 같은 상황에서 호텔체인들이 기꺼이 자산경감전략을 채택하게 된 이유는 첫째, 자산경감전략은 소유나 리스 방식에 비해 적은 자본이 투자되지만 투자 자본의 양에 비해 더욱 많은 이익을 산출함으로써 보다 높은 투자수익률(ROIC)을 달성할 수 있게 되었다. 둘째, 자산경감전략은 자본이 적게 소요되므로 보다 용이한 성장과 브랜드의 확장을 도모할 수 있었으며 결과적으로 고객들의 브랜드 인지도가 크게 향상될 수 있었다. 셋째, 프랜차이즈와 위탁경영을 위주로 하는 자산경감전략은 소유 모델에 비해 호텔체인의 재무위험이 훨씬 낮았다. 넷째, 호텔 자산에 대한 소유와 경영을 분리함으로써 호텔체인은 종전에 중점을 두었던 호텔자산관리(Property Asset Management) 대신에 호텔의 운영에만 집중할 수 있게 되었으며, 그리고 소유에 따르는 재무레버리지 부담을 제거할 수 있었다.

위탁경영과 프랜차이즈 두 방식을 결합한 자산경감전략은 다국적 호텔체인들이 세계 호텔시장에서 지속적인 성장을 도모하기 위해 매우 중요한 전략이 되었다. 유명 호텔체인들은 자산경감전략을 통해 체인의 비즈니스모델의 혁신(Innovation)을 달성하는 쾌거를 이룩했다.

이에 더해 세계화(Globalization)라는 거대한 트렌드에 편승하여 많은 독립호텔들이 급속히 체인화 되고 있다. 호텔 체인화의 동인으로는 규모의 경제 효과, 호텔경영 노하우의 축적, 최신 정보기술 활용의 용이성 등을 들 수 있다. 결과적으로 호텔체인들은 독립경영 호텔들에 비해 보다 효과 및 효율적으로 고객에게 적절한 가격으로 양질의 서비스를 제공할 수 있게 되었다.

현재 전 세계에서 많은 호텔체인들이 호텔운영을 위해 이용하고 있는 비즈니스모델에는 크게 소유, 리스(임차), 프랜차이즈, 위탁경영 등이 있다. 본 장에서는 호텔체인들의 이와 같은 비즈니스모델에 대해 보다 구체적으로 살펴보기로 하겠다. 먼저 소유와 리스 모델에 대해서 간략하게 살펴보고 난 후에 현재 호텔체인의 주요 비즈니스모델인 프랜차이즈와 위탁경영계약에 대해서는 제2절과 제3절을 각각 할애해서 보다 자세히 살펴보기로 하겠다.

1. 소유 및 직영 비즈니스모델

이 비즈니스모델에서 호텔체인은 호텔이란 부동산(Real Estate)을 직접 소유하고 직영을 한다. 호텔체인은 호텔을 전적으로 통제할 수 있으며 영업결과로 만들어진 영업이익(Operating Income)은 모두 독차지할 수 있다. 이는 호텔산업에서 가장 전통적인 사업방식이다. 그러나 비교적 최근에 유명 호텔체인들이 자산경감전략을 채택하면서 소유 및 직영 방식은 호텔체인 사이에서는 채택하는 비율이 대폭 줄고 있다. 수천여 개의 호텔을 운영하는 유명 호텔체인 중에서 호텔을 소유하는 비중이 1%도 안 되는 체인들이 속출하고 있다.

호텔을 소유하고 운영하려면 사전에 막대한 자본이 투자되어야 하며 동시에 위험부담도 매우 높은 편이다. 그러나 뛰어난 경영진이 높은 RevPAR를 달성해서 마진을 높이고, 효율적으로 비용을 관리하고, 그리고 재무레버리지(Financial Leverage) 효과의 극복 등과 같이 뛰어난 역량을 발휘할 수 있다면 오히려 높은 수익률을 달성할 수 있다.

그리고 호텔을 소유하게 되면 호텔영업에 소요되는 고정비용의 비중이 높아서 RevPAR 성과에 따라 영업이익의 규모가 보다 크게 변하게 되는 높은 영업레버리지 (Operating Leverage) 효과가 나타나게 된다. 따라서 호텔체인이 호텔을 직접 소유하게 되면 호경기에는 영업이익이 신속히 향상되면서 큰돈을 벌 수 있지만 역으로 불경기에는 반대의 경우가 현실이 되고 있다.

2. 리스(임차) 비즈니스모델

Statler와 Hilton은 사업 초기에 소유하고 있는 호텔과 임차한 호텔을 공히 운영했다고 한다. 리스 비즈니스모델에서 임차인(Tenant)인 호텔체인은 호텔 부동산을 소유하고 하는 임대인인 소유주와 임대차계약을 맺게 된다. 임대기간은 보통 15년-25년으로 비교적 장기간이다. 호텔체인이 소유주에게 지급해야 하는 임차료는 크게 두 가지로 첫째, 해마다 정해진 금액을 지급하는 고정임차료(Fixed Payment)와 둘째, 매출액 및 영업이익의 수준과 연동해서 지급하는 변동임차료(Variable Payment)로 구분되고 있다. 그런데 변동임차료에는 어떤 경우에도 반드시 지급해야 하는 최소임차료(Minimum Payment) 조항이 포함되는 것이 일반적이다. 그리고 보통 임대차 계약조건은 임대기간이 끝나면 계약기간이 연장이 되거나 또는 쌍방이 합의한 주기마다 계약조건에 대해 협의를 할 수 있다. 호텔체인은 임차료를 지급하는 대신에 호텔 부동산에 대한 영업통제권을 확보할 수 있다. 그렇지만 체인은 임차료를 포함한 모든 비용을 제하고 남는 잔존이익(Residual Income)만을 가져갈 수 있다.

지금부터는 리스계약의 주요 특성에 대해 살펴보겠다. 첫째, 임차인인 호텔체인은 호텔영업에 대한 모든 책임을 지고 있으며 그리고 영업비용과 운전자본에 대한 책임도 도맡고 있다. 그렇지만 소유주는 이에 대한 책임이 전혀 없다.

둘째, 리스계약에서 일반적으로 호텔체인은 호텔영업을 통해 벌어들인 객실매출액과 식음료매출을 합한 총매출액을 기반으로 산출되는 변동임차료를 호텔 소유주에게 지급하고 있으며, 또한 총매출액의 고저에 상관없이 사전에 정해진 최소임차료를 물고 있다.

셋째, 호텔체인은 호텔영업에 필요한 모든 가구, 설비, 장비(FF&E: Furniture, Fixture, and Equipment)의 구입 및 유지보수에 대한 재무적 책임을 져야 한다. 일부 국가에서는 호텔체인이 호텔 건물의 유지보수에 대한 비용도 지급하고 있다.

넷째, 재무적인 관점에서 리스계약은 프랜차이즈나 위탁경영에 비해 더욱 높은 위험을 부담하고 있지만 역으로 보다 높은 매출을 달성할 수 있는 잠재력을 보유하고 있다. 이는 전에 배운 소유 모델의 경우와 흡사한 구조이다. 즉 영업성과가 좋다면 아주 적합한 비즈니스모델이지만 반대로 영업성과가 좋지 않은 경우에는 최악의 모델이 될 수 있다. 정상적으로 운영되는 리스계약을 보면 보통 영업이익률이 8-15%에 달하고 있다고 한다.

다섯째, 현재 유명 호텔체인들은 극히 일부를 제외하고는 더 이상 리스계약의 채택을 고려하고 있지 않다고 한다. 이는 호텔산업이 전형적인 주기적인 산업(Cyclical Industry)이란 관점에서 이에 대비하기 위해 절대적으로 필요한 유연성(Flexibility) 측면에서 리스 비즈니스모델은 프랜차이즈나 위탁경영 모델에 비해 훨씬 낮은 것으로 인식되고 있기 때문이다.

🔍 그림 14-1 호텔체인의 비즈니스모델

▲ 직접 소유   ▲ 리스(임차)계약

▲ 프랜차이즈   ▲ 위탁경영계약

출처: 저자

614

제2절 프랜차이즈 비즈니스모델

호텔 프랜차이즈는 호텔체인 또는 체인본사(Franchisor)와 호텔 소유주 또는 가맹호텔 (Franchisee) 간의 계약이다. 호텔 프랜차이즈는 상표·상징·영업시스템 등에 대한 배타적 독점권을 소유한 호텔체인이 상호 간의 이득을 도모하기 위해 호텔 소유주에게 이의 사용을 허가하는 대신에 소유주는 일정한 수수료를 호텔체인에 지불하는 일종의 비즈니스모델이다. 일반적인 호텔 프랜차이즈 계약에 의하면 호텔체인은 가맹호텔에 대한 아무런 소유권 또는 재무적 지분을 갖지 않으며 또한 가맹호텔의 재무적 성공에 직접적인 책임도 지지 않는다.

호텔산업에서 호텔기업들은 처음에는 소수의 직영호텔부터 시작해서 점차 성장하면서 많은 손님들을 유인함으로써 성공적으로 독자적인 사업개념과 브랜드를 개발하게 된다. 이후 호텔체인은 스스로 개발에 성공한 브랜드와 영업절차를 가지고서 프랜차이즈 사업에 관심을 갖게 된다. 호텔 프랜차이즈는 상호 의존적인 사업관계의 네트워크로서 프랜차이즈 본사는 소속된 가맹호텔들과 브랜드 인지도, 성공적인 사업방식, 경쟁적인 마케팅과 공급시스템, 중앙예약시스템(CRS) 등을 공유하는 것을 허용하게 된다.

프랜차이즈는 호텔 소유주의 사업위험을 줄이는데 도움이 된다. 체인본사에 의해 개발되고 효과가 증명된 영업방식이 사업을 영위하기 위해 이용되기 때문이다. 가맹호텔은 가입한 브랜드의 성장을 도모하는 그룹의 일원으로서 브랜드의 시장점유율을 확대하는데 함께 집중하는 대신 독립성을 포기하고 있다. 프랜차이즈 시스템은 공동구매의 이점을 창출하여 가맹호텔에게 비용절감 기회를 제공한다. 이런 서비스를 제공받음으로써 가맹호텔은 반대급부로 브랜드 영업허가권의 취득을 위해 체인본사에게 수수료를 지불해야 하며 또한 체인본사가 부과하는 여러 가지 표준규정을 준수해야 한다. 한편 체인본사의 입장에서는 가맹호텔과 그들이 지불하는 수수료 수입을 통해 독립적으로 사업을 영위하는 경우에 비해 보다 빨리 브랜드의 성장을 도모할 수 있다.

호텔을 구입하거나 새로 지을 계획을 하고 있는 사람에게 당면한 가장 중요한 도전과제의 하나는 사업성공을 이끌어 낼 수 있는 브랜드를 선택하는 것이다. 이 과제는 호텔 소유자와 관리책임을 맡은 총지배인 모두에게 공히 중요하다. 호텔 소유주가 브랜드를 선정하고 해당 체인본사와 프랜차이즈 계약(Franchise Agreement)을 체결하면 호텔 프랜차이즈 사업관계가 성립된다. 대다수 호텔 프랜차이즈 사업에서 호텔을 경영을 담당하는 당사자는 호텔 소유주 또는 권한을 위임받은 총지배인(GM)이다.

1. 호텔 프랜차이즈의 기원과 구조

프랜차이즈의 기원은 중세시대로부터 유래된다. 중세에 카톨릭 교회는 세금을 대리해서 징수하는 사람들과 프랜차이즈 관계를 맺어 이들이 세금을 거둬오면 수수료를 지불했다고 한다. 20세기에는 Singer라는 기업이 처음으로 제품판매를 극대화하기 위해 프랜차이즈를 도입하기 시작했다. 이후 프랜차이즈는 비즈니스 세계에서 큰 역할을 담당해오고 있다. 그러나 호텔산업에서 프랜차이즈의 역사는 그리 길지 않다. 호텔산업에서 프랜차이즈 사업이 시작된 것은 2차 세계대전 이후 미국에서 호텔 건설이 재개되면서부터이다. 그리고 각 주를 연결하는 고속도로가 확대되면서 모텔이 붐을 이뤄 급성장하게 된다. 자동차 여행을 하는 가족을 목표로 1952년 테네시 주 멤피스 시 인근에 첫 Holiday Inn이 개관하면서 크게 성공한다. 이어 1954년에는 3개의 호텔을 더 건설한다. 1955년 Holiday Inn은 성장에 소요되는 자금을 모으기 위해 처음으로 프랜차이즈 사업을 시작하게 된다. 호텔 프랜차이즈의 위대한 비즈니스 역사가 열리는 순간이었다.

같은 시기에 활발하게 프랜차이즈 활동을 전개한 호텔체인에는 Howard Johnson's Motor Lodges, Ramada Inn Roadside 등이 있다. 1925년 레스토랑 사업을 시작하여 크게 성공한 Howard Johnson은 1954년 Motor Lodges를 개업하였으며, 한편 Ramada Inn은 1952년 Flamingo Motor Hotels로 시작해서 1958년 프랜차이즈사업을 성공적으로 개시하면서 Ramada Inn Roadside Hotels로 명칭을 변경했다. 그 후 미국에서 호텔 프랜차이즈는 1960년대, 1970년대, 1980년대의 건설 붐에 편승하여 크게 성행하게 되었다. 호텔 프랜차이즈 사업의 대표주자인 Holiday Inn은 이후 1962년 12월 400번째 Holiday Inn 가맹점이 개업했다. 여기에서 우리는 호텔 프랜차이즈의 무궁무진한 사업기회를 엿볼 수 있다.

Hilton, Marriott, Sheraton 등과 같은 유명 브랜드를 보유하고 있는 호텔체인들은 처음에는 호텔들을 직접 소유하거나 또는 리스계약을 운영하는 비즈니스모델을 고수하였다. 그러나 시간이 지나면서 호텔체인들은 그들이 소유한 브랜드, 이미지, 구축된 고객층, 영업방식, 예약시스템이 가치가 있다는 것을 인지하게 되었다. 독자적인 브랜드와 영업방식은 호텔체인들에게 신속하고, 적은 비용으로, 이익창출이 가능한 효과적인 팽창수단으로 활용되기에 이르렀다. 그리고 호텔 개발업자들도 유명 호텔체인에 가입하는 것이 위험을 줄이고 비즈니스를 성공적으로 이끄는 지름길이라는 것을 깨닫게 되었다. 새로 건설한 호텔이 성공한 브랜드에 가입함으로써 제공받는 즉각적인 정체성 확립과 잘 구축된 영업시스템과 절차는 차주(Lenders)와 투자자(Investors) 모두에게 새 호텔의 재무적 성공에 대한 확신을 제공하게 되었다.

오늘날 호텔 소유주들이 유명 브랜드를 소유한 호텔체인에 가입하는 경향이 지속적으로 증가하고 있다. 현재 많은 호텔들이 유명 브랜드의 일원으로 영업활동을 전개하고 있다. 예를 들면 Marriott International은 Marriott, Ritz-Carlton, Renaissance, Courtyard by Marriott, Residence Inn, Fairfield Inn 등의 여러 다양한 브랜드들을 관장하고 있다. 모기업의 구조에 따라 각 브랜드는 브랜드의 성장을 기획하고 또한 해당 브랜드를 관리하기 위해 오랜 시간에 걸쳐 고안된 품질표준을 감독할 브랜드 관리자 또는 본부장을 두고 있다. 여기서 중요한 점은 대다수 호텔 프랜차이즈들은 관장하고 있는 브랜드를 사용하여 영업활동을 영위하는 호텔들을 실제로 소유하지 않고 있다는 점이다. 이렇게 브랜드를 팔 수 있는 권리를 보유한 호텔기업들은 해당 브랜드에 가입하기를 원하는 가맹호텔들이 반드시 지켜야 하는 표준규범에 대한 기준을 결정한다. 이런 사업구조를 보았을 때 호텔은 소유주와 체인본사의 브랜드 표준을 관리하는 브랜드 관리자 사이에 충돌이 존재한다는 사실은 어쩌면 당연한 것일 수도 있다. 예를 들어 특정 호텔의 입구에 있는 구식 간판이 오래되어서 새로운 것으로 변경해야 한다는 것을 프랜차이즈 본사의 브랜드 관리자가 인지했다고 하자. 이 브랜드 관리자는 프랜차이즈 계약에 의해 소유주에게 간판을 변경해 줄 것을 요구할 권리가 있다. 그러나 간판을 교체하는데 비용이 많이 소요된다는 사실을 인지하고 동시에 현재 간판이 아직 쓸만하다고 판단한 소유주는 이를 거부할 수 있다. 이와 같이 호텔 소유주와 가맹호텔본부의 관리자 간에는 영업활동의 여러 면에서 많은 이견이 존재하고 있는 것이 사실이다. 호텔의 영업을 책임지고 있는 총지배인은 소유주와 프랜차이즈호텔 간의 이해관계를 잘 조정해야 한다.

| 표 14-1 | 세계 Top 10 프랜차이즈 호텔체인 (2015. 12. 31. 기준)

순위	체인명	호텔 수
1	Wyndham Hotel Group	7,727
2	Choice Hotels International	6,423
3	IHG(InterContinental Hotels Group)	4,219
4	Shanghai Jin Jiang International Hotel Group Company	3,875
5	Hilton Worldwide	3,857
6	GreenTree Inns Hotel Management Group	1,896
7	AccorHotels	1,664
8	Home Inns & Hotels Group	1,384
9	Vantage Hospitality Group	1,203
10	Marriott International	1,116

출처: Hotels

다른 산업처럼 호텔 프랜차이즈 사업에서도 파렴치한 체인본사(들)로부터 가맹점을 보호하기 위해 제정된 법령이 존재하고 있다. 프랜차이즈 규칙(Franchise Rule)이란 체인본사가 가맹사업을 잠재가맹점에 판매할 때 반드시 준수해야하는 의무사항을 열거하고 있다.

프랜차이즈 규칙의 핵심사항은 다음과 같다. 첫째, 잠재가맹점과 처음 대면 미팅을 하는 초기에 또는 가맹점이 체인본사에 어떠한 종류의 수수료를 지불하기 수일 전에 정보를 공개한다. 둘째, 체인본사에 의해 작성된 예상 이익수준을 문서로서 증거를 제출한다. 셋째, 판매촉진 광고를 통해 홍보되었던 가맹점들이 달성한 수익률과 해당 가맹점들의 수와 비율을 공개해야 한다. 넷째, 잠재가맹점에게 체인본사가 이용하고 있는 기본적인 프랜차이즈 표준계약을 제공한다. 다섯째, 잠재가맹점이 체인본사의 표준계약에 서명을 거부하면 법적으로 체인본사는 받았던 모든 수수료 등을 즉각 환불해야 한다. 마지막으로, 가맹점에게 제공되었던 문서화된 공개정보에 대해 서로 간의 갈등 또는 충돌에 대해 구두 또는 문서로서 요구할 수 없다.

그림 14-2 프랜차이즈 본사에서 제공하는 서비스

> **체인본사가 제공하는 서비스**
>
> - 호텔 입지선택 및 시장조사
> - 호텔건설 과정에서 조언 및 지원
> - 금융 및 회계 지원
> - 중앙집중구매 지원
> - 가입호텔 간의 객실예약 소개(Referrals)
> - 중앙예약시스템(CRS)
> - 효율적인 영업방식
> - 마케팅 및 판촉사무소 지원
> - 광고, 홍보, 판촉 활동 지원
> - 가맹호텔 검열 및 평가

출처: 저자 정리

2. 프랜차이즈 계약(Franchise Agreement)의 이해

호텔 소유주가 자신의 호텔을 특정 브랜드에 가입하기로 결정을 하면 그는 체인본사의 브랜드 관리자와 함께 프랜차이즈 계약에 서명을 한다. 프랜차이즈 계약은 체인본사(브랜드 관리자)와 가맹점(소유주) 양쪽 모두의 책임에 관해 매우 구체적으로 열거한다. 과거에 호텔 소유주들은 프랜차이즈 계약의 조건을 결정하는데 있어 권한이 브랜드 관리자에게 편중되어 있었다고 믿고 있었다. 그러나 최근에는 계약의 내용을 결정하는데 호텔 소유주들의 권한이 크게 향상되었다.

1) 호텔 프랜차이즈 계약의 주요 조항

프랜차이즈 계약은 단순히 호텔본사(브랜드관리자)와 가맹호텔(소유주) 사이에 문서화된 계약이다. 보통 각 브랜드는 제각기 고유한 표준계약을 개발하지만, 다음과 같은 내용은 거의 공통적으로 사용한다.

가. 계약에 서명하는 당사자

여기서는 브랜드를 대표하는 법적 당사자와 기업, 제휴사, 개인 소유자 등의 성명이 기재된다.

나. 구체적인 정의

계약에 이용된 어떠한 정의도 계약 당사자 간에 다르게 이해될 수 있다. 예를 들면, 대부분 프랜차이즈 계약에서 호텔 소유주가 지불해야 하는 수수료는 가맹호텔이 달성한 총객실매출액(Gross Room Revenue)을 기준으로 한다. 이 계약조항에서 체인본사는 총객실매출액의 정확한 의미를 구체적으로 정하고자 한다. 실제 계약서에서 구체적으로 명시된 총객실매출액의 정의는 다음과 같다. 총객실매출액이란 호텔에서 객실과 회의실의 대여를 통해 거둬들인 판매액을 뜻하며, 인터넷 접속요금, 전화요금, 객실내 금고, 미니바, 자판기, 식음료 판매, 객실 서비스 등에서 유래되는 판매액은 포함되지 않는다.

다. 면허 인가(License Grant)

여기서 호텔본사는 호텔 소유주에게 허가된 가맹호텔의 영업에서 사용될 브랜드의 상표, 상징, 명칭의 방식에 대해 서술한다.

라. 계약기간

여기서는 계약의 개시일과 종료일이 구체적으로 명시된다. 대다수 호텔 프랜차이즈 계약기간은 보통 20년이다. 그러나 대부분의 계약은 양측 모두에게 5년, 10년, 15년 마다 적절한 통보와 양측의 합의에 의해 계약을 종료시킬 수 있는 권한을 명시하고 있다. 그러나 최근에는 일부 프랜차이즈본사들은 적극적으로 호텔 소유주들을 자기 브랜드에 끌어들이기 위해 탈퇴를 1~3년 내에도 이루어지게 하고 있다.

마. 수수료(Fees)

여기서는 가맹점이 체인본사에 지불해야 하는 수수료에 대하여 구체적으로 기술한다. 각 브랜드의 특성에 따라 다를 수는 있지만 보통 호텔 프랜차이즈 표준계약에 포함되는 수수료의 종류는 다음과 같다(〈표 14-2〉).

① 가맹 수수료(Affiliation Fee)

브랜드에 가맹하기 위해 계약에 서명함에 따라 지불해야 하는 정액 수수료이다. 다른 수수료와 달리 가맹 수수료는 가입 당시 일회만 지불한다.

② 로열티(Royalty Fee)

이 수수료는 산출방식에 대해 상호 간에 동의함에 따라 지불하는 것으로 보통 가맹호텔의 매출액 수준에 의해 결정된다. 가맹점은 프랜차이즈 본사의 브랜드 및 기타 서비스를 제공 받음에 따라 로열티를 지불해야 한다. 로열티는 본사의 주요 수입원이 되고 있다.

③ 마케팅 수수료(Marketing or Advertising Fee)

이 수수료 역시 가맹호텔의 매출액 수준에 따라 결정되며 브랜드를 홍보하기 위한 목적에만 사용되어 진다. 브랜드의 홍보를 위한 마케팅은 주로 전국 및 지역 라디오, 잡지, 신문, TV 등에 집중된다.

④ 예약 수수료(Reservation Fee)

이 수수료는 브랜드의 예약시스템(CRS, Web Site, 대표전화번호 등)을 운영하기 위한 비용을 충당하기 위해 징수한다.

⑤ 고객충성도 프로그램 수수료(Frequent Traveler Program Fee)

호텔체인들은 자주 투숙하는 손님들을 보상하기 위해 인센티브 프로그램을 운영하는데 이 프로그램은 해당 브랜드에 대한 충성도를 제고하기 위해 고안되었다. 이런 프로그램을 운영하기 위한 비용을 가맹점은 지불해야 한다.

⑥ 기타 수수료(Other Miscellaneous Fees)

기타 수수료는 추가적인 시스템이나 기술적 지원으로 인하여 프랜차이즈 본사나 제3자 공급사에게 지불한다. 그리고 교육훈련 프로그램이나 해마다 열리는 전국 또는 지역적 컨퍼런스 행사 참가비용도 이에 포함된다.

이 외에도 프랜차이즈 본사는 가맹호텔에 추가적인 서비스를 제공할 때마다 수수료를 지급받게 된다. 컨설팅, 구매지원, 컴퓨터 장비, 장비 임대, 개관 전 경영지원, 마케팅 캠페인 등에 대한 수수료를 요구하게 되는데 이런 수수료들은 보통 계약서에 명시되지 않는다.

| 표 14-2 | 미국 호텔산업 브랜드별 프랜차이즈 수수료

브랜드명	가입 수수료	로열티	객실예약 수수료	마케팅 수수료	고객충성도프로 그램 수수료
aloft	$125,000	객실매출의 5.50%	다른 곳에 포함됨	객실매출의 4.00%	전체매출의 4.20%
Autograph	$60,000	객실매출의 5.50%	다른 곳에 포함됨	객실매출의 1.50%	전체매출의 4.30%
Comfort Inn	$100,000	객실매출의 5.65%	다른 곳에 포함됨	객실매출의 3.85%	전체매출의 5.05%
Courtyard	$150,000	객실매출의 5.50%	객실매출의 0.80%	객실매출의 2.50%	전체매출의 1.75%
Days Inn	$36,000	객실매출의 5.50%	다른 곳에 포함됨	객실매출의 3.80%	전체매출의 5.00%
Doubletree	$90,000	객실매출의 5.00%	다른 곳에 포함됨	객실매출의 4.00%	전체매출의 4.25%
EconoLodge	$25,000	객실매출의 4.50%	다른 곳에 포함됨	객실매출의 3.50%	전체매출의 3.00%
element	$127,500	객실매출의 5.50%	다른 곳에 포함됨	객실매출의 4.00%	전체매출의 4.20%
Embassy Suite	$90,000	객실매출의 5.00%	다른 곳에 포함됨	객실매출의 5.00%	전체매출의 4.25%
Fairfield Inn	$80,000	객실매출의 4.50%	다른 곳에 포함됨	객실매출의 2.50%	전체매출의 1.75%
Four Points	$127,500	객실매출의 5.50%	객실매출의 0.80% + 기타	객실매출의 1.00%	전체매출의 4.20%
Hampton Inn	$110,000	객실매출의 6.00%	다른 곳에 포함됨	객실매출의 4.00%	전체매출의 4.90%
Hilton	$92,500	객실매출의 5.00% + F&B의 3.00%	다른 곳에 포함됨	객실매출의 4.00%	전체매출의 4.70%
H Garden Inn	$142,500	객실매출의 5.50%	다른 곳에 포함됨	객실매출의 4.30%	전체매출의 4.70%
Holiday Inn	$102,500	객실매출의 5.00%	다른 곳에 포함됨	객실매출의 3.00%	전체매출의 4.75%
Holiday Inn Ex	$102,500	객실매출의 6.00%	다른 곳에 포함됨	객실매출의 3.00%	전체매출의 4.75%
Indigo	$152,500	객실매출의 5.00%	다른 곳에 포함됨	객실매출의 3.50%	전체매출의 4.75% + 기타
Hyatt House	$128,000	객실매출의 5.00%	다른 곳에 포함됨	객실매출의 3.50%	N/A
Hyatt Place	$120,000	객실매출의 5.00%	다른 곳에 포함됨	객실매출의 3.50%	N/A

Hyatt Regency	$100,000	객실매출의 5.00% + F&B의 3.00%	다른 곳에 포함됨	N/A	N/A
InterContinental	$155,000	객실매출의 5.00%	다른 곳에 포함됨	객실매출의 3.00%	전체매출의 4.75% + 기타
La Quinta Inn	$105,000	객실매출의 4.00%	객실매출의 2.00%	객실매출의 2.50%	전체매출의 5.00%
Le Meridien	$115,000	객실매출의 5.00% + F&B의 2.00%	객실매출의 0.80% + 기타	객실매출의 1.00%	전체매출의 4.20%
Leading Hotels of the World	$0	객실매출의 1.00%	N/A	N/A	N/A
Luxury Collection	$115,000	객실매출의 5.00% + F&B의 2.00%	객실매출의 0.80% + 기타	객실매출의 1.00%	전체매출의 4.20%
Marriott	$90,000	객실매출의 6.00% + F&B의 3.00%	실당 $2.50	객실매출의 1.00%	전체매출의 4.30%
Motel 6	$35,000	객실매출의 5.00%	N/A	객실매출의 3.50%	N/A
Quality Inn	$60,000	객실매출의 4.65%	다른 곳에 포함됨	객실매출의 3.85%	전체매출의 5.05%
Radisson	$150,000	객실매출의 5.00%	객실매출의 2.00%	객실매출의 2.00%	N/A
Ramada Inn	$71,000	객실매출의 4.00%	객실매출의 2.00%	객실매출의 2.50%	전체매출의 5.00%
Red Roof Inn	$30,000	객실매출의 4.50%	객실매출의 4.00%	N/A	전체매출의 4.00%
Renaissance	$90,000	객실매출의 5.00%	실당 $2.00	객실매출의 1.50%	전체매출의 4.30%
Residence Inn	$150,000	객실매출의 5.50%	N/A	객실매출의 2.50%	전체매출의 1.10%
Sheraton	$115,000	객실매출의 6.00% + F&B의 2.00%	객실매출의 0.80% + 기타	객실매출의 1.00%	전체매출의 4.20%
Super 8	$25,000	객실매출의 5.50%	다른 곳에 포함됨	객실매출의 3.00%	전체매출의 5.00%
TownPlace Sui	$80,000	객실매출의 3.00%	객실매출의 0.90%	객실매출의 1.50%	전체매출의 1.00%
Travelodge	$36,000	객실매출의 4.50%	객실매출의 2.00%	객실매출의 2.00% + 실당 $0.10	전체매출의 5.00%
Westin	$115,000	객실매출의 7.00% + F&B의 3.00%	객실매출의 0.80% + 기타	객실매출의 2.00%	전체매출의 4.20%
Wyndham	$100,000	객실매출의 5.00%	다른 곳에 포함됨	객실매출의 4.50%	전체매출의 5.00% + 기타

출처: Rushmore, Choi, Lee & Mayer, 2013

바. 보고서

여기서는 보고 기한이 되면 호텔 소유주가 본사에 보고해야 하는 월간 또는 연간 보고서를 나열한다. 예를 들면 객실판매액, 객실점유율, 세금(Occupancy Tax 또는 Bed Tax), 평균객실요금 등에 관련된 보고서가 제출된다.

사. 체인본사의 책임

계약 합의에 따른 체인본사의 책임을 구체적으로 나열하며 가맹호텔이 수수료와 로열티를 지불하는 대신에 제공받는 사항에 대하여 열거한다. 보통 검사 계획, 마케팅 노력, 브랜드 표준 시행규칙 등이 포함된다.

아. 가맹호텔의 책임

체인본사의 브랜드를 이용할 수 있는 권리를 부여받음에 따라 가맹호텔이 준수해야하는 내용을 담고 있다. 보통 간판에 대한 요구사항, 준수해야 하는 표준운영규칙, 수수료 지불 계획 등이 포함된다.

자. 계약의 양도

계약 합의에 따른 소유권 양도의 효력에 대해 열거한다. 여기서 가맹호텔은 체인본사로부터 브랜드 이용 및 그에 따른 권리를 타인에게 양도하는 것을 승인 받아야 한다. 그러나 보통 체인본사들은 가맹호텔의 승인 없이도 다른 사업체에게 사용승인을 할 수 있다.

차. 계약 종료 및 불이행

계약당사자 양측에 의한 계약의 종료(탈퇴)를 허용하거나 또는 계약 불이행에 대한 구체적인 사항을 열거한다. 대부분의 경우에 가맹호텔 측의 계약 불이행에 따라 벌칙금(Penalties)을 체인본사에 지불해야 한다.

카. 보험 요구사항

계약 당사자 양측을 보호하기 위해 가맹호텔은 보험에 가입해야 한다. 여기에서 보험의 종류와 금액 등이 열거된다. 전형적으로 요구되는 보험내용에는 일반보증보험, 자동차보험, 종업원 상해보험 등이 포함된다.

타. 변경시 요구사항

여기서는 체인본사가 계약내용을 변경할 수 있는 권리에 대해 열거하고 있다.

파. 중재 및 법률 수수료

법적 분쟁에 관련된 양측의 권리에 대한 내용이 열거된다. 또한 법적 분쟁의 발발시 이를 해결할 법원의 지리적 위치에 대한 정보가 포함된다. 대부분 프랜차이즈 표준계약을 보면 체인본사가 위치한 지역에서 분쟁이 해결된다.

3. 프랜차이즈의 장점 및 단점

프랜차이즈의 계약 당사자인 프랜차이즈 본사와 가맹점은 공히 프랜차이즈 계약을 통해 얻는 장점과 단점을 동시에 보유하고 있는데 이것에 대해 알아보기로 하겠다.

1) 프랜차이즈 본사의 장점

가. 브랜드에 대한 수수료 수입의 증가

다른 모든 기업들처럼 프랜차이즈 회사도 성장을 원할 것이다. 특정 브랜드명에 가입하는 가맹호텔의 수가 증가하면 할수록 브랜드의 가치와 브랜드의 이용을 남에게 허용함으로써 벌어들이는 수수료는 더욱 증가한다. 더구나 브랜드에 가입하는 호텔 수가 증가할수록 브랜드를 운영하는 고정경비를 충당하는데 큰 도움이 되고 있다. 그러므로 같은 브랜드에 대한 가맹호텔의 수가 증가할수록 체인본사의 이윤창출 기회가 극대화될 수 있다. 즉 브랜드에 가입하는 가맹호텔의 수가 증가하여 어떤 임계점(Critical Mass)을 넘어서게 되면 프랜차이즈 본사의 이익수준은 급격히 증가하게 된다.

한편 같은 프랜차이즈 기업이 관장하는 개별 브랜드의 수가 많을수록 본사는 개별 브랜드의 영업경비를 낮게 유지할 수 있다. 결과로서 프랜차이즈 본사들은 공격적으로 되도록이면 많은 호텔 소유주들과 계약이 이루어지기를 유인하고 있다. 때로는 호텔 소유주가 다른 브랜드의 프랜차이즈 본사와 이미 기존 관계가 있더라도 아랑곳하지 않고 있다. 호텔 프랜차이즈 본사는 새로 호텔을 건설하고 있지만 아직 사용할 브랜드를 결정하지 못한 호텔 소유주들을 대상으로 적극적인 설득 노력을 경주하고 있다. 현재 많은 호텔체인 들은 소유하고 있는 각 브랜드에 속한 가맹호텔의 수를 확장하는 노력과 관장하는 브랜드의 수를 확대하려는 노력을 동시에 진행하고 있다.

나. 적은 비용으로 신속한 성장이 가능

직접적인 자본투자를 수반해야 하는 직접소유방식의 호텔을 개발하는 것에 비해 프랜차이즈는 비교적 적은 비용으로 그리고 빠른 성장이 가능하기 때문에 큰 조직을 만들려는 호텔체인에게 효과적인 성장수단이 되고 있다. 그리므로 호텔을 개발하는데 소요되는 비용과 책임이 대부분 개별호텔 소유주에게로 넘어 간다.

다. 고객 인지도 및 브랜드 충성도의 향상

호텔체인에게 고객 인지도는 매우 중요하다. 홍보 및 판촉 활동을 통해 인지도를 높이는 것도 좋은 방법이지만 유명 호텔브랜드를 개발하는 가장 좋은 방법은 손님들이 해당 브랜드의 상품을 직접 보고 사용하는 것이다. 유명 도시와 요충지에 가맹호텔을 많이 보유한 호텔체인은 여행자들이 숙박장소를 선정할 때 체인에 대해 보고 들을 수 있는 기회를 갖게 된다. 대부분 여행자들은 숙박장소의 선택과정에서 상품에 대한 지식은 매우 중요한 요소이다. 프랜차이즈에 의해 제공되는 빠른 성장 잠재력은 고객인지도의 향상을 가속화한다. 손님이 호텔 상품을 인지한 후 직접 해당 호텔상품을 이용한 후에 만족하게 되면 브랜드 충성도가 높아지고 결국 긍정적인 구전활동을 하는 단골손님으로 전환된다.

라. 브랜드, 상표, 이미지, 영업권으로부터 창출되는 수입 증가

브랜드의 성장을 통해 구축된 고객 이미지와 영업권은 사업을 영위하기 위해 정체성과 이미지를 필요로 하는 독립호텔 또는 새 호텔에 큰 가치를 제공한다. 프랜차이즈의 이런 내재 가치는 체인본사의 수입으로 전환된다. 많은 경우에 호텔체인의 고객 이미지와 영업권과 프랜차이즈 수수료 금액 사이에는 직접적인 관계가 존재한다.

2) 프랜차이즈 본사의 단점

가. 영업통제권의 상실

가맹호텔의 영업책임은 호텔 소유주 또는 그가 위임한 대행인(경영회사)에 속해 있다. 그래서 체인본사는 가맹호텔의 일상적인 영업활동에 큰 영향력을 행사할 수 없다. 호텔본사는 정해진 규칙과 주기적인 점검을 통해 개별 가맹호텔의 품질 수준과 이미지를 통제하려 시도하지만 자명한 사실은 체인본사는 기본적인 영업통제권이 없기 때문에 때때로 가맹호텔의 품질과 이미지는 본사가 원하는 수준보다 낮게 형성되기도 한다. 그러나 이로 인하여 손님들이 저품질의 서비스를 경험하게 되면 전체 체인에 대한 이미지가 잘못 전달되어 결국 단골손님 유치나 긍정적인 구전효과에 해로운 영향을 미치게 된다.

이런 이유로 Hyatt, Westin, Four Seasons 같은 프리미엄급 이상의 호텔체인들은 프랜차이즈를 선호하지 않고 있다. Marriott도 프랜차이즈 사업을 수행하고 있지만 품질과 서비스 수준에 대한 신뢰를 보유한 몇몇 경영회사들과만 프랜차이즈를 시행하고 있다. 일반적으로 높은 수준의 품질과 서비스로 사업을 수행하는 호텔체인들은 그렇지 않은 체인들에 비해 영업통제권을 상실하게 되는 프랜차이즈를 덜 선호하고 있다. 호텔체인은 주기적으로 가맹호텔의 시설은 잘 유지·보수되고 있으며 규정된 표준절차에 의해 영업이 이루어지고 있는지를 점검함으로써 다소나마 영업활동을 통제하려고 한다.

프랜차이즈 본사가 가맹호텔에게 규정과 표준절차를 따르게 하기 위해 행사할 수 있는 궁극적인 벌칙은 탈퇴시키는 것이다. 그러나 가맹호텔이 탈퇴에 비협조적이고 극한 경우 분쟁이 생겨 법적 소송으로 이어지면 소요되는 시간이 짧게는 몇 개월 또는 몇 년이 걸릴 수도 있다. 또한 양자 간의 분쟁에 주관적인 규정이 포함된다면 탈퇴과정은 더욱더 힘들어 진다. 이런 이유로 영업통제권의 상실은 체인본사 입장에서 프랜차이즈 잠재력을 평가하는데 있어 억제요소가 되고 있다. 체인본사의 표준을 따를 것을 강요하는 것도 어려운 일이지만 가맹점을 탈퇴시키는 것에는 많은 시간이 소모된다.

나. 호텔 소유주와의 어려운 관계

보통 체인본사는 매우 다양한 호텔 소유주나 경영회사들과 함께 일을 하게 된다. 그러나 호텔산업은 자존심이 강하게 표출되는 사업장이다. 그래서 결국 체인본사의 목표가 상대하는 모든 개개인의 동기나 스타일과 항상 일치하지 않는 경우가 많다. 또한 양자

간에 분쟁이 발생하면 가맹호텔들은 종종 함께 힘을 모아 그들의 관심을 대변하는 프랜차이즈협회를 만들기도 한다. 어떤 경우에도 체인본사는 영업시스템이 효율적이고 절차대로 잘 기능하기 위해 가맹점들과 많은 소통을 위해 시간과 자금을 아끼지 말아야 한다.

3) 호텔 소유주(가맹호텔)의 장점

가. 즉각적인 인지도 구축

대다수 여행자들은 새로운 곳을 여행할 때 숙박시설의 품질과 서비스에 대해 자기에 맞는 일정수준 이상의 상품을 원하기 때문에 인지도가 높고 좋은 이미지를 보유한 호텔을 찾게 된다. 이때 과거에 체류한 경험(또는 타인의 추천)이 있는 동일 브랜드가 기대를 충족했었던 여부에 의해 숙박장소를 선정한다. 아마 독립호텔도 독자적으로 좋은 명성과 고객층을 구축할 수 있다. 그러나 이러한 성공을 거두기 위해서는 적어도 몇 년 동안이란 많은 시간이 필요하게 된다. 인지도가 높은 체인본사에 가입하면 호텔은 비교적 빨리 손님들을 확보할 수 있어 사업초기 기간을 단축할 수 있다. 이렇게 가맹호텔은 새 호텔 또는 독립호텔에 비해 보다 빨리 안정된 객실점유율을 유지할 수 있는 영업주기에 도달하게 된다.

나. 유명 브랜드 및 중앙예약시스템(CRS)의 이용

호텔사업은 객실예약으로부터 시작되므로 현재와 같은 네트워크 경제 하에서 CRS나 GDS와의 연결성은 필요불가결한 것이다. 하지만 독립경영호텔의 경우에는 독자적으로 이런 연결성을 구축하기에는 과다한 비용이 소요되기 때문에 불가능한 경우가 대부분이다. 유명 브랜드에 가입을 통해 가맹호텔은 매출액을 증대함으로써 이윤도 향상할 수 있다. 가맹호텔이 본사에 지불하는 수수료의 총액은 브랜드의 가치와 브랜드를 통해 벌어들이는 판매액과 관계가 있다. 프랜차이즈 계약에 따라 지불하는 수수료는 계약마다 협상을 통한 조정이 가능하지만 보통 가맹호텔의 총객실매출액(Gross Room Revenue)의 약 3%-15% 정도이다.

다. 자금 차입의 용이

체인브랜드에 가입함에 따라 얻게 되는 호텔 소유주의 부가적인 이점은 호텔 건설에 필요한 자금을 차입하는데 있어 보다 손쉽게 이를 획득할 수 있다는 것이다. 보통 새 호텔을 건설할 때 호텔 소유주는 은행이나 다른 금융기관으로부터 자금을 차입하려 한다. 그러나 이때 거의 대다수 금융기관들은 호텔 소유주에게 자금을 대여하기 위해서는 유명 브랜드와의 가맹관계의 성립에 대한 증명을 요구한다.

라. 체인본사의 지원

프랜차이즈 본사는 가맹호텔에게 증명된 안정적인 영업절차, 금융 지원, 교육·훈련 지원, FF&E의 구매 지원, 프랜차이즈 본사의 공급자를 이용한 구매가격 절감에서 비롯되는 영업비용의 절약, 실내장식 지원 등을 제공한다. 그러나 이런 지원 내용은 프랜차이즈 본사에 따라 다르게 나타나는 경우도 많다.

4) 호텔 소유주(가맹호텔)의 단점

가. 비싼 프랜차이즈 비용

프랜차이즈의 선정은 호텔 소유주가 내려야하는 가장 중요한 의사결정 중의 하나이다. 잘못된 프랜차이즈의 선택은 항상 부정적인 영업결과를 가져 온다. 옳지 않은 프랜차이즈의 선정은 다음과 같은 비용을 초래한다.

① 잘못 선정된 프랜차이즈와의 계약기간 동안 발생된 영업손실
② 새로운 프랜차이즈를 구하는데 소요되는 비용
③ 새로운 간판, 상징 등에 대한 구매비용
④ 새로운 프랜차이즈 하에서 객실점유율 안정화 시기까지 발생되는 영업손실

나. 성공에 대한 보장이 없음

보통 프랜차이즈 본사는 가맹호텔들에 대해 아무런 재무적 지분이 없고 또한 가맹호텔의 실패에도 불구하고 직접적인 책임이 없다. 그러나 체인본사는 비수기에 심각한 영업손실이 예상되는 가맹호텔에 연중무휴의 영업정책을 요구하는 등 가맹호텔의 입장에서는 막대한 비용이 초래되는 영업표준절차를 강요하기도 한다. 게다가 체인본사의 프랜차이즈 판매직원은 비윤리적인 방식으로 프랜차이즈를 판매하는 경우도 있다. 판매직원의 보상수준은 보통 판매한 프랜차이즈의 수를 기준으로 하기 때문에 엄격한 감독 및

통제가 되지 않는 상황에서 일부 판매직원은 자격요건이 충족되지 않거나 경제적 사업타당성이 없는 프로젝트에 프랜차이즈의 판매를 시도할 수 있다. 이런 비윤리적 행위는 1970년대 미국 호텔시장의 공급과잉(Overbuilding)에 대한 일부 원인이 되었다고 한다.

다. 체인본사의 표준 준수

프랜차이즈 본사에 의해 개발된 다양한 규정과 표준은 소속된 모든 가맹호텔에게 통일된 영업방식과 이미지를 적용하기 위해 고안되었다. 그러나 이런 체인본사의 통일된 기준이 때로는 특정 가맹호텔에게는 적절하지 않거나 특정 소유주에게는 불만족스러운 사항이 되기도 한다. 그럼에도 불구하고 체인본사는 가맹호텔에 본사에서 정한 영업시스템의 변경을 허용하지 않고 있다. 가맹호텔의 영업에 부정적인 영향을 미치는 본사의 통일된 표준의 예는 다음과 같다. 만일 잠정적인 가맹호텔에게 부적절한 체인표준으로 인해 피해가 예상된다면 계약에 서명하기 전에 예외를 인정받아야 한다.

① 연중무휴 상시 영업체제의 요구
② 레스토랑, 라운지, 룸서비스 등에 대한 영업시간의 설정
③ 도어맨이나 벨보이 등의 24시간 운영체제와 같은 최소수준의 직원 충원에 대한 요구
④ 체인본사에서 실시하는 홍보프로그램이나 고객만족프로그램에 대한 참여
⑤ 수영장, 레스토랑, 룸서비스, 라운지, 주차 등의 어메니티(Amenities)에 대한 요구

라. 다른 가맹호텔의 가입에 대한 통제권이 없음

대다수 프랜차이즈 계약은 가맹호텔이 영업을 하는 동일시장에서 같은 브랜드에 다른 새로운 호텔의 가입을 제재할 규정이 별로 존재하지 않고 있다. 때때로 체인본사는 일정기간 동안 가맹호텔에 특정 지역에 대한 영업독점권을 제공하는 경우도 있지만, 대부분 다른 가맹호텔이나 체인본사가 소유 또는 위탁경영하는 호텔에 상관없이 동일시장에 새로운 호텔의 등장을 자유롭게 허용하고 있다. 더군다나 최근 호텔산업에서 상품 세분시장화란 트랜드에 편승하여 체인본사들은 종종 특정 시장에 특정 상품을 추가하는 것은 다른 세분시장 또는 가격대의 소비자들의 요구에 부응하는 것이라고 궁색한 변명을 늘어놓기도 한다.

마. 체인본사 규모의 경제에 대한 의존

체인본사에 소속된 가맹호텔의 수가 임계점에 이르러야 프랜차이즈 수수료 수입이 프랜차이즈를 허가하고 유지하는데 소요되는 비용을 상쇄할 수 있다. 마찬가지로 가맹호텔들의 수가 많을수록 이들이 누리는 경제적 혜택이 프랜차이즈에 가입하고 유지하는데 소요되는 비용을 초과할 수 있다. 체인본사에 가입된 가맹호텔의 수가 많을수록 각 가맹호텔이 받는 혜택은 아래와 같다.

① 다른 가맹호텔로부터 제공받는 객실예약의 소개(Referrals)
② 긍정적인 숙박을 경험한 손님들이 제공하는 구전에 의한 추천
③ 홍보 및 마케팅 지원
④ 체인본사의 추가 지원
⑤ 경쟁적인 중앙예약시스템

가맹호텔의 가입을 고려중인 호텔 소유주는 체인본사 가입에 대한 비용과 가치를 잘 평가해야 한다. 여기서 조심해야 할 것은 프랜차이즈 사업의 초기에 있는 체인본사는 이미 시장에 존재하는 기존 체인본사에 비해 덜 제공되는 혜택수준을 반영하여 가입수수료 및 다른 수수료 등을 낮게 책정하려 한다.

| 표 14-3 | 프랜차이즈 본사와 가맹호텔의 장단점

프랜차이즈 본사		가맹호텔	
장점	단점	장점	단점
• 수수료 수입 • 쉽고 신속한 성장 • 고객 인지도 향상 • 적은 투자 적은 위험	• 통제권의 상실 • 소유주와 잦은 다툼 • 적은 이익수준 • 명성 훼손의 가능성	• 신속한 인지도 확보 • 체인본사의 지원 • 자금차입의 용이성	• 과다한 비용 초래 • 성공 보장 없음 • 완전한 통제권 상실

제3절 **위탁경영 비즈니스모델**

1. 호텔 위탁경영계약의 기원

위탁경영계약(Management Contract)은 미국 호텔산업에서 1970년대를 거쳐 1980년에 이르러 꽃을 피우게 된다. 이후 다국적 호텔체인들은 프랜차이즈와 더불어 위탁경영을 현재까지도 중요한 성장전략으로 채택하게 된다.

제2차 세계대전이 발발하기 전까지만 해도 위탁경영계약은 호텔산업에서 존재하지 않는 비즈니스모델(Business Model)이었다. 종전의 호텔들은 대부분 호텔기업이나 개인에 의해 소유 및 경영(Owned and Managed)되거나 또는 리스(Leased)해서 운영되고 있었다. 그리고 호텔체인들은 성장은 국내시장에서도 충분했기 때문에 해외시장 진출에 큰 관심이 없었다.

그러나 2차 세계대전 이후 당시 중남미 개발도상국 정부들은 관광산업을 육성하기 위해서는 유명 브랜드호텔이 자국에 존재해야하는 당위성을 인식하게 되었다. 따라서 이들은 유명 호텔체인들이 소유한 전문적인 경영지식과 브랜드를 제공받는 조건으로 기꺼이 새 호텔 건설에 대한 투자위험(Investment Risk)을 부담하고자 했다. 이러한 우호적인 환경을 접하게 됨에 따라 미국 호텔체인들은 비로소 해외시장 진출을 진지하게 고려하게 된다. 따라서 1947년 Hilton은 해외사업부를 위해 자회사인 Hilton International을 설립한다.

이후 푸에르토리코 정부에 제출한 사업제안서가 채택되면서 Hilton International은 1949년 12월 산후안시에 Caribe Hilton 호텔을 개관하면서 최초로 해외시장에 진출하게 된다. 이때 Hilton International이 푸에르토리코 정부기관과 맺은 계약 형태는 종전과는 다른 새로운 방식이었는데, 종전의 리스방식과는 차별화된 이윤분배리스(Profit-sharing Lease) 방식이었다. 즉 푸에르토리코 정부는 채권을 발행해 호텔을 신축해서 Hilton International에게 호텔을 임차해 주었다. 반면에 Hilton International은 임대료 명목으로 총영업이익(Gross Operating Profit)의 ⅔를 정부에 지급하고, 나머지 ⅓을 직접 차지하기로 계약을 했다. 또 이 계약을 통해 Hilton International은 해외 마케팅 활동을 위해 소요되는 지역 및 본사의 상주 직원과 본사의 광고 및 판촉에 소요되는 비용을 모두 실비정산

(Reimbursement Charge)으로 되돌려 받기로 했다. 또한 Hilton International은 직원의 고용 및 해고와 임금정책 등 영업에 대한 모든 권한을 부여 받았다. 반대급부로 Hilton International이 Caribe Hilton 호텔에 투자한 자금은 개관 전 비용과 운전자본(Working Capital)으로 투자한 30만 달러가 전부였다고 한다.

Caribe Hilton은 대성공을 거두어 푸에르토리코 정부와 Hilton International에 막대한 수익을 제공하였다고 한다. 이후 Hilton International은 같은 계약방식으로 이스탄불, 멕시코, 쿠바 등에 진출하면서 신속한 성장을 이룩하게 된다. 그러나 이후 쿠바에서 갑작스럽게 카스트로에 의한 혁명이 발발하면서 관광산업이 큰 타격을 받게 되면서 객실점유율이 14%까지 추락하게 된다. Hilton International은 쿠바정부에 이로 인한 손실을 보전해 줄 것을 설득했지만, 결국 호텔은 카스트로 정권에 의해 국유화 되어버렸다.

Hilton이 쿠바사태를 통해 얻은 교훈은 정치가 불안정한 개발도상국에서 경영의 통제 불가항력과 이로 인한 영업손실에 대한 위험을 감수할 수 없다는 것이었다. 여기서 Hilton International은 많은 개발도상국가의 정부들이 기꺼이 투자위험을 감수하면서도 소유위험을 감수하지 않는 이유에 대해 의문을 갖게 된다. 이런 이유로 해서 당시 Hilton International의 최고경영층은 종전의 이윤분배 리스계약을 호텔 소유주가 영업위험(Operating Risk)과 재무위험(Financial Risk)을 모두 부담하고 또한 운전자본의 제공에 대한 책임도 지는 위탁경영계약으로 전환하게 된다. 이로서 Hilton International은 호텔 소유주에게 모든 위험을 전가할 수 있게 되었다.

새로 개발된 위탁경영계약을 통해서 Hilton International의 경영진은 브랜드, 시스템, 경영지식을 제공하는 반대급부로 다른 무엇을 취득할 수 있어야 한다고 생각했다. 따라서 새로운 위탁경영계약을 통해 총매출액(Gross Revenue)의 5%를 기본수수료(Base Fee)로 하고, 이에 더해서 총영업이익의 10%를 인센티브수수료(Incentive Fee)로 책정했다. 그리고 예약시스템, 마케팅 직원, 광고, 판촉에 대한 서비스를 제공하는 대가로 이윤 없이 실비정산하기로 했다. 또한 호텔 소유주는 지역 사무소 직원의 임금과 본부 직원이 감독을 위해 호텔을 방문하는 경우에 대한 비용도 지급하도록 했다. 이런 이점으로 인하여 이후 위탁경영계약은 많은 호텔체인들의 중요한 성장전략으로 활용된다.

1950년대와 1960년대에 걸쳐 호텔산업에서 프랜차이즈는 대성공을 거두게 되어 급속하게 확산되어 호텔체인들은 급속하게 성장하였다. 그러나 프랜차이즈는 시간이 경과하면서 적절한 통제수단의 결여와 같은 치명적인 단점이 드러나기 시작한다. 1970년대 들어서면서 이런 시대적 상황과 더불어 몇몇 요인이 미국 호텔산업에서 위탁경영계약의 등장을 촉진하게 된다.

첫째, 1930년대 경제대공황을 통해 미국의 은행과 보험회사와 같은 대출기관(Lenders)들은 많은 자금을 빌려줬던 호텔들이 부도가 나면서 이를 회수할 수 없어 어쩔 수 없이 수많은 호텔들을 소유하게 된다. 이들은 스스로 호텔을 경영하기를 원하지 않았고 전문경영기업이 자신들의 호텔들을 관리해 주기를 원했다. 이런 목적을 위해 이들은 호텔체인(Chain Operator 또는 Brand Operator)이나 독립경영회사(Independent Operator 또는 Independent Management Company)와 위탁경영계약을 맺기에 이른다. 둘째, 대출기관들과 같은 기관투자자(Institutional Investor)의 귀환이다. 1930년대 경제대공황을 통해 대형호화호텔 사업의 맹점을 경험한 이들은 한동안 호텔건설을 위한 대출은 거의 중지하고 있었다. 그러나 1970년대부터 이 기관들은 호텔체인이 경영하게 되는 신축호텔 사업에만 대출을 허용하기 시작했다. 결국 호텔건설을 위한 자금을 대출하기 위해 호텔 개발업자 또는 소유주는 호텔체인과 위탁경영계약을 체결해야 했다. 셋째, 당시 호텔사업의 잠재이익에 매료된 일부 금융기관들은 오히려 과거 호텔체인들이 직접 건설하고 소유하고 있던 호텔들을 매입하기 시작했다고 한다.

이와 같은 경영환경의 변화에 효과적으로 대응하기 위해 호텔체인들은 종전의 전략을 수정하기에 이른다. 호텔체인들은 종전의 부동산 회사로서의 특성을 버리고 순전한 호텔운영회사(Hotel Operating Company)로 비즈니스모델을 바꾸는 것을 결정했다. 즉 현금 창출을 극대화하고 재무위험을 줄이기 위해 1970년대 말부터 1980년대 초기에 호텔체인들은 소유하던 호텔들을 투자자들에게 매각하는 한편 동시에 새로운 호텔소유주와 협상을 통해 위탁경영계약을 체결함으로써 매각되는 호텔에 대한 운영권을 유지했다. 실제로 1970년에 미국의 10대 호텔체인들이 보유하던 위탁경영계약의 수는 불과 22건이었지만, 1975년에는 182개로 급속하게 증가했다. 이후부터 21세기 현재까지 한정서비스(Limited-service) 호텔을 대상으로 하는 프랜차이즈와 더불어 주로 고급호텔(Full-service), 리조트, 컨벤션호텔 등을 주요 대상으로 하는 위탁경영계약은 호텔체인이 국내 및 해외 시장에서 성장을 위한 중요한 전략이 되었다.

위탁경영계약은 호텔 소유주(Owner)가 호텔의 영업 및 경영활동에 대한 모든 권한을 보유한 대리인(Agent)인 경영회사를 고용하기로 한 양자 간의 문서화된 계약이라고 정의할 수 있다. 즉 호텔 소유주(투자자, 개발자, 재소유한 차주)가 호텔의 경영을 경영회사

(호텔체인 또는 독립경영회사)에 맡긴다는 양자 간의 합의 하에 맺은 계약관계를 말한다. 일반적으로 호텔 소유주가 호텔을 관리하고 싶지 않거나 또는 호텔경영에 대한 전문지식이 없는 경우 대신 호텔을 잘 경영할 수 있는 업체를 찾게 된다. 이에 경영회사는 원하는 전문지식과 경험을 제공하며, 따라서 각자 상대방의 성과에 대한 기대를 반영하는 양자의 협상에 의한 공식적인 계약관계를 맺게 된다.

일반적인 위탁경영계약에서 경영회사는 호텔영업을 위한 완전한 통제권을 보유한다. 그리고 계약은 양자 간의 재무적 및 법률적 협정에 관한 내용을 다룬다. 계약기간은 계약의 매우 중요한 조항이며 보통 관리되는 호텔의 유형에 따라 다양하다. 호텔산업에서 위탁경영계약은 양자 간에 장기적인 관계를 맺는 것이어서 대개 20년이 넘는 경우가 대부분이다.

위탁경영계약은 대상 호텔의 경영에 대한 책임을 맡게 된 경영회사와 호텔 소유주 간의 계약이다. 호텔영업에 대해 소극적인 의사결정의 권한을 보유한 소유주는 운전자본, 영업비용, 채무상환에 대한 모든 책임을 져야 한다. 경영회사는 위탁경영 서비스의 제공에 대한 대가로서 경영수수료(Management Fee)를 제공받으며, 소유주는 매출총이익에서 모든 비용이 차감된 잔여이익(Residual Income)을 갖는다.

리스방식과 달리 위탁경영계약에서는 재무적 부담은 전적으로 소유주에게 전가된다. 소유주는 호텔경영이 성공적으로 수행되었을 경우에는 많은 혜택을 얻게 되지만 이익을 창출하지 못하게 되는 경우에는 많은 손실을 입게 된다. 이러한 우호적인 환경 변화에 대응하기 위해 Hyatt, Westin, Marriott, Hilton International, Sheraton, InterContinental과 같은 호텔체인들은 영업활동의 무대를 전 세계로 확장할 목적을 가지고 전략적으로 위탁경영계약을 이용했다. 리스방식과 비슷한 구조이지만 재무위험을 지지 않는 위탁경영계약을 통해 많은 이익을 창출할 수 있는 가능성과 잠재력을 확인한 호텔체인들은 점차 사업방식을 변경하기 시작해서 현재에 이르게 된다. 1980년대 말 이후 추세를 보면 리스방식을 이용하는 호텔체인은 거의 자취를 감추게 된다.

2. 위탁경영호텔 경영회사의 종류

호텔 소유주와의 위탁경영계약을 체결하여 호텔을 관리하는 경영회사(Management Company 또는 Operator)는 크게 1군 경영회사(First-Tier Management Company)와 2군 경영회사(Second-Tier Management Company)의 두 가지로 구분된다. 1군 경영회사는 위탁경영계약에 따라 대상 소유주의 호텔을 관리하고 매일 영업활동을 감독하는데, 이런 경영활동을 수행함에 있어 보통 전국적인 소비자 인지도가 있는 고유한 유명 브랜드를 보유하고 있다. 〈표 14-4〉에서 보는 바와 같이 우리가 익히 알고 있는 Hilton, Marriott, Hyatt, Starwood, InterContinental 등이 1군 경영회사의 대표적인 예이다. 반면에 독립경영회사(Independent Operator)라고 불리는 2군 경영회사 역시 1군 경영회사와 똑같이 위탁경영계약에 따라 동일한 경영서비스를 호텔 소유주에게 제공한다. 그러나 2군 경영회사는 소비자들에 인지되는 고유한 브랜드를 보유하고 있지 않다. 대신에 이들은 고객인지도를 높이기 위해 호텔체인의 프랜차이즈에 가맹하여 해당 브랜드를 이용하고 있다. 〈표 14-5〉에서 보듯이 2군 경영회사에는 Interstate Hotels & Resorts, White Lodging Services, Pillar Hotels & Resorts, GF Management 등이 활발한 활동을 벌이고 있다.

| 표 14-4 | 세계 Top 10 위탁경영 호텔체인(2015. 12. 31. 기준)

순위	호텔체인명	호텔 수
1	Marriott International	3,073
2	China Lodging Group	2,067
3	GreenTree Inns Hotel Management Group	1,927
4	Home Inns and Hotels Management	1,384
5	AccorHotels	921
6	IHG(InterContinental Hotels Group)	806
7	Extended Stay Hotels	629
8	Starwood Hotels & Resorts	608
9	Hilton Worldwide	544
10	Shanghai Jin Jiang International Hotel Group Company	500

출처: Hotels

| 표 14-5 | 미국 Top 20 위탁경영 독립경영회사(2012. 1월 기준)

기업명	직접 소유 및 경영		타인소유 위탁경영		총객실수
	객실수	호텔수	객실수	호텔수	
Interstate Hotels & Resorts	1,921	6	61,027	348	62,948
White Lodging Services	3,588	12	20,261	147	23,849
Pillar Hotels & Resorts	0	0	21,300	222	21,589
GF Management	2,811	14	18,195	115	21,006
TPG Hospitality	0	0	17,103	63	17,103
Pyramid Hotel Group	317	2	16,583	317	16,900
Aimbridge Hospitality	0	0	16,625	80	16,625
Crescent Hotels & Resorts	1,165	4	14,231	61	14,551
Remington	199	1	13,997	69	14,196
Davidson Hotels & Resorts	0	0	13,215	46	13,215
RIM Hospitality	0	0	12,488	91	12,488
Hersha Hospitality Management	1,250	8	11,000	89	12,250
HEI Hotels & Resorts	9,684	35	2,229	8	11,913
Concord Hospitality	2,200	18	8,958	65	11,158
Island Hospitality Management	0	0	10,710	79	10,710
Sage Hospitality	0	0	10,500	49	10,500
Destination Hotels & Resorts	453	1	9,105	38	9,558
Kinseth Hotel Corporation	1,593	10	7,521	98	9,114
Prism Hotels & Resorts	710	3	8,357	54	9,067
Crestline Hotels & Resorts	0	0	8,798	49	8,798

출처: Lodging Hospitality

3. 경영회사의 책임과 제공 서비스

위탁경영계약은 호텔산업에 대한 지식이나 경험이 부족하거나 여러 이유로 인해 직접적인 경영이 불가능한 투자자에게 투자 기회를 제공하고 있다. 객실공급에 대한 경쟁이 점점 격화되면서 호텔 투자자들은 호텔투자에 대한 가치를 창출하기 위해서는 경영을 책임지는 전문가그룹을 이용하는 것이 효율적이라는 것을 인식하게 되었다. 따라서 호텔 소유주들은 투자수익을 극대화하기 위해 브랜드를 보유한 전문적인 경영회사(Hotel

Operator)와 계약을 맺게 되었다. 위탁경영계약에 명시되는 호텔 경영회사의 일반적인 책임은 〈그림 14-3〉과 같다.

🔍 그림 14-3　호텔 경영회사의 책임

경영회사의 책임
• 프런트오피스, 객실, 식음료, 판매 등 모든 기능 부서의 관리
• 직원의 모집, 고용, 훈련, 감독, 해고
• 가격을 설정하고 호텔 서비스의 조건을 결정
• 마케팅, 광고, 홍보의 계획과 실행
• FF&E 등과 같은 자본지출의 계획, 구매, 감독
• 월별 및 연별 재무제표와 소유주를 위해 일일 보고서를 작성
• 소모품 구매을 위한 계약을 체결하고 이에 대한 대금을 지급
• 허가된 연간 예산계획과 위탁경영계약의 조건에 맞게 호텔의 영업활동을 수행
• 가입한 브랜드 시스템에 의해 요구되는 상품과 서비스 표준의 준수

출처: 저자 정리

　한편 위탁경영계약에 의해 경영회사가 소유주의 호텔에 제공하는 서비스의 종류는 여러 부류이다. 호텔 소유주는 대다수 경영회사들이 제공하는 일반적인 서비스와 일부 경영회사들이 제공하는 고유하고 차별화된 서비스를 잘 구분할 수 있어야 한다. 대다수 경영회사에서 제공하는 일반적인 서비스는 〈그림 14-4〉와 같다. 한편 경영회사는 전체적인 광고와 전국 및 지역 판촉사무소, 중앙예약시스템(CRS), 중앙회계 및 경영정보시스템, 중앙구매 및 조달시스템, 중앙 교육 및 훈련시스템과 기타 서비스(안전, 에너지관리시스템, 보험 및 위험관리, 예방적 유지보수, 회계감사, 소유주의 세금정산 준비, 지속적인 지원서비스 등) 등에 소요되는 비용을 실비정산 시스템비용(System-Reimbursable Expenses)으로 매월마다 소유주로부터 제공받는다.

호텔 경영회사에서 제공하는 서비스

경영회사가 제공하는 서비스

- 전국적 또는 세계적 명성
- 상표, 로고, 슬로건,
- 중앙예약시스템(CRS, Brand Wev Site)
- 체인 및 브랜드 홍보 프로그램
- 고객 충성도 프로그램(Loyality Program)
- 중앙구매를 통한 비용 절감
- 중앙 인사관리 및 모집
- 노무 관련 지원
- 건물세금 대리업무
- 보험 지원 및 패키지 가격
- 에너지관리시스템
- 중앙집중 회계관리
- 입지 및 건축 엔지니어링 지원
- 건축 및 인테리어 디자인
- 시장 수요 조사
- 전국 및 지역 판촉사무소
- 개관전 서비스 및 기술적 서비스

4. 호텔 위탁경영계약의 장점과 단점

위탁경영계약을 통해 경영회사와 소유주는 공히 장점과 단점을 경험하게 된다. 공정하게 구조화된 계약을 만들기 위한 협상을 위해 양 당사자는 상대방이 계약을 행하려는 동기에 대하여 잘 이해해야 한다.

1) 경영회사의 장점

가. 저렴한 비용으로 신속한 성장 가능

경영회사 입장에서는 낮은 수준의 투자가 요구되는 위탁경영계약을 이용함으로써 저렴하고 신속하게 체인규모를 확장해 나갈 수 있다. 때때로 위탁경영계약을 확보하기 위해 호텔체인은 자금대여 등을 통해 운전자본에 공헌을 한다. 계약에 의해 정해지는 경영수수료에서 보통 총매출액(Total Revenue)의 일정 퍼센트로 수익이 보장되는 기본수수료

(Basic Fee)는 경영회사 본사의 경비와 영업비용을 충당하고도 남을 정도로 충분하다. 직접 소유 또는 리스호텔과 달리 위탁경영에서는 경영회사에게 영업손실에 대한 책임을 묻는 경우가 거의 없는데, 이는 경영회사가 계약을 통해 손실위험을 소유주에게 전가했기 때문이다. 경영회사는 기존에 영업 중인 호텔들로부터 위탁경영계약을 취득하려고 하기 때문에 직접적으로 신축호텔을 위해 소요되는 기간이 제거되었다. 이로 인해 건설과정에서 소요되는 감독요원의 충원이 불필요하고 또한 본사 경비가 절감되었다.

나. 낮은 손실위험

위탁경영계약 하에서 호텔 소유주는 모든 운전자본 · 영업비용 · 채무변제에 대한 재무적 책임을 지고 있다. 반면에 경영회사는 아무런 재무적 부담이 없으며 기본수수료만으로도 영업비용을 충당하고도 적은 수준의 이윤도 창출할 수 있다. 여기에 인센티브 수수료가 더해진다면 훨씬 많은 이익을 창출할 수 있다.

다. 규모의 경제 효과

위탁경영 서비스를 제공하는데 소요되는 실제 영업비용과 본사 비용은 많지 않지만, 핵심 영업담당 경영진 · 본사 · 지원 직원들에 소요되는 비용을 충당하고 또한 요구되는 수준의 이익을 창출하려면 위탁경영계약은 규모의 경제(Economies of Scale)를 창출할 수 있는 수준의 위탁경영호텔의 수를 확보해야 한다. 일반적으로 1군 경영회사는 중앙예약시스템(CRS)을 제공하는데 이런 경우 고정비용(Fixed Costs)은 2군 경영회사에 비해 훨씬 많아진다. 규모의 경제를 창출할 수 있는 호텔의 수는 호텔의 등급과 유형, 그리고 경영회사가 제공하는 서비스의 성향에 따라 다르게 나타날 수 있다. 보통 규모의 경제 효과가 나타날 수 있는 수준은 1군 경영회사의 경우는 위탁경영호텔의 수가 약 40-50 여 개소에 이르면 가능하고, 2군 경영회사의 경우는 약 10-15 개소이면 가능하다고 한다. 그리고 본사의 지원이 보다 광범위하게 요구되는 최고급(Luxury) 호텔은 저가(Budget)호텔에 비해 규모의 경제 효과를 볼 수 있는 수준이 더 높다고 한다.

라. 품질 통제가 가능

위탁경영계약은 경영회사들이 비교적 직접적으로 물리적 및 영업활동의 품질에 대한 경영통제권을 행사할 수 있다. 호텔체인들은 특히 유명 1군 경영회사들은 우호적인 대중

이미지가 유지되는 것에 항상 부단한 관심을 갖는다. 단 일개의 호텔에서라도 물리적 또는 경영 소홀로 인하여 어렵게 구축한 기업의 명성이 순식간에 손상되기도 하는데, 위탁경영계약은 경영회사에 필요한 수준의 품질통제를 가능하게 한다. 즉 경영정책에 대한 자율권이 보장되고 적절하게 FF&E(Furniture, Fixture & Equipment) 등에 대한 대체비용의 적립(Reserve for Replacement)이 가능하기 때문에 경영회사는 호텔의 품질과 이미지에 대한 전반적인 통제권을 대부분 행사할 수 있다. 반면에 프랜차이즈 계약에서 가맹호텔은 단지 호텔체인의 명칭만을 이용하며 중앙집중적인 경영통제가 이루어지지 않기 때문에 체인본사는 일정한 수준의 품질을 유지해 나가기가 훨씬 더 어렵게 된다. 그래서 일부 유명 호텔체인들은 전반적인 품질 유지와 영업통제권을 확보하기 위해 프랜차이즈 경영방식을 채택하지 않는 정책을 유지하고 있다.

마. 감가상각비의 제거

위탁경영계약은 호텔 소유주가 부담하는 감각상각비(Depreciation)를 회피할 수 있어서 경영회사의 입장에서는 호텔을 직접 소유하는 경우와 거의 같은 수준의 현금흐름(Cash Flow)을 확보할 수 있다는 매력이 있다. 경영회사가 지급받는 경영수수료는 소득세 차원에서는 일반 수입으로 고려된다. 그러나 경영회사가 호텔을 직접 소유한다면 벌어들일 수 있는 수입은 감가상각비에 의해 희석이 된다. 상장된 호텔기업들은 손익계산서상의 감가상각비를 최소화하여 순이익의 증가 효과를 얻을 수 있는 위탁경영계약의 이점을 발견하기에 이르렀는데, 이를 통해 보다 높은 주가수익률(PER)을 유지할 수 있어서 결국 해당 호텔기업의 주식가치를 향상 할 수 있게 되었다고 한다. 그래서 Marriott이나 Hilton과 같은 상장 호텔체인들은 직접 소유하고 있던 호텔들을 시장에 내다파는 동시에 위탁경영계약을 맺어서 이들을 계속해서 운영하고 있다(Sale and Manage-back). 이런 방식으로 위탁경영전략을 가장 잘 활용한 호텔체인이 바로 Marriott이다. Marriott은 먼저 개발자로서의 이윤을 확보하기 위해 독립적으로 투자하여 새 호텔을 완공한 후 바로 이 부동산을 파트너십 또는 투자자에게 매각함과 동시에 높은 수준의 현금흐름을 창출하는 장기 위탁경영계약을 맺어 매각된 호텔의 운영권을 확보하는 전략을 구사했다.

2) 경영회사의 단점

가. 소유권에 대한 잔여혜택(Residual Benefits)의 배제

경영회사의 전문적인 위탁경영을 통해 경영실적이 호전되면서 호텔의 가치가 증가하게 된다. 이때 이런 호텔자산을 매각하거나 재금융하는 경우 소유주의 혜택은 증가하게 된다. 반면에 경영회사는 이런 혜택을 누릴 수 없을뿐더러 최악의 경우 위탁경영권을 잃을 수도 있다.

나. 소유주의 재무 의사결정권에 대한 통제 결여

대다수 위탁경영계약에서 호텔 소유주의 재무의사결정권이 보장되고 있다. 자본이 부족한 소유주체(소유주 또는 새 소유주)는 경영회사의 관점에서 봤을 때 호텔의 단점을 극복하고 영업과 품질에 악영향을 미치는 요소를 제거하기 위해 필요한 현금에 대한 지출을 승인하지 않을 수 있다. 그리고 위탁경영에서 상호간 협력관계의 구축이 매우 중시되는데, 까다로운 소유주는 정당하지 않은 여러 요구사항을 부과하여 경영회사를 매우 어렵게 하는 경우도 있다.

다. 소유주에 대한 금융 의존도

만일 호텔영업을 통해 창출된 현금으로 영업비용과 차입금 상환을 충당하지 못하는 경우에 경영회사는 소요자금을 확보하기 위해서 전적으로 소유주에게 의존하게 된다. 경영회사가 계약을 맺기 전에 아무리 소유주의 신용도를 철저히 조사했어도 불리한 또는 예상치 못한 상황이 전개되면 어느 누구도 재무자원의 고갈을 피할 수 없다. 이때 경영회사의 위험은 부족한 영업자금 또는 수리비용 적립의 연기 등으로 인한 불편함 정도의 수준을 넘어 궁극적으로 소유주의 파산 등으로 인해 위탁경영권을 잃을 수도 있다. 이런 경우 경영회사는 수입과 명성에 악영향을 미치게 될 뿐만 아니라 계약이 해제되는 경우 취소수수료도 지급받지 못하는 경우도 있다.

라. 소유주의 계약해제권

위탁경영계약은 호텔 소유주가 계약서에 명시된 비싼 취소수수료를 지급함으로써 계약관계를 종결할 수 있는 계약취소 조항을 포함하고 있는 것이 일반적이다. 보통 경영회사는 이에 대한 보상을 잘 받을 수 있지만, 인력의 재배치 혼란과 대중 이미지에 대한 손상은 피할 수 없게 되는데 특히 1군 경영회사의 경우는 비교적 더 심각하다고 할 수 있다.

3) 호텔소유주의 장점

가. 전문경영인력의 이용

위탁경영계약은 소유주에게 호텔투자에 대한 장기적인 이윤을 확보하기 위해 필수적인 전문경영인력을 제공한다. 동시에 위탁경영계약은 현금흐름, 감가상각의 세금절약 효과, 가치 향상, 재금융 기회, 계약기간의 종료 후 호텔의 소유권 유지 등과 같은 혜택을 소유주에게 제공한다.

나. 즉각적인 명성 구축

몇몇 호텔체인에 가입하기 위해서는 위탁경영계약을 통해서만이 가능할 때가 있다. 1군 경영회사와의 위탁경영계약은 소유주의 호텔에 즉각적인 전국적 또는 지역적 인지도를 제공한다. 일부 경우 프랜차이즈계약을 통해서는 동일한 혜택을 제공받는 것은 불가능한데, Westin과 Hyatt 같은 체인들은 직접 경영하는 호텔에만 브랜드의 사용을 허가하는 경영정책을 유지하고 있다.

다. 경영지식의 이용

시간이 흐르면서 대출기관이나 투자자들은 호텔산업에 대해 높은 수준의 지식을 보유하게 되었다. 따라서 성공적인 호텔투자를 이끌어 내기 위한 핵심요소인 경영능력에 대한 중요성이 강조되고 있다. 대출기관이나 투자자들은 단기체류(Transient) 수요에 대한 지역시장의 평가, 해당 지역 및 접경 지역의 성격, 실제적인 부동산의 성공가능성에 더하여 제안된 경영회사의 역량과 재무실적에 대해 지대한 관심을 보이게 된다. 대다수 대출기관과 투자자는 관심을 갖고 있는 모든 호텔의 운영을 실적이 좋은 경영회사가 담당하기를 요구한다. 심지어 일부 경우에는 아예 전문적인 호텔 자산관리자(Asset Manager)가 경영회사를 감독하기를 원하기도 한다. 만일 제안된 호텔의 운영자가 2군 경영회사일 경우에 소요되는 투자자금을 조달받기 위해서는 반드시 유명 프랜차이즈에 가입하기를 요구하기도 한다. 전국적인 명성을 보유한 경영회사를 호텔투자 프로젝트의 일원으로 참여하게 하는 것이 반드시 성공적인 금융결정을 보장하지는 않지만, 경영회사에 대한 긍정적인 관심은 대출기관의 투자의사결정에 유리한 영향을 미치게 된다.

4) 호텔소유주의 단점

가. 경영통제권의 상실

위탁경영계약은 경영회사에게 호텔에 대한 모든 경영통제권을 부여하고 있다. 만일 경영회사가 호텔을 경쟁적으로 운영할 수 있다면 통제권의 상실은 문제될 것이 전혀 없다고 볼 수 있다. 그러나 만일 호텔이 잘못 관리되는 경우 소유주는 경영회사를 제거하기가 매우 어렵다는 사실을 인식하게 되었다. 따라서 이후 일정수준의 경영성과를 경영회사가 창출하지 못하면 소유주가 계약을 종료할 수 있는 새로운 구체적인 기준이 많은 위탁경영계약이 도입되었다. 따라서 엄격한 경영성과 기준에도 불구하고 실적이 신통치 않은 경영회사의 퇴출과정은 반드시 적시에 이루어져야 한다. 그리고 새로운 경영회사의 결정이 신속하게 행해지지 않으면 해당 호텔의 명성은 심하게 훼손되고 만다.

나. 모든 비용에 대한 책임

위탁경영계약 하에 있는 호텔의 소유주는 고정비와 부채(Debt)를 포함한 모든 원가와 비용에 대한 재무적 책임을 지고 있다. 이 의미는 비록 경영회사의 부주의와 무능력에 의한 재무적 손실일지라도 소유주는 여전히 현금흐름의 부족분을 채우기 위한 궁극적인 책임을 져야 한다는 것이다. 이런 이유로 잘 설계된 위탁경영계약에는 경영회사가 매출을 극대화하면서 비용을 최소화하는 노력에 대한 인센티브(Incentive)를 반드시 포함하고 있다. 경영수수료의 몫을 일정 수준의 이익이 실현된 후 지급하도록 한 것은 경영회사에게 효율적인 경영의 수행을 통한 재무적 인센티브를 창출하였다. 중요한 점은 인센티브 수수료를 통해서 경영회사의 수입과 호텔소유주의 이익이 직접적인 연관관계를 맺게 된 것이다. 경영회사의 인센티브수수료에 대한 실제 계약구조에 따라 많거나 적은 인센티브를 창출하고 있다. 예를 들면, 만일 인센티브수수료의 지급조건이 고정비지출 전 이익(Income Before Fixed Charges)의 10%이며, 이에 대한 지출은 부채공제 후 이익(Income After Debt Service)이 충분할 경우에만 이루어진다는 조건의 경우에 경영회사는 인센티브수수료가 긍정적인 현금흐름의 창출 여부에 상관없이 지급되는 경우에 비해 매출을 극대화하면서 비용을 최소화하려는 보다 높은 동기를 부여받게 된다. 이런 조항은 더욱 진화해서 경영회사에게 부채공제 후 이익이 충분치 못할 경우 영원히 인센티브수수료의 포기를 요구하는 경우가 미래의 현금흐름에서 지급받을 때 까지 단지 수수료의 수수를 연기하거나 축적하는 경우에 비해 더욱 높은 수준의 인센티브를 산출하게 되었다.

다. 무능력한 경영회사의 퇴출

대다수 위탁경영계약의 경우 소유주는 임의적으로 계약을 해지하기가 어렵게 되어있다. 보통 1군 경영회사는 특정 시장에서 계약의 상실은 대중 이미지에 부정적인 영향을 미친다는 것을 고려해서 보통 계약기간이 15년 이상을 상회하는 취소불가능한 계약을 요구한다. 2군 경영회사는 보통 보다 짧은 계약기간을 수락하지만, 종종 소유주가 계약을 조기에 취소하는 것에 대한 제한을 두는 조항을 삽입할 것을 주장하기도 한다. 무능력한 경영회사와의 위탁경영계약을 일방적으로 취소할 수 없는 것에 대한 소유주의 무능력은 재무적 손실에 대한 위험을 높이게 된다. 이런 위험을 축소하기 위해 위탁경영계약은 반드시 구체적인 성과기준과 취소조항이 서로 연계가 되도록 작성되어야 한다. 추가적으로 소유주들은 명시된 금액을 지불하면 언제든지 경영회사의 해고가 가능하도록 하는 다목적 계약매수조항(All Purpose Contract Buy-Out Clause)을 협상하기도 한다.

라. 호텔 매각의 어려움

소유주가 매각하려는 호텔에 대한 위탁경영계약 기간이 남아있는 경우 때때로 매각은 매우 어렵게 될 수 있다. 호텔체인들은 다른 체인에 의해 운영되는 호텔을 구입하려 하지 않는다. 현존하는 취소불가능한 계약으로 인해 많은 호텔체인들이 제외되므로 잠재 구매자의 수가 감소되어 적절한 구매자를 찾는데 시간이 많이 소요된다. 게다가 위탁경영계약이 존재하는 호텔은 그렇지 않은 호텔에 비해 할인된 가격에 거래가 되는 경우가 많다. 계약매수조항은 호텔을 현존하는 위탁경영계약 하에서 매각하거나 또는 계약을 구매해서 경영권에 의한 방해물이 제거된 호텔을 매각하는 옵션을 소유주에게 제공하고 있다.

마. 과다한 경영수수료

경영수수료는 호텔영업에서 창출되는 현금의 상당 부분을 차지하게 된다. 즉 전문적인 호텔경영은 값이 비싸다. 경영회사 및 계약조건에 따라 다르지만 경영수수료의 총합은 부채공제후 현금흐름의 70-85% 정도까지 이르기도 한다. 특히 새로 개관한 호텔들의 경우에는 보통 초기 객실점유율이 낮아서 경영수수료 총액이 부채공제 후 현금흐름보다더 많을 경우도 있다. 이 경우 소유주는 추가적인 자금을 투자해야 한다. 이런 경우를위해 대다수 경영회사들은 호텔 개관 후 운영이 안정궤도에 오르기 전까지 소유주를 지원하고 또한 대출기관에게 안전한 대출상환을 보장하기 위해 인센티브수수료의 지급을부채공제 후 현금흐름 이후로 하고 있다. 즉 만일 담보대출금을 지급하기 위한 현금흐름이 부족할 경우(부채공제 후 이익) 경영회사는 인센티브수수료를 포기하거나 수수를연기하고 있다.

바. 높은 손실위험

호텔을 운영하는데 소요되는 높은 수준의 고정비용으로 인해 소유주는 손실위험(Downside Risk)에 직면하고 있다. 객실점유율이 하락하면 호텔은 소요되는 많은 고정비를 축소하는 것이 거의 불가능하기 때문에 손실은 급속하게 확대된다. 리스계약을 하면소유주의 손실위험을 경영회사에 전가할 수 있지만, 위탁경영계약 하에서는 어떠한 현금흐름의 손실도 소유주의 책임에 속한다.

사. 경영회사 소유의 호텔에 대한 편애

경영회사가 직접 소유 및 경영하는 호텔을 보유하는 것과 제3자 소유의 호텔을 경영하는 것처럼 양쪽 모두를 포함하는 경우 관심의 충돌은 항상 존재하기 마련이다. 보통경영회사는 위탁경영하는 호텔보다는 직접 소유하고 있는 호텔에 손님을 많이 보냄으로써 보다 많은 경제적 혜택을 누릴 수 있기 때문에 불공정한 관행의 가능성은 항상 존재하고 있다. 소유주들은 반드시 이런 기본적인 대립관계를 잘 인지해서 위탁경영계약에 남용방지 조항이 포함되도록 노력해야 한다.

5. 위탁경영계약에서의 주요 쟁점사항

계약조건을 둘러싼 수차례의 협상을 통하여 소유주와 경영회사는 위탁경영계약을 마무리 하게 된다. 위탁경영계약은 보통 장기간 관계가 유지되므로 계약조건 및 조항에 대한 깊은 이해는 매우 중요하다. 호텔 위탁경영계약에는 수많은 조건과 조항이 존재하지만 아래와 같은 14가지 계약조건 및 조항은 위탁경영계약의 협상과정에서 계약 당사자 사이에서 서로 우월한 지위를 확보하기 위해 가장 치열하게 논의가 이루어지는 조항이다. 이와 같은 계약조건들은 해당 호텔에 즉각적이며 또 장기간에 걸쳐 영향을 미치기 때문에 호텔 소유주나 경영회사 모두 위험을 공평·공정하게 분담하고 또 투명한 계약이 성립될 수 있도록 최선의 노력을 경주해야 한다.

2008년 세계금융위기가 발발한 이후 저조한 호텔산업의 경영성과로 인해 두 당사자 간에 충돌이 가속화되고 있다고 한다. 특히 위탁경영계약의 법률적 틀(Legal Framework), 경영회사의 지분투자로 인한 양자 간의 관계, 계약기간·계약갱신·계약해제권리, 경영 수수료 및 실비정산 시스템비용, 소유주에 대한 재무사항 및 예산에 대한 보고와 영업제한권 등의 분야가 계약을 위한 협상에서 가장 중요하게 다뤄지고 있다고 한다.

1) 계약해제(Termination)

소유주와 경영회사가 공히 계약을 해제할 수 있는 권리에 대해 언급되어야 한다. 각자는 만일 상대방의 성과에 대해 만족할 수 없다면 계약을 해제할 수 있는 조항이 명시되기를 원한다. 소유주는 문서에 의한 통보로 즉시 위탁경영계약을 해제할 수 있는 권한을 갖기 원한다. 반면에 경영회사는 계약이 종료되기 전에는 어떤 경우에도 계약이 해제되지 않기를 원한다.

1991년 미국 연방법원의 *Woolley v. Embassy Suites* 소송사건에 대한 재판결과는 호텔산업의 위탁경영계약에 일대 변화를 몰고 온 사건이었다. 이 소송을 통해 경영회사는 과거 위탁경영계약서 상의 조항을 통해 누려왔던 파트너(Partner)로서의 자격을 상실하고 대리인(Agent)으로 신분이 바뀌게 된다. 이 판결로 인하여 그동안 호텔영업을 통해 충분한 현금을 창출하지 못했던 무능력한 경영회사와의 위탁경영계약으로 인해 손해를 보면서도 계약을 해제할 수 없었던 소유주에게 주인 또는 본인(Principal)이란 법적 자격이 생기면서 계약을 언제든지 해제할 수 있는 자격이 부여되었다. 즉 그동안 위탁경영계약의 조항에만 의해 법적 자격이 결정되었던 것에 비해, 이 판결 이후 호텔 위탁경영계약은 이제 일반적인 대리인법(Agency Law)에 대해 우선할 수 없기 때문에 과거 위탁경영계약에서 계약해제가 불가능하게 하는 조항을 넣어서 이득을 보았던 경영회사들은 크게 불리한 상황에 처하게 되었다. 대리인법에 의하면 대리인은 항상 본인인 소유주를 위한 신성한 관리자의 의무(Fiduciary Duties)를 준수해야 한다. 이로 인해 소유주의 위상이 과거에 비해 크게 강화되었으며, 이에 대처하기 위해 경영회사는 종전의 단일 위탁경영계약에서 새롭게 두 개의 계약으로 구성되는 위탁경영계약과 브랜드 라이센스계약(Brand License Agreement)으로 변경하는 획기적인 시도를 한다.

이후의 위탁경영계약에서 이제 많은 경험과 지식을 보유하게 된 소유주들은 성과에 따른 해제조항(Performance Termination Clause)을 삽입하여 예상한대로 경영성과를 보이지 않는 무능력한 경영회사를 퇴출시키려 하고 있다. 따라서 이제 성과에 따른 해제조항은 위탁경영계약의 핵심조항이 되었다. 〈표 14-6〉에서 소유주에 의한 계약해제 조항에 대한 최근 트렌드를 보여주고 있는데, 호텔체인에 비해 독립경영회사는 소유주에 의한 계약해제 조항에 대해 약한 협상력을 보이고 있다.

| 표 14-6 | 소유주에 의한 계약해제 조항

	호텔체인	독립경영회사
조건없이(Without cause)		
계약시 사용빈도: 언제든지	0%	42%
계약시 사용빈도: 사전에 결정된 기간 이후(보통 1~3년 후)	15%	2%
사전통지 기간(일)	90~365	30
해제수수료 승수(최근 12개월 기본수수료+인센티브수수료)	3~5	1~5
매각하는 경우(On-sale)		
경영회사가 매입하는 옵션이 존재하지 않는 경우	35%	67%
경영가가 매입하는 옵션이 존재하는 경우	56%	22%
과거의 경영회사가 새로운 경영회사와 관계를 지속하는 옵션	72%	38%
해제수수료 승수	2~5	0.5~2.5
압류되는 경우(On-foreclosure)		
계약시 사용빈도	80%	80%
해제수수료 승수	0~2	0~1

출처: Eyster & deRoos

2) 계약기간(Contract Term)

계약기간은 계약의 효과가 지속되는 기간을 말한다. 최초 계약기간은 보통 연수로 표기되며, 일부 경우에는 최초 계약을 1-2번 정도 갱신할 수 있는 조항을 넣기도 한다. 이에 대해 소유주는 되도록 짧은 계약기간을 원하며 계약갱신에 대한 선택권도 자신에게 귀속되기를 바란다. 반면에 경영회사는 되도록 장기계약을 원하며 계약갱신에 대한 선택권을 자신이 갖게 되기를 원한다. 〈표 14-7〉을 보면 호텔체인은 독립경영회사에 비해 월등하게 유리한 계약기간과 갱신 조건을 부여받고 있는 것으로 나타나 있다.

| 표 14-7 | 미국 호텔산업에서 계약기간의 구조

	최초기간(중간값)	갱신횟수(중간값)	갱신기간의 횟수(중간값)
호텔체인			
Full-service	16	2	10
독립경영회사			
Full-service(지분 없음)	6	2	4
Select-service	9	2	5

출처: Eyster & deRoos

3) 경영수수료(Management Fee)

계약을 위한 협상 시에 계약기간과 계약해제 조항에 대한 상대방의 생각을 일부라도 확인하기 전에는 경영수수료에 대한 언급은 반드시 피하는 것이 좋다. 경영수수료는 경영회사가 제공한 서비스에 대한 호텔 소유주의 보상을 구조화 한 것이다. 경영수수료는 총매출액(Total Revenue)의 일정 %를 제공받는 기본수수료(Basic Fee)와 이에 더해 계약에 의해 사전에 정해지는 이익수준(Defined Profit)에서 일정 %를 차지하는 인센티브수수료(Incentive Fee)가 추가돼서 전체적인 경영수수료 금액이 결정된다. 경영수수료의 구조를 기본수수료와 인센티브수수료로 이원화한 목적은 소유주와 경영회사의 이익에 대한 동기를 일치(Alignment)하기 위한 것이었다. 즉 인센티브수수료는 과거 소유주가 부담했던 모든 재무위험의 일부를 경영회사로 전가하기 위한 도구이다. 기본수수료는 처음에 호텔체인의 영업비용을 충당하기 위한 목적으로 설계되었다. 그러나 기본수수료는 총매출액에 대한 고정된 비율이기 때문에 경영회사의 입장에서는 매출위주로 영업을 전개하면 더 많은 수수료가 생기므로 인센티브가 되는 경우도 발생하게 된다. 일부 경영회사는 기본수수료를 포기하는 대신 계약기간 동안 성과에 대한 인센티브수수료를 충분히 받게 되기를 원한다.

소유주는 경영수수료가 부채 차감 후 이익과 이에 더해 최소 투자이익 후에 남는 현금흐름에 대해서 일정 %가 제공되는 것을 원하며 이 %가 최소화되기를 원하게 된다. 반면에 경영회사는 총매출액을 기준으로 해서 일정 %가 지급되기를 원하며 이 %가 최대화되기를 원하게 된다. 〈표 14-8〉은 호텔체인과 독립경영회사의 경영수수료에 대한 최근 트렌드를 잘 보여주고 있다. 기본수수료를 총매출액을 기준으로 하는 것은 거의 동일하게 이용되고 있다. 그러나 인센티브수수료의 기준을 총영업이익(GOP)으로 했던 과거 형태에 변화가 감지되고 있다.

총영업이익에는 재산세, 보험료, FF&E와 같은 대체비용 적립금과 차입금, 리스비용, 소유주의 선호수익률 등과 같은 자본비용이 포함되지 않았다. 따라서 소유주는 호텔투자에 대한 적절한 투자수익률(ROI)이 확보된 이후의 현금흐름을 기준으로 해서 다음으로 인센티브수수료가 지급되는 것을 선호하게 되었다. 이것을 소유주 우선수익률(Owner's Priority Return)이라하며 북미에서의 위탁경영계약에 일반적으로 이용되고 있다고 한다. 즉 현재 북미의 일반적인 위탁경영계약에서는 소유주 우선수익률이 10%가 확보된 이후의 현금흐름에서 10-30%가 인센티브수수료로 지급되고 있다. 현재 북미에서 요구되는 소유주 우선수익률은 보통 8-12%에 달한다고 한다.

| 표 14-8 | 미국 호텔산업에서 경영수수료의 구조

	기본수수료(총매출액의 %)			인센티브수수료	
	최저	중간	최고	수수료의 기준	범위(%)
호텔체인					
Full-service	2.0	3.25	3.5	총영업이익(GOP)	6-10
				소유주 우선이익	10-30
Select-service	3.0	5.0	7.0	총영업이익(GOP)	8-12
				소유주 우선이익	10-30
독립경영회사					
Full-service	1.5	4.0	6.0	총영업이익(GOP)	5-10
				소유주 우선이익	10-20
Select-service	2.5	2.75	3.0	총영업이익(GOP)	8-12
				소유주 우선이익	10-30

출처: Eyster & deRoos

4) 소유주 보고 요구사항(Owner's Reporting Requirements)

경영회사는 호텔의 영업결과를 요약한 재무제표와 예산에 대한 계획을 소유주에게 주기적으로 보고해야 할 책임이 있다. 소유주가 원하는 구체적인 보고서의 종류와 제출기간은 반드시 계약조항에 명시되어야 한다. 소유주는 광범위한 재무보고서의 제출과 빈번한 예산 변경과 자신과의 회의를 원한다. 그러나 경영회사는 소유주에게 영업성과와 예산에 대한 보고가 최소화되기를 원한다.

5) 승인(Approvals)

위탁경영계약 기간 중 소유주와 경영회사는 예산, 자본지출, 영업방식 등과 같은 중요한 의사결정에 대해 승인을 해줘야 한다. 소유주는 영업활동의 모든 분야에 대해 승인을 할 수 있는 권한을 보유하기를 원한다. 하지만 경영회사는 소유주의 어떠한 요구나 간섭이 없는 완전한 재량권을 행사하기를 원한다.

6) 경영회사의 호텔에 대한 투자(Operator's Investment)

위탁경영계약의 초기에 일부 소유주는 기초재고, 운전자본, 가구 및 장비에 대한 경영회사의 투자를 원하기도 한다. 이런 투자가 이루어진다면 계약내용에 투자방식과 투자금 회수에 대한 구체적인 방법이 반드시 명시되어야 한다. 소유주는 경영회사가 호텔을 경영할 권리를 구매하거나 또는 위탁경영계약을 확보하기 위해 일정 수준의 영업실적을 보장할 것을 규정하고자 한다. 반면에 경영회사의 입장에서는 호텔에 대한 어떠한 투자 책임도 없기를 규정하고자 한다.

그러나 1991년의 판결 이후 이런 상황에는 많은 변화가 초래되었다. 즉 호텔체인은 호텔에 대해 상당 지분을 투자함으로써 많은 이득을 볼 수 있어 이를 선호하게 되었다. 즉 지분투자를 통해 호텔체인은 대리인 보다는 파트너의 신분을 확보할 수 있어 법적으로 유리할 뿐만 아니라 계약조건에서도 보다 높은 경영수수료, 긴 계약 및 갱신기간, 약화된 소유주의 계약해제권 등에 대한 혜택을 얻을 수 있게 되었다. 반면에 소유주는 경영회사의 지분투자를 더 이상 반기지 않게 되었다.

7) 경영회사의 본사비용(Operator's Home Office Expenses)

호텔을 관리함에 있어 경영회사는 본사비용과 호텔관련 비용이 초래되는 경우가 있다. 이 조항은 어떤 비용은 경영수수료에 포함되고 또 다른 비용은 직접 호텔에 청구할 것이지를 결정하는 목적으로 만들어 진다. 소유주는 경영회사의 모든 본사비용이 경영수수료에 포함되기를 원한다. 하지만 경영회사는 모든 본사비용과 모든 직접비용에서 일정 비율이 호텔에 부과되기를 원한다.

8) 소유권의 전환(Transfer of Ownership)

계약기간 중 호텔 소유주나 경영회사는 그들의 소유지분을 제3자에게 양도하는 것을 원할 때가 있다. 이런 경우 소유권의 전환을 용이하게 하기 위해 위탁경영계약에서 이에 대한 승인절차를 명시해야 한다. 소유주는 소유권을 언제든지 누구에게라도 양도할 수 있게 되기를 원한다. 반면에 경영회사는 자신의 승인 없이 소유주가 소유권을 타인에게 양도하는 것을 원치 않는다.

9) 독점성(Exclusivity)

일부 위탁경영계약에서는 소유자에게 정의된 지역에서 경영회사가 운영하는 다른 호텔들을 소유하거나 개발할 수 있는 권한을 부여하거나 또는 경영회사가 같은 지역에서 소유주의 다른 호텔들을 운영할 수 있는 권한에 대한 조항에 대해 언급하고 있다.

10) 보험 및 수용 소송(Insurance and Condemnation Proceeds)

만일 호텔이 재해나 수용권에 의해 몰취되는 경우 보상금을 어떤 용도로 사용할 것인지에 대하여 구체적으로 명시해야 한다. 예를 들면, 호텔을 새로 건설하거나 아니면 계약 당사자에게 보상을 해준다. 소유주는 어떠한 보험이나 수용 보상에서 경영회사가 포함되지 않기를 원한다. 그러나 경영회사는 모든 보험과 수용 보상에서 일정한 비율로 보상을 받는 것이 계약에 규정되기를 원한다.

11) 인력관리(Hotel Personnel)

위탁경영계약에 의해서 호텔 직원들은 소유주 또는 경영회사에 속하는 직원이 된다. 계약을 통해 누구에게 직원들을 고용·지휘·보상할 책임 또는 권한이 있는지에 대하여 소상히 밝혀야 한다. 소유주는 모든 호텔직원들이 경영회사에 귀속되는 것을 원하고, 경영회사는 직원들이 소유주에게 귀속되기를 원한다.

12) 대체비용 적립(Reserve for Replacement)

대다수 위탁경영계약에서는 경영회사에게 가구·설비·장비(FF&E) 등에 대한 주기적인 교체를 위한 자금을 조성하는 것을 요구한다. 대체비용 적립은 사전에 양자에 의해 협의된 구체적인 산출근거를 기반으로 조성되는 현금흐름인데 보통 총매출액에서 일정 %를 점유한다. 소유주는 필요할 때마다 대체기금이 적립되는 것을 원한다. 그러나 경영회사는 대체기금이 소유주의 책임에 의해 조성되는 것을 요구한다.

13) 영업제한구역(Area Restrictions)

소유주는 직접 경쟁을 제한하기 위해 경영회사의 다른 호텔의 운영을 금지하거나 또는 경영회사가 같은 시장에서 소유·임차·프랜차이즈 등을 통해 다른 호텔을 운영하는 것을 제한하기를 원하지만 경영회사는 이를 거부한다.

14) 배상(Indemnification)

소유주는 모든 경영회사의 행동이 소유주의 이익에 반하게 되는 경우에는 이에 대한 배상을 원한다. 경영회사도 소유주의 행동이 자신의 이익에 반한다면 이에 대한 배상을 원한다.

참 / 고 / 문 / 헌

김경환(2014). 『글로벌 호텔경영』. 백산출판사.

김경환(2011). 『호텔경영학』. 백산출판사.

Alpen Capital(2012). *GCC Hospitality Industry*. Alpen Capital. October 7, 2012.

Alexander, N. & Lockwood, A.(1996). Internationalisation: A Comparison of the Hotel and Retail Sectors. *Service Industries Journal*, Vol. 16(4).

Bader, E. & Lababedi, A.(2007). Hotel Management Contracts in Europe. *Journal of Retail & Leisure Property*, Vol. 6(2).

Baker, W., Gannon, T., Grenville, B. & Johnson, B.(2013). *Grand Hotel: Redesigning Modern Life*. Hatje Cantz.

Barge, P. & Jacobs, D.(2001). *Management Agreement Trends Worldwide*. Jones Lang LaSalle Hotels.

Bell, C. A.(1993). Agreements with Chain-Hotel Companies. *The Cornell Hotel & Restaurant Administration Quarterly*, Vol. 23(1).

Berbel-Pineda, J. M. & Ramirez-Hurtado, J. M.(2012). Issues about the Internationalization Strategy of Hotel Industry by Mean of Franchising. *International Journal of Business and Social Science*, Vol. 3(6).

Canina, L.(2009). Examining Mergers and Acquisitions. *Cornell Hospitality Quarterly*. Vol. 50(2).

Canina, L.(2001). Good News for Buyers and Sellers: Acquisitions in the Lodging Industry. *The Cornell Hotel & Restaurant Administration Quarterly*. Vol. 42(6).

Choice(2013). *Choice Hotels International 2013 Annual Report*.

Contractor, F. J. & Kundu, S. K.(1998a). Franchising versus Company-run Operations: Model Choice in the Global Hotel Sector. *Journal of International Marketing*, Vol. 6(2).

Contractor, F. J. & Kundu, S. K.(1998b). Model Choice in a World of Alliances: Analyzing Organizational Forms in the International Hotel Sector. *Journal of International Business Studies*, Vol. 29(2).

Cunill, O. M. & Forteza, C. M.(2010) The Franchise Contract in Hotel Chains: A Study of Hotel Chain Growth and Market Concentrations. *Tourism Economics*, Vol. 16(3).

deRoos, J.(2010). Hotel Management Contracts-Past and Present. *Cornell Hospitality Quarterly,* Vol. 51(1).

Economist(2009). *Why hotel chains don't own many hotels*. Feb. 19, 2009.

Enz, C. A.(2010). *Hospitality Strategic Management.* 2nd ed. John Wiley & Sons, Inc.: New Jersey.

Eyster, J. J.(1980). *The Negotiation and Administration of Hotel Management Contracts*, 2nd Ed. Cornell University: NY.

Eyster, J. J.(1988). *The Negotiation and Administration of Hotel Management Contracts*, 3rd Ed. Cornell University: NY.

Eyster, J. J.(1993). The Revolution in Domestic Hotel Management Contracts. *The Cornell Hotel & Restaurant Administration Quarterly*, Vol. 34(1).

Eyster, J. J.(1997). Hotel Management Contracts in the U.S.: Twelve Areas of Concern. *The Cornell Hotel & Restaurant Administration Quarterly*, Vol. 38(3).

Eyster, J. J. & deRoos, J.(2009). *The Negotiation and Administration of Hotel Management Contracts*, 4th Ed. Cornell University: NY.

Goddard, P. & Standish−Wilkinson, G.(2002). Hotel Management Contract Trends in the Middle East. *Journal of Retail & Leisure Property.* Vol. 2.

Haast, A., Dickson, G. & Braham, D.(2005). *Global Hotel Management Agreement Trends.* Jones Lang LaSalle Hotels.

Hayes, D. K. & Ninemeier, J. D.(2007). *Hotel Operations Management, 2nd Edition.* Prentice Hall: NY.

Hilton(2013). *Hilton Worldwide Annual Report 2013.*

Hotel Yearbook(2011). *Hotel Yearbook 2011.* Horwath HTL & Lausanne.

Hotels(2016). 325 Hotels: The Winds of Change. *Hotels*, July/August.

IHG(2013). *IHG Annual Report 2013.*

Jelica, M. J. & Marko, P. D.(2013). Presence of The Largest Hotel Franchise Companies on the European Market. *Research Reviews of the Department of Geography, Tourism, and Hotel Management*, Vol. 42.

Johnson, K.(1999). Hotel Management Contract Terms: Still in Flux. *The Cornell Hotel & Restaurant Administration Quarterly*, Vol. 40(2).

Jones Lang LaSalle(2013). *Hotel Intelligence Report−Market Insight: Japan.* April 2013.

Lee, D. R.(1985). How They Started: The Growth of Four Hotel Chains. *The Cornell Hotel & Restaurant Administration Quarterly*, Vol. 26(1).

Lodging Hospitality(2010). June.

Marriott(2013). *Marriott International, Inc. Annual Report 2013.*

Mintel(2004). European Hotel Chain Expansion. *Travel & Tourism Analyst*, May.

Mintel(2014). *Hotel Trends - International*, February.

MKG(2012). *Top-10 Hotel Groups in Europe*. MKG Hospitality.

Nickson, D.(1998). A Review of Hotel Internationalization with a Particular Focus on the Key Role Played by American Organizations. *Progress in Tourism and Hospitality Research*. Vol. 4.

Otus(2012). *Otus Hotel Brand Database Overview Report: Europe 2012*. Otus & Co. Advisory Ltd.

Rushmore, S.(1992). *Hotel Investments: A Guide for Lenders and Owners*. Warren Gorham Lamont: NY.

Rushmore, S., Choi, J. I., Lee, T. Y. & Mayer, J. S.(2013). *2013 United States Hotel Franchise Fee Reference Guide*. HVS.

Rushmore, S., Choi, J. I., Lee, T. Y. & Mayer, J. S.(2013). *2013 United States Hotel Franchise Fee Guide*. HVS.

Sangree, D. J. & Hathaway, P. P.(1996). Trends in Hotel Management Contracts. *The Cornell Hotel & Restaurant Administration Quarterly*, Vol. 37(5).

Starwood(2013). *Starwood Hotels & Resorts Annual Report 2013*.

Strand, C.(1996). Lessons of a Lifetime: The Development of Hilton International. *The Cornell Hotel & Restaurant Administration Quarterly*, Vol. 37(3).

Stutts, A. T.(2001). *Hotel and Lodging Management: An Introduction*. Wiley.

STR(2011). *Hotel Industry Analytical Foundations*. The Share Center.

Turkel, S.(2009). *Great American Hoteliers: Pioneers of the Hotel Industry*. Authorhouse: Bloomington.

Turner, M. J. & Guilding, C.(2010). Hotel Management Contracts and Deficiencies in Owner-Operator Capital Expenditure Goal Congruency. *Journal of Hospitality & Tourism Research*, Vol. 34(4).

Vaughn, C. L.(1974). International Franchising. *The Cornell HRA Quarterly*, Feb.

Wyndham(2014). *2013 Annual Report*. Wynham Hotel Group.

[F]

[G]

[H]

[T]

[ㅊ]

저자약력

김경환 金京煥

미국 Florida International University(FIU) 호텔경영학 학사
미국 Florida International University(FIU) 호텔경영학 석사
미국 Virginia Tech 호텔관광경영학 박사

1999~현재 경기대학교 관광대학 호텔경영학과 교수
Email: kykim3@naver.com

저자와의
합의하에
인지첩부
생략

호텔산업과 호텔경영

2017년 3월 10일 초판 1쇄 발행
2019년 6월 20일 초판 2쇄 발행

지은이 김경환
펴낸이 진욱상
펴낸곳 백산출판사
교   정 편집부
본문디자인 구효숙
표지디자인 오정은

등   록 1974년 1월 9일 제406-1974-000001호
주   소 경기도 파주시 회동길 370(백산빌딩 3층)
전   화 02-914-1621(代)
팩   스 031-955-9911
이메일 edit@ibaeksan.kr
홈페이지 www.ibaeksan.kr

ISBN 979-11-5763-353-1 93980
값 35,000원